Algebra 1

Falko Lorenz / Franz Lemmermeyer

Algebra 1

Körper und Galoistheorie

4. Auflage

ELSEVIER
SPEKTRUM
AKADEMISCHER
VERLAG

Spektrum
AKADEMISCHER VERLAG

Zuschriften und Kritik an:
Elsevier GmbH, Spektrum Akademischer Verlag, Dr. Andreas Rüdinger, Slevogtstraße 3–5, 69126 Heidelberg

Autoren
Prof. Dr. Falko Lorenz
Mathematisches Institut, Universität Münster
Fachbereich Mathematik und Informatik

Prof. Dr. Franz Lemmermeyer
Department of Mathematics, Bilkent University, Ankara

Bibliografische Information Der Deutschen Nationalbibliothek
Die Deutsche Nationalbibliothek verzeichnet diese Publikation in der Deutschen Nationalbibliografie; detaillierte bibliografische Daten sind im Internet über http://dnb.d-nb.de abrufbar.

4. Auflage 2007

Spektrum Akademischer Verlag ist ein Imprint der Elsevier GmbH.

07 08 09 10 11 5 4 3 2 1

Planung und Lektorat: Dr. Andreas Rüdinger, Barbara Lühker
Herstellung: Elke Littmann-Bähr
Umschlaggestaltung: SpieszDesign, Neu-Ulm
Satz: Autorensatz
Druck und Bindung: LegoPrint S.p.A., Lavis

Gedruckt auf 90 gr. Tauro Offset

Printed in Italy

ISBN 978-3-8274-1609-4

Aktuelle Informationen finden Sie im Internet unter www.elsevier.de und www.elsevier.com

Aus dem Brief eines Italienreisenden: "Wenn was ich sage nicht neu ist, so hab' ich es doch bei neuem Anlaß recht lebhaft gefühlt."

Vorwort zur 4. Auflage

Die hier vorgelegte Neuauflage der Einführung in die Algebra unterscheidet sich schon äußerlich, insbesondere durch den neu hinzugekommenen Mitautor, von den vorangegangenen Auflagen. Mit den für die Neuauflage vorgenommenen Änderungen wird jedoch am bewährten Grundkonzept des Buches festgehalten: Bei aller didaktischen Sorgfalt des Aufbaus und der Darstellung soll der Leser auf einfache und direkte Weise an interessante Gegenstände herangeführt werden. Dazu folgt die Darstellung gewissen Entwicklungslinien entlang bestimmter Problemstellungen; entsprechende begriffliche Hilfsmittel werden vornehmlich erst Im Laufe der Entwicklung bereitgestellt. Dadurch ist es möglich, am Anfang eher langsam und behutsam, später aber schneller und sorgloser voranzuschreiten, und damit Rücksicht auch auf Leser zu nehmen, welche das Buch vielleicht zum Selbststudium zur Hand nehmen wollen. Der vorliegende Band enthält gewiss den Stoff, der üblicherweise zu einer Algebra-I–Vorlesung gehört. Aus guten Gründen wird aber der Begriff des algebraischen Abschlusses einer Körpers schon recht bald ins Spiel gebracht, und an späterer Stelle werden auch die unendlichen Galoiserweiterungen behandelt. Weiter sollten die schönen Ergebnisse von Galois über auflösbare Gleichungen von Primzahlgrad nicht fehlen, wie auch ein arithmetisches Reduktionsprinzip der Galoistheorie, das auf Dedekind zurückgeht. Angebracht war auch die Einbeziehung von transzendenten Erweiterungen sowie von Elementarbegriffen der algebraischen Geometrie.

In inhaltlicher Hinsicht sind bei der Neuauflage ein Abschnitt 5.4* über den Satz von Stothers-Mason hinzugekommen, sowie eine durch den Wunsch nach expliziter Durchführung der Konstruktion gewisser 2-Erweiterungen motivierte Einführung der zweiten Kohomologiegruppe in Abschnitt 8.4*. Beide Abschnitte dienen der Abrundung des Stoffes und sind zum Verständnis der nachfolgenden Kapitel nicht notwendig. Außerdem findet sich nun im Anhang eine Zusammenstellung derjenigen Grundbegriffe, die den meisten Lesern wohl bereits aus den Anfängervorlesungen bekannt, aber für das Verständnis des Buches jedenfalls nötig sind.

Ebenfalls neu ist eine Sammlung von „Übungen“, welche – im Gegensatz zu den „Aufgaben und Bemerkungen“, die in der Regel ein tieferes Verständnis der Theorie erfordern – das Einüben des neuen Materials erleichtern sollen. Hinweise und Lösungen der „Übungen“ sind auf der webpage des Verlags (www.elsevier.de) zu finden. Die „Aufgaben und Bemerkungen“ finden sich jetzt am Ende des jeweiligen Kapitels; auch dieser Teil des Buches wurde gegenüber der letzten Auflage erweitert. Darüberhinaus findet man neben einem ausführlichen Register jetzt auch ein Verzeichnis der verwendeten Symbole, sowie ein Literaturverzeichnis. Mehr noch als bisher haben wir versucht, die Leser durch Hinweise auf relativ elementare Artikel an die mathematische Literatur heranzuführen.

An weiteren äußerlichen Änderungen sind noch die folgenden zu nennen: Kapitel und Abschnitte werden auf jeder Seite angeführt, um Verweisen auf frühere Resultate leichter folgen zu können; außerdem haben wir uns bemüht, die neue Rechtschreibung umzusetzen, auch wenn wir an manchen Stellen den Vorschlägen der Rechtschreibkommission nicht folgen konnten.

Wie schon bei den früheren Auflagen möchten wir uns für manchen nützlichen Hinweis sowohl von Fachkollegen wie von Studierenden bedanken.

Für steten Rat und geduldige Unterstützung besonderen Dank schulden wir Herrn Dr. Andreas Rüdinger und Frau Barbara Lühker, die seitens des Verlages die Neuauflage betreuten.

Münster und Ankara, im Herbst 2006

Falko Lorenz, Franz Lemmermeyer

Inhalt

1. Konstruierbarkeit mit Zirkel und Lineal

In der Schule wird zuweilen die Lösung von Aufgaben behandelt, bei denen gewisse geometrische Figuren aus gegebenen Daten konstruiert werden sollen. Solche Konstruktionsaufgaben sind manchmal recht schwierig und können eine wirkliche Herausforderung an Intelligenz und Einfallsreichtum des Schülers darstellen.

Bei manchen Konstruktionsaufgaben, um deren Lösung sich jemand lange vergeblich gemüht hat, mögen sich bei ihm Zweifel regen, ob die geforderte Konstruktion überhaupt ausführbar ist. Dass es sich hier um ein grundsätzliches Problem handelt, kann man daraus ersehen, dass es einige Konstruktionsaufgaben gibt, die schon in der griechischen Antike gestellt wurden, aber über lange Zeit (nämlich ca. zweitausend Jahre) ungelöst blieben.

So hat bis heute zum Beispiel niemand vermocht, ein Konstruktionsverfahren anzugeben, nach welchem ein *beliebiger* Winkel mittels Zirkel und Lineal in drei gleiche Winkel unterteilt werden kann. Doch können Konstruktionsaufgaben ja sehr verschiedene Schwierigkeitsgrade haben: Man betrachte z.B. die ganz ähnlich lautende Aufgabe, eine beliebige *Strecke* mittels Zirkel und Lineal in drei gleiche Teile zu teilen; das ist zwar nicht völlig trivial, doch nach einiger Überlegung wird wohl jeder die geforderte Konstruktion zu bewerkstelligen wissen. Man kann auch die Aufgabe lösen, ein *regelmäßiges Fünfeck* zu konstruieren, doch ist hier die Sache schon um einiges schwieriger. Von daher ist es durchaus verständlich, bei einer Konstruktionsaufgabe, um deren Lösung man sich lange vergeblich bemüht hat, trotzdem an der Hoffnung festzuhalten, durch gesteigerten Scharfsinn doch noch zum Erfolg zu kommen. Es liegt also vielleicht gar nicht so nahe, überhaupt die Frage nach der Möglichkeit bzw. Unmöglichkeit bestimmter Konstruktionen mittels Zirkel und Lineal aufzuwerfen.

Aber selbst wenn man sich diese prinzipielle Frage stellt, so ist von vornherein keineswegs sicher, sie auch erfolgversprechend angreifen zu können.

Wie die Entwicklung in der Algebra seit *Gauß* (1777–1855) gezeigt hat, ist dies aber tatsächlich der Fall. Wir wollen nun am Beginn unserer Einführung in die Algebra darlegen, wie man zu allgemeinen Aussagen über das generelle *Problem der Konstruierbarkeit* gelangen kann. Man kann dieses geometrische Problem nämlich in ein algebraisches Problem übersetzen. Indem wir das genauer ausführen, ergibt sich zugleich die Möglichkeit, die Einführung bestimmter algebraischer Grundbegriffe sehr natürlich motivieren zu können. Darüber hinaus erfordert dann die weitere Behandlung des angesprochenen algebraischen Problems viele der Hilfsmittel, die üblicherweise zum Stoff einer Algebra I –Vorlesung gehören. Dieses Vorgehen hat eben den Vorteil, dass von einer konkreten, jedermann verständlichen Frage ausgegangen wird, die zu lösen einem im weiteren Verlauf vor Augen steht.

Es soll jedoch gleich angemerkt werden, dass das Problem der Konstruierbarkeit mit Zirkel und Lineal keineswegs die Hauptrolle bei der Entwicklung der Algebra gespielt hat. Für diese ist das Problem der Auflösung algebraischer Gleichungen durch Radikale sicherlich von größerer Bedeutung gewesen – von anderen Anregungen und Anforderungen ganz abgesehen, die von außerhalb der Algebra, etwa von der Zahlentheorie oder auch der Analysis, an die Algebra ergangen sind. Im Übrigen werden wir auch das Problem der *Auflösbarkeit von Gleichungen durch Radikale* zu gegebener Zeit präzisieren und beim weiteren Gang unserer Darstellung im Auge behalten.

1.1 Die klassischen ungelösten Probleme

Zunächst sei nun in geeigneter Weise beschrieben, was unter Konstruierbarkeit mit Zirkel und Lineal zu verstehen ist. Hierzu legen wir $\mathbb{R}^2$ als Ebene der Elementargeometrie zugrunde. Bei einem Konstruktionsproblem wird gefragt, ob ein gewisser Punkt P der Ebene aus einer gegebenen Menge M von Ausgangspunkten mit Zirkel und Lineal konstruierbar ist. Sei also eine Teilmenge M von $\mathbb{R}^2$ vorgelegt (von der o.E. stets angenommen werde, dass sie mindestens zwei verschiedene Punkte enthalte). Wir betrachten dann die Menge

$$\mathcal{K}M \;=\; \{P \in \mathbb{R}^2 \mid P \text{ ist mit Zirkel und Lineal aus } M \text{ konstruierbar}\}.$$

Zur genaueren Erklärung sei

Ge(M) = Menge der Geraden, die zwei verschiedene Punkte von M enthalten.

Kr(M) = Menge der Kreise, deren Mittelpunkt in M liegt und deren Radius gleich dem Abstand zweier Punkte aus M ist.

Wir betrachten dann die folgenden *elementaren Konstruktionsschritte* (zur Konstruktion 'neuer' Punkte):

a) Schnitt zweier verschiedener Geraden aus $Ge(M)$
b) Schnitt einer Geraden aus $Ge(M)$ mit einem Kreis aus $Kr(M)$
c) Schnitt zweier verschiedener Kreise aus $Kr(M)$.

Die Punkte P aus $\mathbb{R}^2$, welche man – von M ausgehend – durch wiederholte Anwendung der elementaren Konstruktionsschritte a) – c) erhält, heißen mit *Zirkel und Lineal aus M konstruierbar.*

Wir wollen hier erst einmal vier bekannte Konstruierbarkeitsprobleme erläutern, die schon in der griechischen Antike aufgestellt wurden.

α) *Winkeldreiteilung*

Zu einem gegebenen Winkel der Größe φ soll ein Winkel der Größe $\varphi/3$ mit Zirkel und Lineal konstruiert werden. Wir denken uns den gegebenen Winkel durch den Scheitelpunkt S und Punkte Q, Q' auf jedem seiner Schenkel bestimmt, wobei man noch annehmen kann, dass Q und Q' von S den gleichen Abstand haben. Sei X der in der nebenstehenden Zeichnung angedeutete Punkt. Die Frage ist dann, ob $X \in \measuredangle\{S, Q, Q'\}$ gilt.

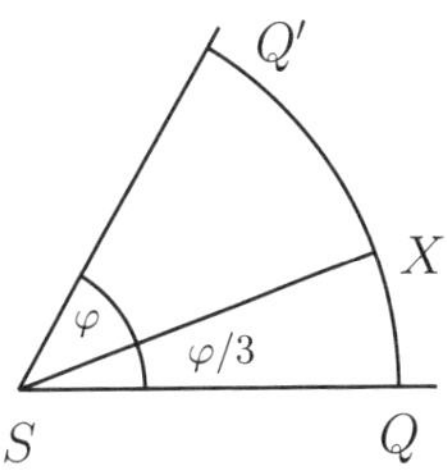

β) *Delisches Problem*

Zu gegebenem Würfel der Kantenlänge a ist ein Würfel doppelten Volumens gesucht. Für die Kantenlänge x des gesuchten Würfels gilt $x^3 = 2a^3$, also $x = a\sqrt[3]{2}$. Sind demnach P, Q, X Punkte auf der reellen Geraden mit $\overline{PQ} = a$ und $\overline{PX} = a\sqrt[3]{2}$, so lautet die Frage: Gilt $X \in \measuredangle\{P, Q\}$?

γ) *Quadratur des Kreises:*

Zu einem gegebenen Kreis soll ein Quadrat gleichen Flächeninhaltes konstruiert werden. Der gegebene Kreis vom Radius r ist durch zwei Punkte P und

Q mit Abstand $r = \overline{PQ}$ bestimmt. Für die Seitenlänge x des gesuchten Quadrats muss $x^2 = \pi r^2$ gelten, also $x = r\sqrt{\pi}$. Zu entscheiden ist dann, ob ein Punkt X mit $\overline{PX} = r\sqrt{\pi}$ zu $\measuredangle\{P,Q\}$ gehört.

δ) Konstruktion eines regelmäßigen n–Ecks (Kreisteilung):

Den gegebenen Kreis denken wir uns wie oben durch zwei Punkte P und Q gegeben. Sei X der in der folgenden Zeichnung bezeichnete Punkt:

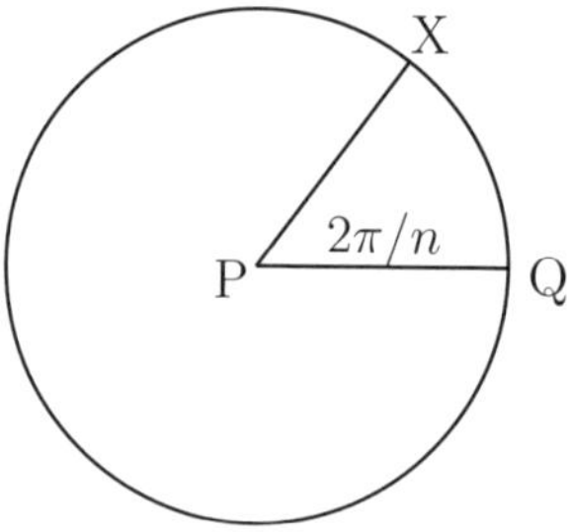

Für welche natürlichen Zahlen n gilt dann $X \in \measuredangle\{P,Q\}$?

Dies ist zum Beispiel für $n = 6$ der Fall (und damit auch für alle Zahlen der Form $n = 3 \cdot 2^m$): Man hat um Q nur einen Kreis vom Radius $\overline{PQ}$ zu schlagen. Durch entsprechendes Abtragen der weiteren Punkte erhält man das bekannte Bild der Rosette:

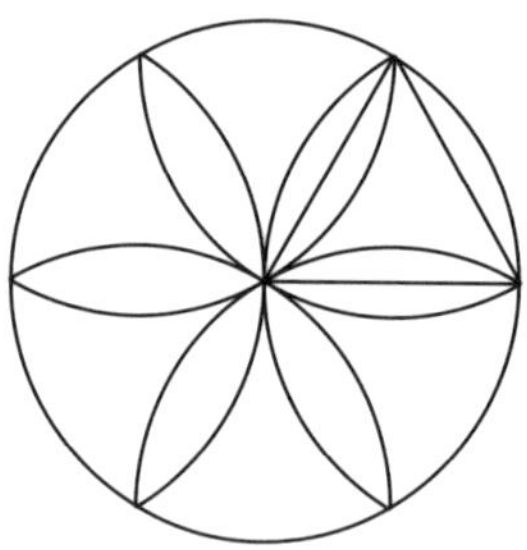

1.2 Koordinatisierung

Um das Problem der Konstruierbarkeit mit Zirkel und Lineal angreifbar zu machen, ist eine *'Algebraisierung'* erforderlich. Hierzu ist es gewiss nützlich, von

$$\mathbb{R}^2 = \mathbb{C}$$

auszugehen, Punkte der Ebene also als komplexe Zahlen aufzufassen und damit auszunutzen, dass man neben der (Vektor–) Addition auch noch eine *Multiplikation* für sie zur Verfügung hat. Die Grundeigenschaften des Körpers $\mathbb{C}$ der komplexen Zahlen voraussetzend, läuft z.B. das obige Problem δ) – die n–Teilung des Kreises – auf die folgende Frage hinaus:

$$e^{2\pi i/n} \in \mathcal{A}\{0,1\} \ ?$$

Wie die folgende Feststellung hervorhebt, sind die algebraischen Grundoperationen von $\mathbb{C}$ konstruktiv beschreibbar.

F 1.1. *Sei M eine beliebige Teilmenge von $\mathbb{C}$, welche die Zahlen 0 und 1 enthält. Dann gelten*

$$i \in \mathcal{A}M \tag{1.1}$$

$$z \in \mathcal{A}M \quad \Rightarrow \overline{z} \in \mathcal{A}M \tag{1.2}$$

$$z \in \mathcal{A}M \quad \Rightarrow \mathrm{Re}(z), \mathrm{Im}(z) \in \mathcal{A}M \tag{1.3}$$

$$z \in \mathcal{A}M \quad \Rightarrow -z \in \mathcal{A}M \tag{1.4}$$

$$z_1, z_2 \in \mathcal{A}M \quad \Rightarrow z_1 + z_2 \in \mathcal{A}M \tag{1.5}$$

$$z_1, z_2 \in \mathcal{A}M \quad \Rightarrow z_1 z_2 \in \mathcal{A}M \tag{1.6}$$

$$z \in \mathcal{A}M,\ z \neq 0 \quad \Rightarrow \frac{1}{z} \in \mathcal{A}M. \tag{1.7}$$

Beweis. (1.1) Die Verbindungsgerade von 0 mit 1, d.h. die reelle Gerade $\mathbb{R}$ gehört definitionsgemäß zu $Ge(M)$. Schnitt von $\mathbb{R}$ mit dem Einheitskreis $\mathbb{T} \in Kr(M)$ liefert $-1 \in \mathcal{A}M$. Errichtet man nun auf der Strecke $[-1,1]$ in bekannter Weise die Mittelsenkrechte und schneidet mit $\mathbb{T}$, so erhält man $i \in \mathcal{A}M$.

(1.2) Man fälle von z das Lot auf $\mathbb{R}$. Vom Fußpunkt a schlage man einen Kreis mit Radius gleich dem Abstand von a zu z. Sein Schnitt mit der Geraden durch z und a liefert $\overline{z} \in \mathcal{A}M$.

(1.3) Wie eben schon festgestellt, gehört $a = \mathrm{Re}(z)$ zu $\mathcal{A}M$. Man erhält $b = \mathrm{Im}(z)$, indem man von z das Lot auf die imaginäre Achse fällt und dann den Betrag des Fußpunktes bi auf $\mathbb{R}$ abträgt.

(1.4) Man schneide die Gerade durch 0 und z mit dem Kreis um 0 vom Radius $|z|$.

(1.5) Den Kreis um z_1 vom Radius $|z_2|$ bringe man zum Schnitt mit dem Kreis um z_2 vom Radius $|z_1|$. Einer der Schnittpunkte ist dann der Eckpunkt $z_1 + z_2$ des von z_1, z_2 bestimmten Parallelogramms.

(1.6) Mit $z_1 = a_1 + ib_1$ und $z_2 = a_2 + ib_2$ gilt

$$z_1 z_2 = (a_1 a_2 - b_1 b_2) + (a_1 b_2 + a_2 b_1)i.$$

Aus $z_1, z_2 \in \measuredangle M$ folgt $a_1, b_1, a_2, b_2 \in \measuredangle M$, vgl. (1.3). Nimmt man daher die Behauptung für *reelle Zahlen* schon als bewiesen an, so gilt sie wegen (1.4), (1.5) auch allgemein. Für reelle Zahlen r_1 und r_2 ist also

$$r_1, r_2 \in \measuredangle M \;\Rightarrow\; r_1 r_2 \in \measuredangle M$$

zu zeigen, wobei wir offenbar noch $r_1, r_2 > 0$ annehmen können. Zum Beweis betrachte man die folgende Zeichnung:

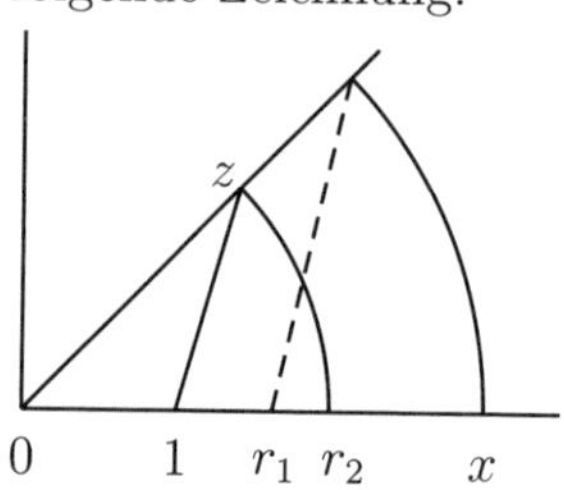

Dabei ist z der entsprechende Schnittpunkt der Geraden durch 0 und $1+i$ mit dem Kreis vom Radius r_2 um 0, und die gestrichelte Strecke deutet die Parallele zur Geraden durch 1 und z an. Nach dem Strahlensatz gilt dann $x : r_2 = r_1 : 1$, also $x = r_1 r_2$. Da x zu $\measuredangle M$ gehört, ist damit die Behauptung gezeigt.

(1.7) Wegen $z^{-1} = \overline{z} \cdot (z\overline{z})^{-1}$ genügt es nach dem Vorangegangenen zu zeigen, dass für reelles $r > 0$ aus $\measuredangle M$ auch r^{-1} zu $\measuredangle M$ gehört. Dazu verweisen wir auf die folgende Zeichnung:

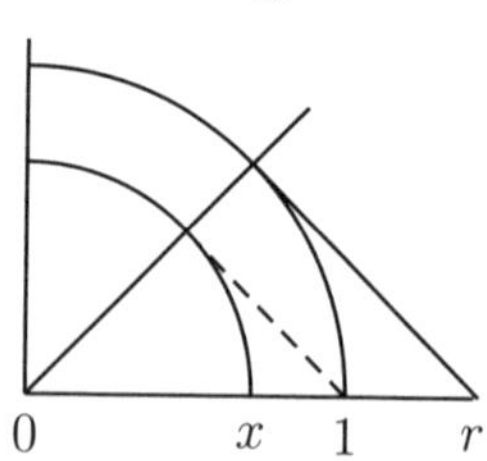

Nach dem Strahlensatz ist $r : 1 = 1 : x$, was wegen $x \in \measuredangle M$ die Behauptung erweist. □

Als Folgerung von F1.1 wollen wir noch einmal ausdrücklich festhalten:

F1.2. *Sei M eine Teilmenge von $\mathbb{C}$, welche die Punkte* 0 *und* 1 *enthält. Dann ist $\measuredangle M$ ein* **Teilkörper** *von $\mathbb{C}$. Er heißt der Körper der aus M konstruierbaren Zahlen.*

Insbesondere ist also $\mathbb{Q} \subseteq \measuredangle M$ (denn $\mathbb{Q}$ ist der kleinste Teilkörper von $\mathbb{C}$). Auch die Menge $\{a + bi \mid a, b \in \mathbb{Q}\}$ – übrigens ebenfalls ein Teilkörper von $\mathbb{C}$ – ist nach F1.1 in $\measuredangle M$ enthalten. Wie die folgende Feststellung zeigt, ist der Körper $\measuredangle M$ aber noch wesentlich größer:

F1.3. *Der Körper $\measuredangle M$ ist* **quadratisch abgeschlossen**, *d.h. für alle $z \in \mathbb{C}$ gilt:*

$$z \in \measuredangle M \;\Rightarrow\; \sqrt{z} \in \measuredangle M \tag{1.8}$$

(wobei $\sqrt{z}$ (irgend)eine komplexe Zahl w mit $w^2 = z$ bezeichne).

Beweis. Gelte $w^2 = z = re^{i\varphi}$. Unter $\sqrt{r}$ die positive Quadratwurzel von r in $\mathbb{R}$ verstanden, ist dann $w = \pm\sqrt{r}\,e^{i\varphi/2}$. Da die Konstruktion der Winkelhalbierenden mit Zirkel und Lineal immer möglich ist, genügt daher zum Beweis von (1.8) der Nachweis, dass für reelle $r > 0$ mit $r \in \measuredangle M$ auch $\sqrt{r} \in \measuredangle M$ gilt. Hierzu konstruieren wir über der Strecke $[-1, r]$ den Thaleskreis und auf ihm den Lotpunkt v über 0:

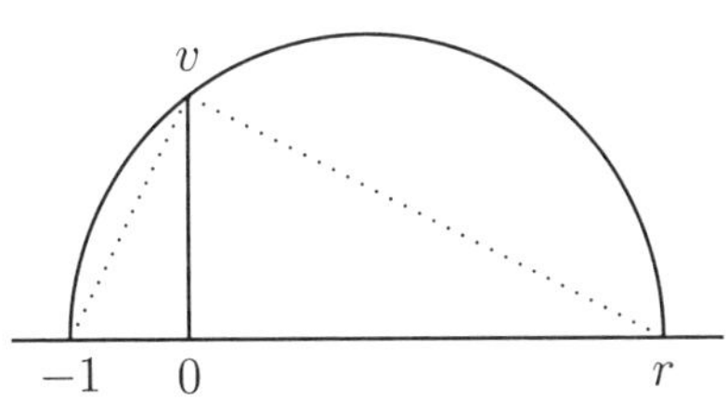

Dann gehört $x = |v|$ zu $\measuredangle M$. Nach dem *Satz des Thales* ist das Dreieck mit den Eckpunkten $-1, v, r$ rechtwinklig; Anwendung des *Höhensatzes* liefert dann $x^2 = 1 \cdot r$, also $x = \sqrt{r}$. □

1.3 Algebraisierung

Kehren wir zunächst nochmals zum Inhalt von F1.2 zurück. Danach ist $\measuredangle M$ ein Körper, der den Körper $\mathbb{Q}$ als Teilkörper enthält. Trivialerweise gilt

$$M \subseteq \measuredangle M. \tag{1.9}$$

Damit enthält der Körper $E := \measuredangle M$ auch alle Zahlen, die sich aus $k := \mathbb{Q}$ und M durch Anwendung der Rechenoperationen in E ergeben. Wir nehmen diese Situation zum Anlass für die folgende einfache, aber grundlegende

Definition 1.1. Seien E ein Körper und k ein Teilkörper von E. Wir nennen dann E einen *Erweiterungskörper* von k. Sei A eine beliebige Teilmenge von E. Dann setzen wir

$$k(A) := \text{ Durchschnitt aller Teilkörper } F \text{ von } E \text{ mit } k \subseteq F \text{ und } A \subseteq F.$$

Wir nennen $k(A)$ den von A über k erzeugten Teilkörper von E oder sagen auch, $k(A)$ entstehe aus k durch *Adjunktion* der Elemente von A zu k. Im Falle einer endlichen Menge $A = \{\alpha_1, \ldots, \alpha_m\}$ bezeichnen wir den Körper $k(A)$ auch mit

$$k(\alpha_1, \alpha_2, \ldots, \alpha_m).$$

Offenbar ist $k(A)$ der kleinste Teilkörper von E, der k und A enthält.

Beispiel. Sei $E = \mathbb{C}$, $k = \mathbb{Q}$, $A = \{i\}$. Wir behaupten, dass dann gilt:

$$\mathbb{Q}(i) = \{a + bi \mid a, b \in \mathbb{Q}\}.$$

Beweis. Sei F_0 die Menge auf der rechten Seite. Dann ist jedenfalls $\mathbb{Q} \subseteq F_0$ und $\{i\} \subseteq F_0$. Da $\mathbb{Q}(i)$ ein Teilkörper von E ist, gilt ferner $F_0 \subseteq \mathbb{Q}(i)$. Zum Beweis der Behauptung ist daher zu zeigen, dass F_0 ein Teilkörper von $\mathbb{C}$ ist. Offenbar ist F_0 abgeschlossen unter Addition und Multiplikation. Es bleibt zu zeigen, dass mit einem $z = a + bi \neq 0$ aus F_0 auch z^{-1} zu F_0 gehört. Nun ist aber $z^{-1} = \overline{z}(z\overline{z})^{-1} = (a - ib)/a^2 + b^2 = a/a^2{+}b^2 \; - \; ib/a^2{+}b^2$, also liegt z^{-1} in der Tat in F_0. □

Warnung: In der Situation von Def. 1.1 gilt für $\alpha \in E$ nicht etwa allgemein $k(\alpha) = \{a_0 + a_1\alpha + \ldots + a_n\alpha^n \mid a_i \in k,\ n \geq 0\}$. Genaueres dazu wird Kap. 3 bringen.

Greifen wir jetzt die eingangs besprochene Situation wieder auf. Wir wissen: $\curlywedge M$ ist ein Erweiterungskörper von $\mathbb{Q}$, der M als Teilmenge enthält. Er besitzt also den wohlbestimmten Teilkörper $\mathbb{Q}(M)$, welcher durch Adjunktion von M aus $\mathbb{Q}$ entsteht. Wir setzen $\overline{M} = \{\overline{z} \mid z \in M\}$ und betrachten den Teilkörper

$$K := \mathbb{Q}(M \cup \overline{M}) \tag{1.10}$$

von $\curlywedge M$, der durch Adjunktion der Menge $A := M \cup \overline{M}$ aus $\mathbb{Q}$ entsteht (beachte: wegen (1.2) und (1.9) ist wirklich $A \subseteq \curlywedge M$). Wegen $M \subseteq K \subseteq \curlywedge M$ gilt offenbar

$$\curlywedge M = \curlywedge K, \tag{1.11}$$

d.h. wir können bei der Betrachtung der aus einer Menge M konstruierbaren Zahlen die Ausgangsmenge M stets durch den *Körper* (1.10) ersetzen. Im Übrigen geht der Körper K bei komplexer Konjugation in sich über:

$$\overline{K} = K. \tag{1.12}$$

Das ist im Hinblick auf (1.10) klar, sei hier aber aus didaktischen Gründen nochmals genau begründet: Definitionsgemäß ist $K = \mathbb{Q}(A)$ und daher $\mathbb{Q} = \overline{\mathbb{Q}} \subseteq \overline{K}$ sowie $A = \overline{A} \subseteq \overline{K}$. Nach Def. 1.1 ist dann $\mathbb{Q}(A) \subseteq \overline{K}$, d.h. $K \subseteq \overline{K}$. Anwendung der komplexen Konjugation liefert dann auch $\overline{K} \subseteq \overline{\overline{K}} = K$. (Wo wurde benutzt, dass mit K auch $\overline{K}$ ein Teilkörper von $\mathbb{C}$ ist?)

F1.4. *Sei K ein beliebiger Teilkörper von $\mathbb{C}$ mit $K = \overline{K}$.*

a) Ist z Schnittpunkt zweier verschiedener Geraden aus $Ge(K)$, so folgt $z \in K$.

b) Ist z Schnittpunkt einer Geraden aus $Ge(K)$ mit einem Kreis aus $Kr(K)$, so gilt:

$$\textit{Es gibt ein } w \in \mathbb{C} \textit{ mit } w^2 \in K \textit{ und } z \in K(w). \tag{$*$}$$

c) Ist z Schnittpunkt zweier verschiedener Kreise aus $Kr(K)$, so gilt ebenfalls $(*)$.

Die Aussagen von F1.4 spiegeln lediglich wider, dass die analytische Beschreibung der elementaren Konstruktionsschritte a) – c) nur auf die Lösung *linearer* oder *quadratischer Gleichungen* hinausläuft. Dies ist aus der analytischen Schulgeometrie wohlbekannt; wir verschieben daher den Beweis von

F1.4 auf später und ziehen aus F1.4 erst einige für das Konstruierbarkeitsproblem wichtige Folgerungen. Zunächst versehen wir uns dazu mit einer der Sache angemessenen Sprechweise:

Definition 1.2. Sei E ein Erweiterungskörper des Körpers K.

a) Man sagt, E entstehe aus K durch *Adjunktion einer Quadratwurzel,* wenn es ein $w \in E$ gibt mit

$$w^2 \in K \quad \text{und} \quad E = K(w).$$

w heißt dann *Quadratwurzel* des Elements $v := w^2$ von K. Man verwendet die Bezeichnung $w = \sqrt{v}$.

b) Wir sagen, E entstehe aus K durch *sukzessive Adjunktion von Quadratwurzeln* falls es eine endliche Kette $K = K_0 \subseteq K_1 \subseteq \ldots \subseteq K_m = E$ von Teilkörpern K_i von E gibt, in der jeweils K_i aus K_{i-1} durch Adjunktion einer Quadratwurzel entsteht.

Beispiele. 1) $E = \mathbb{Q}(\sqrt{2})$ entsteht aus $\mathbb{Q}$ durch Adjunktion einer Quadratwurzel.

2) $E = \mathbb{Q}(z)$ mit $z = e^{2\pi i/3}$ entsteht aus $\mathbb{Q}$ durch Adjunktion einer Quadratwurzel. Wegen $z = -\frac{1}{2} + \frac{i}{2}\sqrt{3}$ ist nämlich $\mathbb{Q}(z) = \mathbb{Q}(\sqrt{-3})$.

3) $E = \mathbb{Q}(e^{2\pi i/5})$ entsteht aus $\mathbb{Q}$ durch sukzessive Adjunktion von Quadratwurzeln. Diese nicht ganz auf der Hand liegende Behauptung lässt sich hier wie folgt begründen: Die komplexe Zahl $w = e^{2\pi i/5}$ genügt wegen $w^5 = 1, w \neq 1$ der Gleichung $w^4 + w^3 + w^2 + w + 1 = 0$. Division durch w^2 liefert

$$w^2 + w^1 + 1 + w^{-1} + w^{-2} = 0. \tag{1.13}$$

Setzt man nun $z := w + w^{-1}$, so erhält man wegen $(w + w^{-1})^2 = w^2 + 2 + w^{-2}$ aus (1.13) für z die Gleichung

$$z^2 + z - 1 = 0. \tag{1.14}$$

Diese besitzt die Lösungen $-\frac{1}{2} \pm \frac{1}{2}\sqrt{5}$. Für den Körper $K_1 := \mathbb{Q}(z)$ gilt damit

$$K_1 = \mathbb{Q}(\sqrt{5}).$$

Nun ist aber $E = K_1(w)$, und w genügt offensichtlich der quadratischen Gleichung

$$w^2 - zw + 1 = 0, \tag{1.15}$$

deren Koeffizienten in K_1 liegen. Wie man der Lösungsformel quadratischer Gleichungen entnimmt, entsteht damit E aus K_1 durch Adjunktion einer Quadratwurzel der Zahl $z^2 - 4$ von K_1.

Mit dem folgenden Satz ist unser erstes Ziel erreicht, nämlich das geometrische Problem der Konstruierbarkeit mit Zirkel und Lineal auf ein rein *algebraisches* Problem zurückzuführen.

Satz 1.1. *Sei* $M \subseteq \mathbb{C}$ *und* $0, 1 \in M$. *Man setze*

$$K := \mathbb{Q}(M \cup \overline{M}).$$

Dann sind für ein $z \in \mathbb{C}$ *die folgenden Aussagen äquivalent:*

(i) $z \in \measuredangle M$, *d.h.* z *ist mit Zirkel und Lineal aus* M *konstruierbar.*
(ii) z *liegt in einem Teilkörper* E *von* $\mathbb{C}$, *der* K *enthält und aus* K *durch sukzessive Adjunktion von Quadratwurzeln entsteht.*

Beweis. (ii) $\Rightarrow$ (i): Nach Voraussetzung gibt es in $\mathbb{C}$ eine endliche Kette von Teilkörpern

$$K = K_0 \subseteq K_1 \subseteq \ldots \subseteq K_m = E$$
$$\text{mit} \;\; K_i = K_{i-1}(w_i), \;\; w_i^2 \in K_{i-1}$$

derart, dass $z \in E$. Wie wir schon wissen, gilt $K_0 = K \subseteq \measuredangle M$. Wir betrachten nun den Körper $K_1 = K(w_1)$ mit $w_1^2 \in K$. Nach F1.3 ist mit w_1^2 auch w_1 ein Element von $\measuredangle M$. Da $\measuredangle M$ ein Körper ist, folgt $K(w_1) \subseteq \measuredangle M$, d.h. $K_1 \subseteq \measuredangle M$. Analog erhält man dann $K_2 \subseteq \measuredangle M$, und so fortfahrend schließlich $E = K_m \subseteq \measuredangle M$. Wegen $z \in E$ folgt damit $z \in \measuredangle M$.

(i) $\Rightarrow$ (ii): Wir betrachten zunächst ein $z \in \mathbb{C}$, das durch Anwendung nur eines der elementaren Konstruktionsabschnitte (i), (ii) oder (iii) aus M hervorgeht. Nun ziehen wir F1.4 heran. Danach gilt $z \in K$ im Falle (i); in den Fällen (ii) bzw. (iii) ist $z \in K(w)$ mit einem $w \in \mathbb{C}$, für welches w^2 in K liegt. In jedem Fall, so behaupten wir, ist z dann in einem Teilkörper K' von $\mathbb{C}$ enthalten, der aus K durch sukzessive Adjunktion von Quadratwurzeln entsteht und außerdem noch die Bedingung

$$\overline{K'} = K' \tag{1.16}$$

erfüllt. Im Falle (i) ist das klar, vgl. (1.12). Im Falle (ii) bzw. (iii) betrachte dazu den Körper

$$K' = K(w, \overline{w}) = K(w)(\overline{w}). \tag{1.17}$$

Dieser genügt sicherlich der Bedingung (1.16). Mit $w^2 \in K$ folgt $\overline{w}^2 = \overline{w^2} \in \overline{K} = K \subseteq K(w)$, sodass K' nach (1.17) in der Tat durch sukzessive Adjunktion von Quadratwurzeln aus K entsteht.

Für ein beliebiges $z \in \mathcal{K}M$ folgt die Behauptung jetzt in einfacher Weise durch Induktion (nach der Zahl der zu einer Konstruktion von z erforderlichen elementaren Konstruktionsschritte). □

Nachdem mit Satz 1.1 die erstrebte Algebraisierung unserer Fragestellung geleistet ist, seien jetzt die eingangs genannten vier klassischen Konstruierbarkeitsprobleme ausdrücklich noch einmal in algebraischem Gewand formuliert:

Delisches Problem: Ist $\sqrt[3]{2}$ enthalten in einem Teilkörper von $\mathbb{C}$, der aus $\mathbb{Q}$ durch sukzessive Adjunktion von Quadratwurzeln hervorgeht?

Quadratur des Kreises: Liegt die Zahl π in einem Teilkörper von $\mathbb{C}$, der aus $\mathbb{Q}$ durch sukzessive Adjunktion von Quadratwurzeln entsteht?

n–Teilung des Kreises: Für welche natürlichen Zahlen n ist die komplexe Zahl $e^{2\pi i/n}$ in einem Teilkörper von $\mathbb{C}$ enthalten, der sich aus $\mathbb{Q}$ durch sukzessive Adjunktionen von Quadratwurzeln gewinnen lässt? – Nach Beispiel 3 (zu Def. 1.2) ist dies jedenfalls für $n = 5$ der Fall; ein regelmäßiges 5–Eck ist mit Zirkel und Lineal also konstruierbar. Darüber hinaus wird der Leser unserer obigen Rechnung auch leicht ein praktikables Konstruktionsverfahren entnehmen können.

Winkeldreiteilung: Sei φ eine gegebene reelle Zahl. Ist dann generell die komplexe Zahl $e^{i\varphi/3}$ in einem Teilkörper von $\mathbb{C}$ enthalten, der aus dem Körper

$$K = \mathbb{Q}(e^{i\varphi}) \tag{1.18}$$

durch sukzessive Adjunktion von Quadratwurzeln entsteht? (Beachte: Für $z := e^{i\varphi}$ ist $\overline{z} = e^{-i\varphi} = z^{-1}$ und daher $\mathbb{Q}(z, \overline{z}) = \mathbb{Q}(z)$, sodass mit (1.18) wirklich der im Sinne von Satz 1.1 zuständige Grundkörper K bezeichnet ist).

Beweis von F1.4. Wir tragen jetzt den Beweis von F1.4 nach. Zugrundegelegt ist dabei ein beliebiger Teilkörper K von $\mathbb{C}$, der die Bedingung $\overline{K} = K$ erfüllt.

a) Eine beliebige Gerade $\mathfrak{g}$ in $\mathbb{R}^2 = \mathbb{C}$ ist durch

$$\mathfrak{g} = \{z = z_0 + tz_1 \,|\, t \in \mathbb{R}\} \tag{1.19}$$

mit $z_0, z_1 \in \mathbb{C}$ gegeben, wobei $z_1 \neq 0$. Im Falle $\mathfrak{g} \in Ge(K)$ können wir dabei o.E. $z_0, z_1 \in K$ annehmen. Gehöre nun auch $\mathfrak{g}' = \{z' = z_0' + t'z_1' \mid t' \in \mathbb{R}\}$ zu $Ge(K)$ und werde $\mathfrak{g}' \neq \mathfrak{g}$ sowie $z \in \mathfrak{g} \cap \mathfrak{g}'$ vorausgesetzt. Es gibt dann eindeutig bestimmte $t, t' \in \mathbb{R}$ mit $z = z_0 + tz_1 = z_0' + t'z_1'$. Zerlegt man in Real– und Imaginärteil, so ist (t, t') also *eindeutige* Lösung des linearen Gleichungssystems

$$\begin{aligned} tx_1 - t'x_1' &= x_0' - x_0 \\ ty_1 - t'y_1' &= y_0' - y_0 \end{aligned}$$

Multipliziert man die zweite Gleichung mit i, so erhält man ein lineares Gleichungssystem über K. Es folgt $t, t' \in K$ und damit $z \in K$.

b) Ein beliebiger Kreis $\mathfrak{k}$ in $\mathbb{R}^2 = \mathbb{C}$ wird durch

$$\mathfrak{k} = \left\{ z \mid \ (z-a)\overline{(z-a)} = r^2 \right\} \tag{1.20}$$

mit $a \in \mathbb{C}$ und reellem $r > 0$ gegeben. Sei $\mathfrak{k} \in Kr(K)$. Dann ist $a \in K$. Da $\mathfrak{k}$ auch ein Element b aus K enthält, gilt wegen $r^2 = (b-a)(\overline{b} - \overline{a})$ und $\overline{K} = K$ auch $r^2 \in K$. Sei jetzt $\mathfrak{g} \in Ge(K)$ durch (1.19) gegeben und werde $z \in \mathfrak{g} \cap \mathfrak{k}$ vorausgesetzt. Es gibt dann ein $t \in \mathbb{R}$ mit $z = z_0 + tz_1$ sowie

$$(z_0 + z_1 t - a)(\overline{z}_0 + \overline{z}_1 t - \overline{a}) = r^2.$$

Indem man ausmultipliziert und durch $|z_1|^2$ teilt, erhält man eine Relation

$$t^2 + pt + q = 0$$

mit p und q *aus* K. Für $w := t + \frac{p}{2}$ ist dann $w^2 \in K$, und wegen $z = z_0 + tz_1$ und $K(t) = K(w)$ gilt $z \in K(w)$.

c) Seien jetzt zwei verschiedene Kreise $\mathfrak{k}_1$ und $\mathfrak{k}_2$ vorgegeben und gelte $z \in \mathfrak{k}_1 \cap \mathfrak{k}_2$. Dann genügt z einem Gleichungssystem der Gestalt

$$\begin{aligned} (z-a)(\overline{z} - \overline{a}) &= r^2 \\ (z-b)(\overline{z} - \overline{b}) &= s^2 \end{aligned} \tag{1.21}$$

mit $a, b, r^2, s^2 \in K$ sowie $a \neq b$. Subtraktion der beiden Gleichungen liefert

$$z(\overline{b} - \overline{a}) + \overline{z}(b - a) = c \tag{1.22}$$

mit $c = r^2 - s^2 - a\overline{a} + b\overline{b} \in K$. Indem man nun Gleichung (1.22) nach $\overline{z}$ auflöst und den entsprechenden Wert in die erste Gleichung von (1.21) einsetzt, erhält man für z eine quadratische Gleichung, die nur Koeffizienten aus K besitzt. Daraus folgt sofort die Behauptung. □

1.4 Der Körpergrad

Die algebraische Übersetzung des Problems der Konstruierbarkeit durch Satz 1.1 hat uns auf ein genaueres Studium der Erweiterungskörper eines gegebenen Körpers K verwiesen. Für dieses Studium ist nun die folgende Feststellung so einfach wie grundlegend:

F1.5 (Dedekind). *Seien K ein Körper und E ein Erweiterungskörper von K. Dann kann man E als Vektorraum über K auffassen.*

Dies ist klar: Wir betrachten auf E die gegebene Addition und nehmen als skalare Multiplikation $K \times E \to E$ einfach die Einschränkung der Multiplikation $E \times E \to E$ des Körpers E. Damit sind dann für E offenbar alle Gesetze eines K–Vektorraums erfüllt. – Betrachtet man im Übrigen den so erhaltenen K–Vektorraum E wieder zusammen mit der Multiplikation von E, so erhält man für E die Struktur einer *K–Algebra* (zum Begriff einer K–Algebra vgl. [24, S. 87]).

Indem man die Erweiterungskörper E eines Körpers K auch als K–Vektorräume betrachtet, erschließt man sich die methodische Kraft der *Linearen Algebra* (welche ja in ganz verschiedenen mathematischen Zusammenhängen sich immer wieder als fruchtbar erweist).

Definition 1.3. Ist E ein Erweiterungskörper des Körpers K, so bezeichnet man mit

$$[E : K]$$

die *Dimension* des K–Vektorraumes E. Statt $[E : K]$ schreiben wir auch $E : K$. Man nennt $E : K$ auch den *Grad* von E über K.

Beispiele. 1) Als $\mathbb{R}$–Vektorraum ist $\mathbb{C} = \mathbb{R}^2$, also gilt $\mathbb{C} : \mathbb{R} = 2$.

2) Es ist $\mathbb{Q}(i) : \mathbb{Q} = 2$, vgl. Beispiel zu Def. 1.1 und beachte $i \notin \mathbb{Q}$.

3) Wie wir bald sehen werden (vgl. S. 41), gilt $\mathbb{Q}(\sqrt[3]{2}) : \mathbb{Q} = 3$.

4) Wegen der Überabzählbarkeit von $\mathbb{R}$ kann $\mathbb{R} : \mathbb{Q}$ nicht endlich sein.

Die Nützlichkeit des durch F1.5 eingeführten Gesichtspunktes erweist sich bereits in der folgenden Feststellung:

F1.6. *Sei E ein Erweiterungskörper des Körpers K, und in K gelte $1+1 \neq 0$. Dann sind äquivalent:*

(i) $E : K = 2$.

(ii) *E entsteht aus K durch Adjunktion einer Quadratwurzel, die nicht schon in K liegt.*

Beweis. Gelte (i), und sei dann α ein Element von E, das nicht zu K gehört. Wegen $E : K = 2$ ist dann $1, \alpha$ notwendig eine K–Basis von E. Insbesondere besteht eine Relation der Form

$$\alpha^2 + p\alpha + q1 = 0 \text{ mit } p, q \in K.$$

Für $w := \alpha + \frac{p}{2}$ ist dann $w^2 = \frac{p^2}{4} - q \in K$. Wegen $E = K(\alpha) = K(w)$ gilt damit (ii).

Werde nun umgekehrt $E = K(w)$ mit $w^2 =: d \in K$ und $w \notin K$ vorausgesetzt. Zunächst ist dann $E' := \{a + bw \mid a, b \in K\}$ offenbar ein *Teilring* von E, der K enthält. Zum Beweis von (i) bleibt daher zu zeigen, dass für jedes $a + bw \neq 0$ aus E' auch $(a + bw)^{-1}$ zu E' gehört. Dies folgt aus

$$(a + bw)(a - bw) = a^2 - b^2 d \in K,$$

denn wegen $w = \sqrt{d} \notin K$ ist $a^2 - b^2 d \neq 0$. □

Mit F1.6 können wir dem Satz 1.1 nun auch die folgende Fassung geben:

Satz 1.2. *Wie oben sei $M \subseteq \mathbb{C}$ mit $0, 1 \in M$ gegeben, und es werde weiter $K := \mathbb{Q}(M \cup \overline{M})$ gesetzt. Dann sind für $z \in \mathbb{C}$ äquivalent:*

(i) $z \in \mathcal{A}M$.

(ii) *Es gibt eine endliche Kette $K = K_0 \subseteq K_1 \subseteq \ldots \subseteq K_m$ von Teilkörpern von $\mathbb{C}$ mit*

$$K_i : K_{i-1} = 2 \text{ für } 1 \leq i \leq m,$$

sodass $z \in K_m$.

Der eben formulierte Satz legt es nahe, die körpertheoretischen Gradbeziehungen in der Situation

$$\begin{array}{c} E \\ | \\ F \\ | \\ K \end{array} \tag{1.23}$$

zu untersuchen, bei der F ein Erweiterungskörper von K und E ein Erweiterungskörper von F sein soll.

F1.7 (Gradformel). *Sei E ein Erweiterungskörper von K, und sei F ein Teilkörper von E, der K enthält. Dann gilt*

$$[E:K] = [E:F] \cdot [F:K]. \tag{1.24}$$

Beweis. Ist $E:K$ endlich, so sind offenbar auch $E:F$ und $F:K$ endlich. Gelte nun

$$F:K = m, \quad E:F = n \tag{1.25}$$

mit natürlichen Zahlen m und n. Wir zeigen, dass dann auch $E:K$ endlich ist und die Gleichung (1.24) gilt. In der Tat: Wegen (1.25) hat man die Isomorphie $F \simeq K^m$ von K–Vektorräumen sowie die Isomorphie $E \simeq F^n$ von F–Vektorräumen. Daraus resultiert die Isomorphie

$$E \simeq F^n \simeq (K^m)^n = K^{mn}$$

von K–Vektorräumen. Folglich gilt $E:K = mn$, d.h. (1.24). Der wesentliche Gehalt der Aussage (1.24) ist damit bewiesen. (Im übrigen ist klar, wie man die obige Argumentation bei Fehlen jeglicher Endlichkeitsvoraussetzung zu modifizieren hat, um (1.24) dann als Gleichung entsprechender Kardinalzahlen nachzuweisen.) Ergänzend stellen wir aber noch fest: Ist $\alpha_1, \ldots, \alpha_m$ eine Basis von F über K und $\beta_1, \ldots, \beta_n$ eine Basis von E über F, so ist das System

$$(\alpha_i\beta_j)_{1\le i\le m,\, 1\le j\le n} \tag{1.26}$$

eine Basis des K–Vektorraumes E. Zunächst hat nämlich jedes $\alpha \in E$ eine Darstellung $\alpha = \sum_j b_j\beta_j$ mit Koeffizienten $b_j \in F$, die ihrerseits in der Gestalt $b_j = \sum_i a_{ij}\alpha_i$ mit $a_{ij} \in K$ geschrieben werden können; es folgt $\alpha = \sum_j(\sum_i a_{ij}\alpha_i)\beta_j = \sum_{i,j} a_{ij}\alpha_i\beta_j$, also ist das System (1.26) jedenfalls ein Erzeugendensystem des K–Vektorraumes E. Wegen $E:K = mn$ muss es dann sogar eine Basis sein. □

Als Folgerung von F1.7 (und F1.6) erhalten wir nun sofort:

F1.8. *Entsteht E aus K durch sukzessive Adjunktion von Quadratwurzeln, so gilt*

$$E:K = 2^m$$

mit einer ganzen Zahl $m \ge 0$.

Bemerkung. Leider gilt die Umkehrung der Aussage von F1.8 nicht (vgl. Aufg. 5.7).

Immerhin erhalten wir aus F1.8 für die Konstruierbarkeit einer Zahl folgende *notwendige* Bedingung.

F1.9. *Sei K ein Teilkörper von $\mathbb{C}$ mit $\overline{K} = K$. Ist dann $z \in \mathbb{C}$ konstruierbar aus K, so gilt notwendig*

$$K(z) : K \text{ ist eine Potenz von } 2. \tag{1.27}$$

Beweis. Sei $z \in \measuredangle K$. Nach Satz 1.1 liegt z dann in einem Erweiterungskörper E von K, der aus K durch sukzessive Adjunktion von Quadratwurzeln entsteht. Nach F1.8 ist $E : K = 2^m$ eine Potenz von 2. Wegen $z \in E$ ist $K(z) \subseteq E$. Aufgrund der Gradformel $[E : K] = [E : K(z)] \cdot [K(z) : K]$ ist dann $K(z) : K$ als Teiler von $E : K$ ebenfalls eine Potenz von 2. □

Wie schon angedeutet, ist die Umkehrung von F1.9 nicht allgemein richtig. Ein Gegenbeispiel erwähnen wir in Aufg. 5.7. Erst in Kapitel 11 werden wir darlegen können, wie die Bedingung (1.27) zu modifizieren ist, um zu einer *hinreichenden und notwendigen* Bedingung für die Konstruierbarkeit einer Zahl zu gelangen.

Mit Blick auf die genannten vier klassischen Konstruierbarkeitsprobleme haben wir aber aufgrund von F1.9 auf jeden Fall den folgenden Fragen nachzugehen:

α) $\mathbb{Q}(e^{i\varphi/3}) : \mathbb{Q}(e^{i\varphi}) = ?$
β) $\mathbb{Q}(\sqrt[3]{2}) : \mathbb{Q} = ?$
γ) $\mathbb{Q}(\pi) : \mathbb{Q} = ?$
δ) $\mathbb{Q}(e^{2\pi i/n}) : \mathbb{Q} = ?$

Können wir zum Beispiel zeigen, dass $\mathbb{Q}(\sqrt[3]{2}) : \mathbb{Q} = 3$ gilt, so wäre damit der Beweis für die *Unlösbarkeit* des Delischen Problems erbracht.

Ergänzende Bemerkungen

Das wohl bekannteste der Probleme der griechischen Antike ist die Frage nach der Quadratur des Kreises. Während die heutige Mathematik diese Frage eher als nebensächlich ansieht, war sie für die Zeitgenossen Euklids ein bedeutendes offenes Problem. Dies lag daran, dass die griechischen Mathematiker keinen Begriff der Länge oder der Fläche geometrischer Figuren hatten, sondern „nur“ deren Verhältnisse beschreiben konnten. Beispielsweise gab Euklid den

Flächeninhalt eines Dreiecks dadurch an, dass er ein flächengleiches Quadrat konstruierte; ähnlich gelang es Eudoxos, das Volumen einer Pyramide durch dasjenige des kleinsten sie umgebenden Quaders auszudrücken, und Archimedes bestimmte das Volumen einer Kugel, indem er es mit demjenigen des der Kugel umbeschriebenen Zylinders verglich. Archimedes war es auch, der zeigen konnte, dass die Fläche eines Kreises gleich der eines Dreiecks ist, das den Umfang des Kreises als Basis und den Radius als Höhe besitzt.

Offen blieb dabei, ob man bei gegebenem Kreis ein solches Dreieck nur mit Zirkel und Lineal konstruieren kann. Die Beschränkung auf Zirkel und Lineal rührt von Euklids Elementen her, in welchen gewisse Postulate unter anderem die Existenz von Geraden durch zwei gegebene Punkte und die von Kreisen mit gegebenem Radien durch einen ebenfalls gegebenen Mittelpunkt sicherstellen.

Dass gewisse Probleme lösbar werden, wenn man mehr Kurven zulässt, war den Griechen wohlbekannt; Archimedes z.B. konnte mit Hilfe seiner Spirale die Quadratur des Kreises lösen, und Menaechmus gelang die Lösung des Delischen Problems mit Hilfe von Hyperbel und Parabel: der Schnittpunkt der Hyperbel $y = \frac{2}{x}$ und der Parabel $y = x^2$ im ersten Quadranten hat offenbar die x-Koordinate $\sqrt[3]{2}$.

Dass dasselbe Problem der Würfelverdopplung mit Zirkel und Lineal nicht gelöst werden kann, ist eine relativ junge Einsicht, die erst durch die Algebraisierung des Problems (im Wesentlichen durch Gauß, der dies am Beispiel der Konstruierbarkeit der regelmäßigen n-Ecke vorexerzierte) möglich wurde. Dieser Algebraisierung wiederum ging die Koordinatisierung voraus, also die Einführung von Koordinaten durch Descartes und Fermat.

Wir haben bereits gesehen, dass die Unlösbarkeit des Delischen Problems mit Zirkel und Lineal eine Folge von $\mathbb{Q}(\sqrt[3]{2}\,) : \mathbb{Q} = 3$ ist. In den nachfolgenden Kapiteln werden wir genügend Hilfsmittel bereitstellen, mit denen man dies auf einen Schlag einsehen kann. Es mag aber doch hilfreich sein zu sehen, was uns noch fehlt, um den Grad von $\mathbb{Q}(\sqrt[3]{2}\,)$ „zu Fuß“ ausrechnen zu können.

Der kleinste Ring, der $\mathbb{Q}$ und $\sqrt[3]{2}$ enthält, besteht offenbar aus allen Ausdrücken der Form $a+b\sqrt[3]{2}+c\sqrt[3]{4}$ mit $a, b, c \in \mathbb{Q}$. Zum Nachweis von $K : \mathbb{Q} = 3$ müssen wir zeigen, dass

1. dieser Ring bereits ein Körper ist, und dass
2. die Elemente 1, $\sqrt[3]{2}$, $\sqrt[3]{4}$ über $\mathbb{Q}$ linear unabhängig sind.

Ad 1: sei also $\alpha = a + b\omega + c\omega^2 \neq 0$ mit $\omega = \sqrt[3]{2}$. Wie können wir ein inverses Element finden? Dazu betrachten wir die beiden Polynome $f(X) = X^3 - 2$ und $g(X) = a + bX + cX^2$. Könnten wir eine Relation $g(X)h(X) + r(X)f(X) = 1$ mit Polynomen $h, r \in \mathbb{Q}[X]$ angeben, so hätten wir gewonnen: Einsetzen von $X = \omega$ liefert dann nämlich $\alpha\beta = 1$ für $\beta = h(\omega)$.

Eine solche Relation erhält man aber durch Anwenden des euklidischen Algorithmus auf die beiden Polynome f und g, wenn man nur weiß, dass diese teilerfremd sind. Dies wiederum ist eine einfache Konsequenz der Tatsache, dass f irreduzibel und (aus Gradgründen) kein Teiler von g ist.

Ad 2: Hier ist zu zeigen, dass eine Gleichung $a + b\omega + c\omega^2 = 0$ für $a, b, c \in \mathbb{Q}$ nur bestehen kann, wenn $a = b = c = 0$ ist. Dies folgt aus der Tatsache, dass $f(X) = X^3 - 2$ das Minimalpolynom von ω ist, also das Polynom minimalen positiven Grades aus $\mathbb{Q}[X]$ ist, welches ω als Nullstelle besitzt. Dass diese Aussage nicht ganz trivial sein kann, sieht man daran, dass die lineare Unabhängigkeit von 1 und ω über $\mathbb{Q}$ äquivalent mit der Irrationalität von ω ist (vgl. aber Übung 6).

In den nächsten Kapiteln werden wir uns näher mit diesen Begriffen befassen und dann feststellen, dass uns die obigen Aussagen wie reife Früchte in den Schoß fallen werden. Es sei noch bemerkt, dass der Nachweis von $\mathbb{Q}(\sqrt[3]{2}) : \mathbb{Q} = 3$ mehr ist, als wir zur Lösung des Delischen Problems benötigen (sh. Aufg. 1.6, sowie Laugwitz [22]).

Übungen

1) Nach F1.2 wurde behauptet, dass $\mathbb{Q}$ der kleinste Teilkörper von $\mathbb{C}$ ist. Ist dies klar?
2) Warum folgt aus F1.3, dass $\sqrt{m} \in \mathcal{A}M$ für jedes $m \in \mathbb{Z}$ ist? Dasselbe Argument zeigt auch $\sqrt{a + b\sqrt{m}} \in \mathcal{A}M$ für $a, b \in \mathbb{Z}$, ähnliches gilt für höher verschachtelte Quadratwurzeln.
3) Seien E_1/K und E_2/K Körpererweiterungen, und seien E_1 und E_2 isomorph als K-Vektorräume. Sind E_1 und E_2 dann auch als Körper isomorph?
4) Zeige, dass man den Winkel $\phi = \frac{\pi}{2}$ mit Zirkel und Lineal dreiteilen kann. Zeige auch $\mathbb{Q}(e^{i\phi}) = \mathbb{Q}(i)$ und $\mathbb{Q}(e^{i\phi/3}) = \mathbb{Q}(i, \sqrt{-3})$; damit folgt die Behauptung auch aus Satz 1.2.
5) Um $\mathbb{Q}(\sqrt{2}) : \mathbb{Q} = 2$ zu zeigen, muss man nachweisen, dass $\sqrt{2}$ nicht in $\mathbb{Q}$ liegt, also irrational ist. Wir werden dies (und viel mehr) später direkt aus F5.7 ablesen können. Der bekannte Standardbeweis benutzt die eindeutige Primfaktorzerlegung in $\mathbb{Z}$, die wir in Kapitel 4 herleiten werden. Ein Beweis, der ganz ohne Hilfsmittel auskommt, ist der folgende: Ist $\sqrt{2}$ rational, so gibt es ein $q \in \mathbb{N}$ (mit $\mathbb{N}$ bezeichnen wir die Menge der natürlichen Zahlen) mit $q\sqrt{2} \in \mathbb{N}$, und wir dürfen annehmen, dass q die minimale solche Zahl Zahl ist. Dann ist $r := q(\sqrt{2} - 1) < q$ ebenfalls eine natürliche Zahl, und $r\sqrt{2} = 2q - q\sqrt{2}$ ist wieder ganz. Dies widerspricht der Minimalität von q.
   a) Ergänze die Details.

b) Zeige allgemein, dass $\sqrt{m}$ für $m \in \mathbb{N}$ genau dann rational ist, wenn $m = n^2$ für ein $n \in \mathbb{N}$ gilt.

Für einen weiteren Irrationalitätsbeweis sh. Übung 2.6.

6) Der eben gegebene Beweis lässt sich verallgemeinern: Sei $f(x) = x^n + a_{n-1}x^{n-1} + \ldots + a_0$ mit ganzzahligen $a_0, a_1, \ldots, a_{n-1}$. Ist α eine Nullstelle von f, so zeige man, dass α entweder eine ganze Zahl oder irrational ist. Insbesondere ist z.B. $\sqrt[3]{2}$ irrational.
Hinweis: Für nichtreelle α gibt es nichts zu zeigen. Andernfalls gibt es eine kleinste natürliche Zahl q, sodass $q\alpha^j$ für alle $j = 1, 2, \ldots, n-1$ ganzzahlig ist. Ist α keine ganze Zahl, so gibt es ein $k \in \mathbb{Z}$ mit $k < \alpha < k+1$. Jetzt betrachte $q(\alpha - k)$.

7) Zeige: ist $f(x) = x^n + a_{n-1}x^{n-1} + \ldots + a_0$ mit ganzzahligen $a_0, a_1, \ldots, a_{n-1}$, und gilt $f(a) = 0$ für ein $a \in \mathbb{Z}$, dann ist $a \mid a_0$.

8) Zeige, dass $\sqrt[3]{2}$ in keiner quadratischen Erweiterung von $\mathbb{Q}$ enthalten ist.

9) Sei $\omega = \sqrt[3]{2}$ die reelle Kubikwurzel der 2, $\rho = \frac{-1+\sqrt{-3}}{2}$ eine primitive dritte Einheitswurzel. Zeige, dass die Körper $\mathbb{Q}(\omega)$ und $\mathbb{Q}(\rho\omega)$ isomorph, aber nicht gleich sind.

10) Führe die in (1.14) und (1.15) skizzierte „Berechnung“ von $\zeta = e^{2\pi i/5}$ explizit durch und weise nach, dass

$$\zeta = \frac{1}{4}\Big(-1 + \sqrt{5} + i\sqrt{10 + 2\sqrt{5}}\Big)$$

gilt. Zeige weiter, dass damit

$$\cos\frac{2\pi}{5} = \frac{-1+\sqrt{5}}{4}, \qquad \sin\frac{2\pi}{5} = \frac{1}{4}\sqrt{10+2\sqrt{5}}$$

ist.

11) Sei $\zeta = e^{2\pi i/7}$ eine primitive siebte Einheitswurzel. Setze $\alpha = \zeta + \zeta^{-1}$ und $\beta = \zeta + \zeta^2 + \zeta^4$.
   a) Zeige $\beta^2 - \beta + 2 = 0$, und genauer, dass $\beta = \frac{1}{2}(1 + i\sqrt{7})$ ist.
   b) Zeige $\alpha^3 + \alpha^2 - 2\alpha - 1 = 0$.
   c) Zeige $\mathbb{Q}(\alpha) : \mathbb{Q} = 3$.
   d) Zeige, dass das regelmäßige Siebeneck nicht mit Zirkel und Lineal konstruierbar ist.

12) Zeige entsprechend, dass das regelmäßige Neuneck nicht mit Zirkel und Lineal konstruierbar ist (auch hier genügt $\zeta + \zeta^{-1}$ einer kubischen Gleichung).

Aufgaben und Bemerkungen

1.1 Sei K ein Teilkörper von $\mathbb{C}$, und es seien a und b Elemente aus $K^\times$. Man zeige die Äquivalenz von
(i) $K(\sqrt{a}) = K(\sqrt{b})$
(ii) Es gibt ein $c \in K^\times$ mit $a = bc^2$.
(Die Voraussetzung $K \subseteq \mathbb{C}$ ist dabei nicht wesentlich; die Behauptung gilt sinngemäß für jeden Körper K, in dem $1 + 1 \neq 0$.)

1.2 Sei K ein Teilkörper von $\mathbb{C}$ mit $\overline{K} = K$ und sei w eine komplexe Zahl mit $w^2 \in K$. Gilt dann stets $\overline{K(w)} = K(w)$? Die Antwort ist negativ (weshalb auch im Beweis von Satz 1.1 eine gewisse Vorsicht angebracht war).
Hinweis: Man betrachte zum Beispiel $K = \mathbb{Q}(i)$ mit $w^2 = 1 + i$ (und benutze Aufg. 1.1 mit $a = 1 + i$, $b^{-1} = 1 - i$).

1.3 In F1.9 kann man auf die Voraussetzung $K = \overline{K}$ nicht verzichten (ebensowenig wie man in Satz 1.1 den Körper $\mathbb{Q}(M \cup \overline{M})$ etwa durch $\mathbb{Q}(M)$ ersetzen kann). Am schlagendsten überzeugt man sich wie folgt davon (wobei man allerdings Begriffe heranzieht, die wir erst später behandeln werden, vgl. Kap. 2 und Kap. 18): Man wähle ein Paar *algebraisch unabhängiger* reeller Zahlen x, y und setze $K = \mathbb{Q}(x + iy), E = \mathbb{Q}(i, x, y)$. Dann gilt $E \subseteq \mathcal{A}K$, aber E/K ist nicht einmal *algebraisch,* denn sonst erhielte man für die *Transzendenzgrade* den Widerspruch $2 = \operatorname{Trgd}(E/\mathbb{Q}) \leq \operatorname{Trgd}(K/\mathbb{Q}) \leq 1$.

1.4 Sei E/K eine endliche Körpererweiterung. Zeige: Ist $E : K$ eine Primzahl, so besitzt E/K keine echten Zwischenkörper, und für jedes $\alpha \in E$ mit $\alpha \notin K$ ist daher $E = K(\alpha)$.

1.5 Beweise $\mathbb{Q}(\sqrt{2}, \sqrt{3}) : \mathbb{Q} = 4$ und $\mathbb{Q}(\sqrt{2} + \sqrt{3}) = \mathbb{Q}(\sqrt{2}, \sqrt{3})$.

1.6 Sei K ein Teilkörper von $\mathbb{C}$; ist dann $\sqrt[3]{2}$ in einer quadratischen Erweiterung von K enthalten, dann gilt bereits $\sqrt[3]{2} \in K$. Zeige, dass daraus folgt, dass sich $\sqrt[3]{2}$ nicht mit Zirkel und Lineal konstruieren lässt.

1.7 Betrachte $f(X) = a_3X^3 + a_2X^2 + a_1X + a_0 \in \mathbb{Q}[X]$. Zeige: f hat genau dann eine mit Zirkel und Lineal aus 0 und 1 konstruierbare Wurzel, wenn f eine rationale Wurzel hat. Hinweise: Sei α eine konstruierbare Wurzel, welche in einem K_n mit minimalem $n \geq 0$ liegt (vgl. Satz 1.2). Zu zeigen ist $n = 0$. Dies geht so: ist $n > 0$, so schreibe $\alpha = a + b\sqrt{d}$ mit $a, b, d \in K_{n-1}$. Dann ist auch $\beta = a - b\sqrt{d}$ eine Wurzel von f. Jetzt wende Vieta an und schließe, dass für die dritte Wurzel $\gamma \in K_{n-1}$ gilt im Widerspruch zur Wahl von α.

1.8 Sei K ein Körper mit unendlich vielen Elementen und E ein Erweiterungskörper vom Grade $n > 1$ über K. Zeige, dass dann hinsichtlich der multiplikativen Gruppen von E und K gilt: Die Restklassengruppe (Faktorgruppe) $E^\times/K^\times$ ist nicht endlich. (Hinweis: Andernfalls wäre der K-Vektorraum $E \simeq K^n$ Vereinigung endlich vieler eindimensionaler Teilräume oder anders ausgedrückt, der projektive Raum $P_{n-1}(K)$ wäre endlich.)

Bemerkung. Die Gruppe $E^\times/K^\times$ ist sogar nicht endlich erzeugt, was aber viel tiefer liegt, vgl. *A. Brandis* [3].

1.9 In einem dänischen Schulbuch (1854 in Flensburg erschienen) findet sich folgende Konstruktionsvorschrift für die 7-Teilung des Kreises S um 0 vom Radius 1: Schlage um $z_1 = 1$ einen Kreis mit dem Radius 1. Dessen Schnittpunkt mit S seien z_2 und z_3. Sei z_4 der Schnittpunkt der Geraden durch z_2 und z_3 mit der Geraden durch 0 und z_1. Beginnend in $z_1 = 1$ trage man nun die Länge $|z_4 - z_2|$ siebenmal nacheinander auf dem Kreis S ab.

Ist damit die von Gauß aufgestellte Behauptung (vgl. F5.11) widerlegt, dass $e^{2\pi i/7}$ nicht in $\mathcal{A}\{0, 1\}$ liegt? Zeige: Die Punkte, die man gemäß obiger Vorschrift erhält, sind die Potenzen $z, z^2, \ldots, z^7$ der komplexen Zahl $z = 5/8 + (\sqrt{39}/8)i$. Es folgt $65536z^7 = 65530 - (142\sqrt{39})i$.

1.10 Bekanntlich gibt es durch drei nicht kollineare Punkte in der Ebene genau einen Kreis. Zeige, dass man $Kr(M)$ ersetzen darf durch die Menge aller Kreise, die durch drei nicht kollineare Punkte von M gehen.

2. Der Begriff einer algebraischen Körpererweiterung

Nachdem wir gesehen haben, wie gewisse Fragen zur Konstruktion mit Zirkel und Lineal in die Sprache der Algebra übersetzt werden können, wollen wir nun darangehen, diese algebraischen Probleme anzugreifen. Grothendieck beschrieb einmal zwei Methoden zum Knacken solcher mathematischen Nüsse: zum einen kann man einen Meißel ansetzen und mit einem Hammer einige Schläge anbringen. Zum andern kann man die Nuss ins Wasser legen, hin und wieder die Schale reiben und ansonsten abwarten; nach einigen Wochen oder Monaten, wenn die Zeit reif ist, genügt ein leichter Druck, um die Nuss „wie eine reife Avocado" zu öffnen.

Die in Kap. 1 aufgeworfenen Konstruierbarkeitsfragen wurden 1837 von Wantzel mit der Hammer-und-Meißel–Methode gelöst: in [40] beginnt er mit der Beobachtung F1.4, spricht aber statt von Körpererweiterungen nur von Polynomen; die „sukzessive Adjunktion von Quadratwurzeln" in Def. 1.2 ist bei ihm beispielsweise noch eine Folge von Gleichungen $x_1^2 + Ax_1 + B = 0$, $x_2^2 + A_1x_2 + B_1 = 0, \ldots$, wobei A und B „rationale Funktionen der gegebenen Größen p, q, r, $\ldots$," A_1 und B_1 „rationale Funktionen von x_1, p, q, r, $\ldots$," usw. sind. Ganz anders ging Gauß bei der Konstruierbarkeit des regelmäßigen Siebzehnecks vor: zumindest in der Publikation in seinen Disquisitiones Arithmeticae [14] entwickelt er nämlich behutsam seine Theorie der Auflösung von Gleichungen der Form $x^n - 1 = 0$ durch Radikale, um sie erst ganz zum Schluss auf das Problem der Konstruktion des 17-ecks anzuwenden.

In den folgenden Kapiteln werden wir unsere vier Probleme aus Kap. 1 ebenfalls algebraisch angreifen; dabei wird die Geduld mancher Leser vielleicht gelegentlich etwas strapaziert: so werden wir das Delische Problem in Kap. 3 lösen, die Dreiteilung des Winkels in Kap. 5, die Konstruktion regelmäßiger n-Ecke in den Kapiteln 5 und 11, die Quadratur des Kreises schließlich erst in Kap. 17. Dafür wird, wer bis dahin durchhält, aber in der

Lage sein, auch andere (und vielleicht wichtigere) Probleme zu lösen als die vier Probleme der griechischen Antike.

2.1 Körpererweiterungen

Seien K ein Körper und E ein Erweiterungskörper von K; bei Vorliegen einer solchen Situation sagen wir auch:

Sei E/K eine *Körpererweiterung.*

Ein Element α von E nennt man *algebraisch über* K, falls es ein Polynom $f(X) \neq 0$ aus $K[X]$ gibt mit

$$f(\alpha) = 0.$$

Ist α nicht algebraisch über K, so heißt α *transzendent über* K.

Bemerkungen. 1. Ist $K = \mathbb{Q}$ und $E = \mathbb{C}$, so heißen die über K algebraischen Elemente von E *(absolut-)algebraische Zahlen.* Die über K transzendenten Elemente von E heißen *transzendente Zahlen.*

Beispiel. $\alpha := \sqrt[3]{2}$ ist eine algebraische Zahl, da α Nullstelle des Polynoms $X^3 - 2 \in \mathbb{Q}[X]$ ist.

2. Die Menge der algebraischen Zahlen ist abzählbar, denn $\mathbb{Q}[X]$ ist abzählbar, und jedes von Null verschiedene Polynom aus $\mathbb{Q}[X]$ hat nur endlich viele Nullstellen in $\mathbb{C}$. Es muss daher überabzählbar viele transzendente Zahlen geben. Eine bestimmte transzendente Zahl wirklich anzugeben, ist eine andere (viel schwierigere) Sache.

Satz 2.1. *Sei M eine Teilmenge von $\mathbb{C}$, welche 0 und 1 enthält. Dann gilt: Ist $z \in \mathcal{A}M$, so ist z algebraisch über $K := \mathbb{Q}(M \cup \overline{M})$.*

Den Beweis hierfür erbringen wir erst im Verlauf dieses Kapitels. – Wir zitieren den berühmten

Satz 2.2 (Lindemann 1882). *Die Zahl π ist transzendent.*

Folgerung: *Die Quadratur des Kreises ist unmöglich.*

Beweis. Wäre sie möglich, so wäre $\pi \in \mathcal{A}\mathbb{Q}$; nach Satz 1 müsste dann π aber algebraisch sein, was nach Lindemann eben nicht der Fall ist. □

Der *Satz von Lindemann* lässt sich unter Heranziehung ziemlich elementarer Hilfsmittel aus Algebra und Analysis begründen, doch ist die Beweisführung insgesamt recht verwickelt. Wir werden an späterer Stelle darauf eingehen (vgl. Kap. 17).

Wir beginnen nun unsere körpertheoretischen Betrachtungen mit der folgenden Feststellung

F2.1. *Es sei E/K eine Körpererweiterung. Ist $\alpha \in E$ algebraisch über K, so ist $K(\alpha) : K < \infty$.*

Beweis. Zu $\alpha \in E$ gebe es ein nicht–triviales Polynom

$$f(X) = X^n + a_{n-1}X^{n-1} + \ldots + a_0 \in K[X] \tag{2.1}$$

mit $f(\alpha) = 0$; dabei haben wir ohne Einschränkung f als *normiert* (ein Polynom heißt normiert, wenn es Leitkoeffizienten 1 hat) angenommen. Es gibt genau einen K–Algebrenhomomorphismus φ des Polynomringes $K[X]$ in E mit $\varphi(X) = \alpha$; sein Bild werde wie üblich mit $K[\alpha]$ bezeichnet (vgl. z.B. [24, S. 182 ff]). Der Ring

$$R := K[\alpha]$$

besteht demnach aus genau den Elementen von E, die sich als Polynomausdrücke $g(\alpha)$ in α mit Koeffizienten aus K schreiben lassen. Aus

$$\alpha^n = -(a_{n-1}\alpha^{n-1} + \ldots + a_1\alpha + a_0) \tag{2.2}$$

erkennt man nun aber sofort, dass man mit Polynomen g vom Grade $\leq n-1$ auskommt, also:

$$R = \{c_0 + c_1\alpha + \ldots + c_{n-1}\alpha^{n-1} \mid c_i \in K\}. \tag{2.3}$$

Als Vektorraum über K besitzt daher R höchstens die Dimension n. Da R als Teilring von E trivialerweise nullteilerfrei ist, schließen wir aus der nachstehenden Feststellung, dass R notwendigerweise ein Körper ist. Es folgt $K(\alpha) \subseteq R$ (vgl. die Definition von $K(\alpha)$), also $R = K(\alpha)$. Zusammen mit (2.3) erhält man dann

$$K(\alpha) = \{c_0 + c_1\alpha + \ldots + c_{n-1}\alpha^{n-1} \mid c_i \in K\}. \tag{2.4}$$

Insbesondere gilt also

$$K(\alpha) : K \leq n. \tag{2.5}$$

□

F2.2. *Sei R ein Integritätsring (d.h. ein kommutativer, nullteilerfreier Ring mit $1 \neq 0$), und es sei K ein Teilkörper von R. Ist dann R als K–Vektorraum endlich–dimensional, so ist R ein Körper.*

Beweis. Zu gegebenem $a \neq 0$ aus R betrachten wir die durch Multiplikation mit a vermittelte Abbildung $h : R \to R$, also $h(x) = ax$ für alle x aus R. Dann ist h ein Endomorphismus des K–Vektorraumes R. Da R nullteilerfrei sein soll, ist h injektiv. Wegen der vorausgesetzten Endlichdimensionalität von R über K ist dann h auch surjektiv. Insbesondere gibt es daher ein b aus R mit $ab = 1$. □

Bemerkung. Ganz analog beweist man: *Jeder Integritätsring mit nur endlich vielen Elementen ist ein Körper.*

2.2 Minimalpolynome

Sei E/K eine Körpererweiterung, und sei $\alpha \in E$ algebraisch über K. Wir betrachten dann den durch Multiplikation mit α vermittelten Endomorphismus h des K–Vektorraumes $K(\alpha)$. Das Minimalpolynom f von h heißt das *Minimalpolynom von α über K*; wir verwenden dafür die Bezeichnung

$$f = \mathrm{Mipo}_K(\alpha).$$

Das Minimalpolynom von α über K ist das normierte Polynom kleinsten Grades aus $K[X]$, welches α als Nullstelle besitzt. (Dass es übrigens nur ein solches Polynom geben kann, ist sofort klar: Sind nämlich f, g normierte Polynome vom gleichen Grad n, so ist grad $(f - g) < n$.) Den Grad von $f = \mathrm{Mipo}_\alpha(K)$ nennen wir auch den *Grad von α über K*; er werde mit $[\alpha : K]$ bezeichnet.

Beispiel. Wir betrachten $E = \mathbb{C}$, $K = \mathbb{Q}$ und $\alpha = e^{2\pi i/3}$. Dann ist α Nullstelle von $X^3 - 1$. Nun ist $X^3 - 1 = (X-1)g(X)$ mit $g(X) = X^2 + X + 1$; wegen $\alpha \neq 1$ ist dann $g(\alpha) = 0$. Sei $f = \mathrm{Mipo}_K(\alpha)$. Wäre $f \neq g$, so könnte f nur die Gestalt $f(X) = X - \alpha$ besitzen, was aber wegen $\alpha \notin \mathbb{R}$ unmöglich ist.

F2.3. *Sei E/K eine Körpererweiterung, und $\alpha \in E$ sei algebraisch über K, und zwar vom Grade $n := [\alpha : K]$. Dann ist das System*

$$1, \alpha, \alpha^2, \dots, \alpha^{n-1} \tag{2.6}$$

von Elementen aus E eine Basis von $K(\alpha)$ über K. Insbesondere also gilt

$$K(\alpha) : K = [\alpha : K] = \text{grad Mipo}_K(\alpha). \tag{2.7}$$

Beweis. Sei $f(X) = X^n + \dots + a_1X + a_0$ das Minimalpolynom von α über K. Wie wir beim Beweis von F2.1 schon gesehen haben, ist dann notwendig

$$K(\alpha) : K \leq n,$$

vgl. (2.4). Es bleibt daher nur zu zeigen, dass das System (2.6) linear unabhängig über K ist. Gelte also

$$\sum_{i=0}^{n-1} c_i\alpha^i = 0 \ \text{ mit } \ c_i \in K. \tag{2.8}$$

Wir setzen $g(X) := \sum_{i=0}^{n-1} c_iX^i$. Wäre nur ein $c_i \neq 0$ in (2.8), so wäre $g(X)$ ein Polynom $\neq 0$ aus $K[X]$ mit $g(\alpha) = 0$ und grad $g < n$. Widerspruch! □

2.3 Endliche Körpererweiterungen

Es sei E/K eine Körpererweiterung, und $\alpha \in E$ sei algebraisch über K. Ist dann jedes beliebige $\beta \in K(\alpha)$ ebenfalls algebraisch über K?

Definition 2.1. Eine *Körpererweiterung* E/K heißt *algebraisch,* wenn *jedes* Element β von E algebraisch über K ist. Eine Körpererweiterung E/K heißt *endlich,* wenn $E : K < \infty$.

Bemerkung. $\mathbb{C}/\mathbb{R}$ ist endlich, denn $\mathbb{C} : \mathbb{R} = 2$. Die Erweiterung $\mathbb{R}/\mathbb{Q}$ ist nicht algebraisch, vgl. Bemerkung b) in 2.1.

Eine Erweiterung E/K heiße *transzendent,* wenn sie nicht algebraisch ist.

F2.4. *Ist eine Körpererweiterung E/K endlich, so ist sie auch algebraisch; für jedes $\beta \in E$ ist dann $[\beta : K]$ ein Teiler von $E : K$.*

Beweis. Sei also E/K endlich vom Grade n. Für beliebiges β aus E ist dann das $(n+1)$–gliedrige System $1, \beta, \beta^2, \ldots, \beta^n$ des n–dimensionalen K–Vektorraumes E linear abhängig. Es gibt folglich $a_0, a_1, \ldots, a_n \in K$ – nicht alle gleich 0 – mit

$$a_0 1 + a_1\beta + \ldots + a_n\beta^n = 0.$$

Also ist β algebraisch über K. Nach F2.3 gilt $[\beta : K] = K(\beta) : K$, und $K(\beta) : K$ ist aufgrund der Gradformel (vgl. F1.7) ein Teiler von $E : K$. □

Jetzt erhalten wir leicht die positive Antwort auf die eingangs gestellte Frage.

F2.5. *Sei E/K eine Körpererweiterung. Ist $\alpha \in E$ algebraisch über K, so ist die Körpererweiterung $K(\alpha)/K$ algebraisch.*

Beweis. Ist α algebraisch über K, so ist $K(\alpha)/K$ nach F2.1 endlich. Jede endliche Körpererweiterung aber ist algebraisch (F2.4). □

Zusammengenommen ergeben F2.1 und F2.4 das folgende Kriterium:

F2.6. *Sei E/K eine Körpererweiterung, und sei α ein Element von E. Genau dann ist α algebraisch über K, wenn $K(\alpha)/K$ endlich ist.*

Nun ist es auch ein Leichtes, Satz 2.1 zu beweisen, den wir jetzt nochmals wie folgt formulieren:

Satz 2.3. *Sei M eine Teilmenge von $\mathbb{C}$, die 0 und 1 enthält, und setze $K = \mathbb{Q}(M \cup \overline{M})$. Dann ist die Körpererweiterung $\curlywedge M/K$ algebraisch.*

Beweis. Sei $z \in \curlywedge M$. Aus F1.9 folgt $K(z) : K < \infty$. Nach F2.6 ist daher z algebraisch über K. □

Bemerkung. Die Umkehrung von F2.4 ist nicht richtig: Es gibt algebraische Körpererweiterungen E/K, die nicht endlich sind. Dies werden wir später ohne Mühe sehen können. Ein in unserem Zusammenhang natürliches Gegenbeispiel ist übrigens das folgende: Es sei $E = \curlywedge\{0, 1\}$ der Körper aller mit Zirkel und Lineal aus $\{0, 1\}$ konstruierbaren Zahlen. Dann ist die Körpererweiterung $E/\mathbb{Q}$ algebraisch, aber nicht endlich. (Dies ist mit unseren bisherigen Hilfsmitteln nicht ganz leicht zu beweisen, man denke aber einmal darüber nach, vgl. Aufgabe 2.5.)

Die endlichen unter den algebraischen Körpererweiterungen können jedenfalls wie folgt beschrieben werden:

F2.7. *Es sei E/K eine Körpererweiterung. Dann sind äquivalent:*

(i) *Es gibt endlich viele über K algebraische Elemente $\alpha_1, \ldots, \alpha_m$ von E mit $E = K(\alpha_1, \ldots, \alpha_m)$.*
(ii) *E/K ist endlich.*

Beweis. (ii) $\Rightarrow$ (i) ist klar. Wir brauchen für $\alpha_1, \ldots, \alpha_m$ nur eine Basis von E/K zu nehmen. Dann gilt sogar $E = K\alpha_1 + \ldots + K\alpha_m$, und nach F2.4 sind alle α_i algebraisch über K.

Wir zeigen (i) $\Rightarrow$ (ii) durch Induktion nach m. Für $m = 0$ ist nichts zu beweisen. Gelte also (i) mit einem $m \geq 1$ und setze

$$K' = K(\alpha_1, \ldots, \alpha_{m-1}).$$

Dann hat man $E = K'(\alpha_m)$. Da α_m algebraisch über K ist, so erst recht über dem größeren Körper K'. Nach F2.1 ist daher $E : K' < \infty$. Per Induktionsannahme ist auch K'/K endlich. Die Gradformel (vgl. F1.7) liefert dann die Endlichkeit von E/K. □

2.4 Algebraische Körpererweiterungen

Sei E/K eine Körpererweiterung. Ein Teilkörper L von E, der K enthält, heißt ein *Zwischenkörper* der Körpererweiterung E/K.

F2.8. *Sei E/K eine beliebige Körpererweiterung. Dann ist die Teilmenge*

$$F = \{\alpha \in E \mid \alpha \ \text{ algebraisch über } K\}$$

ein Zwischenkörper von E/K. Er heißt der „algebraische Abschluss von K in E“. Insbesondere ist die Menge $\mathbb{Q}^c$ aller (absolut-) algebraischen Zahlen ein Teilkörper von $\mathbb{C}$.

Beweis. Seien $\alpha, \beta \in F$. Wir betrachten den Teilkörper $K(\alpha, \beta)$ von E. Nach F2.7 ist $K(\alpha, \beta)/K$ endlich (zur Übung beweise man dies noch einmal). Jetzt wenden wir F2.4 an; danach sind alle Elemente von $K(\alpha, \beta)$ algebraisch über K, also haben wir

$$K(\alpha, \beta) \subseteq F.$$

Als Elemente von $K(\alpha, \beta)$ gehören dann insbesondere auch $\alpha + \beta$, $\alpha - \beta$, $\alpha\beta$ sowie $1/\alpha$ (im Falle $\alpha \neq 0$) zu F. Somit ist F wirklich ein Teilkörper von

E. Trivialerweise ist $K \subseteq F$, denn jedes $\alpha \in K$ ist Nullstelle des Polynoms $X - \alpha \in K[X]$ und daher algebraisch über K. Damit ist die Behauptung vollständig bewiesen. □

Den geführten Beweis kann man gewiss als leicht bezeichnen, doch leicht nur deshalb, weil uns geeignete Begriffe zur Verfügung standen. Eine Folgerung aus F2.8 ist beispielsweise, dass mit α und β auch $\alpha + \beta$ algebraisch über K ist; ein direkter Beweis dieser Tatsache würde erfordern, direkt ein normiertes Polynom h über K mit $h(\alpha + \beta) = 0$ anzugeben, wenn entsprechende Polynome f, g mit $f(\alpha) = 0,\ g(\beta) = 0$ bekannt sind. Während dies vor 100 Jahren zur Standardausbildung in Algebra gehört hat (Stichwort: Resultanten), zieht man heute den konzeptionellen und rechenfreien Zugang vor.

F 2.9 (Transitivität der Algebraizität). *Sei L ein Zwischenkörper der Körpererweiterung E/K. Sind dann E/L sowie L/K algebraisch, so auch E/K (und umgekehrt).*

Beweis. Sei $\beta \in E$. Nach Voraussetzung ist β algebraisch über L. Sind dann $\alpha_0, \alpha_1, \ldots, \alpha_{n-1}$ die Koeffizienten von $\mathrm{Mipo}_L(\beta)$, so ist β auch algebraisch über dem Teilkörper $F := K(\alpha_0, \alpha_1, \ldots, \alpha_{n-1})$. Nach Voraussetzung sind alle α_i algebraisch über K. Wir können dann F2.7 anwenden und erhalten $F : K < \infty$. Wegen F2.6 ist aber auch $F(\beta) : F < \infty$. Die Gradformel liefert dann

$$F(\beta) : K < \infty.$$

Mit F2.4 folgt daraus speziell, dass β algebraisch über K ist. □

F 2.10. *Seien E/K eine Körpererweiterung und A eine Teilmenge von E. Besteht A nur aus über K algebraischen Elementen, so ist $K(A)/K$ algebraisch.*

Beweis. Offenbar ist $K(A)$ die Vereinigung aller $K(M)$, wobei M die *endlichen* Teilmengen von A durchläuft. Nach F2.7 ist aber jedes $K(M)/K$ endlich und somit auch algebraisch. Also besteht $K(A)$ nur aus über K algebraischen Elementen. – Natürlich folgt F2.10 auch direkt aus F2.8. □

F 2.11. *Sei E/K eine Körpererweiterung, und L_1, L_2 seien Zwischenkörper von E/K. Man nennt*

$$L_1 L_2 := L_1(L_2) = L_2(L_1) \tag{2.9}$$

das Körperkompositum *von* L_1 *und* L_2 *in* E. *Es gelten:*

a) Ist L_1/K *algebraisch, so auch* L_1L_2/L_2.
b) Ist L_1/K *endlich, so auch* L_1L_2/L_2, *und zwar gilt* $L_1L_2 : L_2 \leq L_1 : K$.
c) Sind L_1/K *und* L_2/K *algebraisch, so auch* L_1L_2/K.
d) Sind L_1/K *und* L_2/K *endlich, so auch* L_1L_2/K; *sind überdies die Körpergrade* $n_1 = L_1 : K$ *und* $n_2 = L_2 : K$ *teilerfremd, so gilt* $L_1L_2 : K = n_1n_2$.

Beweis. Im Hinblick auf (2.9) folgt a) aus F2.10. Mit F2.9 hat man dann sofort auch c). Seien L_1/K und L_2/K endlich. Wird b) schon als bewiesen angenommen, so folgt damit nach der Gradformel

$$L_1L_2 : K = (L_1L_2 : L_2)(L_2 : K) \leq (L_1 : K)(L_2 : K) \tag{2.10}$$

also der erste Teil von d). Aufgrund der Gradformel ist außerdem $L_1L_2 : K$ sowohl durch n_1 als auch durch n_2 teilbar. Sind n_1, n_2 also teilerfremd, so ist n_1n_2 ein Teiler von $L_1L_2 : K$, woraus sich zusammen mit (2.10) auch der zweite Teil von d) ergibt.

Es bleibt also b) zu zeigen. Hierzu betrachte man die Menge R aller endlichen Summen von Produkten ab mit $a \in L_1, b \in L_2$. Offenbar ist R ein Teilring von E, welcher L_1 und L_2 enthält. Ferner ist klar, dass eine Basis von L_1/K jedenfalls ein lineares Erzeugendensystem des L_2–Vektorraumes R liefert und daher insbesondere $R : L_2 \leq L_1 : K$ gilt. Unter der Voraussetzung $L_1 : K < \infty$ ist daher R ein Körper, vgl. F2.2. Es folgt $R = L_1L_2$, womit alles bewiesen ist. □

Übungen

1) Sei $K/\mathbb{Q}$ eine algebraische Körpererweiterung und $z \in \mathbb{R}$ transzendent über $\mathbb{Q}$. Ist dann die Erweiterung $K(z)/\mathbb{Q}(z)$ ebenfalls algebraisch?
2) Gibt es einen Teilkörper K von $\mathbb{R}$ mit der Eigenschaft, dass $K(\pi) : K = 2$ ist?
3) Sei K ein abzählbarer Körper und E/K eine algebraische Körpererweiterung. Ist dann auch E abzählbar?
4) Sei E/K eine Körpererweiterung und E abzählbar. Ist dann E/K algebraisch?
5) Es seien E_1/K und E_2/K Teilerweiterungen einer endlichen Erweiterung E/K. Sind $E_1 : K$ und $E_2 : K$ teilerfremd, dann gilt $E_1 \cap E_2 = K$.

6) Der folgende Beweis der Irrationalität von $\sqrt{2}$ benutzt etwas Algebra und Analysis: Sei $\alpha = \sqrt{2} - 1$; aus $0 < \alpha < 1$ folgt $\lim_{k\to\infty} \alpha^k = 0$. Wäre $\sqrt{2} = \frac{p}{q}$, so hätten wir, weil $\mathbb{Z}[\sqrt{2}\,]$ ein Ring ist, $0 < \alpha^k = a + b\sqrt{2} = \frac{aq+bp}{q}$, und die rechte Seite ist durch $\frac{1}{q}$ nach unten beschränkt.
Ergänze die Details und zeige, dass man mit dieser Methode einen neuen Beweis von Übung 1.6 erhält.

Aufgaben und Bemerkungen

2.1 Sei E/K eine Körpererweiterung, und L_1, L_2 seien Zwischenkörper von E/K mit $L_i : K < \infty$. Zeige: Ist $L_1L_2 : K = [L_1 : K] \cdot [L_2 : K]$ so folgt $L_1 \cap L_2 = K$. (Das Umgekehrte gilt nicht, vgl. das Beispiel in Aufg. 3.1.)

2.2 Beweise $\mathbb{Q}(\sqrt{2}, \sqrt{1+i}) : \mathbb{Q} = 8$. Hinweis: Für $w = \sqrt{1+i}$ ist $w\overline{w} = \sqrt{2}$, also $\mathbb{Q}(\sqrt{2}, w) = \mathbb{Q}(i, w, \overline{w})$. Nun vgl. Aufg. 1.2.

2.3 Sei E/K eine Körpererweiterung. Zeige: E/K ist genau dann algebraisch, wenn jeder Teilring R von E, welcher K enthält, ein Körper ist.

2.4 Sei R ein kommutativer Ring mit Eins und K ein Teilring von R. Zeige: Ist der Ring K ein Körper und R nullteilerfrei, so gilt $1_R = 1_K$ (also insbesondere $1_R \neq 0$, und somit ist R ein Integritätsring, ferner R ein K–Vektorraum). Belege durch ein Beispiel, dass $1_R \neq 1_K$ gelten kann, wenn R nicht als nullteilerfrei vorausgesetzt wird.

2.5 Rekursiv definiere man die Folge $(\alpha_n)_n$ reeller Zahlen $\alpha_n > 0$ durch $\alpha_1 = 2$, $\alpha_{n+1} = \sqrt{\alpha_n}$. Für alle n ist dann $\alpha_n \in \mathbb{A}\mathbb{Q}$, und es gilt

$$\mathbb{Q}(\alpha_{n+1}) : \mathbb{Q} = 2^n \tag{2.11}$$

(sodass also die algebraische Körpererweiterung $\mathbb{A}\mathbb{Q}/\mathbb{Q}$ *nicht endlich* sein kann). Zum Beweis zeigen wir durch Induktion nach n, dass stets

$$\mathbb{Q}(\alpha_{n+1}) : \mathbb{Q}(\alpha_n) = 2 \tag{2.12}$$

gilt. Der Induktionsanfang $n = 1$ folgt aus $\sqrt{2} \notin \mathbb{Q}$. Angenommen, für ein $n > 1$ gelte (2.12) nicht, d.h. es sei $\alpha_{n+1} \in \mathbb{Q}(\alpha_n) = \{a + b\alpha_n \mid a, b \in \mathbb{Q}(\alpha_{n-1})\}$. Mit $\alpha_{n+1} = a + b\alpha_n$ ist dann $\alpha_n = \alpha_{n+1}^2 = a^2 + b^2\alpha_n^2 + 2ab\alpha_n = a^2 + b^2\alpha_{n-1} + 2ab\alpha_n$. Aus der Induktionsvoraussetzung ergibt sich $a^2 + b^2\alpha_{n-1} = 0$ und wegen $\alpha_{n-1} > 0$ somit $a = b = 0$. – Es sei bemerkt, dass sich die Behauptung (2.11) aus späteren Ergebnissen (Kap. 3, Kap. 5) mit einem Schlage ablesen lässt: α_{n+1} ist Nullstelle des Polynoms $X^{2^n} - 2$, und dieses ist *irreduzibel* über $\mathbb{Q}$.

2.6 Sei $(p_n)_n$ die Folge der natürlichen Primzahlen. Indem man ähnlich wie in 2.5 vorgeht, zeige man induktiv:

$$\mathbb{Q}(\sqrt{p_1}, \ldots, \sqrt{p_n}) : \mathbb{Q} = 2^n.$$

Später werden wir sehen, dass sich diese Aussage (sowie auch die von Aufg. 1.1) aus der sogenannten *Kummertheorie* direkt ablesen lässt (vgl. Kap. 14).

2.7 Zeige, dass $a = \sin 45^\circ$ und $b = \cos 72^\circ$ *algebraische Zahlen* sind und beide nicht in $\mathbb{Q}$ liegen. (Hinweis: Für b vgl. Kap. 1, Beispiel 3 in Def. 2.)

2.8 Wie lautet das Minimalpolynom von $\sqrt{2} + \sqrt{3}$ über $\mathbb{Q}$? (Vgl. 1.5.) Betrachte die reelle Zahl $\alpha = \sqrt{5 + 2\sqrt{6}}$ und zeige: Sowohl $1, \alpha, \alpha^2, \alpha^3$ als auch $1, \sqrt{2}, \sqrt{3}, \sqrt{6}$ sind $\mathbb{Q}$-Basen von $\mathbb{Q}(\alpha)$. Ist das Polynom $X^4 - 10X^2 + 1$ irreduzibel in $\mathbb{Q}[X]$?

3. Einfache Körpererweiterungen

In diesem Kapitel werden wir einige fundamentale Begriffe der Algebra einführen; unter anderem definieren wir zwei Quotientenstrukturen, nämlich Restklassenringe (die natürliche Verallgemeinerung der Ringe $\mathbb{Z}/n\mathbb{Z}$) und Quotientenkörper (die Verallgemeinerung der Konstruktion der rationalen Zahlen aus den ganzen Zahlen).

3.1 Einfache Erweiterungen

Wir haben gesehen, dass man bei der Betrachtung von Konstruierbarkeitsfragen gewisse algebraische Körpererweiterungen untersuchen muss, wie z.B. $\mathbb{Q}(\sqrt[3]{2})/\mathbb{Q}$ (für das Delische Problem) oder $\mathbb{Q}(e^{2\pi i/n})/\mathbb{Q}$ (für die n–Teilung des Kreises). Wie beschreibt man solche Körpererweiterungen? Insbesondere: Was kann man über ihren Grad sagen? Allgemeiner: Sei E/K eine Körpererweiterung, $\alpha \in E$. Wie lässt sich $K(\alpha)/K$ beschreiben?

Definition 3.1. Eine Körpererweiterung L/K heißt *einfach,* wenn es ein Element α aus L gibt mit $L = K(\alpha)$; ein solches Element α heißt ein *primitives Element* von L/K.

Sei K ein Körper. Dann ist der Polynomring $K[X]$ eine *Algebra über K*. Ist nun E/K eine Körpererweiterung, so kann man E auch als Algebra über K auffassen. Sei α ein Element von E. Die 'universelle Eigenschaft' des Polynomringes besagt, dass es dann genau einen K–Algebrenhomomorphismus

$$\varphi : K[X] \longrightarrow E \text{ mit } \varphi(X) = \alpha \tag{3.1}$$

gibt, nämlich den 'Einsetzungshomomorphismus'

$$g(X) = \sum a_i X^i \longmapsto \sum a_i \alpha^i =: g(\alpha). \tag{3.2}$$

Das Bild von φ bezeichnen wir mit $K[\alpha]$. Es ist

$$K[\alpha] = \{g(\alpha) \mid g \in K[X]\}. \tag{3.3}$$

$K[\alpha]$ ist ein Teilring von E, genauer: eine Teilalgebra der K–Algebra E.

F 3.1. *Sei E/K eine Körpererweiterung, $\alpha \in E$. Dann sind die folgenden Aussagen äquivalent:*

(i) *α ist algebraisch;*
(ii) *$K(\alpha) = K[\alpha]$;*
(iii) *$K[\alpha]$ ist ein Körper.*

Beweis. (i) $\Rightarrow$ (ii): Ist α algebraisch über K, so hat man für $K(\alpha)$ die Beschreibung (2.4), also gilt $K(\alpha) = K[\alpha]$. Die Implikation (ii) $\Rightarrow$ (iii) ist trivial. Gilt (iii), so besitzt α (im Falle $\alpha \neq 0$) ein Inverses in $K[\alpha]$, d.h. es gilt

$$\alpha(a_0 + a_1\alpha + \ldots + a_m\alpha^m) = 1 \;\text{ mit gewissen }\; a_i \in K.$$

Folglich ist α algebraisch über K. □

3.2 Restklassenringe

Sei E/K eine Körpererweiterung, α ein beliebiges Element von E. Zur Beschreibung von $K[\alpha]$ in (3.3) vergleichen wir $K[\alpha]$ mit dem Polynomring $K[X]$. In $K[X]$ gilt

$$\sum a_iX^i = \sum b_iX^i \;\Rightarrow\; a_i = b_i \;\text{ für alle }\; i. \tag{3.4}$$

Im Gegensatz zu X in $K[X]$ kann α in $K[\alpha]$ einer nicht–trivialen Relation genügen, sodass wir im Allgemeinen von $\sum a_i\alpha^i = \sum b_i\alpha^i$ nicht auf $a_i = b_i$ für alle i schließen können. Für $g_1, g_2 \in K[X]$ ist $g_1(\alpha) = g_2(\alpha)$ gleichwertig mit $(g_1 - g_2)(\alpha) = 0$, sodass wir also den Kern

$$I = I_\alpha := \{g \in K[X] \mid g(\alpha) = 0\} \tag{3.5}$$

des Homomorphismus φ studieren müssen, vgl. (3.1), (3.2).

Definition 3.2. Sei R ein beliebiger Ring mit 1. Eine nichtleere Teilmenge I von R heißt ein (zweiseitiges) *Ideal* von R, wenn

(i) $a, b \in I \;\Rightarrow\; a + b \in I$
(ii) $a \in I,\ x \in R \;\Rightarrow\; xa,\ ax \in I.$

Eine Teilmenge I von R ist also genau dann ein Ideal von R, wenn I eine Untergruppe der additiven Gruppe von R ist und außerdem (ii) gilt. Ein Beispiel für ein Ideal ist obiges I_α in (3.5); es heißt das *Relationenideal* von α. Allgemeiner gilt

F3.2. *Ist $\varphi : R \to R'$ ein Ringhomomorphismus (von Ringen mit Eins, also $\varphi 1 = 1$). Dann ist*

$$\text{Kern}\ \varphi = \{a \in R \,|\, \varphi a = 0\}$$

ein Ideal von R. Umgekehrt: Ist I ein Ideal eines Ringes R, so gibt es einen Ring $\overline{R}$ und einen (kanonischen) surjektiven Ringhomomorphismus $\pi : R \to \overline{R}$ mit Kern $\pi = I$.

Beweis. Die erste Behauptung ist klar. Man beachte im Übrigen aber, dass Bild φ im Allgemeinen kein Ideal von R' ist. Der Beweis der zweiten Behauptung erfolgt durch *Konstruktion des Restklassenringes modulo I:* Wir betrachten die folgendermaßen definierte Relation $\sim$ auf R: $a \sim b$ bedeute: $a - b \in I$. Offenbar ist $\sim$ eine Äquivalenzrelation auf R. Statt $a \sim b$ schreibt man (nach *Gauß*) auch

$$a \equiv b \bmod I, \tag{3.6}$$

lies: a kongruent b modulo I. Diese Bezeichnung ist sehr glücklich gewählt (und bringt im Übrigen auch die Abhängigkeit der Relation $\sim$ von dem zugrundegelegten Ideal I zum Ausdruck). Wir betrachten nun die durch $\sim$ definierten Äquivalenzklassen, für welche wir die Bezeichnungen

$$\overline{a} = \{a' \in R \,|\, a' \sim a\} = a + I = \{a + y \,|\, y \in I\}$$

verwenden. Mit (3.6) ausgedrückt gilt also

$$\overline{a} = \overline{b} \iff a \equiv b \bmod I. \tag{3.7}$$

Wir nennen $\overline{a}$ die *Restklasse* von a mod I. Mit

$$R/I$$

(lies R modulo I oder auch: R nach I) bezeichnet man die Menge aller Restklassen mod I. Wir betrachten nun die Abbildung

$$\begin{aligned} \pi\colon R &\to R/I \\ a &\mapsto \overline{a} = a + I, \end{aligned} \tag{3.8}$$

welche jedem a aus R die Restklasse von a mod I zuordnet (also die Äquivalenzklasse bzgl. $\sim$, in der a liegt).

Wir behaupten, dass R/I in natürlicher Weise ein Ring ist, genauer: *Auf R/I gibt es genau eine Ringstruktur, sodass π ein Ringhomomorphismus ist.* Beweis: Wir haben keine andere Wahl, als für $\overline{a}, \overline{b} \in R/I$ Summe und Produkt wie folgt festzulegen:

$$\overline{a} + \overline{b} := \overline{a+b},\ \overline{a}\overline{b} := \overline{ab}. \tag{3.9}$$

Wir haben uns allerdings von der Wohldefiniertheit zu überzeugen: Zu zeigen ist, dass $a' \equiv a \bmod I$ und $b' \equiv b \bmod I$ notwendig $a' + b' \equiv a + b \bmod I$ sowie $a'b' \equiv ab \bmod I$ nach sich ziehen. Gelte also $a' = a + x$, $b' = b + y$ mit $x, y \in I$. Es folgt

$$a' + b' = a + b + (x + y),\ \ a'b' = ab + (ay + bx + xy).$$

Da I ein Ideal von R ist, liegen die eingeklammerten Ausdrücke beide in I, womit die Behauptung bewiesen ist.

Zum Beweis von F3.2 bleibt jetzt nur noch $I = \text{Kern}\ \pi$ zu zeigen. Dies aber ist klar, denn: $\pi(a) = \overline{0} \iff \overline{a} = \overline{0} \iff a \equiv 0 \bmod I \iff a \in I$. □

Wir nennen R/I den *Restklassenring von R modulo dem Ideal I* (oder auch: *Faktorring nach I*). Wenn keine Missverständnisse zu befürchten sind, wird R/I auch einfach mit $\overline{R}$ bezeichnet. Die Abbildung π in (3.8) heißt *Restklassenhomomorphismus* zu I oder auch *kanonische Abbildung* von R auf R/I.

Die Rolle der Restklassenringe zur Beschreibung von Ringhomomorphismen ist die folgende:

F 3.3 (Homomorphiesatz). *Sei $\varphi : R \to R'$ ein Homomorphismus von Ringen. Dann gibt es genau einen Isomorphismus (von Ringen)*

$$\psi : R/\,\text{Kern}\ \varphi \longrightarrow \text{Bild}\ \varphi,$$

sodass das folgende Diagramm kommutativ ist:

$$\begin{array}{ccc} R & \xrightarrow{\quad\quad\quad\phi\quad\quad\quad} & R' \\ & {\searrow}^{\pi} \qquad\qquad {}^{\iota}{\nearrow} & \\ & R/\operatorname{Kern}\phi \xrightarrow{\ \psi\ } \operatorname{Bild}\phi & \end{array} \tag{3.10}$$

Hierbei bezeichnen π *den zugehörigen Restklassenhomomorphismus und* ι *die Injektion von* Bild φ *in* R'. *Insbesondere hat man die Isomorphie*

$$R/\operatorname{Kern}\varphi \simeq \operatorname{Bild}\varphi \tag{3.11}$$

Völlig analoge Aussagen gelten (anstelle von Ringen) auch für K*–Algebren, abelsche Gruppen, Moduln über Ringen, beliebige Gruppen etc.*

Beweis. Wir haben keine andere Wahl, als ψ durch $\psi(\overline{a}) = \varphi(a)$ festzulegen. Ist ψ hierdurch wohldefiniert? Ja, denn aus $\overline{a} = \overline{b}$ folgt die Existenz eines $x \in I :=$ Kern φ mit $a = b + x$, woraus sich in der Tat $\varphi(a) = \varphi(b + x) = \varphi(b) + \varphi(x) = \varphi(b)$ ergibt. Die Surjektivität von ψ ist klar. Bleibt also nur noch die Injektivität, also Kern $\psi = 0$ zu zeigen: Aus $\psi(\overline{a}) = 0$ folgt $\varphi(a) = 0$, also $a \in I$, d.h. $\overline{a} = 0$. □

Die vorstehenden Ausführungen lassen sich sinngemäß auf beliebige algebraische Strukturen übertragen; in der Regel ist auch klar, was jeweils als *Kern* von Homomorphismen in Frage kommt (also Bildung der Restklassenstruktur gestattet). Im Falle einer Gruppe G sind es diejenigen Untergruppen U von G, für welche $Ux = xU$ gilt; diese heißen *Normalteiler* (oder *normale Untergruppen*) von G.

Anwendung des Homomorphiesatzes auf die eingangs des Abschnittes betrachtete Situation liefert insbesondere die Isomorphie

$$K[\alpha] \simeq K[X]/I_\alpha \tag{3.12}$$

von K–Algebren. Wir stellen nun erst einmal fest:

F3.4. *Sei* E/K *eine Körpererweiterung. Für ein* $\alpha \in E$ *sind dann folgende Aussagen äquivalent:*

(i) α *genügt keiner algebraischen Relation, d.h. aus* $f(\alpha) = 0$ *mit* f *in* $K[X]$ *folgt* $f = 0$.
(ii) α *ist transzendent über* K.
(iii) $K[\alpha] \simeq K[X]$ *(als* K*–Algebren).*

(iv) *$K[\alpha]$ ist kein Körper.*

Beweis. (i) $\iff$ (ii) ist klar. Gelte (i). Dann ist $I_\alpha = \{0\}$, nach (3.12) gilt daher $K[\alpha] \simeq K[X]/\{0\} \simeq K[X]$, also (iii). Aus Gradgründen ist $K^\times$ die Einheitengruppe von $K[X]$; daher gilt (iii) $\Rightarrow$ (iv). Die Gültigkeit der Implikation (iv) $\Rightarrow$ (ii) schließlich ist schon in F3.1 enthalten. □

Wir betrachten jetzt den Fall, dass α *algebraisch* über K ist. Das Relationeideal I_α von α ist dann nicht trivial. Es enthält insbesondere $f := \mathrm{Mipo}_K(\alpha)$. Für ein beliebiges $g \in K[X]$ gilt nun bekanntlich

$$g(\alpha) = 0 \;\Rightarrow\; f \;\text{ teilt }\; g \;\text{ in }\; K[X]. \tag{3.13}$$

Wiederholen wir den Beweis: Division mit Rest liefert

$$g = qf + r \;\text{ mit }\; q, r \in K[X], \;\; \mathrm{grad}\, r < \mathrm{grad}\, f. \tag{3.14}$$

Ist also $g(\alpha) = 0$, so erhält man durch Einsetzen von α in (3.14) sofort $r(\alpha) = 0$, was wegen $\mathrm{grad}\, r < \mathrm{grad}\, f$ und $f = \mathrm{Mipo}_K(\alpha)$ nur für $r = 0$ möglich ist. Es gilt also $g = qf$. – Nach (3.13) hat I_α also die Gestalt

$$I_\alpha = \{qf \mid q \in K[X]\} = K[X]f. \tag{3.15}$$

Dies gibt uns Veranlassung zu folgender

Definition 3.3. Sei R ein kommutativer Ring mit 1. Für $a \in R$ bezeichnen wir mit (a) das Ideal $Ra = \{ca \mid c \in R\}$ von R. Man nennt (a) das von a erzeugte *Hauptideal* von R. Statt $x \equiv y \bmod (a)$ schreibt man auch $x \equiv y \bmod a$. Der Restklassenring $R/(a)$ wird auch mit R/a bezeichnet. Das Ideal $\{0\} = (0)$ wird oft auch einfach nur mit 0 bezeichnet.

Wir fassen zusammen:

Satz 3.1. *Sei L/K eine einfache algebraische Körpererweiterung, und α sei ein primitives Element von L/K; sei $f = \mathrm{Mipo}_K(\alpha)$. Der zu α gehörige Einsetzungshomomorphismus*

$$K[X] \longrightarrow L = K(\alpha) = K[\alpha]$$

vermittelt dann einen Isomorphismus (von K-Algebren)

$$K[X]/f \longrightarrow L = K(\alpha).$$

Insbesondere gilt für $g \in K[X]$: $g(\alpha) = 0 \iff f | g$.

In der Situation von Satz 3.1 liefert die Isomorphie

$$K(\alpha) \simeq K[X]/f \tag{3.16}$$

eine gute Beschreibung einer einfachen algebraischen Körpererweiterung: Alles läuft darauf hinaus, in $K[X]$ modulo f zu rechnen. Diese Beschreibung enthält – und das ist sehr wichtig – auch einen Hinweis, wie man sich einfache algebraische Erweiterungen eines gegebenen Körpers verschaffen kann. Dieser Frage wollen wir uns jetzt zuwenden.

3.3 Konstruktion einfacher algebraischer Erweiterungen

Seien also K ein beliebiger Körper und f ein beliebiges Polynom in $K[X]$ vom Grade $n \geq 1$. Wir betrachten dann die Restklassenalgebra

$$K_f := K[X]/f \tag{3.17}$$

über K und bezeichnen mit $\pi : g \mapsto \overline{g}$ den zugehörigen Restklassenhomomorphismus. Wegen grad $f \geq 1$ ist der K–Algebrenhomomorphismus

$$K \to K_f \ \text{ mit } \ a \mapsto \overline{a} \tag{3.18}$$

offenbar injektiv. Vermöge desselben können wir K als Teilkörper von K_f auffassen: $K \subseteq K_f$. Es sei nun $\alpha := \pi(X) = \overline{X}$ die Restklasse von X mod f. Dann ist π also auch der eindeutig bestimmte Algebrenhomomorphismus $K[X] \to K_f$ mit $\pi(X) = \alpha$. Daher gilt $\pi(g) = g(\alpha)$ für alle $g \in K[X]$. Wegen $\pi(f) = 0$ ist also

$$f(\alpha) = 0. \tag{3.19}$$

Somit besitzt f in K_f die Nullstelle α. Mehr noch, für beliebiges $g \in K[X]$ gilt

$$g(\alpha) = 0 \iff f|g \ \text{ in } \ K[X]. \tag{3.20}$$

Außerdem ist

$$K_f = K[\alpha] = \{g(\alpha) \mid g \in K[X]\}. \tag{3.21}$$

Genauer behaupten wir, dass $1, \alpha, \dots, \alpha^{n-1}$ *eine Basis des* K*–Vektorraumes* K_f *ist, dieser also die Dimension* n *besitzt.*

Beweis: Jedes Element von K_f hat die Gestalt $g(\alpha)$ mit $g \in K[X]$. Division mit Rest $g = qf + r$ und Einsetzen von α liefert $g(\alpha) = r(\alpha)$ mit grad $r \leq n-1$. Bleibt also die lineare Unabhängigkeit von $1, \alpha, \ldots, \alpha^{n-1}$ zu zeigen. Eine lineare Relation $c_0 + c_1\alpha + \ldots + c_{n-1}\alpha^{n-1} = 0$ mit $c_i \in K$ ergibt $h(\alpha) = 0$ mit $h(X) = c_0 + c_1X + \ldots + c_{n-1}X^{n-1} \in K[X]$, was wegen $f|h$ aus Gradgründen nur für $h = 0$ möglich ist.

Ist K_f ein Körper? Wir werden zeigen, dass dies genau dann der Fall ist, wenn f irreduzibel ist. Zur Erinnerung: Ein $f \in K[X]$ heißt *irreduzibel*, wenn grad $f \geq 1$ und gilt: Aus $f = f_1f_2$ mit $f_1, f_2 \in K[X]$ folgt $f_1 \in K$ oder $f_2 \in K$. Ein irreduzibles Polynom wird auch *Primpolynom* genannt. Grundlegend ist der bekannte

Satz 3.2. *Ist f ein irreduzibles Polynom in $K[X]$, so gilt: Aus $f|gh$ für $g, h \in K[X]$ folgt $f|g$ oder $f|h$.*

Beweis. Die Behauptung wird sich aus den allgemeineren Betrachtungen von Kap. 4 ergeben. Wir geben hier das folgende Argument, das auf dem Euklidischen Algorithmus beruht: Angenommen, wir hätten mit f, g, h ein Gegenbeispiel. Division mit Rest liefere $g = qf + r$. Aus $f|gh$ folgt dann $f|rh$. Wir sehen so, dass wir von vornherein grad $g <$ grad f annehmen dürfen. Unter allen solchen Gegenbeispielen wählen wir eines mit minimalem grad g. Aus $f = qg + r$ mit grad $r <$ grad g folgt nun zuerst $f|rh$ und wegen der Minimalität von grad $g <$ grad f dann $r = 0$. Aus der Irreduzibilität von f ergibt sich jetzt, dass g eine Einheit sein muss. Widerspruch! □

Das Analogon von Satz 3.2 für den Ring $\mathbb{Z}$ findet sich schon bei *Euklid* (≈ -300). Dass der Polynomring $\mathbb{Q}[X]$ einen euklidischen Algorithmus besitzt, wurde zuerst von *Stevin* (1585) erkannt; arithmetische Folgerungen daraus wie Satz 3.2 sind aber späteren Datums.

F3.5. *$K_f = K[X]/f$ ist genau dann ein Körper, wenn f irreduzibel in $K[X]$ ist.*

Beweis. Sei K_f ein Körper. Aus $f = f_1f_2$ in $K[X]$ folgt dann aus $f_1(\alpha)f_2(\alpha) = f(\alpha) = 0$, dass $f_1(\alpha) = 0$ oder $f_2(\alpha) = 0$ gilt. Wegen (3.20) liegt dann f_2 oder f_1 in K, also ist f irreduzibel.

Werde nun umgekehrt f als irreduzibel vorausgesetzt. Da wir oben schon K_f als endlich–dimensional über K erkannt haben, haben wir im Hinblick auf F2.2 nur zu zeigen, dass K_f nullteilerfrei ist. Sei also $\overline{g}\overline{h} = 0$. Wegen

$\overline{g}\overline{h} = \overline{gh} = 0$ gilt dann $f|gh$; nach Satz 3.2 hat man daher $f|g$ oder $f|h$, d.h. $\overline{g} = 0$ oder $\overline{h} = 0$. □

F3.5 ist ein mächtiges Werkzeug zur Konstruktion von Körpern. Das einfachste Beispiel $\mathbb{F}_p = \mathbb{Z}/p\mathbb{Z}$ werden wir später gehörig verallgemeinern.

F3.6. *Sei E/K eine Körpererweiterung, und $\alpha \in E$ sei algebraisch über K. Dann ist $f := \mathrm{Mipo}_K(\alpha)$ ein* Primpolynom *in $K[X]$. Ist umgekehrt g ein normiertes Primpolynom von $K[X]$ mit $g(\alpha) = 0$, so folgt $g = \mathrm{Mipo}_K(\alpha)$.*

Beweis. (i) Nach (3.16) gilt $K[X]/f \simeq K(\alpha)$, also ist f aufgrund von F3.5 irreduzibel.

(ii) Aus $g(\alpha) = 0$ folgt $f|g$. Ist g also irreduzibel und normiert, so bleibt nur $f = g$ übrig (denn auch f ist ein normiertes Polynom vom Grade ≥ 1). □

Beispiel. $K = \mathbb{Q}$, $E = \mathbb{R}$, $\alpha = \sqrt[3]{2}$, $g(X) = X^3 - 2$. Wir wollen $g = \mathrm{Mipo}_{\mathbb{Q}}(\alpha)$ zeigen. Wegen $g(\alpha) = 0$ genügt es nach F3.6 zu beweisen, dass g irreduzibel ist. Angenommen, $g = g_1 g_2$ wäre eine nichttriviale Zerlegung von g in $\mathbb{Q}[X]$. Dann hat einer der beiden Faktoren den Grad 1, etwa g_1. Als lineares Polynom besitzt dann aber g_1 eine Nullstelle β in $\mathbb{Q}$. Es folgt $g(\beta) = 0$, also $\beta^3 = 2$. Dies ist ein Widerspruch, denn $\sqrt[3]{2}$ liegt nicht in $\mathbb{Q}$ (was wir hier als bekannt voraussetzen; später werden wir ohnehin die Irreduzibilität von $X^3 - 2$ aus F5.9 sofort ablesen können).

Als Folgerung erhalten wir im Hinblick auf (2.7) nun sofort

$$\mathbb{Q}(\sqrt[3]{2}) : \mathbb{Q} = 3.$$

Als erste Anwendung unserer algebraischen Betrachtungen auf Konstruierbarkeitsfragen erhalten wir damit aus F1.9:

Satz 3.3. *$\sqrt[3]{2}$ ist nicht mit Zirkel und Lineal aus $\{0, 1\}$ konstruierbar, das Delische Problem der Würfelverdopplung also nicht lösbar.*

Als wichtige körpertheoretische Anwendung der Betrachtungen dieses Abschnittes erhalten wir den

Satz 3.4 (Kronecker). *Jedes nicht-konstante Polynom $f(X)$ über einem beliebigen Körper K besitzt in einem geeigneten Erweiterungskörper von K eine Nullstelle.*

Beweis. Wegen grad $f \geq 1$ gibt es sicherlich ein irreduzibles Polynom g, welches f teilt (unter allen nicht–konstanten Teilern von f betrachte man einen von kleinstem Grad). Hat man nun die Aufgabenstellung für g gelöst, so offenbar auch für f. Wir dürfen daher im Folgenden f als *irreduzibel* voraussetzen. Dann ist $K_f = K[X]/f$ ein *Körper* (F3.5). Wie wir zu Anfang dieses Abschnitts ausgeführt haben, dürfen wir K als Teilkörper von K_f auffassen; damit hat das Polynom f in dem Erweiterungskörper K_f von K in der Tat eine Nullstelle: ist nämlich $\alpha = X + (f)$ das Bild von X unter dem Restklassenhomomorphismus $\pi : K[X] \longrightarrow K_f$, so gilt $f(\alpha) = 0$. □

Der *Satz von Kronecker* ist vom Standpunkt der heutigen Algebra so selbstverständlich wie sein Beweis einfach ist. Immerhin sei angemerkt, dass er einen Punkt der Kritik von *Gauß* an älteren Begründungen des „Fundamentalsatzes der Algebra" behebt, nämlich, dass *Euler* und *Lagrange* einfach davon ausgehen, dass ein nicht–konstantes Polynom jedenfalls (irgendwo) Wurzeln besitzt (und dann nur zu zeigen versuchen, dass diese notwendig in $\mathbb{C}$ liegen); *Gauß* sagt: „Wie aber solche Größen, über die wir uns nicht einmal eine Vorstellung bilden können – wahre Schatten von Schatten – summiert oder multipliziert werden sollen, das lässt sich bei der in der Mathematik stets geforderten Klarheit sicher nicht verstehen."

3.4 Konstruktion einfacher transzendenter Erweiterungen

Wir wollen jetzt auch auf den Fall einer *transzendenten einfachen* Erweiterung L/K eingehen. Sei α ein primitives Element von L/K. Dann ist α notwendig *transzendent* (vgl. F2.5), und nach F3.4 haben wir dann

$$K[\alpha] \simeq K[X].$$

Was können wir dann über $L = K(\alpha)$ selbst sagen? (Nach F3.4 ist $K[\alpha]$ kein Körper, also $K(\alpha) \neq K[\alpha]$.)

Zur Abkürzung setzen wir $R = K[\alpha]$. Wir behaupten:

$$L = \{\beta/\gamma \mid \beta, \gamma \in R,\ \gamma \neq 0\}. \tag{3.22}$$

Beweis: Sei Q die auf der rechten Seite von (3.22) stehende Teilmenge von L. Wie man sofort verifiziert, ist Q ein *Teilkörper* von L. Wegen $K[\alpha] = R \subseteq Q$ ist daher $K(\alpha) \subseteq Q$. Insgesamt ist also $L = Q$.

Definition 3.4. Sei E ein Körper und R ein Teilring von E. Dann heißt der Durchschnitt L aller Teilkörper von E, die R enthalten, der *Körper der Brüche von R in E*. Diesen kann man auch durch (3.22) beschreiben (was man sofort wie oben erkennt).

Die Frage, ob es zu jedem Integritätsring R einen solchen Körper der Brüche gibt, läuft darauf hinaus zu entscheiden, ob ein beliebig vorgegebener Integritätsring R stets Teilring eines geeigneten Körpers ist.

Dies ist in der Tat der Fall: man betrachtet bei gegebenem R die Menge aller Symbole $\frac{a}{b}$ mit $a, b \in R$ und $b \neq 0$, und definiert dann Addition und Multiplikation wie für rationale Zahlen. Der Nachweis, dass dies funktioniert, ist dabei eine leichte formale Übung (vgl. den Beweis von F3.7). Bevor man aber von „dem“Quotientenkörper sprechen darf, muss man noch zeigen, dass dieser bis auf Isomorphie eindeutig ist; davor ist weiter zu klären, was der Quotientenkörper F eigentlich leisten soll.

Natürlich soll F ein Körper sein, der R „enthält“ in dem Sinne, dass es einen injektiven Ringhomomorphismus $\iota : R \longrightarrow F$ gibt; mit F hat aber auch jede Körpererweiterung von F diese Eigenschaft. Um Eindeutigkeit zu sichern, muss man also eine Minimaleigenschaft verlangen. Die einfachste Möglichkeit, dies zu tun, wäre zu fordern, dass sich jedes Element von F in der Form $\iota(a)\iota(b)^{-1}$ mit $a, b \in R$ schreiben läßt. Nun hat sich in der jüngeren Zeit aber gezeigt, dass es sich auszahlt, fundamentale Definitionen ohne Rückgriff auf Elemente zu formulieren, sofern dies im gegebenen Fall überhaupt möglich ist. Im vorliegenden Fall geht das in der Tat: die Minimalität von F wird dadurch gesichert, dass man für einen beliebigen Körper E mit einem injektiven Ringhomomorphismus $\kappa : R \longrightarrow E$ verlangt, dass $\kappa = \lambda \circ \iota$ für einen eindeutig bestimmten Ringhomomorphismus $\lambda : F \longrightarrow E$ gilt. Die Existenz von λ garantiert, dass jeder Körper E, der die Quotientenbildung in R erlaubt, (bis auf Isomorphie) eine Erweiterung von F ist: dies liefert dann die Minimalität von F.

Jetzt können wir formulieren:

F3.7 (Quotientenkörper). *Sei R ein Integritätsring. Dann gibt es einen Körper F und einen injektiven Ringhomomorphismus $\imath : R \to F$ mit folgender Eigenschaft: Ist $\kappa : R \to E$ irgendein injektiver Ringhomomorphismus von R in einem Körper E, so gibt es genau einen Ringhomomorphismus $\lambda : F \to E$, sodass $\lambda \circ \imath = \kappa$ gilt, also das folgende Diagramm kommutativ ist:*

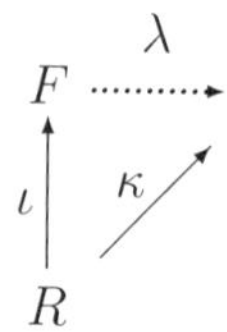

(3.23)

Einen solchen Körper F nennen wir einen Quotientenkörper *von R. Er ist bis auf Isomorphie eindeutig bestimmt, genauer: Ist F' ein weiterer Quotientenkörper mit zugehörigem $\imath' : R \to F'$, so gibt es genau einen Isomorphismus $\lambda : F \to F'$, sodass*

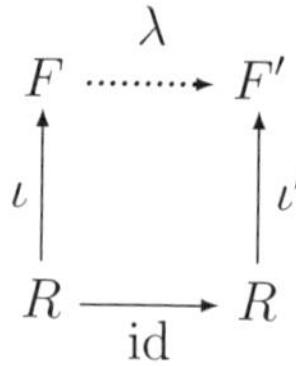

(3.24)

kommutativ ist. Ferner: F ist der Körper der Brüche von $\imath R$ in F.

Bemerkung. Wegen der Eindeutigkeitsaussage in F3.7 sprechen wir im Folgenden von *dem* Quotientenkörper von R; wir bezeichnen diesen mit $\mathrm{Quot}(R)$. Ferner werden wir der Einfachheit halber meist voraussetzen, dass $R \subseteq \mathrm{Quot}(R)$ gilt (was keine Einschränkung bedeutet). Man hat dann

$$\mathrm{Quot}\,(R) = \{a/b \mid a, b \in R,\ b \neq 0\}.$$

Im Übrigen haben wir F3.7 deshalb so pedantisch genau formuliert, weil es sich hier um ein Musterbeispiel der „Lösung eines universellen Problems“ handelt, wie es einem in der Algebra (und anderswo) häufig begegnet.

Ehe wir F3.7 beweisen, formulieren wir erst

F3.8. *Sei R ein Integritätsring. Ist dann $\imath : R \to K$ ein injektiver Ringhomomorphismus von R in einem Körper K, so ist der Körper F der Brüche von $\imath R$ in K ein Quotientenkörper von R.*

Beweis. Sei $\kappa : R \to E$ ein injektiver Ringhomomorphismus von R in einen Körper E. Wir definieren $\lambda : F \to E$ durch

$$\lambda(\imath a/\imath b) = \kappa a/\kappa b.$$

Man überlegt sich leicht, dass λ hierdurch wohldefiniert ist. Es ist dann klar, dass λ ein Ringhomomorphismus ist, und zwar der einzige, für den das Diagramm (3.23) kommutativ ist. $\square$

Wir kommen nun zum

Beweis von F3.7. Zeigen wir zuerst die Eindeutigkeitsaussage. Nach Voraussetzung gibt es Homomorphismen $\lambda : F \to F'$ und $\lambda' : F' \to F$ mit $\lambda \circ \imath = \imath'$ und $\lambda' \circ \imath' = \imath$. Es folgt $\lambda' \circ \lambda \circ \imath = \lambda' \circ \imath' = \imath$, wegen der Eindeutigkeitsforderung also $\lambda' \circ \lambda = id_F$; analog gilt $\lambda \circ \lambda' = id_{F'}$. Somit ist λ ein Isomorphismus.

Im Hinblick auf F3.8 bleibt zu zeigen: Es gibt einen Körper K mit einem injektiven Ringhomomorphismus $\imath : R \to K$. Hierzu betrachte man die Menge $M = \{(a, b) \mid a, b \in R,\, b \neq 0\}$ mit der folgendermaßen definierten Relation $\sim$:

$$(a, b) \sim (c, d) \text{ bedeute: } ad = bc.$$

Man prüft sofort nach, dass $\sim$ eine Äquivalenzrelation ist; sei $K = M/\sim$ die Menge der Äquivalenzklassen. Die Klasse von $(a, b) \in M$ werde mit $[a/b]$ bezeichnet. Wie folgt definiere nun eine Addition und Multiplikation auf K:

$$[a/b] + [c/d] = [(ad + bc)/bd], \quad [a/b] \cdot [c/d] = [ac/bd].$$

Die Wohldefiniertheit nachzuprüfen, sei dem Leser überlassen. Man überzeugt sich nun leicht davon, dass K mit den eingeführten Rechenoperationen zum kommutativen Ring mit Eins wird; dabei ist $[0/1]$ die Null und $[1/1]$ die Eins von K. Die Abbildung $\imath : R \to K$ mit $\imath(a) = [a/1]$ ist ein Homomorphismus. Definitionsgemäß ist $[a/b] = 0 = [0/1]$ genau für $a = 0$. Insbesondere ist $\imath$ injektiv. Außerdem: Jedes $[a/b] \neq 0$ aus K besitzt mit $[b/a]$ ein multiplikatives Inverses. Somit ist K ein Körper. □

Das klassische Beispiel für die Bildung des Quotientenkörpers ist der Körper

$$\mathbb{Q} = \mathrm{Quot}(\mathbb{Z})$$

der rationalen Zahlen. Weitere Beispiele von grundlegender Bedeutung nennt die folgende

Definition 3.5. Sei K ein Körper und $K[X]$ der Polynomring über K. Der Körper

$$K(X) := \mathrm{Quot}\ K[X]$$

heißt der *rationale Funktionenkörper in einer Variablen über K.*

Es gilt

$$K(X) = \left\{ \frac{f(X)}{g(X)} \;\middle|\; f, g \in K[X],\ g \neq 0 \right\},$$

jede ‘rationale Funktion’, d.h. jedes Element aus $K(X)$ ist also Quotient von Polynomen. (Übrigens: Ist K unendlich, so lassen sich die Elemente von $K(X)$ wirklich als rationale Funktionen im üblichen Sinne deuten, wobei jeweils gewisse Punkte aus K vom Definitionsbereich auszuschließen sind.)

F3.9. *Sei E/K eine Körpererweiterung, $\alpha \in E$. Ist α transzendent über K, so hat man eine natürliche Isomorphie*

$$K(\alpha) \simeq K(X) \tag{3.25}$$

von Körpern (wie von K–Algebren). Umgekehrt: Gilt (3.25), so ist α transzendent über K.

Beweis. Ist α transzendent über K, so ist der Homomorphismus $\varphi : K[X] \to K[\alpha]$ mit $\varphi X = \alpha$ ein Isomorphismus und lässt sich daher eindeutig zu einem Isomorphismus $\widetilde{\varphi} : K(X) \to K(\alpha)$ der Quotientenkörper fortsetzen (vgl. F3.7).

Die zweite Aussage von F3.9 folgt z.B. daraus, dass $K[X]$ – und daher erst recht $K(X)$ – unendliche Dimension über K besitzt. □

Wie aus F3.9 hervorgeht, gibt es also zu gegebenem K nur *einen* Typ einer einfachen transzendenten Erweiterung, und dieser wird durch die Erweiterung $K(X)/K$ repräsentiert.

3.5 Primkörper und Charakteristik eines Körpers

Wir schieben hier noch eine weitere grundsätzliche Bemerkung über Körper ein. Sei K ein Körper. Für jedes $n \in \mathbb{Z}$ betrachten wir das n–fache $n_K = n1_K$ des Einselementes 1_K von K. Ist $n_K \neq 0$ für alle $n \neq 0$, so sagt man, der Körper K habe die *Charakteristik* Null, und schreibt

$$\operatorname{char}(K) = 0. \tag{3.26}$$

Gibt es hingegen eine natürliche Zahl n mit $n_K = 0$, und ist p die kleinste unter diesen, so nennt man p die *Charakteristik von K* und schreibt

$$\text{char}\,(K) = p. \tag{3.27}$$

Wegen $(mn)_K = m_K n_K$ ist p eine *Primzahl.* Für den Moment bezeichnen wir mit $\mathbb{Z}_K$ den aus allen n_K, $n \in \mathbb{Z}$ bestehenden Teilring von K. Wir betrachten den eindeutig bestimmten Ringhomomorphismus

$$\varphi : \mathbb{Z} \to K \;\text{ mit }\; \varphi 1 = 1_K. \tag{3.28}$$

Dann sind zwei Fälle zu unterscheiden:

Fall A: Kern $\varphi \neq 0$. Dann tritt obige Alternative (3.27) ein. Ist $n \in$ Kern φ, so liefert Division mit Rest durch p sofort $n \in p\mathbb{Z}$. Es folgt Kern $\varphi = p\mathbb{Z}$, und nach dem Homomorphiesatz vermittelt (3.28) daher eine Isomorphie

$$\mathbb{Z}_K \simeq \mathbb{Z}/p\mathbb{Z}. \tag{3.29}$$

Insbesondere hat $\mathbb{Z}_K$ genau p Elemente. Als endlicher Integritätsring ist $\mathbb{Z}_K$ ein Körper! (Vgl. Bem. zu F2.2.)

Fall B: Kern $\varphi = 0$. Dieser Fall tritt genau für $\text{char}\,(K) = 0$ ein, und (3.28) vermittelt dann eine Isomorphie

$$\mathbb{Z}_K \simeq \mathbb{Z}. \tag{3.30}$$

Definition 3.6. Ein Körper heißt *Primkörper,* wenn er keine echten Teilkörper enthält.

F 3.10. *a) Jeder Körper K besitzt genau einen Primkörper als Teilkörper. (Dieser heißt der Primkörper von K.)*
b) Ein Primkörper K ist entweder zu $\mathbb{Q}$ oder zu einem $\mathbb{Z}/p\mathbb{Z}$ mit einer Primzahl p isomorph (je nachdem, ob $\text{char}\,(K) = 0$ *oder* $\text{char}\,(K) = p > 0$*).*

Beweis. a) Der Durchschnitt aller Teilkörper von K ist ein Teilkörper von K. Er ist der kleinste Teilkörper von K, also ein Primkörper.

b) Sei K beliebig und K_0 sein Primkörper. Offenbar gilt $\mathbb{Z}_K \subseteq K_0$. Im obigen Fall A ist nun $\mathbb{Z}_K$ bereits selbst ein Teilkörper von K, also hat man $K_0 = \mathbb{Z}_K \simeq \mathbb{Z}/p\mathbb{Z}$. Im Fall B ist $K_0 = \text{Quot}(\mathbb{Z}_K) \simeq \text{Quot}(\mathbb{Z}) = \mathbb{Q}$. □

Bemerkung. a) Wie üblich werden auch wir statt n_K meist nur n schreiben. Es ist dann aber gegebenenfalls im Auge zu behalten, ob n als ganze Zahl oder als Element von K aufgefasst wird.

b) Offenbar ist $\mathbb{Q}$ ein Primkörper (und zwar bis auf Isomorphie der einzige Primkörper der Charakteristik 0). Für jede Primzahl p ist

$$\mathbb{F}_p := \mathbb{Z}/p\mathbb{Z} \tag{3.31}$$

ein Körper (vgl. Bem. zu F2.2; um zu zeigen, dass $\mathbb{Z}/p\mathbb{Z}$ nullteilerfrei ist, benötigt man allerdings den bekannten Satz von Euklid: *Aus $p|ab$ folgt $p|a$ oder $p|b$*, vgl. auch Kap. 4). Zu gegebenem p ist $\mathbb{F}_p$ bis auf Isomorphie der einzige Primkörper der Charakteristik p. Als Beispiel eines nicht endlichen Körpers der Charakteristik p nennen wir den rationalen Funktionenkörper $\mathbb{F}_p(X)$ über $\mathbb{F}_p$. – Im Übrigen beachte man die triviale Tatsache: Ist K Teilkörper von E, so gilt $\operatorname{char}(E) = \operatorname{char}(K)$.

3.6 Charakterisierung einfacher algebraischer Erweiterungen

Am Schluss dieses Kapitels gehen wir noch auf eine interessante Charakterisierung der *einfachen algebraischen* Körpererweiterungen ein.

Zunächst beweisen wir

F3.11. *Sei E/K eine* einfache *algebraische Körpererweiterung, α ein primitives Element von E/K. Sei L ein Zwischenkörper von E/K, und*

$$g(X) = X^m + \beta_{m-1}X^{m-1} + \ldots + \beta_1 X + \beta_0 \in L[X]$$

bezeichne das Minimalpolynom von α über L. Dann gilt

$$L = K(\beta_0, \beta_1, \ldots, \beta_{m-1}).$$

Beweis. Setze $F = K(\beta_0, \beta_1, \ldots, \beta_{m-1})$. Trivialerweise gilt $F \subseteq L$. Wegen $g \in F[X]$ ist dann g auch das Minimalpolynom von α über F. Folglich gilt

$$F(\alpha) : F = L(\alpha) : L \tag{3.32}$$

(vgl. F2.3). Wegen $E = K(\alpha)$ ist nun aber $F(\alpha) = L(\alpha) = E$, sodass (3.32) nichts anderes als $E : F = E : L$ besagt. Nach der Gradformel ist dann auch $F : K = L : K$, was wegen $F \subseteq L$ schließlich $F = L$ erzwingt. □

Satz 3.5. *Für eine* algebraische *Körpererweiterung E/K gilt: E/K ist genau dann einfach, wenn E/K nur endlich viele Zwischenkörper besitzt.*

Beweis. Sei $\mathcal{Z}$ die Menge aller Zwischenkörper von E/K.

(i) Wir setzen $E = K(\alpha)$ voraus; sei $f = \mathrm{Mipo}_K(\alpha)$. Um $\mathcal{Z}$ als endlich zu erweisen, betrachten wir die Menge

$$\mathcal{T} = \{g \in E[X] \mid g \text{ normiert, } g \text{ teilt } f \text{ in } E[X]\}.$$

Da in $E[X]$ bekanntlich der Satz von der eindeutigen Primfaktorzerlegung gilt (vgl. etwa [25, S. 142] oder auch das folgende Kap. 4), hat f nur endlich viele normierte Teiler in $E[X]$, also ist $\mathcal{T}$ endlich. Wir betrachten nun die Abbildung

$$\mathcal{T} \to \mathcal{Z}, \tag{3.33}$$

welche jedem $g(X) = X^m + \beta_{m-1}X^{m-1} + \ldots + \beta_0$ aus $\mathcal{T}$ den Zwischenkörper $K(\beta_0, \ldots, \beta_{m-1})$ zuordnet. Ist $L \in \mathcal{Z}$ gegeben, so ist $g = \mathrm{Mipo}_L(\alpha)$ ein Teiler von f in $L[X]$, also erst recht in $E[X]$. Somit gehört g zu $\mathcal{T}$. Nach F3.11 ist L das Bild von g unter der Abbildung (3.33). Die Abbildung (3.33) ist also surjektiv, und mit $\mathcal{T}$ ist daher auch $\mathcal{Z}$ endlich.

(ii) Den zweiten Teil zeigen wir an dieser Stelle nur für den Fall, dass K unendlich viele Elemente besitzt. Sei jetzt also $\mathcal{Z}$ als endlich vorausgesetzt. Es ist dann notwendigerweise $E = K(\alpha_1, \ldots, \alpha_n)$ von endlich vielen Elementen über K erzeugt (sonst gäbe es eine Kette von unendlich vielen Zwischenkörpern). Per Induktion können wir von $E = K(\alpha, \beta)$ ausgehen. Da $\mathcal{Z}$ endlich ist, aber K unendlich, gibt es $\lambda_1 \neq \lambda_2$ aus K mit

$$K(\lambda_1\alpha + \beta) = K(\lambda_2\alpha + \beta) =: L.$$

Dann gehört $(\lambda_1\alpha + \beta) - (\lambda_2\alpha + \beta) = (\lambda_1 - \lambda_2)\alpha$ zu L, also auch α, und β damit ebenfalls. Es folgt $E = L = K(\lambda_1\alpha + \beta)$, also ist E/K einfach (mit $\gamma = \lambda_1\alpha + \beta$ als einem primitiven Element). – Im Falle eines endlichen Körpers folgt die Behauptung aus einem Fundamentalsatz der Theorie der endlichen Körper, den wir später behandeln werden (vgl. Satz 9.3). □

Übungen

1) Zeige, dass jede additive Untergruppe von $\mathbb{Z}$ bereits ein Ideal ist.
2) Zeige, dass die Menge der Matrizen $\left(\begin{smallmatrix} a & b \\ 0 & d \end{smallmatrix}\right)$ mit $a, b, d \in R$ ein Teilring von $M_2(R)$ ist, aber kein Ideal.
3) $\mathbb{Z}$ ist ein Teilring von $\mathbb{Q}$, aber kein Ideal.
4) Zeige $\mathrm{Quot}\,(\mathbb{Z}[i]) \simeq \mathbb{Q}(i)$.

5) Zeige Quot $(\mathbb{Z}[X]) \simeq \mathbb{Q}(X)$.
6) Zeige $\mathbb{Z}[X]/(X^2-2) \simeq \mathbb{Z}[\sqrt{2}]$.
7) Sei R ein Ring mit Eins. Zeige, dass es einen Ringhomomorphismus $f : \mathbb{Z} \longrightarrow R$ gibt.
8) Sei K ein Körper. Zeige, dass es keinen Ringhomomorphismus $f : K \longrightarrow \mathbb{Z}$ mit $f(1) = 1$ gibt.
9) Sei $f(X) = X^2 + X + 1 \in \mathbb{F}_2[X]$ und betrachte den Ring $R = \mathbb{F}_2[X]/(f)$. Setze $\alpha = X + (f)$ und zeige, dass $R = \{0, 1, \alpha, \alpha + 1\}$ gilt (wobei wir statt $0 + (f)$ und $1 + (f)$ einfach 0 und 1 geschrieben haben). Berechne Additions- und Multiplikationstafeln dieses Rings und folgere, dass R ein Körper ist (den wir in Kap. 9 mit $\mathbb{F}_4$ bezeichnen werden).
10) Ist E ein Teilkörper von K, dann gilt char $(E) =$ char (K).
11) Seien R, S Integritätsringe mit $R \subseteq S \subseteq$ Quot (R). Zeige, dass dann Quot $(S) =$ Quot (R) ist.
12) Sei $\phi : R \longrightarrow R'$ ein Ringhomomorphismus. Zeige, dass sich ϕ eindeutig fortsetzen lässt zu einem Ringhomomorphismus $\Phi : R[X] \longrightarrow R'[X]$ mit $\Phi(X) = X$. Drücke Kern Φ und Bild Φ durch Kern ϕ bzw. Bild ϕ aus.
13) Zeige: sind R und S Ringe, dann auch $R \times S$ mit komponentenweiser Addition und Multiplikation. Ist $R \times S$ ein Integritätsring, wenn R und S solche sind?
14) Sind I und J Ideale in R, dann auch $I \cap J$, $I + J = \{i + j : i \in I, j \in J\}$, und $I : J = \{r \in R : rJ \in I\}$. Zeige weiter, dass $I \subset I + J$, $I \subset I : J$, und $I : J = I : (I + J)$ gilt.

Aufgaben und Bemerkungen

3.1 Seien E/K eine Körpererweiterung und L_1, L_2 Zwischenkörper von E/K mit $L_i : K < \infty$. Dann gilt stets $L_1L_2 : L_2 \leq L_1 : K$ (vgl. 2.11), aber im Allgemeinen ist $L_1L_2 : L_2$ *kein Teiler* von $L_1 : K$. Hinweis: Betrachte $L_1 = \mathbb{Q}(\sqrt[3]{2}), L_2 = \mathbb{Q}(\zeta_3 \sqrt[3]{2})$ mit $\zeta_3 = e^{2\pi i/3}$.

3.2 Sei E/K eine Körpererweiterung, und $\alpha, \beta \in E$ seien algebraisch über K mit $f = \text{Mipo}_K(\alpha)$, $g = \text{Mipo}_K(\beta)$. Zeige: Genau dann ist f irreduzibel über $K(\beta)$, wenn g irreduzibel über $K(\alpha)$ ist.

3.3 Sei K ein Körper und $f \in K[X]$ ein Polynom vom Grade $n \geq 1$. Durch Induktion nach n zeige man, dass aus dem *Satz von Kronecker* (Satz 3.4) folgt: Es gibt einen Erweiterungskörper E von K, sodass f über E vollständig in Linearfaktoren zerfällt:

$$f(X) = \gamma(X - \alpha_1)(X - \alpha_2)\dots(X - \alpha_n).$$

Für den Teilkörper $K(\alpha_1, \dots, \alpha_n)$ von E gilt dann $K(\alpha_1, \dots, \alpha_n) : K \leq n!$

3.4 Unter den Voraussetzungen und Bezeichnungen von 3.3 zeige man, dass $K(\alpha_1, \dots, \alpha_n) : K$ sogar ein *Teiler* von $n!$ ist. (Hinweis: Induktion nach $n =$ grad (f). Ist $f = gh$ in $K[X]$ mit grad $(g) = r$, grad $(h) = n - r$, so ist $r!(n-r)!$ Teiler von $n!$). Man zeige ferner: Gilt $K(\alpha_1, \dots, \alpha_n) : K \geq (n-1)!$, so ist f irreduzibel über K, oder f hat schon eine Nullstelle in K.

3.5 Wie folgt aus dem *Satz von Kronecker,* dass es zum Beispiel einen Körper mit genau 9 Elementen geben muss?

3.6 Es sei $K(X)$ der rationale Funktionenkörper in einer Variablen über dem Körper K. Zeige:
a) Ist $T = T(X)$ ein Element von $K(X)$ mit $T \notin K$, so ist die Körpererweiterung $K(X)/K(T)$ *endlich.* Hinweis: Sei Y eine Unbestimmte über $K(X)$ und habe T die Darstellung $T = f/g$ mit $f, g \in K[X]$. Dann ist X Nullstelle des Polynoms

$$f(Y) - Tg(Y) \in K(T)[Y], \tag{3.34}$$

und wegen $T \notin K$ ist (3.34) nicht das Nullpolynom.

b) K ist *algebraisch abgeschlossen in* $K(X)$, d.h. der algebraische Abschluss von K in $K(X)$ ist K. (Hinweis: Mit a) folgt dies aus der Transitivität der Algebraizität.)
c) $K(X)/K$ ist eine *einfache* Körpererweiterung, welche unendlich viele Zwischenkörper besitzt. (Hinweis: Ist $K(\alpha)/K$ nicht algebraisch, so ist α^2 transzendent über K und $K(\alpha^2) \neq K(\alpha)$.)
d) Ist K/k eine endliche Körpererweiterung vom Grade n, so gilt auch $K(X) : k(X) = n$.

3.7 Sei E/K eine Körpererweiterung, und α, β seien Elemente von $E^\times$. Für teilerfremde natürliche Zahlen m, n gelte $\alpha^m \in K, \beta^n \in K$. Zeige: $\alpha\beta$ ist ein *primitives Element* der Körpererweiterung $K(\alpha, \beta)/K$. (Hinweis: Es gibt $x, y \in \mathbb{Z}$ mit $1 = xm + yn$.)

3.8 Sei E Teilkörper von $\mathbb{C}$ und $E_0 = E \cap \mathbb{R}$. Zeige:
a) Nicht immer gilt $E : E_0 \leq 2$.
b) Ist $E = \mathbb{Q}(\zeta_n)$ mit $\zeta_n = e^{2\pi i/n}$, so ist $E_0 = \mathbb{Q}(\eta_n)$ mit $\eta_n = \zeta_n + \zeta_n^{-1} = \zeta_n + \overline{\zeta}_n = 2\cos(2\pi/n)$, und für $n > 2$ gilt $E : E_0 = 2$.
c) Für $n \neq 1, 2, 3, 4, 6$ ist $\zeta_n + \zeta_n^{-1}$ kein Element von $\mathbb{Q}$. (Hinweis: Ist ein $\alpha \in \mathbb{Q}$ Nullstelle eines normierten $f \in \mathbb{Z}[X]$, so folgt $\alpha \in \mathbb{Z}$.)
d) $\mathbb{Q}(\zeta_7) : \mathbb{Q} = 6$, also ist die 7–Teilung des Kreises mit Zirkel und Lineal nicht möglich. (Zeige, dass η_7 Nullstelle eines kubischen Polynoms über $\mathbb{Q}$ ist.)

3.9 Sei G eine *abelsche* Gruppe der Ordnung n, und $\mu(G)$ bezeichne das Produkt über alle Elemente von G. Es sind $G_2 = \{x \in G \mid x^2 = 1\}$ und $G^2 = \{x^2 \mid x \in G\}$ Untergruppen von G. Zeige:
a) $\mu(G) = \mu(G_2)$.
b) Ist G Untergruppe der multiplikativen Gruppe eines Körpers K mit $-1 \in G$, so gilt $\mu(G) = -1 = (-1)^{n/2}\mu(G^2)$. Man folgere daraus:
  α) *Im Körper* $\mathbb{F}_p$ *gilt die Gleichung* $(p-1)! = -1$.
  β) *Für* $p \neq 2$ *ist* -1 *genau dann ein Quadrat in* $\mathbb{F}_p$, *wenn* $p \equiv 1 \bmod 4$.

3.10 Für den Erweiterungskörper $E = K(\alpha, \beta)$ von K gelte $K(\alpha) : K = p$ und $K(\beta) : K = q$ mit Primzahlen $p > q$. Zeige: Ist char$(K) \neq p$, so gilt $E = K(\alpha + \beta)$.
Hinweis: Gilt die Behauptung nicht und ist $h(X) = \mathrm{Mipo}_K(\alpha + \beta)$, so folgt $h(X + \beta) = \mathrm{Mipo}_K(\alpha)$.

3.11 Sei K ein beliebiger Körper und für Elemente a, b aus $K^\times$ schreibe $a \sim b$, wenn ab eine Summe von 2 Quadraten in K ist.
a) Warum ist $\sim$ eine *Äquivalenzrelation?*
b) Gilt die entsprechende Aussage auch, wenn man in ihr 2 durch eine beliebige Potenz 2^n ersetzt? (Hinweis: Vgl. [25, S. 187, Aufgabe 87].)
c) Für den Fall $K = \mathbb{R}(X)$ zeige man: $f \sim 1$ gilt genau dann, wenn $f(x) \geq 0$ für alle $x \in \mathbb{R}$, für die $f(x)$ definiert ist. (Hinweis: Untersuche zuerst den Fall $f \in \mathbb{R}[X]$ und beachte Bemerkung 2 zu Def. 4.5.)

3.12 Das Vorgehen zur Konstruktion des Quotientenkörpers eines Integritätsringes lässt sich verallgemeinern: Sei R ein beliebiger kommutativer Ring mit 1, und sei S eine *multiplikative* Teilmenge von R, d.h. es gelte $1 \in S$, und mit $s, t \in S$ sei auch $st \in S$. Auf der Menge $M = R \times S$ betrachte man die wie folgt definierte Relation $\sim$:

$$(x, s) \sim (y, t) \text{ bedeute: Es gibt ein } u \in S \text{ mit } (xt - ys)u = 0. \tag{3.35}$$

Man prüft leicht nach, dass $\sim$ eine Äquivalenzrelation ist.[1] Bezeichne jeweils x/s die Äquivalenzklasse zu (x, s), und sei $S^{-1}R$ die Menge aller dieser Äquivalenzklassen. Indem man die Quotienten x/s in gewohnter Weise addiert und multipliziert (Wohldefiniertheit überprüfen), wird $S^{-1}R$ zu einem kommutativen Ring mit Eins; er heißt *Ring der Quotienten*

[1] Dabei wird klar, warum man in (3.35) nicht einfach $xt = ys$ fordern darf.

von R bezüglich S. Für einen Integritätsring R und $S = R \setminus \{0\}$ ist $S^{-1}R = \operatorname{Quot}(R)$. Bezeichnet man mit $\imath : R \to S^{-1}R$ den Homomorphismus, definiert durch $\imath(x) = x/1$, so hat man (analog zu F3.7) die folgende *universelle Eigenschaft: Sei $\kappa : R \to B$ ein Ringhomomorphismus (kommutativer Ringe mit Eins), sodass $\kappa(s)$ für jedes $s \in S$ invertierbar ist. Dann gibt es genau einen Ringhomomorphismus $\lambda : S^{-1}R \to B$ mit $\lambda \circ \imath = \kappa$.*
Der Ring $A := S^{-1}R$ und der Homomorphismus $\imath : R \to A$ haben die folgenden Eigenschaften:

a) Für jedes $s \in S$ ist $\imath(s)$ eine Einheit in A.
b) Jedes Element von A ist von der Form $\imath(x)\imath(s)^{-1}$ mit $x \in R,\ s \in S$.
c) Genau dann ist $\imath(x) = 0$, wenn es ein $s \in S$ gibt mit $xs = 0$.

Wegen der letzten Eigenschaft ist $\imath$ also keineswegs immer injektiv, sodass sich R im Allgemeinen nicht als Teilring von $S^{-1}R$ auffassen lässt. Analog zu F3.8 hat man aber: Ist $\imath : R \to A$ ein Ringhomomorphismus mit den Eigenschaften a) – c), so ist A zum Ring der Quotienten von R bezüglich S isomorph. Im Übrigen: Genau dann ist $S^{-1}R$ der Nullring, wenn $0 \in S$.

3.13 Sei R ein Integritätsring mit Quotientenkörper K. Zeige: Ist R ein *Bezout–Ring,* d.h. gibt es zu $a, b \in R$ immer ein $d \in R$ mit $aR + bR = dR$, so ist jeder Teilring A von K, der R enthält, von der Gestalt $A = S^{-1}R$ mit einer multiplikativen Teilmenge S von R. Hinweis: Betrachte $S = A^\times \cap R$.

3.14 a) Man gebe einen Teilkörper K von $\mathbb{C}$ an und ein $z \in \measuredangle K$, sodass $K(z) : K$ endlich, aber keine Potenz von 2 ist. Wie verträgt sich das mit F1.9? (Hinweis: Wähle $K = \mathbb{Q}(x)$ mit $x = \sqrt[3]{2} + it$, wobei t eine transzendente reelle Zahl ist.)

b) Man gebe einen Teilkörper K von $\mathbb{C}$ und ein $z \in \measuredangle K$ an, sodass $K(z)/K$ nicht algebraisch ist. Wie verträgt sich das mit Satz 2.1? (Hinweis: Wähle $K = \mathbb{Q}(s + it)$ mit $s, t \in \mathbb{R}$, wobei t transzendent ist und s nicht im algebraischen Abschluss von $\mathbb{Q}(t)$ in $\mathbb{C}$ liegt. Dann ist $x = s + it$ nicht algebraisch über $\mathbb{Q}(t)$. Zeige: Ist t algebraisch über $\mathbb{Q}(x)$, so ist x algebraisch über $\mathbb{Q}(t)$.)

4. Grundbegriffe der Teilbarkeitslehre

In diesem Kapitel wollen wir Ringe mit eindeutiger Primfaktorzerlegung untersuchen. Die Geschichte dieses Begriffes ist recht verwickelt; zwar finden sich Spuren der eindeutigen Primfaktorzerlegung bereits bei Euklid: so musste er z.B. im Zusammenhang mit dem Nachweis, dass Zahlen der Form $N = 2^{p-1}(2^p - 1)$ vollkommen[1] sind, wenn $2^p - 1$ prim ist, die Liste aller Teiler von N angeben. Weiter hat Euklid gezeigt, dass ein Produkt pqr dreier Primzahlen keine anderen Primfaktoren als p, q, r besitzt; allerdings war dieser Spezialfall des Fundamentalsatzes für Euklid alles andere als fundamental: er hat ihn in der Folge nämlich überhaupt nicht benutzt. Der Fundamentalsatz, aus dem Euklid seine ganze Zahlentheorie entwickelte, war die Existenz größter gemeinsamer Teiler, die er aus dem euklidischen Algorithmus folgerte. Auf dieser Grundlage zeigte er, dass irreduzible Elemente in $\mathbb{Z}$ prim sind, woraus man ganz leicht auf die eindeutige Primfaktorzerlegung in $\mathbb{Z}$ schließen kann. Auf diesen Schluss, sowie die Einsicht, dass auch die eindeutige Primfaktorzerlegung als Fundamentalsatz anzusehen ist, wies aber erst Gauß hin.

Die explizite Aussage, dass jeder euklidische Ring faktoriell ist, stammt von Dirichlet; bereits *Stevin* (1585) hatte bewiesen, dass man den euklidischen Algorithmus auf den Polynomring $\mathbb{Q}[X]$ übertragen kann. Dass die Hauptidealringe zwischen euklidischen und faktoriellen Ringen liegen, hat Dedekind zeigen können, nachdem er die Idealsprache eingeführt hatte.

Im ganzen Kapitel sei

R ein kommutativer Ring mit Eins.

Manches von dem Inhalt dieses Kapitels ist dem Leser vielleicht schon aus der Linearen Algebra bekannt. Wir führen es hier wegen seiner grundsätzlichen

[1] Eine natürliche Zahl n heißt vollkommen, wenn die Summe ihrer eigentlichen Teiler gleich n ist; Beispiele sind $n = 6$ und $n = 28$.

Bedeutung auf; hinsichtlich der bisher verfolgten Problemstellung sind wir spezieller an der Frage nach der Irreduzibilität von Polynomen interessiert.

4.1 Teilbarkeit

Von Elementen a, b aus R sagt man, a sei ein *Teiler* von b, wenn es ein c aus R gibt mit $b = ca$. Wir schreiben dann

$$a \mid b \tag{4.1}$$

und drücken den Sachverhalt auch durch Redeweisen wie „*a teilt b*" oder „*b ist durch a teilbar*"
indexASteilbar aus. Die Negation von (4.1) wird durch

$$a \nmid b \tag{4.2}$$

bezeichnet. Die Teilbarkeitsrelation genügt einigen offensichtlichen Gesetzen wie z.B.

$$a \mid a \qquad \text{('Reflexivität')} \tag{4.3}$$

$$a \mid b \text{ und } b \mid c \Rightarrow a \mid c \qquad \text{('Transitivität')} \tag{4.4}$$

$$1 \mid a, \ a \mid 0 \tag{4.5}$$

$$a \mid b \ \text{ und } c \mid d \Rightarrow ac \mid bd \tag{4.6}$$

Nach (4.5) ist 1 ein kleinstes und 0 das größte Element bzgl. der Teilbarkeitsrelation. Im folgenden Sinne ist die Teilbarkeit verträglich mit der Addition:

$$a \mid b \ \text{ und } \ a \mid c \ \Rightarrow \ a \mid b + c. \tag{4.7}$$

Ist R ein Integritätsring, so gilt

$$ac \mid bc \ \Rightarrow \ a \mid b \ \text{ für } \ c \neq 0. \tag{4.8}$$

Die Elemente von $R^{\times}$, also die *Einheiten* (d.h. *invertierbaren* Elemente) von R, bilden eine Gruppe (die *Einheitengruppe* von R) und können wie folgt charakterisiert werden:

$$\varepsilon \mid 1 \iff \varepsilon \in R^{\times}. \tag{4.9}$$

Definition 4.1. Gilt $a \mid b$ und $b \mid a$, so heißt a *assoziiert* zu b; wir schreiben dann: $a \mathrel{\widehat{=}} b$. Offenbar ist $\widehat{=}$ eine Äquivalenzrelation auf R.

F4.1. *In einem Integritätsring R ist $a \mathrel{\widehat{=}} b$ genau dann, wenn es eine Einheit ε von R gibt mit $b = \varepsilon a$.*

Der einfache Beweis bleibe dem Leser überlassen. – Im Ring $\mathbb{Z}$ hat man $a \mathrel{\widehat{=}} b$ genau für $a = \pm b$. Im Allgemeinen besitzt ein Integritätsring aber mehr Einheiten als 1 und -1. Wir geben die folgenden

Beispiele. a) Ist R ein Integritätsring, so auch der Polynomring $R[X]$, und es gilt $R[X]^\times = R^\times$.

b) Für den Teilring $R = \mathbb{Z}[i]$ von $\mathbb{C}$ gilt $R^\times = \{\pm 1, \pm i\}$.

c) Für einen Körper K ist natürlich $K^\times = K \setminus \{0\}$.

d) Für den Teilring $R = \mathbb{Z}[\sqrt{2}]$ von $\mathbb{R}$ gilt $R^\times = \{\pm(1+\sqrt{2})^j \mid j \in \mathbb{Z}\}$.

Der Beweis für d) liegt nicht ganz auf der Hand und sei dem Leser als etwas schwierigere Aufgabe gestellt.

Definition 4.2. Seien $a_1, \ldots, a_n$ aus R gegeben. Ein $d \in R$ heißt ein *größter gemeinsamer Teiler* (kurz: ggT) von $a_1, \ldots, a_n$, wenn folgende zwei Bedingungen erfüllt sind:

a) d ist ein gemeinsamer Teiler von $a_1, \ldots, a_n$.

b) Für jeden gemeinsamen Teiler t von $a_1, \ldots, a_n$ gilt $t \mid d$.

Wir nennen das System $a_1, \ldots, a_n$ *teilerfremd*, wenn 1 ein ggT von $a_1, \ldots, a_n$ ist. Ganz analog wird erklärt, was unter einem kleinsten gemeinsamen Vielfachen (kurz: kgV) von $a_1, \ldots, a_n$ zu verstehen ist.

Direkt aus den Definitionen folgt

F 4.2. *Sei d ein ggT von $a_1, \ldots, a_n$. Dann gilt: Ist auch d' ein ggT von $a_1, \ldots, a_n$, so ist $d' \mathrel{\widehat{=}} d$ (und umgekehrt). Entsprechendes gilt für kgV anstelle von ggT.*

Wie steht es nun aber mit der Existenz eines ggT bzw. kgV zu vorgegebenen Elementen von R?

4.2 Idealtheoretische Beschreibung

Zur Untersuchung von Teilbarkeitsfragen ist es sicherlich zweckmäßig, mit einem Element a von R gleichzeitig auch die Menge seiner Vielfachen, also das von a erzeugte *Hauptideal* von R zu betrachten:

$$(a) = Ra = \{xa \,|\, x \in R\}.$$

Offenbar gilt dann

$$a \mid b \iff (b) \subseteq (a). \tag{4.10}$$

Diese Übersetzung einer Teilbarkeitsbeziehung in eine einfache Inklusionsbeziehung von Mengen ist sehr fruchtbar. Wir haben zum Beispiel:

$$a \mathrel{\widehat{=}} b \iff (a) = (b). \tag{4.11}$$

Ferner gilt: Genau dann ist v ein gemeinsames Vielfaches von a, b, wenn $(v) \subseteq (a) \cap (b)$ gilt. Daraus folgert man sofort:

$$m \text{ ist ein kgV von } a, b \iff (a) \cap (b) = (m). \tag{4.12}$$

Genau dann existiert also ein kgV von a, b, wenn das Ideal $(a) \cap (b)$ ein Hauptideal ist.

F4.3. *Seien I_1 und I_2 Ideale von R. Dann sind auch $I_1 \cap I_2$ und $I_1 + I_2 = \{\alpha_1 + \alpha_2 \mid \alpha_i \in I_i\}$ Ideale von R; und zwar ist $I_1 \cap I_2$ das größte Ideal von R, welches in I_1 und I_2 enthalten ist, und $I_1 + I_2$ ist das kleinste Ideal von R, welches I_1 und I_2 enthält.*

Entsprechendes gilt natürlich für den Durchschnitt $I_1 \cap \ldots \cap I_n$ und die Summe $I_1 + \ldots + I_n$ von mehr als zwei Idealen. Im Falle von Hauptidealen verwenden wir auch die Bezeichnung

$$(a_1, \ldots, a_n) := (a_1) + \ldots + (a_n). \tag{4.13}$$

Diese Menge besteht aus allen R–Linearkombinationen von $a_1, \ldots, a_n$.

Ein t ist genau dann gemeinsamer Teiler von a, b, wenn $(a) + (b) \subseteq (t)$. Nun hat (4.12) zwar kein vollständiges Analogon für ggT (warum?); ist aber $(a) + (b) = (d)$ ein *Hauptideal,* so ist d jedenfalls ein ggT von a, b.

Definition 4.3. Ein Integritätsring R heißt ein *Hauptidealring,* wenn jedes Ideal von R ein Hauptideal ist.

F4.4. *In einem Hauptidealring R existiert zu beliebigen Elementen $a_1, \ldots, a_n$ von R ein ggT. Ist d ein ggT von $a_1, \ldots, a_n$, so besitzt d eine Darstellung*

$$d = x_1 a_1 + \ldots + x_n a_n \tag{4.14}$$

mit gewissen $x_i \in R$.

Beweis. Wie gesagt, ein t ist genau dann ein gemeinsamer Teiler der a_i, wenn $(a_1) + \ldots + (a_n) \subseteq (t)$. Weil R als Hauptidealring vorausgesetzt ist, gibt es ein d mit

$$(a_1) + \ldots + (a_n) = (d). \tag{4.15}$$

Gilt aber (4.15), so ist d ein ggT der a_i. Ist auch d' ein ggT der a_i, so ist $(d') = (d)$, vgl. F4.2 und (4.11). □

In einem Hauptidealring ist also nicht nur die Existenz eines ggT zu beliebigen $a_1, \ldots, a_n$ gesichert, sondern man erhält obendrein, dass jeder solche eine *additive* Darstellung der Gestalt (4.14) besitzt, was sicherlich überraschend ist. – Dies alles wäre allerdings ohne Wert, könnten wir nicht die Existenz interessanter Hauptidealringe erweisen.

F4.5. *Der Ring* $\mathbb{Z}$ *der ganzen Zahlen ist ein Hauptidealring.*

Beweis. Es sei I ein Ideal von $\mathbb{Z}$, und o.E. sei $I \neq (0)$. Unter allen Elementen $\neq 0$ von I sei dann a eines mit kleinstem Betrag $|a|$. Wir behaupten, dass dann $I = (a)$ gilt. Trivialerweise ist $(a) \subseteq I$. Sei nun $b \in I$ beliebig. Division mit Rest liefert $q, r \in \mathbb{Z}$ mit

$$b = qa + r \quad \text{und} \quad |r| < |a|$$

(sogar $0 \leq r < |a|$ kann verlangt werden und im Übrigen auch $-|a|/2 < r \leq |a|/2$). Wegen $r = b - qa$ ist nun aber auch r ein Element von I. Wäre $r \neq 0$, so stünde $|r| < |a|$ im Widerspruch zur Wahl von a. Es folgt $b = qa$, und somit $b \in (a)$. □

Eine Analyse dieses Beweises führt zu folgender

Definition 4.4. Ein Integritätsring R heißt ein *euklidischer Ring,* wenn eine Abbildung $\nu : R \to \mathbb{N}_0$ existiert mit $\nu(0) = 0$, sodass gilt: Zu $a, b \in R$ mit $a \neq 0$ gibt es $q, r \in R$ mit

$$b = qa + r \quad \text{und} \quad \nu(r) < \nu(a).$$

Ein solches ν nennen wir eine *euklidische Funktion* auf R.

Beispiele. (a) $R = \mathbb{Z}$ mit $\nu(a) = |a|$.

(b) Ist K ein Körper, so ist $R = K[X]$ ein euklidischer Ring. Setzt man nämlich $\nu(0) = 0$ und $\nu(g) = \text{grad}\,(g) + 1$ für $g \neq 0$, so ist ν eine euklidische Funktion auf R.

F4.6. *Jeder euklidische Ring R ist ein Hauptidealring.*

Dies beweist man wie gesagt genau wie oben für $R = \mathbb{Z}$.

4.3 Faktorielle Ringe

Wir verallgemeinern jetzt den von den Ringen $\mathbb{Z}$ bzw. $K[X]$ geläufigen Begriff einer Primzahl bzw. eines irreduziblen Polynoms.

Definition 4.5. Ein Element π von R heißt *irreduzibel* (oder: *unzerlegbar*), wenn $\pi \notin R^\times$ und

$$\pi = ab \quad \Rightarrow \quad a \in R^\times \text{ oder } b \in R^\times. \tag{4.16}$$

Bemerkungen. 1) Die irreduziblen Elemente von $\mathbb{Z}$ sind genau die Primzahlen p sowie deren Negative $-p$.

2) Nach dem „*Fundamentalsatz der Algebra*" (vgl. etwa [24, S. 191]) gilt: Die irreduziblen Polynome von $\mathbb{C}[X]$ sind die linearen Polynome. Als Übungsaufgabe folgere man daraus: Außer den linearen Polynomen sind in $\mathbb{R}[X]$ noch genau die Polynome $f = aX^2 + bX + c$ mit $b^2 - 4ac < 0$ irreduzibel.

3) Ein Teiler a von b heiße *echter Teiler* von b, wenn a weder Einheit von R noch zu b assoziiert ist. Ein $\pi \neq 0$ ist also genau dann irreduzibel, wenn π keine Einheit ist und keine echten Teiler besitzt (wobei R als Integritätsring vorausgesetzt werde).

Definition 4.6. Man sagt, $a \in R$ besitze eine Zerlegung in irreduzible Faktoren, wenn a eine Darstellung der Gestalt

$$a = \varepsilon \pi_1 \pi_2 \ldots \pi_r \text{ mit } \varepsilon \in R^\times \text{ und irreduziblen } \pi_i \tag{4.17}$$

besitzt (wobei auch $r = 0$ zugelassen ist, in welchem Fall (4.17) als $a = \varepsilon 1 = \varepsilon$ zu lesen ist). Wir sagen, a besitze *eindeutige Zerlegung in irreduzible Faktoren,* wenn a eine Zerlegung in irreduzible Faktoren besitzt und die folgende Eindeutigkeitsbedingung erfüllt ist: Ist neben (4.17) auch

$$a = \varepsilon' \pi_1' \pi_2' \ldots \pi_{r'}', \tag{4.18}$$

eine solche Zerlegung, so ist $r' = r$ und nach geeigneter Umnumerierung $\pi_i' \mathrel{\widehat{=}} \pi_i$ für $1 \leq i \leq r$. Ein Integritätsring, in dem jedes $a \neq 0$ eine **eindeutige** Zerlegung in irreduzible Faktoren besitzt, heißt *faktoriell.*

F4.7. *Sei R ein Integritätsring, in dem jedes $a \neq 0$ eine Zerlegung in irreduzible Faktoren besitzt. Dann sind die beiden folgenden Aussagen äquivalent:*

(i) *R ist faktoriell.*
(ii) *Für jedes irreduzible Element π von R gilt:*

$$\pi \mid ab \;\Rightarrow\; \pi \mid a \text{ oder } \pi \mid b. \tag{4.19}$$

Beweis. (i) $\Rightarrow$ (ii): Wir setzen o.E. $a, b \neq 0$ voraus. Aus Zerlegungen $a = \varepsilon\pi_1 \ldots \pi_r$ und $b = \tilde{\varepsilon}\tilde{\pi}_1 \ldots \tilde{\pi}_s$ von a und b in irreduzible Faktoren erhält man für ab die Zerlegung $ab = \varepsilon\tilde{\varepsilon}\pi_1 \ldots \pi_r\tilde{\pi}_1 \ldots \tilde{\pi}_s$. Gilt nun $\pi \mid ab$, so gibt es auch eine Zerlegung von ab in irreduzible Faktoren, in der π vorkommt. Aus der Voraussetzung folgt dann, dass π zu einem der Elemente $\pi_1, \ldots, \pi_r,\ \tilde{\pi}_1, \ldots, \tilde{\pi}_s$ assoziiert sein muss. Folglich ist π ein Teiler von a oder b.

(ii) $\Rightarrow$ (i): Gelten (4.17) und (4.18), und o.E. sei $r \geq 1$. Nun ist jedenfalls π_1 ein Teiler des Produktes auf der rechten Seite von (4.18). Aus der Voraussetzung (ii) folgt dann, dass π_1 eines der π'_i teilen muss; o.E. sei π_1 ein Teiler von π'_1. Es gibt dann eine Einheit η mit $\pi'_1 = \eta\pi_1$. Durch Herauskürzen von π_1 erhält man dann $\varepsilon\pi_2 \ldots \pi_r = \varepsilon'\eta\pi'_2 \ldots \pi'_{r'}$. Per Induktion folgt somit die Behauptung. □

Definition 4.7. Ein Element π aus R heißt ein *Primelement* von R, wenn π keine Einheit ist und die Eigenschaft (4.19) besitzt.

Bemerkungen. 1) In einem Integritätsring R ist jedes Primelement $\pi \neq 0$ offenbar auch irreduzibel.

2) Nach F4.7 stellt sich uns die Frage, unter welchen Umständen die irreduziblen Elemente eines Integritätsringes auch Primelemente sind. Allgemein ist dies jedenfalls nicht der Fall (sh. Aufg. 4.4a).

F 4.8. *Ein Integritätsring R ist genau dann faktoriell, wenn die folgenden beiden Bedingungen erfüllt sind:*

a) Jede Kette $(a_1) \subseteq (a_2) \subseteq \ldots \subseteq (a_n) \subseteq (a_{n+1}) \subseteq \ldots$ von Hauptidealen ist stationär, d.h. es gibt ein n mit $(a_j) = (a_n)$ für alle $j \geq n$. (‘Teilerkettenbedingung für Hauptideale’)

b) Jedes irreduzible Element von R ist ein Primelement.

Beweis. Wir zeigen zunächst, dass aus a) folgt, dass jedes $a \neq 0$ aus R eine Zerlegung in irreduzible Faktoren besitzt. Sei nämlich M die Menge aller derjenigen $(a) \neq 0$, für die a keine solche Zerlegung besitzt, und werde $M \neq \varnothing$

angenommen. Dann besitzt M ein maximales Element, sonst gäbe es eine Kette $(a_1) \subsetneq (a_2) \subsetneq \ldots \subsetneq (a_n) \subsetneq (a_n) \subsetneq (a_{n+1}) \subsetneq \ldots$, die im Widerspruch zur Voraussetzung a) nicht stationär ist. Sei nun (a) ein maximales Element von M. Dann kann a weder irreduzibel noch eine Einheit sein. Es ist also $a = bc$ mit $(a) \subsetneq (b)$ und $(a) \subsetneq (c)$. Wegen der Maximalität von (a) besitzen dann sowohl b als auch c Zerlegungen in irreduzible Faktoren. Dasselbe trifft dann aber auch für $a = bc$ zu, im Widerspruch zu $(a) \in M$.

Ist nun außer a) auch noch b) erfüllt, so ist R nach F4.7 ein faktorieller Ring. – Sei umgekehrt R als faktoriell vorausgesetzt. Nach F4.7 hat man dann jedenfalls b). Seien a und t Elemente von R mit $(0) \neq (a) \subseteq (t) \neq (a)$. Für a gelte (4.17). Wegen der Eindeutigkeit der Zerlegung in irreduzible Faktoren hat dann t als echter Teiler von a (nach geeigneter Umnumerierung der π_i) notwendig eine Darstellung der Gestalt $t = \varepsilon' \pi_1 \ldots \pi_s$ mit $s < r$. Hieraus erkennt man nun sofort die Gültigkeit von a). □

F4.9. *Jeder Hauptidealring R ist faktoriell.*

Beweis. (mit F4.8): Vorgelegt sei eine Kette $(a_1) \subseteq (a_2) \subseteq \ldots$ von Hauptidealen. Sei dann I die Vereinigungsmenge aller (a_j). Wie man sofort sich überlegt, ist I ein *Ideal* von R. Nach Voraussetzung ist $I = (a)$ ein *Hauptideal.* Nach Definition von I gibt es ein n mit $a \in (a_n)$. Es ist dann $(a_j) \subseteq I = (a) \subseteq (a_n) \subseteq (a_j)$ für alle $j \geq n$, also ist die Kette stationär.

Sei jetzt π ein beliebiges irreduzibles Element von R, und sei a ein Element von R mit $\pi \nmid a$. Weil π irreduzibel ist, sind dann π, a teilerfremd. Aufgrund von F4.4 gilt dann $1 = x\pi + ya$ mit gewissen x, y aus R. Multiplikation mit einem beliebigen b aus R liefert

$$b = (xb)\pi + y(ab). \tag{4.20}$$

Ist dann π ein Teiler von ab, so ist π nach (4.20) auch ein Teiler von b. Somit ist π ein Primelement. □

Bemerkungen. 1) Die Umkehrung von F4.9 ist nicht richtig. Zum Beispiel ist der Polynomring $\mathbb{Z}[X]$ über $\mathbb{Z}$ ein faktorieller Ring (sh. Satz 5.2), doch ist $\mathbb{Z}[X]$ kein Hauptidealring (vgl. ebenfalls Kap. 5; man kann sich leicht aber auch direkt davon überzeugen, dass z.B. das Ideal $(2) + (X)$ kein Hauptideal von $\mathbb{Z}[X]$ sein kann.)

2) *Euklidische Ringe* sind *Hauptidealringe* (F4.6), und Hauptidealringe sind *faktorielle Ringe.* Insbesondere ist also $\mathbb{Z}$ faktoriell, desgleichen ist jeder

Polynomring $K[X]$ über einem Körper K faktoriell. Bei euklidischen Ringen lassen sich nun darüber hinaus die euklidischen Funktionen ν mit Nutzen heranziehen. Zum Beispiel lässt sich damit ein ggT von vorgelegten Elementen $a \neq 0$ und b schrittweise berechnen (*'Euklidischer Algorithmus'*):

$$\begin{array}{rcll}
b & = & q_0 a + r_1 & \qquad \nu(r_1) < \nu(a) \\
a & = & q_1 r_1 + r_2 & \qquad \nu(r_2) < \nu(r_1) \\
\vdots & & & \\
r_{i-1} & = & q_i r_i + r_{i+1} & \qquad \nu(r_{i+1}) < \nu(r_i) \\
\vdots & & & \\
r_{n-1} & = & q_n r_n + 0 &
\end{array}$$

Es ist dann r_n ein ggT von a, b und aus den obigen Gleichungen gewinnt man rekursiv Elemente x, y mit $r_n = xa + yb$. Im Falle $R = K[X]$ mit ν wie in Beispiel b) zu Def. 4.4 sind die q_i, r_i eindeutig durch a, b bestimmt. Entsprechendes gilt für $R = \mathbb{Z}$, wenn noch $r_i \geq 0$ verlangt wird.

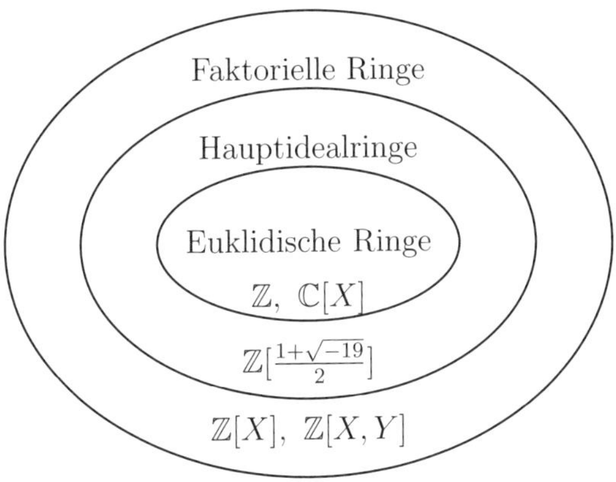

4.4 Eigenschaften faktorieller Ringe

Wir wollen uns jetzt die Verhältnisse in *faktoriellen Ringen* etwas genauer ansehen. Indem wir in einer Zerlegung (4.17) eines Elementes a jeweils zueinander assoziierte irreduzible Faktoren zusammenfassen, gelangen wir zu einer Darstellung der Gestalt

$$a = \eta \pi_1^{e_1} \pi_2^{e_2} \dots \pi_m^{e_m} \quad \text{mit} \quad \eta \in R^\times, \; e_i \in \mathbb{N}, \tag{4.21}$$

in welcher kein π_i zu einem π_j mit $i \neq j$ assoziiert ist. Ist der zugrundegelegte Ring R *faktoriell*, so ist die Darstellung (4.21) im Wesentlichen eindeutig: Hat man neben (4.21) noch eine weitere solche Zerlegung $a = \varepsilon \rho_1^{f_1} \dots \rho_n^{f_n}$, so ist $m = n$, und nach geeigneter Umnumerierung gilt $\rho_i \mathrel{\widehat{=}} \pi_i$ sowie $e_i = f_i$ für alle $i = 1, 2, \dots, m$. In diesem Sinne nennt man dann (4.21) die *Primfaktorzerlegung von a*.

Es erweist sich als nützlich, unsere Terminologie in formaler Hinsicht noch etwas auszubauen. Hierzu legen wir ein (vollständiges) *Vertretersystem* $\mathcal{P}$ für die Klassen assoziierter *Primelemente* von R zugrunde; hierunter versteht man eine Menge $\mathcal{P}$ von Primelementen $\neq 0$ von R mit der Eigenschaft, dass jedes Primelement $\neq 0$ von R zu genau einem Primelement von $\mathcal{P}$ assoziiert ist. (Ein solches $\mathcal{P}$ existiert nach dem *Auswahlaxiom.*) In manchen Fällen gibt es eine kanonische Wahl von $\mathcal{P}$, z.B. im Falle $R = \mathbb{Z}$, wo sich für $\mathcal{P}$ die Menge der *natürlichen Primzahlen* p anbietet; im Polynomring $K[X]$ über einem Körper K kann man die Menge $\mathcal{P}$ aller *normierten Primpolynome* nehmen. – In jedem Fall aber haben wir

F4.10. *Sei R ein faktorieller Ring, $\mathcal{P}$ ein Vertretersystem für die Klassen assoziierter Primelemente von R. Dann besitzt jedes $a \neq 0$ aus R eine* **eindeutige** *Darstellung der Gestalt*

$$a = \varepsilon \prod_{\pi \in \mathcal{P}} \pi^{e_\pi} \tag{4.22}$$

mit einer Einheit ε von R und ganzen Zahlen $e_\pi \geq 0$ mit $e_\pi = 0$ für fast alle $\pi \in \mathcal{P}$.

Wir formulieren noch eine Art Umkehrung dieser Aussage, nämlich

F4.11. *Sei R ein Integritätsring, und sei $\mathcal{P}$ eine Teilmenge von $R \setminus \{0\}$. Besitzt dann jedes $a \neq 0$ aus R eine* **eindeutige** *Darstellung der obigen Gestalt (4.22), so ist R faktoriell, und $\mathcal{P}$ ist ein Vertretersystem für die Klassen assoziierter Primelemente von R.*

Beweis. Nach Voraussetzung ist jedes $\pi \in \mathcal{P}$ offenbar irreduzibel. Sei nun π ein beliebiges irreduzibles Element von R. Aufgrund der Voraussetzung ist dann $\pi = \varepsilon \pi'$ mit eindeutig bestimmter Einheit ε und eindeutig bestimmtem $\pi' \in \mathcal{P}$. Also ist π zu genau einem π' aus $\mathcal{P}$ assoziiert. Insgesamt liefert nun die Voraussetzung, dass jedes $a \neq 0$ eine eindeutige Zerlegung in irreduzible Faktoren besitzt, d.h. R ist faktoriell. Da in faktoriellen Ringen zwischen irreduziblen Elementen und Primelementen $\neq 0$ kein Unterschied besteht, ist der Beweis vollendet. □

Es sei R ein *faktorieller* Ring, und π sei ein beliebiges irreduzibles Element von R. Für jedes $a \neq 0$ aus R bezeichnen wir mit $w_\pi(a)$ den (höchsten) Exponenten, mit dem π in a aufgeht; man hat dann also eine eindeutige Darstellung der Gestalt:

$$a = \pi^{w_\pi(a)} a' \quad \text{mit} \quad \pi \nmid a'. \tag{4.23}$$

Setzen wir noch $w_\pi(0) = \infty$, so erhalten wir eine Abbildung

$$w_\pi : R \to \mathbb{Z} \cup \{\infty\}, \tag{4.24}$$

welche offenbar die folgenden beiden Eigenschaften besitzt:

$$w_\pi(ab) = w_\pi(a) + w_\pi(b) \tag{4.25}$$

$$w_\pi(a+b) \geq \text{Min}(w_\pi(a), w_\pi(b)). \tag{4.26}$$

Es sei aber nochmals betont, dass die Dinge in nicht faktoriellen Ringen komplizierter liegen (vgl. Übung 4.10). Ist K der Quotientenkörper von R, dann läßt sich w_π durch

$$w_\pi(a/b) = w_\pi(a) - w_\pi(b). \tag{4.27}$$

zu einer Abbildung $w_\pi : K \longrightarrow \mathbb{Z} \cup \{\infty\}$ fortsetzen. Wegen (4.25) ist w_π hierdurch wohldefiniert. Außerdem gelten (4.26), (4.25) jetzt für alle a, b aus K. Wir nennen w_π *die zum Primelement* π *gehörige Exponentenbewertung von* K. Die Einbeziehung des Quotientenkörpers bei arithmetischen Betrachtungen ist oft nützlich.

F4.12. *Für einen faktoriellen Ring* R *mit* $K = \text{Quot}(R)$ *und einem* $\mathcal{P}$ *wie in F4.10 gelten:*

a) Jedes Element $x \neq 0$ *aus* K *besitzt die Darstellung*

$$x = \varepsilon \prod_{\pi \in \mathcal{P}} \pi^{w_\pi(x)} \quad \text{mit} \quad \varepsilon \in R^\times, \tag{4.28}$$

wobei $w_\pi(x) = 0$ *für fast alle* $\pi \in \mathcal{P}$ *.*

b) Ein $x \in K$ liegt genau dann in R, wenn $w_\pi(x) \geq 0$ für alle $\pi \in \mathcal{P}$.
c) Für $a, b \in R$ ist $a|b$ genau dann, wenn $w_\pi(a) \leq w_\pi(b)$ für alle $\pi \in \mathcal{P}$.
d) Zu beliebigen $a_1, \ldots, a_n$ aus R existiert ein ggT sowie ein kgV von $a_1, \ldots, a_n$, und zwar ist

$$d := \prod_{\pi \in \mathcal{P}} \pi^{\mathrm{Min}(w_\pi(a_1), \ldots, w_\pi(a_n))} \quad \text{ein ggT}$$

und

$$m := \prod_{\pi \in \mathcal{P}} \pi^{\mathrm{Max}(w_\pi(a_1), \ldots, w_\pi(a_n))} \quad \text{ein kgV}$$

von $a_1, \ldots, a_n$ (wobei gegebenenfalls $\pi^\infty = 0$ zu setzen ist).

Beweis. a) folgt mit (4.27) sofort aus F4.10. Ist $w_\pi(x) \geq 0$ für alle π, so liegt x nach (4.28) in R. Das Umgekehrte ist klar, somit gilt b). Da $a|b$ zu $b/a \in R$ äquivalent ist, folgt c) mit (4.27) sofort aus b). Mit c) ist dann auch d) klar. □

4.5 Weitere Begriffe der Ringtheorie

In diesem Kapitel haben wir wenig mehr als die allgemeinen Grundlagen der elementaren Arithmetik erörtert. Hier wollen wir nun ergänzend noch einige ringtheoretische Begriffe einführen, die auch in Zusammenhang mit unserer Diskussion in 3.2 stehen.

Definition 4.8. Sei R ein (nicht als kommutativ vorausgesetzter) Ring mit Eins. Wir nennen R *einfach*, wenn jeder Homomorphismus $R \to R'$ in einen beliebigen Ring R' entweder injektiv oder die Nullabbildung ist (und damit auch $1 \neq 0$ in R gilt). Offenbar (vgl. 3.2) ist ein R mit $1 \neq 0$ genau dann einfach, wenn $\{0\}$ und R die einzigen Ideale von R sind (dies ist beispielsweise in jedem Körper R der Fall). Ein Ideal $I \neq R$ von R heißt *maximales Ideal* von R, wenn für jedes Ideal $I' \neq R$ von R aus $I \subseteq I'$ die Gleichheit $I = I'$ folgt.

F4.13. *Genau dann ist I ein maximales Ideal von R, wenn der Restklassenring R/I einfach ist.*

Beweis. Die Ideale I' von R mit $I \subseteq I'$ entsprechen unter der Restklassenabbildung $\pi : R \to R/I$ umkehrbar eindeutig den Idealen von R/I. □

Definition 4.9. Sei R ein kommutativer Ring mit Eins. Ein Ideal I von R heißt ein *Primideal* von R, wenn R/I ein Integritätsring ist. Genau dann ist also ein Ideal $I \neq R$ ein Primideal, wenn allgemein

$$ab \in I \;\Rightarrow\; a \in I \;\text{ oder }\; b \in I \tag{4.29}$$

gilt. Demnach ist ein Hauptideal (π) von R genau dann ein Primideal, wenn π ein Primelement von R ist.

F4.14. *Sei R ein kommutativer Ring mit Eins. Dann ist R genau dann einfach, wenn R ein Körper ist. Ein Ideal von R ist also genau dann maximal, wenn R/I ein Körper ist. Ferner: Jedes maximale Ideal von R ist auch Primideal von R.*

Beweis. Nur die erste Behauptung ist zu zeigen. Sei also R ein Körper und $\varphi : R \to R'$ ein beliebiger Ringhomomorphismus. Gibt es dann ein $a \neq 0$ in Kern φ, so liegt wegen $x = (xa^{-1})a$ *jedes* x aus R in Kern φ, d.h. φ ist die Nullabbildung. Sei umgekehrt R als einfach vorausgesetzt und $a \neq 0$ aus R beliebig. Dann ist $(a) = R$, also gibt es ein $x \in R$ mit $ax = 1$. □

Primideale sind i.A. nicht maximal; ein triviales Beispiel ist das Nullideal in $\mathbb{Z}$. Für ein weniger triviales Beispiel bemerken wir $\mathbb{Z}[X]/p \simeq \mathbb{F}_p[X]$ (vgl. F5.4). Also ist (p) ein Primideal in $\mathbb{Z}[X]$, welches nicht maximal ist; in der Tat sieht man leicht $(p) \subsetneq (p, X) \subsetneq (1)$.

Als Spezialfall von F4.14 halten wir ausdrücklich fest:

F4.15. *Sind E, F Körper, und $\varphi : E \to F$ ein Homomorphismus von Ringen mit Eins (d.h. $\varphi 1_E = 1_F$), so ist φ injektiv, also vermittelt φ einen Isomorphismus von E auf einen Teilkörper E' von F.*

Zum Schluss wollen wir den chinesischen Restsatz der elementaren Zahlentheorie verallgemeinern.

Definition 4.10. Sei R ein kommutativer Ring mit Eins. Ideale I_1, I_2 von R heißen *teilerfremd*, wenn $I_1 + I_2 = R$ gilt, es also $a \in I_1$ und $b \in I_2$ gibt mit $a + b = 1$. Unter dem *Produkt* $I_1 I_2$ von Idealen I_1, I_2 von R versteht man das von allen Produkten xy mit $x \in I_1,\ y \in I_2$ erzeugte Ideal von R; es besteht aus allen endlichen Summen solcher Produkte. Offenbar ist $I_1 I_2 \subseteq I_1 \cap I_2$.

Lemma. *a) Für teilerfremde Ideale I_1, I_2 von R gilt $I_1 I_2 = I_1 \cap I_2$.*
b) Ist das Ideal I_1 von R zu jedem der Ideale $I_2, I_3, \ldots, I_n$ von R teilerfremd, so ist I_1 auch zu deren Produkt $I_2 I_3 \ldots I_n$ teilerfremd.

Beweis. (a) Aus $1 = a + b$ mit $a \in I_1,\ b \in I_2$ folgt durch Multiplikation mit einem beliebigen $c \in I_1 \cap I_2$ sofort $c = ca + cb \in I_1 I_2$.

(b) Nach Voraussetzung gibt es für jedes $i = 2, 3, \ldots, n$ Elemente $a_i \in I_1$ und $b_i \in I_i$ mit $1 = a_i + b_i$. Es folgt

$$1 = \prod_i (a_i + b_i) \in I_1 + I_2 I_3 \ldots I_n$$

und damit die Behauptung. □

F4.16 ('Chinesischer Restsatz'). *Seien* $I_1, I_2, \ldots, I_n$ *paarweise zueinander teilerfremde Ideale des kommutativen Ringes* R *mit Eins. Dann ist der natürliche Ringhomomorphismus*

$$R \to R/I_1 \times R/I_2 \times \ldots \times R/I_n \tag{4.30}$$

surjektiv, d.h. zu beliebigen Elementen $x_1, x_2, \ldots, x_n$ *von* R *existiert ein* x *aus* R *mit*

$$x \equiv x_i \bmod I_i \quad \text{für } \ 1, 2, \ldots, n. \tag{4.31}$$

Der Kern der Abbildung (4.30) *ist das Ideal*

$$I := I_1 \cap I_2 \cap \ldots \cap I_n = I_1 I_2 \ldots I_n, \tag{4.32}$$

also ist x *in* (4.31) *modulo dem Ideal* I *in* (4.32) *eindeutig bestimmt.*

Beweis. Wir betrachten zuerst den Fall $n = 2$. Voraussetzungsgemäß gibt es $e_1 \in I_1, e_2 \in I_2$ mit $e_1 + e_2 = 1$. Für beliebige $x_1, x_2 \in R$ ist dann

$$x = x_2 e_1 + x_1 e_2$$

eine Lösung des Systems (4.31). Sei nun $n \geq 2$ beliebig. Per Induktion können wir voraussetzen, dass schon ein $x' \in R$ existiert mit

$$x' \equiv x_i \bmod I_i \quad \text{für } \ i = 2, \ldots, n.$$

Nach Aussage (b) des vorausgeschickten Lemmas ist nun I_1 zum Produkt $I_2 I_3 \ldots I_n$ teilerfremd; also gibt es nach dem bereits erledigten Fall $n = 2$ ein $x \in R$ mit

$$x \equiv x_1 \bmod I_1 \quad \text{und} \quad x \equiv x' \bmod (I_2 \ldots I_n).$$

Dann erfüllt aber x offenbar sämtliche Kongruenzen in (4.31). Was nun noch den Kern von (4.30) betrifft, so ist dieser offensichtlich gleich dem Durchschnitt der I_i. Aus obigem Lemma ergibt sich aber per Induktion sofort $I_1 \cap I_2 \cap \ldots \cap I_n = I_1 \cap (I_2 \ldots I_n) = I_1 I_2 \ldots I_n$. □

Die zentrale Aussage des chinesischen Restsatzes ist (im Falle zweier Ideale, also von $I = I_1 I_2$) die Zerlegung $R/I \simeq R/I_1 \times R/I_2$. Dass es oft von Vorteil ist, eine algebraische Struktur in kleinere, handlichere Bestandteile zu zerlegen, ist den Lesern sicherlich von der linearen Algebra her geläufig, wo man Vektorräume V mit Projektoren zerlegt, also Endomorphismen $P : V \longrightarrow V$ mit $P^2 = P$. In einem solchen Fall ist nämlich $Q = 1 - P$ ebenfalls ein Projektor, und es gilt $V \simeq \text{Bild } P \oplus \text{Bild } Q$ (beachte $\text{Bild } Q = \text{Kern } P$).

Im Falle von kommutativen Ringen R mit Eins wird die Rolle der Projektoren von Idempotenten gespielt: das sind Ringelemente $e \in R$ mit $e^2 = e$. Ist e ein solches Idempotent, so auch $1 - e$, und es gilt $e(1 - e) = 0$ (man nennt e und $1 - e$ orthogonale Idempotente). Jedes Idempotent $e \in R$ liefert dann, wie man sofort nachrechnet, eine Zerlegung $R = eR \times (1 - e)R$ via der Abbildung $a \longmapsto (ea, (1 - e)a)$.

Im obigen Beweis haben wir mit Elementen $e_1, e_2 \in R$ gearbeitet, welche, aufgefasst als Elemente von R/I, orthogonale Idempotente sind.

Übungen

1) Im Folgenden sei M ein kommutatives Monoid, also eine Menge, welche mit einer kommutativen und assoziativen Multiplikation ausgestattet ist und ein Einselement besitzt. Außerdem wollen wir annehmen, dass in M die Kürzungsregel gilt, d.h. dass aus $ab = ac$ für $a, b, c \in M$ immer $b = c$ folgt. Zeige:
   a) Ist R ein Integritätsring, so ist $M = R \setminus \{0\}$ ein Monoid.
   b) Übertrage den Begriff der Teilbarkeit, wie er in diesem Kapitel für Ringe definiert wurde, auf kommutative Monoide.
   c) Welche der Eigenschaften (4.3)–(4.8) bleiben für Monoide richtig?
2) Definiere irreduzible und prime Elemente in kommutativen Monoiden, und zeige, dass prime Elemente immer irreduzibel sind (unter Annahme der Kürzungsregel).
3) Hilbert führte in seinen Vorlesungen das Monoid $M = \{1, 6, 11, 16, \ldots\}$ aller natürlichen Zahlen $n \equiv 1 \bmod 5$ ein. Zeige, dass $21 \cdot 26 = 6 \cdot 91$ zwei verschiedene Zerlegungen von 4641 in irreduzible Faktoren ist (d.h. das Monoid M ist nicht faktoriell).
4) Zeige allgemein, dass für gegebenes $m \geq 3$ das Monoid $M = \{n \in \mathbb{N} : n \equiv 1 \bmod m\}$ nicht faktoriell ist.
5) Betrachte den Ring $R = \mathbb{Z}/6\mathbb{Z} = \{\overline{0}, \overline{1}, \ldots, \overline{5}\}$.
   a) Bestimme alle Ideale in R.
   b) Zeige, dass die Elemente $\overline{2}$ und $\overline{3}$ weder Einheiten, noch irreduzibel sind.
   c) Zeige, dass in R die Bedingungen F4.8.a) und b) erfüllt sind.
   d) Man mache sich anhand von $\overline{2} = \overline{2} \cdot \overline{2} \cdot \overline{2}$ und $\overline{3} = \overline{3} \cdot \overline{3}$ die Probleme klar, die bei einer Übertragung der Teilbarkeitslehre auf allgemeine kommutative Ringe auftreten.
   e) Zeige, dass $\overline{2}$ und $\overline{4}$ größte gemeinsame Teiler von $\overline{2}$ und $\overline{4}$ sind.
6) Bestimme alle Ideale I in $R = \mathbb{Z}/12\mathbb{Z}$, sowie die dazugehörigen Quotientringe R/I. Welche Ideale sind prim, welche maximal?

7) Sei p eine Primzahl und $R = \mathbb{Z}/p^2\mathbb{Z}$. Zeige, dass das von $pX + 1$ in $R[X]$ repräsentierte Element eine Einheit ist.

8) Sei R ein Integritätsring und ν eine euklidische Funktion auf R. Zeige, dass $\nu(a) = 0$ für $a \in R$ genau für $a = 0$ gilt.

9) Zeige: Körper R sind euklidische Ringe.

10) Sei R ein Integritätsring, welcher der Bedingung F4.8.a) genügt, und $\pi \in R \setminus \{0\}$ eine Nichteinheit.
   a) Zeige, dass es zu jedem $a \in R$ mit $a \neq 0$ eine ganze Zahl $w \geq 0$ gibt mit $\pi^w \mid a$ und $\pi^{w+1} \nmid a$.
   b) Durch (4.23) wird eine Abbildung $w_\pi : R \longrightarrow \mathbb{Z} \cup \{\infty\}$ definiert, welche folgende Eigenschaften hat:

$$w_\pi(ab) \geq w_\pi(a) + w_\pi(b), \quad w_\pi(a+b) \geq \mathrm{Min}(w_\pi(a), w_\pi(b)).$$

   c) Zeige, dass w_π genau dann sogar (4.25) für alle $a, b \in R$ erfüllt, wenn π ein Primelement ist.

11) Sei w_p die zu der Primzahl p gehörige Exponentenbewertung von $\mathbb{Q}$. Zeige, dass die durch $|a|_p = p^{-w_p(a)}$ definierte Abbildung $|\cdot|_p : \mathbb{Q} \longrightarrow \mathbb{Q}$ die folgenden Eigenschaften mit dem gewöhnlichen Absolutbetrag gemeinsam hat:
   a) $|a|_p \geq 0$ mit Gleichheit genau für $a = 0$;
   b) Multiplikativität: $|ab|_p = |a|_p|b|_p$;
   c) Dreiecksungleichung: $|a + b|_p \leq |a|_p + |b|_p$.

12) Sei p eine Primzahl. Man bestimme die Einheiten und Primelemente der Teilringe

$$\mathbb{Z}[\tfrac{1}{p}] = \{\tfrac{a}{b} \in \mathbb{Q} : a \in \mathbb{Z},\ b \in \{1, p, p^2, \ldots\}\},$$
$$\mathbb{Z}_{(p)} = \{\tfrac{a}{b} \in \mathbb{Q} : a, b \in \mathbb{Z},\ p \nmid b\}$$

von $\mathbb{Q}$. Zeige weiter, dass beide Ringe faktoriell sind.

13) Seien I_1, I_2 Ideale in einem Hauptidealring R. Zeige, dass dann I_1I_2 gleich der Menge aller Produkte xy mit $x \in I_1$ und $y \in I_2$ ist. Weiter ist $I_1I_2 = (ab)$ für $I_1 = (a)$ und $I_2 = (b)$.

14) Man nennt $e_1, \ldots, e_n \in R$ ein vollständiges System paarweiser orthogonaler Idempotente, wenn gilt: a) $e_i^2 = e_i$; b) $e_ie_j = 0$ für $i \neq j$; c) $1 = e_1 + \ldots + e_n$. Zeige, dass dann $R = e_1R \times \cdots \times e_nR$ gilt.

15) Sei $\phi : R \longrightarrow S$ ein Homomorphismus von Ringen mit Eins. Zeige: $\phi(R^\times)$ ist eine Untergruppe von $S^\times$, und daher vermittelt ϕ einen Gruppenhomomorphismus $R^\times \longrightarrow S^\times$. Dieser ist ein Isomorphismus, wenn ϕ ein Isomorphismus ist.

16) Euklid definiert Gleichheit von Proportionen in Buch VII seiner Elemente wie folgt: es sei $a : b = c : d$ für natürliche Zahlen a, b, c, d genau dann, wenn es $m, n, x, y \in \mathbb{N}$ gibt mit $a = mx$, $b = nx$, $c = my$, $d = ny$. Dann zeigt er:
   a) Es gilt $a : b = ac : bc$ und $a : b = ca : cb$.
   b) Gleichheit ist transitiv: aus $a : b = c : d$ und $c : d = e : f$ folgt $a : b = e : f$.
   c) Es ist $a : b = c : d$ genau dann, wenn $ad = bc$.

   Hier liegt a) auf der Hand; dass b) zu beweisen ist, hat Euklid übersehen, weswegen sein Beweis für c) auch lückenhaft ist.

   Dass der Beweis von b) nicht ganz trivial ist, mache man sich wie folgt klar. In allgemeinen Integritätsringen R setzen wir $a : b = c : d$, wenn es wie oben $m, n, x, y \in R$ gibt mit $a = mx$, $b = nx$, $c = my$, $d = ny$. Zeige, dass die Transitivität der Gleichheit in $R = \mathbb{Z}[\sqrt{-5}]$ nicht gilt, da zwar

$$2 : (1+\sqrt{-5}\,) = 2(1-\sqrt{-5}\,) : (1+\sqrt{-5}\,)(1-\sqrt{-5}\,),$$
$$2(1-\sqrt{-5}\,) : (1+\sqrt{-5}\,)(1-\sqrt{-5}\,) = 2(1-\sqrt{-5}\,) : (2\cdot 3) \qquad \text{und}$$
$$2(1-\sqrt{-5}\,) : (2\cdot 3) = (1-\sqrt{-5}\,) : 3,$$

aber $2 : (1+\sqrt{-5}\,) \neq (1-\sqrt{-5}\,) : 3$ ist.

17) Sei K ein Körper. Zeige, dass $K[X,Y]/(XY) \simeq K[X]\times K[Y]$ als K-Vektorräume, aber nicht als Ringe isomorph sind. Hinweis: bestimme die idempotenten Elemente beider Ringe.

Aufgaben und Bemerkungen

4.1 Bestimme den ggT von $a = 17017$ und $b = 1114129$ und stelle ihn als ganzzahlige Linearkombination von a und b dar. Bemerkung: Schon an diesem einfachen Beispiel sieht man, wieviel schneller sich der ggT mit dem *Euklidischen Algorithmus* ermitteln lässt, als ihn etwa mittels Primfaktorzerlegung bestimmen zu wollen. Die Primfaktorzerlegung der gegebenen Zahlen lauten im Übrigen: $a = 17\cdot 13\cdot 11\cdot 7$ sowie $b = 17\cdot 65537$.

4.2 Es sei R ein faktorieller Ring. Zeige (mit F4.12):
a) Ist δ ein ggT von $\alpha_1,\ldots,\alpha_n$ in R, so ist $\gamma\delta$ für beliebiges $\gamma\in R$ ein ggT von $\gamma\alpha_1,\ldots,\gamma\alpha_n$.
b) Sind $\alpha_1,\ldots,\alpha_n$ paarweise teilerfremde Elemente von R und ist ihr Produkt $\alpha_1\cdots\alpha_n$ eine m–te Potenz in R, so ist jedes α_i assoziiert zu einer m–ten Potenz in R.
c) Ist $\mathcal{P}$ ein vollständiges Vertretersystem für die Klassen assoziierter Primelemente in R, so hat man für die multiplikative Gruppe von $K = \mathrm{Quot}\,(R)$ die Isomorphie $K^\times \simeq R^\times \times \mathbb{Z}^{(\mathcal{P})}$.

4.3 Man gebe die Primfaktorzerlegung von X^4+1 in $\mathbb{C}[X]$, $\mathbb{R}[X]$ und $\mathbb{Q}[X]$ an. (Hinweis: In $\mathbb{C}[X]$ ist die Sache klar; daraus folgt der Rest.) Wie lautet die Primfaktorzerlegung von X^5+X+1 in $\mathbb{Q}[X]$ bzw. $\mathbb{F}_2[X]$ bzw. $\mathbb{F}_{19}[X]$? Zeige, dass X^4+4 nicht irreduzibel in $\mathbb{Q}[X]$ ist.

4.4 a) Zeige, dass 2 in $R = \mathbb{Z}[\sqrt{-5}\,]$ irreduzibel, aber nicht prim ist. (Hinweis: Benutze die Multiplikativität der Funktion $N\alpha = \alpha\overline{\alpha}$; warum ist $\alpha\in R^\times$ gleichbedeutend mit $N\alpha = 1$?)
b) Zeige, dass $\mathbb{Z}[\sqrt{-1}\,], \mathbb{Z}[\sqrt{-2}\,], \mathbb{Z}[\frac{-1+\sqrt{-3}}{2}\,], \mathbb{Z}[\sqrt{2}\,]$ euklidische Ringe sind. (Hinweis: Für $\mathbb{Z}[\sqrt{2}\,]$ betrachte $\widetilde{N}\alpha := |\alpha\alpha'|$, wobei $\alpha' = a - b\sqrt{2}$ für alle $\alpha = a + b\sqrt{2}$.)

4.5 Schon bei *Fermat* findet sich die Behauptung, dass die Gleichung $Y^2 = X^3 - 2$ genau eine Lösung (x,y) in natürlichen Zahlen x,y besitzt. Man beweise dies, indem man im Ring $\mathbb{Z}[\sqrt{-2}\,]$ rechnet (und dabei Gebrauch macht von Aufg. 44b und 4.2b). Bemerkung: Auf der anderen Seite hat die Gleichung $Y^2 = X^3 - 2$ aber eine ganze Reihe *rationaler Lösungen* (x,y), etwa $(129/100,\ 383/1000)$, $(164323/171^2,\ 66234835/171^3)\ldots$; dies hängt mit der *Addition auf elliptischen Kurven* zusammen: man rechne beispielsweise nach, dass die Tangente im Punkt $(3,5)$ der Kurve $Y^2 = X^3 - 2$ diese in genau einem weiteren Punkt mit rationalen Koeffizienten schneidet.

4.6 Sei R ein Hauptidealring und $I_1 \supset I_2 \supset I_3 \supset \ldots$ eine unendliche strikt absteigende Kette von Idealen in R. Zeige, dass dann $\bigcap_{i=1}^{\infty} I_i = (0)$ gilt.

4.7 a) Sei R Teilring des Integritätsringes R'. Es sei R ein *Hauptidealring,* und a, b seien Elemente von R. Zeige: Ist d ein ggT von a, b in R, so ist d auch ein ggT von a, b in R'.

b) Sei E/K eine Körpererweiterung, und seien $f, g \in K[X]$ Polynome über K. Zeige: Ist das normierte Polynom $h \in E[X]$ der ggT von f, g in $E[X]$, so liegen alle Koeffizienten von h bereits in K.

4.8 Sei R ein Integritätsring, in dem zu je zwei Elementen x, y von R ein kgV von x, y existiert. Zeige, dass dann jedes irreduzible Element von R ein Primelement ist. (Hinweis: Gilt $\pi \nmid a$, so ist $a\pi$ ein kgV von a, π.)

4.9 Sei R ein Integritätsring, in dem zu je zwei Elementen a, b ein ggT d existiert. Zeige, dass dann zu je zwei Elementen a, b auch ein kgV m existiert (nämlich $m = ab/d$, falls o.E. $a, b \neq 0$).

4.10 Ein elementarer Beweis dafür, dass $\mathbb{Z}$ faktoriell ist: Per Induktion sieht man, dass jedes $n > 1$ Produkt von Primzahlen ist. Jetzt ziehe man 4.8 heran. Zeige: Ist m unter allen gemeinsamen natürlichen Vielfachen von gegebenen $x, y \neq 0$ das kleinste, so ist m ein kgV von x, y.
(Hinweis: Einmalige Anwendung von Division mit Rest.)

4.11 Sei $R = \mathbb{Z}[\sqrt{10}]$. Zeige, dass in R jedes Element $\alpha \neq 0$ Produkt irreduzibler Elemente ist, es sich bei R aber nicht um einen faktoriellen Ring handelt. (Hinweis: Man ziehe die entsprechend wie in 4.4 b) definierte *multiplikative* Funktion $\tilde{N}$ heran und beachte: $\alpha \in R^\times \iff \tilde{N}\alpha = 1$.)

4.12 Sei R ein kommutativer Ring mit Eins, und sei S eine multiplikative Teilmenge von R, vgl. Aufg. 3.12. Sei $S^{-1}R$ der Ring der Quotienten von R bezüglich S und $\imath : R \to S^{-1}R$ die zugehörige kanonische Abbildung. Ist $\mathfrak{a}$ ein Ideal von R, so bezeichne $S^{-1}\mathfrak{a}$ das von $\imath(\mathfrak{a})$ erzeugte Ideal des Ringes $S^{-1}R$. Wie man sich sofort überlegt, besteht $S^{-1}\mathfrak{a}$ aus allen Elementen der Form a/s mit $a \in \mathfrak{a}$ und $s \in S$; ferner ist $S^{-1}\mathfrak{a} = (1)$ genau für $\mathfrak{a} \cap S \neq \varnothing$. Ist umgekehrt $\mathfrak{A}$ ein Ideal von $S^{-1}R$, so bezeichnen wir das Ideal $\imath^{-1}(\mathfrak{A})$ von R auch mit $\mathfrak{A} \cap R$. Genau dann ist $\mathfrak{a}$ von der Gestalt $\mathfrak{a} = \imath^{-1}(\mathfrak{A})$, wenn kein Element von S einen Nullteiler von $R/\mathfrak{a}$ vermittelt. Man zeige: *Unter den Abbildungen $\mathfrak{P} \mapsto \mathfrak{P} \cap R$ und $\mathfrak{p} \mapsto S^{-1}\mathfrak{p}$ entsprechen die Primideale von $S^{-1}R$ genau denjenigen Primidealen von R, die zu S elementfremd sind.*

4.13 Sei R ein kommutativer Ring mit Eins und $\mathfrak{p}$ ein Primideal von R. Dann ist $S := R \setminus \mathfrak{p}$ *multiplikativ* (im Sinne von 3.12). In diesem Falle bezeichnen wir den Ring $S^{-1}R$ mit $R_\mathfrak{p}$. Man nennt $R_\mathfrak{p}$ die *Lokalisierung von R bei $\mathfrak{p}$*. Setze $\mathfrak{M} = \mathfrak{p}R_\mathfrak{p} = S^{-1}\mathfrak{p}$. Dann ist $1 \notin \mathfrak{M}$. *Jedes nicht zu $\mathfrak{M}$ gehörige Element von $R_\mathfrak{p}$ ist eine Einheit von $R_\mathfrak{p}$ (und umgekehrt).* Anders ausgedrückt: Jedes Ideal $\mathfrak{A} \neq (1)$ von $R_\mathfrak{p}$ ist in $\mathfrak{M}$ enthalten. Oder noch anders: $\mathfrak{M}$ ist das einzige maximale Ideal von $R_\mathfrak{p}$. (Ein kommutativer Ring mit Eins, der genau ein maximales Ideal besitzt, heißt ein *lokaler Ring;* vgl. im Übrigen F6.12). Aus 4.12 folgt ferner: *Die Primideale des lokalen Ringes $R_\mathfrak{p}$ entsprechen umkehrbar eindeutig den Primidealen von R, die in $\mathfrak{p}$ enthalten sind.*

4.14 Sei R ein kommutativer Ring mit Eins. Ein Element f von R heißt *nilpotent,* wenn es eine natürliche Zahl n mit $f^n = 0$ gibt. Bezeichne $\mathfrak{N}$ die Menge aller nilpotenten Elemente von R; man nennt $\mathfrak{N}$ das *Nilradikal* von R. Man zeige: *Das Nilradikal von R ist der Durchschnitt aller Primideale von R.* (Hinweis: Für beliebiges $f \in R$ betrachte $S = \{f^n \mid n \in \mathbb{N}_0\}$. Ist f nicht nilpotent, so ist $S^{-1}R$ nicht der Nullring und besitzt daher ein maximales Ideal $\mathfrak{P}$, vgl. F6.12. Jetzt wende 4.12 an.)

4.15 Sei R ein Ring mit Eins. Zeige, dass die Einheitengruppe $R[X]^\times$ des Polynomrings über R aus allen Polynomen $f(X) = a_0 + a_1X + \ldots + a_nX^n \in R[X]$ besteht, für welche a_0 eine Einheit ist und die $a_1, \ldots, a_n$ nilpotent sind. Hinweis: Aufg. 4.14.

4.16 Sei R ein kommutativer Ring mit $1 \neq 0$. Zeige: Ist jedes Hauptideal $\neq (1)$ von R ein Primideal, so ist R ein Körper. (Hinweis: Betrachte die Hauptideale (0) sowie (a^2) für jedes $a \neq 0$.)

4.17 Man gebe ein Beispiel eines *nichtkommutativen einfachen* Ringes. (Hinweis: Betrachte $M_n(K)$, vgl. [25, S. 179, Aufgabe 46].)

4.18 Es seien m, n natürliche Zahlen mit $m|n$. Man zeige, dass die kanonische Abbildung

$$(\mathbb{Z}/n\mathbb{Z})^\times \longrightarrow (\mathbb{Z}/m\mathbb{Z})^\times$$

surjektiv ist. (Hinweis für *eine* mögliche Lösung: Man betrachte zunächst den Fall einer Primzahlpotenz $n = p^r$ und ziehe dann den *Chinesischen Restsatz* heran.)

4.19 Der Ring $\mathbb{Z}[i]$ mit $i = \sqrt{-1}$ heißt der *Ring der ganzen Gaußschen Zahlen.* Nach 4.4 b) ist er euklidisch, besitzt also hinsichtlich Teilbarkeit ebenso schöne Eigenschaften wie der Ring $\mathbb{Z}$. Es ist dann aber naheliegend, zu fragen: a) Welche Primzahlen p von $\mathbb{Z}$ bleiben prim in $\mathbb{Z}[i]$? b) Wie erfasst man alle Primelemente von $\mathbb{Z}[i]$?
Antwort: Zu jedem π gibt es ein p mit $\pi|p$. Entweder ist nun $(p) = (\pi)$, oder es gilt $(p) = (\pi\overline{\pi})$ mit $(\pi) \neq (\overline{\pi})$, außer im Falle $p = 2$. Der erste Fall tritt für die $p \equiv 3 \bmod 4$ ein, der zweite für die $p \equiv 1 \bmod 4$ sowie $p = 2$. Man folgere daraus den Satz von *Fermat:* Eine Primzahl $p \neq 2$ ist genau dann in der Form $p = x^2 + y^2$ mit ganzen Zahlen x, y darstellbar, wenn $p \equiv 1 \bmod 4$. (Hinweis: Für $p \equiv 1 \bmod 4$ gibt es nach Aufg. 3.9 ein x, sodass p ein Teiler von $x^2 + 1 = (x+i)(x-i)$ ist. Wäre nun p prim in $\mathbb{Z}[i]$, so folgt $p|x+i$.) – Was müsste man wissen, um z.B. den euklidischen Ring $\mathbb{Z}[\sqrt{2}]$ ganz entsprechend diskutieren zu können?

4.20 Sei E ein Körper. Zeige: Hat f aus $E[X]$ eine Zerlegung $f = f_1 f_2 \ldots f_r$ in paarweise teilerfremde Faktoren, so gilt

$$E[X]/f \simeq E[X]/f_1 \times \ldots \times E[X]/f_r.$$

(Die Behauptung ist eine Anwendung des Chinesischen Restsatzes, folgt aber auch leicht direkt aus Dimensionsgründen.)

4.21 Sei A ein Ring mit Eins. Wir setzen voraus, dass $A = A_1 \times \ldots \times A_r$ direktes Produkt von (Teil–) Ringen A_i ist. a) Zeige: Die Ideale von A sind gerade die Teilmengen der Form $I_1 \times \ldots \times I_r$, wobei jeweils I_k Ideal von A_k ist. Die Behauptung gilt auch für Linksideale statt (zweiseitiger) Ideale.
b) Man setze die Ringe A_i als *einfach* voraus und zeige, dass dann die A_i genau die *minimalen Ideale* von A und damit *eindeutig bestimmt* sind. (Ein Ideal I eines Ringes A heißt minimal, wenn I in der Menge aller Ideale $\neq 0$ von A minimal ist.)

4.22 Sei R ein faktorieller Ring, in dem jedes von zwei Elementen erzeugte Ideal ein Hauptideal ist. Zeige: R ist ein Hauptidealring.

4.23 Sei $R = \mathfrak{C}(X)$ der Ring aller *stetigen* Funktionen auf $X = [0, 1]$ mit Werten in $\mathbb{R}$. Für $a \in X$ sei I_a die Menge aller $f \in R$ mit $f(a) = 0$. Zeige: Die I_a sind die sämtlichen maximalen Ideale von R. (Hinweis: X ist kompakt.) Gilt die Behauptung auch für das offene Intervall $X = (0, 1)$? (Hinweis: Ohne an F6.12 zu glauben, kann man die Frage nicht beantworten.)

4.24 Sei R ein faktorieller Ring, und es gebe ein Primelement q von R, sodass keine Einheit $e \neq 1$ von R die Kongruenz $e \equiv 1 \bmod q$ erfüllt. Man zeige, dass dann R *unendlich viele* prime Hauptideale (p) besitzt. Insbesondere gilt dies für $R = \mathbb{Z}$ oder $R = K[X]$ mit einem Körper K.
Hinweis *(Euklid):* Seien $p_1, \ldots, p_n$ Primelemente von R mit $p_1 = q$. Dann hat $1 + p_1 \ldots p_n$ mindestens einen Primteiler p.

4.25 Für teilerfremde m, n aus $\mathbb{N}$ zeige: a) $\mathbb{Q}(\sqrt[m]{2}, \sqrt[n]{3}) = \mathbb{Q}(\sqrt[m]{2}\sqrt[n]{3})$.
b) Ein Element $a \neq 0$ eines Körpers K ist genau dann eine mn-te Potenz in K, wenn a sowohl eine m-te Potenz als auch eine n-te Potenz in K ist.

4.26 Man bestimme alle maximalen Ideale der folgenden Ringe: a) $\mathbb{Q} \times \mathbb{Q}$ b) $\mathbb{Q}[X]/X^2 + X + 1$ c) $\mathbb{Q}[X]/X^3$ d) $\mathbb{Q}[X]/X^2 - 3X + 2$.

4.27 Sei K ein Körper der Charakteristik 0, und $E = K(X)$ sei der rationale Funktionenkörper in der Variablen X über K. Für beliebige $a, b \in K$ betrachte man den Teilkörper $F = K(X^2 + aX + b)$. Setze $F_0 = K(X^2)$ und zeige: Die Erweiterungen E/F und E/F_0 sind endlich (vom Grade 2), aber im Falle $a \neq 0$ ist $E/F \cap F_0$ nicht algebraisch. (Hinweis: Für jedes $f \in F$ gilt $f(-X-a) = f(X)$. Zeige: Erfüllt $f \in K(X)$ die Gleichung $f(X+a) = f(X)$, so folgt $f \in K$.)

4.28 Zeige, dass die Menge $\mathcal{C}$ aller Cauchyfolgen $(a_i)_{i\geq 1}$ mit $a_i \in \mathbb{Q}$ einen kommutativen Ring mit Eins bilden, und dass die Menge $\mathcal{N}$ der Nullfolgen ein maximales Ideal ist. Nach F4.14 ist damit $\mathcal{C}/\mathcal{N}$ ein Körper, nämlich der Körper $\mathbb{R}$ der reellen Zahlen.

4.29 Zermelo hat 1934 [Gött. Nachr. (2) **1**, 43–46] einen sehr hübschen Induktionsbeweis dafür erbracht, dass $\mathbb{Z}$ faktoriell ist. Sei bereits gezeigt, dass alle natürlichen Zahlen $< n$ eine eindeutige Faktorisierung haben; sei p der minimale Faktor von n, sowie $n = pa$. Gibt es eine Faktorisierung von n, in der p nicht vorkommt, so sei q deren minimaler Faktor und $n = qb$. Jetzt betrachte $n - pb = p(a-b) = (q-p)b$ und leite einen Widerspruch her.

5. Zur Primfaktorzerlegung in Polynomringen. Der Satz von Gauß

Sei $\alpha \in \mathbb{C}$ eine algebraische Zahl. Wenn wir die Frage stellen, ob α mit Zirkel und Lineal aus $\{0, 1\}$ konstruierbar ist, haben wir insbesondere nach dem Grad der Körpererweiterung $\mathbb{Q}(\alpha)/\mathbb{Q}$ zu fragen (vgl. F1.9). Nun ist $\mathbb{Q}(\alpha) : \mathbb{Q}$ gleich dem Grad des Minimalpolynoms von α über K (vgl. F2.3). Ist uns dann schon ein (normiertes) Polynom $f \in \mathbb{Q}[X]$ mit $f(\alpha) = 0$ vorgelegt, so ist zu entscheiden, ob f irreduzibel ist. Im positiven Falle haben wir mit f das gesuchte Minimalpolynom schon gefunden (vgl. F3.6), im anderen Fall ist weiter nach geeigneten irreduziblen Faktoren von f zu suchen.

Beispiel. Wir betrachten $\alpha = e^{2\pi i/n}$ mit natürlichem $n > 1$. Wegen $X^n - 1 = (X-1)(1+X+\ldots+X^{n-1})$ ist dann $f(X) = X^{n-1}+\ldots+X+1$ ein Polynom aus $\mathbb{Z}[X]$ mit $f(\alpha) = 0$. Ist f irreduzibel? Wenn n einen echten Teiler d besitzt, sicherlich nicht (denn dann ist ja $X^d - 1 : X - 1$ ein Teiler von f). Für eine Primzahl n aber wird sich f als irreduzibel erweisen (vgl. F5.10).

Es ist hier nicht der Ort, auf die eingangs angesprochene Problemstellung umfassend einzugehen. Wohl wollen wir uns aber über einige theoretische Aspekte der Sache etwas Klarheit verschaffen. Dabei orientieren wir uns an den beiden folgenden naheliegenden Fragen:

1) Ist der Ring $\mathbb{Z}[X]$ faktoriell?
2) Folgt aus der Irreduzibilität eines $f \in \mathbb{Z}[X]$ in $\mathbb{Z}[X]$, dass f auch irreduzibel in $\mathbb{Q}[X]$ ist?

Beide Fragen hängen übrigens eng zusammen.

5.1 Vorbereitungen zum Satz von Gauß

Im Folgenden sei stets

R *ein Integritätsring.*

Unsere Frage laute nun allgemeiner: Wann ist $R[X]$ faktoriell? Zunächst stellen wir zur Einübung algebraischer Grundbegriffe fest:

F5.1. *$R[X]$ ist genau dann ein Hauptidealring, wenn R ein Körper ist.*

Beweis. (i) Ist $R = K$ ein Körper, so ist $K[X]$ als euklidischer Ring ein Hauptidealring (vgl. F4.6).

(ii) Sei nun $R[X]$ als Hauptidealring vorausgesetzt. Wir betrachten dann den Kern I des Einsetzungshomomorphismus $\varphi : R[X] \to R$ mit $\varphi(X) = 0$. Da φ jedem Polynom aus $R[X]$ seinen Absolutkoeffizienten zuordnet, ist einfach $I = (X)$. Nach dem Homomorphiesatz ist nun

$$R[X]/X \simeq R \tag{5.1}$$

ein *Integritätsring,* somit X ein *Primelement* von $R[X]$, vgl. Def. 4.9. Aufgrund der nachfolgenden Feststellung ist dann aber $R[X]/X$ sogar ein Körper, also ist wegen (5.1) auch R ein Körper. □

Die folgende Beobachtung verallgemeinert F3.5:

F5.2. *Ist A ein Hauptidealring und π ein irreduzibles Element von A, so ist A/π ein Körper.*

Beweis. Wir haben zu zeigen (vgl. F4.14), dass (π) ein *maximales Ideal* von A ist. Sei I ein Ideal mit $(\pi) \subseteq I \neq A$. Nach Voraussetzung ist $I = (a)$ ein Hauptideal. Es folgt $a|\pi$, und wegen der Irreduzibilität von π ist dann $(\pi) = (a) = I$. – Übrigens erhalten wir damit von neuem, dass jedes irreduzible Element eines Hauptidealringes ein Primelement ist. □

Nun zeigen wir erst einmal

F5.3. *Ist $R[X]$ faktoriell, so ist auch R faktoriell.*

Beweis. Sei $a \neq 0$ aus R beliebig. Da $R[X]$ faktoriell ist, gilt dort $a = \varepsilon p_1(X)p_2(X)\dots p_r(X)$ mit $\varepsilon \in R[X]^\times = R^\times$ und *primen* $p_1(X),\dots,p_r(X)$ aus $R[X]$. Aus Gradgründen liegen dann sämtliche $\pi_i := p_i(X)$ schon in R. Da nun aber offenbar für Elemente aus R Teilbarkeit in $R[X]$ dasselbe bedeutet wie in R, sind die π_i prim auch in R. Somit besitzt jedes $a \neq 0$ von R eine Darstellung

$$a = \varepsilon\pi_1\pi_2\dots\pi_r \tag{5.2}$$

mit $\varepsilon \in R^\times$ und *Primelementen* π_i aus R. Für *irreduzibles* $a = \pi$ aus R kann eine solche Darstellung nur $a = \varepsilon\pi_1$ lauten; mit π_1 ist dann aber auch π ein *Primelement*. Somit ist R faktoriell (vgl. F4.7). □

5.2 Der Satz von Gauß

Wir zeigen jetzt den[1]

Satz 5.1 (Satz von Gauß). *Ist R faktoriell, so ist auch der Polynomring $R[X]$ ein faktorieller Ring.*

Wir beginnen mit einigen Vorbetrachtungen, die auch für sich von Bedeutung sind:

Bemerkung. Jeder Ringhomomorphismus $\varphi : R \to R'$ lässt sich durch

$$\sum a_i X^i \mapsto \sum \varphi(a_i) X^i \tag{5.3}$$

auf natürliche Weise zu einem Homomorphismus $R[X] \to R'[X]$ der Polynomringe fortsetzen; diese Fortsetzung bezeichnen wir ebenfalls mit φ. (Im Übrigen: Fasst man $R'[X]$ mittels φ als R–Algebra auf, so lässt sich (5.3) als Einsetzungshomomorphismus deuten.) Zu $a \in R$ betrachten wir insbesondere die Restklassenabbildung $R \to R/a$ und seine natürliche Fortsetzung

$$R[X] \to (R/a)[X]. \tag{5.4}$$

Wir haben dann

F5.4. *a) Der Homomorphismus* (5.4) *vermittelt einen natürlichen Isomorphismus (von R–Algebren)*

$$R[X]/a \to (R/a)[X].$$

b) Das Element a aus R ist genau dann prim in R, wenn a prim in $R[X]$ ist.

[1] Dieser Satz wird vor allem im deutschen Sprachraum als der „Satz von Gauß“ bezeichnet, wohl wegen der zentralen Rolle, die das Lemma von Gauß beim klassischen Beweis spielte. Die erste explizite Formulierung des „Satzes von Gauß“ scheint von Hensel [16] aus dem Jahre 1927 zu stammen.

Beweis. Da (5.4) offensichtlich den Kern $I = aR[X]$ besitzt, folgt a) sofort aus dem Homomorphiesatz. Mit $R[X]/a \simeq (R/a)[X]$ haben wir nun die folgende Äquivalenzkette:

$$\begin{aligned} a \text{ prim in } R &\iff R/a \text{ Integritätsring} \\ &\iff (R/a)[X] \text{ Integritätsring} \\ &\iff R[X]/a \text{ Integritätsring} \\ &\iff a \text{ prim in } R[X]. \end{aligned}$$

Man vergleiche dieses Argument mit dem klassischen Beweis dieser Aussage, der in vgl. Übung 8 vorgestellt wird. □

Wir setzen R jetzt als *faktoriell* voraus. Mit $K = \text{Quot}\,(R)$ bezeichnen wir den *Quotientenkörper* von R. Der klassische Zugang zum Satz von Gauß benutzt den Begriff des *Inhalts* eines Polynoms, den wir jetzt besprechen wollen.

Definition 5.1. Ist $f = a_0 + a_1X + \ldots + a_nX^n \in R[X]$, so nennt man den größten gemeinsamen Teiler der Koeffizienten von f den *Inhalt* von f und schreibt $\text{Inhalt}(f) = \text{ggT}\,(a_0, a_1, \ldots, a_n)$. Dabei ist $\text{Inhalt}(f)$, wie jeder ggT, nur bis auf Einheiten bestimmt. Ein Polynom $f \in R[X]$ vom Grad ≥ 1 nennt man *primitiv,* wenn es Inhalt 1 besitzt, d.h. wenn 1 ein größter gemeinsamer Teiler aller Koeffizienten von f ist. Normierte Polynome aus $R[X]$ sind trivialerweise auch primitiv.

Den Satz von Gauß formulieren wir nun – etwas genauer – wie folgt:

Satz 5.2. *Sei R ein faktorieller Ring mit Quotientenkörper K. Sei $\mathcal{P}_1$ ein Vertretersystem für die Klassen assoziierter Primelemente von R, und $\mathcal{P}_2$ sei ein Vertretersystem für die Klassen assoziierter Primelemente von $K[X]$, bestehend aus primitiven Polynomen von $R[X]$. Dann gilt: $R[X]$ ist faktoriell, und $\mathcal{P}_1 \cup \mathcal{P}_2$ ist ein Vertretersystem für die Klassen assoziierter Primelemente von $R[X]$.*

Im Falle $R = \mathbb{Z}$ sagt diese Version nicht nur, dass $\mathbb{Z}[X]$ faktoriell ist (das steht schon in Satz 5.1), sondern dass die Primelemente von $\mathbb{Z}[X]$ (bis auf Assoziierte) genau aus den Primelementen $\{2, 3, 5, \ldots\}$ von $\mathbb{Z}$ und denjenigen Primelementen $\{X, X-1, X+1, \ldots, X^2+1, X^2-2, \ldots\}$ von $\mathbb{Q}[X]$ bestehen, welche in $\mathbb{Z}[X]$ liegen und primitiv sind ($X - \frac{1}{2}$ und $4X-2$ sind prim in $\mathbb{Q}[X]$; das erste liegt nicht in $\mathbb{Z}[X]$, das zweite ist nicht primitiv).

Die Existenz von $\mathcal{P}_2$ wird gesichert durch das folgende

Lemma. *Ist $g \in K[X]$ normiert, so gibt es ein $c \in R$, für welches $cg \in R[X]$ primitiv ist.*

Offenbar gibt es nämlich $c_1 \in R$ mit $c_1 g \in R[X]$. Setze nun $c_2 = \text{Inhalt}(c_1 g)$; da $c_1 g$ Leitkoeffizienten c_1 hat, ist der Inhalt ein Teiler von c_1, und jetzt tut es $c = c_1/c_2$.

Beweis von Satz 5.2. Sei K der Quotientenkörper von R. Wir werden nun eine Teilmenge $\mathcal{P} \subseteq R[X]$ definieren, sodass jedes $g \in R[X]$ eine eindeutige Faktorisierung $g = \varepsilon \prod_{p \in \mathcal{P}} p^{e_p}$ mit einer Einheit $\varepsilon \in R^\times$ besitzt; nach F4.11 folgt dann die Behauptung.

Seien dazu $\mathcal{P}_1$ und $\mathcal{P}_2$ wie im Satz gewählt. Wir werden zeigen, dass $\mathcal{P} = \mathcal{P}_1 \cup \mathcal{P}_2$ die gewünschten Eigenschaften hat.

Jedes $g \neq 0$ aus $R[X]$ hat, da $K[X]$ faktoriell ist, eine eindeutige Faktorisierung

$$g = a \prod_{f \in \mathcal{P}_2} f^{e_f} \tag{5.5}$$

für ein $a \in K^\times$. Schreibe $a = \frac{r}{s} \in K$ mit teilerfremden $r, s \in R$. Dann ist s eine Einheit in R, also $a \in R$: andernfalls gäbe es nämlich ein primes $p \in R$ mit $p \mid s$, und aus $sg = r \prod f^{e_f}$ ersehen wir, dass p die rechte Seite teilt. Da p prim in $R[X]$ ist, muss es einen Faktor teilen. Aber $p \mid r$ widerspricht $\text{ggT}\,(r, s) = 1$ und $p \mid f$ der Primitivität der $f \in \mathcal{P}_2$.

Zerlegen wir $a \in R$ in seine Primfaktoren, so erhalten wir

$$g = \varepsilon \prod_{\pi \in \mathcal{P}_1} \pi^{e_\pi} \prod_{f \in \mathcal{P}_2} f^{e_f}$$

mit einer Einheit $\varepsilon \in R^\times$.

Nach dem eingangs Gesagten bleibt nur noch zu zeigen, dass solche Darstellungen eindeutig sind. Sei also

$$g = \varepsilon_1 \prod_{\pi \in \mathcal{P}_1} \pi^{d_\pi} \prod_{f \in \mathcal{P}_2} f^{d_f}$$

eine zweite Faktorisierung dieses Typs. Dann ist

$$g = a \prod_{f \in \mathcal{P}_2} f^{e_f} = b \prod_{f \in \mathcal{P}_2} f^{d_f}$$

in $K[X]$, mit Elementen $a, b \neq 0$ aus R. Da $K[X]$ faktoriell ist, muss $e_f = d_f$ sein und damit $a = b$ sein; Wiederholung des Arguments, diesmal in R, zeigt dass die Faktorisierungen von g übereinstimmen.

Damit ist alles gezeigt. □

Also Konsequenz aus dem Satz von Gauß halten wir fest:

F5.5. *Sei R faktoriell mit $K = \mathrm{Quot}(R)$, und sei $g \in R[X]$ vom Grade ≥ 1. Ist dann g irreduzibel in $R[X]$, so ist g auch irreduzibel in $K[X]$.*

Beweis. Nach Satz 5.2 gilt (mit $\mathcal{P}_2$ wie dort)

$$g = \varepsilon f \quad \text{mit} \quad \varepsilon \in R^\times, \ f \in \mathcal{P}_2.$$

Also ist g irreduzibel in $K[X]$. □

Umgekehrt: Ist ein $g \in R[X]$ irreduzibel in $K[X]$, so ist g genau dann irreduzibel in $R[X]$, wenn g primitiv ist.

Lemma von Gauß. Als weitere Folgerung aus F5.4.b) erhalten wir das

F5.6 (Lemma von Gauß). *Sei R faktoriell, $K = \mathrm{Quot}(R), f \in R[X]$. Gilt dann*

$$f(X) = g(X)h(X) \quad \text{mit normierten} \quad g, h \in K[X],$$

so haben g und h nur Koeffizienten aus R.

Beweis. Mit Hilfe des Lemmas vor Satz 5.2 wählen wir $c, d \in R$ so, dass $G = cg$ und $H = dh$ primitive Polynome in $R[X]$ sind. Dann ist $cdf = GH$ in $R[X]$. Wir behaupten nun, dass c und d Einheiten in R sind, woraus die Behauptung dann folgt. Andernfalls gäbe es ein primes $p \in R$ mit $p \mid cd$. Dann wäre $p \mid GH$, also $p \mid G$ oder $p \mid H$ nach F5.4.b). Dies widerspricht der Primitivität von G und H. □

Derselbe Beweis zeigt übrigens, dass das Produkt primitiver Polynome wieder primitiv ist, oder allgemeiner, dass der Inhalt multiplikativ ist.

F5.7. *Sei R faktoriell, $K = \mathrm{Quot}(R)$. Es sei $f \in R[X]$ ein* **normiertes** *Polynom mit Koeffizienten aus R. Ist dann α eine Nullstelle von f in K, so liegt α notwendig in R, und außerdem ist α ein Teiler des Absolutkoeffizienten von f.*

Beweis. In $K[X]$ hat man eine Zerlegung $f(X) = (X-\alpha)h(X)$. Mit f ist auch h normiert. Nach dem *Lemma von Gauß* (F5.6) liegen nun alle Koeffizienten von $X - \alpha$ und $h(X)$ in R. Insbesondere ist also $\alpha \in R$, und wegen $a_0 := f(0) = (-\alpha)h(0)$ erhält man $\alpha | a_0$. □

Anwendungsbeispiel: Man betrachte insbesondere den Fall $R = \mathbb{Z}$ (und somit $K = \mathbb{Q}$). Nehmen wir an, das Polynom $f(X) = X^3 - 2$ wäre reduzibel. Wegen grad $f = 3$ ist das nur möglich, wenn f eine Nullstelle α in $\mathbb{Q}$ besitzt. Nach F5.7 hätte dann X^3-2 aber auch eine Nullstelle in $\mathbb{Z}$, was offenbar nicht der Fall ist. – Aus der bewiesenen Irreduzibilität von X^3-2 folgt insbesondere, dass $\sqrt[3]{2}$ keine rationale Zahl sein kann. Ganz entsprechend kann man aus F5.7 die Irrationalität von Zahlen wie $\sqrt[5]{3}$, $\sqrt[6]{72}$, $\sqrt[12]{27}$ sofort ablesen. (Man beachte, dass $\sqrt[12]{27}$ zwar irrational, das Polynom $X^{12} - 27$ aber nicht irreduzibel ist; als Übungsaufgabe beweise man dagegen die Irreduzibilität von $X^6 - 72$, vgl. hierzu F2.11 d).)

5.3 Irreduzibilitätskriterien

Sei R ein Ring und $f \in R[X]$ ein Polynom. Eine einfache, aber grundlegende Idee, die Irreduzibilität von f nachzuweisen, ist die folgende: man bastelt sich Ringe S und Ringhomomorphismen $\phi : R[X] \longrightarrow S$; wenn S einfachere Struktur als $R[X]$ hat, dann darf man hoffen, die Irreduzibilität von $\phi(f)$ einfacher nachweisen zu können als diejenige von f. Sei nun $\phi(f)$ irreduzibel in S und $f = gh$ in $R[X]$; dann ist $\phi(f) = \phi(g)\phi(h)$, also $\phi(g)$ eine Einheit in S. Um daraus schließen zu können, dass auch g eine Einheit in $R[X]$ ist (d.h. dass auch f irreduzibel ist), muss man Anforderungen an den Homomorphismus $\phi : R[X] \longrightarrow S$ stellen. Nimmt man nämlich den durch $\phi(X) = 3$ definierten Einsetzungshomomorphismus $\phi : \mathbb{Z}[X] \longrightarrow \mathbb{Z}$, so wird $X^2-4 = (X-2)(X+2)$ auf das irreduzible Element $5 \in \mathbb{Z}$ abgebildet.

Die folgende Feststellung zeigt eine Möglichkeit auf, dies zu tun:

F5.8. *Sei R ein Integritätsring, und sei $a \mapsto \overline{a}$ ein Homomorphismus von R in einen Integritätsring $\overline{R}$; diesen denken wir uns zu einem Homomorphismus $R[X] \to \overline{R}[X]$ der Polynomringe in der üblichen Weise fortgesetzt:*

$$f = \sum a_i X^i \mapsto \overline{f} = \sum \overline{a}_i X^i.$$

Sei jetzt $f(X) = a_nX^n + \ldots + a_0$ *ein primitives Polynom von* $R[X]$ *mit* $\overline{a}_n \neq 0$. *Ist dann* $\overline{f}$ *irreduzibel in* $\overline{R}[X]$, *so ist* f *irreduzibel in* $R[X]$.

Beweis. Nehmen wir das Gegenteil an. Dann ist $f = gh$ mit Polynomen g, h aus $R[X]$ vom Grade ≥ 1 (letzteres, weil f primitiv ist). Übergang zu $\overline{R}[X]$ liefert dann $\overline{f} = \overline{g}\overline{h}$. Wegen $\overline{a}_n \neq 0$ muss $\operatorname{grad} \overline{g} = \operatorname{grad} g \geq 1$ und $\operatorname{grad} \overline{h} = \operatorname{grad} h \geq 1$ gelten. Da $\overline{R}$ ein Integritätsring sein soll, erhält man so einen Widerspruch zur vorausgesetzten Irreduzibilität von $\overline{f}$. □

Will man F5.8 anwenden, so wird man in der Regel von einem faktoriellen Ring R ausgehen; abgesehen davon, dass man sonst kaum eine Handhabe zur Feststellung der Primitivität von f hat, kann man im Allgemeinen auch nicht folgern, dass f auch irreduzibel über $K = \operatorname{Quot}(R)$ ist. Auf der anderen Seite ist das obige Reduktionsprinzip auch dann nützlich, wenn man $\overline{f}$ nicht unbedingt als irreduzibel voraussetzt, sondern nur etwas über die möglichen Zerlegungen von $\overline{f}$ in $\overline{R}[X]$ weiß. Die wohl bekannteste Anwendung dieser Betrachtungsweise ist

F5.9 (Irreduzibilitätskriterium von Eisenstein). *Sei* R *ein Integritätsring, und es sei*

$$f(X) = aX^n + a_{n-1}X^{n-1} + \ldots + a_1X + a_0$$

ein **primitives** *Polynom aus* $R[X]$. *Gibt es dann ein Primelement* π *von* R *mit*

a) $\pi \nmid a$;
b) $\pi \mid a_i$ *für* $0 \leq i \leq n-1$;
c) $\pi^2 \nmid a_0$,

so ist f *irreduzibel in* $R[X]$. *Im Falle eines* **faktoriellen** *Ringes* R *ist dann* f *auch irreduzibel in* $K[X]$, *wobei* K *den Quotientenkörper von* R *bezeichne.*

Beweis. Da π als prim in R vorausgesetzt wurde, ist $\overline{R} := R/\pi$ ein Integritätsring. Wir gehen nun genauso vor wie im Beweis von F5.8. Angenommen also, f sei in $R[X]$ nicht-trivial zerlegt:

$$f = gh \text{ mit } r = \operatorname{grad} g \geq 1, \; s = \operatorname{grad} h \geq 1.$$

Übergang zu $\overline{R}[X]$ ergibt dann (genau wie oben)

$$\overline{f} = \overline{g}\overline{h} \quad \text{mit} \quad \operatorname{grad} \overline{g} = r, \ \operatorname{grad} \overline{h} = s.$$

Nun ist $\overline{f}$ zwar nicht irreduzibel, doch aufgrund der Voraussetzung b) hat es die Gestalt $\overline{f} = \overline{a}X^n$, sodass in $\overline{R}[X]$ die Gleichung

$$\overline{a}X^n = \overline{g}\overline{h} \tag{5.6}$$

besteht. Sei $k = \operatorname{Quot}(\overline{R})$. Da $k[X]$ faktoriell ist und $\overline{a} \neq 0$, folgt aus (5.6), dass $\overline{g}$ und $\overline{h}$ die Form $\overline{g} = \beta X^r$ und $\overline{h} = \gamma X^s$ mit $\beta, \gamma \in k$ besitzen. Wegen $r, s \geq 1$ ist dann insbesondere $\overline{g}(0) = \overline{h}(0) = 0$, d.h. $\pi | g(0)$ und $\pi | h(0)$. Damit ist aber π^2 ein Teiler von $g(0)h(0) = f(0) = a_0$, im Widerspruch zur Voraussetzung c). □

Als unmittelbare Konsequenz des Kriteriums von Eisenstein erhält man: Alle Polynome der Gestalt

$$X^n - a \quad \text{mit } \textit{quadratfreiem} \ a \in \mathbb{Z} \setminus \{1, -1\}$$

sind irreduzibel in $\mathbb{Z}[X]$ und damit auch in $\mathbb{Q}[X]$. (Dabei heißt ein $a \in \mathbb{Z}$ *quadratfrei*, wenn es durch kein Quadrat einer Primzahl teilbar ist.)

F5.10. *Sei p eine Primzahl. Dann ist das Polynom*

$$F_p(X) = X^{p-1} + X^{p-2} + \ldots + X + 1$$

irreduzibel in $\mathbb{Q}[X]$.

Beweis. Wir zeigen, dass sich das Kriterium von Eisenstein nach einer einfachen Variablensubstitution anwenden lässt. Statt $F_p(X)$ betrachten wir das Polynom

$$f(X) = F_p(X+1).$$

Da es sich bei dem zu $X \mapsto X + 1$ gehörigen Einsetzungshomomorphismus um einen Automorphismus von $\mathbb{Q}[X]$ handelt (vermöge $X \mapsto X - 1$ lässt er sich ja umkehren), ist F_p genau dann irreduzibel in $\mathbb{Q}[X]$, wenn f es ist. Wegen $F_p(X)(X-1) = X^p - 1$ hat man $f(X)X = (X+1)^p - 1$, also

$$f(X) = \sum_{k=1}^{p} \binom{p}{k} X^{k-1} = p + \binom{p}{2} X + \ldots + \binom{p}{p-1} X^{p-2} + X^{p-1}.$$

In bezug auf das Primelement p von $\mathbb{Z}$ ist dann f ein Eisensteinpolynom. Man hat sich nur davon zu überzeugen, dass wirklich gilt:

$$p \text{ teilt } \binom{p}{k} = \frac{p(p-1)\cdots(p-k+1)}{1\cdot 2\cdots k} \quad \text{für } 0 < k < p. \tag{5.7}$$

Das sieht man so: Für $0 < k < p$ teilt p den Zähler, nicht aber den Nenner des Bruches in (5.7); da wir jedoch (z.B. aus kombinatorischen Gründen) schon wissen, dass $\binom{p}{k}$ in $\mathbb{Z}$ liegt, ist damit die Behauptung gezeigt. □

Die unmittelbare Auswirkung, die F5.10 auf das Problem der n–Teilung des Kreises hat, ist

F5.11. *Sei $n = p$ eine Primzahl. Dann ist die Konstruktion des regelmäßigen p–Ecks mit Zirkel und Lineal nicht möglich, wenn $p-1$ keine Potenz von 2 ist.*

Beweis. Ist $\zeta := e^{2\pi i/p}$ in $\mathcal{A}\mathbb{Q}$, so muss $\mathbb{Q}(\zeta) : \mathbb{Q}$ eine 2–Potenz sein (F1.9). Nach F5.10 ist in jedem Fall aber $\mathbb{Q}(\zeta) : \mathbb{Q} = p-1$ (vgl. nochmals F2.3 und F3.6). □

Nach F5.11 ist also das regelmäßige 7–Eck mit Zirkel und Lineal nicht konstruierbar (ebensowenig das 11–, 13–, 14–, 19–Eck usw.). Dass dies auch für das regelmäßige 9–Eck zutrifft, erkennt man aus der folgenden Verallgemeinerung von F5.10.

F5.12. *Mit den Bezeichnungen von F5.10 gilt: Für eine p–Potenz $n = p^r$ ist*

$$F_{p^r}(X) := 1 + X^{p^{r-1}} + X^{2p^{r-1}} + \ldots + X^{(p-1)p^{r-1}} = F_p(X^{p^{r-1}}) \tag{5.8}$$

das Minimalpolynom von $\zeta := e^{2\pi i/n}$ über $\mathbb{Q}$. Insbesondere gilt somit $\mathbb{Q}(\zeta) : \mathbb{Q} = p^{r-1}(p-1)$.

Beweis. Wegen $X^{p^r} - 1 = (X^{p^{r-1}} - 1)F_{p^r}(X)$ ist ζ jedenfalls eine Nullstelle von F_{p^r}. Es genügt zu zeigen, dass das Polynom $f(X) := F_{p^r}(X+1)$ in $\mathbb{Z}[X]$ ein Eisensteinpolynom bzgl. p ist. Wir rechnen dazu in $\mathbb{Z}[X]$ modulo p. Wie wir im Beweis von F5.10 schon gesehen haben, gilt $F_p(X+1) \equiv X^{p-1} \bmod p$. Damit ist dann $f(X) = F_{p^r}(X+1) = F_p((X+1)^{p^{r-1}}) \equiv F_p(X^{p^{r-1}} + 1) \equiv (X^{p^{r-1}})^{p-1} \bmod p$. Da außerdem noch $f(0) = F_{p^r}(1) = p$ und f normiert ist, ist f in der Tat ein Eisensteinpolynom bzgl. p. □

Offen ließen wir bisher die Frage, ob nun für Primzahlen p der Gestalt $p = 2^m + 1$ die p–Teilung des Kreises mit Zirkel und Lineal stets möglich ist. Fällt die Antwort darauf positiv aus, so wäre (wie man sich sofort überlegt) die Lösung des Problems der n–Teilung des Kreises für beliebiges n schon erbracht (abgesehen natürlich von der zahlentheoretischen Frage, welche Primzahlen die Form $2^m + 1$ haben!). Nun ist die p–Teilung des Kreises mit Zirkel und Lineal für Primzahlen der Form $p = 2^m + 1$ tatsächlich immer möglich, doch eine Begründung dafür wollen wir erst geben, wenn wir unseren Begriffsapparat weiter ausgebaut haben und uns stärkere Hilfsmittel zur Verfügung stehen. (Wer sich dafür interessiert, wie Gauß das Problem auf sehr direktem Wege angegangen ist, nehme einmal die *Disquisitiones Arithmeticae* von Gauß zur Hand.) Im Übrigen hat Gauß schon als Achtzehnjähriger die Konstruierbarkeit des regelmäßigen 17–Ecks entdeckt, noch ehe er wohl im Besitz eines genauen Beweises für die Unmöglichkeit der Konstruktion etwa des regelmäßigen 7–Ecks gewesen ist. – Wenden wir uns jetzt dem Problem der Winkeldreiteilung zu:

F 5.13. *Für alle φ mit $0 \leq \varphi < 2\pi$, für die $e^{i\varphi}$ transzendent ist, ist die Dreiteilung des Winkels φ mit Zirkel und Lineal nicht möglich.*

Bemerkungen. 1) Die in F5.13 genannte Bedingung ist für überabzählbar viele φ erfüllt. Die Funktion $\varphi \mapsto e^{i\varphi}$ vermittelt nämlich eine Bijektion des Intervalls $[0, 2\pi)$ auf den Einheitskreis in $\mathbb{C}$; daher kann es nur abzählbar viele $\varphi \in [0, 2\pi)$ geben, für die $e^{i\varphi}$ algebraisch ist.

2) Auch wenn $e^{i\varphi}$ algebraisch ist, ist die Dreiteilung von φ mit Zirkel und Lineal keineswegs immer möglich. Man betrachte zum Beispiel $\varphi = 2\pi/3$. Dann läuft die Dreiteilung des Winkels φ auf die 9–Teilung des Kreises hinaus, welche nach F5.12 unmöglich ist. In der Tat lässt sich leicht auch direkt zeigen, dass $\mathbb{Q}(e^{i\varphi/3}) : \mathbb{Q}(e^{i\varphi}) = 3$ gilt.

3) Im Zusammenhang mit der in F5.13 gemachten Voraussetzung sei der berühmte *Satz von Hermite–Lindemann* zitiert: Für algebraisches $z \neq 0$ aus $\mathbb{C}$ ist e^z stets transzendent (so dass also jedenfalls alle algebraischen φ transzendente $e^{i\varphi}$ liefern). Wegen $e^{i\pi} = -1$ folgt daraus insbesondere die Transzendenz von π. – Einen Beweis des Satzes von Hermite–Lindemann bringen wir in Kap. 17.

Beweis von F5.13. Sei $K = \mathbb{Q}(e^{i\varphi})$, und $t = e^{i\varphi}$ werde als transzendent vorausgesetzt. Zu zeigen ist, dass dann $z = e^{i\varphi/3}$ nicht zu $\mathcal{A}K$ gehört. Wir erledigen dies, indem wir

$$K(z) : K = 3 \tag{5.9}$$

beweisen (vgl. F1.9). Wegen $z^3 = t$ ist z jedenfalls Nullstelle des Polynoms $X^3 - t$ über K. Zum Beweis von (5.9) haben wir also zu zeigen:

$$X^3 - t \text{ ist irreduzibel in } K[X]. \tag{5.10}$$

Nun ist $K = \mathbb{Q}(t)$ der rationale Funktionenkörper in der Unbestimmten t über $\mathbb{Q}$ (denn t ist ja transzendent, vgl. 3.4). K ist somit der Quotientenkörper des Polynomringes $R = \mathbb{Q}[t]$. Da R faktoriell und t ein Primelement von R ist, liefert jetzt Anwendung des Kriteriums von Eisenstein auf das Polynom $X^3 - t$ die Behauptung (5.10). □

5.4* Der Satz von Stothers-Mason

Dass es in klassischen Gebieten der Mathematik immer noch Neues zu entdecken gibt, zeigt das Beispiel des Satzes von Stothers-Mason, welcher zuerst von Stothers [38] (1981) und dann unabhängig davon von Mason [28] (1984) entdeckt wurde.

Zur Formulierung dieses Satzes benötigen wir noch einige einfache Begriffe. Sei dazu $f \in K[X] \setminus \{0\}$ ein Polynom mit Primzerlegung $f = c \cdot p_1^{a_1} \cdots p_r^{a_r}$ (also $c \in K^\times$ und die p_i normiert und irreduzibel); dann definieren wir das Radikal von f durch $\operatorname{rad} f = p_1 \cdots p_r$ als das Produkt aller irreduziblen Faktoren von f.

Wir möchten möglichst einfach nachprüfen können, ob ein vorgelegtes Polynom f einen mehrfachen Faktor (und damit in einer Erweiterung mehrfache Nullstellen) hat. Dafür ist in der Analysis die Differentialrechnung zuständig. In der Algebra kommt man für Polynome mit dem folgenden formalen Differentiationsprozess aus: Man ordne jedem Polynom $f = \sum_{i=0}^{n} a_i X^i$ aus $K[X]$ seine *(formale) Ableitung* $f' := \sum_{i=1}^{n} i a_i X^{i-1}$ zu. Die so definierte Abbildung $K[X] \to K[X]$, $f \mapsto f'$ ist offenbar linear:

$$(af + bg)' = af' + bg',$$

und sie erfüllt hinsichtlich der Multiplikation die *'Produktregel'*

$$(fg)' = f'g + g'f$$

(was man wegen der Linearität der Ableitung nur für Monome $f = X^i$ und $g = X^j$ nachzuprüfen hat).

Jetzt behaupten wir:

Lemma. *Für Polynome* $f \neq 0$ *aus* $K[X]$ *gilt* $\frac{f}{\operatorname{rad} f} \mid f'$.

Beweis. Sei f oBdA normiert und $f = p_1^{a_1} \cdots p_r^{a_r}$ dessen Primzerlegung. Dann ist $\operatorname{rad} f = p_1 \cdots p_r$ und $\frac{f}{\operatorname{rad} f} = p_1^{a_1-1} \cdots p_r^{a_r-1}$. Andererseits gilt

$$f' = a_1 p_1^{a_1-1} p_1' p_2^{a_2} \cdots p_r^{a_r} + p_1^{a_1} (p_2^{a_2} \cdots p_r^{a_r})',$$

also $p_1^{a_1-1} \mid f'$. Ähnlich folgt $p_j^{a_j} \mid f'$, und da die p_j teilerfremd sind, ergibt sich die Behauptung. □

Sind daher f und f' teilerfremd in $K[X]$, so muss $\frac{f}{\operatorname{rad} f}$ konstant sein, und dies bedeutet, dass f in $K[X]$ keinen mehrfachen Faktor hat.

Satz 5.3 (Stothers-Mason). *Sei K ein Körper und seien A, B, C von Null verschiedene Elemente von $K[X]$ mit $A + B + C = 0$ und* $\operatorname{ggT}(A, B, C) = 1$. *Ist dann* $\operatorname{grad} A \geq \operatorname{grad} \operatorname{rad} ABC$, *so gilt* $A' = 0$.

Der Beweis dieses Satzes, den wir hier geben wollen, stammt von N. Snyder [37] (er fand diesen Beweis 1998, als er noch Schüler war) und ist eng verwandt mit einem Beweis, den B. Dubuque 1996 in sci.math gepostet hat.

Wie schlagend dieser Satz sein kann sieht man schon daran, wie leicht man damit die „Fermatsche Vermutung für Polynome" (d.h. Korollar 5.15 weiter unten) beweisen kann.

In Körpern K mit Charakteristik 0 kann man mehr sagen: in diesem Fall folgt nämlich aus $A' = 0$ dass A konstant ist (hat K Charakteristik p, so hat das Polynom X^p die Ableitung 0). Ist daher ABC nicht konstant, so muss $\operatorname{grad} A \leq \operatorname{grad} \operatorname{rad} ABC - 1$ sein, und aus Symmetriegründen haben wir dann

Korollar 5.14. *Sei K ein Körper der Charakteristik 0. Sind $A, B, C \in K[X]$ Polynome mit $A + B + C = 0$ und* $\operatorname{ggT}(A, B, C) = 1$, *dann ist $ABC \in K$ oder*

$$\max\{\operatorname{grad} A, \operatorname{grad} B, \operatorname{grad} C\} \leq \operatorname{grad} \operatorname{rad} ABC - 1. \tag{5.11}$$

Jetzt erbringen wir den

Beweis von Satz 5.3. Es gilt

$$\operatorname{ggT}(A, B) = \operatorname{ggT}(A, B, -A - B) = \operatorname{ggT}(A, B, C) = 1,$$

und ähnlich folgt $\mathrm{ggT}\,(B, C) = \mathrm{ggT}\,(C, A) = 1$.

Nach Lemma 5.3 teilt $\frac{C}{\mathrm{rad}\, C}$ sowohl C als auch C', folglich $C'B - CB'$. Ebenso sieht man, dass $\frac{B}{\mathrm{rad}\, B} \mid (C'B - CB')$ ist. Schließlich folgt aus $C' = -A' - B'$ die Identität $C'B - CB' = (-A' - B')B + (A + B)B' = AB' - A'B$; daher ist auch $\frac{A}{\mathrm{rad}\, A} \mid (C'B - CB')$. Da die Quotienten $\frac{A}{\mathrm{rad}\, A}$, $\frac{B}{\mathrm{rad}\, B}$ und $\frac{C}{\mathrm{rad}\, C}$ teilerfremd sind, schließen wir

$$\frac{A}{\mathrm{rad}\, A} \frac{B}{\mathrm{rad}\, B} \frac{C}{\mathrm{rad}\, C} \mid (C'B - CB').$$

Nun sind auch A, B, C paarweise teilerfremd, und dies zeigt

$$(\mathrm{rad}\, A)(\mathrm{rad}\, B)(\mathrm{rad}\, C) = \mathrm{rad}(ABC).$$

Also gilt

$$\frac{ABC}{\mathrm{rad}(ABC)} \,\Big|\, (C'B - CB').$$

Aus der Annahme $\mathrm{grad}\, A \geq \mathrm{grad}\ \mathrm{rad}\, ABC$ ergibt sich aber

$$\begin{aligned} \mathrm{grad}\, \frac{ABC}{\mathrm{rad}(ABC)} &= \mathrm{grad}\, ABC - \mathrm{grad}\ \mathrm{rad}\, ABC \\ &\geq \mathrm{grad}\, ABC - \mathrm{grad}\, A = \mathrm{grad}\, BC \\ &> \mathrm{grad}\, (C'B - CB'). \end{aligned}$$

Es folgt $0 = C'B - CB' = AB' - A'B$. Dann ist aber $A \mid A'B$, somit $A \mid A'$ wegen $(A, B) = 1$. Wegen $\deg A > \deg A'$ geht dies nur für $A' = 0$. $\square$

Jetzt können wir zeigen, wie aus Satz 5.3 die „Fermatsche Vermutung" für Polynome folgt:

Korollar 5.15. *Gegeben sei ein Körper K der Charakteristik 0 und eine natürliche Zahl $n > 2$. Gilt dann $x^n + y^n = z^n$ mit teilerfremden Polynomen $x, y, z \in K[X]$, so sind x, y, z konstant, d.h. Elemente aus K.*

Beweis. Sei xyz nicht konstant. Nach Kor. 5.14 gilt dann

$$\mathrm{grad}\, x^n \leq \mathrm{grad}\ \mathrm{rad}\, xyz - 1 \leq \mathrm{grad}\, xyz - 1,$$

also $n \cdot \mathrm{grad}\, x = \mathrm{grad}\, x^n \leq \mathrm{grad}\, x + \mathrm{grad}\, y + \mathrm{grad}\, z - 1$. Entsprechende Ungleichungen gelten für y und z; addiert man diese, so erhält man

$$n(\mathrm{grad}\, x + \mathrm{grad}\, y + \mathrm{grad}\, z) \leq 3(\mathrm{grad}\, x + \mathrm{grad}\, y + \mathrm{grad}\, z) - 3,$$

und dies zeigt $n \leq 2$. $\square$

Für weitere Anwendungen sei auf die Aufgaben verwiesen. Der Satz von Stothers-Mason hat ein Analogon in der elementaren Zahlentheorie, nämlich die abc-Vermutung; für nähere Informationen hierzu sei auf S. Lang [21] verwiesen.

Übungen

1) Ist R ein Integritätsring, dann auch $R[X]$.
2) Sei $R = \mathbb{Z}[X]$ und $S = R[Y]$. Man berechne Inhalt(f) für $f = X + 2Y \in S$.
3) Finde möglichst viele Begründungen dafür, dass das Polynom X^2+X kein Quadrat in $K(X)$ ist, wo K ein beliebiger Körper ist.
4) Sei $R = \mathbb{Z}[X^2, X^3]$. Zeige:
   a) $R = \{f \in \mathbb{Z}[X] : f'(0) = 0\}$;
   b) R ist nicht faktoriell. (Hinweis: $X^6 = X^2 \cdot X^2 \cdot X^2 = X^3 \cdot X^3$).
   c) Es ist ggT $(X^4, X^5) = X^2$, aber X^4 und X^5 besitzen kein kleinstes gemeinsames Vielfaches. Warum widerspricht dies nicht Aufg. 4.9?
   d) Die Elemente X^5 und X^6 haben weder einen größten gemeinsamen Teiler, noch ein kleinstes gemeinsames Vielfaches.
5) Zeige, dass das Ideal $(2, X)$ im Polynomring $\mathbb{Z}[X]$ kein Hauptideal ist.
6) Sei $f = X^4 + X + 1$ und $E = \mathbb{Q}(\alpha)$, wo α eine Nullstelle von f ist.
   a) Zeige (z.B. mit dem Lemma von Gauß): f ist irreduzibel über $\mathbb{Q}$.
   b) Stelle $\frac{1}{\alpha^2+1} \in E$ als $\mathbb{Q}$-Linearkombination der α^j dar. (Hinweis: wende den Euklidischen Algorithmus auf f und $g = X^2 + 1$ an).
7) Sei R faktoriell, $a \in R$ und $f \in R[X]$. Zeige, dass die folgenden Aussagen äquivalent sind;
   (i) $a \mid f$ in $R[X]$;
   (ii) $a \mid$ Inhalt(f) in R.
8) Sei R faktoriell und $p \in R$ prim. Zeige direkt, dass p auch in $R[X]$ prim ist. Hinweis: Sei $p \mid fg$ für $f, g \in R[X]$. Schreibe $f = \sum a_i X^i$ und $g = \sum b_j X^j$. Wähle r, s maximal mit $p \nmid a_r$ und $p \nmid b_s$, und betrachte den Koeffizienten von X^{r+s} in fg.
9) Sei $R \longrightarrow \overline{R} : a \longmapsto \overline{a}$ ein Ringhomomorphismus, und sei $\phi : R[X] \longrightarrow \overline{R}[X]$ dessen Fortsetzung auf den entsprechenden Polynomringen (vgl. F5.8). Zeige, dass $\phi(f)(\overline{a}) = \overline{f(a)}$ für jedes $f \in R[X]$ gilt.
10) Sei $f(X) = X^2 + X + 2 \in \mathbb{Z}[X]$. Zeige, dass es eine ganze Zahl a gibt, sodass $f(X - a)$ ein Eisensteinpolynom bezüglich 7 wird.
11) Das Polynom $f(X) = X^5 - 2 \in \mathbb{Z}[X]$ ist ein Eisensteinpolynom bezüglich 2. Zeige, dass es eine ganze Zahl a gibt, sodass $f(X - a)$ ein Eisensteinpolynom bezüglich 5 wird.
12) Seien a, b, c Elemente eines Körpers K. Zeige, dass $Y^2 - (X - a)(X - b)(X - c) \in K[X, Y]$ irreduzibel ist. Unter welchen Bedingungen ist $Y^2 - (X - a)(X - b)$ irreduzibel in $K[X, Y]$?
13) Betrachte das Polynom $f = X^5 - X - a$ für $a \in \mathbb{Z}$. Zeige, dass f genau dann einen Linearfaktor besitzt, wenn $a = m^5 - m$ für ein $m \in \mathbb{Z}$ gilt. (Die Frage, wann f irreduzibel in $\mathbb{Q}[X]$ ist, führt auf eine recht verzwickte diophantische Gleichung, die mit Quadraten in der Fibonaccifolge zu tun hat; es stellt sich heraus, dass f genau dann reduzibel ist, wenn f einen linearen Faktor besitzt oder $a = \pm 15, \pm 22440$ ist.)
14) Sei K ein Körper der Charakteristik $\neq 2$. Betrachte das Ideal $I = (X^2 + Y^2 - 1)$ in $K[X, Y]$, und setze $R = K[X, Y]/I$. Zeige:

a) Enthält K ein Element i mit $i^2 = -1$, so ist $x = X + I \in R$ reduzibel.
b) Enthält K kein Element i mit $i^2 = -1$, so ist R nicht faktoriell.

15) Darf man in Korollar 5.15 auf die Teilerfremdheit von x, y, z verzichten?

16) Welche der folgenden Eigenschaften übertragen sich von einem Integritätsring R auf den zugehörigen Polynomring $R[X]$?
a) faktoriell
b) Hauptidealring
c) euklidisch

17) Sei R ein Integritätsring und S eine multiplikativ abgeschlossene Teilmenge von $R \setminus \{0\}$ mit $1 \in S$. Zeige: Ist R faktoriell, dann auch $S^{-1}R$.

18) Sei R ein Integritätsring und $A = R[X]/X^2$ (im Falle von $R = \mathbb{R}$ nennt man A den Ring der dualen Zahlen). Setze $\varepsilon = X + (X^2)$ und zeige, dass für alle $f \in A[T]$ gilt: $\frac{f(T+\varepsilon)-f(T)}{\varepsilon} = f'(T)$.

19) Ist $X^2 + Y^2 - Z^2$ irreduzibel in $\mathbb{C}[X, Y, Z]$? In $K[X, Y, Z]$ für beliebige Körper K?

20) Eisenstein bemerkt in der Originalarbeit [10] über sein Irreduzibilitätskriterium, dass ein Polynom mit ganzzahligen Koeffizienten auch dann irreduzibel ist, wenn alle Koeffizienten außer dem höchsten teilbar durch p, aber nicht sämtlich durch p^2 teilbar sind (es also nicht gerade der letzte Koeffizient zu sein braucht, in dem p^2 nicht aufgeht). Man beweise oder widerlege dies.

Aufgaben und Bemerkungen

5.1 Zeige, dass die folgenden Polynome in $\mathbb{Q}[X]$ irreduzibel sind: a) $3X^4 + 6X^2 - 12X + 10$; b) $\frac{7}{8}X^4 + \frac{1}{2}X^3 + 5X^2 + 6X + 12$.

5.2 Warum ist $\sqrt[3]{2}$ kein Element von $\mathbb{Q}(\sqrt[7]{5})$? Warum gibt es keinen Erweiterungskörper E von $\mathbb{R}$ mit $E : \mathbb{R} = 3$?

5.3 Zeige: a) In $\mathbb{F}_2[X]$ ist $X^2 + X + 1$ das einzige Primpolynom vom Grade 2.
b) Das Polynom $f(X) = X^4 + 3X^3 + X^2 - 2X + 1$ ist irreduzibel in $\mathbb{Z}[X]$, also auch in $\mathbb{Q}[X]$. (Hinweis: Zunächst hat f keine Nullstelle in $\mathbb{Q}$, vgl. F5.7; man rechne nun mod 2, vgl. die Bemerkung nach F5.8.)
c) $X^m + 1 \in \mathbb{Q}[X]$ ist für jedes $m = 2^n$ irreduzibel (vgl. F5.12).

5.4 Zeige: Es gibt kein Element r im rationalen Funktionenkörper $\mathbb{R}(X, Y)$ in zwei Variablen über $\mathbb{R}$ mit $r^2 = X^4 + X^2Y^2 + XY + X$.

5.5 Zeige: Sind $a_1, \ldots, a_n$ paarweise verschiedene ganze Zahlen, so ist das Polynom

$$f(X) = (X - a_1)^2(X - a_2)^2 \ldots (X - a_n)^2 + 1$$

irreduzibel in $\mathbb{Q}[X]$. (Hinweis: f ist ein normiertes Polynom vom Grade $2n$ aus $\mathbb{Z}[X]$ mit $f(\alpha) > 0$ für alle $\alpha \in \mathbb{R}$, welches an den n verschiedenen Stellen $a_1, \ldots, a_n$ den Wert 1 annimmt. Für eine nicht–triviale Zerlegung $f = gh$ mit normierten $g, h \in \mathbb{Q}[X]$ würde dann notwendig $g = h = (X - a_1) \ldots (X - a_n) + 1$ gelten.)

5.6 Sei $f(X) = X^n - up^m$ mit einer Primzahl p ein einem zu p teilerfremden $u \in \mathbb{Z}$. Zeige: Sind m, n teilerfremd, so ist f irreduzibel. (Hinweis: Zumindest der Fall $u = 1$ ist klar, denn es ist ja $\mathbb{Q}((\sqrt[n]{p})^m) = \mathbb{Q}(\sqrt[n]{p})$.)

5.7 Man betrachte $f(X) = X^4+X+1 \in \mathbb{Q}[X]$. Zeige:
a) f ist irreduzibel.
b) In $\mathbb{C}[X]$ gilt $f(X) = (X-z)(X-\overline{z})(X-w)(X-\overline{w})$; dabei ist $z+\overline{z}+w+\overline{w} = 0$, $z\overline{z}+w\overline{w}+(z+\overline{z})(w+\overline{w}) = 0$, $z\overline{z}(w+\overline{w})+w\overline{w}(z+\overline{z}) = -1$, $z\overline{z}w\overline{w} = 1$.
c) $\alpha := z\overline{z}+w\overline{w} = (z+\overline{z})^2$ ist Nullstelle des Polynoms X^3-4X-1.
d) *Es gilt* $\mathbb{Q}(z):\mathbb{Q} = 4$, *aber dennoch ist* z *kein Element von* $\mathcal{A}\mathbb{Q}$.

5.8 In der Situation von Aufg. 3.6 wähle man für das Element T aus $K(X)$ eine Darstellung $T = f/g$ mit f, g *teilerfremd*. Zeige, dass dann gilt:

$$K(X):K(T) = \mathrm{Max}\,(\mathrm{grad}\, f, \mathrm{grad}\, g).$$

(Hinweis: Unter obiger Voraussetzung ist das Polynom $f(Y)-Tg(Y)$ in 3.6 irreduzibel in $K[T][Y] = K[Y][T]$, also auch in ....)

5.9 Sei E ein beliebiger Teilkörper des rationalen Funktionenkörpers $K(X)$ einer Variablen über K mit $E \neq K$.
a) Warum ist $K(X):E < \infty$? Sei $Y^n + t_{n-1}(X)Y^{n-1} + \ldots + t_0(X)$ das Minimalpolynom von X über E. Zeige, dass es bis auf einen geeigneten Faktor aus $K[X]$ mit einem Polynom

$$F(X,Y) = c_n(X)Y^n + c_{n-1}(X)Y^{n-1} + \ldots + c_0(X) \in K[X][Y]$$

übereinstimmt, welches als Polynom über $K[X]$ primitiv ist.
b) Sei t ein Element *von* E mit $t \notin K$ und $t = f/g$ mit teilerfremden $f, g \in K[X]$. Zeige: $F(X,Y)$ teilt $g(X)f(Y) - f(X)g(Y)$ in $K[X][Y]$. Mit Aufg. 5.8 folgere: $\mathrm{grad}_X F \leq K(X):K(t)$.
c) Setze zusätzlich zu b) noch $\mathrm{grad}\, f, \mathrm{grad}\, g \leq \mathrm{grad}_X F$ voraus und folgere daraus $g(X)f(Y) - f(X)g(Y) = aF(X,Y)$ mit einem $a \in K^\times$, also $K(t) = E$.
d) Mittels c) zeige man, dass E/K *rein transzendent,* d.h. E selbst ein rationaler Funktionenkörper einer Variablen über K ist *(Satz von Lüroth).* Hinweis: Mindestens ein $t_i(X)$ liegt nicht in K, und für jedes solche gilt dann $E = K(t_i)$.

5.10 Sei R ein Integritätsring und $f = aX^n + \ldots + a_1X + a_0$ ein *primitives* Polynom aus $R[X]$. Es gebe ein Primelement π von R und Polynome $\varphi, \psi \in R[X]$ mit

$$f(X) = a\varphi(X)^m + \pi\psi(X), \quad m \in \mathbb{N}.$$

Bezeichne $x \longmapsto \overline{x}$ die Restklassenabbildung von R auf R/π. Zeige: Ist $\overline{\varphi}$ ein Primpolynom in $\overline{R}[X]$ und $\overline{\psi} \not\equiv 0 \bmod \overline{\varphi}$, so ist f irreduzibel in $R[X]$.
Diese Verallgemeinerung des Irreduzibilitätskriteriums von Eisenstein geht auf *Schönemann* (Lehrer am Havel–Gymnasium Berlin) zurück; seine Arbeit erschien übrigens 1846 im Crelle–Journal, einige Jahre früher als die Abhandlung von Eisenstein.

5.11 Sei $f = X^n + a_{n-1}X^{n-1} + \ldots + a_0$ ein Polynom in $\mathbb{Z}[X]$ mit $a_0 \neq 0$, und gelte $f(X) = (X - \alpha_1)\ldots(X-\alpha_n)$ über $\mathbb{C}$. Zeige: Haben $\alpha_1, \ldots, \alpha_{n-1}$ einen Betrag < 1, so ist f irreduzibel.

5.12 a) Man zeige: Für jede Primzahl p und jedes normierte $f \in \mathbb{Z}[X]$, dessen Bild $\overline{f}$ in $\mathbb{F}_p[X]$ irreduzibel ist, erhält man mit (p, f) ein *maximales Ideal* von $\mathbb{Z}[X]$. (Hinweis: Wieso hat man einen Homomorphismus von $\mathbb{F}_p[X]/\overline{f}$ auf $\mathbb{Z}[X]/(p, f)$?)
b) Sei P ein Primideal von $\mathbb{Z}[X]$. Zeige: Ist P nicht von der in a) genannten Art, so ist P ein *Hauptideal* von $\mathbb{Z}[X]$. Ist P ein Hauptideal von $\mathbb{Z}[X]$, so ist P kein maximales Ideal. (Hinweis: Mit jedem $g \neq 0$ aus P enthält P auch einen Primfaktor von g.)

5.13 Zeige, dass $x^2 + y^2 = z^2$ in $\mathbb{C}[X]$ nichtkonstante Lösungen besitzt (Hinweis: man denke an Pythagoreische Tripel).

5.14 Zeige, dass die Fermatgleichung $x^p + y^p = z^p$ in $K[X]$ nichtkonstante Lösungen besitzt, wenn K ein Körper der Charakteristik p ist.

5.15 Die folgende Verallgemeinerung der Fermatsche Vermutung für Polynome lässt sich ebenso leicht beweisen: Seien $p, q, r \geq 1$ natürliche Zahlen. Ist dann $\frac{1}{p} + \frac{1}{q} + \frac{1}{r} \leq 1$, und sind $x, y, z \in \mathbb{C}[X]$ teilerfremde Polynome, welche der verallgemeinerten Fermat-Gleichung $x^p + y^q + z^r = 0$ genügen, so ist $xyz \in \mathbb{C}$ konstant.

5.16 Zeige, dass die Gleichung $y^2 = x^3 + k$ für $x, y, k \in \mathbb{C}[X]$ mit $k \neq 0$ und teilerfremden Polynomen x, y nur Lösungen mit $\operatorname{grad} x \leq 2(\operatorname{grad} k - 1)$ und $\operatorname{grad} y \leq 3(\operatorname{grad} k - 1)$ besitzt. Man mache sich auch klar, dass diese Ungleichungen bestmöglich sind.

5.17 (Dubickas und Steuding [9]) Für ein $P \in \mathbb{C}[X]$ sei $n(P)$ die Anzahl der verschiedenen Wurzeln von P. Ist dann $D \in \mathbb{C}[X]$ und $n(D) > \frac{1}{2}\operatorname{grad} D$, dann hat die Pellsche Gleichung $P^2 - DQ^2 = 1$ nur triviale Lösungen $P, Q \in \mathbb{C}[X]$.

5.18 Beweise den

Satz 5.4 (Satz von Nagata). *Sei R ein Integritätsring, welcher der Bedingung F4.8.a) genügt, und S ein von Primelementen in R erzeugtes Monoid. Mit $S^{-1}R$ ist dann auch R faktoriell.*

Hinweis (für die Konstruktion von $S^{-1}R$ siehe Aufg. 3.12): Ist $p \in R$ prim in $S^{-1}R$, dann auch in R.

5.19 Zeige, dass der Satz von Nagata [31] den Satz von Gauß impliziert. Hinweis: setze $S = R\backslash\{0\}$. Dann ist $S^{-1}R[X] = K[X]$, wo K den Quotientenkörper von R bezeichnet. Wegen F5.4.b) ist S von Primelementen in $R[X]$ erzeugt.
Für weitere Anwendungsbeispiele seien interessierten Lesern die Artikel [5] von P.M. Cohn und [34] von P. Samuel zur Lektüre anempfohlen.

6. Zerfällungskörper von Polynomen

Sei K ein Körper und $f \in K[X]$ ein Polynom vom Grad ≥ 1. Der Satz 3.4 von Kronecker zeigt uns, wie man eine Körpererweiterung von K konstruiert, in welchem f eine Nullstelle hat. Durch Wiederholen dieses Schrittes erhält man schließlich eine Erweiterung, welche alle Nullstellen von f enthält, nämlich den Zerfällungskörper von f.

Nun ist es gelegentlich nützlich, eine Erweiterung zur Hand zu haben, welche die Nullstellen *aller* Polynome in $K[X]$ enthält. Wie man sich tatsächlich eine solche Erweiterung verschaffen kann, werden wir in diesem Kapitel zeigen.

6.1 Der algebraische Abschluss von Körpern

Im Hinblick auf unser Ausgangsproblem von Kap. 1 besteht die Aufgabe in der Untersuchung von (endlichen) Körpererweiterungen E/K. Wesentlich ist hier z.B. die Frage nach den möglichen Zwischenkörpern von E/K (vgl. Satz 1.2). Um im Weiteren eine geeignete Sprechweise zur Hand zu haben, treffen wir folgende

Definition 6.1. Seien E_1 und E_2 Erweiterungskörper des Körpers K. Wir fassen E_1 und E_2 als Algebren über K auf. Ein K–Algebrenhomomorphismus $\sigma : E_1 \to E_2$ heißt ein *K-Homomorphismus von E_1 in E_2*. Wir nennen σ auch einen *Homomorphismus der Körpererweiterung E_1/K in die Körpererweiterung E_2/K* und schreiben

$$\sigma : E_1/K \longrightarrow E_2/K. \tag{6.1}$$

Ist σ ein Isomorphismus, so sagen wir, die Körpererweiterung E_1/K ist isomorph zur Körpererweiterung E_2/K.

Aus der linearen Algebra sind zwei $\mathbb{R}$-Homomorphismen $\sigma : \mathbb{C}/\mathbb{R} \longrightarrow \mathbb{C}/\mathbb{R}$ bekannt, nämlich die Identität und die komplexe Konjugation.

Bemerkungen. 1) Für einen Homomorphismus $\sigma : E_1 \to E_2$ von Körpern ist definitionsgemäß $\sigma(1) = 1$; also ist σ stets *injektiv* und vermittelt somit einen *Isomorphismus* von E_1 auf einen Teilkörper von E_2; sind E_1 und E_2 Erweiterungskörper eines Körpers K, so ist σ genau dann ein K–Homomorphismus, wenn

$$\sigma(c) = c \quad \text{für alle} \quad c \in K. \tag{6.2}$$

2) Ausgehend von Definition 6.1 ist ein steiler, aber durch *Dedekind* und *Artin* gut gangbar gemachter Weg direkt zur *Galoistheorie* möglich (siehe E. Artin: [1]). Wir ziehen hier aber die gemächliche breite Fahrstraße vor.

Die folgende Feststellung ist so einfach wie grundlegend:

F 6.1. *Seien E/K und E'/K' Körpererweiterungen und $\sigma : K \to K'$ ein Homomorphismus (von Körpern). In natürlicher Weise vermittelt σ einen Ringhomomorphismus $K[X] \to K'[X]$ der Polynomringe; wir bezeichnen diesen ebenfalls mit σ, schreiben aber für $f \in K[X]$ statt $\sigma(f)$ oft auch f^σ. Sei $f \in K[X]$. Dann gelten:*

- *a) Jeder Homomorphismus $\tau : E \to E'$, der σ fortsetzt, führt eine Nullstelle von f aus E in eine Nullstelle von f^σ aus E' über.*
- *b) Wir setzen jetzt $\sigma : K \to K'$ als Isomorphismus voraus. Sei α eine Nullstelle von f in E, α' eine Nullstelle von f^σ in E'. Ist dann f* irreduzibel *über K, so gibt es einen Isomorphismus $\tau : K(\alpha) \to K'(\alpha')$, der σ fortsetzt und für den $\tau(\alpha) = \alpha'$ gilt.*

Bemerkung. Ein wichtiger Spezialfall ist $K' = K$ und $\sigma = id_K$; dann handelt es sich bei τ jeweils um einen K–Homomorphismus von E in E' (bzw. von $K(\alpha)$ auf $K(\alpha')$). Im Übrigen beachte man, dass man auf die Voraussetzung der Irreduzibilität von f in b) nicht verzichten kann (betrachte z.B. $f = X(X-1)$).

Beweis. Sei $f(X) = a_0 + a_1X + \ldots + a_nX^n$. Aus $0 = f(\alpha) = a_0 + a_1\alpha + \ldots + a_n\alpha^n$ folgt $0 = \tau(f(\alpha)) = \sigma(a_0) + \sigma(a_1)\tau(\alpha) + \ldots + \sigma(a_n)\tau(\alpha)^n = f^\sigma(\tau\alpha)$.

Sei f jetzt irreduzibel in $K[X]$ und o.E. normiert. Dann ist f das Minimalpolynom von α über K. Wir definieren nun τ durch

$$\tau(g(\alpha)) = g^\sigma(\alpha') \quad \text{für} \quad g \in K[X].$$

Ist τ wohldefiniert? Aus $g_1(\alpha) = g_2(\alpha)$ folgt $(g_1 - g_2)(\alpha) = 0$, also $g_1 - g_2 = hf$ mit $h \in K[X]$; es ist dann $g_1^\sigma - g_2^\sigma = h^\sigma f^\sigma$ und daher $g_1^\sigma(\alpha') - g_2^\sigma(\alpha') = h^\sigma(\alpha')f^\sigma(\alpha') = 0$. Es ist klar, dass τ surjektiv und eine Fortsetzung von σ zu einem Homomorphismus von $K(\alpha)$ in $K'(\alpha')$ ist. □

Um im Folgenden genügend Bewegungsfreiheit zu haben, formulieren wir den nachstehenden Satz 6.1. Trotz seines schlichten Inhalts setzt sein Beweis jedoch einige Vorarbeiten voraus; wir verschieben den Beweis an das Ende dieses Kapitels. Die dafür in den Abschnitten 6.2 und 6.3 dargelegten allgemeinen Konstruktionsprinzipien sind auch in anderem Zusammenhang wichtig.

Satz 6.1. *Sei $(E_i)_{i\in I}$ ein beliebiges System von Erweiterungskörpern E_i eines Körpers K. Es gibt dann einen Erweiterungskörper E von K und Homomorphismen $\tau_i : E_i/K \to E/K$, sodass E aus K durch Adjunktion der Vereinigungsmenge der $\tau_i E_i$, $i \in I$, entsteht.*

Im einfachsten nichttrivialen Fall haben wir zwei Erweiterungen E_1/K und E_2/K; wir können dann nicht erwarten, dass es ein Kompositum E_1E_2/K in einem gemeinsamen Erweiterungskörper gibt, weil wir ohne weitere Vorausssetzungen über E_1 und E_2 noch nicht einmal sagen können, ob Elemente aus E_1 und E_2 gleich sind, geschweige denn Durchschnitt oder Vereinigung der E_i bilden können: man betrachte beispielsweise die beiden quadratischen Erweiterungen $E_1 = \mathbb{Q}(\sqrt{2}\,) \subseteq \mathbb{R}$ und $E_2 = \mathbb{Q}[X]/(X^2+1)$. Im vorliegenden Fall kann man E_2 natürlich mit der Erweiterung $\mathbb{Q}(i)$ identifizieren, d.h. es gibt eine Erweiterung E (z.B. $E = \mathbb{Q}(i, \sqrt{2}\,)$), welche zu E_1/K und E_2/K isomorphe Teilerweiterungen besitzt:

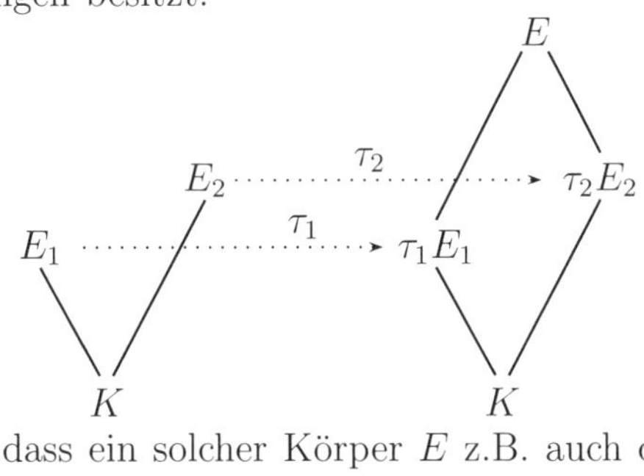

Satz 6.1 besagt nun, dass ein solcher Körper E z.B. auch dann existiert, wenn unendlich viele Erweiterungskörper E_i vorliegen.

Definition 6.2. Ein Körper C heißt *algebraisch abgeschlossen,* wenn jedes Polynom $f(X) \in C[X]$ vom Grade ≥ 1 eine Nullstelle in C besitzt.

Bemerkung. Der Körper $\mathbb{C}$ der komplexen Zahlen ist *algebraisch abgeschlossen,* wie man in der Analysis, der Funktionentheorie oder Algebra (vgl. Band II) beweist.

F6.2. *Folgende Aussagen über einen Körper C sind äquivalent:*

(i) *C ist algebraisch abgeschlossen.*
(ii) *Jedes irreduzible Polynom in $C[X]$ ist linear (d.h. vom Grad 1).*
(iii) *Jedes Polynom in $C[X]$ vom Grade ≥ 1 zerfällt über C vollständig in Linearfaktoren.*
(iv) *Ist E/C eine* algebraische *Körpererweiterung, so ist $E = C$.*

Beweis. (i) $\Rightarrow$ (ii): Sei $f \in C[X]$ irreduzibel. Nach (i) existiert ein $\alpha \in C$ mit $f(\alpha) = 0$. Dann ist f in $C[X]$ teilbar durch $X - \alpha$, also $f = \gamma(X - \alpha)$ mit $\gamma \in C^\times$.

(ii) $\Rightarrow$ (iii): In der Primfaktorzerlegung von $f \in C[X]$ sind nach (ii) alle auftretenden Primpolynome linear.

(iii) $\Rightarrow$ (iv): Sei E/C algebraisch. Für jedes $\alpha \in E$ ist $f = \mathrm{Mipo}_C(\alpha)$ als irreduzibles Polynom nach (iii) linear, also $\alpha \in C$.

(iv) $\Rightarrow$ (i): Sei $f \in C[X]$ vom Grad ≥ 1. Nach Satz 3.4 existiert eine Erweiterung E/C mit einem $\alpha \in E$ mit $f(\alpha) = 0$. Nun ist $C(\alpha)/C$ aber algebraisch, nach (iv) also $C(\alpha) = C$, d.h. $\alpha \in C$. □

Satz 6.2 (Steinitz). *Sei K ein beliebiger Körper. Dann gilt:*

A) Es existiert ein Erweiterungskörper C von K mit folgenden Eigenschaften:

(*i*) C ist algebraisch abgeschlossen.
(*ii*) C/K ist algebraisch.

Einen solchen Körper C nennen wir einen algebraischen Abschluss *(oder eine* algebraisch abgeschlossene Hülle) *von K.*

B) Sind C_1, C_2 algebraische Abschließungen von K, so ist C_1/K isomorph zu C_2/K.

Beweis von A). Sei $K[\mathbf{X}] = K[X_1, X_2, \ldots]$ der Polynomring in den Variablen X_i ($i \in \mathbb{N}$) über K. Wir betrachten nun die Menge I aller Teilmengen $M \subseteq K[\mathbf{X}]$, zu denen es jeweils ein $m \in \mathbb{N}$ gibt mit

$$M \text{ ist } \textit{maximales Ideal} \text{ von } K[X_1, \dots, X_m].$$

Es sei dann $E_M := K[X_1, \dots, X_m]/M$ der zugehörige *Restklassenkörper.* Wir fassen E_M als Erweiterungskörper des Körpers K auf. Nun wenden wir Satz 6.1 auf das System $(E_M)_{M \in I}$ an. Danach gibt es eine Körpererweiterung E/K sowie K–Homomorphismen

$$\sigma_M : E_M \to E$$

zu jedem $M \in I$. Wir haben dann folgendes *Zwischenresultat:* Für *jede* endliche Körpererweiterung L/K existiert ein K–Homomorphismus von L in E.

Ist nämlich $L = K(\alpha_1, \dots, \alpha_m)$ mit über K algebraischen Elementen α_i gegeben, so betrachte man den durch $\varphi(X_i) = \alpha_i$ definierten K–Algebrenhomomorphismus $\varphi : K[X_1, \dots, X_m] \to L$. Sei M sein Kern. Dann vermittelt φ einen Isomorphismus $K[X_1, \dots, K_m]/M \to L$. Folglich ist M ein maximales Ideal von $K[X_1, \dots, X_m]$, und man erkennt die Gültigkeit der Behauptung.

Sei nun C der algebraische Abschluss von K in E, vgl. F2.8. Dann ist C/K jedenfalls algebraisch. Wir zeigen, dass C *algebraisch abgeschlossen* ist. Nehmen wir an, dies sei nicht der Fall. Dann gibt es eine algebraische Erweiterung F/C mit $F \neq C$. Sei $\alpha \in F$, $\alpha \notin C$. Wir betrachten dann das Minimalpolynom f von α *über* K. (Beachte: α ist algebraisch über K, denn α ist algebraisch über C und C/K eine algebraische Erweiterung.) In C habe f genau die n verschiedenen Nullstellen $\beta_1, \dots, \beta_n$. Wir betrachten dann den Teilkörper $L = K(\alpha, \beta_1, \dots, \beta_n)$ von F. Dann ist L/K *endlich* (vgl. F2.7). Nach unserem Zwischenresultat gibt es daher einen K–Homomorphismus $\varphi : K(\alpha, \beta_1, \dots, \beta_n) \to C$. Mit $\varphi\alpha, \varphi\beta_1, \dots, \varphi\beta_n$ erhalten wir dann $n+1$ verschiedene Nullstellen von f in C. Widerspruch! □

Bemerkung. Die obigen Körpererweiterungen E_M/K sind sämtlich algebraisch (so dass man E/K selbst als algebraisch voraussetzen kann); doch ist dies schwerer zu beweisen und wird hier nicht benötigt.

Der Beweis der Eindeutigkeitsaussage B) von Satz 6.2 wird sich aus dem folgenden Satz ergeben:

Satz 6.3. *Sei $\sigma : K \to K'$ ein Isomorphismus von Körpern und L/K eine* algebraische *Körpererweiterung. Ist dann C ein* algebraisch abgeschlossener *Erweiterungskörper von K', so lässt sich σ zu einem Homomorphismus τ von L in C fortsetzen.*

Beweis. (a) Wir betrachten zunächst den Fall $K' = K$ und $\sigma = id_K$. Hier haben wir zu zeigen, dass es zu jeder algebraischen Erweiterung L/K und jeder algebraisch abgeschlossenen Erweiterung C von K einen Homomorphismus $\tau : L \longrightarrow C$ gibt, dessen Einschränkung auf K die Identität ist.

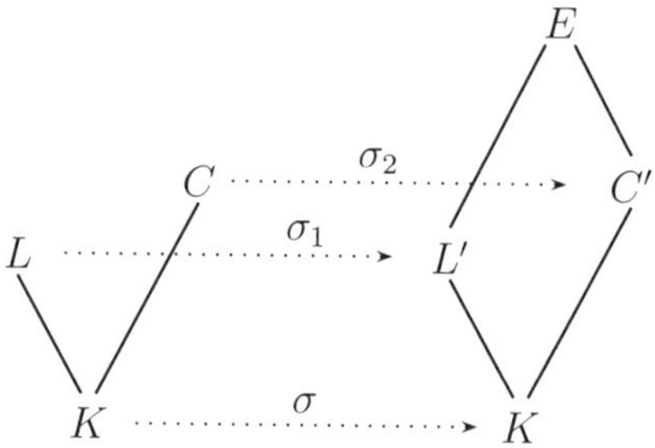

Anwendung von Satz 6.1 auf $E_1 := L$ und $E_2 := C$ liefert die Existenz einer Erweiterung E/K sowie K–Homomorphismen $\sigma_i : E_i \to E$ mit $E = C'(L')$, wobei $L' = \sigma_1 L$, $C' = \sigma_2 C$ gesetzt wurde. Nun ist $C'(L')/C'$ algebraisch und C' algebraisch abgeschlossen. Es folgt $C' = C'(L') = E$, also ist $\sigma_2 : C \to E$ ein *Isomorphismus.* Darüberhinaus ist L' in C' enthalten, d.h. es gibt einen Monomorphismus $\iota : L' \hookrightarrow C'$. Die Komposition τ der K–Homomorphismen

$$L \xrightarrow{\sigma_1} L' \xrightarrow{\iota} C' \xrightarrow{\sigma_2^{-1}} C$$

ist dann die gewünschte Fortsetzung von $\sigma = id_K$.

(b) Sei jetzt $\sigma : K \to K'$ ein beliebiger Isomorphismus. Wie man sich leicht überlegt, gibt es eine Erweiterung L' von K' und einen Homomorphismus $\rho : L \to L'$, der auf K mit σ übereinstimmt (tausche die Elemente von K in L gegen die von K' aus). Nach (a) existiert ein K'–Homomorphismus $\tau' : L' \to C$. Dann ist der Homomorphismus $\tau = \tau' \circ \rho : L \to C$ eine Fortsetzung von σ. □

Nachzutragen bleibt der

Beweis von B) in Satz 6.2. Nach Satz 6.3 gibt es einen Homomorphismus $\tau : C_1/K \to C_2/K$. Nun ist aber $C_2/\tau C_1$ algebraisch (denn C_2/K ist es), und τC_1 ist (wie C_1) algebraisch abgeschlossen. Es folgt $C_2 = \tau C_1$, und somit ist τ ein Isomorphismus. □

F6.3. *Jeder Endomorphismus einer* algebraischen *Körpererweiterung* E/K *ist ein Automorphismus.*

Beweis. Sei also $\sigma : E/K \to E/K$ ein Homomorphismus (von Körpererweiterungen). Wir haben $\sigma E = E$ zu zeigen. Sei $\alpha \in E$ beliebig, und $f = \text{Mipo}_K(\alpha)$. Mit N_α bezeichnen wir die Menge der Nullstellen von f in E. Dann bewirkt σ eine Permutation von N_α, denn erstens führt σ eine Nullstelle von f wieder in eine solche über (vgl. F6.1), und zweitens ist σ injektiv. Wegen $\alpha \in N_\alpha$ gibt es also ein $\beta \in N_\alpha$ mit $\sigma(\beta) = \alpha$. □

Zerfällungskörper.

Definition 6.3. Seien K ein Körper und $f \in K[X]$ ein Polynom vom Grade $n \geq 1$. Ein Erweiterungskörper E von K heißt *Zerfällungskörper von f über K*, wenn es $\alpha_1, \alpha_2, \ldots, \alpha_n \in E$ gibt mit $f(X) = \gamma(X-\alpha_1)(X-\alpha_2)\ldots(X-\alpha_n)$ und $E = K(\alpha_1, \alpha_2, \ldots, \alpha_n)$.

F 6.4. *Jedes $f \in K[X]$ vom Grade $n \geq 1$ besitzt einen Zerfällungskörper über K. Sind E, E' Zerfällungskörper von f über K, so ist E'/K isomorph zu E/K.*

Beweis. a) Sei C algebraischer Abschluss von K, vgl. Satz 6.2. In $C[X]$ gilt dann

$$f(X) = \gamma(X-\alpha_1)(X-\alpha_2)\ldots(X-\alpha_n)$$

mit $\alpha_i \in C$ (und $\gamma \in K$ als dem höchsten Koeffizienten von f). Somit ist der Teilkörper $K(\alpha_1, \alpha_2, \ldots, \alpha_n)$ von C ein Zerfällungskörper von f über K. – Im Übrigen folgt die Existenz eines Zerfällungskörpers auch leicht aus dem *Satz von Kronecker* (Satz 3.4; vgl. auch Aufg. 3.3).

b) Sei C bzw. C' algebraisch abgeschlossene Hülle von E bzw. E' (und damit auch von K bzw. K'). Nach Satz 6.3 existiert ein K–Homomorphismus $\tau : E \to C'$. Dann ist mit E offenbar auch τE ein Zerfällungskörper von f über K; da nun aber die Zerfällungskörper τE und E' von f über K beide Teilkörper von C' sind, folgt $\tau E = E'$. Somit vermittelt τ einen K–Isomorphismus von E auf E'. □

Beispiele. (a) Zerfällungskörper von $X^4 - 2$ über $\mathbb{Q}$ ist der Teilkörper $\mathbb{Q}(\sqrt[4]{2}, i)$ von $\mathbb{C}$. Denn $X^4 - 2 = (X - \sqrt[4]{2})(X - i\sqrt[4]{2})(X + \sqrt[4]{2})(X + i\sqrt[4]{2})$ und $\mathbb{Q}(\sqrt[4]{2}, i\sqrt[4]{2}) = \mathbb{Q}(\sqrt[4]{2}, i)$.

(b) Zerfällungskörper von $X^n - 1$ über $\mathbb{Q}$ ist der Teilkörper $E := \mathbb{Q}(\zeta)$ von $\mathbb{C}$ mit $\zeta = e^{2\pi i/n}$. In $E[X]$ gilt nämlich $X^n - 1 = \prod_{j=1}^{n}(X - \zeta^j)$, denn $1, \zeta, \zeta^2, \ldots, \zeta^{n-1}$ sind paarweise verschieden.

Normale Erweiterungen.

Definition 6.4. Eine *algebraische* Körpererweiterung E/K heißt *normal*, wenn für jedes *irreduzible* $f \in K[X]$ gilt: Hat f eine Nullstelle in E, so zerfällt f über E vollständig in Linearfaktoren (d.h. E enthält einen Zerfällungskörper von f über K).

Beispielsweise ist $E = \mathbb{Q}(\sqrt[4]{2}\,)$ nicht normal über $\mathbb{Q}$, weil $f = X^4 - 2$ in E die Zerlegung $f = (X - \sqrt[4]{2}\,)(X + \sqrt[4]{2}\,)(X^2 + \sqrt{2}\,)$ in über E irreduzible Faktoren besitzt.

Satz 6.4. *Sei E/K eine* algebraische *Körpererweiterung, und sei C algebraischer Abschluss von E (und damit auch von K). Dann sind äquivalent:*

(i) *E/K ist normal.*
(ii) *Für jeden Homomorphismus $\sigma : E/K \to C/K$ gilt $\sigma E = E$ (d.h. σ vermittelt einen Automorphismus von E/K).*
(iii) *Jeder Automorphismus von C/K vermittelt einen Automorphismus von E/K.*
(iv) *E ist Zerfällungskörper von Polynomen über K, d.h. es gibt eine Menge $M \subseteq K[X]$ von nichtkonstanten Polynomen, sodass $E = K(N)$ gilt, wobei N die Menge aller Nullstellen der $f \in M$ in C bezeichnet.*

Beweis. (iv) ⇒ (iii): Sei $\sigma : C/K \to C/K$ ein Isomorphismus. Dann gilt $\sigma(N) \subseteq N$, also $\sigma(K(N)) \subseteq K(N)$, d.h. $\sigma E \subseteq E$. Nach F6.3 ist dann aber $\sigma E = E$.

(iii) ⇒ (ii): Der gegebene Homomorphismus $\sigma : E/K \to C/K$ lässt sich nach Satz 6.3 zu einem Homomorphismus $\tau : C/K \to C/K$ fortsetzen. Nach F6.3 ist τ ein Automorphismus von C/K.

(ii) ⇒ (i): Sei $f \in K[X]$ irreduzibel und gelte $f(\alpha) = 0$ für ein $\alpha \in E$. Es ist zu zeigen, dass dann alle Nullstellen von f in C bereits in E liegen. Sei also $f(\beta) = 0$ für ein $\beta \in C$. Nach F6.1 gibt es einen K–Isomorphismus $\sigma : K(\alpha) \to K(\beta)$ mit $\sigma\alpha = \beta$. Nach Satz 6.3 lässt sich σ fortsetzen zu einem Homomorphismus $\tau : E \to C$. Nach (ii) gilt $\tau E = E$. Insbesondere ist dann $\beta = \sigma\alpha = \tau\alpha$ ein Element von E.

(i) ⇒ (iv): Sei $M = \{\mathrm{Mipo}_K(\alpha) \mid \alpha \in E\}$, und dann $N = \{\beta \in C \mid \exists\, f \in M \text{ mit } f(\beta) = 0\}$. Definitionsgemäß gilt $E \subseteq N$. Ist E/K normal, so ist $N \subseteq E$. Insgesamt folgt $E = N$, also $E = K(N)$. □

Bemerkung. Ist E/K eine *endliche normale* Erweiterung, so kann man in (iv) offenbar $M = \{f\}$ mit einem geeigneten $f \in K[X]$ wählen. (Jedoch kann im Allgemeinen nicht auch noch verlangt werden, dass f irreduzibel ist).

Als Konsequenz der Implikation (iv) $\Rightarrow$ (i) von Satz 6.4 sei noch einmal ausdrücklich festgehalten:

F6.5. *Sei $f \in K[X]$ vom Grade ≥ 1, und sei E der Zerfällungskörper von f über K. Dann ist E/K normal.*

Der Beweis der folgenden Feststellung sei nunmehr dem Leser zur Übung überlassen.

F6.6. *Sei E/K eine algebraische Körpererweiterung. Dann gibt es einen Erweiterungskörper E' von E mit folgenden Eigenschaften:*

a) E'/K ist normal.
b) Ist L ein Zwischenkörper von E'/E und L/K normal, so ist $L = E'$.

Ein solches E' heißt eine normale Hülle *von E/K. Sind E' und E'' normale Hüllen von E/K, so ist $E'/K \simeq E''/K$. Ist E/K endlich, so auch E'/K.*

6.2 Tensorprodukte von K-Algebren

Wir stellen jetzt ein wichtiges algebraisches Hilfsmittel bereit, mit welchem wir auch den Beweis von Satz 6.1 führen werden. Eine weitere Anwendung wird die Konstruktion des Polynomrings in unendlich vielen Variablen sein. Zur Motivation einiger Schritte bei der Konstruktion des Tensorprodukts mag es hilfreich sein, sich daran zu erinnern, wie man z.B. den Polynomring $R[X]$ über einem kommutativen Ring R konstruiert.

Die Konstruktion der Algebra KM. Sei nun K ein Körper und M eine nichtleere Menge. Dann setzen wir

$$KM := K^{(M)} = \{f : M \longrightarrow K \mid f(\mu) = 0 \text{ für } \textit{fast alle } \mu \in M\}.$$

Damit ist KM ein K-Vektorraum mit der kanonischen Basis $\{e_\mu : \mu \in M\}$, wo e_μ die durch $e_\mu(\nu) = \delta_{\mu,\nu}$ definierte Abbildung bezeichnet.

Sei M jetzt ein *Monoid*, d.h. M sei versehen mit einer multiplikativ notierten Verknüpfung $M \times M \to M$, die assoziativ ist und zu der es ein Einselement gibt. Dann wird KM in natürlicher Weise eine *Algebra über* K (die

Monoidalgebra), indem man die Multiplikation $e_\mu e_\nu = e_{\mu\nu}$ der Basiselemente distributiv auf ganz KM fortsetzt. Identifiziert man e_μ mit μ, lässt sich die Multiplikation in der Form $(\mu, \nu) \mapsto \mu\nu$ schreiben. Im Falle einer Gruppe $M = G$ nennt man KG die *Gruppenalgebra* (oder auch den Gruppenring) von G über K.

Konstruktion des Tensorprodukts. Wir betrachten die folgende Anwendung: Sei K ein Körper, I eine nichtleere Indexmenge, und $(A_i)_{i\in I}$ ein System von K–Algebren mit Einselement. Es sei dann

$$M = \{\alpha = (a_i)_{i\in I} \mid a_i \in A_i, a_i = 1_{A_i} \text{ für } \textit{fast alle } i\}. \tag{6.3}$$

Vermöge $(a_i)_i(b_i)_i = (a_ib_i)_i$ wird M zu einem *Monoid.* Sei nun KM die zugehörige Monoidalgebra. Die Elemente von KM sind eindeutig in der Form

$$\sum_{\alpha=(a_i)\in M} c_\alpha \alpha, \quad c_\alpha \in K$$

darstellbar mit $c_\alpha = 0$ für *fast alle* $\alpha \in M$. Wir wollen nun eine geeignete *Restklassenalgebra* von KM konstruieren, in der bestimmte Relationen gelten. Hierzu betrachten wir den K–Teilraum U von KM, der von allen Elementen der nachfolgenden beiden Arten erzeugt wird:

$$\begin{aligned} &(a_i) + (b_i) - (s_i), \text{ falls für ein } j \in I \text{ gilt} \\ &a_j + b_j = s_j, \text{ hingegen } a_i = b_i = s_i \text{ für alle } i \neq j. \end{aligned} \tag{6.4}$$

$$\begin{aligned} &(a_i) - c(b_i), \text{ falls für ein } j \in I \text{ gilt} \\ &a_j = cb_j, \text{ hingegen } a_i = b_i \text{ für alle } i \neq j. \end{aligned} \tag{6.5}$$

Man sieht sofort, dass U sogar ein *Ideal* von KM ist, sodass wir die *Restklassenalgebra* von KM modulo U betrachten können. Für diese verwendet man die Bezeichnung

$$\bigotimes_{i\in I} A_i = KM/U. \tag{6.6}$$

Ist π die zugehörige Restklassenabbildung, so setzen wir

$$\otimes_i a_i := \pi(\alpha) \text{ für } \alpha = (a_i).$$

Im Falle $I = \{1, 2, \ldots, n\}$ sei

$$A_1 \otimes \ldots \otimes A_n := \bigotimes_{i \in I} A_i, \qquad a_1 \otimes \ldots \otimes a_n := \otimes_i a_i.$$

Die K–Algebra (6.6) heißt das *Tensorprodukt der K–Algebren $A_i, i \in I$*. Jedes seiner Elemente hat die Form

$$\sum_{\alpha=(a_i)\in M} c_\alpha(\otimes_i a_i),$$

wobei diese jedoch i.a. nicht mehr eindeutig ist. Für jedes $j \in I$ hat man die Abbildung

$$\sigma_j : A_j \to \otimes_i A_i,$$

welche jedem $a \in A_j$ das wie folgt definierte Element $\otimes_i a_i$ zuordnet: $a_i = 1_{A_i}$ für $i \neq j$ und $a_j = a$. Definitionsgemäß ist $\sigma_j(1_{A_j})$ das Einselement von $\otimes_i A_i$, und für alle $a, b \in A_j$ gilt $\sigma_j(ab) = \sigma_j(a)\sigma_j(b)$. Wie man sich aufgrund von (6.4) bzw. (6.5) leicht überlegt, gilt aber auch $\sigma_j(a + b) = \sigma_j(a) + \sigma_j(b)$ bzw. $\sigma_j(ca) = c\sigma_j(a)$ für $c \in K$. *Jedes σ_j ist also ein K–Algebrenhomomorphimus.* Die ganze Konstruktion verfolgte den Zweck, zu zeigen, dass man mit (6.6) eine *K–Algebra* erhält, die zusammen mit den obigen σ_j die folgende funktorielle Eigenschaft besitzt:

F6.7. *Sei $(\varphi_i)_{i\in I}$ ein System von K–Algebrenhomomorphismen $\varphi_i : A_i \to A$. Gilt dann*

$$\varphi_i(a)\varphi_j(b) = \varphi_j(b)\varphi_i(a) \tag{6.7}$$

für alle $i \neq j$ und alle $a \in A_i, b \in A_j$, so gibt es genau einen K–Algebrenhomomorphismus

$$\varphi : \bigotimes_{i\in I} A_i \to A$$

mit $\varphi \circ \sigma_i = \varphi_i$ für alle $i \in I$.

Beweis. (a) Sei φ schon gefunden. Dann gilt

$$\varphi(\otimes_i a_i) = \varphi\Big(\prod_i \sigma_i(a_i)\Big) = \prod_i \varphi(\sigma_i(a_i)) = \prod_i \varphi_i(a_i),$$

also ist φ eindeutig bestimmt. Man beachte: Aufgrund der Voraussetzung (6.7) ist der Ausdruck $\prod\limits_i \varphi_i(a_i)$ wohlbestimmt.

(b) Wie man φ zu definieren hat, ist nach (a) klar; allerdings ist die Wohldefiniertheit sicherzustellen. Die Abbildung $(a_i) \mapsto \prod_i \varphi_i(a_i)$ von M in A ist multiplikativ und daher fortsetzbar zu einem K–Algebrenhomomorphismus $\psi : KM \to A$ mit

$$\psi\Big(\sum_{\alpha} c_\alpha \alpha\Big) = \sum_{\alpha=(a_i)} c_\alpha\Big(\prod_i \varphi_i(a_i)\Big).$$

Wie man nun leicht nachprüft, werden Elemente der Form (6.4) und (6.5) bei ψ auf 0 abgebildet. Es ist also $\psi(U) = 0$, und daher vermittelt ψ einen K–Algebrenhomomorphismus $\varphi : KM/U \to A$ mit

$$\varphi(\otimes_i a_i) = \prod_i \varphi_i(a_i). \tag{6.8}$$

Insbesondere gilt $\varphi(\sigma_j(a)) = \varphi_j(a)$ für alle $a \in A_j$, womit die Behauptung gezeigt ist. □

Bemerkung. Alle in diesem Abschnitt behandelten Konstruktionen funktionieren auch, wenn dabei K anstelle eines Körpers einen kommutativen Ring mit Eins bezeichnet (die Details werden in den Aufgaben 6.11 und 6.12 abgehandelt). Nur sind dann K-*Moduln* statt K-Vektorräumen zu betrachten. Natürlich muss man beachten, dass für einen beliebigen K-Modul nicht immer eine K-*Basis* existiert, also eine Teilmenge B von A, sodass sich jedes Element von A *eindeutig* als endliche K-Linearkombination von Elementen aus B darstellen lässt. Wenn ein K-Modul eine Basis besitzt, so nennen wir ihn einen *freien* K-Modul. Unser K-Modul KM ist nun frei: er besitzt sogar die kanonische Basis $\{e_\mu : \mu \in M\}$. Das obige Ideal U der K-Algebra A ist jetzt ein K-Teilmodul von KM, und damit verläuft nun alles wie oben.

Es ist allerdings möglich, dass im Falle eines kommutativen Ringes K der Teilmodul U bereits ganz KM ausmacht, dass das Tensorprodukt (6.6) also gleich 0 ist, obwohl alle $A_i \neq 0$ sind. Im folgenden Spezialfall passiert dies aber nicht:

F6.8. *Sei K ein kommutativer Ring mit Eins; seien weiter K-Algebren $(A_i)_{i\in I}$ gegeben derart, dass jedes A_i eine K-Basis M_i mit $1_{A_i} \in M_i$ besitzt (insbesondere sind die A_i freie K-Moduln). Dann bildet das System der Elemente*

$$\otimes_i b_i,\ b_i \in M_i \ \text{ und } \ b_i = 1_{A_i} \ \text{ für fast alle } i \tag{6.9}$$

eine K–Basis des Tensorproduktes $\bigotimes_{i\in I} A_i$.

Beweis. Offenbar ist das System (6.9) ein lineares Erzeugendensystem des Tensorprodukts. Sei $\otimes_i a_i$ ein festes, aber beliebiges Element unter den Elementen von (6.9). Für jedes $i \in I$ sei $f_i : A_i \to K$ die *Linearform*, welche jedem $a \in A_i$ die zum Basiselement a_i gehörige Koordinate von a zuordnet. Wir betrachten dann die K–lineare Abbildung

$$h_\alpha = h : \otimes_i A_i \to K \quad \text{mit} \quad h(\otimes_i x_i) = \prod_i f_i(x_i).$$

Diese ist wohldefiniert. Für ein beliebiges Element $\otimes_i b_i$ von (6.9) gilt

$$h(\otimes_i b_i) = \prod_i f_i(b_i) = \begin{cases} 0 & \text{falls} \quad (b_i) \neq (a_i) \\ 1 & \text{falls} \quad (b_i) = (a_i) \end{cases}.$$

Bestehe nun die lineare Relation

$$\sum_{\beta=(b_i)} c_\beta(\otimes b_i) = 0,$$

wobei über die $\beta = (b_i)_i$ von (6.9) summiert wird. Anwendung von $h = h_\alpha$ liefert dann $c_\alpha = 0$. Also ist das System der Elemente (6.9) linear unabhängig über K. □

Als unmittelbare Konsequenz von F6.8 erhält man

F6.9. *Unter den Voraussetzungen von* F6.8 *gilt: Das Einselement* $1 = \otimes_i 1_{A_i}$ *von* $\otimes_i A_i$ *ist* $\neq 0$. *Für jedes* j *ist die Abbildung* $\sigma_j : A_j \to \otimes_i A_i$ *injektiv; daher kann man* A_j *als Teilalgebra von* $\otimes_i A_i$ *auffassen.*

Beispiel. Sei K ein kommutativer Ring mit Eins, und $\mathcal{X}$ eine nichtleere Menge. Für jedes $X \in \mathcal{X}$ sei $A_X := K[X]$ der Polynomring in einer Variablen X über K. Dann heißt

$$K[\mathcal{X}] := \bigotimes_{X\in\mathcal{X}} A_X$$

der *Polynomring in den Variablen* $X \in \mathcal{X}$ *über* K. Die Elemente von $K[\mathcal{X}]$ heißen Polynome in den Variablen $X \in \mathcal{X}$. Ist $\mathcal{X} = \{X_1, \dots, X_n\}$ n–elementig, so sei $K[X_1, \dots, X_n] := K[\mathcal{X}]$. Wir fassen $K[X]$ als Teilalgebra von $K[\mathcal{X}]$ auf. Aufgrund von F6.8 bildet das System der *Monome*

$$M_\nu(\mathcal{X}) := \prod_X X^{\nu(X)}$$

mit $\nu = (\nu(X))_X \in \mathbb{N}_0^{(\mathcal{X})}$ eine Basis von $K[\mathcal{X}]$. Für n–elementiges $\mathcal{X} = \{X_1, \dots, X_n\}$ hat die Basisdarstellung eines $f \in K[\mathcal{X}]$ die Gestalt

$$f = \sum_{\nu=(\nu_1,\dots,\nu_n)} c_\nu X_1^{\nu_1} X_2^{\nu_2} \dots X_n^{\nu_n}.$$

Aus der Definition von $K[\mathcal{X}]$ ergibt sich mit F6.7 sofort die folgende funktorielle Eigenschaft:

F6.10. *Es sei K ein kommutativer Ring mit* 1, *$\mathcal{X}$ eine Menge $\neq \emptyset$. Ist dann A eine beliebige kommutative K–Algebra, so lässt sich jede Abbildung $\mathcal{X} \to A$ eindeutig fortsetzen zu einem K–Algebrenhomomorphismus $\varphi : K[\mathcal{X}] \to A$ ('Einsetzungshomomorphismus').*

Ist $\mathcal{X} = \{X_1, \dots, X_n\}$ n–elementig und $\alpha_i := \varphi(X_i)$, so bezeichnet man für jedes $f \in K[X_1, \dots, X_n]$ mit $f(\alpha_1, \dots, \alpha_n) = \varphi(f)$ das Bild von f unter φ. Speziell ist $f(X_1, \dots, X_n) = f$.

Im Übrigen ist $K[X_1, \dots, X_n] = K[X_1, \dots, X_{n-1}][X_n]$.

6.3 Das Lemma von Zorn

Wir wollen jetzt noch auf eine wichtige Anwendung des *Lemmas von Zorn* in der Algebra eingehen.

Lemma von Zorn: *Eine (teilweise) geordnete Menge M, in der jede Kette eine obere Schranke besitzt, hat ein maximales Element.*

Dabei heißt eine Menge M (teilweise) *geordnet,* wenn auf M eine Relation $\leq$ erklärt ist, für die gilt: (i) $a \leq a$, (ii) $a \leq b, b \leq c \Rightarrow a \leq c$, (iii) $a \leq b, b \leq a \Rightarrow a = b$.

Im Folgenden sei $(M, \leq)$ eine solche geordnete Menge. Eine Teilmenge N von M heißt eine *Kette in M,* wenn N bezüglich der Ordnung von M *total geordnet* ist, d.h. für $a, b \in N$ ist $a \leq b$ oder $b \leq a$. Sei $N \subseteq M$. Ein $a \in M$ heißt *obere Schranke von N,* wenn $x \leq a$ für alle x aus N gilt. Schließlich heißt ein $m \in M$ ein *maximales Element von M,* wenn gilt: Aus $m \leq m'$ für $m' \in M$ folgt $m' = m$.

Wir betrachten hier das Lemma von Zorn als bekannten mengentheoretischen Grundsatz (vgl. etwa Friedrichsdorf–Prestel [11]). Als typisches Beispiel seiner Anwendung beweisen wir

F 6.11. *Sei V ein Vektorraum über dem Körper K und T eine linear unabhängige Teilmenge von V. Dann besitzt V eine Basis B mit $T \subseteq B$.*

Beweis. Die Menge M aller linear unabhängigen Teilmengen von V, die T enthalten, ist vermöge Inklusion geordnet. Wegen $T \in M$ ist $M \neq \varnothing$. Sei $N \neq \varnothing$ eine Kette in M. Die Vereinigungsmenge U aller $Y \in N$ ist dann ebenfalls linear unabhängig. Andernfalls gäbe es eine endliche Teilmenge A von U, die linear abhängig wäre; wegen der Endlichkeit von A und weil N eine Kette ist, müsste es dann ein $Y \in N$ geben mit $A \subseteq Y$. Aber das ist unmöglich, da Y linear unabhängig ist. Nach dem *Lemma von Zorn* gibt es also eine maximale linear unabhängige Teilmenge B von V mit $T \subseteq B$. Jede solche ist aber eine Basis von V. □

In unserem Zusammenhang wichtig ist

F 6.12. *Sei I ein Ideal in einem Ring R mit 1. Ist $I \neq R$, so gibt es ein maximales Ideal von R, welches I enthält.*

Beweis. Wir betrachten die vermöge Inklusion geordnete Menge M aller Ideale J von R mit $1 \notin J \supseteq I$. Wegen $I \in M$ ist $M \neq \varnothing$. Ist $N \neq \varnothing$ eine Kette in M, so betrachte die Vereinigungsmenge $\widetilde{J}$ aller $J \in N$. Man überzeugt sich sofort davon, dass $\widetilde{J}$ zu M gehört. Trivialerweise ist $\widetilde{J}$ eine obere Schranke von N. Nach dem Lemma von Zorn gibt es also ein maximales Element J in M. Definitionsgemäß ist dann J ein *maximales Ideal* von R und J enthält I. (Beachte: Wegen $1 \notin J$ ist wirklich $J \neq R$.) □

Bemerkung. Genauso beweist man die entsprechende Aussage für Linksideale (statt zweiseitiger Ideale).

Wir führen nun den in 6.1 ausgelassenen

Beweis von Satz 6.1. Man betrachte das *Tensorprodukt* $A = \bigotimes_{i \in I} E_i$ der Erweiterungskörper E_i von K (aufgefasst als K–Algebren) zusammen mit den zugehörigen K–Algebrenhomomorphismen $\sigma_i : E_i \to A$. Dann ist A eine (kommutative) K*–Algebra* mit $1 \neq 0$ (vgl. F6.9; im Allgemeinen ist aber A kein Körper.) Nach F6.12 gibt es ein *maximales Ideal* M in A. Dann ist A/M ein *Körper* (vgl. F4.14). Da A/M eine K–Algebra ist, dürfen wir A/M als Erweiterungskörper E von K auffassen. Die gewünschten K–Homomorphismen

$\tau_i : E_i \to E$ erhalten wir durch Zusammensetzung der σ_i mit der Restklassenabbildung $A \to A/M = E$. Es ist klar, dass E aus K durch Adjunktion der Vereinigungsmenge aller $\tau_i E_i$ entsteht. □

Bemerkung. Das Lemma von Zorn wurde 1935 von Max Zorn formuliert; ähnliche Maximalprinzipien tauchten aber schon davor in Arbeiten von Hausdorff, Kuratowski und anderen auf. Das Lemma von Zorn ist äquivalent zum Auswahlaxiom; wir haben diese Axiome zum Beweis von Satz 6.1 und damit zum Beweis der Existenz des algebraischen Abschlusses benutzt. Es sei hier bemerkt, dass man für die Konstruktion eines algebraischen Abschlusses von „kleinen" Körpern wie $\mathbb{Q}$ oder $\mathbb{F}_p$ ohne das Auswahlaxiom auskommt; der Nachweis, dass der algebraische Abschluss von $\mathbb{Q}$ bis auf Isomorphie eindeutig ist, ist dagegen ohne Auswahlaxiom schon nicht mehr zu bekommen.

Übungen

1) Seien L_1 und L_2 Zwischenkörper einer Erweiterung E/K. Zeige: sind L_1/K und L_2/K normale Erweiterungen, so auch ihr Kompositum L_1L_2/K und ihr Durchschnitt $L_1 \cap L_2/K$.

2) Die komplexe Konjugation σ ist ein $\mathbb{R}$-Algebrenhomomorphismus $\mathbb{C} \longrightarrow \mathbb{C}$. Dies bedeutet:
   a) Die Einschränkung von σ auf $\mathbb{R}$ ist trivial;
   b) σ ist eine $\mathbb{R}$-lineare Abbildung des $\mathbb{R}$-Vektorraums $\mathbb{C}$ in sich, d.h. es gilt $\sigma(\lambda v + \mu w) = \lambda\sigma(v) + \mu\sigma(w)$ für alle $\lambda, \mu \in \mathbb{R}$ und alle $v, w \in \mathbb{C}$.
   c) σ respektiert die Multiplikation in $\mathbb{C}$, d.h. es ist $\sigma(vw) = \sigma(v)\sigma(w)$.

   Alternativ ist σ ein Ringhomomorphismus $\mathbb{C} \longrightarrow \mathbb{C}$, der trivial auf $\mathbb{R}$ ist. Dagegen ist σ kein $\mathbb{C}$-Algebrenhomomorphismus.

3) Sind E_1/K und E_2/K isomorph, so gilt $E_1 : K = E_2 : K$.

4) Verifiziere die folgende Tabelle von Zerfällungskörpern einiger Polynome $f \in \mathbb{Q}[X]$:

f	Zerfällungskörper
$X^2 - 2$	$\mathbb{Q}(\sqrt{2})$
$X^3 - 1$	$\mathbb{Q}(\sqrt{-3})$
$X^3 - 2$	$\mathbb{Q}(\sqrt{-3}, \sqrt[3]{2})$

f	Zerfällungskörper
$X^4 + 4$	$\mathbb{Q}(i)$
$X^4 + 1$	$\mathbb{Q}(i, \sqrt{2})$
$X^4 + X^2 + 1$	$\mathbb{Q}(\sqrt{-3})$

5) Zeige anhand der Definition, dass die Erweiterung $\mathbb{Q}(\sqrt[3]{2})/\mathbb{Q}$ nicht normal ist.

6) Zeige, dass $\mathbb{Q}(\sqrt{2+\sqrt{2}})/\mathbb{Q}$ normal ist, $\mathbb{Q}(\sqrt{3+\sqrt{2}})/\mathbb{Q}$ dagegen nicht.

7) Seien A und B zwei K-Algebren. Zeige, dass in $A \otimes B$ folgende Regeln gelten (hierbei seien $a, a_i \in A$, $b, b_i \in B$ und $c \in K$):
   a) $(a_1 + a_2) \otimes b = a_1 \otimes b + a_2 \otimes b$;
   b) $(ca) \otimes b = c(a \otimes b) = a \otimes (cb)$;
   c) $(a_1 \otimes b_1) \cdot (a_2 \otimes b_2) = (a_1a_2 \otimes b_1b_2)$;
   d) $a \otimes 0 = 0 = 0 \otimes b$.

   Im Spezialfall $A = K[X]$ und $B = K[Y]$ zeige man weiter, dass jedes Element in $A \otimes B$ eine K-Linearkombination von endlich vielen Elementen der Form $X^i \otimes Y^j$ mit $i, j \in \mathbb{N}_0$ ist.

8) Man gehe den Beweis von F6.8 im Spezialfall $A_1 = K[X]$, $A_2 = K[Y, Z]$ durch. Wie sieht die natürliche Wahl der K-Basen M_1 und M_2 aus, wie die Basis $\otimes b_i$? Wie sind die Linearformen f_i hier zu interpretieren?

9) Man konstruiere den algebraischen Abschluss von $\mathbb{Q}$ wie folgt.
   a) Zu jedem Polynom $f \in \mathbb{Q}[X]$ existiert ein Zerfällungskörper. (Satz 3.4 von Kronecker (Aufg. 3.3) und Induktion.)
   b) Die normierten irreduziblen Polynome in $\mathbb{Q}[X]$ sind abzählbar.
   c) Sei $f_1, f_2, \dots$ eine Abzählung wie in b), $K_0 = \mathbb{Q}$, sowie K_j für $j \geq 1$ der Zerfällungskörper von $f_1 \cdots f_j \in \mathbb{Q}[X]$. Setze $C = \bigcup_j K_j$ und zeige, dass C eine algebraisch abgeschlossene algebraische Erweiterung von $\mathbb{Q}$ ist.

Aufgaben und Bemerkungen

6.1 Zeige: $\mathbb{Q}(\sqrt[3]{2}, \sqrt[2]{-3})$ ist Zerfällungskörper von $X^3 - 2$ über $\mathbb{Q}$.

6.2 Sei E/K eine algebraische Körpererweiterung und F ein Zwischenkörper von E/K. Zeige:
   a) Ist E/K normal, so auch E/F.
   b) Ist $F : K = 2$, so ist F/K normal.

   Man gebe ein Beispiel, für das E/F und F/K normal sind, E/K aber nicht. (Hinweis: siehe Aufgabe 1.2 und beachte Satz 6.4; vgl. auch Aufgabe 6.3.)

6.3 Zeige: $E' = \mathbb{Q}(\sqrt{2}, \sqrt{1+i})$ ist *normale Hülle* der Erweiterung $\mathbb{Q}(\sqrt{1+i})/\mathbb{Q}$ vom Grade 4. Nach 2.2 gilt $E' : \mathbb{Q} = 8$.

6.4 Zeige: Ist E/K eine algebraische Körpererweiterung mit der Eigenschaft, dass jedes irreduzible $f \in K[X]$ über E vollständig in Linearfaktoren zerfällt, so ist E algebraischer Abschluss von K.

6.5 a) Sei $L = K(\alpha_1, \dots, \alpha_n)$ Erweiterungskörper endlichen Grades über K. Zeige: Genau dann ist L/K normal, wenn L Zerfällungskörper von $f_1 f_2 \dots f_n$ über K ist, wobei $f_i = \mathrm{Mipo}_K(\alpha_i)$.

   b) Seien E/K und L/K endliche, normale Körpererweiterungen. Zeige: Genau dann gibt es einen K–Homomorphismus $\sigma : E \to L$, wenn es $f, g \in K[X]$ gibt mit $g|f$, sodass L Zerfällungskörper von f über K und E Zerfällungskörper von g über K ist. (Beachte F6.4.)

6.6 a) Seien E/K eine Körpererweiterung und $f \in K[X]$. Zeige, dass die folgende Isomorphie von E–Algebren besteht:

$$E \otimes K[X]/f \simeq E[X]/f. \tag{6.10}$$

   b) Sei $F = \mathbb{Q}(i)$. Zeige, dass das Tensorprodukt $F \otimes F$ der $\mathbb{Q}$–Algebra F mit sich selbst kein Körper ist. (Beachte $F \simeq \mathbb{Q}[X]/X^2 + 1$.)

6.7 Seien E_1/K, E_2/K endliche Körpererweiterungen, und E sei ein Erweiterungskörper sowohl von E_1 als auch E_2. Sei $E_1E_2 := E_1(E_2) = E_2(E_1)$ das Körperkompositum von E_1 und E_2 in E. Zeige: Genau dann gilt $E_1E_2 \simeq E_1 \otimes E_2$ (als K–Algebren), wenn $E_1E_2 : E_1 = E_2 : K$.

6.8 Es seien f, g irreduzible Polynome über dem Körper K und beide seien ohne mehrfache Nullstellen (in einem algebraischen Abschluss von K).

   Seien $L = K(\alpha)$ und $E = K(\beta)$ Erweiterungskörper von K mit $f(\alpha) = 0$ und $g(\beta) = 0$. Man zeige: Sind $f = f_1 \dots f_r$ und $g = g_1 \dots g_s$ die Primfaktorzerlegungen von f über $K(\beta)$ und g über $K(\alpha)$, so folgt $r = s$, und nach geeigneter Umnumerierung gilt $E[X]/f_i \simeq L[X]/g_i$ für alle $1 \leq i \leq r$, speziell

$$[K(\beta):K] \operatorname{grad} f_i = [K(\alpha):K] \operatorname{grad} g_i. \tag{6.11}$$

Hinweis: Aufg. 6.6 mit 4.20 und 4.21.
Die Aussage von Aufg. 6.8 ist eine wesentliche Verschärfung von 3.2; sie geht auf *Dedekind* zurück. Es war im Übrigen auch Dedekind, der die Bezeichnung *Körper* in die Algebra einführte.

6.9 Seien R ein kommutativer Ring mit Eins; S eine Teilmenge von R und $\mathfrak{a}$ ein Ideal mit $\mathfrak{a} \cap S = \emptyset$. Zeige: In der Menge der Ideale $\mathfrak{b}$ von R mit $\mathfrak{a} \subseteq \mathfrak{b}$ und $\mathfrak{b} \cap S = \emptyset$ gibt es maximale Elemente. Diese sind Primideale, wenn S *multiplikativ* ist (vgl. 3.12).
Als Anwendung zeige man für den Ring $R = \mathfrak{C}(X)$ aus 4.23: Jedes maximale Ideal $\mathfrak{m} = I_a$ von R enthält ein Primideal $\mathfrak{p}$ mit $\mathfrak{p} \neq \mathfrak{m}$.

6.10 Sei $A = R[X_1, \ldots, X_n]$ der Polynomring in n Variablen über dem Integritätsring R. Bezeichne A_d die Menge aller *homogenen Polynome vom Grade* d (d.h. der $f \in A$, in denen nur Monome $X_1^{\nu_1} \ldots X_n^{\nu_n}$ vom Grad $d = \nu_1 + \ldots + \nu_n$ vorkommen). Zeige: Als R–Modul ist A die direkte Summe der Teilmoduln A_d, $d \in \mathbb{N}_0$. Es gilt $A_d A_e \subseteq A_{d+e}$. Ein $f \in A$ ist genau dann homogen vom Grade d, wenn im Polynomring $A[t]$ die Gleichung $f(tX_1, \ldots, tX_n) = t^d f(X_1, \ldots, X_n)$ gilt.

6.11 Um den in unserem Zusammenhang grundlegenden Satz 6.1 zu beweisen, haben wir in Abschnitt 6.2 auf den Begriff des *Tensorprodukts von K–Algebren* eingehen müssen. Der in der linearen Algebra gebrauchte Begriff des *Tensorprodukts* von (endlich vielen) *K–Vektorräumen* fällt nicht unter den obigen Begriff, da wir für K–Algebren ein Einselement gefordert haben (und daher einen K–Vektorraum nicht einfach als Ring mit trivialer Multiplikation betrachten können). Es sei nun allgemein K ein beliebiger kommutativer Ring mit Eins, und V, W seien beliebige K–Moduln. Ein Tensorprodukt von V, W ist ein K–Modul $V \otimes W$, zusammen mit einer *bilinearen* Abbildung

$$\begin{array}{rcl} \pi : V \times W & \to & V \otimes W \\ (x, y) & \mapsto & x \otimes y\,, \end{array}$$

sodass gilt: Zu einer beliebigen bilinearen Abbildung $\beta : V \times W \to Z$ gibt *genau eine lineare* Abbildung $f : V \otimes W \to Z$ mit $f(x \otimes y) = \beta(x, y)$ für alle $x \in V$, $y \in W$. Zeige:

a) Sind $(V \otimes_1 W, \pi_1)$ und $(V \otimes_2 W, \pi_2)$ Tensorprodukte von V, W so gibt es genau einen Isomorphismus $\lambda : V \otimes_1 W \to V \otimes_2 W$ mit $\lambda(x \otimes_1 y) = x \otimes_2 y$.
b) Jedes Element von $V \otimes W$ ist endliche Summe von Elementen der Gestalt $x \otimes y$; es gelten die Relationen

$$\begin{array}{l} (x + x') \otimes y = x \otimes y + x' \otimes y,\ x \otimes (y + y') = x \otimes y + x \otimes y' \\ \alpha x \otimes y = x \otimes \alpha y = \alpha(x \otimes y),\ \alpha \in K. \end{array}$$

c) Zu K–Homomorphismen $f : V \to V', g : W \to W'$ gibt es genau einen K–Homomorphismus $h : V \otimes W \to V' \otimes W'$ mit $h(x \otimes y) = fx \otimes gy$. Man bezeichnet diesen mit $h = f \otimes g$.
d) Man hat einen kanonischen Isomorphismus $f : K \otimes V \to V$ mit $f(\alpha \otimes x) = \alpha x$.
e) Für jede Familie $(V_i)_{i \in I}$ von K–Moduln hat man einen kanonischen Isomorphismus $(\bigoplus_{i \in I} V_i) \otimes W \to \bigoplus_{i \in I} (V_i \otimes W)$ mit $(\sum_i x_i) \otimes y \mapsto \sum_i (x_i \otimes y)$.
f) Man hat kanonische Isomorphismen $V \otimes W \to W \otimes V$ mit $x \otimes y \mapsto y \otimes x$, sowie $(V \otimes W) \otimes Z \to V \otimes (W \otimes Z)$ mit $(x \otimes y) \otimes z \mapsto x \otimes (y \otimes z)$.

6.12 Man beweise die *Existenz* eines Tensorproduktes $(V \otimes W, \pi)$ für beliebige K–Moduln. Hinweis: Wie in Abschnitt 6.2 beginne man mit dem von der Menge $M = V \times W$ erzeugten freien K–Modul $F = KM$; sei dann U der K–Teilmodul, der von allen Elementen der Form

$$(x + x', y) - (x, y) - (x', y), \; (x, y + y') - (x, y) - (x, y')$$
$$\text{sowie } (\alpha x, y) - (x, \alpha y)$$

erzeugt wird. Betrachte nun den Restklassenmodul F/U.

6.13 Sei W ein freier K–Modul mit der Basis $(e_j)_{j \in J}$. Aus (v) und (vi) von 6.11 folgere man: Ist V ein beliebiger K–Modul, so hat jedes $t \in V \otimes W$ eine eindeutige Darstellung $t = \sum_j x_j \otimes e_j$ mit $x_j \in V$. Für jeden injektiven Homomorphismus $V' \to V$ ist daher auch die entsprechende Abbildung $V' \otimes W \to V \otimes W$ injektiv. Ist V ebenfalls frei mit Basis $(d_i)_{i \in I}$, so ist das System $(d_i \otimes e_j)_{i,j}$ eine Basis von $V \otimes W$. Im Falle von K–Vektorräumen V, W der Dimension m, n hat also $V \otimes W$ die Dimension $m \cdot n$.

6.14 Seien A, B K–Algebren. Für den Moment bezeichnen wir die zugrundeliegenden Vektorräume von A, B mit A_0, B_0. Zeige: $A_0 \otimes B_0$ kann man mit genau einer Struktur als K–Algebra versehen, sodass $(a \otimes b)(a' \otimes b') = aa' \otimes bb'$ gilt, und diese Algebra ist dann das Tensorprodukt der K–Algebren A, B im Sinne von Abschnitt 6.2 (vgl. F6.7).

6.15 Für die $\mathbb{Z}$–Algebren $\mathbb{Q}$ und $\mathbb{Z}/n\mathbb{Z}$ gilt $\mathbb{Q} \otimes \mathbb{Z}/n\mathbb{Z} = 0$. Zeige ferner: $\mathbb{Q} \otimes \mathbb{Q} \simeq \mathbb{Q}$ und $\mathbb{Z}/n \otimes \mathbb{Z}/n \simeq \mathbb{Z}/n$ (mit kanonischen Isomorphismen).

7. Separabilität bei algebraischen Körpererweiterungen

In den nächsten Kapiteln werden wir die Galoistheorie entwickeln. Entstanden ist sie ursprünglich im Zusammenhang mit der Frage, für welche Polynome Lösungsformeln wie im quadratischen Fall existieren. Heute hat die Galoistheorie eine ganz andere Bedeutung und ist aus vielen Bereichen der Mathematik, insbesondere der algebraischen Zahlentheorie, nicht mehr wegzudenken.

Das einfachste nichttriviale Beispiel einer Galoiserweiterung ist das einer quadratischen Erweiterung $E = \mathbb{Q}(\sqrt{d}\,)$ von $\mathbb{Q}$. Die $\mathbb{Q}$-Automorphismen $\mathrm{id} : a+b\sqrt{d} \longmapsto a+b\sqrt{d}$ und $\sigma : a+b\sqrt{d} \longmapsto a-b\sqrt{d}$ bilden eine Gruppe der Ordnung 2, welche man die Galoisgruppe $G(E/\mathbb{Q})$ nennt. Wichtigste Eigenschaft dieser Gruppe ist, dass ein Element $\alpha \in E$ genau dann in $\mathbb{Q}$ liegt, wenn es von jedem Element von $G(E/\mathbb{Q})$ festgelassen wird: ist nämlich $\alpha = \alpha^\sigma$ für $\alpha = a + b\sqrt{d}$, so ist $0 = \alpha - \alpha^\sigma = 2b\sqrt{d}$ und damit $b = 0$.

Dass der Grundkörper in obigem Beispiel $\mathbb{Q}$ ist, spielt keine wesentliche Rolle: ist K ein beliebiger Körper und $d \in K$ kein Quadrat in K, so ist $E = K(\sqrt{d}\,)$ eine quadratische Erweiterung und wie oben $G(E/K) = \{\mathrm{id}, \sigma\}$. Allerdings folgt im Gegensatz zu oben aus $2b\sqrt{d} = 0$ nicht automatisch $b = 0$, jedenfalls nicht in Körpern der Charakteristik 2. Betrachten wir z.B. den rationalen Funktionenkörper $K = \mathbb{F}_2(t)$ und die quadratische Erweiterung $E = K(\sqrt{t}\,)$. Wegen $-1 = +1$ ist dann der durch $\sigma : a + b\sqrt{d} \longmapsto a - b\sqrt{d}$ definierte Automorphismus die Identität, und in der Tat werden wir sehen, dass es außer dieser keine weiteren K-Automorphismen von E gibt. Damit lässt $G(E/K)$ jedes Element der Erweiterung E/K fest.

Der Grund für diese Katastrophe liegt im Minimalpolynom des Elementes $\sqrt{t}$ über K: dieses ist $f(t) = X^2 - t = (X - \sqrt{t}\,)^2$, und die letzte Darstellung zeigt, dass das Minimalpolynom mehrfache Nullstellen hat. Solche Polynome werden wir inseparabel (die Nullstellen lasse sich nicht trennen) nennen.

7.1 Separable Körpererweiterungen

Definition 7.1. Sei K ein Körper und C ein algebraischer Abschluss von K. Elemente $\alpha, \beta \in C$ heißen *konjugiert über* K, wenn es einen Automorphismus σ von C/K gibt mit $\sigma(\alpha) = \beta$. Die zu einem $\alpha \in C$ über K konjugierten Elemente von C heißen die *K–Konjugierten* von α (in C).

F7.1. *Mit den Bezeichnungen von Def. 7.1 sind äquivalent:*

(i) *β ist über K konjugiert zu α in C.*
(ii) *β ist Nullstelle von* $\mathrm{Mipo}_K(\alpha)$.
(iii) *Es gibt einen Isomorphismus $\tau : K(\alpha)/K \to K(\beta)/K$ mit $\tau(\alpha) = \beta$.*
(iv) $\mathrm{Mipo}_K(\alpha) = \mathrm{Mipo}_K(\beta)$.

Insbesondere besitzt jedes $\alpha \in C$ höchstens $[\alpha : K] = K(\alpha) : K$ verschiedene K–Konjugierte in C.

Beweis. (iii) $\Rightarrow$ (i): Man kann τ fortsetzen zu einem Automorphismus σ von C/K (Satz 6.3 und F6.3).

(i) $\Rightarrow$ (ii): Nach Voraussetzung gibt es einen Automorphismus σ von C/K mit $\sigma(\alpha) = \beta$. Sei $f = \mathrm{Mipo}_K(\alpha)$. Dann ist $f(\beta) = f(\sigma\alpha) = 0$ (F6.1).

(ii) $\Rightarrow$ (iv): Sei $f = \mathrm{Mipo}_K(\alpha)$ und gelte $f(\beta) = 0$. Da f irreduzibel und normiert ist, folgt $f = \mathrm{Mipo}_K(\beta)$.

(iv) $\Rightarrow$ (iii): Dies folgt aus F6.1 (b).

Die letzte Aussage von F7.1 ist klar, denn $f = \mathrm{Mipo}_K(\alpha)$ hat höchstens $[\alpha : K] = \mathrm{grad}\,(f)$ verschiedene Nullstellen in C. □

F7.2. *Mit den Bezeichnungen von Def. 7.1 sind für $\alpha \in C$, $f = \mathrm{Mipo}_K(\alpha)$, und $n = \mathrm{grad}\,(f)$ die folgenden Aussagen äquivalent:*

(i) *α hat über K genau n verschiedene Konjugierte in C.*
(ii) *Es gibt genau n verschiedene Homomorphismen von $K(\alpha)/K$ in C/K.*
(iii) *f hat genau n verschiedene Nullstellen in C.*

Beweis. Ein Homomorphismus $\tau : K(\alpha)/K \to C/K$ ist durch Angabe von $\tau(\alpha)$ festgelegt. Damit folgt F7.2 aus F7.1. □

Definition 7.2. Sei E/K eine Körpererweiterung, und $\alpha \in E$ sei algebraisch über K. Die Anzahl der verschiedenen Nullstellen von $f = \mathrm{Mipo}_K(\alpha)$ in einem beliebigen Zerfällungskörper von f über K heißt der *Separabilitätsgrad von α über K;* er wird mit

$$[\alpha : K]_s$$

bezeichnet. Das Element α heißt *separabel über* K, falls $[\alpha : K]_s = [\alpha : K]$; andernfalls heißt α *inseparabel über* K. Genau dann ist α also separabel über K, wenn sein Minimalpolynom über K nur einfache Nullstellen (im Zerfällungskörper) besitzt.

Bemerkungen. (a) Man hat stets $[\alpha : K]_s \leq [\alpha : K]$.

(b) $[\alpha : K]_s$ ist die Anzahl der K–Konjugierten von α in einem algebraischen Abschluss C von K.

(c) Jedes $\alpha \in K$ ist separabel über K.

So weit, so klar. Es entsteht aber nun folgende Frage: Sei α separabel über K. Ist dann auch jedes $\beta \in K(\alpha)$ separabel über K ?

Definition 7.3. Eine *algebraische Körpererweiterung* E/K heißt *separabel*, wenn jedes Element von E separabel über K ist; andernfalls heißt E/K *inseparabel*.

Wir vereinbaren ferner folgende Bezeichnungen: Für Körpererweiterungen $E_1/K, E_2/K$ bezeichne

$$G(E_1/K, E_2/K)$$

die Menge aller Homomorphismen von E_1/K in E_2/K (vgl. Def. 6.1). Im Falle $E_1 = E_2 = E$ verwenden wir die Abkürzung $G(E/K) := G(E/K, E/K)$.

Bemerkung. Ist E/K *algebraisch*, so ist $G(E/K)$ in natürlicher Weise eine *Gruppe* (vgl. F6.3). Sie heißt die *Automorphismengruppe der algebraischen Erweiterung* E/K.

Satz 7.1. *Sei* E/K *eine* **endliche** *Körpererweiterung,* n *ihr Grad,* C *ein algebraischer Abschluss von* K. *Dann gilt:*

(A) $G(E/K, C/K)$ *hat höchstens* n *Elemente.*

(B) $|G(E/K, C/K)| = n \iff E/K$ *ist separabel.*

Den Beweis dieses grundlegenden Satzes verschieben wir noch etwas; zunächst nehmen wir seinen Inhalt zum Anlass für die folgende

Definition 7.4. Sei E/K eine algebraische Körpererweiterung, C ein algebraischer Abschluss von K. Dann heißt

$$[E : K]_s = |G(E/K, C/K)|$$

der *Separabilitätsgrad von* E/K. (Die Unabhängigkeit von der Wahl von C ist klar, vgl. Aussage (B) von Satz 6.2.)

Bemerkungen. Sei E/K eine beliebige Erweiterung, aber $\alpha \in E$ sei algebraisch über K. Nach F7.1 gilt dann

$$[K(\alpha) : K]_s = [\alpha : K]_s, \tag{7.1}$$

vgl. auch Def. 7.2 sowie die daran anschließende Bem. (b). Ferner folgt nun:

$$\alpha \text{ separabel über } K \iff K(\alpha)/K \text{ separabel.} \tag{7.2}$$

Definitionsgemäß ist nämlich α genau dann separabel über K, wenn $[\alpha : K]_s = [\alpha : K]$ gilt. Wegen (7.1) ist das äquivalent zu $[K(\alpha) : K]_s = [K(\alpha) : K]$. Diese Gleichung besteht aber nach (B) von Satz 7.1 genau dann, wenn $K(\alpha)/K$ separabel ist. – Mit (7.2) hat also auch die oben gestellte Frage eine positive Antwort erfahren.

Den Beweis von Satz 7.1 gründen wir auf das folgende

Lemma. *Sei F ein Zwischenkörper der algebraischen Erweiterung E/K, und sei C algebraischer Abschluss von E. Dann hat man eine* **Bijektion**

$$G(E/K, C/K) \longrightarrow G(F/K, C/K) \times G(E/F, C/F).$$

Beweis. Aufgrund von Satz 6.3 gibt es Abbildungen

$$\begin{array}{ccc} G(F/K, C/K) \to G(C/K) & \text{und} & G(E/F, C/F) \to G(C/F) \\ \sigma \mapsto \widetilde{\sigma} & & \tau \mapsto \widetilde{\tau} \end{array}$$

mit $\widetilde{\sigma}_F = \sigma$ und $\widetilde{\tau}_E = \tau$. Wir behaupten, dass dann die Abbildung

$$\begin{array}{ccc} G(F/K, C/K) \times G(E/F, C/F) & \longrightarrow & G(E/K, C/K) \\ (\sigma, \tau) & \longmapsto & (\widetilde{\sigma}\widetilde{\tau})_E \end{array}$$

bijektiv ist. Wir zeigen zuerst die Injektivität: Sei also $(\widetilde{\sigma}\widetilde{\tau})_E = (\widetilde{\sigma}_1\widetilde{\tau}_1)_E$. Per Einschränkung auf F folgt zunächst $\widetilde{\sigma}_F = (\widetilde{\sigma}_1)_F$, also $\sigma = \sigma_1$ und daher $\widetilde{\sigma} = \widetilde{\sigma}_1$. Aus der Voraussetzung folgt jetzt $\widetilde{\tau}_E = (\widetilde{\tau}_1)_E$, also auch $\tau = \tau_1$.

Zum Beweis der Surjektivität genügt es (nach Satz 6.3) zu zeigen: Zu jedem $\psi \in G(C/K)$ gibt es σ, τ wie oben, sodass $\psi_E = (\widetilde{\sigma}\widetilde{\tau})_E$ gilt. Für gegebenes ψ setze $\sigma := \psi_F$ und dann $\tau := \widetilde{\sigma}^{-1}\psi_E$. Dann ist $\sigma \in G(F/K, C/K)$ und $\tau \in G(E/F, C/F)$, denn $\widetilde{\sigma}^{-1}\psi_E$ lässt jedes Element von F fest. Definitionsgemäß gilt $\widetilde{\sigma}^{-1}\psi_E = \widetilde{\tau}_E$, also $\psi_E = \widetilde{\sigma}\widetilde{\tau}_E = (\widetilde{\sigma}\widetilde{\tau})_E$. □

Nun kommen wir zum

Beweis von Satz 7.1. Wir führen Induktion nach $n = E : K$. Für $n = 1$ ist die Behauptung klar. Sei also $n > 1$. Es gibt dann ein $\alpha \in E$ mit $\alpha \notin K$. Für $F = K(\alpha)$ ist dann $E : F < n$. Nach dem Lemma ist nun

$$|G(E/K, C/K)| = |G(F/K, C/K)| \cdot |G(E/F, C/F)|. \tag{7.3}$$

Der erste Faktor auf der rechten Seite ist $\leq F : K$ wegen F7.1, vgl. auch Bem. (a) nach Def. 7.2. Der zweite Faktor ist $\leq E : F$ nach Induktionsannahme. Insgesamt ist die linke Seite von (7.3) also höchstens gleich $[F : K][E : F] = [E : K] = n$, d.h. es gilt Aussage (A) von Satz 7.1.

Sei jetzt E/K als separabel vorausgesetzt. Dann ist trivialerweise auch F/K separabel; doch E/F ist ebenfalls separabel, denn für jedes $\beta \in E$ hat $\text{Mipo}_F(\beta)$ als Teiler von $\text{Mipo}_K(\beta)$ nur einfache Nullstellen. Aus der Induktionsannahme folgt dann mit (7.3) sofort $|G(E/K, C/K)| = [F : K][E : F] = [E : K] = n$.

Sei nun umgekehrt $|G(E/K, C/K)| = n$ vorausgesetzt. Im Hinblick auf (7.3) und (A) muss dann

$$|G(F/K, C/K)| = F : K$$

gelten. Anwendung von F7.2 auf $F = K(\alpha)$ liefert dann, dass α separabel über K sein muss. Nach der Herleitung gilt dies für ein beliebiges $\alpha \in E$ mit $\alpha \notin K$. Also ist E/K separabel (denn die $\alpha \in K$ sind sowieso separabel über K). □

Mit Definition 7.4 lässt sich Satz 7.1 auch wie folgt aussprechen:

Satz 7.2. *Sei E/K eine endliche Körpererweiterung. Dann ist auch $[E : K]_s$ endlich, und es gilt*

$$[E : K]_s \leq [E : K] \tag{7.4}$$

Genau dann ist $[E : K]_s = [E : K]$, wenn E/K separabel ist.

Bemerkung. $[E : K]_s$ ist sogar ein Teiler von $[E : K]$, was man induktiv mit etwas zusätzlicher Mühe zeigen kann. Es wird sich aber auch später aus F7.17 ergeben.

F7.3. *Ist F ein Zwischenkörper der algebraischen Erweiterung E/K, so gilt*

$$[E : K]_s = [E : F]_s \cdot [F : K]_s. \tag{7.5}$$

Beweis. Dies ist eine unmittelbare Konsequenz des Lemmas. □

F7.4. *Für eine Körpererweiterung E/K sind äquivalent:*

(i) *E/K ist endlich und separabel.*
(ii) *Es gibt separable algebraische Elemente $\alpha_1, \dots, \alpha_m \in E$ mit $E = K(\alpha_1, \dots, \alpha_m)$.*

Beweis. (ii) ⇒ (i): Es ist klar, dass E/K endlich ist (vgl. F2.7). Per Induktion nach m und Satz 7.2 hat man $E : K = [K(\alpha_1, \dots, \alpha_m) : K(\alpha_1)]_s \cdot [K(\alpha_1) : K]_s$, denn α_1 ist separabel über K. Aus F7.3 folgt dann $[E : K] = [E : K]_s$, also ist E/K nach Satz 7.2 separabel.

Die Implikation (i) ⇒ (ii) ist klar. □

F7.5. *Die Erweiterung E/K sei algebraisch. Dann ist*

$$E_s = \{\alpha \in E \mid \alpha \text{ separabel über } K\}$$

ein Zwischenkörper von E/K. Er heißt der **separable Abschluss von K in E.**

Beweis. Für $\alpha, \beta \in E_s$ betrachte man den Teilkörper $K(\alpha, \beta)$ von E. Nach F7.4 ist $K(\alpha, \beta)/K$ separabel. Also gilt $K(\alpha, \beta) \subseteq E_s$, und die Behauptung folgt. □

F7.6. *Sei E/K eine algebraische Körpererweiterung und A eine Teilmenge von E. Besteht A nur aus über K separablen Elemente, so ist $K(A)/K$ separabel.*

Beweis. Aus F7.5 folgt $K(A) \subseteq E_s$. □

F7.7 (Transitivität der Separabilität). *Sei L ein Zwischenkörper der algebraischen Körpererweiterung E/K. Sind dann E/L sowie L/K separabel, so auch E/K (und umgekehrt).*

Beweis. Im Falle endlicher Erweiterungen ist die Behauptung klar: siehe F7.3 und Satz 7.2. Den allgemeinen Fall führt man wie folgt darauf zurück.

Für $\beta \in E$ seien $\alpha_0, \alpha_1, \dots, \alpha_{n-1}$ die Koeffizienten von $f = \mathrm{Mipo}_L(\beta)$. Dann ist f auch das Minimalpolynom von β über dem Teilkörper $F := K(\alpha_0, \alpha_1, \dots, \alpha_{n-1})$. Da β nach Voraussetzung separabel über L ist, hat f nur einfache Nullstellen. Daraus folgt die Separabilität von $F(\beta)/F$. Wegen F7.4 ist aber auch F/K separabel, denn nach Voraussetzung sind die Elemente $\alpha_0, \alpha_1, \dots, \alpha_{n-1}$ separabel über K. □

7.2 Separable Polynome

Wir kommen nun zu der längst fälligen

Definition 7.5. Sei K ein Körper. Ein *Polynom* $f \in K[X]$ vom Grade $n \geq 1$ heißt *separabel*, wenn f im Zerfällungskörper von f über K genau n verschiedene Nullstellen hat.

Bemerkungen. a) Sei L/K eine Körpererweiterung, und $\alpha \in L$ sei algebraisch über K. Dann ist also α genau dann separabel über K, wenn das Minimalpolynom von α über K separabel ist (vgl. Def. 6.2)).

b) Sei $f \in K[X]$ beliebig vom Grade ≥ 1 und E Zerfällungskörper von f über K. Die Primfaktorzerlegung von f in $E[X]$ hat dann die Gestalt

$$f(X) = \gamma(X-\alpha_1)^{e_1}(X-\alpha_2)^{e_2}\cdots(X-\alpha_r)^{e_r}.$$

Genau dann ist f separabel, wenn alle $e_i = 1$ sind, d.h. f keine mehrfachen Nullstellen besitzt.

F7.8. *Mit den obigen Bezeichnungen gelte $f(\alpha) = 0$ für ein $\alpha \in E$. Genau dann ist α eine mehrfache Nullstelle von f, wenn $f'(\alpha) = 0$ gilt.*

Beweis. Nach Voraussetzung ist $f(X) = (X-\alpha)^e g(X)$ in $E[X]$ mit $e \geq 1$ und $g(\alpha) \neq 0$. Ableitung ergibt

$$f'(X) = e(X-\alpha)^{e-1}g(X) + (X-\alpha)^e g'(X).$$

Nach Einsetzen von α folgt: $f'(\alpha) = 0 \iff e \geq 2$. □

F7.9. *$f \in K[X]$ ist genau dann separabel, wenn f und f' teilerfremd in $K[X]$ sind.*

Beweis. Sei E Zerfällungskörper von f über K. Nach F7.8 ist die Separabilität von f gleichbedeutend mit der Teilerfremdheit von f und f' in $E[X]$. Für Polynome aus $K[X]$ läuft aber Teilerfremdheit in $E[X]$ auf dasselbe hinaus wie in $K[X]$, vgl. auch Aufg. 4.7. □

F7.10. *Ist $f \in K[X]$ irreduzibel, so ist f genau dann separabel, wenn $f' \neq 0$.*

Beweis. Wir benutzen F7.9. Sind f, f' teilerfremd, so ist $f' \neq 0$. Sind f, f' nicht teilerfremd in $K[X]$, so muss f' wegen der Irreduzibilität von f durch f teilbar sein; wegen grad $f' <$ grad f ist dies aber nur für $f' = 0$ möglich. □

F 7.11. *Sei K ein Körper der Charakteristik 0. Dann ist jedes irreduzible Polynom $f \in K[X]$ separabel. Folglich ist dann auch jede algebraische Erweiterung E/K separabel.*

Beweis. Sei $f = \sum_{i=0}^{n} a_i X^i$, also $f' = \sum_{i=1}^{n} i a_i X^{i-1}$. Somit ist $f' = 0$ gleichbedeutend mit

$$i a_i = 0 \text{ für alle } 1 \leq i \leq n. \tag{7.6}$$

Im Falle char $(K) = 0$ ist (7.6) aber nur für $a_1 = a_2 = \ldots = a_n = 0$ erfüllt, d.h. nur im Falle eines konstanten Polynoms $f = a_0$. □

7.3 Rein inseparable Erweiterungen

Wir wollen nun den Fall char $(K) = p > 0$ betrachten. Die Bedingung (7.6) ist dann gleichwertig damit, dass $a_i = 0$ für alle i mit $i \not\equiv 0 \bmod p$ gilt. Es folgt also

F7.12. *Im Falle* char $(K) = p > 0$ *gilt für $f \in K[X]$:*

$$f' = 0 \iff f \in K[X^p]. \tag{7.7}$$

Ist f also irreduzibel vorausgesetzt, so ist f genau dann separabel, wenn $f \notin K[X^p]$.

Im Falle eines Körpers K der Charakteristik $p > 0$ gibt es also nicht-konstante Polynome $f \in K[X]$ mit $f' = 0$; in der Tat hat jedes Polynom der Gestalt

$$f = c_0 + c_1 X^p + c_2 X^{2p} + \ldots + X^{kp}$$

für $k \geq 1$ diese Eigenschaft. (Ob es aber unter den Polynomen dieser Art auch irreduzible gibt, dazu haben wir noch nichts gesagt.)

F7.13. *Sei E/K eine Körpererweiterung mit* char $(K) = p > 0$. *Ist $\alpha \in E$ algebraisch über K, so gibt es eine ganze Zahl $m \geq 0$, sodass α^{p^m} separabel über K ist.*

Beweis. Sei $f = \operatorname{Mipo}_K(\alpha)$. Offenbar gibt es eine ganze Zahl $m \geq 0$ mit $f \in K[X^{p^m}]$, aber $f \notin K[X^{p^{m+1}}]$. Es gibt also ein Polynom $g \in K[X]$ mit

$$f(X) = g(X^{p^m}), \text{ aber } g \notin K[X^p]. \tag{7.8}$$

Wir wollen zeigen, dass g irreduzibel ist. In $K[X]$ gelte $g(X) = h_1(X)h_2(X)$. Es folgt $g(X^{p^m}) = h_1(X^{p^m})h_2(X^{p^m})$. Aber f in (7.8) ist irreduzibel, also gilt $h_1 \in K^\times$ oder $h_2 \in K^\times$. Wegen $g(\alpha^{p^m}) = f(\alpha) = 0$ ist dann $g = \mathrm{Mipo}_K(\alpha^{p^m})$. Nach F7.12 ist g separabel. □

F7.14. *Für einen beliebigen Körper K der Charakteristik $p > 0$ ist die Abbildung*

$$\alpha \mapsto \alpha^p \tag{7.9}$$

von K in sich ein Homomorphismus; insbesondere ist $\alpha^p = 1$ in K nur für $\alpha = 1$ erfüllt.

Beweis. Klar ist $(\alpha\beta)^p = \alpha^p\beta^p$ sowie $1^p = 1$. Wegen (5.7) gilt aber auch $(\alpha+\beta)^p = \alpha^p + \beta^p$. Zur letzten Behauptung vgl. noch einmal F4.15. □

Bemerkung. Im Falle eines *endlichen Körpers* K der Charakteristik p ist die injektive Abbildung (7.9) auch surjektiv. Man erhält dann also einen *Automorphismus* σ_p von K. Für jede p–Potenz $q = p^n$ ist dann $\sigma_q : \alpha \to \alpha^q$ ebenfalls ein Automorphismus von K, denn es ist $\sigma_q = \sigma_p^n$ die n–te Potenz von σ_p in $\mathrm{Aut}(K)$.

Definition 7.6. Eine algebraische Erweiterung E/K heißt *rein inseparabel*, wenn jedes $\alpha \in E$, das nicht in K liegt, inseparabel über K ist.

F7.15. *Sei E/K rein inseparabel mit $E \neq K$, mithin also* $\mathrm{char}\,(K) = p > 0$. *Zu beliebigem $\alpha \in E$ gibt es dann eine ganze Zahl $m \geq 0$ mit $\alpha^{p^m} \in K$; ist m die kleinste solche Zahl, so ist*

$$X^{p^m} - \alpha^{p^m} \tag{7.10}$$

das Minimalpolynom von α über K.

Beweis. Nach F7.13 gibt es ein $m \geq 0$, sodass α^{p^m} separabel über K ist. Aus der Voraussetzung folgt dann $\alpha^{p^m} \in K$. Für ein minimales solches m sei nun $f(X)$ das in (7.10) genannte Polynom. Es ist $f(X) \in K[X]$, und in $E(X)$ hat man $f(X) = (X-\alpha)^{p^m}$. Ist daher g ein irreduzibler Teiler von f in $K[X]$, so hat die Primfaktorzerlegung von f in $K[X]$ notwendig die Gestalt

$$f(X) = g(X)^j \ \text{ mit } \ 1 \leq j \leq p^m.$$

Nun ist $p^m = \mathrm{grad}\, f = j \cdot \mathrm{grad}\, g$, also folgt $\mathrm{grad}\, g = p^n$ mit $n \leq m$. Dann ist aber

$$g(X) = (X - \alpha)^{p^n} = X^{p^n} - \alpha^{p^n},$$

also $\alpha^{p^n} \in K$ wegen $g(X) \in K[X]$. Aus $n \le m$ folgt nun $m = n$ nach Wahl von m. Also ist $f(X) = g(X)$, d.h. f ist irreduzibel. □

F7.16. *Sei E/K eine algebraische Erweiterung und C ein algebraischer Abschluss von E. Dann sind äquivalent:*

(i) *E/K ist rein inseparabel.*
(ii) $[E : K]_s = 1$.
(iii) *Jeder K–Homomorphismus $\sigma : E \to C$ lässt E elementeweise fest.*
(iv) *Kein $\alpha \in E$ ist zu einem $\beta \neq \alpha$ aus C konjugiert über K.*

Beweis. (i) ⇒ (ii): Sei $\sigma \in G(E/K, C/K)$, $\alpha \in E$. Nach F7.15 ist $\gamma := \alpha^{p^m} \in K$ für ein $m \in \mathbb{N}$. Anwendung von σ liefert

$$\sigma(\alpha)^{p^m} = \sigma(\alpha^{p^m}) = \sigma(\gamma) = \gamma = \alpha^{p^m},$$

wegen F7.14 also $\sigma(\alpha) = \alpha$. Somit besteht $G(E/K, C/K)$ nur aus einem einzigen Element, nämlich der Inklusionsabbildung $E \to C$.

(ii) ⇒ (iii) und (iii) ⇒ (iv) sind klar aufgrund der Definitionen.

(iv) ⇒ (i): Sei $\alpha \in E$ und $f = \mathrm{Mipo}_K(\alpha)$. Alle Nullstellen von f in C sind zu α konjugiert über K. Aufgrund der Voraussetzung kann daher α über K nur dann separabel sein, wenn $\mathrm{grad}\, f = 1$ gilt, d.h. nur für $\alpha \in K$. □

Bemerkung. Sei F ein Zwischenkörper der algebraischen Erweiterung E/K. Nach F7.3 gilt $[E : K]_s = [E : F]_s \cdot [F : K]_s$. Damit folgt aus F7.16: E/K ist genau dann rein inseparabel, wenn E/F und F/K rein inseparabel sind.

F 7.17. *Sei E/K eine algebraische Erweiterung, und sei E_s der separable Abschluss von K in E. Dann gilt:*

a) E/E_s ist rein inseparabel.
b) Ist E_s/K endlich, so auch $[E : K]_s$ und es gilt $[E : K]_s = E_s : K$. Im Falle $E : K < \infty$ ist also insbesondere $[E : K]_s$ ein Teiler von $E : K$.
c) Ist E/E_s endlich, so ist $E : E_s$ eine Potenz von $p = \mathrm{char}\,(K)$.

Beweis. (a) Sei $\alpha \in E$ separabel über E_s. Dann ist $E_s(\alpha)/E_s$ separabel und wegen F7.7 daher auch $E_s(\alpha)/K$. Es folgt $E_s(\alpha) \subseteq E_s$, d.h. $\alpha \in E_s$.

(b) Nach F7.3 gilt $[E : K]_s = [E : E_s]_s \cdot [E_s : K]_s$. Wegen (a) und F7.16 ist der erste Faktor gleich 1. Der zweite Faktor stimmt mit $E_s : K$ überein, da E_s/K separabel ist und als endlich vorausgesetzt wurde. Umgekehrt folgt aus $[E:K]_s < \infty$ auch $E_s : K < \infty$. Man denke einmal darüber nach. Ein Beweis lässt sich etwa mit dem späteren Satz 8.3 führen (Übungsaufgabe; vgl. auch Aufg. 8.22).

(c) Es ist zu zeigen, dass der Grad einer endlichen, rein inseparablen Erweiterung E/K eine Potenz von p ist. Sei $\alpha \in E, \alpha \notin K$. Da auch $E/K(\alpha)$ rein inseparabel ist (vgl. die vorausgehende Bemerkung), kann man per Induktion annehmen, dass $E : K(\alpha)$ eine Potenz von p ist. Nach F7.15 ist auch $K(\alpha) : K$ eine Potenz von p und damit auch $E : K = [E : K(\alpha)] \cdot [K(\alpha) : K]$. □

Bemerkung. Es liege die Notation von F7.17 vor. Dann heißt

$$[E:K]_i := E : E_s \tag{7.11}$$

der *Inseparabilitätsgrad* von E/K. (Vgl. dazu auch Aufg. 7.10.)

Definition 7.7. Ein Körper K heißt *vollkommen,* wenn jede algebraische Körpererweiterung E/K separabel ist.

Nach F7.11 ist jeder Körper der Charakteristik 0 vollkommen.

Sei $\operatorname{char}(K) = p > 0$. Dann bezeichne

$$K^p := \{\alpha^p \mid \alpha \in K\} \tag{7.12}$$

die Menge aller p–ten Potenzen von Elementen aus K. Aufgrund von F7.14 ist K^p ein *Teilkörper* von K.

F7.18. *Ist K vollkommen und K'/K eine algebraische Körpererweiterung, so ist auch K' vollkommen.*

Beweis. Sei E/K' eine beliebige algebraische Erweiterung. Mit E/K' und K'/K ist auch E/K algebraisch. Da K vollkommen, ist E/K separabel. Dann ist auch E/K' separabel. □

F7.19. *Ein Körper K mit* $\operatorname{char}(K) = p > 0$ *ist genau dann vollkommen, wenn $K^p = K$ gilt. Insbesondere ist jeder endliche Körper vollkommen.*

Beweis. a) Sei K vollkommen. Für gegebenes $\alpha \in K$ sei E Zerfällungskörper des Polynoms $f(X) = X^p - \alpha$ über K. In E besitzt f eine Nullstelle, d.h. es gibt ein $\beta \in E$ mit $\beta^p = \alpha$. Da die Abbildung $x \mapsto x^p$ von E in sich als Homomorphismus von Körpern injektiv ist, besitzt f in E nur die eine Nullstelle β. Es folgt $f(X) = (X-\beta)^p$. Sei $g = \operatorname{Mipo}_K(\beta)$. Nach Voraussetzung ist g separabel. Als Teiler von f kann dann g nur die Gestalt $g(X) = X - \beta$ besitzen. Also ist $\beta \in K$.

b) Sei nun umgekehrt $K = K^p$ vorausgesetzt. Wir nehmen an, es gebe ein irreduzibles Polynom $f \in K[X]$, welches nicht separabel sei. Nach F7.12 hat dieses die Gestalt $f(X) = g(X^p)$ mit $g \in K[X]$. Wegen $K = K^p$ gilt $g(X) = \sum b_i^p X^i$ mit $b_i \in K$. Es folgt $f(X) = g(X^p) = \sum b_i^p X^{pi} = (\sum b_i X^i)^p$, also ist f nicht irreduzibel in $K[X]$, im Widerspruch zu unserer Annahme.

c) Ist K endlich, so gilt $K^p = K$ nach der Bemerkung zu F7.14. □

Bemerkung. Der rationale Funktionenkörper $K = \mathbb{F}_p(t)$ einer Variablen t über dem Körper $\mathbb{F}_p$ mit p Elementen ist ein Beispiel für einen nicht vollkommenen Körper; in der Tat ist das Polynom $f(X) = X^p - t \in K[X]$ irreduzibel (nach Eisenstein, vgl. F5.9), aber nicht separabel (nach F7.12). Zu f gehört die rein inseparable Erweiterung $K(t^{1/p})/K$ vom Grade p.

Zusammenfassung

Wir wollen noch einmal kurz das Wichtigste zusammenfassen:

- Ein Polynom heißt separabel, wenn es lauter verschiedene Nullstellen hat.
- Ein Element einer algebraischen Körpererweiterung E/K heißt separabel über K, wenn sein Minimalpolynom über K separabel ist.
- Eine algebraische Erweiterung E/K heißt separabel, wenn jedes Element von E separabel über K ist.
- Ist α separabel über K, so ist $K(\alpha)/K$ separabel.
- Separabilität von Erweiterungen ist transitiv.
- Für jede algebraische Erweiterung bildet die Menge aller separablen Elemente einen Zwischenkörper E_s von E/K, den separablen Abschluss von K in E. Die Erweiterung E_s/K ist separabel, E/E_s rein inseparabel.
- Körper der Charakteristik 0 und endliche Körper sind vollkommen: jede algebraische Erweiterung solcher Körper ist separabel.

Übungen

1) Gib alle K-Konjugierten von $\sqrt{2} + \sqrt{3}$ an, wo $K = \mathbb{Q}$, $K = \mathbb{Q}(\sqrt{2})$, $K = \mathbb{Q}(\sqrt{3})$, und $K = \mathbb{Q}(\sqrt{6})$ ist.

2) Sei $K = \mathbb{F}_2(t)$ und $f = X^2 + X + t \in K[X]$. Man zeige mit Vieta, dass die (nach Kronecker existierenden) Wurzeln verschieden sind, f also separabel ist. (Was passiert, wenn man die Nullstellen von f mit der quadratischen Formel berechnen will?)

3) Sei E/K eine algebraische Erweiterung. Sind E_1/K und E_2/K rein inseparable Zwischenkörper, dann auch deren Durchschnitt $E_1 \cap E_2/K$ und Kompositum E_1E_2/K. Insbesondere gibt es für jede algebraische Erweiterung E/K einen größten Zwischenkörper E_i, sodass E_i/K rein inseparabel ist; man nennt E_i den rein inseparablen Abschluss von K in E.

4) Sei $K = \mathbb{F}_2(t)$, E der Zerfällungskörper von $g = X^4 + X^2 + t$, und α eine Nullstelle von g.
   a) Faktorisiere g über $K(\alpha)$ und zeige $E = K(\alpha)$.
   b) Finde den separablen Abschluss E_s von K in E.
   c) Welches ist die kleinste Potenz α^m von α, für welche α^m separabel ist?
   d) Finde den rein inseparablen Abschluss E_i von K in E; ist $E_sE_i = E$?

5) Sei K ein Körper der Charakteristik p und E/K eine endliche Erweiterung. Man zeige: ist $p \nmid E : K$, dann ist E/K separabel.

Aufgaben und Bemerkungen

7.1 Sei $f \in K[X]$ irreduzibel, und L/K sei eine *normale* Körpererweiterung. Zeige: Sind g, h normierte Primteiler von f in $L[X]$, so existiert ein σ aus $G(L/K)$ mit $\sigma g = h$. Folgere, dass in der Primfaktorzerlegung von f in $L[X]$ alle Primteiler den gleichen Exponenten besitzen.

7.2 Sei E/K eine beliebige (nicht notwendig algebraische) Körpererweiterung mit $\mathrm{Char}(K) = p > 0$, und sei $\alpha \in E$. Man zeige:
   a) Gilt $\alpha^p \in K$, aber $\alpha \notin K$, so ist $K(\alpha)/K$ rein inseparabel vom Grade p. (Hinweis: F7.16, F7.15.)
   b) Genau dann gilt $K(\alpha^p) = K(\alpha)$, wenn α algebraisch und separabel über K ist. (Hinweis: Beachte F7.12.)

7.3 Sei $f \in K[X_1, \ldots, X_n]$ ein Polynom in n Variablen über dem Körper K, und sei M eine Teilmenge von K^n, auf der f verschwindet. Aus welchen der folgenden Bedingungen folgt $f = 0$?
   a) M ist unendlich;
   b) $M = K^n$;
   c) M enthält eine Menge der Form $A_1 \times \ldots \times A_n$, wobei jedes A_i eine unendliche Teilmenge von K ist.

   Antwort: Im Allgemeinen nur aus c). Man beachte aber: Ist z.B. $K = \mathbb{R}, n = 2$ und verschwindet f auf der Menge $M = \{(m, k + \frac{1}{m}) \mid m, k \in \mathbb{N}\}$, so ist $f = 0$, aber M erfüllt nicht c).

7.4 Sei F/K eine Körpererweiterung und werde K als unendlich vorausgesetzt. Seien $f_1, \ldots, f_k$ Polynome aus $F[X_1, \ldots, X_n]$ und setze jeweils $V_i = \{x \in K^n \mid f_i(x) = 0\}$. Man zeige: Aus $K^n = V_1 \cup \ldots \cup V_k$ folgt, dass wenigstens ein V_i mit K^n übereinstimmt (bzw. $f_i = 0$ ist).

7.5 Für die Körpererweiterung E/K gelte $E = K(\alpha_1, \ldots, \alpha_n)$ mit über K algebraischen Elementen α_i. Seien $\alpha_2, \ldots, \alpha_n$ *separabel* über K. Zeige: Hat K unendlich viele Elemente, so existiert in E ein Element α der Gestalt

$$\alpha = x_1\alpha_1 + \ldots + x_n\alpha_n \quad \text{mit } x_i \in K, \tag{7.13}$$

für das $E = K(\alpha)$ gilt. Dies ist der *Satz vom primitiven Element,*der auf *Abel* zurückgeht.

Hinweis: Mittels Aufg. 7.4 zeige man: Es gibt ein $(x_1, \ldots, x_n) \in K^n$ mit $x_1 \neq 0$ und

$$\sum_{j=1}^{n} x_j \sigma_i(\alpha_j) \neq \sum_{j=1}^{n} x_j \alpha_j \quad \text{für alle } 2 \leq i \leq r. \tag{7.14}$$

Hierbei seien $\sigma_1 = 1, \sigma_2, \ldots, \sigma_r$ die $r := [E : K]_s = E_s : K$ verschiedenen K–Homomorphismen von E in eine normale Hülle F von E/K. Ist nun (7.14) erfüllt und dazu α wie in (7.13), so folgt $E_s = K(\alpha)_s \subseteq K(\alpha)$, also liegen $\alpha_2, \ldots, \alpha_n$ in $K(\alpha)$. Wegen $x_1 \neq 0$ gilt dann auch $\alpha_1 \in K(\alpha)$.
Eine etwas schwächere Version des Satzes vom primitiven Element wird sich auch aus dem Zusammenhang von Kap. 8 ergeben.

7.6 Sei $E = K(\alpha_1, \ldots, \alpha_n)$ wie in Aufg. 7.5, doch jetzt seien $\alpha_2, \ldots, \alpha_n$ nur separabel *über* $K(\alpha_1)$. Zeige: Es gibt ein $\alpha \in E$ mit $E = K(\alpha)$. (Hinweis: Sei F der separable Abschluss von K in E. Es folgt $E = F(\alpha_1)$. Nun liefert Aufg. 7.5 die Behauptung. – Den Fall endlicher Körper deckt Satz 9.3 ab.)

7.7 Die Körpererweiterung E/K vom Grade 2^n habe die Gestalt $E = K(\sqrt{a_1}, \ldots, \sqrt{a_n})$ mit $a_i \in K$. Man beweise: Ist $\operatorname{char}(K) \neq 2$, so ist $\alpha := \sqrt{a_1} + \ldots + \sqrt{a_n}$ ein primitives Element von E/K. (Hinweis: Andernfalls gäbe es ein $\sigma \in G(E/K(\alpha))$ mit $\sigma \neq id$.)

7.8 Man gebe eine *endliche* Körpererweiterung E/K an, die unendlich viele Zwischenkörper besitzt. (Hinweis: Betrachte den rationalen Funktionenkörper $E = \mathbb{F}_p(X, Y)$ in zwei Variablen, den Teilkörper $K = \mathbb{F}_p(X^p, Y^p)$ sowie die Zwischenkörper $K(X + tY)$ mit $t \in K$.)

7.9 Sei E/K eine Körpererweiterung. Man zeige: Ist E/K endlich und E vollkommen, so ist auch K vollkommen (vgl. mit F7.18).
Hinweis: Warum ist $E^p : K^p = E : K$?

7.10 Sei E/K eine endliche Körpererweiterung. Dann gilt $[E : K] = [E : K]_s \, [E : K]_i$, vgl. F7.17 bzw. Bem. zu F7.17. Man folgere: Für jeden Zwischenkörper F von E/K ist

$$[E : K]_i = [E : F]_i \, [F : K]_i.$$

7.11 Sei L/K algebraisch und $h \in L[X]$ normiert. Man zeige: Genau dann sind sämtliche Koeffizienten von h separabel über K, wenn für jede Nullstelle α von h deren Vielfachheit $\operatorname{ord}_\alpha(h)$ durch $[K(\alpha) : K]_i$ teilbar ist.
Hinweis: Sei α eine Nullstelle von h und f der normierte Primteiler von h mit $f(\alpha) = 0$. Dann gilt

$$f(X) = g(X^{p^m}) = \prod_{j=1}^{r} (X^{p^m} - \alpha_j^{p^m}) = \prod_{j=1}^{r} (X - \alpha_j)^{p^m}$$

mit $p^m = [L(\alpha) : L]_i$ und paarweise verschiedenen $\alpha_1, \ldots, \alpha_r$.

7.12 Sei K ein Körper der Charakteristik p mit algebraischem Abschluss C. Für jedes $n \in \mathbb{N}$ sei E_n die Menge aller $x \in C$ mit $x^{p^n} \in K$. Man erhält so eine Kette $K \subseteq E_1 \subseteq E_2 \subseteq \ldots$ von Zwischenkörpern von C/K. Zeige: die Vereinigung $E = \bigcup E_n$ ist ein vollkommener Körper. Zeige ferner, dass man die Endlichkeitsbedingung in Aufgabe 7.9 nicht durch „Ist E/K algebraisch“ ersetzen darf.

8. Galoissche Körpererweiterungen

Im Zusammenhang mit der Frage nach der Auflösbarkeit von Gleichungen höheren Grades durch Radikale hat Galois um 1830 Polynomen über einem Körper eine Gruppe zugeordnet: die Galoisgruppe. Veröffentlicht wurden seine Arbeiten erst 1847, und dann dauerte es noch fast ein halbes Jahrhundert bis zur Einsicht, dass die Galoistheorie klarer wird, wenn man Körpererweiterungen statt Polynomen eine Galoisgruppe zuordnet. Dies wollen wir in diesem Kapitel tun; auf die Frage, die Galois zu beantworten suchte, werden wir dagegen erst in Kapitel 15 zu sprechen kommen.

8.1 Definition galoisscher Körpererweiterungen

Sei E ein Körper. Ist G eine Gruppe von Automorphismen des Körpers E, so nennt man die Menge

$$E^G := \{\alpha \in E \mid \sigma\alpha = \alpha \;\text{ für alle }\; \sigma \in G\}$$

den *Fixkörper von* G. (Es ist klar, dass E^G wirklich ein Teilkörper von E ist.)

F8.1. *Seien E ein Körper und G eine Gruppe von Automorphismen von E; es bezeichne $K = E^G$ den Fixkörper von G. Sei $\alpha \in E$. Ist dann die Menge*

$$G\alpha := \{\sigma\alpha \mid \sigma \in G\}$$

endlich, *so ist α algebraisch über K. Besteht $G\alpha$ aus genau den n verschiedenen Elementen $\alpha_1, \alpha_2, \ldots, \alpha_n$ (wobei etwa $\alpha_1 = \alpha$), so ist das separable und normierte Polynom*

$$f(X) = \prod_{i=1}^{n}(X - \alpha_i) \tag{8.1}$$

das Minimalpolynom von α über K.

Beweis. Jedes $\tau \in G$ vermittelt den Ringisomorphismus $\tau : E[X] \to E[X]$, bei dem $g(X) = \sum b_i X^i$ in $g^\tau(X) = \sum \tau(b_i) X^i$ überführt wird. Für das Polynom f in (8.1) gilt dann

$$f^\tau(X) = \prod_{i=1}^{n} (X - \tau(\alpha_i)). \tag{8.2}$$

Nun bewirkt τ aber eine *Permutation* von $\alpha_1, \alpha_2, \ldots, \alpha_n$, denn für jedes $\sigma \in G$ ist $\tau(\sigma\alpha) = (\tau\sigma)\alpha \in G\alpha$, und außerdem ist τ injektiv. Nach (8.2) ist also $f^\tau(X) = f(X)$ für jedes $\tau \in G$. Definitionsgemäß liegen dann alle Koeffizienten von f bereits im Fixkörper K von G. Aber α ist Nullstelle von $f(X) \in K[X]$ und daher algebraisch über K.

Sei $g = \mathrm{Mipo}_K(\alpha)$. Dann ist g jedenfalls ein Teiler von f in $K[X]$. Aus $g(\alpha) = 0$ folgt $g(\sigma\alpha) = 0$ für jedes $\sigma \in G$, d.h. $g(\alpha_i) = 0$ für jedes $i = 1, 2, \ldots, n$. Also hat g mindestens den Grad n. Insgesamt folgt $f = g$ (denn beide Polynome sind normiert). □

Definition 8.1. Eine algebraische Körpererweiterung E/K heißt *galoissch*, wenn gilt

$$K = E^{G(E/K)}. \tag{8.3}$$

Die Gruppe $G(E/K)$ heißt dann die *Galoisgruppe von E/K*.

Bemerkungen. (a) Für beliebiges E/K ist offenbar stets $K \subseteq E^{G(E/K)}$.

(b) *Sei G eine Gruppe von Automorphismen eines Körpers E und $K = E^G$ ihr Fixkörper. Ist dann E/K algebraisch, so ist E/K galoissch.*

Denn definitionsgemäß ist $G \subseteq G(E/K)$ und folglich $E^{G(E/K)} \subseteq E^G = K$. Wegen (a) gilt daher (8.3).

Satz 8.1. *Für eine algebraische Körpererweiterung E/K sind äquivalent:*

(i) *E/K ist galoissch.*
(ii) *E/K ist normal und separabel.*

Beweis. (ii) $\Rightarrow$ (i): Sei α ein beliebiges Element von E, welches nicht zu K gehört. Es ist dann zu zeigen, dass es ein $\tau \in G(E/K)$ mit $\tau\alpha \neq \alpha$ gibt. Sei C algebraischer Abschluss von E. Nach Voraussetzung ist α separabel über K, also $[K(\alpha) : K]_s = K(\alpha) : K \neq 1$. Daher gibt es (vgl. Kap. 7) ein $\sigma \in G(C/K)$ mit $\sigma\alpha \neq \alpha$. Weil E/K normal ist, vermittelt σ ein $\tau \in G(E/K)$, vgl. Satz 6.4. Wie gewünscht, ist dann $\tau\alpha = \sigma\alpha \neq \alpha$.

(i) $\Rightarrow$ (ii): Sei $\alpha \in E$ beliebig und $f = \text{Mipo}_K(\alpha)$. Zu zeigen ist dann, dass f separabel ist und über E vollständig in Linearfaktoren zerfällt. Dies folgt aber mit $G = G(E/K)$ sofort aus F8.1. Die nötige Voraussetzung der Endlichkeit von $\{\sigma\alpha \mid \sigma \in G\}$ ist erfüllt, da alle $\sigma\alpha$ Nullstellen von f sind. □

Über Körpern der Charakteristik 0 (und allgemeiner über vollkommenen Körpern) bedeutet daher galoissch dasselbe wie normal.

F8.2. *Sei $f \in K[X]$ ein separables Polynom, und sei E Zerfällungskörper von f über K. Dann ist E/K eine endliche galoissche Erweiterung. (Statt f als separabel vorauszusetzen, genügt es anzunehmen, dass die Primteiler von f in $K[X]$ separabel sind.)*

Beweis. E/K ist normal nach F6.5. Seien $\alpha_1, \ldots, \alpha_n$ die Nullstellen von f in E. Dann ist $E = K(\alpha_1, \ldots, \alpha_n)$. Jedes α_i ist separabel über K (vgl. Def. 7.2). Also ist E/K endlich und separabel (F7.4). □

Ist E/K endlich und galoissch, so kann man jedem Zwischenkörper F die Untergruppe $G(E/F)$ von $G(E/K)$ zuordnen; der Hauptsatz der Galoistheorie besagt, dass man damit eine inklusionsumkehrende Bijektion zwischen der Menge der Zwischenkörper von E/K und der Menge der Untergruppen von $G(E/K)$ erhält. Ein erster Schritt in diese Richtung ist der folgende

Satz 8.2. *Sei E/K eine galoissche Körpererweiterung. Dann ist für jeden Zwischenkörper F von E/K auch die Erweiterung E/F galoissch:*

$$F = E^{G(E/F)}.$$

Die Abbildung

$$F \mapsto G(E/F)$$

der Menge der Zwischenkörper von E/K in die Menge der Untergruppen von $G(E/K)$ ist daher injektiv.

Beweis. Mit E/K ist offenbar auch E/F algebraisch, separabel und normal. Also ist E/F nach Satz 8.1 galoissch. □

Ist in der Situation von Satz 8.2 auch F/K galoissch? Dies ist im Allgemeinen nicht der Fall. Zwar ist F/K trivialerweise separabel, doch braucht F/K nicht normal zu sein, denn für ein $\sigma \in G(E/K)$ ist nicht notwendig $\sigma F \subseteq F$. Beispielsweise ist $\mathbb{Q}(\sqrt{-3}, \sqrt[3]{2}\,)$ als Zerfällungskörper von $X^3 - 2$ normal über $\mathbb{Q}$, dessen Teilkörper $\mathbb{Q}(\sqrt[3]{2}\,)$ dagegen nicht.

F 8.3. *Sei F ein Zwischenkörper der galoisschen Erweiterung E/K, $\sigma \in G(E/K)$. Dann gilt*

$$G(E/\sigma F) = \sigma G(E/F)\sigma^{-1}. \tag{8.4}$$

Die folgenden Aussagen sind äquivalent:

(i) *F/K ist galoissch.*
(ii) *$\sigma F = F$ für alle $\sigma \in G(E/K)$.*
(iii) *$\sigma G(E/F)\sigma^{-1} = G(E/F)$ für alle $\sigma \in G(E/K)$.*

Beweis. Für beliebiges $\tau \in G(E/K)$ gilt:

$$\begin{aligned} \tau \in G(E/\sigma F) &\iff \tau(\sigma\alpha) = \sigma\alpha && \text{für alle } \alpha \in F \\ &\iff (\sigma^{-1}\tau\sigma)\alpha = \alpha && \text{für alle } \alpha \in F \\ &\iff \sigma^{-1}\tau\sigma \in G(E/F) \\ &\iff \tau \in \sigma G(E/F)\sigma^{-1}. \end{aligned}$$

Also gilt (8.4).

(ii) $\iff$ (iii): Im Hinblick auf Satz 8.2 und (8.4) gilt:

$$\sigma F = F \iff G(E/F) = G(E/\sigma F) = \sigma G(E/F)\sigma^{-1}.$$

(i) $\Rightarrow$ (ii): Sei C algebraischer Abschluss von E (und damit auch von F und K). Weil E/K normal ist, haben wir per Einschränkung einen Gruppenhomomorphismus

$$r : G(C/K) \to G(E/K). \tag{8.5}$$

Dieser ist *surjektiv* (vgl. Satz 6.3 und F6.3). Ist F/K normal, so haben wir einen entsprechenden Homomorphismus $r' : G(C/K) \to G(F/K)$. Wir erhalten dann ein kommutatives Diagramm

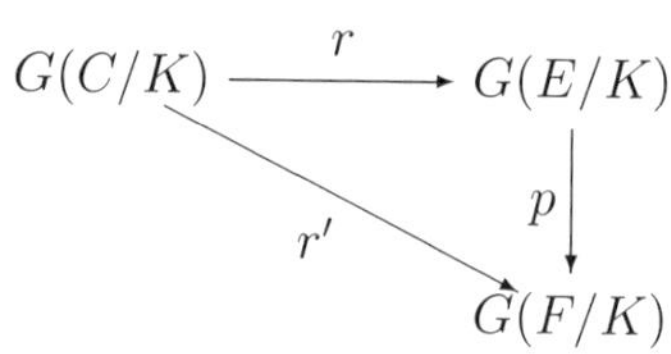

mit einem wohlbestimmten Homomorphismus p. Es folgt dann insbesondere (ii).

(ii) $\Rightarrow$ (i): Aus der Voraussetzung folgt mit Blick auf (8.5), dass $\tau F = F$ für alle $\tau \in G(C/K)$. Also ist F/K normal. Da F/K als Teil von E/K sowieso separabel ist, ist F/K galoissch. □

Definition 8.2. Sei G eine Gruppe. Eine Untergruppe H von G heißt ein *Normalteiler von* G, wenn

$$\sigma H \sigma^{-1} = H \text{ für alle } \sigma \in G.$$

Der Begriff *Normalteiler einer Gruppe* hat sich aus dem Zusammenhang unserer körpertheoretischen Betrachtungen ganz natürlich ergeben; es handelt sich aber um einen grundlegenden Begriff der Gruppentheorie, vgl. die Bemerkungen im Anschluss an den *Homomorphiesatz* (F3.3).

F8.4. *Mit den Voraussetzungen von F8.3 gilt:*

a) Genau dann ist F/K galoissch, wenn $G(E/F)$ ein Normalteiler von $G(E/K)$ ist.
b) Ist F/K galoissch, so vermittelt die natürliche Abbildung

$$p : G(E/K) \to G(F/K)$$

einen Gruppenisomorphismus

$$G(E/K)/G(E/F) \to G(F/K). \tag{8.6}$$

Beweis. (a) ist klar nach F8.3 und Def. 8.2.

(b): Wir wissen, dass p surjektiv ist. Definitionsgemäß ist Kern $p = \{\sigma \in G(E/K) \mid \sigma x = x \text{ für alle } x \in F\} = G(E/F)$. Damit folgt die Behauptung aus dem *Homomorphiesatz* für Gruppen (Anmerkungen zu F3.3). □

F8.5. *Sei E' normale Hülle der algebraischen Erweiterung E/K (vgl. F6.6). Ist E/K separabel, so ist auch E'/K separabel (und damit galoissch).*

Beweis. Sei $E = K(B)$. Im algebraischen Abschluss C von E sei A die Menge aller Nullstellen der Minimalpolynome zu den $\alpha \in B$. Dann ist $E' = K(A)$. Ist E/K separabel, so ist jedes Element von A separabel über K. Nach F7.6 ist dann auch E'/K separabel. □

8.2 Der Hauptsatz für endliche galoissche Erweiterungen

Wir wollen in unserem Zusammenhang nun insbesondere Auswirkungen von Endlichkeitsvoraussetzungen studieren.

F8.6. *Ist die galoissche Erweiterung E/K endlich, so ist auch die Galoisgruppe von E/K endlich, und es gilt*

$$|G(E/K)| = E : K.$$

Beweis. Sei C algebraischer Abschluss von E. Da E/K separabel ist, gilt $[E:K] = [E:K]_s = |G(E/K, C/K)|$. Weil E/K normal ist, können wir $G(E/K, C/K)$ mit $G(E/K, E/K) = G(E/K)$ identifizieren (Satz 6.4). Damit ist schon alles bewiesen. □

Satz 8.3 (Satz vom primitiven Element). *Ist die endliche Körpererweiterung E/K separabel, so ist E/K eine einfache Erweiterung, d.h. es gibt ein $\alpha \in E$ mit $E = K(\alpha)$.*

Beweis. Im Hinblick auf Satz 3.5 genügt es zu zeigen, dass E/K nur endlich viele Zwischenkörper besitzt. Sei E' normale Hülle von E/K. Hat E'/K nur endlich viele Zwischenkörper, so auch E/K. Nach F8.5 ist E'/K galoissch; außerdem ist E'/K endlich (vgl. F6.6). Wir können also o.E. E/K gleich als galoissch voraussetzen. Nach F8.6 ist aber $G(E/K)$ eine endliche Gruppe und besitzt daher nur endlich viele Untergruppen. Nach Satz 8.2 hat dann E/K auch nur endlich viele Zwischenkörper. □

Satz 8.4. *Sei E ein Körper und G eine* endliche *Gruppe von Automorphismen von E; sei $K = E^G$ ihr Fixkörper. Dann ist die Erweiterung E/K endlich und galoissch; ferner gilt*

$$G = G(E/K),$$

d.h. G stimmt mit der Galoisgruppe von E/K überein.

Beweis. Aufgrund von F8.1 ist E/K algebraisch, separabel und normal. Also ist E/K galoissch. Sei $d := |G|$ die Ordnung der Gruppe G. Nach F8.1 hat man nun zunächst nur

$$K(\alpha) : K \leq d \ \text{ für jedes } \ \alpha \in E. \tag{8.7}$$

Es gibt dann jedenfalls ein $\alpha \in E$ mit maximalem Grad $K(\alpha) : K$. Sei $\beta \in E$ beliebig. Wegen Satz 8.3 existiert ein $\gamma \in E$ mit $K(\alpha, \beta) = K(\gamma)$. Nach Wahl von α ist aber $K(\gamma) : K \leq K(\alpha) : K$. Also ist $E = K(\alpha)$. Daher ist E/K insbesondere endlich, und wegen (8.7) gilt genauer

$$E : K \leq d = |G|. \tag{8.8}$$

Trivialerweise ist $G \subseteq G(E/K)$. Nach F8.6 ist aber $|G(E/K)| = E : K$, sodass wegen (8.8) notwendig $G = G(E/K)$ gelten muss.[1] □

Satz 8.5 (Hauptsatz der Galoistheorie für *endliche* galoissche Körpererweiterungen). *Sei E/K eine endliche galoissche Körpererweiterung. Dann ist die Abbildung*

$$F \mapsto G(E/F) \tag{8.9}$$

eine Bijektion zwischen der Menge der Zwischenkörper F von E/K und der Menge der Untergruppen H von $G := G(E/K)$. Dabei ist E/F stets galoissch, und es gilt

$$E : F = |G(E/F)|. \tag{8.10}$$

Ferner hat man die Äquivalenz

$$F_1 \subseteq F_2 \iff G(E/F_2) \subseteq G(E/F_1). \tag{8.11}$$

Die Umkehrabbildung von (8.9) *ist*

$$H \mapsto E^H = \textit{ Fixkörper von } H. \tag{8.12}$$

F/K ist genau dann galoissch, wenn $G(E/F)$ ein Normalteiler von G ist. Ist F/K galoissch, so erhält man per Restriktion eine natürliche Isomorphie

$$G(F/K) \simeq G(E/K)/G(E/F). \tag{8.13}$$

Beweis. Für jeden Zwischenkörper F von E/K gilt nach Satz 8.2

$$E^{G(E/F)} = F. \tag{8.14}$$

Da E/K als endlich vorausgesetzt wurde, ist nach F8.6 auch $G = G(E/K)$ endlich und folglich auch jede Untergruppe H von G. Nach Satz 8.4 gilt daher für jede Untergruppe H von G die Gleichheit

$$G(E/E^H) = H. \tag{8.15}$$

Wegen (8.14) und (8.15) sind dann in der Tat (8.9) und (8.12) Umkehrabbildungen voneinander. Die übrigen Behauptungen von Satz 8.5 sind jetzt klar (vgl. nochmals Satz 8.2, F8.6 sowie F8.4). □

[1] Für eine andere Begründung von (8.8) vgl. Aufg. 12.6.

8.3 Die Galoisgruppe eines separablen Polynoms

Wie man aus Satz 8.3 sofort erkennt, gilt: *Ist E/K eine endliche galoissche Erweiterung, so ist E Zerfällungskörper eines separablen (und irreduziblen) Polynoms $f \in K[X]$ über K.* Nach F8.2 gilt umgekehrt: *Ist $f \in K[X]$ ein separables Polynom und E Zerfällungskörper von f über K, so ist E/K eine endliche galoissche Erweiterung.* Angemessen und zweckmäßig ist dann die folgende Definition (die der ursprünglichen Definition der „Galoisgruppe" durch Galois nähersteht, vgl. Oeuvres Mathématiques d'Evariste Galois, Paris 1897):

Definition 8.3. Es sei $f \in K[X]$. Wir setzen voraus, dass f *separabel* ist (oder nur, dass alle Primteiler von f *separabel* sind). Sei E Zerfällungskörper von f über K. Die Galoisgruppe der endlichen galoisschen Erweiterung E/K heißt auch die *Galoisgruppe von f über K.* Man nennt sie auch die *Galoisgruppe der Gleichung $f(X) = 0$ über K.*

Beispiel. Die Galoisgruppe von $X^3 - 2 = 0$ über $\mathbb{Q}$ ist isomorph zur symmetrischen Gruppe S_3.

Beweis. $X^3 - 2$ hat drei verschiedene Nullstellen $\alpha_1, \alpha_2, \alpha_3$ in $\mathbb{C}$. Sei G die Galoisgruppe von $X^3 - 2$ über $\mathbb{Q}$. Jedes $\sigma \in G$ permutiert $\alpha_1, \alpha_2, \alpha_3$. Man erhält so einen Homomorphismus $G \to S_3$. Dieser ist injektiv, da σ durch seine Wirkung auf $\alpha_1, \alpha_2, \alpha_3$ schon eindeutig bestimmt ist. Somit ist G zu einer Untergruppe von S_3 isomorph. Für den Zerfällungskörper $E := \mathbb{Q}(\alpha_1, \alpha_2, \alpha_3) = \mathbb{Q}(\sqrt[3]{2}, \zeta_3)$ von $X^3 - 2$ über $\mathbb{Q}$ hat man aber $E : \mathbb{Q} = 6$ (vgl. F5.9 und F2.11). Also gilt $G \simeq S_3$. □

Bemerkung. Sei $f \in K[X]$ wie in Def. 8.3. Dann erkennt man wie eben im Beispiel, dass allgemein gilt: *Hat f den Grad n, so ist die Galoisgruppe von f über K isomorph zu einer Untergruppe der symmetrischen Gruppe S_n.* Dabei kann es sich aber um eine echte Untergruppe von S_n handeln; zum Beispiel hat die Gruppe der Gleichung $X^4 - 2 = 0$ über $\mathbb{Q}$ die Ordnung 8, während S_4 die Ordnung 24 besitzt. Zum Beweis ist zu zeigen, dass der Zerfällungskörper $E = \mathbb{Q}(\sqrt[4]{2}, i)$ von $X^4 - 2$ über $\mathbb{Q}$ (vgl. Bsp. (a) zu F6.4) den Grad $E : \mathbb{Q} = 8$ besitzt. Für $F = \mathbb{Q}(\sqrt[4]{2})$ hat man zunächst $F : \mathbb{Q} = 4$, denn $X^4 - 2$ ist *irreduzibel* nach *Eisenstein* (vgl. F5.9). Es ist $E : F = F(i) : F \leq 2$; wegen $F \subseteq \mathbb{R}$ ist aber $i \notin F$, also gilt $E : F = 2$. Aus der Gradformel folgt dann $E : \mathbb{Q} = 8$.

F8.7. *Sei G die Galoisgruppe eines separablen Polynoms $f \in K[X]$ über K, und sei N die Menge der Nullstellen von f im Zerfällungskörper E von f über K. Dann sind äquivalent:*

(i) *f ist* irreduzibel.
(ii) *G operiert* transitiv *auf N, d.h. zu beliebigen $\alpha, \beta \in N$ existiert ein $\sigma \in G$ mit $\sigma\alpha = \beta$.*

Beweis. (i) $\Rightarrow$ (ii): Seien $\alpha, \beta \in E$ Nullstellen des irreduziblen Polynoms f. Dann ist β zu α über K konjugiert (vgl. F7.1); bezeichnet C also einen algebraischen Abschluss von E, so gibt es ein $\tau \in G(C/K)$ mit $\tau\alpha = \beta$. Da E/K normal ist, vermittelt τ ein $\sigma \in G(E/K) = G$ mit $\sigma\alpha = \beta$.

(ii) $\Rightarrow$ (i): Sei $\alpha \in N$ fest und $g = \mathrm{Mipo}_K(\alpha)$. Dann ist jedenfalls g ein Teiler von f. Zu $\beta \in N$ gibt es nach Voraussetzung ein $\sigma \in G$ mit $\sigma\alpha = \beta$. Mit $g(\alpha) = 0$ ist dann aber auch $g(\beta) = g(\sigma\alpha) = 0$. Jede Nullstelle von f ist somit auch Nullstelle von g. Wegen der Separabilität von f ist dann f ein Teiler von g. □

Definition 8.4. Sei $f \in K[X]$ normiert vom Grade $n \geq 1$, und E sei Zerfällungskörper von f über K. In $E[X]$ ist dann

$$f(X) = \prod_{i=1}^{n}(X - \alpha_i),$$

wobei $\alpha_1, \ldots, \alpha_n$ nicht notwendig paarweise verschieden sind. Wir betrachten dann das Element

$$\triangle = \triangle(\alpha_1, \ldots, \alpha_n) := \prod_{i<j}(\alpha_j - \alpha_i) \tag{8.16}$$

von E. Sein Quadrat

$$D := \triangle^2 = \prod_{i<j}(\alpha_j - \alpha_i)^2 = (-1)^{n(n-1)/2}\prod_{j\neq i}(\alpha_j - \alpha_i) \tag{8.17}$$

ist offenbar unabhängig von der Reihenfolge der $\alpha_1, \ldots, \alpha_n$. Man nennt $D = D(f)$ die *Diskriminante des Polynoms* $f \in K[X]$. Genau dann ist $D(f) \neq 0$, wenn f separabel ist. Für jedes $\sigma \in G(E/K)$ gilt nach dem oben Gesagten $\sigma D = D$. Aus der Galoistheorie folgt dann

$$D(f) \in K, \tag{8.18}$$

denn im inseparablen Fall ist $D(f) = 0$, also (8.18) trivialerweise erfüllt.

Nach (8.17) ist $\sqrt{D} = \triangle \in E$, also $K(\sqrt{D}) \subseteq E$. Wann ist nun jedoch $K(\sqrt{D}) : K = 2$, d.h. $\sqrt{D} \notin K$? Dies ist eine interessante Frage; wir wollen dazu hier nur das folgende spezielle Resultat behandeln, dessen Beweis uns eine schöne Gelegenheit gibt, galoistheoretische Schlussweisen einzuüben.

F 8.8. *Die Galoisgruppe G des irreduziblen und separablen Polynoms $f \in K[X]$ über K sei zyklisch und von gerader Ordnung n. Im Falle* $\mathrm{char}(K) \neq 2$ *ist dann die Diskriminante D von f kein Quadrat in K, also $\sqrt{D} \notin K$.*

Beweis. Die Voraussetzung, G sei zyklisch, soll besagen, dass sich alle Elemente von G als Potenzen σ^j eines festen Elementes σ aus G darstellen lassen. Sei α eine Nullstelle von f im Zerfällungskörper E von f über K. Da nun G insbesondere *abelsch* ist, ist jede Untergruppe von G auch ein Normalteiler von G. Daher ist $K(\alpha)/K$ *normal* (vgl. nochmals F8.4). Wegen der Irreduzibilität von f liegen daher alle Nullstellen von f schon in $K(\alpha)$, d.h. es gilt $E = K(\alpha)$. Also hat f genau n verschiedene Nullstellen $\alpha_1, \ldots, \alpha_n$ in E, und wir können o.E. annehmen, dass diese wie folgt numeriert sind: $\alpha_1 = \alpha, \alpha_2 = \sigma\alpha, \alpha_3 = \sigma^2\alpha, \ldots, \alpha_n = \sigma^{n-1}\alpha$. Damit ist $\triangle = \prod_{i<j}(\alpha_j - \alpha_i) = \prod_{1 \le i<j \le n}(\sigma^{j-1}\alpha - \sigma^{i-1}\alpha) = \prod_{0 \le i<j \le n-1}(\sigma^j\alpha - \sigma^i\alpha)$. Hieraus folgt

$$\frac{\sigma\triangle}{\triangle} = \frac{\prod_{i=2}^n(\alpha - \alpha_i)}{\prod_{j=2}^n(\alpha_j - \alpha)} = (-1)^{n-1} = -1,$$

denn n ist nach Voraussetzung *gerade.* Damit ist das Element $\triangle = \sqrt{D}$ von E nicht invariant unter G, gehört also nicht zu K. – Begrifflich klarer wäre es vielleicht gewesen, gleich auf die Beziehung $\sigma\triangle = sgn(\sigma)\triangle$ hinzuweisen mit $sgn(\sigma)$ als dem *Vorzeichen* der σ entsprechenden Permutation aus S_n (vgl. auch Aufgabe 15.9). □

Bemerkung. Mit obigen Bezeichnungen gilt unter den Voraussetzungen von F8.8: *Der Körper $K(\sqrt{D})$ ist der eindeutig bestimmte Zwischenkörper F von E/K mit $F : K = 2$.* Dies mache man sich als Folge des Hauptsatzes der Galoistheorie, einer späteren Feststellung über zyklische Gruppen (nämlich F9.6), sowie natürlich F8.8, einmal ganz klar.

8.4* Beispiele von 2-Erweiterungen

Beispiele von Galoiserweiterungen mit Galoisgruppe $\mathbb{Z}/2$, $\mathbb{Z}/4$, oder auch der Diedergruppe D_8 der Ordnung 8 lassen sich relativ leicht ad hoc konstruieren. In diesem Abschnitt wollen wir eine Methode bereitstellen, mit der man sich auch interessantere Beispiele verschaffen kann. Dazu gehen wir von einem Grundkörper k der Charakteristik $\neq 2$ aus, z.B. $k = \mathbb{Q}$. Weiter sei K/k eine Galoiserweiterung mit Galoisgruppe G. Unter diesen Bedingungen wollen wir uns fragen, für welche $\mu \in K^\times$ die quadratische Erweiterung $L = K(\sqrt{\mu})$ galoissch über k ist, und wie man ggf. deren Galoisgruppe berechnet.

Faktorensysteme zu Galoiserweiterungen

Im Folgenden werden wir statt $\sigma(\mu)$ in der Regel μ^σ schreiben, ebenso wie z.B. $\mu^{1+\sigma} = \mu \cdot \sigma(\mu)$. Hierbei ist allerdings die Multiplikation in G so zu notieren, dass $\mu^{\tau\sigma} = (\mu^\tau)^\sigma$ gilt.

F8.9. *Die Erweiterung L/k ist genau dann normal (also galoissch), wenn es zu jedem $\sigma \in G$ ein $\alpha_\sigma \in K$ gibt mit $\mu^{\sigma-1} = \alpha_\sigma^2$.*

Beweis. Die Behauptung ist klar, wenn μ ein Quadrat in K ist. Andernfalls ist offenbar L/k genau dann normal, wenn für jedes $\sigma \in G$ das Element $\sqrt{\mu^\sigma}$ wieder in L liegt. Ein Ansatz der Form $\sqrt{\mu^\sigma} = a + b\sqrt{\mu}$ zeigt sofort, dass $a = 0$ sein muss. Also können wir $\sqrt{\mu^\sigma} = \alpha_\sigma\sqrt{\mu}$ für ein bis auf Vorzeichen bestimmtes $\alpha_\sigma \in K$ schreiben. Quadrieren liefert dann die Behauptung, und da die Umkehrung auch klar ist, sind wir fertig. □

Beispiel. Sei $K = \mathbb{Q}(\sqrt{2}, \sqrt{3})$. Weiter seien σ, τ und $\sigma\tau$ die nichttrivialen Automorphismen von $K/\mathbb{Q}(\sqrt{2})$, $K/\mathbb{Q}(\sqrt{3})$ und $K/\mathbb{Q}(\sqrt{6})$. Für jedes der Elemente $\mu_1 = 2 + \sqrt{2}$, $\mu_2 = 2 + \sqrt{3}$ und $\mu_3 = 3 + \sqrt{6}$ wählen wir $\alpha_1 = 1$, sowie

j	μ_j	α_σ	α_τ	$\alpha_{\sigma\tau}$
1	$2+\sqrt{2}$	1	$\sqrt{2}-1$	$\sqrt{2}-1$
2	$2+\sqrt{3}$	$2-\sqrt{3}$	1	$2-\sqrt{3}$
3	$3+\sqrt{6}$	$\sqrt{3}-\sqrt{2}$	$\sqrt{3}-\sqrt{2}$	1

Die Elemente α_σ aus F8.9 sind nicht ganz unabhängig voneinander; hat man nämlich α_σ, α_τ und $\alpha_{\sigma\tau}$ mit

$$\mu^\sigma = \alpha_\sigma^2 \mu, \qquad \mu^\tau = \alpha_\tau^2 \mu, \qquad \mu^{\sigma\tau} = \alpha_\sigma^{2\tau} \mu$$

gewählt, so folgt

$$\mu^{\sigma\tau} = (\mu^\sigma)^\tau = (\alpha_\sigma^2 \mu)^\tau = (\alpha_\sigma^\tau)^2 \alpha_\tau^2 \mu.$$

Ein Vergleich liefert dann sofort $\alpha_{\sigma\tau}^2 = (\alpha_\sigma^\tau)^2 \alpha_\tau^2$. Also ist $\alpha_{\sigma\tau} = \pm \alpha_\sigma^\tau \alpha_\tau$, und wir haben gezeigt: für alle $\sigma, \tau \in G$ ist

$$\beta(\sigma, \tau) := \alpha_\sigma^\tau \alpha_\tau \alpha_{\sigma\tau}^{-1} \in \{-1, +1\}. \tag{8.19}$$

Beispiel. (Fortsetzung) Oben haben wir die α_σ zu drei Erweiterungen $L = K(\sqrt{\mu_i}\,)$ ausgerechnet. Für diese Wahl der α_σ definiert (8.19) Funktionen β_i auf $G \times G$ mit Werten in $\{-1, +1\}$, welche wir nun berechnen wollen. Für μ_1 ist z.B. $\beta_1(\sigma, \sigma) = \alpha_\sigma^\sigma \alpha_\sigma \alpha_1^{-1} = 1$, sowie $\beta_1(\tau, \tau) = \alpha_\tau^\tau \alpha_\tau \alpha_1^{-1} = (1 - \sqrt{2}\,)(1 + \sqrt{2}\,) = -1$. Entsprechend finden wir in den drei Fällen folgende Wertetabellen für β_j:

β_1	σ	τ	$\sigma\tau$
σ	$+1$	$+1$	$+1$
τ	$+1$	-1	-1
$\sigma\tau$	$+1$	-1	-1

β_2	σ	τ	$\sigma\tau$
σ	$+1$	$+1$	$+1$
τ	$+1$	$+1$	$+1$
$\sigma\tau$	$+1$	$+1$	$+1$

β_3	σ	τ	$\sigma\tau$
σ	-1	$+1$	-1
τ	-1	$+1$	-1
$\sigma\tau$	$+1$	$+1$	$+1$

Die Werte von β haben eine weitere Eigenschaft, die sich daraus ergibt, dass man $\alpha_{\sigma\tau\rho}$ auf zwei Arten ausrechnen kann: einerseits ist nämlich für alle $\rho, \sigma, \tau \in G$

$$\alpha_{\sigma\tau\rho} = \alpha_{(\sigma\tau)\rho} = \beta(\sigma\tau, \rho)\alpha_{\sigma\tau}^\rho \alpha_\rho = \beta(\sigma\tau, \rho)\beta(\sigma, \tau)^\rho \alpha_\sigma^{\tau\rho} \alpha_\tau^\rho \alpha_\rho,$$

andererseits aber auch

$$\alpha_{\sigma\tau\rho} = \alpha_{\sigma(\tau\rho)} = \beta(\sigma, \tau\rho)\alpha_\sigma^{\tau\rho} \alpha_{\tau\rho} = \beta(\sigma, \tau\rho)\beta(\tau, \rho)\alpha_\sigma^{\tau\rho} \alpha_\tau^\rho \alpha_\rho.$$

Ein Vergleich zeigt dann

$$\beta(\sigma, \tau)^\rho \beta(\sigma\tau, \rho) = \beta(\sigma, \tau\rho)\beta(\tau, \rho). \tag{8.20}$$

Für jede feste Wahl der α_σ haben wir also eine Abbildung

$$\beta : G \times G \longrightarrow W_2 = \{-1, +1\}$$

von $G \times G$ in die Gruppe W_2 der zweiten Einheitswurzeln definiert, welche (8.20) genügt. Solche β nennt man 2-Kozykel; diese 2-Kozykel bilden in natürlicher Weise (Multiplikation der Werte) eine Gruppe, die man mit $Z^2(G, W_2)$ bezeichnet.

Jetzt wollen wir uns genauer anschauen, wie sehr β von der Wahl der ja nur bis auf Vorzeichen bestimmten α_σ abhängt. Ist $h : G \longrightarrow W_2$ eine beliebige Abbildung, und haben wir β durch die Wahl aller α_σ festgelegt, dann definiert $\alpha'_\sigma = h(\sigma)\alpha_\sigma$ eine andere Wahl, die dann zu einer neuen Funktion β' führt, nämlich zu

$$\beta'(\sigma, \tau) = \beta(\sigma, \tau)\gamma(\sigma, \tau) \quad \text{mit} \quad \gamma(\sigma, \tau) = h(\sigma)^\tau h(\tau) h(\sigma\tau)^{-1}.$$

Jetzt rechnet man leicht nach, dass Abbildungen γ dieser Gestalt (man nennt sie 2-Koränder) der Kozykelrelation (8.20) genügen, also eine Untergruppe $B^2(G, W_2)$ von $Z^2(G, W_2)$ bilden. Die Faktorgruppe

$$H^2(G, W_2) = Z^2(G, W_2)/B^2(G, W_2)$$

heißt die *zweite Kohomologiegruppe* von G mit Werten in W_2; deren Elemente sind Äquivalenzklassen $[\beta] = \beta \cdot B^2(G, W_2)$ von 2-Kozykeln. Das neutrale Element 1 dieser Gruppe wird repräsentiert durch den trivialen 2-Kozykel, der $\beta(\sigma, \tau) = 1$ für alle $\sigma, \tau \in G$ genügt. Als Zwischenergebnis unserer Diskussion halten wir fest:

F8.10. *Sei K/k eine Galoiserweiterung mit Galoisgruppe G wie oben. Jede über k normale quadratische Erweiterung $K(\sqrt{\mu})$ definiert dann ein wohlbestimmtes Element $[\beta]$ der Gruppe $H^2(G, W_2)$. Weiter gilt:*

a) Ist $K(\sqrt{\nu})$ eine weitere Galoiserweiterung von k, zu welcher $[\gamma] \in H^2(G, W_2)$ gehöre, so gehört zur Erweiterung $K(\sqrt{\mu\nu})$ das Produkt $[\beta\gamma]$.
b) Ist $\mu = a\alpha^2$ mit $a \in k^\times$ und $\alpha \in K^\times$, so ist $[\beta] = 1$.

Beweis. Es sind nur noch a) und b) zu zeigen. Die Behauptung a) folgt dabei durch eine einfache Rechnung. Ist $\mu = a\alpha^2$, so können wir $\alpha_\sigma = \alpha^{1-\sigma}$ wählen, und finden $\beta(\sigma, \tau) = \alpha^{(1-\sigma)\tau}\alpha^{1-\tau}\alpha^{\sigma\tau - 1} = 1$ für alle $\sigma, \tau \in G$. □

Wir bemerken noch, dass wir immer $\alpha_1 = +1$ wählen können; in diesem Fall wird dann $\beta(1, \sigma) = \beta(\sigma, 1) = 1$. Einen 2-Kozykel mit dieser Eigenschaft nennt man normiert. Offenbar ist jeder 2-Kozykel zu einem normierten äquivalent, da man etwaige Vorzeichen $\beta(1, \sigma)$ immer mit einem geeigneten $h : G \longrightarrow W_2$ wegtransformieren kann.

Beispiel. (Fortsetzung) Beachte, dass wir noch nicht nachgeprüft haben, ob die Elemente μ_j Quadrate in K sind. Die negativen Einträge für $\beta_1(\tau,\tau)$ und $\beta_3(\sigma,\sigma)$ zeigen jedenfalls, dass μ_1 und μ_3 keine Quadrate sind. Ebenso sieht man, dass $\mu_1\mu_3$ kein Quadrat in K sein kann. Dagegen ist $\mu_2 = 2+\sqrt{3} = \left(\frac{\sqrt{2}+\sqrt{6}}{2}\right)^2$.

Konstruktion der Galoisgruppe.

Jetzt wollen wir uns der Frage zuwenden, wie wir aus den bisher berechneten Invarianten die Galoisgruppe $\Gamma = G(L/k)$ bestimmen können. Zu jedem Automorphismus $\sigma \in G$ werden wir nun zwei Fortsetzungen $(1,\sigma), (-1,\sigma) \in \Gamma$ konstruieren, also Automorphismen von L/k, deren Einschränkung auf K gleich σ ist. Dazu müssen wir, da $a^{(s,\sigma)} = a^\sigma$ für $a \in K$ und $s = \pm 1$ ist, nur noch festlegen, was $\sqrt{\mu}^{(s,\sigma)}$ sein soll. Quadrieren liefert $\mu^{(s,\sigma)} = \mu^\sigma = \alpha_\sigma^2\mu$; die beiden Fortsetzungen sind daher gegeben durch

$$\sqrt{\mu}^{(+1,\sigma)} = \alpha_\sigma\sqrt{\mu} \quad \text{und} \quad \sqrt{\mu}^{(-1,\sigma)} = -\alpha_\sigma\sqrt{\mu}.$$

Die Galoisgruppe Γ besteht also aus den Automorphismen (s,σ), die wir als Elemente der Menge $W_2 \times G$ auffassen können. Um die Gruppenstruktur zu bestimmen, rechnen wir

$$\begin{aligned} \sqrt{\mu}^{(s,\sigma)(t,\tau)} &= (s\alpha_\sigma\sqrt{\mu}\,)^{(t,\tau)} = (s\alpha_\sigma^\tau)\cdot t\alpha_\tau\sqrt{\mu} \\ &= st\alpha_\sigma^\tau\alpha_\tau\sqrt{\mu} = st\beta(\sigma,\tau)\alpha_{\sigma\tau}\sqrt{\mu}. \end{aligned}$$

Identifizieren wir also Γ mit $W_2 \times G$, so ist die Multiplikation gegeben durch

$$(s,\sigma)(t,\tau) = (st\beta(\sigma,\tau), \sigma\tau). \tag{8.21}$$

Die Abhängigkeit des Gruppengesetzes von β bringen wir dadurch zum Ausdruck, dass wir die Gruppe mit $W_2 \times_\beta G$ bezeichnen.

F8.11. *Ist $L = K(\sqrt{\mu}\,)$ galoissch über k, so ist*

$$\Gamma = G(L/k) \simeq W_2 \times_\beta G,$$

wo β wie in (8.19) definiert ist.

Bemerkung. Tatsächlich definiert jeder 2-Kozykel β eine Gruppenstruktur auf der Menge $W_2 \times G$, ob β nun von einer Erweiterung L/k kommt oder nicht: man rechnet nämlich leicht nach, dass $(1,1)$ das neutrale Element und $(s\beta(\sigma,\sigma^{-1}),\sigma^{-1})$ das Inverse von (s,σ) ist; schließlich ist Assoziativität eine Konsequenz der Kozykelrelation (8.20). Im Übrigen hängt die Isomorphieklasse von $W_2 \times_\beta G$ nur von der Äquivalenzklasse $[\beta]$ ab.

Beispiel (Fortsetzung). Wir wollen die Berechnung von $G(L/k)$ nun in jedem der oben besprochenen Beispiele $L = K(\sqrt{\mu_j}\,)$ vorführen. Dazu setzen wir $S = (1,\sigma)$ und $T = (1,\tau)$ und rechnen:

a) Im Falle $\mu_1 = 2 + \sqrt{2}$ wird $S^2 = (\beta_1(\sigma,\sigma),\sigma^2) = (1,1) = 1$, und entsprechend

$$T^2 = (-1,1), \quad T^4 = (1,1), \quad ST = (1,\sigma\tau) = TS.$$

Damit ist Γ direktes Produkt der Untergruppen $\langle T\rangle \simeq \mathbb{Z}/4$ und $\langle S\rangle \simeq \mathbb{Z}/2$, also $\Gamma \simeq \mathbb{Z}/4 \times \mathbb{Z}/2$. Den Tabellen der α_σ entnehmen wir weiter, dass $\sqrt{\mu_1}$ von S festgelassen wird, während

$$\sqrt{\mu_1}^{\,T} = \alpha_\tau\sqrt{\mu_1} = (\sqrt{2}-1)\sqrt{2+\sqrt{2}} = \sqrt{2-\sqrt{2}}$$

ist.[2] Das Untergruppendiagramm von $G(L/\mathbb{Q})$ und das entsprechende Hassediagramm der Teilkörper von L sind in Diagramm 8.1 zu sehen.

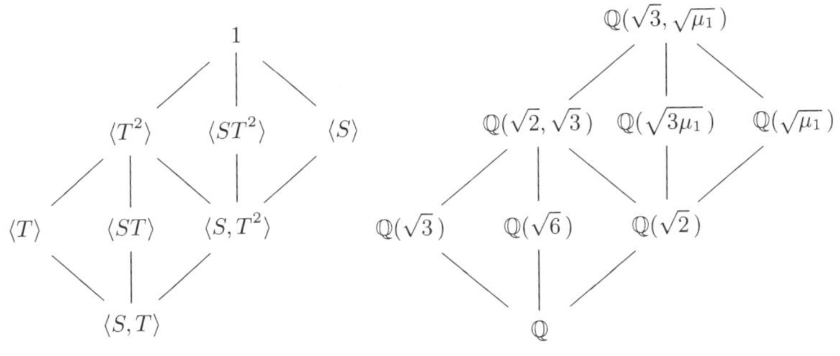

Fig. 8.1. Hassediagramm der Untergruppen von $\mathbb{Z}/4 \times \mathbb{Z}/2$ und der Teilkörper von $\mathbb{Q}(\sqrt{3},\sqrt{\mu_1}\,)$.

b) Im Falle $\mu_3 = 3 + \sqrt{6}$ finden wir dagegen

[2] Wir wollen an dieser Stelle an die Übereinkunft erinnern, dass Quadratwurzeln aus positiven reellen Zahlen immer positiv zu nehmen sind.

$$S^2 = (-1,1), \quad S^4 = T^2 = 1, \quad ST = (1, \sigma\tau), \quad TS = (-1, \sigma\tau) = S^3T.$$

Jedes Element von Γ hat also eine eindeutige Darstellung S^mT^n mit $0 \le m \le 3$, $0 \le n \le 1$, und es gelten die Relationen $S^4 = T^2 = 1$, $T^{-1}ST = S^{-1}$. Diese Gruppe nennt man die Diedergruppe[3] D_8 der Ordnung 8; sie ist übrigens isomorph zur Symmetriegruppe des Quadrats.

Weiter finden wir $\sqrt{\mu_3}^{\,S} = (\sqrt{3} - \sqrt{2}\,)\sqrt{\mu_3} = \sqrt{3 - \sqrt{6}}$, und es gilt

$$\sqrt{\mu_3} + \sqrt{\mu_3}^{\,S} = \sqrt{3 + \sqrt{6}} + \sqrt{3 - \sqrt{6}} = \sqrt{6 + 2\sqrt{3}} = \sqrt{2}\sqrt{3 + \sqrt{3}}.$$

Wegen $2(3 + \sqrt{3}\,) = (1 + \sqrt{3}\,)^2(3 - \sqrt{3}\,)$ gilt übrigens $\mathbb{Q}(\sqrt{6 + 2\sqrt{3}}\,) = \mathbb{Q}(\sqrt{3 - \sqrt{3}}\,)$.

Von den fünf Untergruppen der Ordnung 2 ist nur $\langle S^2 \rangle$ normal, und die Hassediagramme findet man in Diagramm 8.2.

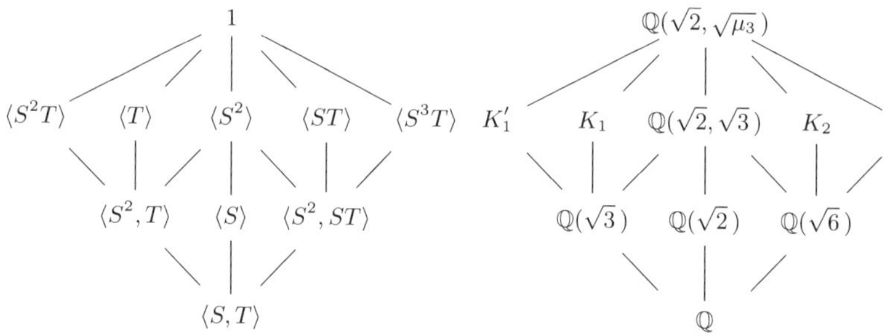

Fig. 8.2. Hassediagramm der Gruppe D_8 und der Teilkörper von $\mathbb{Q}(\sqrt{2}, \sqrt{\mu_3}\,)$. Dabei sind $K_1 = \mathbb{Q}(\sqrt{6 + 2\sqrt{3}}\,)$, $K_1' = \mathbb{Q}(\sqrt{6 - 2\sqrt{3}}\,)$, $K_2 = \mathbb{Q}(\sqrt{3 + \sqrt{6}}\,)$, und $K_2' = \mathbb{Q}(\sqrt{3 - \sqrt{6}}\,)$.

c) Schließlich betrachten wir $\mu = \mu_1\mu_3$. In diesem Fall ist der zugehörige 2-Kozykel gegeben durch $\beta = \beta_1\beta_3$, und wir finden

$$S^2 = T^2 = (-1,1), \quad S^4 = T^4 = 1, \quad ST = (1, \sigma\tau), \quad TS = S^3T.$$

Diese Gruppe nennt man die Quaternionengruppe Q_8 der Ordnung 8. Die Hassediagramme von Untergruppen und Teilkörpern finden sich in Diagramm 8.3.

[3] Die Diedergruppe der Ordnung 8 wird oft auch als D_4 bezeichnet; die 4 im Index deutet wie bei A_4 an, dass die Gruppe eine Untergruppe der S_4 ist.

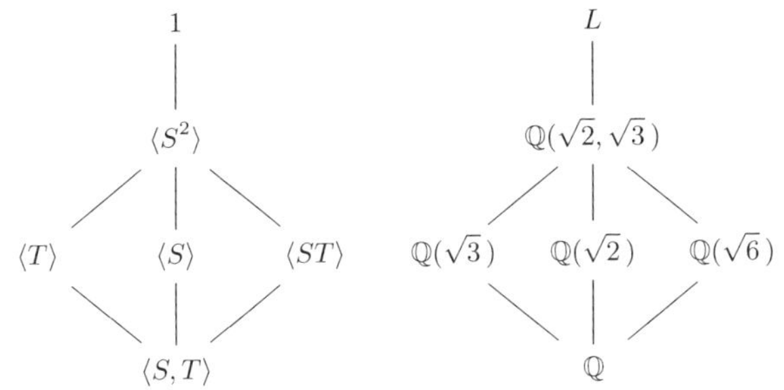

Fig. 8.3. Hassediagramm für die Untergruppen von Q_8 und die Teilkörper von $L = \mathbb{Q}(\sqrt{2}, \sqrt{3}, \sqrt{\mu_1\mu_3})$ Im übrigen folgt jetzt leicht, dass $L = \mathbb{Q}(\sqrt{\mu_1\mu_3})$ gilt.

Wie in den anderen Beispielen ist es auch hier leicht, die explizite Operation der Automorphismen anzugeben: so ist z.B.

$$\begin{aligned}\sqrt{(2+\sqrt{2}\,)(3+\sqrt{6}\,)}^{\,S} &= (\sqrt{3}-\sqrt{2}\,)\sqrt{(2+\sqrt{2}\,)(3+\sqrt{6}\,)} \\ &= \sqrt{(2+\sqrt{2}\,)(3-\sqrt{6}\,)}\,.\end{aligned}$$

Übungen

1) Zeige $\sqrt{\alpha}+\sqrt{\beta} = \sqrt{\alpha+\beta+2\sqrt{\alpha\beta}}$ für positive $\alpha, \beta \in \mathbb{R}$.
2) Sei $K = \mathbb{Q}(\sqrt{2}\,)$ und $L = \mathbb{Q}(\sqrt{\mu}\,)$ mit $\mu = 2+\sqrt{2}$. Zeige, dass $L/\mathbb{Q}$ galoissch mit zyklischer Galoisgruppe $\{1, S, S^2, S^3\}$ der Ordnung 4 ist, dass $\{1, \sqrt{\mu}, \sqrt{2}, \sqrt{\mu'}\}$ mit $\mu' = 2-\sqrt{2}$ eine $\mathbb{Q}$-Basis von L ist, und dass die Operation von $G(L/\mathbb{Q})$ auf dieser Basis gegeben ist durch

ν	$S(\nu)$	$S^2(\nu)$	$S^3(\nu)$
1	1	1	1
$\sqrt{2+\sqrt{2}}$	$\sqrt{2-\sqrt{2}}$	$-\sqrt{2+\sqrt{2}}$	$-\sqrt{2-\sqrt{2}}$
$\sqrt{2}$	$-\sqrt{2}$	$\sqrt{2}$	$-\sqrt{2}$
$\sqrt{2-\sqrt{2}}$	$-\sqrt{2+\sqrt{2}}$	$\sqrt{2-\sqrt{2}}$	$\sqrt{2+\sqrt{2}}$

3) Sei $K = \mathbb{Q}(\sqrt{m}\,)$ ein quadratischer Körper und $L = K(\sqrt{\mu}\,)$ für $\mu = a + b\sqrt{m} \neq 0$.
   a) Zeige, dass $L/\mathbb{Q}$ genau dann normal ist, wenn $N(\mu) := a^2 - mb^2$ ein Quadrat in K ist.
   b) Zeige, dass $L/\mathbb{Q}$ genau dann zyklisch ist, wenn $N(\mu)$ ein Quadrat in K, aber keines in $\mathbb{Q}$ ist; genauer: genau dann, wenn $a^2 - mb^2 = mc^2$ für ein $c \in \mathbb{Q}$ gilt.
   c) Zeige, dass sich der quadratische Körper $K = \mathbb{Q}(\sqrt{m}\,)$ genau dann in eine zyklische Erweiterung $L/\mathbb{Q}$ vom Grad 4 einbetten lässt, wenn m die Summe zweier Quadrate in $\mathbb{Q}$ ist.
4) Sei K/k eine Galoiserweiterung mit Gruppe $G = G(K/k)$, und $L = K(\sqrt{\mu}\,)$ eine quadratische Erweiterung. Zeige: Ist L/k galoissch, dann auch jede Erweiterung $L' = K(\sqrt{c\mu}\,)$ mit $c \in k^\times$, und falls $c\mu$ kein Quadrat in K ist, so gilt $G(L'/k) \simeq G(L/k)$.

5) Die Quaternionenalgebra $\mathbb{H}$ ist definiert als der $\mathbb{R}$-Vektorraum mit Basis $\{1, i, j, k\}$, wobei die Multiplikation durch die Relationen $i^2 = j^2 = k^2 = -1$ und $ij = k = -ji$ festgelegt ist. Man zeige, dass $\{\pm 1, \pm i, \pm j, \pm k\}$ eine zur Quaternionengruppe Q_8 isomorphe Gruppe ist.

6) Sei $G = \langle\sigma\rangle$ eine zyklische Gruppe der Ordnung n, K/k eine galoissche Erweiterung mit Galoisgruppe G, und $L = K(\sqrt{\mu})$ eine quadratische Erweiterung.
   a) Zeige, dass L/k genau dann normal ist, wenn $\mu^{\sigma-1} = \alpha_\sigma^2$ für ein $\alpha_\sigma \in K$ ist (man muss diese Bedingung also nur für die Erzeugende σ nachprüfen).
   b) Zeige, dass man in diesem Fall

$$\alpha_{\sigma^j} = \alpha_\sigma^{1+\sigma+\ldots+\sigma^{j-1}}$$

   wählen kann, und dass der entsprechende 2-Kozykel dann durch

$$\beta(\sigma^i, \sigma^j) = \begin{cases} 1 & \text{falls } i+j < n, \\ \alpha_\sigma^\nu & \text{falls } i+j \geq n. \end{cases}$$

   für $0 \leq i, j < n$ gegeben ist, wobei wir $\nu = 1 + \sigma + \ldots + \sigma^{n-1}$ gesetzt haben.
   c) Ist n ungerade, so kann man das Vorzeichen von α_σ so wählen, dass $\alpha_\sigma^\nu = 1$ wird; in diesem Fall ist $[\beta] = 1$, und $G(L/k) \simeq \mathbb{Z}/2 \times \mathbb{Z}/n \simeq \mathbb{Z}/2n$.
   d) Ist n dagegen gerade, so gilt

$$G(L/k) \simeq \begin{cases} \mathbb{Z}/n \times \mathbb{Z}/2 & \text{falls } \alpha_\sigma^\nu = +1, \\ \mathbb{Z}/2n & \text{falls } \alpha_\sigma^\nu = -1. \end{cases}$$

7) Sei K/k eine Galoiserweiterung mit Gruppe G; sei H eine Untergruppe von G und F der Fixkörper von H. Ist die quadratische Erweiterung $L = K(\sqrt{\mu})$ galoissch über k, dann ist L auch galoissch über F.
   a) Gehört der 2-Kozykel β zu L/k, so ist der zu L/F gehörige 2-Kozykel die Einschränkung von β auf $H \times H$.
   b) Die Einschränkung liefert einen Gruppenhomomorphismus

$$\mathrm{res}_{G,H} : H^2(G, W_2) \longrightarrow H^2(H, W_2).$$

   c) Ist $H = \langle\sigma\rangle$ eine zyklische Untergruppe der Ordnung n, so wird L/F genau dann zyklisch sein, wenn $\alpha_\sigma^\nu = -1$, also $\mathrm{res}_{G,H}\,[\beta] \neq 1$ ist.

8) Sei $K = \mathbb{Q}(\sqrt{2}, \sqrt{5})$. Zeige dass die durch $\mu = 2 + \sqrt{2}$, $5 + 2\sqrt{5}$, $10 + 3\sqrt{10}$ definierten Erweiterungen $L = K(\sqrt{\mu})$ die Galoisgruppe $G(L/\mathbb{Q}) \simeq \mathbb{Z}/2 \times \mathbb{Z}/4$ haben, die entsprechenden 2-Kozykel aber nicht äquivalent sind. Insbesondere enthält $H^2(G(K/\mathbb{Q}), W_2)$ drei verschiedene Elemente $[\beta]$ mit $W_2 \times_\beta G \simeq \mathbb{Z}/2 \times \mathbb{Z}/4$.

9) Sei $K = \mathbb{Q}(\sqrt{2}, \sqrt{7})$. Zeige dass die durch $\mu = 3 + \sqrt{2}$, $4 + \sqrt{2}$, $3 + \sqrt{7}$, $4 + \sqrt{14}$ definierten Erweiterungen $L = K(\sqrt{\mu})$ die Galoisgruppe $G(L/\mathbb{Q}) \simeq D_8$ besitzen. Welche der dazugehörigen 2-Kozykel sind äquivalent?

10) Zeige, dass $H^2(\mathbb{Z}/2 \times \mathbb{Z}/2, W_2)$ mindestens 8 Elemente besitzt (tatsächlich hat sie genau 8).

11) Zeige, dass die Erweiterung $\mathbb{Q}(\sqrt{2 + \sqrt{2 + \sqrt{2}}})$ galoissch über $\mathbb{Q}$ mit zyklischer Galoisgruppe der Ordnung 8 ist. Verallgemeinerung?

12) Sei $K = k(\sqrt{m}, \sqrt{n})$ eine Erweiterung mit Galoisgruppe $\mathbb{Z}/2 \times \mathbb{Z}/2$. Seien k_j $(j = 1, 2, 3)$ die drei quadratischen Zwischenkörper von K/k. Zeige, dass eine quadratische Erweiterung L/K genau dann normal über k ist, wenn sie normal über allen k_j ist.

13) Sei $K = \mathbb{Q}(\sqrt{m}, \sqrt{n})$ eine biquadratische Erweiterung von $\mathbb{Q}$. Seien weiter $M = K(\sqrt{\mu})$ und $N = K(\sqrt{\nu})$ Erweiterungen mit $G(M/\mathbb{Q}) \simeq \mathbb{Z}/2 \times \mathbb{Z}/4$ und $G(N/\mathbb{Q}) \simeq D_8$, wobei M über $\mathbb{Q}(\sqrt{m})$ und $\mathbb{Q}(\sqrt{n})$, und N über $\mathbb{Q}(\sqrt{mn})$ zyklisch ist. Zeige, dass dann $G(L/\mathbb{Q}) \simeq Q_8$ für $L = K(\sqrt{\mu\nu})$ gilt.

14) Zeige, dass $W_2 \times_\beta G$ für jeden 2-Kozykel β durch (8.21) zur Gruppe wird (vgl. die Bemerkung nach F8.11).

15) Sei $[\beta] \in H^2(G, W_2)$, und $\beta' \in [\beta]$. Dann ist $\beta'(\sigma,\tau) = \beta(\sigma,\tau)h(\sigma)^\tau h(\tau)h(\sigma\tau)$ für eine Abbildung $h : G \longrightarrow W_2$. Zeige, dass durch $\phi(s,\sigma) = (sh(\sigma), \sigma)$ ein Gruppenhomomorphismus von $\Gamma = W_2 \times_\beta G$ nach $\Gamma' = W_2 \times_{\beta'} G$ definiert wird, mit dem das Diagramm

$$\begin{array}{ccccccccc} 1 & \longrightarrow & W_2 & \longrightarrow & \Gamma & \xrightarrow{p} & G & \longrightarrow & 1 \\ & & \big\downarrow & & \big\downarrow{\scriptstyle\phi} & & \big\downarrow & & \\ 1 & \longrightarrow & W_2 & \longrightarrow & \Gamma' & \xrightarrow{p'} & G & \longrightarrow & 1 \end{array}$$

kommutativ wird, in welchem die Homomorphismen $W_2 \longrightarrow W_2$ und $G \longrightarrow G$ die identischen Abbildungen, und $p : \Gamma \longrightarrow G$ sowie $p' : \Gamma' \longrightarrow G$ die Projektionen auf den zweiten Faktor sind. Zeige auch, dass ϕ ein Isomorphismus ist.

16) Ist Γ eine endliche Gruppe und die Sequenz

$$1 \longrightarrow W_2 \longrightarrow \Gamma \xrightarrow{p} G \longrightarrow 1 \qquad (8.22)$$

exakt, so kann man wegen der Surjektivität von p zu jedem $\sigma \in G$ ein $a_\sigma \in \Gamma$ wählen mit $p(a_\sigma) = \sigma$; solche Abbildungen $a : G \longrightarrow \Gamma; \sigma \longmapsto a_\sigma$ nennt man Schnitte.

a) Sei $a : \Gamma \longrightarrow G$ ein Schnitt. Dann ist $a_\sigma a_\tau a_{\sigma\tau}^{-1} \in \text{Kern } p = W_2$.

b) Durch $\beta(\sigma,\tau) = a_\sigma a_\tau a_{\sigma\tau}^{-1}$ wird für jeden Schnitt a ein 2-Kozykel $\beta : G \longrightarrow W_2$ definiert. Eine andere Wahl des Schnittes liefert einen zu β äquivalenten 2-Kozykel.

c) Ist $[\beta]$ das zur Gruppenerweiterung (8.22) gehörige Element von $H^2(G, W_2)$, so ist $W_2 \times_\beta G \simeq \Gamma$.

17) Betrachte die Gruppenerweiterung

$$1 \longrightarrow W_2 \longrightarrow Q_8 \xrightarrow{p} G \longrightarrow 1, \qquad (8.23)$$

wo $G = \{1, \sigma, \tau, \sigma\tau\} \simeq \mathbb{Z}/2 \times \mathbb{Z}/2$ ist, und Q_8 die von S und T erzeugte Gruppe mit den Relationen $S^2 = T^2$, $S^4 = 1$, $TS = S^{-1}T$. Die Projektion $p : Q_8 \longrightarrow G$ sei durch $p(S) = \sigma$ und $p(T) = \tau$ definiert. Wähle den Schnitt $a_1 = 1$, $a_\sigma = S$, $a_\tau = T$ und $a_{\sigma\tau} = ST$. Man rechne dann nach, dass der zu diesem Schnitt gehörige (normierte) 2-Kozykel durch folgende Tabelle gegeben ist:

Q_8	σ	τ	$\sigma\tau$
σ	-1	$+1$	-1
τ	-1	-1	$+1$
$\sigma\tau$	$+1$	-1	-1

18) Betrachte den Grundkörper $k = F(X)$, wo F ein Körper der Charakteristik $\neq 2$ und X transzendent über F ist, und die Erweiterungen $K = k(\sqrt{X}, \sqrt{1-X})$ und $L = K(\sqrt{\mu})$ für $\mu = 1 - \sqrt{X}$. Zeige, dass L/k galoissch mit Galoisgruppe D_8 ist. Welche Galoisgruppen erhält man für $F = \mathbb{Q}$, wenn man zu $X = 2, -1, -3$ spezialisiert?

19) Bestimme die Galoisgruppe von $\mathbb{Q}(\sqrt[8]{2}, i)$ (das ist der Zerfällungskörper von $x^8 - 2$) über $\mathbb{Q}$.

Aufgaben und Bemerkungen

8.1 a) Mittels Galoistheorie löse man aufs neue Aufgabe 1.1.
(Hinweis: Betrachte $\sqrt{a}/\sqrt{b}$ in $K(\sqrt{a}, \sqrt{b})$.)
b) Sei $E = \mathbb{Q}(\sqrt[2]{2}, \sqrt[3]{3})$. Mittels Galoistheorie zeige man $E = \mathbb{Q}(\sqrt[2]{2} + \sqrt[3]{3})$.

8.2 Sei $E = \mathbb{Q}(\sqrt{2}, \sqrt{5})$. Zeige:
a) $E/\mathbb{Q}$ ist galoissch.
b) $G(E/\mathbb{Q}) \simeq \mathbb{Z}/2 \times \mathbb{Z}/2$. Man gebe alle Zwischenkörper von $E/\mathbb{Q}$ an.

8.3 Die Galoisgruppe des irreduziblen und separablen Polynoms $f \in K[X]$ sei *abelsch*. Sei E Zerfällungskörper von f über K und $\alpha_1, \ldots, \alpha_n$ die Nullstellen von f in E. Zeige: Für jedes i ist $E = K(\alpha_i)$ und daher $E : K = \text{grad } f$.

8.4 Sei E Teilkörper von $\mathbb{C}$. Zeige: Ist $E/\mathbb{Q}$ *galoissch,* so gilt für $E_0 = E \cap \mathbb{R}$ stets $E : E_0 \leq 2$. Ist mit $E/\mathbb{Q}$ auch $E_0/\mathbb{Q}$ stets galoissch? Zeige: Für galoissches E/K ist $E_0/\mathbb{Q}$ genau dann galoissch, wenn der Erzeuger ρ von $G(E/E_0)$ mit allen Elementen von $G(E/\mathbb{Q})$ vertauschbar ist.

8.5 Sei K Teilkörper von $\mathbb{R}$, und sei E/K galoissch vom Grade $4n$ mit *zyklischer* Galoisgruppe. Unter Benutzung von F9.6 zeige man: Kein Element $d < 0$ von K ist Quadrat in E. (Hinweis: Beachte Aufg. 8.4.)

8.6 Seien $a_1, a_2, \ldots, a_n$ paarweise teilerfremde quadratfreie ganze Zahlen vom Betrag $\neq 1$. Zeige: Die Erweiterung $\mathbb{Q}(\sqrt{a_1}, \ldots, \sqrt{a_n})/\mathbb{Q}$ ist galoissch mit einer zu $\{+1, -1\}^n \simeq (\mathbb{Z}/2)^n$ isomorphen Galoisgruppe (vgl. Aufg. 2.6). Für jedes $0 \leq k \leq n$ ist die Anzahl der Teilkörper vom Grade 2^k gleich der vom Grade 2^{n-k}; man bestimme diese Zahl.

8.7 Sei E/K eine *normale* Körpererweiterung, und es bezeichne E_s den separablen Abschluss von K in E. Zeige: Es gibt einen (kanonischen) Zwischenkörper F von E/K mit $F \cap E_s = K$ und $FE_s = E$; insbesondere ist F/K *rein inseparabel* und E/F ist separabel. Ist E/K endlich, so ist $F : K$ der Inseparabilitätsgrad von E/K. (Hinweis: Betrachte den Fixkörper der Automorphismengruppe $G(E/K)$ von E/K.)

8.8 Sei L/K eine algebraische Körpererweiterung mit der Eigenschaft, dass jedes irreduzible $f \in K[X]$ in L mindestens eine Nullstelle besitzt (vgl. Aufg. 6.4). Zeige: L ist algebraischer Abschluss von K. (Hinweis: Rechne in einem festen algebraischen Abschluss C von L, verwende den Satz vom primitiven Element und benutze Aufg. 8.7.)

8.9 Sei k ein Körper der Charakteristik $p > 0$ und $K = k(Y, Z)$ der rationale Funktionenkörper in zwei Variablen über k. Weiter sei α eine Nullstelle von $X^{2p} + YX^p + Z \in K[X]$ und $E = K(\alpha)$. Zeige:
a) E/K ist eine inseparable, aber keine rein inseparable Erweiterung vom Grad $2p$.
b) E/K hat keinen echten Zwischenkörper, der über K rein inseparabel ist (vgl. Aufg. 8.7).
Hinweis: Für b) kann man Aufg. 7.1 benutzen.

8.10 Sei E/K eine *endliche* Körpererweiterung, und G sei eine Gruppe von K-Automorphismen von E. Zeige: G ist endlich und die Ordnung von G ist ein Teiler von $E : K$. Genau dann gilt $|G| = E : K$, wenn E/K galoissch ist und $G(E/K) = G$.

8.11 Sei α eine komplexe Zahl mit $\alpha^6 + 3 = 0$. Zeige, dass $\mathbb{Q}(\alpha)/\mathbb{Q}$ galoissch ist, und bestimme die Galoisgruppe sowie alle Zwischenkörper von $\mathbb{Q}(\alpha)/\mathbb{Q}$.

8.12 Für $f_1 = X^4 - 2$ und $f_2 = X^4 - 2X^2 + 2$ sei jeweils E_i Zerfällungskörper von f_i über $\mathbb{Q}$. Zeige:
a) $E_1 = \mathbb{Q}(i, \sqrt[4]{2})$, $E_2 = \mathbb{Q}(\sqrt{-2}, \sqrt{1+i})$, $E_i : \mathbb{Q} = 8$.

b) E_1 ist nicht isomorph zu E_2, aber $E_1/\mathbb{Q}$ und $E_2/\mathbb{Q}$ haben isomorphe Galoisgruppen. Man bestimme alle Zwischenkörper von $E_1/\mathbb{Q}$ bzw. $E_2/\mathbb{Q}$.

8.13 Man bestimme die Galoisgruppe G des Zerfällungskörpers E von $X^3 + X + 1$ über $\mathbb{Q}$ und die Anzahl seiner Teilkörper sowie deren Grade über $\mathbb{Q}$. (Hinweis: Von den Nullstellen $\alpha_1, \alpha_2, \alpha_3$ ist genau eine reell. Es folgt $G \simeq S_3$. Es gibt genau drei Teilkörper vom Grade 3, nämlich $\mathbb{Q}(\alpha_1), \mathbb{Q}(\alpha_2), \mathbb{Q}(\alpha_3)$, und genau einen vom Grade 2. Letzterer ist übrigens der Körper $\mathbb{Q}(\sqrt{-31})$, vgl. Abschnitt 15.4.)

8.14 Es sei E Zerfällungskörper von $X^5 - 2$ über $\mathbb{Q}$. Zeige:
a) $E : \mathbb{Q} = 20$.
b) Es gibt genau einen Zwischenkörper F von $E/\mathbb{Q}$ mit $E : F = 5$, und $F/\mathbb{Q}$ ist normal.
c) $\sqrt[5]{2} + \zeta_5$ ist ein primitives Element von $E/\mathbb{Q}$.
d) Die Galoisgruppe G von $E/\mathbb{Q}$ besitzt Elemente σ, τ mit $\mathrm{ord}(\sigma) = 5$, $\mathrm{ord}(\tau) = 4$, $\tau\sigma\tau^{-1} = \sigma^2$.
Man gebe alle Zwischenkörper von $E/\mathbb{Q}$ an.

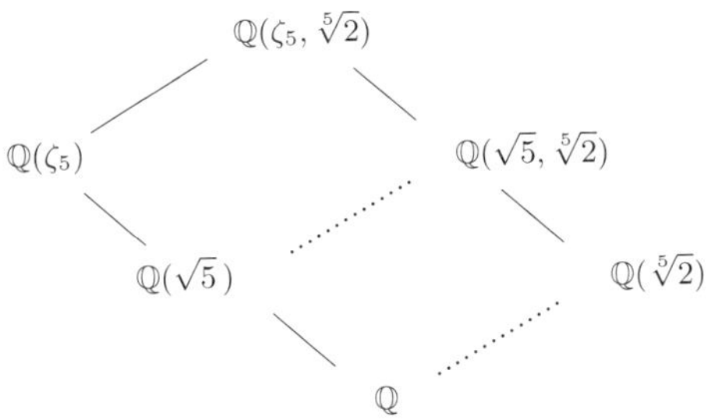

Das obige Hasse-Diagramm zeigt nicht alle Zwischenkörper: die durch $\cdots$ gekennzeichneten Erweiterungen sind nicht normal, und die entsprechenden konjugierten Körper nicht eingezeichnet.
(Bemerkung: Ohne gruppentheoretische Kenntnisse ist die Eindeutigkeitsaussage von b) oder wenigstens die Bestimmung der Zwischenkörper vielleicht etwas mühsam; zieht man aber Resultate aus Kap. 10, insbesondere Satz 10.1 heran, macht die Sache Spaß.)

8.15 Sei $E = k(X)$ der rationale Funktionenkörper in einer Variablen über dem Körper k. Jeder *Automorphismus* σ von $k(X)/k$ ist durch Angabe von $\sigma(X)$ gekennzeichnet. Warum folgt mit Aufg. 5.8 sofort, dass $\sigma(X)$ die Gestalt

$$\sigma X = \frac{aX + b}{cX + d} \quad \text{mit} \quad ad - bc \neq 0$$

hat? Die Gruppe $\mathrm{Aut}\,(k(X)/k)$ aller Automorphismen von $k(X)/k$ ist also kanonisch isomorph zur *projektiv-linearen Gruppe* $\mathrm{PGL}(2, k) = \mathrm{GL}(2, k)/k^\times$.

8.16 Sei $E = k(X)$ wie in Aufg. 15. Wir identifizieren $\mathrm{Aut}\,(k(X)/k) = \mathrm{PGL}(2, k)$. Zeige: Die *endlichen* Untergruppen G von $\mathrm{PGL}(2, k)$ entsprechen umkehrbar eindeutig den Zwischenkörpern K, für die E/K *galoissch* ist, und zwar vermöge $G \mapsto E^G$ und $K \mapsto G(E/K)$. Man beweise: Ist G eine *endliche* Gruppe von $\mathrm{PGL}(2, k)$, so gibt es eine rationale Funktion $f \in k(X)$, sodass G genau aus den $\sigma \in \mathrm{PGL}(2, k)$ besteht, die f invariant lassen:

$$G = \{\sigma \in \mathrm{PGL}(2, k) \mid \sigma f = f\}. \tag{8.24}$$

Hinweis: Satz von Lüroth, vgl. Aufg. 5.9. – Betrachte folgendes Beispiel: Die wie folgt festgelegten Elemente von $\mathrm{PGL}(2, k)$ bilden eine zu S_3 isomorphe Untergruppe $G : \sigma_1(X) =$

X, $\sigma_2(X) = X^{-1}$, $\sigma_3(X) = 1 - X$, $\sigma_4(X) = (1 - X)^{-1}$, $\sigma_5(X) = (X - 1)X^{-1}$, $\sigma_6(X) = X(X - 1)^{-1}$. Man bestimme ein f, das (1) erfüllt. (Hinweis: Einer der Koeffizienten des Minimalpolynoms von X über dem Fixkörper von G ist nicht konstant, vgl. Aufg. 5.9.)

8.17 Im rationalen Funktionenkörper $E = k(X)$ betrachte das Element

$$J(X) = \frac{(X^2 - X + 1)^3}{X^2(X - 1)^2}.$$

Beweise, dass die Erweiterung $k(X)/k(J)$ *galoissch* vom Grade 6 ist, und bestimme ihre Galoisgruppe und alle Zwischenkörper. – Bemerkung: Für jedes nicht–konstante $f \in k(X)$ ist die durch (8.24) definierte Gruppe G *endlich,* aber $k(X)/k(f)$ ist im Allgemeinen nicht normal.

8.18 Setze $G = \text{Aut}\,(k(X)/k)$ und zeige: a) Ist k ein *unendlicher* Körper, so ist k der Fixkörper von G. b) Im Falle eines *endlichen* Körpers k mit q Elementen gilt für den Fixkörper K von G aber $K \neq k$; es ist $k(X)/K$ galoissch von der Ordnung $q^3 - q$. Daher gibt es ein nicht–konstantes $f \in k(X)$ vom Nennergrad $q^3 - q$ mit $K = k(f)$. Mit Resultaten aus Abschnitt 9.1 lässt sich zeigen, dass folgendes f diese Eigenschaft besitzt:

$$f = (X^q - X)^{q^2+1}/(X^{q^2} - X)^{q+1}.$$

Hinweis: Beachte, dass G von den Transformationen $aX, X + b$ und $1/X$ mit $a \in k^\times, b \in k$ erzeugt wird.

8.19 Sei K ein Teilkörper von $\mathbb{R}$, und $f \in K[X]$ sei separabel und normiert. Zeige, dass dann die Diskriminante $D(f)$ das Vorzeichen $(-1)^{r_2}$ hat mit $2r_2$ als der Anzahl der nicht–reellen Nullstellen von f in $\mathbb{C}$.

8.20 Zeige: Der einzige Homomorphismus des Körpers $\mathbb{R}$ in sich ist die identische Abbildung.

8.21 Sei E/K eine endliche Galoiserweiterung mit Gruppe G, und V sei ein n–dimensionaler E–Vektorraum, auf dem G *semilinear* operiert, d.h. für alle $x, y \in V, \lambda \in E$ und $\sigma \in G$ gilt $\sigma(x+y) = \sigma(x) + \sigma(y), \sigma(\lambda x) = \sigma(\lambda)\sigma(x)$. Offenbar ist die Menge V^G der Fixelemente ein K–Vektorraum. Zeige: Es gibt eine K–Basis von V^G, die auch E–Basis von V ist. (Hinweis: Beweise zuerst, dass jedes über K linear unabhängige System $v_1, \ldots, v_m$ von Vektoren aus V^G auch über E linear unabhängig ist. Dann zeige, dass jede Linearform des E–Vektorraumes V, die auf V^G verschwindet, trivial ist.)

8.22 Sei F ein Zwischenkörper der Galoiserweiterung L/K. Man setze $G = G(L/K), H = G(L/F)$. Warum gilt $[F : K] = G : H$, falls L/K als endlich vorausgesetzt wird? Zeige allgemeiner: Ist $[F : K]$ endlich, so auch $G : H$ und es gilt $[F : K] = G : H$. (Hinweis: Man hat wohlbestimmte Abbildung von G/H in die Menge $G(F/K, L/K)$ aller K–Homomorphismen von F in L.) Zeige, dass aus $G : H < \infty$ auch $[F : K] < \infty$ folgt.

8.23 Sei $\alpha \in \mathbb{C}$ eine algebraische Zahl, und K sei ein Teilkörper von $\mathbb{C}$. Warum gilt $K(\alpha) : K \leq \mathbb{Q}(\alpha) : \mathbb{Q}$? Zeige: Ist $\mathbb{Q}(\alpha)/\mathbb{Q}$ *normal*, so ist $K(\alpha) : K$ ein Teiler von $\mathbb{Q}(\alpha) : \mathbb{Q}$. (Hinweis: Wieso ist $K(\alpha)/K$ galoissch und warum vermittelt jedes $\sigma \in G(K(\alpha)/K)$ ein $\sigma_0 \in G(\mathbb{Q}(\alpha)/\mathbb{Q})$? Allgemein führen Überlegungen dieser Art zum sogenannten *Translationssatz* der Galoistheorie, vgl. Satz12.1.)

9. Endliche Körper, zyklische Gruppen und Einheitswurzeln

Einer unendlichen Serie von endlichen Körpern sind wir bereits in Abschnitt 3.5 begegnet: Für jede Primzahl p ist $\mathbb{F}_p := \mathbb{Z}/p$ ein Körper mit p Elementen. Auf *Gauß* und *Galois* geht wohl die Entdeckung zurück, dass es neben den Primkörpern $\mathbb{F}_p$ noch weitere endliche Körper gibt. In diesem Kapitel werden wir nun gewissermaßen eine vollständige „Liste aller endlichen Körper" aufstellen und außerdem einige fundamentale Eigenschaften endlicher Körper behandeln.

9.1 Existenz- und Eindeutigkeitssatz für endliche Körper

Als erstes wollen wir zeigen, dass es endliche Körper mit q Elementen nur dann geben kann, wenn q eine Primzahlpotenz ist. Sei dazu K ein vorgelegter endlicher Körper, und sei k sein Primkörper (vgl. Abschnitt 3.5). Wegen der Endlichkeit von k ist $k \simeq \mathbb{Q}$ unmöglich, also gilt $k \simeq \mathbb{F}_p$ mit einer Primzahl p, wobei $p = \operatorname{char}(K)$. Wir betrachten K als Vektorraum über k. Dieser ist notwendig endlich–dimensional. Mit $d := K : k$ hat man dann die Isomorphie $K \simeq k^d$ von k–Vektorräumen. Für die Anzahl der Elemente von K gilt demnach

$$q := |K| = p^d.$$

Die multiplikative Gruppe $K^\times$ von K hat dann die Ordnung

$$|K^\times| = q - 1 = p^d - 1.$$

Wir behaupten, dass $\alpha^{q-1} = 1$ für alle $\alpha \in K^\times$ gilt. Dies ergibt sich aus folgender allgemeiner Tatsache:

F9.1. *Ist G eine endliche Gruppe der Ordnung n, so gilt $x^n = 1$ für jedes $x \in G$.*

Beweis. Wir zeigen die Behauptung hier nur für den Fall einer abelschen Gruppe G. Ist $G = \{a_1, \ldots, a_n\}$, so betrachte man $g := a_1 a_2 \cdots a_n$. Für beliebiges $x \in G$ ist $a_i \mapsto xa_i$ eine Permutation von G, also gilt $g = (xa_1)(xa_2) \ldots (xa_n) = x^n a_1 a_2 \ldots a_n = x^n g$. Folglich ist $x^n = 1$. □

Jedes Element $\alpha \neq 0$ eines Körpers K mit q Elementen genügt somit der Gleichung $\alpha^{q-1} = 1$, also auch der Gleichung $\alpha^q = \alpha$. Letztere ist auch für $\alpha = 0$ erfüllt. Somit ist jedes Element von K Nullstelle des Polynoms $X^q - X$, und aus Gradgründen gilt dann

$$X^q - X = \prod_{\alpha \in K} (X - \alpha). \tag{9.1}$$

Insbesondere ist K Zerfällungskörper von $X^q - X$ über $\mathbb{F}_p$. Als Körper mit q Elementen ist damit K bis auf Isomorphie eindeutig bestimmt.

Wie steht es nun mit der *Existenz* eines endlichen Körpers von p^n Elementen (zu vorgegebener Primzahl p und vorgegebenem $n \in \mathbb{N}$)? Die obige Diskussion zeigt, wie vorzugehen ist: Mit $q := p^n$ betrachte man das Polynom

$$f(X) = X^q - X \tag{9.2}$$

über $\mathbb{F}_p$. Sei K ein Zerfällungskörper von f über $\mathbb{F}_p$ (Existenz nach F6.4). Aus den folgenden beiden Behauptungen folgt dann, dass K genau $q = p^n$ Elemente besitzt:

(i) *K besteht genau aus den Nullstellen von f.*
(ii) *f hat keine mehrfachen Nullstellen.*

Beweis. Ad (i): Sei $K' = \{\alpha \in K \mid \alpha^q = \alpha\}$ die Menge der Nullstellen von f (in K). Definitionsgemäß ist K' der Fixkörper des Automorphismus $\sigma_q : \alpha \mapsto \alpha^q$ von K (vgl. die Bemerkung zu F7.14). Somit ist K' ein Körper. Man hat $\mathbb{F}_p \subseteq K'$, denn $\mathbb{F}_p$ ist der Primkörper von K. Damit ist K' Zerfällungskörper von f über $\mathbb{F}_p$, und aus $K' \subseteq K$ folgt dann $K' = K$.

Ad (ii): Für die Ableitung von f in (9.2) gilt $f'(X) = qX^{q-1} - 1 = -1$. Nach F7.9 ist daher f in der Tat separabel. (Man kann den Beweis auch wie folgt führen: Ist $\alpha \neq 0$ eine Nullstelle von f, so gilt $g := (X^{q-1} - 1) : (X - \alpha) = (X^{q-1} - \alpha^{q-1}) : (X - \alpha) = X^{q-2} + \alpha X^{q-3} + \ldots + \alpha^{q-2}$; also $g(\alpha) = (q-1)\alpha^{q-2} \neq 0$. □

Wir fassen zusammen:

Satz 9.1. *Sei C ein (festgewählter) algebraischer Abschluss von $\mathbb{F}_p$. Für jedes $n \in \mathbb{N}$ enthält dann C genau einen endlichen Körper $\mathbb{F}_{p^n}$ mit p^n Elementen als Teilkörper, nämlich den Zerfällungskörper des Polynoms $X^{p^n} - X$ über $\mathbb{F}_p$ in C. Der Körper $\mathbb{F}_{p^n}$ besteht aus genau den Nullstellen von $X^{p^n} - X$. Jeder endliche Körper K (der Charakteristik p) ist isomorph zu genau einem Körper $\mathbb{F}_{p^n}$.*

Sei K ein endlicher Körper mit $q = p^n$ Elementen. Dann ist $K \simeq \mathbb{F}_q$. Ist E ein Erweiterungskörper von K mit $E : K = m$, so ist $|E| = q^m$. Wie wir oben gesehen haben, ist E dann Zerfällungskörper von $X^{q^m} - X$ über K. Bis auf K–Isomorphie besitzt K also höchstens einen Erweiterungskörper vom Grad m über K (vgl. F6.4). Umgekehrt ist $\mathbb{F}_{q^m}$ für beliebiges $m \in \mathbb{N}$ ein Erweiterungskörper von $\mathbb{F}_q$. Also besitzt $K \simeq \mathbb{F}_q$ offenbar einen Erweiterungskörper E mit $E \simeq \mathbb{F}_{q^m}$. Wegen $|E| = |K|^{E:K}$ gilt dann $E : K = m$. Zusammengefasst gilt also

Satz 9.2. *Ist K ein endlicher Körper, so gibt es zu jedem $m \in \mathbb{N}$ bis auf K–Isomorphie genau einen Erweiterungskörper E von K mit $E : K = m$.*

Was kann man über die Struktur der multiplikativen Gruppe $K^\times$ eines endlichen Körpers K sagen? Wir werden sehen, dass sie denkbar einfach ist: $K^\times$ ist *zyklisch*. Ehe wir diesen fundamentalen Satz beweisen, schieben wir einen Exkurs über zyklische Gruppen ein.

9.2 Eigenschaften zyklischer Gruppen

Zunächst sei G eine beliebige Gruppe und $\alpha \in G$. Wir haben dann den wohldefinierten Gruppenhomomorphismus

$$\varphi : \mathbb{Z} \to G, \quad \text{festgelegt durch } 1 \mapsto \alpha. \tag{9.3}$$

Mit $\langle \alpha \rangle := \{\alpha^m \mid m \in \mathbb{Z}\}$ bezeichnen wir sein Bild. Nach dem Homomorphiesatz ist $\langle \alpha \rangle \simeq \mathbb{Z}/\operatorname{Kern} \varphi$. Als Untergruppe von $\mathbb{Z}$ ist $\operatorname{Kern} \varphi$ sogar ein Ideal des Ringes $\mathbb{Z}$. Da $\mathbb{Z}$ ein Hauptidealring ist, hat $\operatorname{Kern} \varphi$ also die Gestalt

$$\operatorname{Kern} \varphi = n\mathbb{Z} \quad \text{mit eindeutig bestimmtem } n \in \mathbb{N}_0. \tag{9.4}$$

Definition 9.1. Ist $n \neq 0$ in (9.4), so heißt n die *Ordnung von α*. Man schreibt $n = \operatorname{ord}(\alpha)$. Ist $n = 0$, so setzt man $\operatorname{ord}(\alpha) = \infty$. Wegen $\langle \alpha \rangle \simeq \mathbb{Z}/\operatorname{Kern} \varphi$ gilt: Genau dann hat α endliche Ordnung, wenn die von α erzeugte Untergruppe $\langle \alpha \rangle$ von G endlich ist.

F9.2. *Sei G eine Gruppe, $\alpha \in G$. Dann ist*

$$\operatorname{ord}(\alpha) = |\langle\alpha\rangle|. \tag{9.5}$$

Hat α endliche Ordnung, so gilt für $m \in \mathbb{Z}$:

$$\alpha^m = 1 \iff \operatorname{ord}(\alpha) \mid m, \tag{9.6}$$

insbesondere ist also $\operatorname{ord}(\alpha)$ *die kleinste natürliche Zahl m mit $\alpha^m = 1$.*

Beweis. Sei $n := \operatorname{ord}(\alpha) < \infty$. Dann gilt einerseits $\langle\alpha\rangle \simeq \mathbb{Z}/n\mathbb{Z}$, und andererseits ist $|\mathbb{Z}/n\mathbb{Z}| = n$. Damit ist (9.5) bewiesen. Man hat $\alpha^m = 1 \iff m \in \operatorname{Kern} \varphi \iff m \in n\mathbb{Z} \iff n|m$, also gilt (9.6). □

Definition 9.2. Eine Gruppe G heißt *zyklisch,* wenn es ein $\gamma \in G$ gibt mit $G = \langle\gamma\rangle$; man nennt dann γ ein *erzeugendes Element von G.*

F 9.3. *Eine Gruppe G ist genau dann zyklisch, wenn $G \simeq \mathbb{Z}/n\mathbb{Z}$ für ein $n \in \mathbb{N} \cup \{0\}$.*

Beweis. Ist $G = \langle\gamma\rangle$, so ist φ in (9.3) für $\alpha = \gamma$ surjektiv. Also gilt $G \simeq \mathbb{Z}/\operatorname{Kern} \varphi = \mathbb{Z}/n\mathbb{Z}$ für ein $n \in \mathbb{N}_0$. Die umgekehrte Richtung ist klar, denn die Restklasse von 1 in $\mathbb{Z}/n$ ist ein erzeugendes Element der (additiv notierten) Gruppe $\mathbb{Z}/n$. □

Ist G eine endliche Gruppe, so ist für jedes $\alpha \in G$ auch $\langle\alpha\rangle$ endlich und damit auch $\operatorname{ord}(\alpha)$. Genauer gilt:

F9.4. *Ist G eine endliche Gruppe, so ist für jedes $\alpha \in G$ die Ordnung von α ein Teiler der Ordnung von G.*

Beweis. Mit $n = |G|$ gilt $\alpha^n = 1$ für jedes α aus G, vgl. F9.1. Die Behauptung folgt damit aus (9.6) in F9.2. □

Bemerkung. Für ein Element α einer endlichen Gruppe G gilt nach (9.5): $\operatorname{ord}(\alpha) = |G| \iff G = \langle\alpha\rangle$.

F 9.5. *Ist G eine zyklische Gruppe, so ist auch jede Untergruppe H von G zyklisch.*

Beweis. Sei $G = \langle\gamma\rangle$. Der Homomorphismus (9.3) ist dann für $\alpha = \gamma$ surjektiv. Das volle Urbild $\varphi^{-1}(H)$ von H bei φ ist eine Untergruppe von $\mathbb{Z}$, also von der Gestalt $\varphi^{-1}(H) = k\mathbb{Z}$. Wegen der Surjektivität von φ ist dann $H = \varphi(k\mathbb{Z}) = \langle\gamma^k\rangle$, also ist H von γ^k erzeugt. □

F 9.6. *Sei G eine endliche zyklische Gruppe der Ordnung n. Dann ist die Abbildung*

$$H \mapsto |H| \tag{9.7}$$

eine Bijektion der Menge der Untergruppen von G auf die Menge der natürlichen Teiler von n.

Beweis. Sei $G = \langle\gamma\rangle$ mit festem Erzeuger γ von G. Für $d|n, d \in \mathbb{N}$, sei $d' = n/d$. Die Ordnung der Untergruppe $H(d) := \langle\gamma^{d'}\rangle$ stimmt mit $\mathrm{ord}(\gamma^{d'})$ überein. Aus $(\gamma^{d'})^d = \gamma^n = 1$ folgt $\mathrm{ord}(\gamma^{d'})|d$, vgl. (9.6); also ist $|H(d)|$ ein Teiler von d. Andererseits ist $(\gamma^{d'})^{|H(d)|} = 1$ nach F9.1, und daher $n = \mathrm{ord}(\gamma)$ ein Teiler von $d' \cdot |H(d)|$; wegen $n = dd'$ ist daher $|H(d)|$ teilbar durch d. Insgesamt ist also

$$|H(d)| = d. \tag{9.8}$$

Wir behaupten, dass $d \mapsto H(d)$ Umkehrabbildung zu (9.7) ist. Sei H eine beliebige Untergruppe von G, und besitze H die Ordnung d. Es bleibt zu zeigen: d ist ein Teiler von n, und es gilt

$$H = H(d). \tag{9.9}$$

Nach F9.5 ist H von der Form $H = \langle\gamma^m\rangle$. Wegen $(\gamma^m)^n = 1$ ist $d = |H| = \mathrm{ord}(\gamma^m)$ in der Tat ein Teiler von n. Wegen F9.1 gilt $(\gamma^m)^d = 1$; wieder nach (9.6) folgt $n|md$, also $d'|m$. Damit ist $\gamma^m \in \langle\gamma^{d'}\rangle = H(d)$, also $H \subseteq H(d)$. Da beide Gruppen die gleiche Ordnung d haben, folgt (9.9). □

9.3 Die multiplikative Gruppe eines endlichen Körpers

Wir kommen nun zu dem bereits angekündigten

Satz 9.3. *Die multiplikative Gruppe $K^\times$ eines endlichen Körpers K ist zyklisch. (Ein erzeugendes Element von $K^\times$ heißt eine* Primitivwurzel *von K).*

Allgemeiner beweisen wir

Satz 9.4. *Sei K ein beliebiger Körper. Dann ist jede endliche Untergruppe G von $K^\times$ zyklisch.*

Wir führen den Beweis (der einmal mehr auf Gauß zurückgeht) mit der folgenden Charakterisierung zyklischer Gruppen.

Lemma. *Sei G eine endliche Gruppe der Ordnung n. Gilt für jedes $d|n$*

$$|\{x \in G \mid x^d = 1\}| \leq d, \tag{9.10}$$

so ist G zyklisch.

Beweis von Satz 9.4 mittels des Lemmas. Sei $n := |G|$. Für jedes $d \in \mathbb{N}$ gibt es in K höchstens d Elemente x mit $x^d = 1$, denn das Polynom $X^d - 1 \in K[X]$ hat höchstens d Nullstellen in K. Somit ist (9.10) erfüllt, also G zyklisch. □

Beweis des Lemmas. Für $d|n$ sei

$$\psi_G(d) := |\{x \in G \mid \operatorname{ord}(x) = d\}|.$$

Dann gilt

$$\sum_{d|n} \psi_G(d) = n = |G|, \tag{9.11}$$

denn jedes $\alpha \in G$ hat eine wohlbestimmte Ordnung d, wobei $d|n$. Für jedes $m \in \mathbb{N}$ sei

$$\varphi(m) := \text{ Anzahl der erzeugenden Elemente von } \mathbb{Z}/m. \tag{9.12}$$

Es ist $\varphi(m) \geq 1$. Wir behaupten:

$$\psi_G(d) \leq \varphi(d) \text{ für alle } d|n. \tag{9.13}$$

Für $\psi_G(d) = 0$ ist das klar. Sei also $\psi_G(d) \geq 1$, d.h. es gebe ein $\alpha \in G$ mit $\operatorname{ord}(\alpha) = d$. Dann ist $H = \langle\alpha\rangle$ eine Untergruppe der Ordnung d in G, und für alle $x \in H$ gilt $x^d = 1$. Aus (9.10) folgt dann, dass speziell jedes Element der Ordnung d in G bereits zu H gehören muss. Wegen $H \simeq \mathbb{Z}/d$ ist dann $\psi_G(d) = \psi_H(d) = \varphi(d)$, also gilt (9.13).

Wir vermerken, dass für die Gruppe $\mathbb{Z}/n$ stets

$$\psi_{\mathbb{Z}/n}(d) = \varphi(d) \tag{9.14}$$

gilt, denn sämtliche Elemente der Ordnung d von $\mathbb{Z}/n$ liegen in ein und derselben zyklischen Untergruppe der Ordnung d von $\mathbb{Z}/n$ (vgl. F9.6, F9.5). Durch Summation erhält man nun aus (9.13) in Verbindung mit (9.11) und (9.14)

$$n = \sum_{d|n} \psi_G(d) \leq \sum_{d|n} \varphi(d) = \sum_{d|n} \psi_{\mathbb{Z}/n}(d) = n.$$

Mit (9.13) ist das nur dann verträglich, wenn $\psi_G(d) = \varphi(d)$ für alle $d|n$ gilt. Insbesondere ist $\psi_G(n) = \varphi(n) \geq 1$, also besitzt G ein Element der Ordnung n. □

Bemerkungen. Die Restklassenabbildung $\mathbb{Z} \to \mathbb{Z}/n$ werde durch $k \mapsto \overline{k}$ bezeichnet. Dann gilt

$$\operatorname{ord}(\overline{k}) = \frac{n}{(k,n)}. \tag{9.15}$$

Beweis. Es ist $\frac{n}{(k,n)}\overline{k} = \frac{n}{(k,n)} \cdot k \cdot \overline{1} = 0$, also $\operatorname{ord}(\overline{k})$ ein Teiler der rechten Seite von (9.15). Sei $j := \operatorname{ord}(\overline{k})$. Dann ist $j\overline{k} = 0$, also $n|jk$. Hieraus folgt aber $\frac{n}{(k,n)}|j$. □

Ist G eine Gruppe und $\alpha \in G$ ein Element der endlichen Ordnung n, so gilt für jedes $k \in \mathbb{Z}$

$$\operatorname{ord}(\alpha^k) = \frac{n}{(k,n)}. \tag{9.16}$$

Zum Beweis beachte man $\langle\alpha\rangle \simeq \mathbb{Z}/n$ und wende (9.15) an. – Nach (9.16) gilt $\operatorname{ord}(\alpha^k) = n$ genau dann, wenn $(k,n) = 1$, also k zu n teilerfremd ist. Für die oben in (9.12) definierte Funktion φ gilt demnach

$$\varphi(n) = |\{k \in \mathbb{N} \mid 1 \leq k \leq n \text{ mit } (k,n) = 1\}|. \tag{9.17}$$

Die Funktion φ ist daher von zahlentheoretischem Interesse; sie heißt die *Eulersche φ-Funktion.* Wegen $(n,k) = 1 \iff \operatorname{ord}(\overline{k}) = n \iff \mathbb{Z}/n = \langle\overline{k}\rangle \iff \overline{1} \in \langle\overline{k}\rangle \iff \exists\, l : \overline{1} = l\overline{k} = \overline{lk}$ gilt: *Genau dann ist $(n,k) = 1$, wenn $\overline{k}$ eine Einheit im Ring $\mathbb{Z}/n\mathbb{Z}$ ist.* Insbesondere hat danach die Einheitengruppe $(\mathbb{Z}/n\mathbb{Z})^\times$ genau $\varphi(n)$ Elemente:

$$\varphi(n) = |(\mathbb{Z}/n)^\times|. \tag{9.18}$$

Die Gruppe $(\mathbb{Z}/n)^\times$ heißt die *prime Restklassengruppe mod n.* Die Funktion φ ist in dem folgenden Sinne *multiplikativ:*

$$\varphi(n_1 n_2) = \varphi(n_1)\varphi(n_2) \text{ für } (n_1,n_2) = 1. \tag{9.19}$$

Zum Beweis betrachte man den natürlichen Homomorphismus $\mathbb{Z}/n_1n_2 \longrightarrow \mathbb{Z}/n_1 \times \mathbb{Z}/n_2$. Wegen der vorausgesetzten Teilerfremdheit von n_1 und n_2 ist dieser injektiv; da Definitions– und Zielbereich aus jeweils $n_1 n_2$ Elementen bestehen, muß er auch surjektiv sein. Die Isomorphie $\mathbb{Z}/n_1n_2 \simeq \mathbb{Z}/n_1 \times \mathbb{Z}/n_2$ der

Ringe vermittelt aber auch eine Isomorphie $(\mathbb{Z}/n_1n_2)^\times \simeq (\mathbb{Z}/n_1)^\times \times (\mathbb{Z}/n_2)^\times$ der zugehörigen Einheitengruppen. Daraus folgt mit Blick auf (9.18) die Behauptung.

9.4 Der Körper der n-ten Einheitswurzeln über K

Wir wollen nun auch zum dritten Stichwort des Themas dieses Kapitels einiges ausführen.

Definition 9.3. Für einen Körper K bezeichne $W(K)$ die Menge aller Elemente endlicher Ordnung der Gruppe $K^\times$. Diese Elemente heißen *Einheitswurzeln.* Für $n \in \mathbb{N}$ setze man

$$W_n(K) = \{\zeta \in K \mid \zeta^n = 1\}.$$

Die Elemente von $W_n(K)$ heißen *n–te Einheitswurzeln* von K. Offenbar sind $W(K)$ und $W_n(K)$ Untergruppen von $K^\times$. Ein $\zeta \in W(K)$ heißt *primitive* n–te Einheitswurzel, wenn $\mathrm{ord}(\zeta) = n$ gilt.

F9.7. *Für jedes n ist $W_n(K)$ eine endliche zyklische Gruppe, deren Ordnung n teilt. Hat K die Charakteristik $p > 0$, so gilt $W_{np}(K) = W_n(K)$.*

Beweis. $W_n(K)$ ist *endlich,* denn seine Elemente sind die Nullstellen des Polynoms $X^n - 1$ in K. Als endliche Untergruppe von $K^\times$ ist $W_n(K)$ aber notwendig *zyklisch,* vgl. Satz 9.4. Die Ordnung eines erzeugenden Elementes ist nach F9.2 ein Teiler von n.

Sei $\mathrm{char}\,(K) = p > 0$. Aus $\zeta^{np} = (\zeta^n)^p = 1$ folgt dann $\zeta^n = 1$, vgl. F7.14. Also gilt $W_{np}(K) \subseteq W_n(K)$. Die umgekehrte Inklusion ist klar. □

Bemerkung. $W_n(\mathbb{C}) = \{e^{2\pi ik/n} \mid k = 0, 1, 2, \ldots, n-1\}$ hat n Elemente.

F9.8. *Sei C ein algebraisch abgeschlossener Körper, und $n \in \mathbb{N}$. Im Falle* $\mathrm{char}\,(C) = p > 0$ *sei noch $(n, p) = 1$ vorausgesetzt. Dann hat $W_n(C)$ die Ordnung n. Es gibt demnach eine primitive n–te Einheitswurzel ζ in C, und jede solche erzeugt $W_n(C)$.*

Beweis. Betrachte $f(X) = X^n - 1 \in C[X]$. Es ist zu zeigen, dass f keine mehrfachen Nullstellen besitzt; der Rest folgt dann aus F9.7. Es ist $f'(X) = nX^{n-1}$, wegen $\mathrm{char}\,(C) \nmid n$ also $f'(\zeta) \neq 0$ für alle $\zeta \in C^\times$. – Ist im Übrigen $\mathrm{char}\,(C) = p > 0$ und n beliebig, so hat $W_n(C)$ nach F9.7 die Ordnung $np^{-w_p(n)}$, wobei $w_p(n)$ wie auf Seite 63 definiert ist. □

Definition 9.4. Sei K ein Körper, $n \in \mathbb{N}$. Der Zerfällungskörper E von $X^n - 1$ über K heißt der *Körper der n–ten Einheitswurzeln über K*. Wir verwenden die Bezeichnungen $E = K^{(n)} = K(\sqrt[n]{1})$.

F9.9. *Sei $E = K(\sqrt[n]{1})$ der Körper der n–ten Einheitswurzeln über K. Dann ist E/K eine (endliche) galoissche Erweiterung mit abelscher Galoisgruppe $G = G(E/K)$. Ist n nicht durch* char (K) *teilbar, so ist G kanonisch isomorph zu einer Untergruppe von $(\mathbb{Z}/n)^\times$.*

Beweis. Wegen F9.7 kann man im Falle char $(K) = p > 0$ sofort $(n, p) = 1$ annehmen. Wie wir im Beweis von F9.8 sahen, ist dann das Polynom $f(X) = X^n - 1$ separabel über K. Somit ist E Zerfällungskörper eines separablen Polynoms über K, also E/K galoissch (F8.2).

Sei $\zeta_n \in E$ eine primitive n–te Einheitswurzel, d.h. $\mathrm{ord}(\zeta_n) = n$. Für $\sigma \in G$ hat dann $\sigma\zeta_n$ ebenfalls die Ordnung n, also gilt

$$\sigma\zeta_n = \zeta_n^k \quad \text{mit} \quad (k, n) = 1, \tag{9.20}$$

wobei k durch die Bedingung $1 \le k \le n$ eindeutig festgelegt werden kann. Für beliebiges $\zeta = \zeta_n^j$ aus $W_n(E)$ folgt dann $\sigma\zeta = \zeta^k$, sodass k in (9.20) auch unabhängig von der Wahl von ζ_n ist. Auf diese Weise erhalten wir die wohlbestimmte Abbildung

$$G \to (\mathbb{Z}/n)^\times, \quad \sigma \mapsto \overline{k}. \tag{9.21}$$

Man überzeugt sich sofort davon, dass es sich dabei um einen Homomorphismus von Gruppen handelt. Außerdem ist klar, dass (9.21) injektiv ist, denn wegen $E = K(\zeta_n)$ ist σ durch $\sigma\zeta_n$ bereits eindeutig festgelegt. □

Wie schon $K = \mathbb{R}$ oder $\mathbb{C}$ zeigt, ist die Abbildung (9.21) im Allgemeinen nicht surjektiv. (Für interessantere Beispiele vgl. F9.11) Im Falle $K = \mathbb{Q}$ aber gilt:

Satz 9.5 (Gauß). *Sei $E = \mathbb{Q}(\sqrt[n]{1})$ der Körper der n–ten Einheitswurzeln über $\mathbb{Q}$. Dann ist die Galoisgruppe von $E/\mathbb{Q}$ kanonisch isomorph zur primen Restklassengruppe $(\mathbb{Z}/n)^\times$. Insbesondere ist $\mathbb{Q}(\sqrt[n]{1}) : \mathbb{Q} = \varphi(n)$.*

Beweis. Sei ζ eine primitive n–te Einheitswurzel in E. Im Hinblick auf den Homomorphismus (9.21) ist zu zeigen, dass es zu jedem $k \in \mathbb{N}$ mit $(k, n) = 1$ ein $\sigma \in G(E/K)$ gibt mit $\sigma\zeta = \zeta^k$. Nach F8.7 läuft dies auf die Behauptung hinaus, dass mit ζ auch ζ^k eine Nullstelle von $f := \mathrm{Mipo}_{\mathbb{Q}}(\zeta)$ ist:

$$f(\zeta^k) = 0. \tag{9.22}$$

(Gruppentheoretisch gesehen ist ζ^k für $(k, n) = 1$ sicherlich als Bild eines Automorphismus der Gruppe $\langle\zeta\rangle$ vorschreibbar; für die Existenz eines entsprechenden Körperautomorphismus von $\mathbb{Q}(\zeta)$ aber muss gewährleistet sein, dass ζ^k derselben „definierten Gleichung“ genügt wie ζ, d.h. es muss (9.22) gelten.) Indem man k in ein Produkt von Primzahlen zerlegt, sieht man, dass es genügt, die Behauptung für den Fall $k = p$ einer Primzahl p zu beweisen, wobei p kein Teiler von n ist. In $\mathbb{Q}[X]$ hat man die Zerlegung

$$X^n - 1 = f(X)g(X). \tag{9.23}$$

Aus dem Lemma von Gauß (F5.6) folgt $f(X), g(X) \in \mathbb{Z}[X]$. Wir nehmen nun im Widerspruch zur Behauptung an, es sei $f(\zeta^p) \neq 0$. Nach (9.23) ist dann $g(\zeta^p) = 0$. Damit ist ζ Nullstelle des Polynoms $g(X^p)$, also hat man (wieder unter Benutzung von F5.6) eine Zerlegung

$$g(X^p) = f(X)h(X) \text{ mit } h(X) \in \mathbb{Z}[X].$$

Geht man vermöge des natürlichen Homomorphismus $\mathbb{Z}[X] \to \mathbb{Z}/p[X]$ zu Polynomen mit Koeffizienten aus $\mathbb{F}_p = \mathbb{Z}/p$ über, so erhält man die Zerlegung

$$\overline{g}(X^p) = \overline{f}(X)\overline{h}(X) \text{ in } \mathbb{F}_p[X]. \tag{9.24}$$

Für jedes Polynom $\overline{g}(X) = \sum \alpha_i X^i$ über $\mathbb{F}_p$ aber gilt $\overline{g}(X)^p = (\sum \alpha_i X^i)^p = \sum \alpha_i^p X^{ip} = \sum \alpha_i X^{pi} = \overline{g}(X^p)$. Also kann man (9.24) auch in der Gestalt

$$\overline{g}(X)^p = \overline{f}(X)\overline{h}(X)$$

schreiben. Im algebraischen Abschluss C von $\mathbb{F}_p$ müssen dann aber $\overline{f}$ und $\overline{g}$ eine gemeinsame Nullstelle haben, und daher kann das Polynom $X^n - \overline{1} = \overline{f}(X)\overline{g}(X)$ nicht separabel sein. Doch dies steht wegen $(p, n) = 1$ im Widerspruch zu F9.8. □

Im Folgenden sei C ein algebraisch abgeschlossener Erweiterungskörper von $\mathbb{Q}$ (z.B. $C = \mathbb{C}$ oder der Körper aller algebraischen Zahlen von $\mathbb{C}$). Wir setzen $W_n = W_n(C)$. Es ist

$$X^n - 1 = \prod_{\zeta \in W_n} (X - \zeta). \tag{9.25}$$

Definition 9.5. Das Polynom

$$F_n(X) = \prod_{\mathrm{ord}(\zeta)=n} (X - \zeta),$$

wobei das Produkt über alle primitiven n–ten Einheitswurzeln von C gebildet ist, heißt das *n–te Kreisteilungspolynom.*

F9.10. *Für das n–te Kreisteilungspolynom F_n gilt:*

a) F_n *ist normiert;*
b) $\mathrm{grad}\, F_n = \varphi(n)$;
c) $X^n - 1 = \prod\limits_{d|n} F_d(X)$;
d) $F_n(X) \in \mathbb{Z}[X]$.

Beweis. (a) und (b) sind klar. Da jedes $\zeta \in W_n$ eine wohlbestimmte Ordnung d mit $d|n$ besitzt, folgt (c) aus (9.25). Aussage (d) lässt sich leicht mit Induktion nach n beweisen: Aus (c) folgt nämlich $F_n(X) = (X^n - 1) : \prod\limits_{d|n, d<n} F_d(X)$, und in $\mathbb{Z}[X]$ ist Division mit Rest durch *normierte* Polynome stets möglich. – Man kann (d) auch wie folgt begründen: Für jedes σ aus der Galoisgruppe G von $\mathbb{Q}(\sqrt[n]{1})/\mathbb{Q}$ gilt $F_n^\sigma(X) = \prod_{\mathrm{ord}(\zeta)=n}(X - \sigma(\zeta)) = F_n(X)$, daher liegen alle Koeffizienten von $F_n(X)$ im Fixkörper von G, nach der Galoistheorie also in $\mathbb{Q}$. Ist aber einmal $F_n \in \mathbb{Q}[X]$ gezeigt, so folgt, dass F_n als normierter Teiler von $X^n - 1$ in $\mathbb{Z}[X]$ liegen muss (vgl. F5.6). □

Satz 9.6 (Gauß). *Das n–te Kreisteilungspolynom $F_n(X)$ ist irreduzibel in* $\mathbb{Q}[X]$.

Beweis. Sei ζ eine primitive n–te Einheitswurzel. Zu zeigen ist

$$F_n(X) = \mathrm{Mipo}_{\mathbb{Q}}(\zeta),$$

denn wir wissen schon, dass $F_n(X)$ ein normiertes Polynom aus $\mathbb{Q}[X]$ ist, welches ζ als Nullstelle besitzt. Nach Satz 9.5 ist aber $\mathbb{Q}(\zeta) : \mathbb{Q} = \varphi(n) = \mathrm{grad}\, F_n$, womit schon alles bewiesen ist. – Der Leser wird bemerken, dass man umgekehrt aus der Aussage von Satz 9.6 die Gültigkeit von Satz 9.5 sofort folgern könnte. □

Bemerkung. Sei p eine Primzahl. Dann ist

$$F_p(X) = (X^p - 1) : (X - 1) = 1 + X + \ldots + X^{p-1} \tag{9.26}$$

und allgemeiner

$$F_{p^m}(X) = (X^{p^m} - 1) : (X^{p^{m-1}} - 1) = 1 + X^{p^{m-1}} + \ldots + X^{(p-1)p^{m-1}}; \tag{9.27}$$

insbesondere gilt also

$$\varphi(p^m) = (p-1)p^{m-1} = p^m - p^{m-1}. \tag{9.28}$$

Die Irreduzibilität von (9.27) hatten wir schon in F5.12 auf anderem (aber in gewissem Sinne doch auf demselben Prinzip beruhendem) Wege bewiesen. Die Gültigkeit von (9.28) erkennt man natürlich auch leicht aus (9.17).

Ist $n = p_1^{e_1} p_2^{e_2} \ldots p_r^{e_r}$ die Primfaktorzerlegung einer natürlichen Zahl $n > 1$, so folgt aus (9.19) in Verbindung mit (9.28)

$$\varphi(n) = \prod_{i=1}^{r} (p_i - 1) p_i^{e_i - 1}. \tag{9.29}$$

9.5 Der Frobeniusautomorphismus in endlichen Körpern

Wir wollen jetzt noch einmal zu den endlichen Körpern zurückkehren und sie aus dem Blickwinkel der Galoistheorie betrachten. So einfach die Verhältnisse hier auch liegen, so sind sie doch für tiefere Fragen der Arithmetik von der größten Bedeutung.

Satz 9.7. *Sei E/K eine beliebige Erweiterung endlicher Körper und q die Elementezahl von K. Dann ist E/K galoissch mit zyklischer Galoisgruppe, und zwar wird $G(E/K)$ von dem Automorphismus $\sigma_q : \alpha \to \alpha^q$ von E erzeugt. (Dieser Automorphismus heißt der* Frobeniusautomorphismus *von E/K; man nennt ihn auch kurz den* Frobenius *von E/K.)*

Beweis. Sei G die von σ_q erzeugte Untergruppe von $\mathrm{Aut}(E)$. Dann ist K der Fixkörper von G in E, denn nach Satz 9.1 besteht K genau aus den $\alpha \in E$ mit $\alpha^q = \alpha$. Nach der Galoistheorie (vgl. Satz 8.4) ist E/K daher galoissch und $G = G(E/K)$ seine Galoisgruppe. Damit ist schon alles bewiesen. – Der Leser wird bemerken, dass wir leicht auch ohne Verweis auf Kap. 8 ausgekommen wären; überhaupt lassen sich die Aussagen der Galoistheorie für endliche Körper leicht direkt verifizieren. □

F 9.11. *Sei K ein endlicher Körper mit q Elementen. Für eine natürliche Zahl n mit $(n, q) = 1$ bezeichne $q \bmod n$ die Restklasse von q in $(\mathbb{Z}/n)^\times$. Dann gilt*

$$K(\sqrt[n]{1}) : K = \operatorname{ord}(q \bmod n).$$

Beweis. Sei $E = K(\sqrt[n]{1})$, und ζ bezeichne eine primitive n–te Einheitswurzel in E. Aufgrund von Satz 9.7 ist $E : K$ gleich der Ordnung von $\sigma_q \in G(E/K)$. Wegen $E = K(\zeta)$ ist $E : K$ also die kleinste natürliche Zahl f mit $\zeta^{q^f} = \zeta$, d.h. $q^f \equiv 1 \bmod n$. Mit anderen Worten, $E : K$ ist die Ordnung von $q \bmod n$ in $(\mathbb{Z}/n)^\times$. □

Zur Übung folgere man F9.11 ohne Bezug auf Satz 9.7 aus den Sätzen 9.1 und 9.3.

Übungen

1) Es gilt $\mathbb{F}_2 \subseteq \mathbb{F}_4$, wo $\mathbb{F}_2$ der Primkörper von $\mathbb{F}_4$ ist. Gilt auch $\mathbb{Z}/2 \subseteq \mathbb{Z}/4$, d.h., gibt es einen injektiven Ringhomomorphismus $\mathbb{Z}/2 \longrightarrow \mathbb{Z}/4$?
2) Zeige: Für jedes $\alpha \in \mathbb{F}_4 \setminus \mathbb{F}_2$ gilt $\alpha^2 = \alpha + 1$.
3) Man verifiziere folgende Tabelle von Kreisteilungspolynomen:

n	F_n	n	F_n
1	$X - 1$	4	$X^2 + 1$
2	$X + 1$	5	$X^4 + X^3 + X^2 + X + 1$
3	$X^2 + X + 1$	6	$X^2 - X + 1$

4) Sei p eine Primzahl und ζ eine primitive p-te Einheitswurzel. Zeige:
   a) $1 + \zeta + \zeta^2 + \ldots + \zeta^{p-1} = 0$;
   b) für $p \neq 2$ ist $1 + \zeta$ eine Einheit in $\mathbb{Z}[\zeta]$;
   c) es ist $(1 - \zeta)^{p-1} = \varepsilon p$ für eine Einheit ε in $\mathbb{Z}[\zeta]$.
5) Für $m \in \mathbb{N}$ sei $\zeta_m = e^{2\pi i/m}$. Für welche $n \in \mathbb{N}$ gilt $\zeta_{2n} \in \mathbb{Q}(\zeta_n)$?
6) Sei ζ_n eine primitive n-te Einheitswurzel. Zeige:
   a) $\sqrt{2} \in \mathbb{Q}(\zeta_n)$ genau dann, wenn $8 \mid n$;
   b) $\sqrt[4]{2}$ liegt in keinem $\mathbb{Q}(\zeta_n)$.
7) (A. Scholz) Sei $m > 2$ eine natürliche Zahl, $G = (\mathbb{Z}/m)^\times$, und H eine *echte* Untergruppe von G. Zeige, dass es unendlich viele Primzahlen gibt, deren Restklassen modulo m *nicht* in H liegen.

8) Sei $K = \mathbb{Q}(\sqrt{m})$ ein quadratischer Zahlkörper. Man bestimme $W(K)$.
9) Sei $K/\mathbb{Q}$ eine kubische Erweiterung. Man zeige $W(K) = \{-1, +1\}$.
10) Sei K eine Erweiterung von $\mathbb{Q}$ vom Grad 10. Zeige $W_5(K) = \{1\}$.
11) Bestimme das Körperdiagramm aller Zwischenkörper von $\mathbb{F}_{p^{12}}/\mathbb{F}$.
12) Im Folgenden sei $\mathbb{F}_q$ ein endlicher Körper mit q Elementen, und ζ_n eine primitive Einheitswurzel im algebraischen Abschluss von $\mathbb{F}_q$.
Ist $q \equiv 2, 5 \bmod 9$, so zeige man $\mathbb{F}_{q^2} = \mathbb{F}_q(\zeta_3)$, $\mathbb{F}_{q^3} = \mathbb{F}_q(\zeta_9 + \zeta_9^{-1})$, und $\mathbb{F}_{q^6} = \mathbb{F}_q(\zeta_9)$.
13) Bestimme den Zerfällungskörper von $X^5 + X + 1$ über $\mathbb{F}_2$.
14) Bestimme die Anzahl der normierten linearen und die der normierten reduziblen quadratischen Polynome in $\mathbb{F}_p[X]$, sowie die Anzahl der normierten irreduziblen quadratischen Polynome in in $\mathbb{F}_p[X]$.

Aufgaben und Bemerkungen

9.1 Mit den Bezeichnungen von Satz 9.1 gilt: Genau dann ist $\mathbb{F}_{p^m}$ ein Teilkörper von $\mathbb{F}_{p^n}$, wenn n durch m teilbar ist.

9.2 Sei K ein endlicher Körper mit q Elementen, und sei $f \in K[X]$ irreduzibel. Zeige: Genau dann ist f ein Teiler von $X^{q^n} - X$ in $K[X]$, wenn n durch $\operatorname{grad} f$ teilbar ist.

9.3 Mit Satz 9.3 zeige man aufs neue (vgl. Aufg. 3.9): Für $p \neq 2$ ist -1 genau dann ein Quadrat in $\mathbb{F}_p$, wenn $p \equiv 1 \bmod 4$. Allgemeiner: Für $p \neq 2$ ist $a \in \mathbb{F}_p^\times$ genau dann ein Quadrat, wenn $a^{(p-1)/2} = 1$. In genau welchen endlichen Körpern $\mathbb{F}_{p^n}$ ist -1 ein Quadrat?

9.4 Sei $G = (\mathbb{Z}/23)^\times$.
a) Bestimme alle Elemente der Ordnung 11 in G.
b) Bestimme alle erzeugenden Elemente von G. (Hinweis: Zeige: $\operatorname{ord}(\overline{2}) = 11, \operatorname{ord}(\overline{5}) = 22$.)
c) Zeige, dass der Zerfällungskörper von $X^{23} - 1$ über $\mathbb{F}_2$ den Grad 11 besitzt (vgl. F9.11).

9.5 a) In seiner Abhandlung „Sur la théorie des nombres" hat *Galois* (1811–1832) als erster endliche Körper betrachtet, welche echte Erweiterungskörper ihres Primkörpers sind. Über deren Existenz sagt er allerdings nichts. Er rechnet einfach in ihnen (wobei er die Größen des jeweils betrachteten Rechenbereichs einfach als *„les imaginaires"* bezeichnet). Obwohl Galois selbst keine eigentlich zahlentheoretischen Anwendungen seiner Untersuchungen gibt, ist er jedoch von deren Nützlichkeit sichtlich überzeugt.
b) In der obengenannten Abhandlung diskutiert Galois folgendes Beispiel: Das Polynom $X^3 - 2$ ist irreduzibel über $\mathbb{F}_7$, also gilt $\mathbb{F}_{7^3} = \mathbb{F}_7(\alpha)$ mit einem $\alpha^3 = 2$. Damit ist mit $\alpha = \sqrt[3]{2}$ ein *primitives Element* von $\mathbb{F}_{7^3}/\mathbb{F}_7$ gefunden. Man gebe nun eine *Primitivwurzel* $\zeta = a\alpha^2 + b\alpha + c$ von $\mathbb{F}_{7^3}$ an, d.h. ein Element ζ mit $\operatorname{ord}(\zeta) = 7^3 - 1 = 342 = 19 \cdot 3^2 \cdot 2$. Wegen $\alpha^9 = 1$ ist α selbst nur eine primitive 9–te Einheitswurzel. Man versuche es nun mit $\zeta = \alpha + 1$. Galois gibt $\alpha^2 + \alpha$ als Primitivwurzel an und behauptet $(\alpha + 1)^{10} = -1$. Hat er sich verrechnet?

9.6 Bestimme die Primfaktorzerlegungen von $f(X) = X^5 - X^4 - 6X^3 + 6X^2 - 3X + 3$ als Polynom jeweils über $\mathbb{Q}$, $\mathbb{F}_3$, $\mathbb{F}_5$. Zeige, dass die zugehörigen Galoisgruppen alle verschiedene Ordnungen haben.

9.7 Für jedes $k \in \mathbb{N}$ bezeichne ζ_k eine primitive k–te Einheitswurzel in $\mathbb{C}$. Zeige: Für beliebige natürliche Zahlen m, n mit größtem gemeinsamen Teiler d und kleinstem gemeinsamen Vielfachen v gelten:
a) $\varphi(mn)\varphi(d) = \varphi(m)\varphi(n)d$;

b) $\varphi(m)\varphi(n) = \varphi(v)\varphi(d)$;
c) $\mathbb{Q}(\zeta_m, \zeta_n) = \mathbb{Q}(\zeta_v)$;
d) $\mathbb{Q}(\zeta_m) \cap \mathbb{Q}(\zeta_n) = \mathbb{Q}(\zeta_d)$.
(Hinweis: Siehe Satz 9.5 und benutze Aufg. 2.1.)

9.8 Man zeige, dass die Kreisteilungspolynome F_n für $n > 1$ die folgenden Eigenschaften besitzen:
a) $F_{2m}(X) = F_m(-X)$, wenn m ungerade.
b) $F_m(X^p) = F_m(X)F_{mp}(X)$ für alle Primzahlen p mit $p \nmid m$.
c) $F_n(X) = F_m(X^{n/m})$, wenn m den quadratfreien Teil von n bezeichnet.
d) $F_n(0) = 1$ und daher $F_n(X^{-1})X^{\varphi(n)} = F_n(X)$.
e) $F_n(1) = p$, wenn n Potenz einer Primzahl p ist.
f) $F_n(1) = 1$, wenn n keine Primzahlpotenz ist.
Die beiden letzten Eigenschaften sind besonders in arithmetischer Hinsicht interessant: Im Falle f) ist $1 - \zeta_n$ eine *Einheit* im Ringe $R = \mathbb{Z}[\zeta_n]$, während im Falle e) das Element $\pi = 1 - \zeta_n$ ein *Primelement* in R ist und p in R die Primfaktorzerlegung $p = \varepsilon\pi^{\varphi(n)}$ mit einer Einheit ε besitzt (unbeschadet der Tatsache, dass $\mathbb{Z}[\zeta_p]$ im Allgemeinen kein faktorieller Ring ist; in der Tat ist $\mathbb{Z}[\zeta_p]$ genau für alle Primzahlen $p \geq 23$ nicht faktoriell).

9.9 Zeige (mit möglichst wenig Rechnung):
a) $F_{15}(X) = X^8 - X^7 + X^5 - X^4 + X^3 - X + 1$.
b) Für Primzahlen $p \neq q$ hat $F_{pq}(X)$ nur Koeffizienten vom Betrag 1. Hinweis: Betrachte

$$F_{pq}(x) = (1 - x)[F_q(x^p)(1 - x^q)^{-1}]$$

als Identität von Potenzreihen.
c) Das kleinste n, für welches F_n nicht nur Koeffizienten vom Betrag 1 besitzt, ist $n = 105$. In der Tat ist

$$F_{105}(X) = X^{48} + X^{47} + X^{46} - X^{43} - X^{42} - 2X^{41} - X^{40} + \ldots + 1.$$

Bemerkung: *I. Schur* hat gezeigt, dass die Koeffizienten der F_n beliebig groß werden können.

9.10 Sei p eine Primzahl und für $a \in \mathbb{Z}$ gelte $a \equiv 1 \bmod p^\nu$ für ein $\nu \in \mathbb{N}$, aber $a \not\equiv 1 \bmod p^{\nu+1}$. Zeige, dass dann – außer im Falle $p = 2$ und $\nu = 1$ – folgt:

$$a^p \equiv 1 \bmod p^{\nu+1}, \quad a^p \not\equiv 1 \bmod p^{\nu+2}.$$

Für $p \neq 2$ und jedes $n \in \mathbb{N}$ ist also die Restklasse von $1 + p$ in $(\mathbb{Z}/p^n\mathbb{Z})^\times$ ein Element der Ordnung p^{n-1}; für $p = 2$ bestimmt $1 + 2^2 = 5$ ein Element der Ordnung 2^{n-2} in $(\mathbb{Z}/2\mathbb{Z})^\times$.

9.11 Zeige: a) *Ist p eine Primzahl $\neq 2$, so ist die Gruppe $(\mathbb{Z}/p^n\mathbb{Z})^\times$ für jedes $n \in \mathbb{N}$* zyklisch *von der Ordnung $\varphi(p^n) = (p-1)p^{n-1}$*. (Hinweis: a definiere eine Primitivwurzel in $(\mathbb{Z}/p\mathbb{Z})^\times$. Nun ist jedenfalls $a^{p-1} \equiv 1 \bmod p$. Mittels p-Potenzierung kann a aufgrund von 9.10 so abgeändert werden, dass $a^{p-1} \equiv 1 \bmod p^n$ gilt. Dann ist die Restklasse von $a(1+p)$ ein Element der Ordnung $(p-1)p^{n-1}$.
b) *Für $p = 2$ und $n \geq 3$ ist $(\mathbb{Z}/2^n\mathbb{Z})^\times = \langle -\overline{1} \rangle \times \langle \overline{5} \rangle$ das direkte Produkt der von den Restklassen von -1 bzw.* 5 *erzeugten zyklischen Untergruppen der Ordnungen* 2 *bzw.* 2^{n-2}.

9.12 Für die abelsche Gruppe $G = (\mathbb{Z}/m\mathbb{Z})^\times$ mit $m > 1$ beschreibe man die Untergruppe G_2 der Elemente σ mit $\sigma^2 = 1$. Zeige insbesondere: Ist r die Anzahl der ungeraden Primfaktoren von m und e der Exponent, mit dem 2 in m auftritt, so hat G_2 die Ordnung 2^r bzw. 2^{r+1} bzw. 2^{r+2}, je nachdem ob $e \leq 1$ bzw. $e = 2$ bzw. $e \geq 3$ ist. (Im Falle $m = 2^n$ mit $n \geq 3$ gebe man die drei Elemente der Ordnung 2 explizit an.) Für welche m ist G zyklisch? (Antwort: Genau für $m = p^n, 2p^n$ mit Primzahl p und $n \geq 1$, wobei $n = 1$ im Falle $p = 2$.)

9.13 Wie lauten die Primfaktorzerlegungen von $X^9 - X$ und $X^{27} - X$ in $\mathbb{F}_3[X]$?

9.14 Sei K der Körper mit 729 Elementen. Wie viele Teilkörper besitzt K? Zeige: K besitzt genau 696 Elemente α mit der Eigenschaft $K = \mathbb{F}_3(\alpha)$, und in $\mathbb{F}_3[X]$ gibt es genau 116 normierte Primpolynome vom Grad 6. Man formuliere allgemeinere Aussagen dieser Art.

9.15 Sei K ein endlicher Körper. Zeige: Jedes Element von K ist Summe zweier Quadrate in K. Allgemeiner: Sind $a, b \in K^\times$, so besitzt jedes $c \in K$ eine Darstellung der Gestalt $c = ax^2 + by^2$ in K. Hinweis: Wie viele Elemente haben die Mengen $\{ax^2 | x \in K\}$ und $\{c - by^2 | y \in K\}$?

9.16 Beweise, dass jede in $\mathbb{Q}(\zeta_n)$ enthaltene Einheitswurzel die Gestalt $\pm\zeta_n^k$ besitzt.

9.17 Sei $n \in \mathbb{N}$ und p eine nicht in n aufgehende Primzahl. Zeige: Für $x \in \mathbb{Z}$ gilt $F_n(x) \equiv 0 \bmod p$ genau dann, wenn $\overline{x}$ in $\mathbb{F}_p^\times$ die Ordnung n besitzt. (Hinweis: $X^n - \overline{1}$ ist ein separables Polynom in $\mathbb{F}_p[X]$.)

9.18 Sei $n \in \mathbb{N}$. Zeige, dass es unendlich viele Primzahlen mit $p \equiv 1 \bmod n$ gibt. (Allgemeiner besagt der berühmte *Satz von Dirichlet,* dass für jede zu n teilerfremde ganze Zahl a unendlich viele Primzahlen $p \equiv a \bmod n$ existieren.) Hinweis: Sei $P(F_n)$ die Menge aller der Primzahlen p, für die $F_n(X) \equiv 0 \bmod p$ eine Lösung in $\mathbb{Z}$ besitzt. Aus 9.17 folgt dann für jede Primzahl $p \nmid n$: $\quad p \in P(F_n) \iff p \equiv 1 \bmod n.\quad$ Jetzt ergibt sich die Behauptung aus der folgenden allgemeinen Feststellung:

9.19 Sei $f(X) = a_nX^n + \ldots + a_1X + a_0 \in \mathbb{Z}[X]$ vom Grade $n \geq 1$. Beweise, dass es unendlich viele Primzahlen p gibt, für welche die Kongruenz $f(X) \equiv 0 \bmod p$ eine Lösung in $\mathbb{Z}$ besitzt. (Hinweis: Ist $a_0 = 1$, so verfahre man ganz ähnlich wie in dem bekannten Beweis von *Euklid,* dass es unendlich viele Primzahlen gibt. Auf den Fall $a_0 = 1$ kann man sich aber stets zurückziehen.)

Bemerkung. Bezeichnet man die Menge der in Rede stehenden Primzahlen p mit $P(f)$, so gilt sogar

$$\sum_{p \in P(f)} \frac{1}{p} = \infty.$$

Hierfür einen elementaren Beweis zu erbringen, ist uns trotz einiger Ansätze letztlich nicht gelungen.

9.20 Warum liegt $\sqrt[4]{5}$ nicht in $\mathbb{Q}(\zeta_{25})$? Hinweis: $\mathbb{Q}(\sqrt[4]{5})/\mathbb{Q}$ ist nicht *normal.*
Warum liegt $\sqrt{15}$ nicht in $\mathbb{Q}(\zeta_{15})$? (Hinweis: $\sqrt{-3} \in \mathbb{Q}(\zeta_3)$, $\sqrt{5} \in \mathbb{Q}(\zeta_5)$.)
Man bestimme auch das Körperdiagramm von $\mathbb{Q}(\zeta_{15})/\mathbb{Q}$, sowie das Diagramm der Untergruppen von $(\mathbb{Z}/15)^\times$, welches diesem Körperdiagramm unter der Galoiskorrespondenz entspricht.

9.21 Zeige, dass $\mathbb{Q}(\zeta_8)/\mathbb{Q}$ genau drei echte Zwischenkörper besitzt, und zwar die Körper $\mathbb{Q}(\sqrt{2})$, $\mathbb{Q}(\sqrt{-1})$ und $\mathbb{Q}(\sqrt{-2})$.

9.22 Warum besitzt $\mathbb{Q}(\zeta_{41})/\mathbb{Q}$ genau 8 Zwischenkörper? Zeige allgemeiner: Ist q eine Primzahl > 2 und hat $q - 1$ die Primfaktorzerlegung $p_1^{e_1} \ldots p_r^{e_r}$, so besitzt $\mathbb{Q}(\zeta_q)$ genau $(e_1 + 1) \ldots (e_r + 1)$ Teilkörper. (Hinweis: Satz 9.5, Satz 9.3, F9.6.)

9.23 Es sei $E_1 = K(\zeta_{16}), E_2 = K(\zeta_{17})$ mit $K = \mathbb{Q}$. Zeige: Der Grad von E_1/K ist halb so groß wie der Grad von E_2/K, aber E_1/K hat mehr echte Zwischenkörper als E_2/K (und zwar genau doppelt so viele).

9.24 Man greife nochmals die Behauptungen von Aufg. 3.8 im Lichte des erreichten Kenntnisstandes auf und zeige, wie leicht sie sich jetzt beweisen lassen.

10. Operationen von Gruppen auf Mengen

Ist eine Galoiserweiterung E/K mit Galoisgruppe $G = G(E/K)$ gegeben, so entsprechen nach dem Hauptsatz der Galoisschen Theorie die Zwischenkörper von E/K umkehrbar eindeutig den Untergruppen der Galoisgruppe von E/K. Das Aufzählen dieser Untergruppen ist recht einfach, wenn $G(E/K)$ abelsch ist; insbesondere existieren dann für jedes $n \mid |G|$ Untergruppen der Ordnung n. Für nicht abelsche Gruppen ist dies aber im Allgemeinen nicht mehr der Fall. Es ist daher für uns jetzt an der Zeit, uns einigen Grundbegriffen der Gruppentheorie zuzuwenden.

10.1 Die Bahnengleichung

Natürliche Beispiele von Gruppen treten in der Mathematik gewöhnlich als Automorphismengruppen gewisser Strukturen auf. Unsere Ausführungen in Kap. 8 vermögen dies (sowie andere typische Züge) gut zu illustrieren. Man denke aber auch an Begriffsbildungen wie die lineare Gruppe eines Vektorraumes, die orthogonale Gruppe einer quadratischen Form etc.; wenn man will, lässt sich auch die Gruppe $S(M)$ aller Bijektionen einer Menge $M \neq \varnothing$ hier anführen; dabei wird eben M als bloße Menge betrachtet.

Im Folgenden bezeichne G eine *Gruppe* und M eine *nichtleere Menge.*

Definition 10.1. Wir sagen, G *operiere auf* M, wenn es einen Homomorphismus von Gruppen

$$\begin{aligned} T: G &\to S(M) \\ \sigma &\mapsto T(\sigma) = T_\sigma \end{aligned}$$

von G in die Gruppe aller Permutationen von M gibt. Die Anwendung eines $\sigma \in G$ auf ein $x \in M$ notieren wir dann auch in der Form

$$\sigma.x = \sigma x = T_\sigma(x).$$

Man erhält so eine Abbildung

$$\begin{array}{rcl} G \times M & \to & M \\ (\sigma, x) & \mapsto & \sigma x \end{array} \tag{10.1}$$

mit

$$\text{(i)}\ 1x = x \qquad\qquad \text{(ii)}\ (\sigma\tau)x = \sigma(\tau x).$$

Umgekehrt: Ist eine Abbildung (10.1) gegeben mit (i) und (ii), so operiert G auf M vermöge $T : G \to S(M)$, definiert durch $T(\sigma)(x) = \sigma x$. Wegen (ii) ist nämlich $T(\sigma\tau) = T(\sigma) \circ T(\tau)$, und wegen (i) gilt $T(1) = id_M$ und daher $T(\sigma) \circ T(\sigma^{-1}) = T(1) = id_M = T(\sigma^{-1}) \circ T(\sigma)$. Somit ist wirklich $T(\sigma) \in S(M)$ mit $T(\sigma)^{-1} = T(\sigma^{-1})$.

Beispiel. 1) Sei E/K eine galoissche Körpererweiterung mit Galoisgruppe $G = G(E/K)$. Vermöge $(\sigma, x) \mapsto \sigma(x)$ operiert dann G auf E. Ebenso operiert G auf $E^\times$. Ist E Zerfällungskörper des Polynoms $f \in K[X]$ vom Grade n und sind $\alpha_1, \dots, \alpha_n$ die Nullstellen von f, so operiert G auf $M = \{\alpha_1, \dots, \alpha_n\}$. Es gibt noch viele weitere (und ganz anders geartete) Beispiele von Operationen einer Gruppe. Es liegt sozusagen im Wesen von Gruppen, irgendwo zu operieren.

Definition 10.2. G operiere auf M. Für $x \in M$ heißt dann die Menge

$$Gx = \{\sigma x \mid \sigma \in G\}$$

die *Bahn von* x (bzgl. der gegebenen Operation von G auf M). Man vgl. im Übrigen F8.1.

F10.1. *G operiere auf M. Dann ist M die* **disjunkte** *Vereinigung der verschiedenen Bahnen (bzgl. der gegebenen Operation von G auf M).*

Beweis. Gibt es zu $x, y \in M$ ein $\sigma \in G$ mit $\sigma x = y$, so schreibe $x \sim y$. Man überzeugt sich sofort davon, dass $\sim$ eine Äquivalenzrelation auf M definiert. Die Äquivalenzklasse von $x \in M$ bzgl. $\sim$ ist dann nichts anderes als die Bahn Gx von x. Damit ist die Behauptung bereits gezeigt. □

Definition 10.3. G operiere auf M. Man sagt, G operiere **transitiv** auf M, wenn M nur aus einer Bahn besteht, d.h. für ein (bzw. jedes) $x \in M$ ist

$$M = Gx.$$

Man vgl. auch F8.7.

F10.2. *Die Gruppe G operiere auf der* **endlichen** *Menge M. Dann gilt*

$$|M| = \sum_C |C|,$$

wobei über die verschiedenen Bahnen C summiert wird.

Bemerkung. Man nennt $|Gx|$ die *Länge der Bahn* des Elementes x (unter G).

Beispiel. 2) Sei G eine Gruppe. Dann operiert G auf $M := G$ vermöge $(\sigma, \tau) \mapsto \sigma\tau$. Der zugehörige Homomorphismus $T : G \to S(G)$ ordnet jedem $\sigma \in G$ die zu σ gehörige *Linkstranslation* T_σ, definiert durch $T_\sigma(\tau) = \sigma\tau$, zu. Dann ist T offenbar injektiv. Für $|G| = n$ ist $S(G) \simeq S_n$, also erhält man

F10.3 (Satz von Cayley). *Jede Gruppe G der Ordnung n ist isomorph zu einer Untergruppe der symmetrischen Gruppe S_n.*

Beispiel. 3) Sei H eine Untergruppe der Gruppe G. Dann operiert H auf $M = G$ durch Linkstranslationen. Die Bahn eines $\sigma \in G$ ist dann

$$H\sigma = \{\rho\sigma \mid \rho \in H\}.$$

Diese heißt die *(Rechts-) Nebenklasse* von σ mod H. Die Menge dieser Rechtsnebenklassen bezeichnen wir mit $H \setminus G$ und ihre Kardinalität mit

$$G : H = |H \setminus G|.$$

Ist G endlich, so auch H sowie $H \setminus G$. Wegen $|H\sigma| = |H|$ für alle $\sigma \in G$ folgt dann aus F10.2 sofort

F10.4 (Satz von Euler–Lagrange). *Für jede Untergruppe H einer endlichen Gruppe G gilt*

$$|G| = (G : H) \cdot |H|. \tag{10.2}$$

Insbesondere ist die Ordnung von H ein Teiler der Ordnung von G.

Bemerkungen. (a) Natürlich gilt die Gleichung (10.2) auch für unendliche Gruppen, wenn man sie als Gleichung der entsprechenden Kardinalzahlen auffasst.

(b) Mit 1 bezeichnen wir auch die Untergruppe $\{1\}$. Dann ist $|H| = H : 1$ für jedes H, und damit

$$G:1=(G:H)(H:1). \tag{10.3}$$

(c) Wir tragen hier den Beweis von F9.1 für eine beliebige (nichtabelsche) Gruppe G der Ordnung n nach. Zu $\alpha \in G$ betrachte $H=\langle\alpha\rangle$. Wegen $|H|=\operatorname{ord}(\alpha)$ ist dann $\operatorname{ord}(\alpha)$ nach F10.4 ein Teiler von n. Insbesondere folgt $\alpha^n=1$.

(d) Für eine Untergruppe H von G bezeichne

$$G/H=\{\sigma H \mid \sigma \in G\}$$

die Menge der *Links*nebenklassen von G modulo H. *Dann ist* G *auch disjunkte Vereinigung der verschiedenen Linksnebenklassen* mod H. *Es gibt genau so viele Linksnebenklassen wie Rechtsnebenklassen* mod H, *also*

$$|G/H|=G:H.$$

Man überzeugt sich nämlich sofort davon, dass $(\sigma,\tau)\mapsto\tau\sigma^{-1}$ ebenfalls eine Operation der Gruppe H auf $M=G$ definiert. Der zugehörige Homomorphismus $T:H\to S(G)$ ordnet jedem $\sigma\in H$ die *Rechtstranslation* mit σ^{-1} zu. Die zugehörigen Bahnen sind gerade die τH. Die Abbildung $\sigma\mapsto\sigma^{-1}$ von G in sich vermittelt eine Bijektion $H\backslash G\to G/H$, denn $(H\sigma)^{-1}=\sigma^{-1}H^{-1}=\sigma^{-1}H$. – Man nennt $G:H$ den *Index von* H *in* G. Ist G endlich, so gilt

$$G:H=|G|:|H|, \tag{10.4}$$

vgl. (10.2); insbesondere ist dann $G:H$ ein Teiler von $|G|$.

Definition 10.4. G operiere auf M, sei $x\in M$. Die Untergruppe

$$G_x=\{\sigma\in G \mid \sigma x=x\}$$

heißt die *Stand(unter)gruppe von* x (auch: *Fixgruppe* von x oder *Stabilisator* von x).

F10.5. *G operiere auf M, und sei $x\in M$. Dann vermittelt die Abbildung*

$$G\to Gx,\ \sigma\mapsto\sigma x$$

eine Bijektion $i:G/G_x\to Gx$. Ist also Gx endlich, so auch $G:G_x$, und es gilt

$$|Gx|=G:G_x. \tag{10.5}$$

Ist G endlich, so auch Gx, und es gilt

$$|Gx|=|G|:|G_x|\,; \tag{10.6}$$

insbesondere ist dann die Länge jeder Bahn ein Teiler der Ordnung von G.

Beweis. Sei $H := G_x$. Genau dann gilt $\sigma H = \tau H$, wenn $\rho := \sigma^{-1}\tau \in H$. Es folgt $\tau x = \sigma\rho x = \sigma x$. Durch $i(\sigma H) = \sigma x$ ist also $i : G/G_x \to Gx$ wohldefiniert. Offenbar ist i surjektiv. Doch i ist auch injektiv, denn aus $\sigma x = \tau x$ folgt $\sigma^{-1}\tau x = x$, also $\sigma^{-1}\tau \in H$ und damit $\sigma H = \tau H$. □

F10.6 (Bahnengleichung). *Die Gruppe G operiere auf der* **endlichen** *Menge M. Die Elemente $x_1, \ldots, x_s$ seien ein vollständiges Vertretersystem für die s verschiedenen Bahnen (bzgl. der Operation von G). Dann gilt*

$$|M| = \sum_{i=1}^{s} (G : G_{x_i}).$$

Beweis. Nach F10.2 ist $|M| = \sum_{i=1}^{s} |Gx_i|$. Mit (10.5) folgt die Behauptung. □

Beispiel. 4) Sei G eine Gruppe. Wie man sofort nachprüft, operiert dann G auf der Menge $M = G$ vermöge $(\sigma, \tau) \mapsto \sigma\tau\sigma^{-1}$. Sei $\sigma \mapsto T_\sigma$ der zugehörige Homomorphismus von G in $S(G)$, also $T_\sigma(\tau) = \sigma\tau\sigma^{-1}$. Nun gilt aber $T_\sigma(\tau_1\tau_2) = \sigma(\tau_1\tau_2)\sigma^{-1} = \sigma\tau_1\sigma^{-1}\sigma\tau_2\sigma^{-1} = T_\sigma(\tau_1)T_\sigma(\tau_2)$, also ist T_σ sogar ein Automorphismus von G. Wir erhalten somit einen Homomorphismus

$$T : G \to \text{Aut}\,(G)$$

von G in die *Automorphismengruppe der Gruppe G*. Die Elemente von Bild T heißen die *inneren Automorphismen* von G. Der Kern von T ist der Normalteiler $ZG := \{\sigma \mid \sigma\tau\sigma^{-1} = \tau \text{ für alle } \tau \in G\}$ von G; er heißt das *Zentrum* von G. Es ist

$$ZG = \{\sigma \mid \sigma\tau = \tau\sigma \text{ für alle } \tau \in G\}.$$

Die Standuntergruppe G_τ von τ bzgl. der hier betrachteten Operation, d.h. die Untergruppe

$$Z_G(\tau) := \{\sigma \mid \sigma\tau\sigma^{-1} = \tau\} \tag{10.7}$$

heißt der *Zentralisator von τ in G*. Die Bahn eines $\tau \in G$, also die Menge

$$\{\sigma\tau\sigma^{-1} \mid \sigma \in G\},$$

heißt die *Konjugationsklasse von τ in G*. Elemente τ_1 und τ_2 in derselben Konjugationsklasse heißen *konjugiert in G*. Genau dann also ist τ_2 konjugiert zu τ_1, wenn τ_2 durch Anwendung eines inneren Automorphismus aus τ_1 hervorgeht: $\tau_2 = \sigma\tau_1\sigma^{-1}$ für ein $\sigma \in G$. Wendet man nun F10.6 auf die hier betrachtete Operation an, so ergibt sich

F 10.7 (Klassengleichung). *Ist G eine endliche (nicht–abelsche) Gruppe und $\tau_1, \tau_2, \ldots, \tau_r$ ein vollständiges Vertretersystem derjenigen Konjugationsklassen von G, welche aus mehr als einem Element bestehen, so gilt*

$$|G| = |ZG| + \sum_{i=1}^{r} (G : Z_G(\tau_i)).$$

Beweis. Die Konjugationsklasse eines $\tau \in G$ ist genau dann einelementig, wenn $\tau \in ZG$. □

Definition 10.5. Sei p ein Primzahl. Eine endliche Gruppe G heißt eine *p–Gruppe,* wenn $|G|$ eine Potenz von p ist.

F10.8. *Jede endliche p–Gruppe $G \neq 1$ besitzt ein nicht–triviales Zentrum.*

Beweis. Nach F10.7 muss p in $|ZG|$ aufgehen, also ist $ZG \neq 1$. □

F10.9. *Sei G eine p–Gruppe der Ordnung p^m. Dann gibt es eine Kette*

$$G = H_0 \supseteq H_1 \supseteq H_2 \supseteq \ldots \supseteq H_m = 1$$

von **Normalteilern** *H_i von G mit*

$$H_{i-1} : H_i = p \text{ für alle } 1 \leq i \leq m.$$

Beweis. Sei $m > 0$. Nach F10.8 enthält dann ZG ein Element $\alpha \neq 1$. Die zyklische Untergruppe $\langle\alpha\rangle$ besitzt eine Untergruppe H der Ordnung p (vgl. F9.6). Wegen $H \subseteq ZG$ ist H Normalteiler von G. Wir betrachten nun die Faktorgruppe $\overline{G} = G/H$. Per Induktion dürfen wir annehmen: Es gibt eine Kette $\overline{G} = N_0 \supseteq N_1 \supseteq \ldots \supseteq N_{m-1} = 1$ von Normalteilern N_i von $\overline{G}$ mit $N_{i-1} : N_i = p$. Die natürliche Abbildung $\varphi_i : G \to \overline{G} \to \overline{G}/N_i$ vermittelt die Isomorphie $G/\operatorname{Kern} \varphi_i \simeq \overline{G}/N_i$. Wir setzen nun $H_i := \operatorname{Kern} \varphi_i$ für $0 \leq i \leq m-1$, sowie $H_m = 1$. Wir erhalten dann die Kette $G = H_0 \supseteq H_1 \supseteq \ldots \supseteq H_{m-1} = H \supseteq H_m = 1$ von Normalteilern von G. Für $0 \leq i \leq m-1$ gelten dann nach Definition der H_i die Gleichungen $G : H_i = \overline{G} : N_i = p^i$, letzteres aufgrund der Formel (10.2) von Euler–Lagrange. Wieder mit (10.2) folgt dann $H_{i-1} : H_i = p$. Nach Wahl von H gilt dies auch für $i = m$. Wir haben somit auch für G eine Kette mit den verlangten Eigenschaften. □

Bezeichnungsvereinbarung: Ist H eine Untergruppe von G, so schreiben wir $H \leq G$. Ist H ein Normalteiler, so zeigen wir dies durch $H \trianglelefteq G$ an.

Beispiel. 5) G operiere auf M. Dann operiert G auch auf der Potenzmenge von M, und zwar vermöge

$$(\sigma, X) \mapsto \sigma X = \{\sigma x \mid x \in X\}.$$

Für jedes $X \subseteq M$ gilt dabei $|\sigma X| = |X|$.

Beispiel. 6) Im vorigen Beispiel sei speziell die Operation von G auf $M = G$ durch innere Automorphismen zugrundegelegt. Die Bahn eines $X \subseteq G$ ist dann $\{\sigma X \sigma^{-1} \mid \sigma \in G\}$. Wir verwenden die Bezeichnung $X^\sigma := \sigma^{-1} X \sigma$. Ist nun speziell $X = H \leq G$ eine Untergruppe von G, so ist auch $H^\sigma = \sigma^{-1} H \sigma$ eine Untergruppe (gleicher Kardinalität). Man nennt die H^σ die zu H *konjugierten Untergruppen* in G. Die Standgruppe

$$N_G H := \{\sigma \in G \mid \sigma H \sigma^{-1} = H\}$$

von H heißt der *Normalisator von* H *in* G. Definitionsgemäß gilt $H \trianglelefteq N_G H$. Ferner:

$$H \trianglelefteq G \iff N_G H = G. \tag{10.8}$$

Nach F10.5 *ist* $G : N_G H$ *die Anzahl der zu* H *konjugierten Untergruppen von* G.

Beispiel. 7) Sei $H \leq G$. Dann operiert G vermöge $(\sigma, \tau H) \mapsto \sigma\tau H$ *transitiv* auf G/H. Die Standgruppe von τH ist dabei die Untergruppe $\tau H \tau^{-1}$ von G. Denn für $\sigma \in G$ ist $\sigma(\tau H) = \tau H$ äquivalent zu $\sigma \in \tau H \tau^{-1}$.

Beispiel. 8) In der Situation des vorigen Beispiels sei $U \leq G$ neben $H \leq G$ eine weitere Untergruppe. Dann operiert auch U auf G/H vermöge $(\sigma, \tau H) \mapsto \sigma\tau H$. Die Bahn von τH ist die Menge

$$\{\sigma\tau H \mid \sigma \in U\} \tag{10.9}$$

von Linksnebenklassen mod H; die zugehörige Standgruppe von τH ist (vgl. Beispiel 7) die Gruppe

$$\tau H \tau^{-1} \cap U. \tag{10.10}$$

Die Vereinigung der Nebenklassen von (10.9) ist die Menge

$$U\tau H.$$

Sie heißt *Doppelnebenklasse von* τ *nach* U, H. Es gilt offenbar:

(a) *G ist die disjunkte Vereinigung der verschiedenen Doppelnebenklassen nach U, H.*

Werde G jetzt als endlich vorausgesetzt, und sei m die Länge der Bahn (10.9) von τH. Dann ist $|U\tau H| = m \cdot |H|$. Aufgrund von F10.5 gilt $m = U : (\tau H \tau^{-1} \cap U)$, vgl. (10.10). Also ist

$$|U\tau H| = \frac{|U|\ |H|}{|\tau H \tau^{-1} \cap U|} \tag{10.11}$$

die Elementezahl der Doppelnebenklasse $U\tau H$. Es ist $|\tau H \tau^{-1} \cap U| = |H \cap \tau^{-1} U \tau| = |H \cap U^{\tau}|$, wie man durch Anwendung des zu τ gehörigen inneren Automorphismus sofort erkennt. Damit erhalten wir:

(b) *Sei G endlich und T ein vollständiges Vertretersystem der verschiedenen Doppelnebenklassen von G nach U, H. Dann gilt*

$$|G| = \sum_{\tau \in T} \frac{|U|\ |H|}{|\tau H \tau^{-1} \cap U|} = \sum_{\tau \in T} \frac{|U|\ |H|}{|H \cap U^{\tau}|}. \tag{10.12}$$

10.2 Die Sylowsätze

Ist G eine endliche *abelsche* Gruppe der Ordnung n, so ist es nicht schwer zu zeigen, dass G für jeden Teiler d von n eine Untergruppe der Ordnung d besitzt. Die entsprechende Behauptung für beliebige endliche Gruppen ist dagegen falsch: so hat die alternierende Gruppe A_4 der Ordnung 12 keine Untergruppe der Ordnung 6 (sh. Aufg. 15.11). Es gibt, wie wir weiter unten sehen werden, Elemente S und T in A_4 mit der Ordnung 2, bzw. 3 (Satz von Cauchy; vgl. die Bemerkungen am Schluss des Kapitels); würden diese kommutieren, so hätte die von S und T erzeugte Gruppe in der Tat Ordnung 6. Es ist also tatsächlich die Nichtkommutativität, die uns hier das Leben schwer macht (vgl. aber Aufg. 10.19, insbesondere Teil vi)).

Die Sylowsätze, die wir nun vorstellen wollen, werden uns aber wenigstens garantieren, dass für Primpotenzen p^m, die die Ordnung einer endlichen Gruppe G teilen, stets Untergruppen der Ordnung p^m in G existieren; außerdem machen die Sylowsätze Aussagen über die Anzahl dieser Untergruppen, falls p^m die maximale in der Ordnung von G aufgehende p-Potenz ist.

Für den Rest des Kapitels bezeichne G eine **endliche Gruppe** und p eine **Primzahl.**

Definition 10.6. (a) Ein $H \leq G$ mit $|H| = p^m$ heißt eine *p–Untergruppe* von G.

(b) Sei $|G| = p^n a$ mit $(a, p) = 1$, also p^n die maximale in $|G|$ aufgehende p–Potenz. Ein $H \leq G$ mit $|H| = p^n$ heißt eine *p–Sylowuntergruppe von G*, kurz *p–Sylowgruppe von G*. Mit

$$\mathrm{Syl}_p(G)$$

bezeichnen wir die Menge der p–Sylowgruppen von G. Für eine beliebige Untergruppe H von G gilt (vgl. F10.4):

$$H \in \mathrm{Syl}_p(G) \iff H \text{ ist } p\text{–Gruppe und } G : H \not\equiv 0 \bmod p. \tag{10.13}$$

Beispiel. Wir betrachten die Gruppe $G = GL(n, p) = GL(n, \mathbb{F}_p)$ der invertierbaren $n \times n$–Matrizen mit Koeffizienten im Körper $\mathbb{F}_p$. Wie man sich leicht überlegt, ist

$$|G| = (p^n - 1)(p^n - p) \dots (p^n - p^{n-1}) \tag{10.14}$$

die Ordnung von G (denn für das Bild des ersten Basisvektors der kanonischen Basis von $\mathbb{F}_p^n$ hat man $p^n - 1$ Möglichkeiten, für das des zweiten dann $p^n - p$, usw.). Die maximale p–Potenz in $|G|$ ist daher

$$p^{1+2+\dots+(n-1)} = p^{n(n-1)/2}. \tag{10.15}$$

Die Untergruppe

$$P = \left\{ \begin{pmatrix} 1 & & & \\ & 1 & * & \\ & & \ddots & \\ & & & 1 \end{pmatrix} \right\} \leq GL(n, p)$$

aller oberen Dreiecksmatrizen mit Einsen auf der Diagonalen hat offenbar genau die Ordnung (10.15). Also ist P eine p–Sylowgruppe von G.

Lemma. *Sei $H \leq G$, und P sei eine p–Sylowgruppe von G. Dann gibt es ein $\tau \in G$, sodass*

$$H \cap P^\tau$$

eine p–Sylowgruppe von H ist.

Beweis. Wir betrachten die Doppelnebenklassenzerlegung von G nach den Untergruppen H und $U = P$. Nach (10.12) gilt dann

$$|G| = \sum_{\tau \in T} \frac{|H|\ |P|}{|H \cap P^\tau|}. \tag{10.16}$$

Indem man diese Gleichung durch die maximale in $|G|$ aufgehende p–Potenz $p^n = |P|$ teilt, erkennt man, dass für mindestens ein τ

$$\frac{|H|}{|H \cap P^\tau|} = H : H \cap P^\tau \not\equiv 0 \bmod p$$

gelten muss. Nun ist aber andererseits $H \cap P^\tau$ als Untergruppe von P^τ eine p–Gruppe. Nach (10.13) ist also $H \cap P^\tau$ eine p–Sylowgruppe von H. □

Satz 10.1 (Sylowsätze).

(I) *G besitzt eine p–Sylowgruppe. Jede p–Untergruppe von G ist in einer geeigneten p–Sylowgruppe von G enthalten („1. Sylowsatz“).*
(II) *Je zwei p–Sylowgruppen von G sind konjugiert („2. Sylowsatz“).*
(III) *Sei n_p die Anzahl der p–Sylowgruppen von G. Dann gilt einerseits*

$$n_p \textit{ teilt } G : P \textit{ für } P \in \mathrm{Syl}_p(G) \tag{10.17}$$

und andererseits

$$n_p \equiv 1 \bmod p \qquad \textit{(„3. Sylowsatz“)}. \tag{10.18}$$

Bemerkungen. In (III) gilt genauer

$$n_p = G : N_G P. \tag{10.19}$$

Auf der anderen Seite hat man

$$n_p \equiv 1 \bmod p^d \tag{10.20}$$

für jedes d, das für alle $P' \neq P$ aus $\mathrm{Syl}_p(G)$ folgende Bedingungen erfüllt:

$$P : P \cap P' \equiv 0 \bmod p^d \tag{10.21}$$

Aus (10.20) folgt (10.18), denn mit $d = 1$ ist (10.21) offenbar stets erfüllt.

Als Folge von (II) gilt: *Ist $P \in \mathrm{Syl}_p(G)$ ein Normalteiler von G, so ist P die einzige p–Sylowgruppe von G.* Umgekehrt ist klar: *Hat G nur eine einzige p–Sylowgruppe, so ist diese ein Normalteiler von G.* Denn mit P ist ja auch jede zu P konjugierte Untergruppe eine p–Sylowgruppe von G.

Beweis. 1) Sei $n = |G|$. Nach F10.3 ist G zu einer Untergruppe von S_n isomorph. Indem man jedem $\pi \in S_n$ die Permutationsmatrix $P_\pi \in GL(n, \mathbb{F}_p)$ zuordnet, welche die entsprechende Permutation der kanonischen Basis $e_1, \ldots, e_n$ bewirkt, also $P_\pi e_i = e_{\pi(i)}$, erhält man einen injektiven Homomorphismus von S_n in $GL(n, \mathbb{F}_p)$. Insgesamt ist auf diese Weise G zu einer Untergruppe H von $GL(n, \mathbb{F}_p)$ isomorph. Für $GL(n, \mathbb{F}_p)$ haben wir aber oben schon eine p–Sylowgruppe angegeben. Nach dem vorangegangenen Lemma besitzt dann aber auch die Untergruppe H eine p–Sylowgruppe, also auch die zu H isomorphe Gruppe G.

2) Sei $P \in \mathrm{Syl}_p(G)$ und $H \leq G$ eine beliebige p–Untergruppe von G. Nach dem Lemma gibt es ein $\tau \in G$ mit $H \cap P^\tau \in \mathrm{Syl}_p(H)$. Nun ist H aber eine p–Gruppe, folglich gilt $H \cap P^\tau = H$, also $H \subseteq P^\tau \in \mathrm{Syl}_p(G)$. Damit ist (I) vollständig bewiesen. Ist $H \in \mathrm{Syl}_p(G)$, so folgt $H = P^\tau$ (denn beide Gruppen haben die gleiche Ordnung). Also gilt (II).

3) Sei $P \in \mathrm{Syl}_p(G)$. Aufgrund von (II) ist dann $n_p = |\{P^\tau \mid \tau \in G\}| = G : N_G P$, vgl. Bsp. 6. Dies beweist (10.19), also auch (10.17).

4) Es bleibt noch (10.20) zu zeigen. Hierfür betrachten wir die Gleichung (10.16) für $H = N_G P$. Dabei sind

$$P \tau N_G P, \quad \tau \in T$$

die sämtlichen, paarweise verschiedenen Doppelnebenklassen von G nach $P, N_G P$. Wir können o.E. annehmen, dass $1 \in T$. Für $\tau \neq 1$ aus T ist dann $\tau \notin N_G P$, d.h. $P^\tau \neq P$. Als p–Gruppe ist $P^\tau \cap N_G P$ nach (I) in einer p–Sylowgruppe von $N_G P$ enthalten. Wegen $P \trianglelefteq N_G P$ ist aber P die einzige p–Sylowgruppe von $N_G P$, also gilt $P^\tau \cap N_G P \subseteq P$. Es folgt $P^\tau \cap N_G P \subseteq P^\tau \cap P$ und somit

$$P^\tau \cap N_G P = P^\tau \cap P.$$

Teilt man Gleichung (10.16) durch $|H| = |N_G P|$, so ergibt sich also

$$G : N_G P = 1 + \sum_{\tau \in T \setminus \{1\}} [P : P^\tau \cap P].$$

Mit (10.19) folgt daraus $n_p \equiv 1 \bmod p^d$ für jedes d, welches die Bedingungen (10.21) erfüllt. □

Bemerkungen. Aus dem ersten Sylowsatz folgt in Verbindung mit F10.9 sofort: *Zu jeder Primzahlpotenz p^k, welche die Ordnung von G teilt, gibt es* *eine Untergruppe H von G mit $H : 1 = p^k$.* Für $k = 1$ erhält man insbesondere einen bereits auf *Cauchy* zurückgehenden Satz: *Zu jedem Primteiler p der Ordnung von G enthält G ein Element der Ordnung p.*

Der norwegische Mathematiker *Sylow* (1832–1918) hat die Bedeutung von Cauchys Satz erkannt und ihn zu den obigen drei Aussagen ausgebaut, welche seit ihrer Veröffentlichung (1872 in den Mathematischen Annalen) eine fundamentale Rolle in der Gruppentheorie spielen.

Im Übrigen besitzt die Aussage (10.18) des 3. Sylowsatzes folgende bemerkenswerte Verallgemeinerung (vgl. Aufg. 10.13): Für jede gegebene p-Potenz p^k, welche die Gruppenordnung von G teilt, ist die Anzahl aller Untergruppen der Ordnung p^k in G stets kongruent 1 mod p.

Übungen

1) Zeige, dass in Def. 10.4 der Stabilisator G_x wirklich eine Untergruppe von G ist.
2) Für jede *abelsche* Gruppe G endlicher Ordnung beweise man (mit Induktion nach der Gruppenordnung) ganz elementar: Ist p ein Primteiler von $|G|$, so hat G ein Element der Ordnung p. Nun zeige man (wieder mit Induktion): Ist $d \in \mathbb{N}$ ein Teiler von $n = |G|$, so hat G eine Untergruppe der Ordnung d.
3) Betrachte $M = \{(x_1, \ldots, x_5) : x_i \in \{0,1\}\}$. Für $x = (x_1, \ldots, x_5) \in M$ sei $\sigma(x) = (x_2, \ldots, x_5, x_1)$ der durch zyklische Permutation aus x hervorgehende „Vektor“. Zeige, dass die Bahn jedes Elements genau 5 Elemente hat, mit Ausnahme von $(0,0,0,0,0)$ und $(1,1,1,1,1)$. Schließe daraus, dass $2^5 \equiv 2 \bmod 5$ gilt, und verallgemeinere diese Überlegung zu einem Beweis des kleinen Fermatschen Satzes $a^p \equiv a \bmod p$.
4) Eine Gruppe G operiert von rechts auf einer Menge X, wenn es eine Abbildung $X \times G \longrightarrow X$, $(x, \sigma) \longmapsto x.\sigma$, gibt mit $x.1 = x$ und $x.(\sigma\tau) = (x.\sigma).\tau$. Zeige: operiert G von rechts auf X, so definiert $\sigma x := x.\sigma^{-1}$ eine Operation von links.
5) Sei $\mathrm{SL}_2(\mathbb{Z})$ die Gruppe aller 2×2-Matrizen mit ganzzahligen Einträgen und Determinante 1. Zeige: $\mathrm{SL}_2(\mathbb{Z})$ operiert via $\left(\begin{smallmatrix} a & b \\ c & d \end{smallmatrix}\right) z = \frac{az+b}{cz+d}$ auf der oberen Halbebene $\mathcal{H} = \{z \in \mathbb{C} \mid \operatorname{Im} z > 0\}$.
6) Sei $Q = AX^2 + BXY + CY^2$ eine quadratische Form und $A, B, C \in \mathbb{Z}$. Man nennt $\Delta = B^2 - 4AC$ die Diskriminante von Q. Man zeige, dass für $M = \left(\begin{smallmatrix} a & b \\ c & d \end{smallmatrix}\right) \in \mathrm{SL}_2(\mathbb{Z})$ durch $Q|_M = Q(aX + bY, cX + dY)$ eine Operation von $\mathrm{SL}_2(\mathbb{Z})$ auf der Menge der quadratischen Formen mit Diskriminante Δ definiert ist. Beachte $Q|_{MN} = (Q|_M)|_N$, d.h. $\mathrm{SL}_2(\mathbb{Z})$ operiert von rechts!
7) Ordne jeder quadratischen Form $Q = AX^2 + BXY + CY^2$ mit negativer Diskriminante $\Delta = B^2 - 4AC$ und positivem A die komplexe Zahl $\tau_Q = \frac{-B+\sqrt{\Delta}}{2A} \in \mathcal{H}$ in der oberen Halbebene zu. Zeige, dass dann $Q|_M$ dem Element $M^{-1}\tau_Q$ entspricht.
8) Im rationalen Funktionenkörper $\mathbb{C}(X)$ betrachte man die Funktionen $f_1(X) = X$, $f_2(X) = -\frac{1}{X+1}$ und $f_3(X) = -\frac{X+1}{X}$. Zeige, dass $G = \{f_1, f_2, f_3\}$ eine Gruppe bezüglich der Komposition von Abbildungen ist, und dass G auf $\mathbb{C} \setminus \{0, -1\}$ operiert. Bestimme den Stabilisator G_z für jedes $z \in \mathbb{C} \setminus \{0, -1\}$.

9) Für ungerade Primzahlen betrachte man die Menge M aller Lösungen (x, y) von $x^2 + y^2 = 1$ in $\mathbb{F}_p$. Zeige, dass die folgenden Abbildungen $M \longrightarrow M$ eine Gruppe G der Ordnung 8 (welche?) bezüglich der Komposition erzeugen: $\sigma(x, y) = (-x, y)$; $\tau(x, y) = (x, -y)$; $\rho(x, y) = (y, x)$. Zeige, dass die Bahnen unter G bis auf folgende Ausnahmen immer 8 Elemente haben: Die Bahnen von $(0, \pm 1)$ und $(\pm 1, 0)$ haben Länge 4; außer diesen gibt es noch eine weitere Bahn der Länge 4 genau dann, wenn 2 ein Quadrat in $\mathbb{F}_p$ ist.
Man zeige weiter, dass $|M| = p - 1$ oder $p + 1$ ist, je nachdem -1 ein Quadrat in $\mathbb{F}_p$ ist oder nicht. (Hinweis: ist $x \neq 0$, so dividiere man $x^2 + y^2 = 1$ durch x^2, führe neue Variablen $Y = y/x$ und $X = 1/x$ ein und schreibe die Gleichung in der Form $1 = (X - Y)(X + Y)$. Deren Lösungen mit $X \neq 0$ lassen sich leicht zählen). Aus der Bahnengleichung leite man nun ab, dass 2 genau dann ein Quadrat in $\mathbb{F}_p$ ist, wenn $p \equiv \pm 1 \bmod 8$ gilt.

10) Bestimme das Zentrum der Diedergruppe D_8 und der Quaternionengruppe Q_8. Welche Struktur haben die dazugehörigen Faktorgruppen?

Aufgaben und Bemerkungen

10.1 Zeige: Für eine Gruppe $G \neq 1$ sind folgende Aussagen äquivalent:
(i) G ist endlich von Primzahlordnung.
(ii) G besitzt keine Untergruppen, außer $H = 1$ und $H = G$.
(iii) G ist zyklisch von Primzahlordnung.

10.2 Zeige: Für eine Gruppe $G \neq 1$ sind folgende Aussagen äquivalent:
(i) (i)] Unter den echten Untergruppen von G gibt es eine größte.
(ii) G ist zyklisch von Primzahlpotenzordnung.
(iii) G hat endliche Ordnung, und die Menge der Untergruppen von G ist total geordnet.

10.3 Sei k ein Körper mit algebraischem Abschluss C. Sei α ein Element von C mit $\alpha \notin k$. Zeige: Unter den Zwischenkörpern von C/k, die α nicht enthalten, gibt es einen maximalen. Sei K ein solcher, und sei E/K eine endliche Erweiterung (innerhalb C/k). Zeige: Ist E/K separabel, so ist E/K galoissch mit zyklischer Gruppe von Primzahlpotenzordnung (Hinweis: 10.2). Ist E/K nicht separabel und $p = \operatorname{char}(K)$, so ist E/K rein inseparabel, und die Körpererweiterung K/K^p hat den Grad p (Hinweis: vgl. 8.7).

10.4 Sei G eine endliche Gruppe und H eine Untergruppe von G. Zeige: Ist $G : H = 2$, so ist H ein *Normalteiler* von G. Ist H ein Normalteiler der Ordnung 2, so liegt H im Zentrum von G.
Man beweise allgemeiner: Ist p der *kleinste* Primteiler der Ordnung von G so gelten:
a) Ist H ein Normalteiler der Ordnung p, so liegt H in ZG.
b) Ist H vom Index p, so ist H ein *Normalteiler* von G.
(Hinweis: a) Die inneren Automorphismen von G vermitteln Elemente der Gruppe $\operatorname{Aut}(H) \simeq (\mathbb{Z}/p\mathbb{Z})^\times$. b) Sei M die Menge der zu H konjugierten Untergruppen von G. Indem man G auf M durch Konjugation operieren lässt, erhält man einen Homomorphismus von G in die Gruppe $S(M)$ aller Permutationen von M; untersuche den Kern.)

10.5 Sei G eine endliche p–Gruppe und H eine echte Untergruppe von G. Zeige, dass dann H *echte* Untergruppe ihres Normalisators $N_G H$ in G ist. Folgerungen: Ist H eine *maximale* Untergruppe von G (d.h. maximal unter den echten Untergruppen von G), so ist H ein *Normalteiler* vom Index p in G. Ferner: Jede echte Untergruppe H von G liegt in einem Normalteiler N vom Index p in G. (Hinweis: Es ist $ZG \neq 1$. Führe Induktion nach $|G|$. Der Fall $ZG \not\subseteq H$ ist trivial.)

10.6 Sei G eine endliche p–Gruppe und $N \neq 1$ ein Normalteiler von G. Zeige:
a) $N \cap ZG \neq 1$.

b) N enthält einen Normalteiler H von G mit $N : H = p$.
(Hinweis: a) Bahnengleichung für die Operation von G durch innere Automorphismen auf N; b) folgt aus a) per Induktion.)

10.7 Sei N ein Normalteiler einer Gruppe G mit *zyklischer* Faktorgruppe G/N. Man zeige: a) Ist N außerdem im *Zentrum* von G enthalten, so ist G *abelsch.* Folgerung: Jede Gruppe der Ordnung p^2 (p Primzahl) ist *abelsch.* b) Ist G endlich und G/N von der Ordnung f, so besitzt G eine zyklische Untergruppe C der Ordnung f. Ist f außerdem teilerfremd zur Ordnung von N, so gilt $N \cap C = 1$ und $G = NC$.

10.8 a) Sei H eine Untergruppe einer Gruppe G. Mit $p : G \longrightarrow G/H$ bezeichne man die durch $\sigma \longmapsto \sigma H$ definierte Abbildung. Kann man auf der Menge $\overline{G} := G/H$ eine Multiplikation so definieren, dass $p(\sigma) \cdot p(\tau) = p(\sigma\tau)$ für alle σ, τ aus G gilt? Wenn ja, so offenbar nur auf *eine* Weise; G/H ist dann mit dieser Multiplikation eine *Gruppe* und p ein *Gruppenhomomorphismus.* Zeige: Die gestellte Frage hat genau dann eine positive Antwort, wenn H ein *Normalteiler* von G ist.
b) Seien H_1, H_2 Untergruppen einer Gruppe G und $f : H_1 \times H_2 \longrightarrow G$ die Abbildung $(x_1, x_2) \longmapsto x_1x_2$. Zeige, dass f genau dann ein Homomorphismus ist, wenn für $x_i \in H_i$ stets $x_1x_2 = x_2x_1$ gilt. Man sagt, G sei *das direkte Produkt von* H_1 *und* H_2, wenn f ein Isomorphismus ist. Zeige, dies ist genau dann der Fall, wenn folgende Bedingungen erfüllt sind:

$$G = H_1H_2, \qquad H_i \trianglelefteq G \text{ für } i = 1, 2, \qquad H_1 \cap H_2 = 1.$$

(Hinweis: Elemente a, b einer Gruppe sind genau dann vertauschbar, wenn ihr *Kommutator* $[a, b] := aba^{-1}b^{-1}$ gleich 1 ist.)
c) Seien $H_1, \ldots, H_n$ Untergruppen einer Gruppe G, und es sei H ihr Durchschnitt. Zeige: Hat jedes H_i endlichen Index in G, so auch H. (Hinweis: Die Abbildungen $p_i : G \longrightarrow G/H_i$ mit $p_i(\sigma) = \sigma H_i$ vermitteln eine wohldefinierte Abbildung $G/H \longrightarrow G/H_1 \times \ldots \times G/H_n$.)

10.9 a) Es sei p eine Primzahl. Zeige: Jede Gruppe der Ordnung $p^a m$ mit $m \leq p$ besitzt einen Normalteiler der Ordnung p^a. (Hinweis: Der Fall $m = p$ wird durch F10.9 erledigt. Für $m < p$ siehe *Sylowsätze.*)
b) Zeige: Ist G eine Gruppe der Ordnung pq mit Primzahlen $p > q$ und ist q kein Teiler von $p - 1$, so ist G zyklisch.
c) Seien p, q Primzahlen mit $p \neq q$. Zeige: Jede Gruppe der Ordnung p^2q hat eine normale p–Sylowgruppe oder eine normale q–Sylowgruppe.
d) Zeige: Jede Gruppe der Ordnung $2^n \cdot 3$ besitzt einen Normalteiler N mit $G : N = 3$ oder $G : N = 2$. (Hinweis: Die Operation von G durch innere Automorphismen auf $M = \mathrm{Syl}_2(G)$ liefert einen Homomorphismus $G \to S(M)$.)
e) Zeige: Jede Gruppe der Ordnung 45 ist abelsch.
f) Zeige: Ist G eine Gruppe der Ordnung pqr mit Primzahlen $p < q < r$, so ist eine der (nicht–trivialen) Sylowgruppen von G ein Normalteiler von G. (Hinweis: Andernfalls gäbe es insgesamt zu viele Elemente der Ordnung p, q und r.)

10.10 Eine Untergruppe H einer Gruppe G heißt *charakteristisch* in G, in Zeichen $H \blacktriangleleft G$, wenn $\varphi(H) = H$ für alle Autormorphismen φ von G. Eine Gruppe $G \neq 1$ heißt *einfach,* (bzw. *charakteristisch–einfach),* wenn es keine Untergruppe $H \neq 1, G$ mit $H \blacktriangleleft G$ (bzw. $H \trianglelefteq G$) gibt. Zeige:
a) Aus $H \blacktriangleleft N \trianglelefteq G$ folgt $H \trianglelefteq G$. Insbesondere: Jede Untergruppe H eines *zyklischen Normalteilers* N von G ist normal in G.
b) Ist G eine charakteristisch–einfache endliche Gruppe und N ein *minimaler Normalteiler* von G (d.h. unter allen Normalteilern $\neq 1$ von G minimal), so gilt $G \simeq N \times \ldots \times N$, und N ist einfach. (Hinweis: $G = \langle \varphi(N) \mid \varphi \in \mathrm{Aut}\,(G) \rangle = \varphi_1(N) \ldots \varphi_r(N)$, und für minimales r ist das Produkt direkt.)
c) Ist $G \simeq N \times \ldots \times N$ und N einfach, so ist G charakteristisch-einfach.

10.11 Unter den Gruppen G der Ordnung $n < 60$ gibt es, abgesehen von den zyklischen von Primzahlordnung, keine weiteren einfachen Gruppen.
(Hinweis: Nach 10.9 bleiben nur die Fälle $n = 36$, $n = 40$ und $n = 56$ fraglich: Für $n = 40$ liegt eine normale 5–Sylowgruppe vor, für $n = 36$ benutze ein Argument wie in Teil d) von 10.9, und im Falle $n = 56$ zähle die Elemente der Ordnung 7 und die von 2-Potenzordnung.)

10.12 Sei E Zerfällungskörper von $X^7 - 6$ über $\mathbb{Q}$. Zeige:
(i) $E : \mathbb{Q} = 6 \cdot 7$.
(ii) Es gibt genau einen Zwischenkörper F von $E/\mathbb{Q}$ mit $E : F = 7$, nämlich $F = \mathbb{Q}(\zeta_7)$.
(iii) $\sqrt[7]{6} + \zeta_7$ ist ein primitives Element von $E/\mathbb{Q}$.
(iv) Die Galoisgruppe G von $E/\mathbb{Q}$ besitzt Elemente σ, τ mit $\text{ord}(\sigma) = 7, \text{ord}(\tau) = 6$ und $\tau\sigma\tau^{-1} = \sigma^3$.
Man verschaffe sich eine Übersicht über **alle** Zwischenkörper von $E/\mathbb{Q}$: Sind $\alpha_1, \ldots, \alpha_7$ alle Nullstellen von $X^7 - 6$, so hat man außer $\mathbb{Q}$ und E jedenfalls die folgenden *paarweise verschiedenen* Zwischenkörper: $\mathbb{Q}(\sqrt{-7})$, $\mathbb{Q}(\zeta_7 + \overline{\zeta}_7)$, $\mathbb{Q}(\zeta_7)$, $\mathbb{Q}(\alpha_k)$, $\mathbb{Q}(\alpha_k, \sqrt{-7})$, $\mathbb{Q}(\alpha_k, \zeta_7 + \overline{\zeta}_7)$ mit jeweils $1 \leq k \leq 7$. Man zeige, dass es keine weiteren gibt. (Hinweis: Für die Zahl n_3 der 3–Sylowgruppen ist $n_3 = 1$ oder $n_3 = 7$, wegen der Verschiedenheit der $\mathbb{Q}(\alpha_k, \sqrt{-7})$ also $n_3 = 7$. Beachte ferner, dass jede Untergruppe der Ordnung 6 eine dieser sieben 3–Sylowgruppen enthalten muss. Entsprechend enthält eine Untergruppe der Ordnung 14 oder 21 die einzige 7–Sylowgruppe von G. Wieviel Platz bleibt jetzt noch für die 2–Sylowgruppen? Man kann die Zahl der Elemente der Ordnung 2 auch aus der Struktur von G ablesen.)

10.13 Es sei p^k eine Primzahlpotenz und m eine beliebige natürliche Zahl. Für jede Gruppe G der Ordnung mp^k betrachte man die Menge M aller p^k–elementigen Teilmengen von G. Auf der Menge M operiert G per Translation. Für $X \in M$ sei G_X die zugehörige Standuntergruppe, also $G_X = \{\sigma \in G \mid \sigma X = X\}$. Zeige:
a) Für jedes $X \in M$ gilt $|G_X| \leq |X| = p^k$ mit Gleichheit genau dann, wenn X Nebenklasse einer Untergruppe H der Ordnung p^k ist.
b) Bezeichnet daher $n_G = n_G(p^k)$ die Anzahl aller Untergruppen der Ordnung p^k in G, so liefert die Bahnengleichung für die Operation von G auf M die Kongruenz

$$\binom{mp^k}{p^k} \equiv n_G \cdot m \bmod mp.$$

Dies gilt für alle Gruppen G der Ordnung mp^k. Nimmt man insbesondere eine zyklische, so wird $n_G = 1$, und man erhält den folgenden Satz von *Frobenius* (Frobenius [12], 1895):
In jeder Gruppe der Ordnung $p^k m$ ist die Anzahl der Untergruppen der Ordnung p^k kongruent 1 *modulo p*. Insbesondere besitzt also jede endliche Gruppe p–Sylowgruppen, und deren Anzahl ist kongruent 1 modulo p. – Die obige Schlussweise geht auf *Wielandt* [42] sowie *Miller* [30] zurück, doch findet sich dort kein Hinweis auf das Resultat von Frobenius.

10.14 Sei P eine p–Sylowgruppe der endlichen Gruppe G. Man zeige ohne Benutzung des 2. Sylowsatzes: Ist P normal in G, so ist P die einzige p–Sylowgruppe von G (und umgekehrt). Allgemeiner: Ist N ein beliebiger Normalteiler von G, so ist $N \cap P$ eine p–Sylowgruppe von N (und im übrigen PN/N eine p–Sylowgruppe von G/N).

10.15 Sei N ein Normalteiler der endlichen Gruppe G. Zeige: Ist P eine p–Sylowgruppe von N, so gilt $N_G(P)N = G$.

10.16 Sei P eine p–Sylowgruppe der endlichen Gruppe G. Zeige: Ist H eine Untergruppe von G, welche $N_G P$ enthält, so ist $N_G H = H$.

10.17 Sei G eine endliche Gruppe. Man beweise die Existenz einer p–Sylowgruppe von G per Induktion mittels der *Klassengleichung,* vgl. F10.7. (Hinweis: Warum kann man von $|ZG| \not\equiv 0 \bmod p$ ausgehen?)

10.18 Sei G eine p–Gruppe der Ordnung p^n. Man folgere aus 10.13: Für jedes $k \leq n$ ist die Anzahl der *Normalteiler* der Ordnung p^k in G kongruent 1 modulo p.

10.19 Eine endliche Gruppe G heißt *nilpotent,* wenn alle Sylowgruppen von G normal sind. Zeige, dass für eine endliche Gruppe G folgende Aussagen äquivalent sind:
(i) G ist nilpotent.
(ii) G ist das direkte Produkt seiner Sylowgruppen.
(iii) Für jede echte Untergruppe H von G ist H echte Untergruppe von $N_G H$.
(iv) Jede maximale Untergruppe von G ist normal (von Primzahlindex).
(v) Jede nicht–triviale Faktorgruppe von G hat ein nicht–triviales Zentrum.
(vi) Je zwei Elemente von G mit zueinander teilerfremden Ordnungen sind vertauschbar.

10.20 Die endliche Gruppe G operiere auf der endlichen Menge M. Für jedes $\sigma \in G$ bezeichne $i(\sigma)$ die Anzahl der *Fixpunkte* von σ. Man zeige, dass der Mittelwert der $i(\sigma)$ mit der Zahl s der Bahnen übereinstimmt:

$$s = \frac{1}{|G|} \sum_{\sigma \in G} i(\sigma).$$

Hinweis: Betrachte die Teilmenge $\{(\sigma, x) \mid \sigma x = x\}$ von $G \times M$ und zähle ihre Elemente.

10.21 Zeige: Enthält eine endliche p–Gruppe $G \neq 1$ nur eine einzige Untergruppe H_0 vom Index p, so ist G *zyklisch.* (Hinweis: Jede echte Untergruppe von G liegt in einer maximalen Untergruppe H von G. Mit 10.19 folgt $H = H_0$. Die Behauptung ergibt sich damit aus 10.2.)

10.22 Zeige: Eine endliche Gruppe G ist niemals Vereinigung der Konjugierten $\tau H \tau^{-1}$ einer echten Untergruppe H von G. – So einfach und leicht beweisbar diese Feststellung auch ist, so spielt sie doch an sehr verschiedenen Stellen eine gewisse Rolle. Man kann auch ihren Zusammenhang mit 10.20 betonen und ihr dann folgende Fassung geben: Operiert eine endliche Gruppe G *transitiv* und nicht–trivial auf einer Menge M, so gibt es ein Element σ in G, das *keinen Fixpunkt* in M besitzt.

10.23 Sei G eine Gruppe und $a \in G$. Für $m \in \mathbb{N}$ setze man $G_m(a) = \{x \in G | x^m = a\}$ und $G_m = G_m(1)$. Ist G_m stets eine Untergruppe von G? Zeige: G_2 ist genau dann eine Untergruppe von G, wenn $xy = yx$ für alle $x, y \in G_2$ gilt. Ist G abelsch, so ist jedes G_m eine Untergruppe von G.
Sei jetzt G endlich von der Ordnung n. Zeige:
a) Ist G *zyklisch,* so hat G_m die Ordnung (m, n).
b) Ist G *abelsch,* so ist die Ordnung von G_m durch (m, n) teilbar und es gilt auch
(*) $\qquad |G_m(a)| \equiv 0 \bmod (m, n).$
(Hinweis zu b): o. E. sei $m|n$ und $m > 1$. Wähle Primfaktor p von m und führe Induktion nach m.) Gilt (*) auch, wenn G nicht abelsch ist? Betrachte dazu den Fall $G = S_3$ und $m = 3$. - Nach einem Satz von *Frobenius* (vgl. B. Huppert [18, S. 44]) ist aber $|G_m(a)|$ stets durch $(m, n/c)$ teilbar, mit c als der Elementezahl der *Konjugationsklasse* von a in G. Man erhält also eine allgemeingültige Aussage, wenn man in (*) die Ordnung n von G durch die Ordnung n/c des Zentralisators $Z_G(a)$ von a in G ersetzt.

10.24 a) Seien N und H Gruppen, so lässt sich auf dem kartesischen Produkt $N \times H$ in natürlicher Weise eine Gruppenstruktur einführen, nämlich die des direkten Produkts. Gibt es nun nichttriviale Homomorphismen $T : H \longrightarrow \text{Aut}(N); h \longmapsto T_h$, so gibt es weitere Möglichkeiten, $N \times H$ zur Gruppe zu machen, nämlich durch

$$(n, h)(n', h') = (nT_h(n'), hh').$$

Zeige, dass die Menge $N \times H$ dadurch zu einer Gruppe wird. Diese heißt das (externe) *semidirekte Produkt* von H und N bezüglich ϕ, und wird mit $G = N \rtimes_T H$ bezeichnet. Ist T der triviale Homomorphismus, welcher jedes $h \in H$ auf die Identität in $\mathrm{Aut}\,(N)$ abbildet, so ist $N \rtimes_T H = N \times H$ das direkte Produkt von N und H.
Zeige weiter: die Abbildungen $p : G \longrightarrow H$, $\iota : N \longrightarrow G$ und $s : H \longrightarrow G$, definiert durch $p(n,h) = h$, $\iota(n) = (n,1)$ und $s(h) = (1,h)$ definiert, sind Gruppenhomomorphismen, und die Sequenz

$$1 \longrightarrow N \xrightarrow{\iota} G \xrightarrow{p} H \longrightarrow 1$$

ist exakt, d.h. es gilt: ι ist injektiv, p surjektiv, und Bild ι = Kern p. Darüberhinaus ist $p \circ s = \mathrm{id}_H$, d.h. die Sequenz zerfällt.
Identifiziert man die Gruppe N mit ihrem Bild $\iota(N) \triangleleft G$ und entsprechend H mit $s(H) \leq G$, so gilt: Jedes $g \in G$ hat eine eindeutige Darstellung $g = nh$ mit $n \in N$ und $h \in H$, und es gilt

$$hnh^{-1} = T_h(n).$$

b) Seien nun G eine beliebige Gruppe, $N \triangleleft G$ ein Normalteiler von G, und $H \leq G$ eine Untergruppe von G. Gilt $N \cap H = \{1\}$ und $NH = G$, so nennt man G das (interne) semidirekte Produkt von N mit H. Zeige, dass dann nämlich die Abbildung $(n,h) \longmapsto nh$ ein Isomorphismus von $N \rtimes_T H \longrightarrow G$ ist, wobei T durch $T_h(n) = hnh^{-1}$ defniert ist.

10.25 Zur Abkürzung stehe $C_n = W_n(\mathbb{C})$ für eine zyklische Gruppe der Ordnung n. Sei A eine beliebige abelsche Gruppe. Zeige: Die Abbildung $\tau : a \longmapsto a^{-1}$ ist ein Automorphismus von A. Da τ^2 in $\mathrm{Aut}\,(A)$ die Identität ist, gibt es einen Homomorphismus $T : C_2 \longrightarrow \mathrm{Aut}\,(A)$, der das nichttriviale Element von C_2 auf τ abbildet. Das zugehörige semidirekte Produkt $D(A) = A \rtimes_T C_2$ nennt man eine verallgemeinerte *Diedergruppe*. Im Falle von $A = C_n$ erhält man die gewöhnliche Diedergruppe $D_{2n} = D(C_n)$ der Ordnung $2n$. Sie besitzt Erzeugende s und t, welche den Relationen $s^n = t^2 = 1$ und $tst = s^{-1}$ genügen.

10.26 Zeige, dass die Quaternionengruppe Q_8 zu keinem semidirekten Produkt mit nichttrivialen Faktoren isomorph ist.

11. Anwendungen der Galoisschen Theorie auf Kreisteilungskörper

In diesem Kapitel werden wir einige Anwendungen der Galoistheorie behandeln; zuerst greifen wir das Problem der Konstruierbarkeit wieder auf und geben eine abschließende Antwort auf die Frage, welche regelmäßigen Vielecke sich mit Zirkel und Lineal konstruieren lassen. Danach studieren wir den quadratischen Teilkörper des p-ten Einheitswurzelkörpers $\mathbb{Q}(\zeta_p)$ und geben in diesem Zusammenhang einen Beweis des Quadratischen Reziprozitätsgesetzes an.

11.1 Ein Konstruierbarkeitskriterium

Wir wollen das allgemeine Problem der Konstruierbarkeit mit Zirkel und Lineal, das uns von Kap. 1 an in gewisser Weise als Richtschnur gedient hat, jetzt im Lichte der Galoisschen Theorie betrachten. Wir erhalten dann das folgende allgemeine Resultat.

Satz 11.1. *Sei $M \subseteq \mathbb{C}$ mit $0, 1 \in M$. Wir setzen*

$$K := \mathbb{Q}(M \cup \overline{M}).$$

Dann sind für ein $z \in \mathbb{C}$ äquivalent:

(i) *$z \in \measuredangle M$ (d.h. z ist mit Zirkel und Lineal aus M konstruierbar).*
(ii) *z ist algebraisch über K, und für die normale Hülle E/K von $K(z)/K$ gilt: $E : K$ ist eine Potenz von 2.*

Beweis. 1) Interessant ist besonders die Implikation (ii) $\Rightarrow$ (i), die wir zuerst beweisen wollen. Nach Voraussetzung ist die Erweiterung E/K galoissch, und ihre Galoisgruppe $G = G(E/K)$ ist eine 2–Gruppe. Also gibt es nach F10.9 eine Kette

$$G = H_0 \supseteq H_1 \supseteq \ldots \supseteq H_n = 1 \tag{11.1}$$

von Untergruppen (sogar Normalteilern) von G mit $H_{i-1} : H_i = 2$. Nach der Galoistheorie (vgl. Satz 8.5) gehört nun aber zu der Kette (11.1) von *Untergruppen* H_i von G eine Kette

$$K = K_0 \subseteq K_1 \subseteq \ldots \subseteq K_n = E \tag{11.2}$$

von *Zwischenkörpern* K_i von E/K mit $K_i : K_{i-1} = H_{i-1} : H_i = 2$. Nach Satz 1.2 ist dann $z \in \curlyvee\!\!\!\!\wedge M$.

2) Die Implikation (i) $\Rightarrow$ (ii) dient nur zur Abrundung des Bildes. Ihr elementarer Beweis ist aber vielleicht ganz lehrreich. Sei also $z \in \curlyvee\!\!\!\!\wedge M$ vorausgesetzt. Nach Satz 1.1 liegt z dann in einem gewissen Erweiterungskörper K_m von K, der aus K durch sukzessive Adjunktion von m Quadratwurzeln entsteht:

$$z \in K_m = K(w_1, w_2, \ldots, w_m),$$

wobei $w_i^2 \in K(w_1, \ldots, w_{i-1})$, $w_i \notin K(w_1, \ldots, w_{i-1})$ für $1 \leq i \leq m$.

Sei E_m/K die normale Hülle von K_m/K. Dann ist E_m/K eine endliche galoissche Erweiterung. Zum Beweis unserer Behauptung genügt es offenbar zu zeigen, dass $E_m : K$ eine Potenz von 2 ist. Dies geschieht durch Induktion nach m. Für $m = 1$ ist $K_1 = K(w_1)$ mit $w_1^2 \in K, w_1 \notin K$; in diesem Fall ist K_1/K normal, also $E_1 = K_1$ und damit $E_1 : K = 2$. Sei jetzt $m > 1$ und setze $K_{m-1} := K(w_1, \ldots, w_{m-1})$. Für die normale Hülle E_{m-1}/K von K_{m-1}/K ist dann nach Induktionsannahme $E_{m-1} : K$ eine Potenz von 2.

Es ist $K_m = K_{m-1}(w_m)$. Seien nun $\alpha_1 = w_m, \alpha_2, \ldots, \alpha_s$ die verschiedenen Konjugierten von w_m *über* K (in $\mathbb{C}$). Es gilt dann $\alpha_i^2 \in E_{m-1}$, denn α_i^2 ist über K konjugiert zu dem Element w_m^2 aus K_{m-1}. Nun ist aber offenbar $E_m = E_{m-1}(\alpha_1, \ldots, \alpha_s)$, folglich muss $E_m : E_{m-1}$ eine Potenz von 2 sein. Dann ist aber auch $E_m : K = (E_m : E_{m-1})(E_{m-1} : K)$ eine Potenz von 2. □

11.2 Anwendung auf die n-Teilung des Kreises

Wir wenden jetzt Satz 11.1 auf das Problem der n–Teilung des Kreises an. Nach Kap. 1 ist die Frage zu entscheiden, ob die komplexe Zahl

$$\zeta = e^{2\pi i/n}$$

für gegebenes $n \in \mathbb{N}$ im Körper $\curlyvee\!\!\!\!\wedge \mathbb{Q}$ liegt oder nicht. Nun ist $\mathbb{Q}(\zeta)/\mathbb{Q}$ aber normal; nach Satz 11.1 gilt daher $\zeta \in \curlyvee\!\!\!\!\wedge \mathbb{Q}$ genau dann, wenn $\mathbb{Q}(\zeta) : \mathbb{Q}$ eine

Potenz von 2 ist. Nach *Gauß* (vgl. Satz 9.5) ist $\mathbb{Q}(\zeta) : \mathbb{Q} = \varphi(n)$, also ist zu entscheiden, für welche n die natürliche Zahl $\varphi(n)$ eine Potenz von 2 ist. Sei

$$n = 2^e p_1^{e_1} \dots p_r^{e_r} \tag{11.3}$$

die Primfaktorzerlegung von n, wobei $e \geq 0$, die Primzahlen $p_1, \dots, p_r$ paarweise verschieden und $\neq 2$ und die $e_i \geq 1$ sein sollen. Anwendung von φ auf (11.3) ergibt dann nach (9.19)

$$\varphi(n) = \varphi(2^e)\varphi(p_1^{e_1}) \dots \varphi(p_r^{e_r}).$$

Wegen $\varphi(p^m) = (p-1)p^{m-1}$ für $m \geq 1$ ist daher $\varphi(n)$ genau dann eine Potenz von 2, wenn in (11.3) sämtliche $e_i = 1$ sind und alle $p_i - 1$ Potenzen von 2. Wir erhalten damit

Satz 11.2 (Gauß). *Das regelmäßige n–Eck ist mit Zirkel und Lineal genau dann konstruierbar, wenn gilt:*

$$n = 2^e p_1 p_2 \dots p_r$$

mit (beliebigem) $e \geq 0$ und paarweise verschiedenen Primzahlen $p_1, \dots, p_r$ von der Gestalt

$$p_i = 1 + 2^{2^{k_i}}.$$

Zum Beweis bleibt nach der vorangegangenen Erörterung lediglich zu zeigen:

Lemma 1. *Für $m \in \mathbb{N}$ ist $1 + 2^m$ höchstens dann eine Primzahl, wenn m eine Potenz von 2 ist.*

Beweis. Angenommen, es sei $p = 1 + 2^m$ eine Primzahl, und es gelte $m = m_1 m_2$ mit ungeradem $m_2 > 1$. Dann ist

$$p = 1 - (-2^{m_1})^{m_2} = (1 + 2^{m_1})(1 - 2^{m_1} + 2^{m_1 2} - \ldots + 2^{m_1(m_2-1)})$$

Produkt zweier natürlicher Zahlen > 1, im Widerspruch zur Annahme. □

Bemerkungen. Für jedes $k \in \mathbb{N}_0$ heißt

$$F_k = 1 + 2^{2^k} \tag{11.4}$$

die k–te *Fermatsche Zahl.* Wie man leicht nachprüft, sind

$$F_0 = 3,\ F_1 = 5,\ F_2 = 17,\ F_3 = 257,\ F_4 = 65537 \tag{11.5}$$

Primzahlen. *Fermat* (1607–1665),[1] der große Erneuerer der Zahlentheorie in der Neuzeit (vgl. Scharlau–Opolka [35]), hat sich mit den Zahlen (11.4) in ganz anderem Zusammenhang (als dem der Kreisteilung) beschäftigt (vgl. Oeuvres I, S. 127ff). Er behauptet, dass sie sämtlich Primzahlen seien (vgl. Oeuvres II, S. 309). Aber schon

$$F_5 = 1 + 2^{32} = 641 \cdot 6700417$$

ist keine Primzahl, wie *Euler* bemerkt und ungefähr wie folgt begründet hat: Wegen $641 = 5 \cdot 2^7 + 1 = 5^4 + 2^4$ hat man modulo 641 die Kongruenz

$$2^{32} = 2^4 \cdot (2^7)^4 \equiv -5^4 \cdot (2^7)^4 = -(5 \cdot 2^7)^4 \equiv -1 \bmod 641.$$

Der Irrtum Fermats ist übrigens insofern bemerkenswert, als Fermat im Falle der *Mersenneschen Zahlen* $2^p - 1$ selbst Gegenbeispiele vom Kaliber des Eulerschen gegeben hat; er scheint sich aber auch auf *Frenicle* verlassen zu haben, der ihm brieflich anscheinend zustimmte (vgl. Oeuvres de Fermat II, S. 208).

Man weiß heute, dass F_k zumindest für $5 \leq k \leq 32$ keine Primzahl ist. Es ist unbekannt, ob es außer den in (11.5) genannten unter den Fermatschen Zahlen noch weitere Primzahlen gibt[2].

Wie man aus der Definition (11.4) sofort erkennt, gilt $F_{k+1} - 2 = (F_k - 2)F_k$ und damit

$$F_m - 2 = \prod_{k<m} F_k. \tag{11.6}$$

Somit ist $n = F_5 - 2 = 2^{32} - 1 = F_0 \cdot F_1 \cdot F_2 \cdot F_3 \cdot F_4$ die größte bisher bekannte ungerade natürliche Zahl, für welche die n–Teilung des Kreises mit Zirkel und Lineal möglich ist; ihre Zifferndarstellung ist 4294967295.

Aus (11.6) folgt übrigens, dass je zwei verschiedene Fermatsche Zahlen teilerfremd sind. In den Fermatschen Zahlen stecken also jedenfalls unendlich viele Primzahlen als Teiler.

---

[1] In den meisten Publikationen wird 1601 als das Geburtsjahr von Fermat angegeben; wir halten uns hier an den Artikel [2] von Klaus Barner.

[2] Die Zahl F_{33} hat bereits mehr als 2,5 Mrd. Dezimalstellen.

11.3 Quadratische Teilkörper von $\mathbb{Q}(\zeta_p)$

Für eine *Primzahl* $p \neq 2$ betrachten wir den Körper $\mathbb{Q}(\zeta_p)$ der p–ten Einheitswurzeln über $\mathbb{Q}$ (wobei ζ_p eine p–te Einheitswurzel $\neq 1$ in $\mathbb{C}$ bezeichne, z.B. $\zeta_p = e^{2\pi i/p}$) und fragen danach, welche Quadratwurzeln aus rationalen Zahlen $d \neq 0$ er enthält. Für $d_1, d_2 \in \mathbb{Q}^\times$ ist $\mathbb{Q}(\sqrt{d_1}) = \mathbb{Q}(\sqrt{d_2})$ genau dann, wenn $d_1 = x^2 d_2$ mit $x \in \mathbb{Q}^\times$. Es ist also nach *quadratischen Teilkörpern* von $E = \mathbb{Q}(\zeta_p)$ zu fragen, d.h. Teilkörpern F von E mit $F : \mathbb{Q} = 2$. Nun ist die Erweiterung $E/\mathbb{Q}$ galoissch, und ihre Galoisgruppe $G = G(E/\mathbb{Q})$ ist zu $(\mathbb{Z}/p)^\times$ isomorph, vgl. Satz 9.5. Die Gruppe $(\mathbb{Z}/p)^\times$ ist (nach Satz 9.3) aber *zyklisch* von der Ordnung $p-1$. Also besitzt G zu jedem Teiler t von $p-1$ genau eine Untergruppe der Ordnung t (vgl. F9.6); nach der Galoistheorie (vgl. Satz 8.5) hat E daher genau einen Teilkörper F mit $E : F = t$. Wendet man dies speziell auf $t = (p-1)/2$ an, so erhält man: *Der Körper $E = \mathbb{Q}(\zeta_p)$ besitzt genau einen Teilkörper F mit $F : \mathbb{Q} = 2$.* Anders ausgedrückt: *Es gibt genau eine quadratfreie ganze Zahl $d \neq 1$ mit $\sqrt{d} \in \mathbb{Q}(\zeta_p)$.*

Welches ist nun diese – nur von p abhängende – Zahl $d = d(p)$?

Wir vereinbaren zuerst die folgende

Notation: Für eine Primzahl $p \neq 2$ setze

$$p^* = \begin{cases} p & \text{für} \quad p \equiv 1 \bmod 4, \\ -p & \text{für} \quad p \equiv 3 \bmod 4. \end{cases} \tag{11.7}$$

Wenn man will, kann man dies auch in der Form

$$p^* = (-1)^{\frac{p-1}{2}} p \tag{11.8}$$

schreiben. – Wir behaupten nun

Satz 11.3. *Für jede Primzahl $p \neq 2$ ist $\mathbb{Q}(\sqrt{p^*})$ der eindeutig bestimmte quadratische Teilkörper von $\mathbb{Q}(\zeta_p)$, also p^* die eindeutig bestimmte ganze quadratfreie Zahl $\neq 1$ mit $\sqrt{p^*} \in \mathbb{Q}(\zeta_p)$.*

Beweis. Wie gesagt, hat $\mathbb{Q}(\zeta_p)$ genau einen Teilkörper F mit $F : \mathbb{Q} = 2$, und es ist $F = \mathbb{Q}(\sqrt{d})$ mit eindeutigem quadratfreien $d = d(p)$ aus $\mathbb{Z}$. Statt d „naiv" zu bestimmen (vgl. aber die Bemerkung im Beweis von F11.1 weiter unten), ziehen wir hier F8.8 heran, weil es so schön passt. Danach ist also $F = \mathbb{Q}(\sqrt{D})$ mit $D = D(f)$ als der Diskriminante des p–ten Kreisteilungspolynoms

$$f(X) = 1 + X + X^2 + \ldots + X^{p-1}. \tag{11.9}$$

Es ist dann $d(p)$ einfach der quadratfreie Teil von $D(f)$. Also ist die Diskriminante $D(f)$ zu berechnen; man findet

$$D(f) = (-1)^{\frac{p-1}{2}} p^{p-2}, \tag{11.10}$$

vgl. das nachstehende Lemma. Demnach ist

$$d(p) = (-1)^{\frac{p-1}{2}} p = p^*,$$

wie behauptet. □

Lemma 2. *Für eine Primzahl $p \neq 2$ hat das Polynom $f = F_p$ die Diskriminante* (11.10).

Beweis. Mit $\zeta = \zeta_p$ gilt zunächst $f(X) = \prod_{k=1}^{p-1}(X - \zeta^k)$. Einsetzen von 1 ergibt mit Blick auf (11.9)

$$\prod_{k=1}^{p-1}(1 - \zeta^k) = p. \tag{11.11}$$

Nach (8.17) gilt nun mit $\varepsilon = (-1)^{n(n-1)/2} = (-1)^{(p-1)/2}$

$$\varepsilon D(f) = \prod_{j \neq i}(\zeta^i - \zeta^j) = \prod_{i=1}^{p-1} f'(\zeta^i). \tag{11.12}$$

Wegen $X^p - 1 = f(X)(X-1)$ ist nun

$$p\zeta^{p-1} = f'(\zeta)(\zeta - 1).$$

Bildet man hier das Produkt über alle Konjugierten, so erhält man mit (11.11) und (11.12)

$$p^{p-1} = \varepsilon D(f) p.$$

Damit ist die Behauptung (11.10) bewiesen. □

Wir wollen nun die Operation der Galoisgruppe G auf dem quadratischen Teilkörper F von $\mathbb{Q}(\zeta)$ genauer studieren (mit $\zeta = \zeta_p$ wie oben). Nach Satz 9.5 hat man zunächst einen natürlichen Isomorphismus

$$(\mathbb{Z}/p)^\times \to G = G(\mathbb{Q}(\zeta)/\mathbb{Q}), \tag{11.13}$$

der jedem Element $a \bmod p$ von $(\mathbb{Z}/p)^\times$ den Automorphismus σ_a zuordnet, welcher durch

$$\sigma_a(\zeta) = \zeta^a \tag{11.14}$$

charakterisiert ist. Für jedes $\sigma \in G$ gilt nun

$$\sigma(\sqrt{p^*}) = \chi(\sigma)\sqrt{p^*} \tag{11.15}$$

mit einem eindeutig bestimmten Vorzeichen $\chi(\sigma) \in \{1, -1\}$. Die Abbildung $\chi : G \to \{1, -1\}$ ist dann offenbar ein Homomorphismus von Gruppen; sie heißt der (zu p gehörige) *Vorzeichencharakter.*

Definition 11.1. Für $a \in \mathbb{Z}$ mit $(a, p) = 1$ setze

$$\left(\frac{a}{p}\right) := \chi(\sigma_a). \tag{11.16}$$

Das Element $(\frac{a}{p})$ von $\{1, -1\}$ ist demnach durch die Gleichung

$$\sigma_a(\sqrt{p^*}) = \left(\frac{a}{p}\right)\sqrt{p^*} \tag{11.17}$$

festgelegt. Wie oben bemerkt, gilt

$$\left(\frac{ab}{p}\right) = \left(\frac{a}{p}\right)\left(\frac{b}{p}\right). \tag{11.18}$$

Definitionsgemäß ist $H :=$ Kern χ die nach der Galoistheorie zum Teilkörper $F = \mathbb{Q}(\sqrt{p^*})$ gehörige Untergruppe von G. Da nun aber G als zyklische Gruppe der Ordnung $p - 1$ genau eine Untergruppe vom Index 2 besitzt, nämlich die Untergruppe

$$H = \{\tau^2 \mid \tau \in G\} \tag{11.19}$$

aller Quadrate von G (vgl. F9.6), gilt aufgrund des Isomorphismus (11.13) mit (11.14) die Äquivalenz

$$\left(\frac{a}{p}\right) = 1 \iff a \bmod p \text{ ist Quadrat in } (\mathbb{Z}/p)^\times. \tag{11.20}$$

Für das *Legendresymbol* (11.16) hat man daher die rein elementar–zahlentheoretische Beschreibung:

$$\left(\frac{a}{p}\right) = \begin{cases} 1, & \text{wenn } X^2 \equiv a \bmod p \text{ lösbar in } \mathbb{Z} \\ -1, & \text{wenn } X^2 \equiv a \bmod p \text{ unlösbar in } \mathbb{Z} \end{cases} \tag{11.21}$$

(Diese logische Alternative hier nicht durch die Zahlen 0 und 1 zu kennzeichnen, sondern durch 1 und -1, ist allein schon im Hinblick auf (11.18) angebracht.) Da H in (11.19) die eindeutig bestimmte Untergruppe der Ordnung $(p-1)/2$ in G ist, erhält man sofort das **Eulersche Kriterium:**

$$\left(\frac{a}{p}\right) = 1 \iff a^{\frac{p-1}{2}} \equiv 1 \bmod p. \tag{11.22}$$

Wendet man dies auf $a = -1$ an (und beachtet, dass dann wegen $p \neq 2$ die Kongruenz die entsprechende Gleichheit impliziert), so folgt

$$\left(\frac{-1}{p}\right) = (-1)^{\frac{p-1}{2}} = \begin{cases} 1 & \text{für } p \equiv 1 \bmod 4, \\ -1 & \text{für } p \equiv 3 \bmod 4. \end{cases} \tag{11.23}$$

Wir wissen, dass $1, \zeta, \ldots, \zeta^{p-2}$ eine Basis des $\mathbb{Q}$–Vektorraumes $\mathbb{Q}(\zeta)$ ist, denn das Minimalpolynom F_p von ζ über $\mathbb{Q}$ hat den Grad $p-1$. Multiplikation mit ζ führt die genannte Basis in die Basis

$$\zeta, \zeta^2, \ldots, \zeta^{p-1} \tag{11.24}$$

über. Diese Basis ist für galoistheoretische Überlegungen ideal, denn sie besteht aus genau den $\mathbb{Q}$–Konjugierten des einen Elementes ζ. Wie jedes Element von $\mathbb{Q}(\zeta)$ hat dann auch $\sqrt{p^*}$ eine eindeutige Darstellung der Form

$$\sqrt{p^*} = \sum_{\sigma \in G} a_\sigma \sigma(\zeta) \quad \text{mit} \quad a_\sigma \in \mathbb{Q}. \tag{11.25}$$

Anwendung eines $\tau \in G$ ergibt $\chi(\tau)\sqrt{p^*} = \sum\limits_{\sigma} a_\sigma \tau\sigma(\zeta)$, also liefert ein Koeffizientenvergleich $\chi(\tau)a_1 = a_{\tau^{-1}}$; für jedes $\sigma \in G$ ist also

$$a_\sigma = a_1 \chi(\sigma).$$

Für (11.25) folgt damit

$$\sqrt{p^*} = a_1 \cdot \sum_{\sigma \in G} \chi(\sigma)\sigma(\zeta). \tag{11.26}$$

Genauer gilt nun

F11.1. *Mit den obigen Bezeichnungen ist*

$$\sqrt{p^*} = \pm \sum_{\sigma \in G} \chi(\sigma)\sigma(\zeta). \tag{11.27}$$

Anders geschrieben, vgl. (11.14) *und* (11.16), *gilt also*

$$\sum_{a=1}^{p-1} \left(\frac{a}{p}\right) \zeta^a = \pm\sqrt{p^*}. \tag{11.28}$$

Beweis. Es ist zu zeigen, dass für den rationalen Faktor a_1 in (11.26) notwendig $a_1^2 = 1$ gelten muss. Hierfür ist ein einfaches begriffliches Argument anscheinend nicht zur Hand.[3] Wir machen daher aus der Not eine Tugend und versuchen, das Quadrat von

$$\alpha := \sum_{\sigma} \chi(\sigma)\sigma(\zeta) \tag{11.29}$$

einmal direkt zu berechnen (womit wir dann nochmals auf andere Weise bestätigen, dass die quadratische Irrationalität $\sqrt{p^*}$ wirklich zu $\mathbb{Q}(\zeta_p)$ gehört). Es ist

$$\alpha^2 = \sum_{\sigma,\tau} \chi(\sigma)\chi(\tau)\sigma(\zeta)\tau(\zeta) = \sum_{\sigma,\tau} \chi(\sigma^{-1}\tau)\sigma(\zeta)\tau(\zeta).$$

Vermöge der Variablentransformation $(\sigma, \tau) \mapsto (\sigma, \rho = \sigma^{-1}\tau)$ ist dann

$$\alpha^2 = \sum_{\rho,\sigma} \chi(\rho)\sigma(\zeta)\sigma\rho(\zeta) = \sum_{\rho} \chi(\rho) \sum_{\sigma} \sigma(\zeta\rho(\zeta)).$$

Für jede p–te Einheitswurzel η ist aber

$$\sum_{\sigma} \sigma\eta = \eta + \eta^2 + \ldots + \eta^{p-1} = \begin{cases} p-1 & \text{für} \quad \eta = 1 \\ -1 & \text{für} \quad \eta \neq 1 \end{cases}.$$

Wendet man dies jeweils auf $\eta = \zeta\rho(\zeta)$ an, so erhält man

[3] Wenn man weiß (vgl. Aufg. 16.17), dass $\{\zeta, \zeta^2, \ldots, \zeta^{p-1}\}$ nicht nur eine $\mathbb{Q}$-Basis von $\mathbb{Q}(\zeta)$, sondern eine Ganzheitsbasis ist, dass sich also jede ganze algebraische Zahl in $\mathbb{Q}(\zeta)$ als $\mathbb{Z}$-Linearkombination dieser Elemente schreiben lässt, dann hat man in (11.25) $a_\sigma \in \mathbb{Z}$. Also ist $a_1 \in \mathbb{Z}$; quadriert man (11.26), so folgt sofort $a_1^2 \mid p$, und daher muss $a_1 = \pm 1$ sein.

$$\begin{aligned}\alpha^2 &= \chi(\sigma_{-1})(p-1) - \textstyle\sum_{\rho\neq\sigma_{-1}} \chi(\rho)\\ &= \chi(\sigma_{-1})(p-1) + \chi(\sigma_{-1}) - \textstyle\sum_\rho \chi(\rho) = p\chi(\sigma_{-1}),\end{aligned}$$

denn wegen $G : \mathrm{Kern}\,(\chi) = 2$ ist $\sum_\rho \chi(\rho) = 0$. Mit

$$\chi(\sigma_{-1}) = \left(\frac{-1}{p}\right) = (-1)^{\frac{p-1}{2}}, \quad \text{vgl. (11.16) und (11.23),}$$

folgt dann die Behauptung $\alpha^2 = p^*$. □

Bemerkung. Bei den obigen Ausführungen bezeichnete $\sqrt{p^*}$ – wie aus algebraischer Sicht üblich – eine *beliebige* (feste) Lösung der Gleichung $X^2 - p^* = 0$ in $\mathbb{C}$ – welche von beiden, war unerheblich. Insofern ist das Auftreten des Vorzeichens in der Formel (11.27) bzw. (11.28) nicht weiter verwunderlich. Aus analytischer Sicht ist es jedoch naheliegend zu fragen, welches Vorzeichen nun das richtige ist, wenn man unter $\sqrt{p^*}$ im Falle $p^* = p$ die positive Quadratwurzel $\sqrt{p}$ und im Falle $p^* = -p$ entsprechend die komplexe Zahl $i\sqrt{p}$ versteht. Der in (11.26) auftretende Faktor $a_1 = a_1(\zeta) \in \{1, -1\}$ hängt dann bei gegebenem p nur von der Wahl der primitiven p–ten Einheitswurzel ζ ab. Es ist nun nicht etwa durchweg $a_1(\zeta) = 1$; man überlegt sich nämlich leicht, dass bei Übergang von ζ zu $\zeta^k \neq 1$ sich der Vorzeichenfaktor wie folgt verhält:

$$a_1(\zeta^k) = \left(\frac{k}{p}\right) a_1(\zeta). \tag{11.30}$$

Nun gibt es aber aus analytischer Sicht eine *kanonische* Wahl für ζ, nämlich $\zeta = e^{2\pi i/p}$, und die Frage ist dann, welches Vorzeichen dazu gehört. Dieses Problem hat *Gauß* lange gequält (wie er selbst einräumt), bis er 1805 schließlich die Lösung fand: Das gesuchte Vorzeichen ist (unabhängig von p) stets $+1$. Wer sich für Beweise dafür interessiert, dem seien ein matrizentheoretischer von *Schur* [36] sowie ein funktionentheoretischer von *Siegel* (vgl. Chandrasekharan [4]) genannt.

11.4 Das Quadratische Reziprozitätsgesetz

Explizite Anwendungen der Galoistheorie im Sinn, haben uns die obigen Betrachtungen unversehens in das Reich der Zahlentheorie geführt. Wir wollen nun noch einen Schritt weitergehen und das berühmte *Quadratische Reziprozitätsgesetz von Gauß* beweisen. Ohne uns um die genaue Vorzeichenbestimmung der *Gaußschen Summen* (11.29) kümmern zu müssen, halten wir nämlich schon mit der Relation $\alpha^2 = p^*$ einen Schlüssel dazu in der Hand.

Sei q eine beliebige Primzahl, die aber verschieden von dem zugrundegelegten p sein soll. Es wird sich als zweckmäßig erweisen, im Ring $R = \mathbb{Z}[\zeta]$ zu rechnen. Für ein beliebiges Element

$$\alpha = \sum_\sigma a_\sigma \sigma(\zeta), \ a_\sigma \in \mathbb{Z}$$

von R gilt modulo q nun $\sigma_q(\alpha) = \sum\limits_\sigma a_\sigma \sigma(\zeta)^q \equiv (\sum\limits_\sigma a_\sigma \sigma(\zeta))^q \bmod q$, also

$$\sigma_q(\alpha) \equiv \alpha^q \bmod qR. \tag{11.31}$$

Angewandt auf $\alpha = \sqrt{p^*}$ in (11.27), erhält man mit (11.17) dann

$$\left(\frac{q}{p}\right)\sqrt{p^*} \equiv (\sqrt{p^*})^q \bmod qR. \tag{11.32}$$

Nach Multiplikation mit $\sqrt{p^*}$ gilt – noch $q \neq 2$ vorausgesetzt – also

$$\left(\frac{q}{p}\right) p^* \equiv p^{*\frac{q+1}{2}} \bmod qR.$$

Wegen $(p^*, q) = 1$ ist p^* modulo q invertierbar in $\mathbb{Z} \subseteq R$, also folgt

$$\left(\frac{q}{p}\right) \equiv p^{*\frac{q-1}{2}} \bmod qR. \tag{11.33}$$

Nun gilt aber $q\mathbb{Z}[\zeta] \cap \mathbb{Z} = q\mathbb{Z}$ (wie Koeffizientenvergleich bezüglich der Basis $1, \zeta, \ldots, \zeta^{p-2}$ sofort zeigt), also besagt (11.33) nichts anderes als

$$\left(\frac{q}{p}\right) \equiv p^{*\frac{q-1}{2}} \bmod q\mathbb{Z}.$$

Mit dem *Eulerschen Kriterium* (11.22) ergibt sich dann

$$\left(\frac{q}{p}\right) \equiv \left(\frac{p^*}{q}\right) \bmod q\mathbb{Z}.$$

Wegen $q \neq 2$ folgt daraus schließlich

$$\left(\frac{q}{p}\right) = \left(\frac{p^*}{q}\right),$$

denn es stehen nur Werte aus $\{1, -1\}$ zum Vergleich. Wir erhalten

Satz 11.4 (Quadratisches Reziprozitätsgesetz). *Für ungerade Primzahlen p und q mit $p \neq q$ gilt*

$$\left(\frac{q}{p}\right) = \left(\frac{p^*}{q}\right), \tag{11.34}$$

im Hinblick auf (11.8), (11.18) *und* (11.23) *also*

$$\left(\frac{q}{p}\right) = (-1)^{\frac{p-1}{2}\frac{q-1}{2}} \left(\frac{p}{q}\right). \tag{11.35}$$

Mit anderen Worten: (a) Ist p **oder** *q kongruent* $1 \bmod 4$, *so gilt* $\left(\frac{q}{p}\right) = \left(\frac{p}{q}\right)$, *d.h. in dem Falle ist q quadratischer Rest mod p genau dann, wenn p quadratischer Rest mod q ist.*

(b) Sind p **und** *q kongruent* $3 \bmod 4$, *so hat man* $\left(\frac{q}{p}\right) = -\left(\frac{p}{q}\right)$, *d.h. in dem Falle ist q quadratischer Rest mod p genau dann, wenn p kein quadratischer Rest mod q ist.*

Vervollständigt wird die Aussage (11.35) *durch die beiden* Ergänzungssätze *zum Quadratischen Reziprozitätsgesetz: Für jede Primzahl $p \neq 2$ gilt:*

$$\left(\frac{-1}{p}\right) = (-1)^{\frac{p-1}{2}} \tag{11.36}$$

sowie

$$\left(\frac{2}{p}\right) = (-1)^{\frac{p^2-1}{8}} = \begin{cases} 1 & \text{für} \quad p \equiv 1, -1 \bmod 8 \\ -1 & \text{für} \quad p \equiv 3, -3 \bmod 8 \end{cases} \tag{11.37}$$

Beweis. Es bleibt lediglich der Beweis für (11.37) nachzutragen. Hierzu ist im Körper der *achten Einheitswurzeln* über $\mathbb{Q}$ zu rechnen. Wählen wir gleich

$$\zeta = e^{\pi i/4}, \tag{11.38}$$

so gilt

$$\sqrt{2} = \zeta + \zeta^{-1}, \tag{11.39}$$

womit man eine zu (11.27) analoge Formel erhält. Ist nun ε_p das Vorzeichen mit

$$\sigma_p(\sqrt{2}) = \varepsilon_p\sqrt{2}, \tag{11.40}$$

so hat man entsprechend zu (11.32) die Beziehung

$$\varepsilon_p\sqrt{2} \equiv \sqrt{2}^{\,p} \bmod p,$$

und daraus erhält man genau wie oben mit dem Eulerschen Kriterium schließlich

$$\varepsilon_p = \left(\frac{2}{p}\right). \tag{11.41}$$

Wegen $\sigma_p(\zeta) = \zeta^p$ gilt aber: $\varepsilon_p = 1 \iff \sigma_p(\sqrt{2}) = \sqrt{2} \iff \zeta^p + \zeta^{-p} = \zeta + \zeta^{-1} \iff p \equiv 1$ oder $-1 \bmod 8$, denn für die übrigen p ist $\zeta^p + \zeta^{-p} = -(\zeta + \zeta^{-1})$. Damit folgt die Behauptung (11.37). □

Beispiel. Ist 221 ein quadratischer Rest modulo der Primzahl 383? Um Satz 11.4 anwenden zu können, hat man die Primfaktorzerlegung von 221 zu bestimmen. Es ist dann

$$\begin{aligned}\left(\frac{221}{383}\right) &= \left(\frac{13}{383}\right)\left(\frac{17}{383}\right) = \left(\frac{383}{13}\right)\left(\frac{383}{17}\right) = \left(\frac{6}{13}\right)\left(\frac{9}{17}\right) = \left(\frac{6}{13}\right)\\ &= \left(\frac{2}{13}\right)\left(\frac{3}{13}\right) = -\left(\frac{3}{13}\right) = -\left(\frac{13}{3}\right) = -\left(\frac{1}{3}\right) = -1,\end{aligned}$$

also ist die Kongruenz $X^2 \equiv 221 \bmod 383$ unlösbar in $\mathbb{Z}$.

Bemerkungen. (a) Der in dem eben behandelten Beispiel angedeutete Algorithmus führt offenbar stets zum Ziel. Auf die folgende Weise kann man sich dabei noch vom Zwang zur rechnerisch aufwendigen Herstellung von Primfaktorzerlegungen befreien (abgesehen vom Faktor 2): Man erweitert das Legendresymbol zum *Jacobisymbol,* indem für zueinander teilerfremde ganze Zahlen a, b mit $a \neq 0$ und ungeradem $b \in \mathbb{N}$ einfach

$$\left(\frac{a}{b}\right) := \prod_p \left(\frac{a}{p}\right)^{w_p(b)} \tag{11.42}$$

gesetzt wird. Mit Satz 11.4 lässt sich dann leicht zeigen (Übungsaufgabe), dass allgemein die Relationen

$$\left(\frac{b}{a}\right) = (-1)^{\frac{a-1}{2}\frac{b-1}{2}} \left(\frac{a}{b}\right) \tag{11.43}$$

– wobei auch a aus $\mathbb{N}$ und ungerade sein soll – sowie

$$\left(\frac{-1}{b}\right) = (-1)^{\frac{b-1}{2}}, \left(\frac{2}{b}\right) = (-1)^{\frac{b^2-1}{8}} \tag{11.44}$$

gelten. Da offenbar (11.42) nur von a modulo b abhängt, leistet dann das Jacobisymbol das Gewünschte. Obwohl also beispielsweise $1363 = 29 \cdot 47$ keine Primzahl ist, gilt (mit der Fermatschen Primzahl 65537):

$$\left(\frac{1363}{65537}\right) = \left(\frac{113}{1363}\right) = \left(\frac{7}{113}\right) = \left(\frac{1}{7}\right) = 1,$$

also ist 1363 ein quadratischer Rest mod 65537.

(b) Die tiefere Bedeutung des Quadratischen Reziprozitätsgesetzes, die über seine schöne algorithmische Handhabbarkeit hinausgeht, können wir hier nur andeuten. Wichtig ist jedenfalls die folgende Feststellung, welche sich aus den Eigenschaften des Jacobisymbols, namentlich (11.43) und (11.44), leicht ablesen lässt: *Der Ausdruck* $\left(\frac{a}{b}\right)$ *hängt von* $b \in \mathbb{N}$ *nur modulo* $4a$ *ab (im Falle* $a \equiv 1 \bmod 4$ *sogar nur von* $b \bmod a$*).* Für eine gegebene ganze Zahl a gilt also: Sind p und p' nicht in a aufgehende Primzahlen $\neq 2$, so gilt

$$\left(\frac{a}{p}\right) = \left(\frac{a}{p'}\right), \quad \text{falls } p \equiv p' \bmod 4a.$$

Das quadratische Restverhalten von a modulo p ist also für die Primzahlen p in ein und derselben primen Restklasse mod $4a$ *jeweils das gleiche.* Dies bedeutet (ohne das hier genauer erläutern zu können[4]), dass das Zerlegungsverhalten der Primzahlen p im quadratischen Zahlkörper $\mathbb{Q}(\sqrt{a})$ nur von p modulo $4a$ abhängt. (Für $a = -1$ vgl. man dies mit Aufg. 4.19.)

(c) Was die Geschichte des Quadratischen Reziprozitätsgesetzes angeht, so hat *Kronecker* [19] im Jahre 1875 – offenbar nicht ohne Grund – darauf hingewiesen, dass *Euler* es als erster ausgesprochen hat (im Wesentlichen bereits 1744, und in ganz entwickelter Form nochmals 1783), also vor *Legendre* (1785) und *Gauß* (1801), die dies anscheinend übersehen haben. Das unbestreitbare Verdienst jedoch, das zunächst nur induktiv aufgestellte Quadratische Reziprozitätsgesetz erstmals wirklich bewiesen zu haben, kommt auf

[4] Vgl. dazu *F. Lorenz* [26].

jeden Fall *Gauß* zu (vgl. seine Disquisitiones Arithmeticae, wo er übrigens in den Artikeln 151, 296, 297 sowie den Zusätzen am Schluss selbst historische Anmerkungen macht).

(d) Das *Quadratische Reziprozitätsgesetz* ist ein mathematisches Juwel[5] an sich. Es hat sich aber auch als Leuchtzeichen für einen Weg erwiesen, der in der *algebraischen Zahlentheorie* zur Erkenntnis der allgemeinen Klassengesetzlichkeit der abelschen Zahlkörpererweiterungen führte, die im *Artinschen Reziprozitätsgesetz* ihren tiefen Ausdruck fand.[6] Heute ist man dabei, sich einen Weg über den abelschen Fall hinaus zu bahnen (vgl. den Übersichtsartikel [32] von *J. Neukirch*).

Übungen

1) Ermittle den Wert von $\alpha = \sum_{a=1}^{p-1} (\frac{a}{p})\zeta_p^a$ für $\zeta_p = e^{2\pi i/p}$ in den Fällen $p = 3$ und $p = 5$ durch direkte Rechnung.
2) Sei p eine Primzahl der Gestalt $p = a^2 + 4b^2$ mit $a, b \in \mathbb{Z}$. Zeige, dass $(\frac{a}{p}) = +1$ ist.
3) Das Jacobisymbol als Funktion seines Nenners: zeige, dass für teilerfremde $a, b \in \mathbb{N}$, b ungerade, immer $(\frac{a}{b}) = (\frac{a}{b+4a})$ gilt.
4) Seien p, q ungerade Primzahlen mit $p \neq q$. Das p-te Kreisteilungspolynom hat die Diskriminante $D = p^* p^{p-3}$. Dann ist $(\frac{p^*}{q}) = (\frac{D}{q}) \equiv D^{(q-1)/2} \equiv \Delta^{q-1} \bmod qR$, wo Δ wie in (8.16) definiert ist, und $R = \mathbb{Z}[\zeta_p]$ ist. Man zeige nun, dass andererseits $\Delta^q \equiv (\frac{q}{p})\Delta \bmod qR$ ist, und folgere das Quadratische Reziprozitätsgesetz.

Aufgaben und Bemerkungen

11.1 Sei α eine algebraische Zahl mit $\mathbb{Q}(\alpha) : \mathbb{Q} = 4$. Zeige: Hat die Galoisgruppe des Minimalpolynoms f von α über $\mathbb{Q}$ eine Ordnung > 8, so gilt $\alpha \notin$ ∡$\mathbb{Q}$. (Ein Beispiel liefert $f(X) = X^4 + X + 1$, vgl. Aufg. 5.7).

11.2 Unter allen positiven in Grad gemessenen ganzzahligen Winkeln gebe man den kleinsten an, der mit Zirkel und Lineal aus $\mathbb{Q}$ konstruierbar ist.

11.3 Sei p eine Primzahl und $\gamma = g \bmod p$ ein erzeugendes Element von $G := G(\mathbb{Q}(\zeta_p)/\mathbb{Q}) = (\mathbb{Z}/p\mathbb{Z})^\times$. Zeige: Zu jedem natürlichen Teiler t von $p-1$ gibt es genau einen Teilkörper $K = K_t$ von $\mathbb{Q}(\zeta_p)$ mit $\mathbb{Q}(\zeta_p) : K = t$ bzw. $K : \mathbb{Q} = (p-1)/t := s$. Ist $H = H_t$ die zugehörige Untergruppe von G, so gilt $H = \{1, \gamma^s, \ldots, \gamma^{s(t-1)}\}$. Setze

$$\eta_i(t) = \sum_{j=0}^{t-1} \zeta_p^{g^{sj+i}} \quad \text{für } 0 \leq i \leq s-1. \tag{11.45}$$

[5] Um ein Gefühl für den Gehalt dieser Fragestellung zu bekommen, mag man einen Blick in [23] werfen.

[6] Vgl. dazu *F. Lorenz* [26].

Dann liegt $\eta_0(t)$ in K_t, und $\eta_0(t), \ldots, \eta_{s-1}(t)$ sind genau die s verschiedenen Konjugierten von $\eta_0(t)$ über $\mathbb{Q}$. Es folgt $K_t = \mathbb{Q}(\eta_0(t)) = \mathbb{Q}(\eta_i(t))$. Damit erhält man eine Beschreibung aller Teilkörper von $\mathbb{Q}(\zeta_p)$ mittels der *Gaußschen Perioden* (11.45).

11.4 Betrachte die Situation von Aufg. 11.3 für den Fall $p = 17$ und $\zeta = e^{i\varphi}$ mit $\varphi = 2\pi/17$. Zeige, dass $g = 3$ als Primitivwurzel mod17 dienen kann. Dann ist z.B. $\eta_0(2) = \zeta + \zeta^{-1} = 2\cos\varphi$ sowie

$$\eta_0(4) = \zeta + \zeta^4 + \zeta^{-1} + \zeta^{-4} = 2(\cos\varphi + \cos 4\varphi)$$
$$\eta_0(8) = \zeta^{-8} + \zeta^8 + \zeta^2 + \zeta^{-2} + \zeta^4 + \zeta^{-4} + \zeta^{-1} + \zeta.$$

Warum gilt $\eta_0(8) + \eta_1(8) = -1$? Folgere z.B. durch Berechnung von $\eta_0(8)^2$, dass gilt:

$$X^2 + X - 4 = (X - \eta_0(8))(X - \eta_1(8)).$$

Wegen $\eta_0(8) = 2(\cos 8\varphi + \cos 4\varphi + \cos 2\varphi + \cos\varphi) > 0$ folgt dann

$$\eta_0(8) = \frac{1}{2}(-1 + \sqrt{17}),\ \eta_1(8) = \frac{1}{2}(-1 - \sqrt{17})$$

(übrigens im Einklang damit, dass $\mathbb{Q}(\sqrt{17})$ der quadratische Teilkörper von $\mathbb{Q}(\zeta_{17})$ ist). Man hat nun weiter $\eta_0(4) + \eta_2(4) = \eta_0(8)$ und zeige $\eta_0(4)\eta_2(4) = -1$, sodass also

$$X^2 - \eta_0(8)X - 1 = (X - \eta_0(4))(X - \eta_2(4))$$

und entsprechend

$$X^2 - \eta_1(8)X - 1 = (X - \eta_1(4))(X - \eta_3(4)).$$

Wie man sofort sieht, gilt $\eta_0(4) > \eta_2(4)$ sowie $\eta_1(4) > \eta_3(4)$. Damit folgt z.B.

$$\eta_0(4) = \frac{1}{4}(-1 + \sqrt{17} + \sqrt{34-2\sqrt{17}}),\ \eta_1(4) = \frac{1}{4}(-1 - \sqrt{17} + \sqrt{34+2\sqrt{17}}).$$

Schließlich zeige man, dass für $\eta_0(2) > \eta_4(2)$ gilt

$$X^2 - \eta_0(4)X + \eta_1(4) = (X - \eta_0(2))(X - \eta_4(2)).$$

Insgesamt erhält man $\eta_0(2) = 2\cos\varphi$ somit in expliziter Weise durch sukzessive Adjunktion von Quadratwurzeln (und damit auch eine explizite Konstruktionsvorschrift für das regelmäßige 17–Eck).

11.5 Man beweise: a) Ist für eine Primzahl p der Gestalt $4k + 3$ auch die Zahl $2p + 1$ eine Primzahl, so ist $2p + 1$ ein Teiler von $2^p - 1$. Man gebe wenigstens zwei Zahlen der Form $2^p - 1$ *(Mersennesche Zahlen)* an, die keine Primzahlen sind.
b) Eine Fermatsche Zahl F_k hat für $k \geq 2$ nur Primteiler $p \equiv 1 \bmod 2^{k+2}$.

11.6 a) Ist 14993 quadratischer Rest modulo 65537?
b) Man beschreibe alle Primzahlen p, für die 7 quadratischer Rest modulo p ist.

11.7 Es seien a und b natürliche Zahlen, b ungerade. Zeige:
a) Gilt $\left(\frac{x}{b}\right) = 1$ für alle zu b teilerfremden $x \in \mathbb{N}$, so ist b eine Quadratzahl (Hinweis: Chinesischer Restsatz).
b) Es gibt unendlich viele Primzahlen p, für die a quadratischer Rest modulo p ist (vgl. Aufg. 19).
c) Ist $\left(\frac{a}{x}\right) = 1$ für alle ungeraden, zu a teilerfremden $x \in \mathbb{N}$, so ist a eine Quadratzahl (Hinweis: Quadratisches Reziprozitätsgesetz; vgl. Teil a)).

d) Ist a kein Quadrat in $\mathbb{N}$, so gibt es unendlich viele Primzahlen p für die a kein quadratischer Rest modulo p ist. (Hinweis: Sind $p_1, \ldots, p_n$ schon gefunden, so existiert ein $y \in \mathbb{N}$ mit $y \equiv p_1 \bmod 4a$, $y \equiv 1 \bmod p_1 \ldots p_n$.)

11.8 Zeige, dass die Kongruenz $(X^2+1)(X^4-4) \equiv 0 \bmod p$ für *jede* Primzahl p in $\mathbb{Z}$ lösbar ist (obwohl die entsprechende Gleichung keine Lösung in $\mathbb{Z}$ besitzt).

11.9 Sei n eine ungerade natürliche Zahl. Zeige:

a) Gilt $x^{n-1} \equiv 1 \bmod n$ für alle zu n teilerfremden $x \in \mathbb{Z}$, so ist n quadratfrei (aber nicht notwendig eine Primzahl; kleinstes Gegenbeispiel ist $n = 3 \cdot 11 \cdot 17$).

b) Gilt $\left(\frac{x}{n}\right) \equiv x^{(n-1)/2} \bmod n$ für alle zu n teilerfremden $x \in \mathbb{Z}$, so ist n eine Primzahl („Umkehrung des Eulerschen Kriteriums"). Hinweis: Sei $n = pm$ mit $m > 1$. Aus der Voraussetzung folgt $x^{(m-1)/2} \equiv \left(\frac{x}{m}\right) \bmod p$. Nach Aufg. 11.7 gibt es ein y mit $\left(\frac{y}{m}\right) = -1$. Betrachte x mit $x \equiv y \bmod m$, $x \equiv 1 \bmod p$.

11.10 Ein *algebraischer Zahlkörper* K (d.h. ein Erweiterungskörper K von $\mathbb{Q}$ mit $K : \mathbb{Q} < \infty$) heißt ein *Kreisteilungskörper*, wenn K Teilkörper eines $\mathbb{Q}^{(m)} = \mathbb{Q}(\zeta_m)$ für geeignetes m ist. Zeige: *Jeder quadratische Zahlkörper K (d.h. $K : \mathbb{Q} = 2$) ist ein Kreisteilungskörper.* Genauer: Ist $K = \mathbb{Q}(\sqrt{d})$ mit quadratfreiem $d \neq 1$ aus $\mathbb{Z}$ und setzt man $d_K = d$ für $d \equiv 1 \bmod 4$, und $d_K = 4d$ sonst, so ist K für $m = |d_K|$ in $\mathbb{Q}^{(m)}$ enthalten (und $\mathbb{Q}^{(m)}$ ist der kleinste Einheitswurzelkörper mit dieser Eigenschaft).
Erwähnt sei hier der berühmte *Satz von Kronecker:* Jeder *abelsche* Zahlkörper K (d.h. $K/\mathbb{Q}$ galoissch mit abelscher Galoisgruppe endlicher Ordnung) ist ein Kreisteilungskörper. (Kronecker hat allerdings selbst keinen vollständigen Beweis dieses Satzes erbracht. Der erste (ebenfalls nicht ganz vollständige) Beweis dieses Satzes wurde von *H. Weber* vorgelegt. Daher wird der Satz auch oft der *Satz von Kronecker–Weber* genannt.)

11.11 Damit durch das Beispiel in Aufg. 11.8 nicht etwa ein falsches Bild entsteht, sei bemerkt: Ist für ein Polynom $f \in \mathbb{Z}[X]$ vom Grade > 1 die Kongruenz $f(X) \equiv 0 \bmod p$ für fast alle Primzahlen p lösbar in $\mathbb{Z}$, so kann f kein Primpolynom über $\mathbb{Q}$ sein. Dieser ziemlich tiefliegende Satz[7] geht auf einen methodischen Ansatz von *Kronecker* zurück. Mit diesem hat dann *Frobenius* im Jahre 1896 genauer folgendes Resultat bewiesen:
Die Galoisgruppe $G(f)$ des Polynoms $f \in \mathbb{Z}[X]$ vom Grade $n > 1$ enthalte ein Element σ, dessen Zyklenzerlegung aus r Zyklen der Längen $n_1, \ldots, n_r$ besteht (mit $\sum_i n_i = n$). Dann gibt es unendlich viele Primzahlen p, sodass f in $\mathbb{F}_p[X]$ gerade in r Primpolynome der Grade $n_1, \ldots, n_r$ zerfällt.
Wird nun f als *irreduzibel* über $\mathbb{Q}$ vorausgesetzt, so enthält $G(f)$ ein σ, bei dem alle $n_i > 1$ sind (vgl. Aufg. 10.22); demnach gibt es also unendlich viele p, für die f in $\mathbb{F}_p[X]$ keinen Linearfaktor abspalten kann. – Im Übrigen vgl. man mit F16.15.

11.12 Faktorisiere $X^{p-1} - 1$ in $\mathbb{F}_p[X]$ und folgere den *Satz von Wilson*:

$$(p-1)! \equiv -1 \bmod p. \tag{11.46}$$

Dies war schon *Leibniz* bekannt, ebenso wie folgende „Umkehrung": Ist für $n \in \mathbb{N}$ die Kongruenz $(n-1)! \equiv -1 \bmod n$ erfüllt, so ist n eine *Primzahl*.
Im Folgenden sei p eine Primzahl > 2, und es werde $t = (p-1)/2$ gesetzt. Die Menge $H = \{1, 2, \ldots, t\}$ heiße *Halbsystem* mod p. Indem man für jedes $a \in H$ die Faktoren a und $p - a$ zusammenfasst, folgere man aus (11.45), dass

$$(t!)^2 \equiv -(-1)^{\frac{p-1}{2}} \bmod p \tag{11.47}$$

[7] vgl. F. Lorenz, Algebraische Zahlentheorie, BI–Verlag, S. 293

gilt. Im Falle $p \equiv 1 \bmod 4$ ist $t!$ also eine Lösung der Kongruenz $X^2 \equiv -1 \bmod p$; dagegen gilt $t! \equiv \pm 1$ im Falle $p \equiv 3 \bmod 4$. Man zeige für $p \equiv 3 \bmod 4$ genauer, dass

$$t! \equiv (-1)^{\nu} \bmod p \tag{11.48}$$

gilt, mit ν als der Anzahl der *in* H liegenden *Nichtquadratreste* mod p (also der $a \in H$, für die das Legendresymbol zu p dem Wert -1 besitzt). Sei μ die Anzahl der Quadratreste mod p, die *in* H liegen. Zeige: Für $p \equiv 1 \bmod 4$ gilt $\mu = \nu = t/2 = (p-1)/4$. Dagegen ist für $p \equiv 3 \bmod 4$ jedenfalls $\mu \neq \nu$.
Im Folgenden sei wieder $p \equiv 3 \bmod 4$ vorausgesetzt. Ein tiefliegendes Ergebnis besagt, dass dann immer $\nu < \mu$ gilt. Genauer: Mit h als der Ordnung der sogenannten *Klassengruppe* von $\mathbb{Q}(\sqrt{-p})$ hat man

$$\mu - \nu = h \quad \text{oder} \quad 3h \tag{11.49}$$

(wobei der erste Fall außer für $p = 3$ genau für die $p \equiv 7 \bmod 8$ eintritt), vgl. *Borewicz-Shafarevič, Zahlentheorie.* Zusammen mit $\mu + \nu = (p-1)/2$ ist also ν durch

$$2\nu = (p-1)/2 \; - h \qquad \text{bzw.} \qquad 2\nu = (p-1)/2 \; - 3h$$

bestimmt. Danach ist übrigens h stets *ungerade.*

12. Ergänzung und Vertiefung der Galoisschen Theorie

Neben einigen wichtigen Ergänzungen der Galoistheorie wie dem Verschiebungssatz oder der Existenz von Normalbasen wird es in diesem Kapitel vor allem um die Galoistheorie von unendlichen Erweiterungen gehen. Bereits Dedekind hat sich mit diesbezüglichen Fragen beschäftigt; die Bedeutung solcher Erweiterungen, insbesondere für die Zahlentheorie, wurde allerdings erst viel später unter anderem durch Iwasawa erkannt.

12.1 Der Verschiebungssatz

Wie verhält sich die Galoisgruppe eines Polynoms bei Erweiterung des Grundkörpers? Sei $f \in K[X]$ separabel und G die Galoisgruppe von f über K. Ist dann K' ein beliebiger Erweiterungskörper von K, so überlegt man sich leicht, dass man die Galoisgruppe von f *über* K' als Untergruppe von G auffassen kann. Allgemein gilt der folgende *Verschiebungssatz (Translationssatz) der Galoisschen Theorie:*

Satz 12.1 (Verschiebungssatz). *Sei E/K eine galoissche Erweiterung, und K'/K sei eine beliebige Körpererweiterung. Wir stellen uns (o.E.) E und K' als Teilkörper eines Körpers C vor und bezeichnen mit $EK' = K'(E)$ ihr Kompositum in C. Dann gelten:*

a) EK'/K' ist ebenfalls galoissch.
b) Die per Einschränkung definierte Abbildung $G(EK'/K') \to G(E/K)$ vermittelt einen Isomorphismus

$$G(EK'/K') \simeq G(E/E \cap K').$$

Die Gruppe $G(EK'/K')$ der galoisschen Erweiterung EK'/K' kann somit mit einer Untergruppe H von $G(E/K)$ identifiziert werden, und zwar mit derjenigen, die zum Zwischenkörper $E \cap K'$ von E/K gehört.

Beweis. Offenbar ist EK'/K' algebraisch und separabel. Wegen der Normalität von E/K ist E Zerfällungskörper einer Menge $M \subseteq K[X]$ von Polynomen über K. Dann ist $EK' = K'(E)$ Zerfällungskörper von $M \subseteq K'[X]$ über K'. Also ist auch EK'/K' normal. Insgesamt ist EK'/K' somit galoissch. Die Restriktionsabbildung

$$\begin{array}{rcl} r : G(EK'/K') & \to & G(E/K) \\ \sigma & \mapsto & \sigma_E \end{array} \tag{12.1}$$

ist offenbar ein Homomorphismus. Ist $\sigma \in G(EK'/K')$ trivial auf E, so ist σ auch trivial auf $EK' = K'(E)$, denn definitionsgemäß ist σ ja trivial auf K'. Also ist r injektiv. Wir bezeichnen mit H das Bild von r. Dann ist noch $H = G(E/E \cap K')$ zu zeigen. Da jedes $\sigma \in G(EK'/K')$ den Körper K' elementweise festlässt, ist $K' \cap E$ im Fixkörper E^H von H in E enthalten. Umgekehrt wird jedes $\alpha \in E^H$ von allen Elementen aus $G(EK'/K')$ festgelassen, ist also in K' enthalten. Zusammengenommen gilt also

$$E^H = K' \cap E. \tag{12.2}$$

Wird E/K als *endlich* vorausgesetzt, so zieht (12.2) die behauptete Gleichheit $H = G(E/K' \cap E)$ nach sich (vgl. Satz 8.5). □

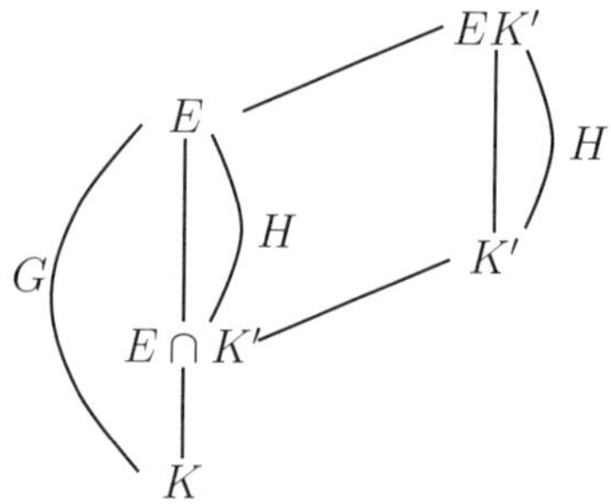

Für den Fall einer unendlichen Galois–Erweiterung E/K möge der Leser selbst einmal versuchen, eine Begründung zu geben. Er wird dabei vielleicht erkennen, wie wünschbar es wäre, den in Kap. 8 formulierten *Hauptsatz der Galoistheorie* in geeigneter Weise auf den Fall *unendlicher Galois–Erweiterungen* zu verallgemeinern. Wir werden darauf in Abschnitt 12.4 eingehen. Danach ist der oben gemachte Schluss zulässig, falls H eine *abgeschlossene* Untergruppe von $G(E/K)$ ist. Dies ist aber tatsächlich der Fall, denn H ist das Bild der *kompakten* Gruppe $G(EK'/K')$ unter der *stetigen* Abbildung (12.1). – Im übrigen ist es nützlich, sich den Sachverhalt von Satz 12.1 durch das obige Bild zu veranschaulichen.

F12.1. *Es liege dieselbe Situation wie in Satz 12.1 vor. Außerdem werde E/K jetzt als endlich vorausgesetzt. Dann gilt:*

$$EK' : K' \text{ teilt } E : K. \tag{12.3}$$

Beweis. Nach Satz 12.1 stimmt $EK' : K'$ mit der Ordnung der Untergruppe $G(E/E \cap K')$ von $G(E/K)$ überein, ist also ein Teiler von $E : K$. □

Bemerkung. Wird E/K nicht als galoissch vorausgesetzt, so gilt (12.3) im Allgemeinen nicht. Man betrachte zum Beispiel den Fall

$$K = \mathbb{Q},\ E = \mathbb{Q}(\sqrt[3]{2}),\ K' = \mathbb{Q}(\zeta_3\sqrt[3]{2}),$$

wobei ζ_3 eine primitive 3-te Einheitswurzel bezeichne. Wie man sich sofort überlegt, ist dann $EK' = \mathbb{Q}(\sqrt[3]{2}, \zeta_3)$, $E : K = K' : K = 3$, $EK' : E = 2$, also $EK' : K' = 2$.

F12.2. *Seien E_1/K und E_2/K galoissche Erweiterungen; o.B.d.A. setzen wir dabei E_1 und E_2 als Teilkörper eines algebraisch abgeschlossenen Körpers C voraus; sei E_1E_2 ihr Kompositum in C. Dann gelten:*

a) E_1E_2/K ist galoissch.
b) Der Homomorphismus von Gruppen

$$\begin{array}{rcl} h : G(E_1E_2/K) & \to & G(E_1/K) \times G(E_2/K) \\ \sigma & \mapsto & (\sigma_{E_1}, \sigma_{E_2}) \end{array}$$

ist injektiv. Im Falle $E_1 \cap E_2 = K$ ist h ein Isomorphismus.

Beweis. (a) Offenbar ist E_1E_2/K separabel (vgl. F7.7).

Sei $\sigma : E_1E_2 \to C$ ein beliebiger K–Homomorphismus. Für $i = 1, 2$ ist dann $\sigma(E_i) \subseteq E_i$, denn E_i/K ist normal; es folgt $\sigma(E_1E_2) \subseteq E_1E_2$ und damit die Normalität von E_1E_2/K.

(b) Vermittelt $\sigma \in G(E_1E_2/K)$ sowohl auf E_1 als auch auf E_2 die Identität, so offenbar auch auf E_1E_2. Also ist die Abbildung h injektiv. Sei jetzt $E_1 \cap E_2 = K$ vorausgesetzt. Zu einem beliebigen $\sigma_1 \in G(E_1/K)$ existiert dann nach Satz 12.1 ein $\rho \in G(E_1E_2/E_2)$ mit $\sigma_1 = \rho_{E_1}$. Analog gibt es zu jedem $\sigma_2 \in G(E_2/K)$ ein $\tau \in G(E_1E_2/E_1)$ mit $\sigma_2 = \tau_{E_2}$. Setze $\sigma = \rho\tau$. Dann ist $\sigma_{E_1} = \rho_{E_1}\tau_{E_1} = \rho_{E_1} = \sigma_1$, also $\sigma_{E_1} = \sigma_1$; entsprechend ist $\sigma_{E_2} = \sigma_2$. Damit ist h unter der gemachten Voraussetzung auch surjektiv. □

Bemerkung. Es liege die in F12.2 genannte Situation vor. Wir setzen $L := E_1 \cap E_2$. Offenbar ist L/K normal; es sei $\triangle = G(L/K)$ die Galoisgruppe von

L/K. Mit den natürlichen Abbildungen $p_i : G(E_i/K) \to G(L/K)$ definieren wir

$$G(E_1/K) \times_\triangle G(E_2/K) := \{(\sigma_1, \sigma_2) \in G(E_1/K) \times G(E_2/K) |\ p_1\sigma_1 = p_2\sigma_2\}.$$

Man überlegt sich dann leicht, dass der oben genannte Homomorphismus h gerade die Untergruppe $G(E_1/K) \times_\triangle G(E_2/K)$ von $G(E_1/K) \times G(E_2/K)$ als Bild besitzt und somit die Isomorphie

$$G(E_1E_2/K) \simeq G(E_1/K) \times_\triangle G(E_2/K) \tag{12.4}$$

vermittelt. In der Tat: Für $h(\sigma) = (\sigma_{E_1}, \sigma_{E_2})$ gilt $(\sigma_{E_1})_L = \sigma_L = (\sigma_{E_2})_L$, also liegt $h(\sigma)$ in $G(E_1/K) \times_\triangle G(E_2/K)$. Ist umgekehrt (σ_1, σ_2) ein Element daraus, so finden wir zunächst ein $\sigma \in G(E_1E_2/K)$ mit $\sigma_L = (\sigma_1)_L = (\sigma_2)_L$. Für $i = 1, 2$ gilt dann $\sigma_{E_i}^{-1}\sigma_i \in G(E_i/L)$; nach (b) von F12.2 ist aber $G(E_1E_2/L) \to G(E_1/L) \times G(E_2/L)$ surjektiv, also gibt es ein $\tau \in G(E_1E_2/L)$ mit $\tau_{E_i} = \sigma_{E_i}^{-1}\sigma_i$. Das Element $\widetilde{\sigma} := \sigma\tau$ erfüllt dann für $i = 1, 2$ die Bedingungen $\widetilde{\sigma}_{E_i} = \sigma_i$.

12.2 Lineare Unabhängigkeit von Körperhomomorphismen

Wir behandeln jetzt einen für die Körpertheorie grundlegenden Sachverhalt, der auf *R. Dedekind* zurückgeht.

Satz 12.2 (Lineare Unabhängigkeit von Körperhomomorphismen). *Sei E/K eine endliche separable Körpererweiterung vom Grade n, und sei C ein algebraisch abgeschlossener Erweiterungskörper von K. Mit $\sigma_1, \sigma_2, \ldots, \sigma_n$ bezeichnen wir die verschiedenen K–Homomorphismen von E in C. Dann sind $\sigma_1, \sigma_2, \ldots, \sigma_n$ linear unabhängig über C, d.h. gilt für $c_1, c_2, \ldots, c_n$ aus C*

$$\sum c_i\sigma_i(\beta) = 0 \;\text{ für alle }\; \beta \in E, \tag{12.5}$$

so ist $c_1 = c_2 = \ldots = c_n = 0$.

Beweis. Die folgende Begründung von Satz 12.2 ist insofern entbehrlich, als Satz 12.2 in dem nachstehenden Satz 12.3 enthalten ist, für den wir einen anderen, sehr einfachen Beweis angeben werden. Methodisch ist jedoch die hier angeführte Beweisführung von großem Interesse: Sei $\beta_1, \ldots, \beta_n$ eine beliebige Basis von E/K. Dann ist (12.5) offenbar äquivalent zu

$$\sum_{i=1}^{n} c_i \sigma_i(\beta_j) = 0 \quad \text{für} \quad 1 \le j \le n. \tag{12.6}$$

Die Behauptung von Satz 12.2 ist daher äquivalent damit, dass die Determinante der $n \times n$–Matrix $(\sigma_i(\beta_j))_{i,j}$ nicht verschwindet. Wir setzen

$$\triangle(\beta_1, \ldots, \beta_n) = \det((\sigma_i(\beta_j))_{i,j}). \tag{12.7}$$

Dann ist also zu zeigen, dass für eine (und damit für *jede*) Basis $\beta_1, \ldots, \beta_n$ von E/K

$$\triangle(\beta_1, \ldots, \beta_n) \neq 0 \tag{12.8}$$

gilt. Da E/K als separabel vorausgesetzt wurde, gibt es nach dem *Satz vom primitiven Element* ein α aus E mit $E = K(\alpha)$. Eine spezielle Basis von E/K ist dann

$$\beta_1 = 1, \; \beta_2 = \alpha, \; \beta_3 = \alpha^2, \ldots, \; \beta_n = \alpha^{n-1}. \tag{12.9}$$

Mit $\alpha_i := \sigma_i(\alpha)$ ist nun

$$(\sigma_i(\beta_j))_{i,j} = (\sigma_i(\alpha^{j-1}))_{i,j} = (\alpha_i^{j-1})_{i,j}.$$

Nach *Vandermonde* (vgl. [24, S. 155]) gilt

$$\triangle(1, \alpha, \ldots, \alpha^{n-1}) = \prod_{i<j} (\alpha_j - \alpha_i). \tag{12.10}$$

Wegen $E = K(\alpha)$ sind nun aber mit den $\sigma_1, \ldots, \sigma_n$ auch die $\alpha_1, \ldots, \alpha_n$ paarweise verschieden, sodass für die Basis (12.9) tatsächlich die Bedingung (12.8) erfüllt ist. □

Wie schon erwähnt, folgt Satz 12.2 auch aus dem folgenden

Satz 12.3 (Artin). *Sei M ein Monoid, und F sei ein beliebiger Körper. Sind dann $\sigma_1, \ldots, \sigma_n$ paarweise verschiedene Homomorphismen von M in die multiplikative Gruppe $F^\times$ von F, so sind $\sigma_1, \ldots, \sigma_n$ linear unabhängig über F.*

Die Behauptung von Satz 12.3 beruht auf dem folgenden einfachen Sachverhalt aus der Linearen Algebra:

Es sei B eine Menge von Endomorphismen eines F–Vektorraumes V. Die Vektoren $v_1, \ldots, v_n$ von V seien (gemeinsame) Eigenvektoren aller β aus B, d.h. zu jedem $\beta \in B$ und jedem $1 \leq i \leq n$ gibt es genau ein $\lambda_i(\beta) \in F$ mit

$$\beta(v_i) = \lambda_i(\beta) v_i.$$

Sind dann die Funktionen $\lambda_1, \ldots, \lambda_n : B \to F$ paarweise verschieden, so sind $v_1, \ldots, v_n$ linear unabhängig.

Dieser Sachverhalt ist eine leichte Verallgemeinerung der bekannten Tatsache, dass Eigenvektoren zu verschiedenen Eigenwerten stets linear unabhängig sind. Den Beweis schenken wir uns, da er ganz ähnlich wie in dem bekannten Spezialfall geführt werden kann (vgl. [24, S. 203]). – Um nun zu sehen, wie Satz 12.3 daraus folgt, betrachte man den F–Vektorraum $V = F^M$ aller Abbildungen von M in F. Jedem $\beta \in M$ entspricht auf folgende Weise ein – ebenfalls mit β bezeichneter – Endomorphismus von V: Jedem $\sigma : M \to F$ aus V werde die Abbildung $\sigma_\beta : M \to F$ zugeordnet, welche durch $\sigma_\beta(\gamma) = \sigma(\beta\gamma)$ definiert ist. Für jedes der σ_i gilt nun aber $\beta(\sigma_i)(\gamma) = \sigma_i(\beta\gamma) = \sigma_i(\beta)\sigma_i(\gamma)$, also

$$\beta(\sigma_i) = \sigma_i(\beta)\sigma_i.$$

Somit ist σ_i Eigenvektor von jedem β, und zwar zum Eigenwert $\sigma_i(\beta)$; man beachte dabei, dass wirklich $\sigma_i \neq 0$ ist. Da die Funktionen $\sigma_1, \ldots, \sigma_n$ nun aber als paarweise verschieden vorausgesetzt sind, ist damit der Beweis beendet.

Bemerkung. Sei E/K galoissch vom Grade n mit Galoisgruppe G. Wir können dann E in natürlicher Weise als Modul über der Gruppenalgebra KG auffassen. Per Konstantenerweiterung ist auch $E \otimes_K E$ in natürlicher Weise ein EG–Modul, festgelegt durch

$$c\sigma(x \otimes y) = \sigma x \otimes cy. \tag{12.11}$$

Seien $\sigma_1, \ldots, \sigma_n$ die n verschiedenen Elemente von G. Wir betrachten dann den EG–Modulhomomorphismus $f : E \otimes_K E \to EG$ mit

$$f(x \otimes y) = \sum_{i=1}^{n} (\sigma_i^{-1}(x) y) \sigma_i$$

und behaupten, dass f ein Isomorphismus ist, also die *natürliche Isomorphie*

$$E \otimes_K E \simeq EG \tag{12.12}$$

von *EG–Moduln* besteht.

Zum Beweis genügt es, die Injektivität von f zu zeigen (denn als E–Vektorräume sind $E \otimes_K E$ und EG beide n–dimensional). Sei $\beta_1, \ldots, \beta_n$ eine Basis von E/K. Dann lässt sich jedes Element z von $E \otimes_K E$ (eindeutig) in der Gestalt

$$z = \sum_{j=1}^{n} \beta_j \otimes c_j \quad \text{mit} \quad c_j \in E$$

darstellen. Gelte nun $f(z) = 0$, also

$$0 = \sum_{j=1}^{n} \left(\sum_{i=1}^{n} \sigma_i^{-1}(\beta_j) c_j \sigma_i \right) = \sum_{i=1}^{n} \left(\sum_{j=1}^{n} \sigma_i^{-1}(\beta_j) c_j \right) \sigma_i .$$

Es folgt

$$\sum_{j=1}^{n} \sigma_i^{-1}(\beta_j) c_j = 0 \quad \text{für alle} \quad i.$$

Im Beweis von Satz 12.2 haben wir aber schon gesehen, dass die Matrix $\left(\sigma_i^{-1}(\beta_j)\right)_{i,j}$ nicht singulär sein kann; folglich sind alle $c_j = 0$ und damit die Behauptung bewiesen.

Es sei darauf hingewiesen, dass die Isomorphieaussage (12.12) als tieferer Grund für die Galois–Gesetzlichkeit in der Körpertheorie angesehen werden kann. Im Übrigen hat E. Artin vorgeführt, dass man Satz 12.3 zum Ausgangspunkt einer Begründung der Galoistheorie machen kann (vgl. E. Artin [1]). Man beachte dazu auch Aufgabe 12.6.

12.3 Normalbasen

Wir kommen jetzt zu einem schönen und bedeutsamen Satz der Galoistheorie (der im Übrigen eine Verschärfung der obigen Isomorphieaussage (12.12) darstellt, was später noch genauer erläutert werden soll).

Satz 12.4 (Satz von der Existenz einer Normalbasis). *Es sei E/K eine endliche galoissche Körpererweiterung mit Galoisgruppe G. Dann gibt es ein Element α in E, sodass das System*

$$(\sigma(\alpha))_{\sigma\in G} \tag{12.13}$$

eine Basis von E/K ist. Eine solche Basis heißt eine **Normalbasis** *von E/K.*

Bemerkungen. (i) Jedes $\tau \in G$ bewirkt eine Permutation der Elemente einer Normalbasis und ist durch diese Permutation eindeutig bestimmt.

(ii) Ist $(\sigma(\alpha))_\sigma$ eine Normalbasis von E/K, so gilt offenbar $E = K(\alpha)$, d.h. α ist ein *primitives Element* von E/K.

(iii) Sei p eine Primzahl und bezeichne ζ_p eine primitive p–te Einheitswurzel (in $\mathbb{C}$). Dann bestimmt $\alpha := \zeta_p$ eine Normalbasis von $\mathbb{Q}(\zeta_p)/\mathbb{Q}$. Denn bekanntlich sind

$$\zeta_p, \zeta_p^2, \ldots, \zeta_p^{p-1} \tag{12.14}$$

die $\mathbb{Q}$–Konjugierten von ζ_p; mit $1, \zeta_p, \zeta_p^2, \ldots, \zeta_p^{p-2}$ bilden aber offenbar auch die Elemente von (12.14) eine Basis von $\mathbb{Q}(\zeta_p)/\mathbb{Q}$.

Entsprechendes gilt zum Beispiel im Körper $\mathbb{Q}(i)$ der 4–ten Einheitswurzeln nicht, denn $i, -i$ sind ja linear abhängig über $\mathbb{Q}$.

Beweis von Satz 12.4. Für ein zunächst beliebiges Element α von E bestehe die Relation

$$\sum_{\sigma\in G} a_\sigma \sigma(\alpha) = 0 \quad \text{mit} \quad a_\sigma \in K.$$

Für beliebiges $\tau \in G$ liefert dann Anwendung von τ^{-1}

$$\sum_{\sigma\in G} a_\sigma (\tau^{-1}\sigma)(\alpha) = 0.$$

Wir erkennen daraus, dass es genügt zu zeigen: Es gibt ein Element α von E mit

$$\det\left(\left(\tau^{-1}\sigma(\alpha)\right)_{\tau,\sigma\in G}\right) \neq 0. \tag{12.15}$$

Nach dem *Satz vom primitiven Element* existiert ein $\beta \in E$ mit $E = K(\beta)$. Es ist

$$f(X) = \prod_{\sigma\in G} (X - \sigma(\beta))$$

das Minimalpolynom von β über K (vgl. F8.1). Wir setzen nun

$$g(X) = \frac{f(X)}{X - \beta} \in E[X]$$

und betrachten für jedes $\sigma \in G$ die Polynome

$$g^\sigma(X) = \frac{f(X)}{X - \sigma\beta}.$$

Es ist dann

$$g^\sigma(\beta) = 0 \text{ für } \sigma \neq 1, \text{ aber } g^\sigma(\beta) \neq 0 \text{ für } \sigma = 1. \tag{12.16}$$

Es sei nun $d(X)$ die Determinante der Matrix

$$\left(g^{\tau^{-1}\sigma}(X)\right)_{\tau,\sigma} = \left(\frac{f(X)}{X - \tau^{-1}\sigma\beta}\right)_{\tau,\sigma} \in M_n(E[X]).$$

Setzt man β für X ein, so erhält man nach (12.16) eine Diagonalmatrix, deren Diagonalglieder alle gleich der von Null verschiedenen Zahl $g(\beta)$ sind. Daher gilt

$$d(\beta) = \det\left(\left(g^{\tau^{-1}\sigma}(\beta)\right)_{\tau,\sigma}\right) \neq 0.$$

Folglich ist $d(X)$ nicht das Nullpolynom:

$$d(X) \neq 0. \tag{12.17}$$

Setzen wir nun voraus, dass der Körper K *unendlich* viele Elemente enthält, so muss es wegen (12.17) ein γ aus K mit $d(\gamma) \neq 0$ geben. Für ein solches γ hat also die Matrix

$$\left(\frac{f(\gamma)}{\gamma - \tau^{-1}\sigma\beta}\right)_{\tau,\sigma} = \left(\tau^{-1}\sigma\left(\frac{f(\gamma)}{\gamma - \beta}\right)\right)_{\tau,\sigma}$$

eine von Null verschiedene Determinante; für das Element

$$\alpha := \frac{f(\gamma)}{\gamma - \beta}$$

ist dann in der Tat die gewünschte Bedingung (12.15) erfüllt. Im Falle eines unendlichen Grundkörpers K ist so die Existenz einer Normalbasis bewiesen.[1]

[1] Im Übrigen ist klar, wie man den Beweis zu modifizieren hat, um ein α zu erhalten, das simultan für jeden Zwischenkörper F eine Normalbasis von E/F liefert.

Für den Fall *endlicher Körper* müssen wir zu einem anderen Argument greifen. Bei endlichen Körpern treten nur *zyklische* Gruppen als Galoisgruppen auf (vgl. Satz 9.7). Außer davon wird im Folgenden von der Endlichkeit von K weiter kein Gebrauch gemacht; wir setzen daher allgemeiner nur voraus:

$$G = G(E/K) \;\; \textit{sei zyklisch.}$$

Sei dann σ ein erzeugendes Element von G und bezeichne $n = E : K$ die Ordnung von σ. Wir betrachten σ als *Endomorphismus des K–Vektorraumes E* und behaupten, dass dieser das Minimalpolynom $X^n - 1$ besitzt. Wegen $\sigma^n = 1$ ist σ jedenfalls Nullstelle von $X^n - 1$. Andererseits kann σ nicht Nullstelle eines von 0 verschiedenen Polynoms kleineren Grades (über K) sein, denn das stünde im Widerspruch zur linearen Unabhängigkeit der Automorphismen $1, \sigma, \sigma^2, \ldots, \sigma^{n-1}$ (vgl. Satz 12.3). Nun besitzt der K–Vektorraum E die Dimension n. Deshalb stimmen *Minimalpolynom* und *charakteristisches Polynom* von σ überein. In diesem Fall existiert aber ein *zyklischer Vektor* bezüglich σ (vgl. [25, S. 168]), also ein $\beta \in E$, sodass

$$\beta, \sigma\beta, \sigma^2\beta, \ldots, \sigma^{n-1}\beta \tag{12.18}$$

eine Basis von E/K ist. Definitionsgemäß ist dann (12.18) eine Normalbasis von E/K. □

Den Satz von der Existenz einer Normalbasis können wir auch wie folgt ausdrücken:

Satz 12.5. *Es sei E/K eine endliche galoissche Körpererweiterung mit Galoisgruppe G. Als Moduln über der Gruppenalgebra KG sind dann E und KG isomorph:*

$$E \simeq KG \;\; \textit{als } KG\textit{–Moduln.} \tag{12.19}$$

Beweis. Zur Definition der Gruppenalgebra KG vgl. Abschnitt 6.2. Jedes Element x von KG hat die eindeutige Darstellung

$$x = \sum_{\sigma \in G} a_\sigma \sigma.$$

In natürlicher Weise ist E ein KG–Modul, nämlich vermöge

$$\left(\sum_\sigma a_\sigma \sigma, \alpha\right) \mapsto \sum_\sigma a_\sigma \sigma(\alpha).$$

Wie jeder Ring ist KG ein KG–Modul vermöge $(x, y) \mapsto xy$. Für beliebiges $\alpha \in E$ ist nun die Abbildung

$$\sum_\sigma a_\sigma \sigma \mapsto \sum_\sigma a_\sigma \sigma\alpha \tag{12.20}$$

offenbar ein KG–Modulhomomorphismus von KG in E. Ist umgekehrt ein KG–Modulhomomorphismus $\varphi : KG \to E$ gegeben und setzt man $\alpha := \varphi(1)$, so hat φ notwendig die Gestalt (12.20). Offensichtlich ist nun aber (12.20) genau dann ein Isomorphismus, wenn die Bilder $\sigma\alpha$ der $\sigma \in G$ eine Basis von E/K bilden. Damit ist gezeigt, dass die Aussagen der Sätze 12.4 und 12.5 äquivalent sind. □

Bemerkungen. 1) Sei E/K eine Erweiterung *endlicher Körper*. Da man über endliche Körper einiges weiß (zum Beispiel, dass die multiplikative Gruppe $E^\times$ von E zyklisch ist), erscheint es nicht ganz abwegig zu fragen, ob man nicht eine Normalbasis von E/K 'konkreter' angeben kann. Dies ist, insbesondere, was Anwendungen in der Kryptographie angeht, ein wichtiges offenes Problem. Jedenfalls kann man eine notwendige und hinreichende Bedingung dafür angeben, dass gewisse Gaußschen Perioden (sh. Aufg. 11.3) über K eine Normalbasis von E/K bilden: sh. z.B. A. Wassermann [41] (vgl. auch Aufgabe 12.3).

2) Der *Satz von der Existenz einer Normalbasis* ist eine Verschärfung der zuvor schon behandelten Isomorphie

$$E \otimes_K E \simeq EG \tag{12.21}$$

von EG–Moduln (vgl. (12.12)). Dies ist klar, denn die Existenz einer Normalbasis für E/K bedeutet, wie wir oben gesehen haben, das Bestehen der Isomorphie

$$E \simeq KG \tag{12.22}$$

von KG–Moduln; durch Tensorieren erhält man aus ihr aber $E \otimes_K E \simeq KG \otimes_K E \simeq EG$, also (12.21). Übrigens: Im Gegensatz zu (12.21) handelt es sich bei (12.22) nicht um eine natürliche Isomorphie.

3) Der oben geführte Beweis für die Existenz einer Normalbasis kann schon wegen der dabei nötigen Trennung von endlichen und unendlichen Grundkörpern nicht voll befriedigen. Viel natürlicher wäre es jedenfalls, könnte man von der natürlichen Isomorphie (12.21) ausgehend auf das Bestehen

der Isomorphie (12.22) zurückschließen. Dies ist nun nach *M. Deuring* in der Tat möglich. Es gilt nämlich der

Satz. *Sind M und M' Moduln über der K–Algebra A und haben M und M' über K endliche Dimension, so zieht für jede endliche Körpererweiterung E/K die Isomorphie $M \otimes_K E \simeq M' \otimes_K E$ von $A \otimes_K E$–Moduln notwendig die Isomorphie $M \simeq M'$ von A–Moduln nach sich.*

Wir skizzieren den

Beweis. Jeder A–Modul M mit $M : K < \infty$ ist offenbar die direkte Summe von *direkt unzerlegbaren* Teilmoduln. Nach einem grundlegenden Satz von *Krull–Remak–Schmidt* (den wir erst in Band II behandeln werden, obwohl er im Grunde zur *Linearen Algebra* gehört) ist nun eine solche Zerlegung bis auf Isomorphie und Reihenfolge der unzerlegbaren Summanden *eindeutig.* Wird jetzt vorausgesetzt, dass $M \otimes_K E$ und $M' \otimes_K E$ als $A \otimes_K E$–Moduln isomorph sind, so sind sie es auch als A–Moduln. Als A–**Moduln** aber gilt für sie – mit $n = E : K$ – offenbar

$$M \otimes_K E \simeq M^n, \; M' \otimes_K E \simeq M'^n$$

und damit also

$$M^n \simeq M'^n.$$

Mit dem *Satz von Krull–Remak–Schmidt* folgt dann $M \simeq M'$. □

Definition 12.1. Wir betrachten eine endliche galoissche Erweiterung E/K mit Galoisgruppe G. Sei H eine Untergruppe von G und F der zugehörige Zwischenkörper von E/K. Für $x \in E$ setzen wir

$$S_H(x) = \sum_{\sigma \in H} \sigma x. \tag{12.23}$$

Offenbar ist $S_H(x)$ invariant unter allen $\tau \in H$, liegt also im Fixkörper F von H. Wir erhalten so eine Funktion $S_H : E \to F$, die wir auch mit $S_{E/F}$ bezeichnen und die *Spur* zu H bzw. E/F nennen.

F12.3. *Sei E/K eine endliche galoissche Erweiterung mit Galoisgruppe G. Für die beliebige Untergruppe H von G mit Fixkörper F seien $\sigma_1 H, \ldots, \sigma_m H$ die verschiedenen Linksnebenklassen von G nach H (sodass also $m = G : H$ gilt und ein beliebiges $\sigma \in G$ genau dann in $\sigma_i H$ liegt, wenn σ auf F mit σ_i*

übereinstimmt). Bilden dann die Konjugierten $\sigma\alpha$, $\sigma \in G$, eines Elementes α aus E eine Normalbasis von E/K, so bilden die Elemente

$$\sigma_1^{-1} S_{E/\sigma_1 F}(\alpha),\ \sigma_2^{-1} S_{E/\sigma_2 F}(\alpha), \ldots,\ \sigma_m^{-1} S_{E/\sigma_m F}(\alpha) \tag{12.24}$$

eine Basis von F/K. Ist H Normalteiler von G, d.h. F/K normal, so handelt es sich bei (12.24) um eine Normalbasis von F/K. In jedem Fall aber gilt $F = K(S_{E/F}(\alpha))$.

Beweis. Ein beliebiges $x \in E$ hat die eindeutige Darstellung

$$x = \sum_{\sigma \in G} a_\sigma \sigma\alpha \quad \text{mit} \quad a_\sigma \in K.$$

Genau dann liegt x in F, wenn x unter allen $\tau \in H$ invariant ist. Nun ist aber

$$\tau x = \sum_{\sigma \in G} a_\sigma \tau\sigma\alpha = \sum_{\rho \in G} a_{\tau^{-1}\rho} \rho\alpha = \sum_{\sigma \in G} a_{\tau^{-1}\sigma} \sigma\alpha,$$

also hat man $\tau x = x$ für alle $\tau \in H$ genau dann, wenn $a_{\tau^{-1}\sigma} = a_\sigma$ für alle $\tau \in H$ und alle $\sigma \in G$ gilt, d.h. a auf jeder Rechtsnebenklasse $H\sigma$ konstant ist. Für die Rechtsnebenklassen von G nach H bilden aber die Elemente $\sigma_1^{-1}, \ldots, \sigma_m^{-1}$ ein Vertretersystem, also liegt damit x in F genau dann, wenn x die Gestalt

$$x = \sum_{i=1}^{m} a_i \left(\sum_{\tau \in H} \tau \sigma_i^{-1} \alpha \right), \quad a_i \in K$$

besitzt. Beachtet man hier $\tau\sigma_i^{-1} = \sigma_i^{-1}(\sigma_i \tau \sigma_i^{-1})$ sowie, dass zur Untergruppe $\sigma_i H \sigma_i^{-1}$ der Fixkörper $\sigma_i F$ gehört, so erhält man schließlich als hinreichende und notwendige Bedingung für $x \in F$, dass x die folgende Gestalt hat:

$$x = \sum_{i=1}^{m} a_i \sigma_i^{-1} S_{E/\sigma_i F}(\alpha), \quad a_i \in K.$$

Da eine solche Darstellung herleitungsgemäß zudem eindeutig ist, haben wir somit in der Tat (12.24) als Basis von F/K erwiesen; beachte dabei, dass wegen $\sigma_i^{-1} S_{E/\sigma_i F}(\alpha) \in \sigma_i^{-1}(\sigma_i F) = F$ die Elemente von (12.24) wirklich in F enthalten sind.

Im Falle eines Normalteilers H ist $\sigma_i F = F$, und daher stehen in (12.24) gerade die Konjugierten von $S_{E/F}(\alpha)$. Die letzte Behauptung ist klar, denn wie man sofort sieht, gilt in jedem Fall $\sigma_i S_{E/F}(\alpha) \neq \sigma_j S_{E/F}(\alpha)$ für $i \neq j$; also hat $S_{E/F}(\alpha)$ mindestens $m = F : K$ verschiedene Konjugierte in E. □

12.4 Unendliche Galoiserweiterungen

Sei K ein Körper und C ein fester algebraischer Abschluss von K. Mit C_s bezeichnen wir den *separablen Abschluss* von K in C. Dann ist C_s/K eine galoissche Erweiterung. Eine beliebige Galoiserweiterung E/K mit Grundkörper K kann als Teil von C_s/K betrachtet werden. Insofern kommt der Galoiserweiterung C_s/K also eine besondere Bedeutung zu. Im Allgemeinen ist aber C_s/K keine endliche Erweiterung. Daher entsteht die Aufgabe, den *Hauptsatz der Galoistheorie für endliche galoissche Erweiterungen* (vgl. Satz 8.5) in geeigneter Weise auf beliebige (nicht als endlich vorausgesetzte) Galoiserweiterungen zu verallgemeinern. Zuerst aber zeigen wir, dass die Aussage von Satz 8.5 im Falle *unendlicher Galoiserweiterungen* nicht mehr gültig ist:[2]

Beispiel. Sei $K = \mathbb{F}_p$ der Primkörper der Charakteristik $p > 0$ und $\mathbb{F}_{p^\infty} := C = C_s$. Mit $\varphi \in G(C/\mathbb{F}_p)$ bezeichnen wir den zugehörigen *Frobeniusautomorphismus,* definiert durch $\varphi x = x^p$. Der *Fixkörper* zu der von φ erzeugten Untergruppe $H = \langle\varphi\rangle$ von $G(C/\mathbb{F}_p)$ besteht aus allen $x \in C$ mit $x^p - x = 0$, folglich gilt:

$$\text{Fixkörper von } \langle\varphi\rangle = \mathbb{F}_p. \tag{12.25}$$

Wir behaupten, dass jedoch die zum Zwischenkörper $\mathbb{F}_p$ gehörige Gruppe nicht mit H übereinstimmt:

$$G(\mathbb{F}_{p^\infty}/\mathbb{F}_p) \neq \langle\varphi\rangle. \tag{12.26}$$

Zum Beweis wählen wir eine beliebige Primzahl q und betrachten den Teilkörper

$$F = \bigcup_m \mathbb{F}_{p^{q^m}} \tag{12.27}$$

von $\mathbb{F}_{p^\infty}$, der aus allen $x \in \mathbb{F}_{p^\infty}$ besteht, zu denen es jeweils ein $m \in \mathbb{N}$ mit $x^{p^{q^m}} = x$ gibt. Für jedes $x \in F$ ist $\mathbb{F}_p(x) : \mathbb{F}_p$ eine q–Potenz. Daher ist $F \neq \mathbb{F}_{p^\infty}$, und folglich existiert ein

$$\tau \in G(\mathbb{F}_{p^\infty}/F) \text{ mit } \tau \neq 1.$$

Wäre nun (12.26) nicht erfüllt, so wäre τ eine Potenz von φ, also $\tau = \varphi^n$, wobei wir o.E. noch $n \in \mathbb{N}$ voraussetzen dürfen (andernfalls ersetze τ durch

[2] Im wesentlichen geht dieses Beispiel auf Dedekind [7] zurück, der allerdings statt $\mathbb{F}_{p^n}$ die Körper $K_n = \mathbb{Q}(\zeta_{p^n})$ der p^n-ten Einheitswurzeln zugrunde gelegt hat.

τ^{-1}). Dann müsste aber F im Fixkörper $\mathbb{F}_{p^n}$ von $\varphi^n = \tau$ enthalten sein. Doch dies ist unmöglich, denn $\mathbb{F}_{p^n}/\mathbb{F}_p$ hat den Grad n, während der Körper F in (12.27) unendlichen Grad über $\mathbb{F}_p$ besitzt.

Im Folgenden sei nun mit

$$E/K \quad \textit{eine beliebige Galoiserweiterung}$$

vorgelegt; es sei $G = G(E/K)$ ihre Galoisgruppe. Ist F ein über K *galoisscher* Zwischenkörper von E/K, so bezeichnen wir für $\sigma \in G$ den von σ auf F vermittelten Automorphismus mit

$$\sigma^F.$$

(Nur aus didaktischen Gründen, die gleich ersichtlich werden, weichen wir hier von der früheren, eigentlich natürlicheren Bezeichnung σ_F ab.) Die gegebene Galoiserweiterung E/K lässt sich durch ihre *endlichen galoisschen* Teil–Erweiterungen L/K ausschöpfen; der natürliche Homomorphismus

$$\begin{array}{rcl} h : G & \longrightarrow & \prod_L G(L/K) \\ \sigma & \mapsto & (\sigma^L)_L \end{array} \tag{12.28}$$

ist daher *injektiv;* wie gesagt durchlaufe dabei L alle Zwischenkörper von E/K, für die L/K endlich und galoissch ist, und diese Notation werde auch im Weiteren verwendet. Wie lässt sich nun das *Bild* von h in (12.28) geeignet beschreiben?

Für $L \subseteq L'$ hat man die natürliche Abbildung

$$\begin{array}{rcl} f_{L/L'} : G(L'/K) & \to & G(L/K) \\ \tau & \mapsto & \tau^L \end{array}.$$

Im Falle $L \subseteq L' \subseteq L''$ gilt offenbar die Relation

$$f_{L/L''} = f_{L/L'} \circ f_{L'/L''},$$

und für $\sigma \in G$ erfüllen die Komponenten von $h(\sigma)$ die Bedingungen

$$f_{L/L'}(\sigma^{L'}) = \sigma^L, \quad \text{wenn} \quad L \subseteq L'.$$

Dies veranlasst uns zu der folgenden Begriffsbildung:

Definition 12.2. Sei I eine (teilweise) *geordnete* Indexmenge; sie sei außerdem *gerichtet,* d.h. zu beliebigen $i, i' \in I$ gebe es ein $j \in I$ mit $i \leq j, i' \leq j$. Vorgelegt sei nun ein System $(G_i)_{i \in I}$ von Mengen (Gruppen, Ringen, topologischen Räumen etc.) zusammen mit Abbildungen (Homomorphismen von Gruppen, Ringen, bzw. stetige Abbildungen)

$$f_{ij} : G_j \to G_i$$

für jedes Paar (i, j) von Indizes aus I mit $i \leq j$. Man spricht von einem *projektiven System,* wenn außerdem für $i \leq j \leq k$ stets gilt:

$$f_{ik} = f_{ij} \circ f_{jk}.$$

Unter dem *projektiven Limes* eines solchen projektiven Systems versteht man dann die folgende Teilmenge des kartesischen Produktes der G_i:

$$\varprojlim_{i \in I} G_i := \left\{ (\sigma_i)_i \in \prod_{i \in I} G_i \mid f_{ij}(\sigma_j) = \sigma_i \text{ für } i \leq j \right\}. \tag{12.29}$$

Im Falle von *Gruppen* (bzw. Ringen) G_i ist (12.29) offenbar eine *Untergruppe* (bzw. ein Teilring) von $\prod G_i$; im Falle *topologischer Räume* G_i ist (12.29) ein Teilraum des topologischen Raumes $\prod G_i$, und zwar wegen der vorausgesetzten Stetigkeit der f_{ij} ein *abgeschlossener Teilraum* von $\prod G_i$, wenn alle G_i als *Hausdorffsch* vorausgesetzt sind.

Kehren wir jetzt zunächst zu der obigen durch Vorgabe einer beliebigen Galoiserweiterung E/K bestimmten Situation zurück. Mit dem eingeführten Begriff können wir dann den folgenden Sachverhalt aussprechen:

F12.4. *Für eine beliebige galoissche Körpererweiterung E/K vermittelt die Abbildung* (12.28) *einen Isomorphismus*

$$G(E/K) \longrightarrow \varprojlim_{L} G(L/K), \tag{12.30}$$

wobei L die Menge aller über K endlichen und galoisschen Zwischenkörper von E/K durchläuft.

Beweis. Bis auf die Surjektivität von (12.30) ist alles klar. Sei also ein beliebiges

$$(\sigma_L)_L \in \varprojlim_{L} G(L/K) \tag{12.31}$$

gegeben. Wir haben zu zeigen, dass ein $\sigma \in G(E/K)$ existiert mit

$$\sigma^L = \sigma_L \quad \text{für alle} \quad L. \tag{12.32}$$

Da wie gesagt E die Vereinigung der L ist, wird ein $\sigma \in G(E/K)$ durch die Bedingungen (12.32) völlig festgelegt. Umgekehrt ist auch die Existenz eines solchen σ klar, vorausgesetzt wir können zeigen: Für beliebige L_1, L_2 (aus unserer Indexmenge) stimmen σ_{L_1} und σ_{L_2} auf $L_0 := L_1 \cap L_2$ stets überein, d.h. es gilt

$$\sigma_{L_1}^{L_0} = \sigma_{L_2}^{L_0}.$$

Sei $L := L_1 L_2$ das Kompositum von L_1 und L_2 in E. Wegen (12.31) gilt dann

$$\sigma_L^{L_1} = f_{L_1/L}(\sigma_L) = \sigma_{L_1}, \quad \sigma_L^{L_2} = f_{L_2/L}(\sigma_L) = \sigma_{L_2}.$$

Damit folgt aber in der Tat

$$\sigma_{L_1}^{L_0} = (\sigma_L^{L_1})^{L_0} = \sigma_L^{L_0} = (\sigma_L^{L_2})^{L_0} = \sigma_{L_2}^{L_0}.$$

□

Definition 12.3. Man spricht von einer *topologischen Gruppe* G, wenn G sowohl mit der Struktur einer Gruppe als auch mit der Struktur eines topologischen Raumes so versehen ist, dass die Abbildung $(x, y) \mapsto xy^{-1}$ von $G \times G$ in G *stetig* ist.

Bemerkung. Ist $(G_i)_{i \in I}$ ein beliebiges System topologischer Gruppen G_i, so ist offenbar auch das kartesische Produkt

$$\prod_{i \in I} G_i$$

eine topologische Gruppe. Im Falle eines projektiven Systems $(G_i)_{i \in I}$ ist daher auch

$$\varprojlim_{i \in I} G_i$$

als Untergruppe von $\prod G_i$ eine topologische Gruppe; wie oben schon bemerkt, ist $\varprojlim G_i$ *abgeschlossen* in G_i, falls die G_i Hausdorffsch sind.

Definition 12.4. Sei E/K eine beliebige galoissche Körpererweiterung. Auf folgende Weise kann man die Galoisgruppe $G(E/K)$ von E/K in natürlicher Weise mit der Struktur einer topologischen Gruppe versehen: Man statte die *endlichen* Gruppen $G(L/K)$ in (12.30) jeweils mit der *diskreten Topologie* aus und übertrage die Struktur der so erhaltenen topologischen Gruppe

$$\widetilde{G} = \varprojlim_{L} G(L/K) \tag{12.33}$$

vermöge des Isomorphismus (12.30) einfach auf $G(E/K)$. Die so gewonnene Topologie auf $G(E/K)$ heißt die *Krulltopologie* von $G(E/K)$.

F 12.5. *Für eine beliebige galoissche Körpererweiterung E/K ist die (mit der Krulltopologie ausgestattete) Galoisgruppe $G = G(E/K)$ von E/K eine* **kompakte** *topologische Gruppe. Das System*

$$(G(E/L))_L, \tag{12.34}$$

wobei L alle über K endlichen und galoisschen Zwischenkörper von E/K durchläuft, stellt ein System offener Basisumgebungen der 1 in G dar, d.h. erstens ist jedes $G(E/L)$ offen und zweitens enthält jede beliebige Umgebung von 1 in G eine Menge der Gestalt $G(E/L)$.

Beweis. Nach dem bekannten *Satz von Tychonoff* ist das kartesische Produkt kompakter topologischer Räume kompakt. Da die $G(L/K)$ als endliche Mengen bzgl. der diskreten Topologie trivialerweise kompakt sind, ist damit ihr projektiver Limes (12.33) als abgeschlossener Teil ihres kartesischen Produkts ebenfalls kompakt.

Die Menge der betrachteten L werde mit I bezeichnet. Durchläuft S die endlichen Teilmengen von I, so bilden die Mengen

$$U_S := \prod_{L \in S} \{1\} \times \prod_{L \notin S} G(L/K)$$

ein System offener Basisumgebungen der 1 in der topologischen Gruppe $\prod_L G(L/K)$. Also bilden ihre Durchschnitte mit $\widetilde{G} = \varprojlim G(L/K)$ ein entsprechendes System für die topologische Gruppe $\widetilde{G}$. Für gegebenes S sei L das Körperkompositum der $L' \in S$. Wie aus der Definition des projektiven Limes sofort hervorgeht, gilt dann

$$U_S \cap \widetilde{G} = U_{\{L\}} \cap \widetilde{G}.$$

Doch das Urbild von $U_{\{L\}} \cap \widetilde{G}$ bei der Abbildung in (12.30) ist nichts anderes als die Untergruppe $G(E/L)$ von $G = G(E/K)$. Damit ist F12.5 bewiesen. □

Jetzt können wir den früher für endliche Galoiserweiterungen bereits ausgesprochenen Hauptsatz (vgl. Satz 8.5) durch folgende, auch *unendliche Galoiserweiterungen* einbeziehende Aussage ergänzen:

Satz 12.6. *Sei E/K eine beliebige Galoiserweiterung. Dann ist die Abbildung*

$$F \mapsto G(E/F) \tag{12.35}$$

eine Bijektion zwischen der Menge der Zwischenkörper von E/K und der Menge der **abgeschlossenen** *Untergruppen von $G = G(E/K)$. Die Zwischenkörper endlichen Grades über K entsprechen dabei genau den offenen Untergruppen von G.*

Beweis. (i) Jede offene Untergruppe H einer topologischen Gruppe G ist abgeschlossen in G, denn $G \setminus H$ ist Vereinigung der Nebenklassen $gH \neq H$, und jedes gH ist als Bild der offenen Menge H unter der topologischen Abbildung $x \mapsto gx$ von G in sich ebenfalls offen.

(ii) Sei F/K *endliche* Teil–Erweiterung von E/K und bezeichne L die normale Hülle von F/K in E. Dann ist auch L/K endlich. Nach F12.5 ist $G(E/L)$ offen in G. Wegen $G(E/L) \subseteq G(E/F)$ ist damit auch $G(E/F)$ *offen* (denn $G(E/F)$ ist Vereinigung von Nebenklassen $gG(E/L)$, und alle diese sind offen).

(iii) Bekanntlich ist für jeden Zwischenkörper F von E/K die Erweiterung E/F galoissch, d.h. es ist F der Fixkörper von $G(E/F)$ in E:

$$F = E^{G(E/F)}, \tag{12.36}$$

vgl. Def. 8.1 und Satz 8.2. Aus (12.36) ergibt sich sofort die Injektivität der Abbildung (12.35).

(iv) Wir behaupten, dass $G(E/F)$ stets *abgeschlossen* in G ist. Sei dazu σ ein Element von G und gelte $\sigma \notin G(E/F)$. Es existiert dann auch eine endliche Teil–Erweiterung F_0/K von F/K, auf der σ nicht trivial ist, für die also $\sigma \notin G(E/F_0)$ gilt. Es folgt

$$\sigma G(E/F_0) \cap G(E/F) = \varnothing.$$

Damit ist die Behauptung klar, denn wegen der Endlichkeit von F_0/K ist $\sigma G(E/F_0)$ nach (ii) eine offene Umgebung von σ in G.

(v) Sei H eine *offene* Untergruppe von G. Dann gibt es nach F12.5 eine endliche galoissche Teil–Erweiterung L/K von E/K mit

$$G(E/L) \subseteq H.$$

Bezeichne $F = E^H$ den Fixkörper von H. Mit (12.36) folgt dann

$$F = E^H \subseteq E^{G(E/L)} = L,$$

also ist mit L/K auch F/K *endlich.*

(vi) Zum Beweis des Satzes bleibt nun noch zu zeigen (und dies ist der eigentliche Kernpunkt), dass für jede *abgeschlossene* Untergruppe H von G die Gleichung

$$H = G(E/E^H) \tag{12.37}$$

besteht. Sei H zunächst eine beliebige Untergruppe von G. Trivialerweise ist $H \subseteq G(E/E^H)$. Bezeichne H^- die abgeschlossene Hülle von H in G. Wir zeigen, dass dann allgemein die Beziehung

$$G(E/E^H) = H^- \tag{12.38}$$

gilt. Sei $F = E^H$ der Fixkörper von H in E, und sei σ ein beliebiges Element von $G(E/F)$. Um $\sigma \in H^-$ zu zeigen, genügt es sicherzustellen, dass jede Basisumgebung $\sigma G(E/L)$ von σ in $G = G(E/K)$ mit H einen nichtleeren Durchschnitt hat:

$$\sigma G(E/L) \cap H \neq \varnothing. \tag{12.39}$$

Zum Beweis bezeichne H_0 das Bild von H bei der natürlichen Abbildung $G(E/F) \to G(LF/F)$. Dann ist F auch der Fixkörper von H_0 in LF. Nun ist die Galoiserweiterung LF/F aber *endlich,* also liefert der dafür zuständige Hauptsatz (vgl. Satz 8.5), dass

$$H_0 = G(LF/F)$$

gelten muss. Zu dem gegebenen $\sigma \in G(E/F)$ gibt es daher ein $\tau \in H$ mit $\sigma^L = \tau^L$. Mit $\rho = \sigma^{-1}\tau \in G(E/L)$ ist dann aber $\sigma\rho = \tau$ ein Element des in (12.39) genannten Durchschnitts. □

Bemerkungen. Seien F/K und F'/K' galoissche Körpererweiterungen mit $K \subseteq K'$ und $F \subseteq F'$. Dann ist der natürliche Homomorphismus

$$r : G(F'/K') \to G(F/K) \tag{12.40}$$

stetig. Ist nämlich $G(F/L)$ eine vorgegebene offene Basisumgebung der 1 in $G(F/K)$, so ist $G(F'/LK')$ eine offene Basisumgebung der 1 in $G(F'/K')$ mit $G(F'/LK') \subseteq r^{-1}(G(F/L))$.

Der Fixkörper von $r(G(F'/K'))$ in F ist offenbar $F \cap K'$. Da $r(G(F'/K'))$ als stetiges Bild der kompakten Gruppe $G(F'/K')$ ebenfalls kompakt und damit abgeschlossen in $G(F/K)$ ist, folgt aus der Galoistheorie (Satz 12.6) die Gleichheit

$$r(G(F'/K')) = G(F/F \cap K'). \tag{12.41}$$

Die Abbildung r in (12.40) vermittelt damit einen *surjektiven* Homomorphismus

$$G(F'/K') \to G(F/F \cap K') \tag{12.42}$$

topologischer Gruppen. Im Übrigen ist $G(F'/FK')$ sein Kern. Wir behaupten, dass die Abbildung (12.42) *offen* ist. Dazu genügt es zu zeigen, dass die ursprüngliche Abbildung r in (12.40) im Falle $F \cap K' = K$ offen ist. Sei dazu $G(F'/L')$ eine beliebige offene Basisumgebung der 1 in $G(F'/K')$. Wir haben zu zeigen, dass dann auch ihr Bild $r(G(F'/L')) = G(F/F \cap L')$ offen in $G(F/K)$ ist. Nach Voraussetzung ist nun aber $G(F'/L')$ ein Normalteiler von endlichem Index in $G(F'/K')$; dies überträgt sich auf die homomorphen Bilder, also ist auch $G(F/F \cap L')$ Normalteiler von endlichem Index in $G(F/K)$. Somit ist $F \cap L'/K$ galoissch mit endlicher Galoisgruppe $G(F \cap L'/K) \simeq G(F/K)/G(F/F \cap L')$ und daher $r(G(F'/L')) = G(F/F \cap L')$ in der Tat eine offene Basisumgebung der 1 in $G(F/K)$.

Insbesondere gilt: Ist F ein Zwischenkörper der galoisschen Erweiterung E/K und werde F/K als galoissch vorausgesetzt, so ist der Restriktionshomomorphismus $G(E/K) \to G(F/K)$ *stetig* und *offen* und vermittelt daher eine natürliche Isomorphie

$$G(E/K)/G(E/F) \simeq G(F/K)$$

topologischer Gruppen, wenn man die Faktorgruppe $G(E/K)/G(E/F)$ mit der *Quotiententopologie* ausstattet (d.h. der feinsten Topologie, für die die Restklassenabbildung $G(E/K) \to G(E/K)/G(E/F)$ noch *stetig* ist).

Im Übrigen überprüft man sofort, dass gilt: Ist F ein Zwischenkörper der galoisschen Erweiterung E/K, so induziert die Krulltopologie von $G(E/K)$ auf der Untergruppe $G(E/F)$ die Krulltopologie der Galoisgruppe $G(E/F)$.

Ferner macht man sich leicht klar: Ist H eine offene Untergruppe der Galoisgruppe $G = G(E/K)$, so ist H von endlichem Index in G, und zwar gilt $G : H = F : K$, wobei F den Fixkörper von H in E bezeichnet.

Übungen

1) Seien $p_1 : G_1 \longrightarrow \Delta$ und $p_2 : G_2 \longrightarrow \Delta$ Homomorphismen von Gruppen. Zeige, dass dann

$$G_1 \times_\Delta G_2 = \{(g_1, g_2) \in G_1 \times G_2 \mid p_1(g_1) = p_2(g_2)\}$$

eine Gruppe ist. Man nennt diese oft das zu den Homomorphismen p_1, p_2 gehörige Faserprodukt.

2) Betrachte (12.12) mit $K = \mathbb{Q}$ und $E = \mathbb{Q}(\sqrt{2}\,)$.
   (i) Zeige, dass die Elemente $1 \otimes 1$, $1 \otimes \sqrt{2}$, $\sqrt{2} \otimes 1$ und $\sqrt{2} \otimes \sqrt{2}$ eine K-Basis von $E \otimes_K E$ bilden.
   (ii) Schreibe das Element $(a + b\sqrt{2}\,) \otimes (c + d\sqrt{2}\,) \in E \otimes_K E$ als Summe $1 \otimes c_1 + \sqrt{2} \otimes c_2$ mit $c_1, c_2 \in E$.
   (iii) Finde Elemente $\alpha, \beta \in E \otimes_K E$ mit $f(\alpha) = 1 + \sigma$ und $f(\beta) = 1 - \sigma$.
   (iv) Zeige direkt, dass f surjektiv ist.

3) Sei $E = \mathbb{Q}(\sqrt{2}, \sqrt{3}, \sqrt{5}, \ldots\}$ der von allen Quadratwurzeln natürlicher Zahlen erzeugte Körper.
   (i) Sei p prim. Dann gibt es gibt einen Automorphismus σ_p von $K/\mathbb{Q}$, welcher $\sqrt{p}$ auf $-\sqrt{p}$ abbildet und alle $\sqrt{q}$ mit $q \neq p$ fest lässt.
   (ii) Sei H die von allen σ_p erzeugte Untergruppe der Galoisgruppe G von $K/\mathbb{Q}$. Zeige, dass $\mathbb{Q}$ der Fixkörper von H ist.
   (iii) Es gibt einen Automorphismus τ, der jedes $\sqrt{p}$ auf $-\sqrt{p}$ abbildet.
   (iv) Zeige, dass $\tau \notin H$ ist.
   (v) Zeige, dass $G = H^-$ ist.
   (vi) Zeige, dass G nicht abzählbar ist.
   (vii) Zeige, dass G überabzählbar viele Untergruppen vom Index 2 besitzt; andererseits sind die quadratischen Teilkörper von K natürlich abzählbar.

Aufgaben und Bemerkungen

12.1 Sei F/K eine *separable* Körpererweiterung endlichen Grades. Mit F12.3 folgere man aufs neue, dass F ein Element β mit $F = K(\beta)$ besitzt (*Satz vom primitiven Element,* vgl. Satz 8.3). Kann man sogar ein *primitives* Element β von F/K mit $S_{F/K}(\beta) = 1$ finden?

12.2 Sei ζ_n eine primitive Einheitswurzel in $\mathbb{C}$. Wann bilden die Konjugierten von ζ_n eine Normalbasis von $\mathbb{Q}(\zeta_n)/\mathbb{Q}$? (Antwort: Genau dann, wenn n *quadratfrei* ist; vgl. auch Aufg. 13.7).

12.3 Im endlichen Körper $E = \mathbb{F}_{3^3}$ suche man a) eine Primitivwurzel von E, deren Konjugierte keine Normalbasis von $E/\mathbb{F}_3$ bilden, b) eine Normalbasis, die nicht aus Primitivwurzeln von E besteht.
Für einen beliebigen endlichen Körper E mit Primkörper $\mathbb{F}_p$ besitzt $E/\mathbb{F}_p$ aber stets wenigstens eine aus Primitivwurzeln bestehende Normalbasis. Dies hat *Carlitz* für genügend große E und *Davenport* für beliebiges E gezeigt. Der elementare Beweis von Davenport [6] ist scharfsinnig und lang. Übrigens bleibt die Aussage auch richtig, wenn man in ihr $\mathbb{F}_p$ durch einen beliebigen Teilkörper K von E ersetzt.

12.4 Das System $(\mathbb{Z}/n\mathbb{Z})_{n\in\mathbb{N}}$ ist ein projektives System von Gruppen (bzw. Ringen), wenn man $\mathbb{N}$ vermöge Teilbarkeit als geordnete Menge betrachtet und für $m|n$ die natürlichen Homomorphismen $f_{mn} : \mathbb{Z}/n\mathbb{Z} \to \mathbb{Z}/m\mathbb{Z}$ zugrundelegt. Es sei dann

$$\widehat{\mathbb{Z}} = \lim_{\longleftarrow n} \mathbb{Z}/n\mathbb{Z}$$

der Prüfer-Ring.
Zeige: a) Für jeden endlichen Körper $\mathbb{F}_p$ hat man eine kanonische Isomorphie $G(C/\mathbb{F}_q) \simeq \widehat{\mathbb{Z}}$, wobei C einen algebraischen Abschluss von $\mathbb{F}_q$ bezeichne.
b) Die *offenen* Untergruppen von $\widehat{\mathbb{Z}}$ sind genau die Untergruppen der Form $n\widehat{\mathbb{Z}}$, und die Abbildung $\mathbb{Z} \to \widehat{\mathbb{Z}}$ vermittelt die Isomorphie $\mathbb{Z}/n\mathbb{Z} \simeq \widehat{\mathbb{Z}}/n\widehat{\mathbb{Z}}$. Es gibt abgeschlossene Untergruppen $\neq 0$ von $\widehat{\mathbb{Z}}$, die nicht die Gestalt $n\widehat{\mathbb{Z}}$ besitzen.
c) Für jede Primzahl p sei $\mathbb{Z}_p = \lim\limits_{\longleftarrow i} \mathbb{Z}/p^i\mathbb{Z}$ der Ring der p-adischen Zahlen. Zeige, dass eine natürliche Isomorphie $\widehat{\mathbb{Z}} \simeq \prod\limits_p \mathbb{Z}_p$ besteht.

12.5 Sei W die Gruppe aller Einheitswurzeln in $\mathbb{C}$. Beweise, dass folgende natürlichen Isomorphien bestehen:

$$G(\mathbb{Q}(W)/\mathbb{Q}) \simeq \widehat{\mathbb{Z}}^\times \simeq \lim_{\longleftarrow n} (\mathbb{Z}/n\mathbb{Z})^\times \simeq \prod_p \mathbb{Z}_p^\times .$$

12.6 Mit Satz 12.3 von *Artin* beweise man auf's neue den Satz 8.4. – Hinweis: Im Gegensatz zu (8.8) besitze E/K linear unabhängige $b_1, \dots, b_n$ mit $n > |G|$. Betrachte nun das lineare Gleichungssystem $\sum\limits_j \sigma^{-1}(b_j)x_j = 0$, $\sigma \in G$, und beachte $S_G \neq 0$.

12.7 *„Algebraische Unabhängigkeit von Körperhomomorphismen"*: Die Aussage von Satz 12.2 lässt sich unter der zusätzlichen Voraussetzung, dass der Grundkörper K *unendlich* ist, wie folgt verschärfen: *Angenommen, ein Polynom f aus $C[X_1, \dots, X_n]$ erfülle die Bedingung*

$$f(\sigma_1(\beta), \dots, \sigma_n(\beta)) = 0 \quad \text{für alle } \beta \in E, \tag{12.43}$$

so folgt $f = 0$. – Zum Beweis wähle man eine Basis $\beta_1, \dots, \beta_n$ von E/K und betrachte das Polynom

$$g(X_1, \dots, X_n) := f\left(\sum_{j=1}^n \sigma_1(\beta_j)X_j, \dots, \sum_{j=1}^n \sigma_n(\beta_j)X_j\right). \tag{12.44}$$

Wegen (12.43) gilt $g(x_1, \dots, x_n) = 0$ für alle $x_1, \dots x_n \in K$. Da K unendlich ist, folgt $g = 0$. Damit ist aber auch $f = 0$. Denn wie aus Satz 12.2 hervorgeht, ist die Matrix $(\sigma_i(\beta_j))_{i,j}$ aus $M_n(C)$ *invertierbar*. Bezeichnet $(a_{rs})_{r,s}$ die inverse Matrix, so erhält man per Einsetzung in (12.44) die Gleichheit

$$g\left(\sum_{k=1}^n a_{1k}X_k, \dots, \sum_{k=1}^n a_{nk}X_k\right) = f(X_1, \dots, X_n) = f.$$

12.8 Der Satz von der Existenz einer *Normalbasis* (vgl. Satz 12.4) wurde anscheinend erstmals von *Emmy Noether* ausgesprochen, und zwar 1932 in einer Arbeit im Crelle-Journal. Wohl weil es in dieser Arbeit eigentlich um *Zahlentheorie* geht (und vielleicht auch, weil sich Emmy Noether womöglich noch nicht sicher war, ob sie wirklich Urheberin des Satzes war), führt sie einen Beweis dieses rein algebraischen Satzes nur in einer dreizeiligen Fußnote. Wie aus der Natur ihres Ansatzes offensichtlich ist, wird dabei der Fall eines *endlichen* Grundkörpers beiseite gelassen. Ob sich nur darauf ihre Bemerkung in einer späteren Arbeit [33, p. 638] bezieht, dass ihr Beweis „eine Lücke" enthalte? Jedenfalls lässt sich ihr Ansatz folgendermaßen zu einem Beweis des Satzes im Falle eines *unendlichen* Grundkörpers K ausbauen:
Es bezeichne $E(X_1, \ldots, X_n)$ den rationalen Funktionenkörper in den Variablen $X_1, \ldots, X_n$ über E. Offenbar ist die Erweiterung $E(X_1, \ldots, X_n)/K(X_1, \ldots, X_n)$ galoissch und ihre Galoisgruppe auf natürliche Weise mit $G = G(E/K)$ identifizierbar. Wähle eine Basis $\beta_1, \ldots, \beta_n$ von E/K und betrachte

$$u := \sum_{j=1}^{n} \beta_j X_j \in E[X_1, \ldots, X_n], \tag{12.45}$$

und dazu die $n \times n$-Matrix $(\tau^{-1}\sigma(u))_{\tau,\sigma}$ über $E[X_1, \ldots, X_n]$. Ihre Determinante werde mit $d = d(X_1, \ldots, X_n)$ bezeichnet. (Hierbei werde ein feste Numerierung $\sigma_1, \ldots, \sigma_n$ der Elemente von G mit $\sigma_1 = 1$ zugrundegelegt.) Wir behaupten, dass $d \neq 0$ ist. Da K *unendlich* ist, kann dann d nicht auf ganz K^n verschwinden, d. h. es gibt $a_1, \ldots, a_n$ aus K mit $d(a_1, \ldots, a_n) \neq 0$. Für $\alpha := \sum a_j \beta_j$ gilt dann

$$\det\left((\tau^{-1}\sigma(\alpha))_{\tau,\sigma}\right) \neq 0, \tag{12.46}$$

und das genügt, um das System $(\sigma(\alpha))_\sigma$ als linear unabhängig über K zu erweisen.
Zum Beweis von $d \neq 0$ setze $Y_\sigma := \sigma(u) = \sum \sigma(\beta_j) X_j$ für jedes $\sigma \in G$, vgl. (12.43). Nach Satz 12.2 ist die $n \times n$-Matrix $(\sigma(b_j))_{\sigma,j}$ invertierbar. Daher ist $E[X_1, \ldots, X_n]$ gleich dem Polynomring in den n *Variablen* $Y_\sigma (\sigma \in G)$ über E. Definitionsgemäß ist

$$d = \det\left((Y_{\tau^{-1}\sigma})_{\tau,\sigma}\right). \tag{12.47}$$

Nach *Frobenius* heißt diese Determinante die *Gruppendeterminante von G*. Diese ist (für jede endliche Gruppe G und jeden Körper E) stets $\neq 0$; und zwar aus folgendem Grunde: In jeder Zeile der Matrix $M := (Y_{\tau^{-1}\sigma})_{\tau,\sigma}$ kommt Y_1 genau einmal vor, und zwar auf dem jeweiligen Diagonalplatz. Entwicklung von $d = \det(M)$ nach *Leibniz* liefert also $d = Y_1^n + g$ mit einem g aus dem Polynomring $E[Y_\sigma | \sigma \in G]$, das bezüglich Y_1 einem Grad $< n$ hat. Es folgt $d \neq 0$.

12.9 Sei $(\sigma(\alpha))_{\sigma \in G}$ eine *Normalbasis* der endlichen Galoiserweiterung E/K. Ist F ein Zwischenkörper von E/K und $H = G(E/F)$, so kann das System $(\tau(\alpha))_{\tau \in H}$ *linear abhängig über* F ausfallen, sodass man mit ihm also *keine* Normalbasis von E/F erhält. Belege dies durch folgendes Beispiel: $E/K = \mathbb{Q}(\zeta_9)/\mathbb{Q}$, $\alpha = \zeta_9 + \zeta_3$, $F = \mathbb{Q}(\zeta_3)$.

13. Norm und Spur

Wir haben schon in Kap. 1 darauf hingewiesen: Indem man die Erweiterungskörper E eines Körpers K auch als Vektorräume betrachtet, erschließt man sich die methodische Kraft der *Linearen Algebra*. Von Kap. 4 an ist dieser Gesichtspunkt allerdings zunächst ganz in den Hintergrund getreten, und erst in Kap. 12 wurde er wieder stark betont. Wir wollen hier nun auf einige einfache, aber schlagkräftige Begriffsbildungen der Linearen Algebra in unserem Zusammenhang eingehen.

13.1 Grundlegende Eigenschaften von Norm und Spur

Abweichend von unserer sonstigen Gewohnheit bezeichne in diesem Abschnitt K nicht notwendig einen Körper, sondern allgemeiner einen *beliebigen kommutativen Ring mit Eins.* Ist A eine K–Algebra und M ein A–Modul, so betrachten wir für jedes $\alpha \in A$ den K–Endomorphismus

$$\alpha_M : x \longmapsto \alpha x$$

von M. Statt α_M schreiben wir auch $\alpha_{M/K}$.

Definition 13.1. In der obigen Situation setzen wir zusätzlich voraus, dass M ein endlich erzeugter freier K–Modul ist, d.h. eine K–Basis aus endlich vielen Elementen besitzt. Das charakteristische Polynom $P(\alpha_{M/K})$ von $\alpha_{M/K} \in \mathrm{End}_K(M)$ heißt dann das *charakteristische Polynom* von α bezüglich des A–Moduls M; es ist ein Element in $K[X]$, und wir verwenden für es die Bezeichnungen

$$P_{M/K}(\alpha) = P_{M/K}(\alpha; X).$$

Entsprechend heißt

$$S_{M/K}(\alpha) := \mathrm{Spur}(\alpha_{M/K})$$

die *Spur* von α bzgl. des A–Moduls M, während

$$N_{M/K}(\alpha) := \det(\alpha_{M/K})$$

die *Norm* von α bzgl. M genannt wird.

Die folgenden Regeln für Norm und Spur sind offensichtlich:

$$\begin{aligned} S_{M/K}(\alpha+\beta) &= S_{M/K}(\alpha) + S_{M/K}(\beta) && (13.1)\\ S_{M/K}(a\alpha) &= aS_{M/K}(\alpha) \qquad \text{für } a \in K && (13.2)\\ S_{M/K}(\alpha\beta) &= S_{M/K}(\beta\alpha) && (13.3)\end{aligned}$$

Nach (13.1) und (13.2) ist $S_{M/K} : A \to K$ also eine K–Linearform auf A, und zusammen mit (13.3) folgt, dass es sich bei der Abbildung $(\alpha, \beta) \to S_{M/K}(\alpha\beta)$ um eine *symmetrische Bilinearform* auf A handelt.

$$N_{M/K}(\alpha\beta) = N_{M/K}(\alpha)N_{M/K}(\beta) \tag{13.4}$$

Ist $C(\alpha) = (c_{ij}(\alpha))_{i,j}$ die Koordinatenmatrix von $\alpha_{M/K}$ bezüglich einer K–Basis $e_1, \ldots, e_n$ von M, so hat man

$$\begin{aligned} S_{M/K}(\alpha) &= \operatorname{Spur} C(\alpha) = \sum_i c_{ii}(\alpha) && (13.5)\\ N_{M/K}(\alpha) &= \det C(\alpha) && (13.6)\\ P_{M/K}(\alpha; X) &= \det(XE_n - C(\alpha)) && (13.7)\end{aligned}$$

Hat $P_{M/K}(\alpha)$ die Gestalt $X^n + a_{n-1}X^{n-1} + \ldots + a_0$, so gelten

$$\begin{aligned} S_{M/K}(\alpha) &= -a_{n-1} && (13.8)\\ N_{M/K}(\alpha) &= (-1)^n a_0 && (13.9)\end{aligned}$$

F13.1. *In der obigen Situation sei M_1 ein Teilmodul des A–Moduls M. Sind dann M_1 und $M_2 := M/M_1$ endlich erzeugte freie K–Moduln, so auch M, und für jedes $\alpha \in A$ hat man*

$$\begin{aligned} S_{M/K}(\alpha) &= S_{M_1/K}(\alpha) + S_{M_2/K}(\alpha),\\ N_{M/K}(\alpha) &= N_{M_1/K}(\alpha) \cdot N_{M_2/K}(\alpha),\\ P_{M/K}(\alpha; X) &= P_{M_1/K}(\alpha; X) \cdot P_{M_2/K}(\alpha; X).\end{aligned}$$

Insbesondere gilt dies im Falle $M \simeq M_1 \oplus M_2$.

Beweis. Sei $e_1, \ldots, e_m$ eine K–Basis von M_1. Ein Vertretersystem $f_1, \ldots, f_n$ einer Basis von $M/M_1 = M_2$ ist dann offenbar eine Basis eines Komplementärmoduls zum K–Modul M_1 von M. Mit $e_1, \ldots, e_m, f_1, \ldots, f_n$ erhalten wir dann eine K–Basis von M. Bezüglich dieser hat die Koordinatenmatrix eines α_M die Gestalt

$$\begin{pmatrix} C_1(\alpha) & * \\ 0 & C_2(\alpha) \end{pmatrix}$$

mit $C_1(\alpha)$ als der Koordinatenmatrix von α_{M_1} bzgl. $e_1, \ldots, e_m$ und $C_2(\alpha)$ als der von α_{M_2} bzgl. $\overline{f}_1, \ldots, \overline{f}_n$. Damit ist alles klar. □

Bemerkung. Es liege die Situation von Def. 13.1 vor, und es sei L eine kommutative K–Algebra. Den L–Modul $M_L = M \otimes_K L$ kann man dann in natürlicher Weise als Modul über der Algebra $A_L = A \otimes_K L$ betrachten. Für alle $\alpha \in A$ hat man dann

$$S_{M_L/L}(\alpha \otimes 1) = S_{M/K}(\alpha), \;\; N_{M_L/L}(\alpha \otimes 1) = N_{M/K}(\alpha) \tag{13.10}$$

$$P_{M_L/L}(\alpha \otimes 1; X) = P_{M/K}(\alpha; X) \tag{13.11}$$

Ist nämlich $e_1, \ldots, e_n$ eine K–Basis von M, so ist $e_1 \otimes 1, \ldots, e_n \otimes 1$ eine L–Basis von $M_L = M \otimes_K L$. Bezüglich dieser besitzt dann α_{M_L} genau die gleiche Koordinatenmatrix wie α_M bezüglich $e_1, \ldots, e_n$.

Kurz gesagt besagen (13.10) und (13.11), dass sich Spur, Norm und charakteristisches Polynom bei *Konstantenerweiterung* nicht ändern. Hiervon wohlzuunterscheiden ist der folgende Sachverhalt:

A und A' seien K–Algebren, M ein A–Modul und M' ein A'–Modul. Als K–Moduln seien M und M' frei von endlicher Dimension n bzw. n'. Dann überlegt man sich leicht, dass für den $A \otimes_K A'$–Modul $M \otimes_K M'$ gilt:

$$S_{M \otimes M'/K}(\alpha \otimes \alpha') = S_{M/K}(\alpha) \cdot S_{M'/K}(\alpha') \tag{13.12}$$

$$N_{M \otimes M'/K}(\alpha \otimes \alpha') = N_{M/K}(\alpha)^{n'} \cdot N_{M'/K}(\alpha')^{n} \tag{13.13}$$

Definition 13.2. Es sei A eine K–Algebra, und es werde vorausgesetzt, dass A als K–Modul frei und endlich erzeugt ist. Das charakteristische Polynom eines $\alpha \in A$ bezüglich des A–Moduls A heißt das *(reguläre) charakteristische Polynom* von α; es wird mit $P_{A/K}(\alpha) = P_{A/K}(\alpha; X)$ bezeichnet. Entsprechend werden die *(reguläre) Norm* bzw. *Spur* von α definiert und für sie die Notation

$$N_{A/K}(\alpha) \text{ bzw. } S_{A/K}(\alpha)$$

gebraucht.

Bemerkung. Es sei A wie in Def. 13.2. Da es sich bei $N_{A/K}$, $S_{A/K}$, $P_{A/K}$ um Spezialfälle von Def. 13.1 handelt, gelten dafür die entsprechenden Gesetze, vgl. (13.1) – (13.13). Anstelle von F13.1 haben wir wenigstens den folgenden Sachverhalt: Ist $A = A_1 \times A_2 \times \ldots \times A_n$ das *direkte Produkt* der endlich–dimensionalen K–Algebren A_i, so gilt (nach F13.1) für jedes $\alpha = (\alpha_1, \alpha_2, \ldots, \alpha_n)$ von A

$$S_{A/K}(\alpha) = \sum_i S_{A_i/K}(\alpha_i), \quad N_{A/K}(\alpha) = \prod_i N_{A_i/K}(\alpha_i) \tag{13.14}$$

$$P_{A/K}(\alpha; X) = \prod_i P_{A_i}(\alpha_i; X) \tag{13.15}$$

F 13.2. *Sei B eine Teilalgebra der K–Algebra A. Wir setzen voraus, dass sowohl B als K–Modul wie auch A als B–Linksmodul frei und endlich erzeugt sind. Dann gilt das gleiche auch für den K–Modul A, und es ist*

$$P_{A/K}(\beta; X) = P_{B/K}(\beta; X)^m \;\; \textit{für} \;\; \beta \in B, \tag{13.16}$$

wobei m die Länge einer B–Basis von A bezeichne. Entsprechend hat man

$$S_{A/K}(\beta) = mS_{B/K}(\beta), \;\; N_{A/K}(\beta) = N_{B/K}(\beta)^m \;\; \textit{für} \;\; \beta \in B. \tag{13.17}$$

Beweis. In der Tat folgen aus der Isomorphie $A \simeq B^m$ von B–Moduln mit F13.1 sofort alle drei Behauptungen. Man beachte aber, dass sie nur für Elemente $\beta \in B$ gelten. Sucht man nach einer passenden Verallgemeinerung für beliebige Elemente aus A, so treten Schwierigkeiten auf; vgl. aber F13.5 sowie Aufg. 13.1. □

F 13.3. *Sei A eine K–Algebra wie in Def. 13.2. Ein $\alpha \in A$ ist genau dann invertierbar in A, wenn $N_{A/K}(\alpha)$ invertierbar in K ist.*

Beweis. Aus $\alpha\alpha^{-1} = 1$ folgt $N(\alpha)N(\alpha^{-1}) = 1$, also die Invertierbarkeit von $N(\alpha)$. Ist umgekehrt $N(\alpha) = \det(\alpha_{A/K})$ invertierbar, so ist $\alpha_{A/K}$ invertierbar in $\mathrm{End}_K(A)$. Insbesondere gibt es dann ein $x \in A$ mit $\alpha x = 1$. Es folgt $N(\alpha)N(x) = 1$, also ist $N(x)$ invertierbar, und wir erhalten wie oben (für x anstelle von α) ein $y \in A$ mit $xy = 1$. Es folgt $\alpha = y$, und damit ist α invertierbar. □

13.2 Norm und Spur in endlichen Körpererweiterungen

In unserem Zusammenhang sind wir an den Begriffen Norm und Spur besonders im Spezialfall von *endlichen Körpererweiterungen* E/K interessiert (also in dem Falle, dass $A = E$ ein Körper ist).

Sei also E/K eine endliche Körpererweiterung und α ein Element von E. Man betrachte dann zunächst den Zwischenkörper $K(\alpha)$ von E/K. Ist

$$f(X) = X^n + a_{n-1}X^{n-1} + \ldots + a_1X + a_0 \tag{13.18}$$

das *Minimalpolynom* von α über K, so muss f aus Gradgründen mit dem *charakteristischen Polynom* von α als Element der K–Algebra $K(\alpha)$ übereinstimmen:

$$f(X) = \mathrm{Mipo}_K(\alpha) = P_{K(\alpha)/K}(\alpha). \tag{13.19}$$

Wegen (13.8) und (13.9) gelten also

$$S_{K(\alpha)/K}(\alpha) = -a_{n-1} \tag{13.20}$$

$$N_{K(\alpha)/K}(\alpha) = (-1)^n a_0 \tag{13.21}$$

Für die Erweiterung E/K hat man damit nach F13.2

$$P_{E/K}(\alpha; X) = f(X)^m \text{ mit } m = E : K(\alpha) \tag{13.22}$$

sowie

$$S_{E/K}(\alpha) = -ma_{n-1},\ N_{E/K}(\alpha) = (-1)^{nm} a_0^m \tag{13.23}$$

Für Spur $S_{E/K}(\alpha)$ und Norm $N_{E/K}(\alpha)$ eines Elementes α einer endlichen Körpererweiterung E/K hat man nun auch die folgende Charakterisierung (welche auch zeigt, dass unsere Bezeichnungen mit den in F12.3 früher schon gebrauchten in Einklang stehen).

F 13.4. *Sei E/K eine endliche Körpererweiterung. Sei C ein algebraischer Abschluss von K und bezeichne $G = G(E/K, C/K)$ die Menge aller Homomorphismen von E/K in C/K. Ist E/K separabel, so gelten für $\alpha \in E$*

$$S_{E/K}(\alpha) = \sum_{\sigma \in G} \sigma\alpha \tag{13.24}$$

$$N_{E/K}(\alpha) = \prod_{\sigma \in G} \sigma\alpha \tag{13.25}$$

Allgemeiner: Für beliebiges E/K bezeichne $[E:K]_i$ den Inseparabilitätsgrad von E/K. Dann gelten für $\alpha \in E$

$$S_{E/K}(\alpha) = [E:K]_i \sum_{\sigma \in G} \sigma\alpha \tag{13.26}$$

$$N_{E/K}(\alpha) = \left(\prod_{\sigma \in G} \sigma\alpha\right)^{[E:K]_i}. \tag{13.27}$$

Beweis. Wir können gleich $E \subseteq C$ voraussetzen.

(i) Sei nun E/K zunächst *separabel.* Für ein vorgelegtes $\alpha \in E$ setzen wir $F = K(\alpha)$. Sei $n = K(\alpha) : K$ und bezeichnen $\rho_1, \ldots, \rho_n$ die n verschiedenen K–Homomorphismen von $K(\alpha)$ in C. Dann sind $\rho_1\alpha, \ldots, \rho_n\alpha$ die verschiedenen Nullstellen von $f := \mathrm{Mipo}_K(\alpha)$. Nach (13.20) und (13.21) hat man daher

$$S_{K(\alpha)/K}(\alpha) = -a_{n-1} = \sum_{i=1}^{n} \rho_i\alpha$$
$$N_{K(\alpha)/K}(\alpha) = (-1)^n a_0 = \prod_{i=1}^{n} \rho_i\alpha$$

Bekanntlich (vgl. Kap. 7) gibt es zu jedem $\rho_i \in G(F/K, C/K)$ genau $m := E : F$ verschiedene Fortsetzungen $\sigma \in G(E/K, C/K)$. Deshalb ist dann

$$\sum_{\sigma \in G} \sigma\alpha = m \sum_{i=1}^{n} \rho_i\alpha = m S_{K(\alpha)/K}(\alpha) = S_{E/K}(\alpha),$$

also gilt (13.24). Analog verfährt man mit der Norm.

(ii) Im allgemeinen Fall sei E_s der *separable Abschluss* von K in E. Definitionsgemäß ist dann

$$[E:K]_i = [E:E_s].$$

Für $\mathrm{char}(K) = 0$ hat man $E = E_s$, also $[E:K]_i = 1$. Im Falle $\mathrm{char}\,(K) = p > 0$ ist $[E:K]_i = p^e$ eine p–Potenz (vgl. F7.17).

Da für $[E:K]_i = 1$ nichts zu beweisen ist, sei jetzt also $\mathrm{char}(K) = p > 0$ und $[E:K]_i = p^e > 1$. Für jedes $\alpha \in E$ liegt nun α^{p^e} in E_s. Es ist dann

$$N_{E/K}(\alpha)^{p^e} = N_{E/K}(\alpha^{p^e}) = N_{E_s/K}(\alpha^{p^e})^{p^e},$$

also
$$N_{E/K}(\alpha) = N_{E_s/K}(\alpha^{p^e}) \overset{(i)}{=} \prod_{\sigma} \sigma(\alpha^{p^e}),$$
wobei σ die Menge $G(E_s/K, C/K)$ durchläuft. Nun ist aber die Einschränkungsabbildung $G(E/K, C/K) \to G(E_s/K, C/K)$ bijektiv, so dass schließlich
$$N_{E/K}(\alpha) = \prod_{\sigma \in G} \sigma(\alpha)^{p^e}$$
folgt, womit (13.27) bewiesen ist. Bleibt also noch (13.26) zu zeigen. Im Falle $\alpha \in E_s$ ist $S_{E/K}(\alpha) = [E : E_s] S_{E_s/K}(\alpha)$ und damit die Behauptung klar. Sei also $\alpha \notin E_s$. Das Minimalpolynom $f(X)$ von α über K hat dann aber die Gestalt $f(X) = g(X^p)$ mit einem $g \in K[X]$. Mit (13.20) folgt daraus $S_{K(\alpha)/K}(\alpha) = 0$, also auch $S_{E/K}(\alpha) = 0$. Mehr jedoch ist wegen $\mathrm{Char}(K) = p$ und $[E : K]_i = p^e > 1$ auch nicht zu zeigen. □

F 13.5 (Schachtelungsformeln für Spur und Norm). *Es sei E/K eine endliche Körpererweiterung und L ein Zwischenkörper von E/K. Dann gelten:*
$$S_{E/K} = S_{L/K} \circ S_{E/L}, \tag{13.28}$$
$$N_{E/K} = N_{L/K} \circ N_{E/L}. \tag{13.29}$$

Beweis. Sei C algebraischer Abschluss von K, und $R \subseteq G(C/K)$ sei ein Vertretersystem für $G(L/K, C/K) =: M$, d.h. zu jedem $\mu \in G(L/K, C/K)$ gebe es genau ein $\rho \in R$ mit $\rho_L = \mu$. Jedes $\sigma \in G(E/K, C/K) =: S$ hat dann eine eindeutige Darstellung
$$\sigma = \rho\tau \ \text{ mit } \ \rho \in R, \ \tau \in G(E/L, C/L) := T$$
(man beachte dabei, dass $G(C/K)$ eine *Gruppe* ist, vgl. F6.3). Für jedes $\alpha \in E$ folgt damit
$$\prod_{\sigma \in S} \sigma\alpha = \prod_{\rho \in R, \tau \in T} \rho\tau\alpha = \prod_{\rho \in R} \rho \left(\prod_{\tau \in T} \tau\alpha \right) = \prod_{\mu \in M} \mu \left(\prod_{\tau \in T} \tau\alpha \right)$$
Wegen $[E : K]_i = [E : L]_i \cdot [L : K]_i$ folgt daraus mit (13.27) in der Tat die Formel
$$N_{E/K}(\alpha) = N_{L/K}(N_{E/L}(\alpha)). \tag{13.30}$$
Analog ergibt sich die entsprechende Formel für die Spur. (Für Schachtelungsformeln im Rahmen der Linearen Algebra vgl. Aufg. 13.1.) □

13.3 Hilberts Satz 90

Nach den allgemeineren Erörterungen der vorangegangenen beiden Abschnitte gehen wir jetzt auf einige spezifischere Eigenschaften von Spur und Norm bei Körpererweiterungen ein.

F13.6. *Für jede endliche separable Körpererweiterung E/K ist die Spurabbildung $S_{E/K} : E \to K$ surjektiv.*

Beweis. Da es sich bei $S_{E/K}$ um eine Linearform des K–Vektorraumes E handelt, ist nur $S_{E/K} \neq 0$ zu zeigen. Wäre nun aber – vgl. F13.4 –

$$S_{E/K}(\alpha) = \sum_{\sigma} \sigma\alpha = 0 \text{ für alle } \alpha \in E,$$

so stände dies im Widerspruch zur linearen Unabhängigkeit der Elemente σ aus $G(E/K, C/K)$, vgl. Satz 12.2. – Beachte dagegen: Ist E/K *inseparabel*, so ist $S_{E/K}$ nach (13.26) die *Nullabbildung*. □

F13.7. *Für jede endliche separable Körpererweiterung E/K ist*

$$\begin{array}{ccc} E \times E & \longrightarrow & K \\ (\alpha, \beta) & \longmapsto & S_{E/K}(\alpha\beta) \end{array}$$

eine nicht–ausgeartete symmetrische Bilinearform des K–Vektorraumes E.

Beweis. Sei $\alpha \neq 0$. Wäre $S_{E/K}(\alpha\beta) = 0$ für alle $\beta \in E$, so wäre $S_{E/K}(\gamma) = 0$ für alle $\gamma \in E$, – im Widerspruch zu F13.6. □

F 13.8. *Sei E/K eine endliche galoissche Körpererweiterung und $G = G(E/K)$ die Galoisgruppe von E/K. Dann besteht der Kern von $S_{E/K} : E \to K$ aus allen endlichen Summen von Elementen der Gestalt*

$$\tau\alpha - \alpha \ \ mit \ \ \alpha \in E, \tau \in G. \tag{13.31}$$

Ist G zyklisch und σ ein erzeugendes Element von G, so sind für $\gamma \in E$ die folgenden Aussagen äquivalent:

(i) $S_{E/K}(\gamma) = 0$

(ii) *Es gibt ein $\alpha \in E$ mit $\gamma = \sigma\alpha - \alpha$.*

Beweis. Nach Satz 12.4 gibt es ein $\beta \in E$, sodass $(\tau\beta)_{\tau \in G}$ eine K–Basis von E ist. Sei dann

$$\gamma = \sum_{\tau \in G} a_\tau \tau\beta \quad \text{mit} \quad a_\tau \in K \tag{13.32}$$

ein beliebiges Element von E. Anwendung von $S := S_{E/K}$ liefert

$$S(\gamma) = \sum_{\tau} a_\tau S(\tau\beta). \tag{13.33}$$

Für beliebiges $\alpha \in E$ gilt nun aber

$$S(\tau\alpha) = \sum_{\sigma \in G} \sigma\tau\alpha = \sum_{\rho \in G} \rho\alpha = S(\alpha), \tag{13.34}$$

also hat das Element (13.32) nach (13.33) die Spur

$$S(\gamma) = S(\beta) \left(\sum_{\tau \in G} a_\tau \right). \tag{13.35}$$

Da $(\tau\beta)_{\tau \in G}$ eine Basis von E/K ist, gilt

$$S(\beta) = \sum_{\tau \in G} \tau\beta \neq 0.$$

Nach (13.35) haben wir daher die Äquivalenz

$$S(\gamma) = 0 \quad \Longleftrightarrow \quad \sum_{\tau \in G} a_\tau = 0.$$

Nun ist aber ganz allgemein

$$\sum_{\tau} a_\tau \tau\beta - \left(\sum_{\tau} a_\tau \right) \beta = \sum_{\tau} a_\tau (\tau\beta - \beta) = \sum_{\tau} (\tau(a_\tau\beta) - a_\tau\beta)$$

Zusammengenommen gilt also $S(\gamma) = 0$ in der Tat genau dann, wenn γ Summe von Elementen der Form (13.31) ist.

Sei G jetzt *zyklisch* und σ ein Erzeuger von G. Offenbar ist die Menge $M := \{\sigma\alpha - \alpha \mid \alpha \in E\}$ eine Untergruppe der additiven Gruppe von E. Bleibt also nur zu zeigen: Für jedes $\tau = \sigma^k$ aus G und jedes $\alpha \in E$ liegt auch $\tau\alpha - \alpha$ in M. Dies folgt aus $\sigma^k\alpha - \alpha = \sigma^k\alpha - \sigma^{k-1}\alpha + \sigma^{k-1}\alpha - \ldots + \sigma\alpha - \alpha = \sigma(\sigma^{k-1}\alpha + \sigma^{k-2}\alpha + \ldots + \alpha) - (\sigma^{k-1}\alpha + \sigma^{k-2}\alpha + \ldots + \alpha)$. □

Von großer Bedeutung ist nun, dass F13.8 im *zyklischen Fall* ein direktes multiplikatives Analogon besitzt (während dies bemerkenswerterweise für den allgemeinen Fall nicht zutrifft; vgl. aber Aufg. 13.4):

F13.9 (Satz 90 von Hilbert). *Es sei E/K eine endliche galoissche Erweiterung mit zyklischer Galoisgruppe $G = \langle\sigma\rangle$. Dann sind für $\gamma \in E^\times$ äquivalent:*

(i) $N_{E/K}(\gamma) = 1$

(ii) *Es gibt ein $\alpha \in E^\times$ mit $\gamma = \frac{\alpha}{\sigma(\alpha)}$.*

Beweis. Sei $\beta \in E$ zunächst beliebig, aber fest. Bezeichnet n die Ordnung von G, so machen wir für das gesuchte Element α den Ansatz

$$\alpha = \sum_{i=0}^{n-1} \lambda_i \sigma^i(\beta) \;\text{ mit }\; \lambda_i \in E,$$

wobei o.E. bereits $\lambda_0 = 1$ angenommen sei. Es ist

$$\sigma\alpha = \sum_{i=0}^{n-1} \sigma(\lambda_i)\sigma^{i+1}(\beta) = \sum_{i=1}^{n} \sigma(\lambda_{i-1})\sigma^i(\beta).$$

Die Gleichung

$$\alpha = \gamma\sigma(\alpha) \tag{13.36}$$

ist also sicher dann erfüllt, falls die folgenden Bedingungen gelten:

$$\lambda_i = \gamma\sigma(\lambda_{i-1}) \;\text{ für }\; 1 \le i \le n-1 \tag{13.37}$$

$$1 = \gamma\sigma(\lambda_{n-1}) \tag{13.38}$$

Die Bedingungen unter (13.37) sind äquivalent zu

$$\lambda_i = \gamma\sigma(\gamma)\sigma^2(\gamma)\ldots.\sigma^{i-1}(\gamma) \;\text{ für }\; 1 \le i \le n-1. \tag{13.39}$$

Hierdurch sind sämtliche λ_i (durch Vorgabe von $\lambda_0 = 1$ und unabhängig von β) eindeutig festgelegt. Insbesondere ist $\lambda_{n-1} = \gamma\sigma(\gamma)\ldots\sigma^{n-2}(\gamma)$ und folglich

$$\sigma(\lambda_{n-1}) = \sigma(\gamma)\sigma^2(\gamma)\ldots.\sigma^{n-1}(\gamma) = \gamma^{-1}N_{E/K}(\gamma).$$

Ist somit, wie vorausgesetzt, $N_{E/K}(\gamma) = 1$, so ist (13.38) ebenfalls eine Folge von (13.39). Zusammengenommen genügt also das Element

$$\alpha = \beta + \gamma\sigma(\beta) + \gamma\sigma(\gamma)\sigma^2(\beta) + \ldots. + (\gamma\sigma(\gamma)\ldots.\sigma^{n-2}(\gamma))\sigma^{n-1}(\beta) \quad (13.40)$$

für jedes $\beta \in E$ der Gleichung (13.36). Sorgen wir jetzt noch dafür, dass α in (13.40) für ein geeignetes β verschieden von 0 wird – und dies ist aufgrund der linearen Unabhängigkeit von $1, \sigma, \ldots, \sigma^{n-1}$ über E in der Tat möglich –, so erhalten wir ein $\alpha \in E^\times$ mit

$$\gamma = \frac{\alpha}{\sigma(\alpha)}. \quad (13.41)$$

□

F13.10. *Ist K ein endlicher Körper, so ist für jede endliche Körpererweiterung E/K die Normabbildung $N_{E/K}$ surjektiv.*

Beweis. Die Normabbildung $N = N_{E/K}$ vermittelt einen *Homomorphismus*

$$N : E^\times \to K^\times \quad (13.42)$$

der multiplikativen Gruppen; es ist zu zeigen, dass dieser im vorliegenden Fall endlicher Körper surjektiv ist. Bekanntlich ist E/K galoissch mit zyklischer Galoisgruppe $G(E/K) = \langle\sigma\rangle$. Wir betrachten nun neben (13.42) auch den Homomorphismus

$$\delta : E^\times \to E^\times, \quad (13.43)$$

definiert durch $\delta(\alpha) = \alpha/\sigma\alpha$. Anwendung des Homomorphiesatzes für Gruppen auf (13.42) und (13.43) liefert insbesondere die Anzahlbeziehungen

$$|\,\text{Bild } N| \cdot |\,\text{Kern } N| = |E^\times| = |\,\text{Bild } \delta| \cdot |\,\text{Kern } \delta|.$$

Es ist Kern $\delta = \{\alpha \in E^\times | \sigma\alpha = \alpha\}$, also nach der Galoistheorie

$$\text{Kern } \delta = K^\times.$$

Nach F13.9 (‚Hilbert 90') gilt

$$\text{Bild } \delta = \text{Kern } N.$$

Es folgt $|\,\text{Bild } N| = |K^\times|$ und damit die Behauptung $K^\times = \text{Bild } N$. □

Der durch F13.10 ausgesprochene Sachverhalt, den man zusammen mit Hilberts Satz 90 auch durch die *exakte Sequenz* (d.h. das Bild jeder Abbildung ist gleich dem Kern der nachfolgenden)

$$1 \longrightarrow (E^\times)^{1-\sigma} \longrightarrow E^\times \xrightarrow{N} K^\times \longrightarrow 1$$

ausdrücken kann, ist in Algebra und Zahlentheorie von erheblicher Bedeutung. Wir haben F13.10 hier als schöne Anwendung von *Hilberts Satz 90* erhalten, wollen aber bemerken, dass man einen Beweis auch wie folgt führen kann: Wir benutzen dabei, dass die multiplikative Gruppe $E^\times$ von E zyklisch ist, also von einem Element ζ erzeugt wird. Bezeichnet dann q die Elementezahl von K, so ist zum Beweis von F13.10 zu zeigen, dass das Element $N_{E/K}(\zeta)$ von $K^\times$ die Ordnung $q-1$ besitzt. Hierzu machen wir nun außerdem von der Tatsache Gebrauch, dass die Galoisgruppe $G(E/K)$ von dem Automorphismus $\sigma_q : \alpha \mapsto \alpha^q$ erzeugt wird. Damit ist – mit $n = E : K$ –

$$N_{E/K}(\zeta) = \zeta\zeta^q\zeta^{q^2}\ldots\zeta^{q^{n-1}} = \zeta^{1+q+q^2+\ldots+q^{n-1}}. \tag{13.44}$$

Da ζ die Ordnung $q^n - 1 = (q-1)(1+q+q^2+\ldots+q^{n-1})$ besitzt, hat das Element $N_{E/K}(\zeta)$ in (13.44) in der Tat die Ordnung $q-1$.

Übungen

1) Sei $m \in \mathbb{Z}$ quadratfrei und $m \neq 1$. Man überzeuge sich davon, dass $M = \mathbb{Q}(\sqrt{m})$ ein freier $\mathbb{Q}$-Modul mit Basis $\{1, \sqrt{m}\}$ ist. Für $\alpha = a + b\sqrt{m} \in M$ zeige man, dass $P_{M/\mathbb{Q}}(\alpha; X) = X^2 - 2aX + a^2 - mb^2$ gilt.
   Sei nun $L = \mathbb{Q}(\sqrt{n})$ eine zweiter quadratischer Körper. Man überlege sich, dass dann $M \otimes_{\mathbb{Q}} L$ mit $\{\alpha + \beta\sqrt{m} \mid \alpha, \beta \in L\}$ identifiziert werden kann, und rechne nach, dass (13.10) und (13.11) gelten, sich das charakteristische Polynom also nicht ändert.
2) Beweise Hilberts Satz 90 für quadratische Erweiterungen $E = K(\sqrt{m})$ eines Körpers K der Charakteristik $\neq 2$. Hinweis: sei $N\gamma = 1$; unterscheide zwischen $\gamma = -1$ und $\gamma \neq -1$; im letzteren Falle betrachte $\frac{\gamma}{\gamma+1}$.
3) Finde alle rationalen Lösungen von $x^2 + y^2 = 1$ mit Hilfe von Hilberts Satz 90. Hinweis: es ist $N(x+iy) = 1$.

Aufgaben und Bemerkungen

13.1 Es sei A eine K–Algebra, und L sei eine im Zentrum von A enthaltene Teilalgebra von A (sodass man A auch als L–Algebra auffassen darf). Ferner werde vorausgesetzt, dass sowohl

L als K–Modul wie auch A als L–Modul frei und endlich erzeugt sind. Dann gilt das gleiche auch für den K–Modul A. Zeige: Für jedes $\alpha \in A$ hat man die Formeln

$$\begin{aligned} N_{A/K}(a) &= N_{L/K}(N_{A/L}(a)), \; S_{A/K}(a) = S_{L/K}(S_{A/L}(a)) \\ P_{A/K}(a; X) &= N_{L[X]/K[X]}(P_{A/L}(a; X)) \end{aligned}$$

(Hinweis: vgl. [25, S. 181, Aufgabe 63]). – Aus 13.1 erhält man speziell F13.5 und damit auch die Formeln (13.26) und (13.27).

13.2 Sei E/K eine galoissche Körpererweiterung mit zyklischer Galoisgruppe $\langle\sigma\rangle$ von der Ordnung 4. Ferner sei $\operatorname{char}(K) \neq 2$ vorausgesetzt. Man zeige, dass dann der quadratische Zwischenkörper L von E/K notwendig die Gestalt $L = K(\sqrt{a^2+b^2})$ mit $a, b \in K$ besitzt. Hinweis: Es ist $L = K(\sqrt{d}), E = L(w)$ mit $w^2 \in L$. Aus $G(E/L) = \langle\sigma^2\rangle$ folgt $\sigma^2(w) = -w$ und dann $w\sigma(w) \in L$. Es ist $N_{L/K}(w\sigma(w)) = -N_{L/K}(w^2)$, also $-1 \in N_{L/K}(L^\times)$. Daraus lässt sich die behauptete Gestalt von d leicht ablesen, wenn man noch beachtet, dass im Falle $\sqrt{-1} \in K$ *jedes* Element von K Summe zweier Quadrate ist.
Man zeige auch umgekehrt: Ist L/K eine quadratische Erweiterung der Gestalt $L = K(\sqrt{a^2+b^2})$ mit $a, b \in K$, so gibt es eine Erweiterung E/L, sodass E/K *zyklisch vom Grade* 4 ist.

13.3 Ein Körper K heißt *pythagoräisch,* wenn jede Summe von zwei Quadraten in K ein Quadrat in K ist. Zeige: Ein Körper K mit $\operatorname{char}(K) \neq 2$ ist genau dann pythagoräisch, wenn er keine zyklische Erweiterung vom Grade 4 besitzt.

13.4 Sei E/K eine endliche Galoiserweiterung mit Galoisgruppe G. Jedes $\alpha \in E^\times$ vermittelt dann eine Abbildung $\varphi = \varphi_\alpha : G \to E^\times$, definiert durch

$$\varphi(\tau) = \frac{\alpha^\tau}{\alpha}, \tag{13.45}$$

wobei wir Anwendung von $\tau \in G$ auf α mit $\alpha^\tau = \tau(\alpha)$ bezeichnen und demgemäß die Verknüpfung in G so notieren, dass $\alpha^{\sigma\tau} = (\alpha^\sigma)^\tau$ gilt. Die durch (13.45) definierte Funktion φ genügt offenbar der Funktionalgleichung

$$\varphi(\sigma\tau) = \varphi(\sigma)^\tau \varphi(\tau). \tag{13.46}$$

Jede Abbildung $\varphi : G \to E^\times$ mit der Eigenschaft (13.46) heißt ein *verschränkter Homomorphismus* von G in $E^\times$.
a) Sei G als *zyklisch* angenommen, und sei σ ein Erzeuger von G. Zeige: Ist $\varphi : G \to E^\times$ ein verschränkter Homomorphismus, so ist $\varphi(\sigma)$ ein Element der Norm 1. Ist umgekehrt γ ein Element von $E^\times$ mit $N_{E/K}(\gamma) = 1$, so gibt es genau einen verschränkten Homomorphismus φ mit $\varphi(\sigma) = \gamma$.
Damit ist der *Satz 90 von Hilbert* (vgl. F13.9) ein Spezialfall des folgenden, im Falle einer beliebigen endlichen Galoisgruppe gültigen *Satzes von A. Speiser: Jeder verschränkte Homomorphismus* $\varphi : G \to E^\times$ *zerfällt, d.h. er hat die Gestalt* (13.45).
Meistens wird auch diese allgemeinere Aussage als *Satz 90 von Hilbert* zitiert. (Dagegen ist nichts einzuwenden, solange diese Verallgemeinerung des ursprünglichen Satzes 90 von Hilbert nicht ausdrücklich *E. Noether* zugeschrieben wird, wie das in der Literatur fast durchweg geschieht; vgl. dazu *F. Lorenz*, [27].)
b) Beweise den *Satz von A. Speiser*, indem man für das gesuchte α mit (13.45) den Ansatz

$$\alpha = \sum_{\sigma \in G} a_\sigma \beta^\sigma \quad \text{mit } a_\sigma, \; \beta \in E$$

macht und die lineare Unabhängigkeit der σ beachtet (vgl. Satz 12.2).

c) Es bezeichne $I_G E^\times$ die *Untergruppe* von $E^\times$, die aus allen endlichen Produkten von Elementen der Gestalt $\alpha^{\tau-1} := \alpha^\tau/\alpha$ mit $\alpha \in E^\times, \tau \in G$ besteht. Zeige: Für jedes γ aus $I_G E^\times$ gilt $N_{E/K}(\gamma) = 1$. Ist G *zyklisch* und σ ein Erzeuger von G, so ist $I_G E^\times = E^{\times\sigma-1}$. Damit besagt der *Satz 90 von Hilbert* (vgl. F13.9), dass *für zyklisches* G der Kern des Normhomomorphismus $N_{E/K} : E^\times \longrightarrow K^\times$ mit $I_G E^\times$ übereinstimmt. - Für nicht-zyklisches G aber kann $\mathrm{Kern}(N_{E/K}) \neq I_G E^\times$ gelten. Dies zu belegen, scheint auf den ersten Blick nur eine simple algebraische Übungsaufgabe zu sein; man betrachte zum Beispiel für $K = \mathbb{Q}$ den Fall einer *biquadratischen* Erweiterung der Gestalt $E = K(\sqrt{a}, \sqrt{b})$. Dem ist allerdings nicht so, vgl. die in a) genannte Arbeit. Im Anschluss an diese hat jedoch *N. Zimmermann* [44] mit vergleichsweise einfachen *zahlentheoretischen* Mitteln etwa für $E = \mathbb{Q}(\sqrt{2}, \sqrt{3})$ ganz explizit zeigen können: Das Element $\gamma = 1 + \sqrt{2}$, das offenbar $N_{E/K}(\gamma) = 1$ erfüllt, ist *nicht* in $I_G E^\times$ enthalten. – Übrigens hat im vorliegenden Falle die Gruppe $\mathrm{Kern}(N_{E/K})/I_G E^\times$ die Ordnung 2, doch das liegt tiefer (vgl. dazu wieder die in a) genannte Arbeit).

13.5 Seien f und g verschiedene normierte irreduzible Polynome im Polynomring $K[X]$ einer Variablen über dem Körper K. Für Elemente α und β in einem Erweiterungskörper E von K sei $f(\alpha) = 0$ und $g(\beta) = 0$. Zeige, dass dann hinsichtlich Normen die folgende *„Reziprozitätsaussage"* gilt:

$$N_{K(\alpha)/K}(g(\alpha)) \cdot N_{K(\beta)/K}(f(\beta))^{-1} = (-1)^{mn},$$

wobei m, n die Grade von f, g bezeichnen.

13.6 Jede Funktion $f : \mathbb{N} \to \mathbb{C}$ mit $f \neq 0$ heißt eine *zahlentheoretische Funktion;* man nennt f *multiplikativ,* wenn $f(mn) = f(m)f(n)$ für alle teilerfremden m, n gilt. Beispiele: Die Eulersche Funktion φ; die Funktion $\imath$ mit $\imath(n) = 1$; die Funktion ε mit $\varepsilon(1) = 1$ und $\varepsilon(n) = 0$ sonst; die multiplikative Funktion μ (Moebius-Funktion) mit der Eigenschaft, dass für jede Primzahl p gilt: $\mu(p) = -1$ und $\mu(p^e) = 0$ für $e > 1$. Für zahlentheoretische Funktionen f, g definiere ein Produkt $f * g$ durch $(f * g)(n) = \sum\limits_{d|n} f(d)g(n/d)$. Zeige: $f * g = g * f$, $(f * g) * h = f * (g * h)$, $\varepsilon * f = f * \varepsilon = f$, $\mu * \imath = \varepsilon$. Folgere die *Moebius–Umkehrformeln:* Genau dann gilt $g = f * \imath$, wenn $f = g * \mu$ erfüllt ist.

13.7 Für jedes $n \in \mathbb{N}$ bezeichne ζ_n eine primitive n-te Einheitswurzel in $\mathbb{C}$. Zeige: Mit der *Möbius–Funktion* μ aus Aufg. 13.6 gilt:

$$S_{\mathbb{Q}(\zeta_n)/\mathbb{Q}}(\zeta_n) = \mu(n). \tag{13.47}$$

Hinweis: Definiere f durch $f(n) = S_{\mathbb{Q}(\zeta_n)/\mathbb{Q}}(\zeta_n)$ und zeige $\sum\limits_{d|n} f(d) = \varepsilon(n)$, womit sich die Behauptung aus 13.6 ergibt. – Für $n > 1$ bezeichne $s_2(n)$ den dritten Koeffizienten des n-ten Kreisteilungspolynoms. Zeige, dass für ihn

$$2s_2(n) = S_{\mathbb{Q}(\zeta_n)/\mathbb{Q}}(\zeta_n)^2 - S_{\mathbb{Q}(\zeta_n)/\mathbb{Q}}(\zeta_n^2) \tag{13.48}$$

gilt, und folgere daraus, dass auch er nur die Werte $0, 1, -1$ annimmt. Entsprechendes gilt auch noch für den vierten Koeffizienten $-s_3(n)$, wie man aus folgender Relation erkennt (vgl. 15.24):

$$3s_3(n) = S_{\mathbb{Q}(\zeta_n)/\mathbb{Q}}(\zeta_n^3) - \mu(n)^3 + 3\mu(n)s_2(n). \tag{13.49}$$

Welche Geheimnisse hinter den Verteilungsfunktionen $s_k(n)$, $0 \leq k \leq \varphi(n)$ stecken, darüber darf spekuliert werden.

14. Reine Gleichungen

Ist K ein Körper, so entsteht durch Adjunktion einer Quadratwurzel (eines Elementes aus K, das nicht schon in K ein Quadrat ist) eine Erweiterung vom Grad 2. Ist $\mathrm{char}\,(K) \neq 2$, so erhält man jede quadratische Erweiterung E/K auf diese Weise; außerdem ist E/K dann galoissch mit zyklischer Galoisgruppe.

Was lässt sich nun hinsichtlich der Adjunktion n-ter Wurzeln aus Elementen von K für beliebiges $n \geq 2$ sagen? Darüber wird dieses Kapitel genaue Auskunft geben unter der Bedingung, dass K eine primitive n-te Einheitswurzel enthält (was für $n = 2$ ja nur auf die Bedingung $\mathrm{char}\,(K) \neq 2$ hinausläuft). Wir zeigen, dass dann jede Galoiserweiterung E/K mit *zyklischer* Galoisgruppe der Ordnung n durch Adjunktion einer n-ten Wurzel entsteht; umgekehrt erhält man durch Adjunktion n-ter Wurzeln Galoiserweiterungen mit zyklischer Galoisgruppe, deren Ordnung jedenfalls ein Teiler von n ist.

Welche Erweiterungen man durch Adjunktion beliebig vieler n-ter Wurzeln aus Elementen von K erhält (immer unter der Voraussetzung, dass K eine primitive n-te Einheitswurzel enthält), beantwortet die auf Kummer zurückgehende *Kummertheorie*, welche ebenfalls in diesem Kapitel vorgestellt wird.

Namentlich im Falle $n = p = \mathrm{char}\,(K)$ ist die Kummertheorie nicht anwendbar (denn wegen $X^p - 1 = (X - 1)^p$ gibt es gar keine nichttrivialen p-ten Einheitswurzeln). Dennoch lassen sich die Galoiserweiterungen E/K vom Primzahlgrad p genau beschreiben: an die Stelle der klassischen Kummertheorie tritt hier die Theorie von *Artin-Schreier*.

Am Ende des Kapitels werden wir dann die Struktur der *endlichen abelschen Gruppen* aufklären und auf weitere Resultate dieser Art eingehen.

14.1 Zyklische Erweiterungen

Sei K ein Körper. Wir betrachten Polynome der Gestalt

$$f(X) = X^n - \gamma \in K[X] \tag{14.1}$$

mit $n \in \mathbb{N}$. Bisweilen nennt man ein solches Polynom auch ein *‚reines' Polynom* über K. Seine Nullstellen (in einem Zerfällungskörper E von f über K), d.h. die Lösungen der *reinen Gleichung* $X^n - \gamma = 0$ heißcn *n–te Wurzeln von γ*. Im Folgenden setzen wir stets $\gamma \neq 0$ voraus. Die Ableitung von $f(X)$ ist $f'(X) = nX^{n-1}$. Also ist $f(X)$ genau dann *separabel,* wenn char(K) kein Teiler von n ist.

F14.1. *Wir setzen voraus, dass der Körper K eine primitive n–te Einheitswurzel enthält (insbesondere ist dann* char(K) *kein Teiler von n).*

Sei $\gamma \in K^\times$. Dann ist die Galoisgruppe G der reinen Gleichung $X^n - \gamma = 0$ über K **zyklisch.** *Ihre Ordnung teilt n.*

Ferner: Ist α eine n–te Wurzel von γ in einem Zerfällungskörper E von $X^n - \gamma$ über K, so ist die Ordnung von G die kleinste natürliche Zahl d mit $\alpha^d \in K$. Das Polynom $X^d - \alpha^d$ ist dann das Minimalpolynom von α über K. Es ist $E = K(\alpha)$.

Beweis. Die Bezeichnungen seien wie oben. Insbesondere sei $\alpha \in E$ eine feste Nullstelle von $X^n - \gamma$, d.h. es gelte $\alpha^n = \gamma$. Dann sind offenbar die Elemente $\zeta\alpha$, wobei ζ alle n–ten Einheitswurzeln von K durchläuft, die sämtlichen Nullstellen von $X^n - \gamma$ in E. Insbesondere gilt $E = K(\alpha)$. Sei $\sigma \in G$. Dann ist mit α auch $\sigma\alpha$ eine Nullstelle von $X^n - \gamma$, also gilt $\sigma\alpha = \zeta\alpha$ mit einer eindeutig bestimmten Einheitswurzel $\zeta = \zeta(\sigma)$. Man erhält somit eine *injektive* Abbildung

$$\sigma \mapsto \frac{\sigma\alpha}{\alpha} = \zeta(\sigma) \tag{14.2}$$

von G in die Gruppe der n–ten Einheitswurzeln. Nach Voraussetzung liegen nun aber alle n–ten Einheitswurzeln in K; daraus ergibt sich sofort, dass (14.2) ein *Homomorphismus* ist: Anwendung von $\rho \in G$ auf $\sigma\alpha = \zeta(\sigma)\alpha$ liefert dann nämlich $\rho\sigma\alpha = \zeta(\sigma)\rho\alpha = \zeta(\sigma)\zeta(\rho)\alpha$, also $\zeta(\rho\sigma) = \zeta(\rho)\zeta(\sigma)$. Insgesamt ist somit die Galoisgruppe G zu einer Untergruppe der Gruppe der n–ten Einheitswurzeln isomorph. Letztere ist zyklisch von der Ordnung n, also ist auch G zyklisch und die Ordnung von G ein Teiler von n. Sei d die Ordnung von G und σ ein erzeugendes Element von G. Dann ist $\zeta = \sigma\alpha/\alpha$ also eine *primitive* d–te Einheitswurzel. Wegen

$$\sigma(\alpha^d) = \sigma(\alpha)^d = \zeta^d\alpha^d = \alpha^d$$

ist nach der Galoisschen Theorie α^d ein Element von K. Wird umgekehrt $\alpha^{d'} \in K$ vorausgesetzt, so folgt

$$\alpha^{d'} = \sigma(\alpha^{d'}) = \sigma(\alpha)^{d'} = \zeta^{d'}\alpha^{d'},$$

also $\zeta^{d'} = 1$. Somit ist d' teilbar durch d.

Jetzt ist nur noch $\mathrm{Mipo}_K(\alpha) = X^d - \alpha^d$ zu zeigen: Einerseits ist α Nullstelle von $X^d - \alpha^d$, andrerseits ist grad $\mathrm{Mipo}_K(\alpha) = K(\alpha) : K = E : K = |G| = d$. □

Bemerkungen. Es liege die Situation von F14.1 vor. Mit $\sqrt[n]{\gamma}$ bezeichnen wir eine beliebige n–te Wurzel von γ in E. Sei wieder

$$d = K(\sqrt[n]{\gamma}) : K. \tag{14.3}$$

Nach F14.1 ist dann d ein Teiler von n, und mit $n = rd$ gilt: Das Element $\beta := (\sqrt[n]{\gamma})^d$ liegt in K; es ist $\gamma = \beta^r$ und

$$K(\sqrt[n]{\gamma}) = K(\sqrt[d]{\beta}). \tag{14.4}$$

Im Übrigen geht aus F14.1 sofort hervor, dass die Ordnung d der Galoisgruppe von $K(\sqrt[n]{\gamma})/K$ mit der Ordnung des von γ bestimmten Elements in der Faktorgruppe $K^\times/K^{\times n}$ übereinstimmt.

Satz 14.1. *Es sei E/K eine endliche galoissche Erweiterung mit zyklischer Galoisgruppe (in diesem Falle spricht man von einer* **zyklischen Erweiterung** *E/K). Sei n die Ordnung der Galoisgruppe G von E/K. Enthält dann K eine primitive n–te Einheitswurzel, so entsteht E aus K durch Adjunktion einer n–ten Wurzel eines Elements aus K, d.h. es gilt $E = K(\alpha)$ mit einem α aus E, welches Nullstelle eines ‚reinen' Polynoms $X^n - \gamma \in K[X]$ ist.*

Beweis. Nach Voraussetzung enthält K eine primitive n–te Einheitswurzel ζ. Sei $G = \langle\sigma\rangle$. Wir suchen nach einem Element $\alpha \in E^\times$ mit

$$\frac{\sigma\alpha}{\alpha} = \zeta. \tag{14.5}$$

Ein solches α gibt es genau dann, wenn für ζ die Bedingung $N_{E/K}(\zeta) = 1$ erfüllt ist (vgl. F13.9: „Satz 90 von Hilbert“). Wegen $\zeta \in K$ gilt aber $N_{E/K}(\zeta) = \zeta^n = 1$, also gibt es tatsächlich ein α aus $E^\times$ mit (14.5). Für dieses gilt dann $\sigma\alpha = \zeta\alpha$, also

$$\sigma(\alpha^n) = \sigma(\alpha)^n = \zeta^n \alpha^n = \alpha^n.$$

Da σ die gesamte Galoisgruppe G von E/K erzeugt, muss daher α^n schon in K liegen. Setzt man also $\gamma := \alpha^n$, so ist α Nullstelle des reinen Polynoms $X^n - \gamma \in K[X]$. Mit (14.5) gilt

$$\sigma^i \alpha = \zeta^i \alpha,$$

demnach besitzt α die n verschiedenen Konjugierten $\alpha, \zeta\alpha, \zeta^2\alpha, \ldots, \zeta^{n-1}\alpha$ über K. Es folgt $K(\alpha) : K = n = E : K$, also $E = K(\alpha)$. Damit ist Satz 14.1 bereits bewiesen. – Zusätzlich merken wir noch an: Wie aus unserem Beweis des „Satzes 90 von Hilbert“hervorgeht (vgl. F13.9), findet man ein α mit der gewünschten Eigenschaft durch den Ansatz

$$\alpha = \sum_{i=0}^{n-1} \zeta^{-i} \sigma^i(\beta) \tag{14.6}$$

mit $\beta \in E$. Den rechtsstehenden Ausdruck nennt man *Lagrangesche Resolvente* und bezeichnet ihn bisweilen mit (ζ^{-1}, β). Für geeignetes $\beta \in E$ ist – wie früher bewiesen –

$$(\zeta^{-1}, \beta) \neq 0, \tag{14.7}$$

sodass dann $\alpha = (\zeta^{-1}, \beta)$ ein primitives Element von E/K darstellt, dessen n–te Potenz in K liegt. Übrigens: Ist für $\beta \in E$ die Bedingung (14.7) erfüllt, so ist β ein primitives Element für E/K; das Umgekehrte aber ist nicht allgemein richtig. □

F14.2. *Sei q eine Primzahl. Für ein beliebiges $\gamma \in K^\times$ gilt dann: Entweder ist γ eine q–te Potenz in K oder das Polynom $X^q - \gamma$ ist irreduzibel in $K[X]$.*

Beweis. Wir nehmen o.E. gleich an, dass γ keine q–Potenz in K ist. Sei E Zerfällungskörper von $X^q - \gamma$ über K und α eine Nullstelle von $X^q - \gamma$ in E.

Im Falle $\mathrm{Char}(K) = q$ ist $X^q - \gamma = X^q - \alpha^q = (X - \alpha)^q$, folglich $E = K(\alpha)$ und E/K rein inseparabel (vgl. etwa F7.16); es ist dann $X^q - \gamma$ das Minimalpolynom von α über K (vgl. F7.15).

Sei also jetzt $\mathrm{Char}(K) \neq q$. Dann ist $X^q - \gamma$ separabel, und daher enthält E eine primitive q–te Einheitswurzel ζ. Wir setzen

$$K' = K(\zeta).$$

Nehmen wir an, das Polynom $X^q - \gamma$ sei über K' nicht irreduzibel. Aus F14.1 folgt dann, dass es über K' vollständig in Linearfaktoren zerfallen muss (beachte, dass q eine Primzahl ist). Somit gilt

$$K(\alpha) \subseteq K' = K(\zeta).$$

Es ist $\alpha \notin K$, denn andernfalls wäre γ eine q–te Potenz in K. Nun ist die Erweiterung $K(\zeta)/K$ galoissch und ihre Galoisgruppe G ist *zyklisch* (denn G ist isomorph zu einer Untergruppe der zyklischen Gruppe $(\mathbb{Z}/q\mathbb{Z})^\times$, vgl. F9.9 sowie Satz 9.3). Sei σ ein erzeugendes Element von G. Dann gilt

$$\sigma\alpha = \eta\alpha \tag{14.8}$$

mit einer q–ten Einheitswurzel η. Wegen $\alpha \notin K$ ist $\eta \neq 1$, also η eine primitive q–te Einheitswurzel (die aber nicht in K liegt, sodass man aus (14.8) nicht etwa $\sigma^i\alpha = \eta^i\alpha$ folgern kann!). Nun ist $\sigma(\eta)/\eta$ ebenfalls eine primitive q–te Einheitswurzel, also gilt

$$\eta = \left(\frac{\sigma(\eta)}{\eta}\right)^k \quad \text{mit einem} \quad 0 \leq k \leq q-1.$$

Mit (14.8) ergibt sich daraus

$$\sigma\left(\frac{\alpha}{\eta^k}\right) = \frac{\eta\alpha}{\sigma(\eta)^k} = \frac{\eta\alpha}{\eta^k\eta} = \frac{\alpha}{\eta^k}.$$

Wegen $G(K'/K) = \langle\sigma\rangle$ ist somit das Element

$$\lambda := \frac{\alpha}{\eta^k}$$

in K enthalten. Es folgt $\lambda^q = \alpha^q = \gamma$. Also ist γ doch eine q–te Potenz in K und unsere Annahme damit widerlegt. □

Bemerkung. Es liege die Situation von F14.2 vor und K' bezeichne den Körper der q–ten Einheitswurzeln über K. Wie wir soeben gezeigt haben, gilt dann die folgende Verschärfung von F14.2: *Entweder ist γ eine q–te Potenz in K, oder $X^q - \gamma$ ist irreduzibel (sogar) über K'.* Im Übrigen sei nochmals ausdrücklich festgehalten, dass aus F14.1 folgt: *Im Falle $K' = K$ ist $X^q - \gamma$ entweder irreduzibel in $K[X]$, oder $X^q - \gamma$ zerfällt über K vollständig in Linearfaktoren.*

Die Aussage von F14.2 ist der Kern des folgenden allgemeinen Sachverhalts:

Satz 14.2. *Für $\gamma \in K^\times$ ist das Polynom $X^n - \gamma$ genau dann irreduzibel über K, wenn folgende Bedingungen erfüllt sind:*

(a) Für jeden Primteiler q von n ist γ keine q–te Potenz in K.
(b) Ist n durch 4 teilbar, so ist γ nicht in der Gestalt $\gamma = -4\lambda^4$ mit $\lambda \in K$ darstellbar.

Beweis. Dass die Bedingungen (a) und (b) hinreichend für die Irreduzibilität von $X^n - \gamma$ sind, zeigen wir durch Induktion nach n. Für $n = 1$ ist nichts zu beweisen. Sei $n > 1$ und q ein Primteiler von n. Wir setzen $m = n/q$. Sei α eine Nullstelle von $X^n - \gamma$. Per Induktion können wir annehmen, dass $X^m - \gamma$ irreduzibel, also $K(\alpha^q) : K = m$ ist. Wir betrachten das Polynom $X^q - \alpha^q$ über $K(\alpha^q)$. Ist es irreduzibel, so gilt

$$K(\alpha) : K = [K(\alpha) : K(\alpha^q)] \cdot [K(\alpha^q) : K] = q \cdot m = n,$$

folglich ist dann auch $X^n - \gamma$ irreduzibel über K. Sei also $X^q - \alpha^q$ als nicht irreduzibel angenommen. Dann ist nach der schon bewiesenen Feststellung α^q eine q–te Potenz in dem Körper $K' = K(\alpha^q)$. Gelte etwa

$$\alpha^q = \beta^q \text{ mit } \beta \in K'. \tag{14.9}$$

Sei $N = N_{K'/K}$ die Normabbildung zu der Erweiterung K'/K. Wenden wir N auf (14.9) an, so erhalten wir

$$N(\beta)^q = N(\beta^q) = N(\alpha^q) = -\gamma(-1)^m, \tag{14.10}$$

da $X^m - \gamma$ das Minimalpolynom von α^q über K ist.

Ist m ungerade, so ist γ nach (14.10) eine q–te Potenz in K.

Ist m gerade, q aber ungerade, so folgt aus (14.10), dass $(-N(\beta))^q = \gamma$ gilt, also wiederum γ eine q–te Potenz in K ist.

Wir erkennen somit, dass wir annehmen können, dass

$$n = 2^s$$

eine Potenz von 2 ist (wobei wir auch noch $s \geq 2$ voraussetzen dürfen). Ferner können wir wegen (14.10) annehmen, dass

$$-\gamma = \delta^2 \tag{14.11}$$

ein Quadrat in K ist. Sei $-1 = i^2$ in einer Erweiterung von K. Es ist $i \notin K$, weil sonst γ nach (14.11) ein Quadrat in K wäre. Über $K(i)$ gilt nun die Zerlegung

$$X^{2^s} - \gamma = \left(X^{2^{s-1}} + i\delta\right)\left(X^{2^{s-1}} - i\delta\right).$$

Ist hier der erste Faktor auf der rechten Seite irreduzibel über $K(i)$, so auch der (dazu konjugierte) zweite Faktor. Aus der eindeutigen Primfaktorzerlegung in $K[X]$ bzw. $K(i)[X]$ folgt dann (beachte $i \notin K$), dass das Polynom $X^{2^s} - \gamma$ irreduzibel über K ist. Nehmen wir also an, das Polynom

$$X^{2^{s-1}} + i\delta$$

über $K(i)$ sei nicht irreduzibel. Dann muss aufgrund der Induktionsannahme $i\delta$ ein Quadrat in $K(i)$ oder $i\delta$ in der Form $i\delta = -4\tilde{\lambda}^4$ mit $\tilde{\lambda} \in K(i)$ darstellbar sein. In beiden Fällen ist $i\delta$ ein Quadrat in $K(i)$. Es gibt also Elemente $\lambda, \mu \in K$ mit

$$i\delta = (\lambda + i\mu)^2 = \lambda^2 + 2\lambda\mu i - \mu^2.$$

Es folgt $\lambda^2 = \mu^2$ und $2\lambda\mu = \delta$. Durch Quadrieren erhält man $\delta^2 = 4\lambda^4$ und somit im Hinblick auf (14.11)

$$\gamma = -4\lambda^4,$$

im Widerspruch zur Voraussetzung.

Sei jetzt $X^n - \gamma$ als irreduzibel vorausgesetzt und zeigen wir, dass dann die Bedingungen (a) und (b) erfüllt sind. Sei q ein Primteiler von $n = qm$ und gelte $\gamma = \beta^q$ in K. Dann ist $X^q - \gamma$ nicht irreduzibel über K und damit auch nicht $(X^m)^q - \gamma$. Damit ist (a) schon erledigt. Nehmen wir jetzt an, (b) gelte nicht. Dann ist also n durch 4 teilbar und $\gamma = -4\lambda^4$ mit einem $\lambda \in K$. Zunächst gilt nun

$$\begin{aligned} X^4 - \gamma = X^4 + 4\lambda^4 &= (X^2 + 2\lambda^2)^2 - (2\lambda X)^2 \\ &= (X^2 + 2\lambda X + 2\lambda^2)(X^2 - 2\lambda X + 2\lambda^2). \end{aligned}$$

Also ist $X^4 - \gamma$ nicht irreduzibel über K, also auch nicht $X^{4m} - \gamma = (X^m)^4 - \gamma$ für beliebiges $m \in \mathbb{N}$. □

In F14.1 und Satz 14.1 mussten wir jeweils voraussetzen, dass der Grundkörper K eine primitive n–te Einheitswurzel enthält. Im Falle $\operatorname{char}(K) = p$ und $p \mid n$ ist diese Bedingung nicht erfüllbar; hier können wir aber wenigstens im Falle $p = n$ den Aussagen von F14.1 und Satz 14.1 die folgenden zur Seite stellen:

Satz 14.3 (Artin–Schreier). *Sei K ein Körper der Charakteristik $p > 0$.*

(I) Ist E/K eine zyklische Erweiterung vom Grade p, so entsteht E aus K durch Adjunktion einer Nullstelle eines Polynoms der Gestalt

$$X^p - X - \gamma \text{ mit } \gamma \in K.$$

(II) Sei umgekehrt ein Polynom der Gestalt

$$f(X) = X^p - X - \gamma \in K[X]$$

gegeben, und sei E der Zerfällungskörper von f über K. Dann gilt: Entweder ist $E = K$, oder f ist irreduzibel über K. Im zweiten Fall ist E/K eine zyklische Erweiterung vom Grade p.

Beweis. Wir zeigen zuerst (II). Sei also $\alpha \in E$ eine Nullstelle von $f(X)$. Für jede ganze Zahl $j \geq 0$ gilt dann

$$\begin{aligned} f(\alpha + j) &= (\alpha + j)^p - (\alpha + j) - \gamma = \alpha^p + j^p - \alpha - j - \gamma \\ &= \alpha^p - \alpha + j^p - j - \gamma = f(\alpha) + j^p - j = 0, \end{aligned}$$

wobei wir j als Element des Primkörpers von K aufgefasst und benutzt haben, dass dann $j^p - j = 0$ gilt. Somit hat f in E die p verschiedenen Nullstellen

$$\alpha, \ \alpha + 1, \ \alpha + 2, \ldots\ldots, \alpha + (p-1). \tag{14.12}$$

Insbesondere ist f ein separables Polynom, die Erweiterung E/K also galoissch. Ferner gilt $E = K(\alpha)$. Liegt also eine Nullstelle von f in K, so alle anderen auch. Setzen wir jetzt voraus, dass f keine Nullstelle in K besitzt. Ein beliebiges Element σ der Galoisgruppe G von E/K überführt α wieder in eine Nullstelle von f; also gilt

$$\sigma\alpha = \alpha + j$$

mit einem eindeutig bestimmten Element j des Primkörpers von K. Die Abbildung

$$\sigma \longmapsto \sigma\alpha - \alpha$$

ist offenbar ein injektiver Gruppenhomomorphismus der Galoisgruppe G in die additive Gruppe $\mathbb{Z}/p\mathbb{Z}$ des Primkörpers von K. Letztere ist zyklisch von Primzahlordnung p. Da wir $E \neq K$ vorausgesetzt haben, folgt somit $G \simeq \mathbb{Z}/p\mathbb{Z}$. Wie behauptet ist E/K also zyklisch vom Grade p. Wegen $E = K(\alpha)$ ist schließlich f irreduzibel.

Sei jetzt umgekehrt eine zyklische Erweiterung E/K vom Grade p vorgegeben, und bezeichne σ ein erzeugendes Element der Galoisgruppe G von E/K. Wegen $\operatorname{char}(K) = p$ gilt

$$S_{E/K}(1) = [E:K] \cdot 1 = p \cdot 1 = 0.$$

Nach F13.8 gibt es dann ein $\alpha \in E$ mit $1 = \sigma\alpha - \alpha$, also

$$\sigma\alpha = \alpha + 1. \tag{14.13}$$

Insbesondere ist $\sigma(\alpha) \neq \alpha$, also α kein Element von K. Dies impliziert bereits $E = K(\alpha)$, denn E/K hat Grad p. Aus (14.13) folgt weiter

$$\begin{aligned} \sigma(\alpha^p - \alpha) &= \sigma(\alpha)^p - \sigma(\alpha) = (\alpha+1)^p - (\alpha+1) \\ &= \alpha^p + 1^p - \alpha - 1 = \alpha^p - \alpha. \end{aligned}$$

Also bleibt das Element $\alpha^p - \alpha$ fest bei Anwendung von σ und damit allen Elementen von G. Setzen wir daher $\gamma := \alpha^p - \alpha$, so liegt γ in K, und somit ist α Nullstelle des Polynoms $X^p - X - \gamma$ aus $K[X]$. □

Bemerkungen. 1) Sei p eine feste Primzahl. Ist C ein Körper der Charakteristik p, so betrachte man die Abbildung

$$\wp = \wp_C : C \to C, \quad \text{definiert durch} \quad \wp(x) = x^p - x. \tag{14.14}$$

Satz 14.3 zeigt, dass die Lösungen der Gleichung

$$\wp(\alpha) = \gamma$$

bei Körpern der Charakteristik p eine analoge Rolle spielen wie die p–ten Wurzeln bei Körpern der Charakteristik $\neq p$.

2) Man kann auch etwas über zyklische Erweiterungen E/K sagen, deren Grad eine *Potenz* von $p = \operatorname{char}(K) > 0$ ist. Vgl. dazu Aufg. 14.4, insonderheit aber Bd. II, S. 148f.

14.2 Kummertheorie

Unter der Voraussetzung, dass K eine primitive n–te Einheitswurzel enthält, haben wir in F14.1 und F14.2 die Körpererweiterungen E/K beschrieben, die durch Adjunktion einer n–ten Wurzel eines Elementes von K entstehen; wir wollen jetzt studieren, wie die Verhältnisse liegen, wenn jeweils nicht nur eine einzige, sondern eine ganze Reihe n–ter Wurzeln aus Elementen von K adjungiert werden. Zuvor müssen wir dazu auf einige Grundtatsachen über endliche abelsche Gruppen eingehen. Sei G zunächst eine beliebige *abelsche Gruppe* (mit multiplikativ geschriebener Verknüpfung). Wir betrachten dann die Menge

$$G^* = \mathrm{Hom}\,(G, \mathbb{C}^\times) \tag{14.15}$$

aller Homomorphismen $\chi : G \to \mathbb{C}^\times$ von G in die multiplikative Gruppe $\mathbb{C}^\times$ des Körpers der komplexen Zahlen. In natürlicher Weise (Multiplikation der Funktionswerte) ist dann G^* selbst eine Gruppe; sie heißt die *Charaktergruppe von G*, und ihre Elemente χ werden die *Charaktere* der abelschen Gruppe genannt. Man nennt G^* auch die zu G *duale Gruppe.* (Ein interessantes Beispiel eines Charakters haben wir übrigens mit dem Legendre–Symbol in Kap. 11 kennengelernt.)

Wir sagen, *G sei vom Exponenten m,* wenn $\sigma^m = 1$ für alle σ aus G gilt. Ist G vom Exponenten m, so sind wegen $\chi(\sigma)^m = \chi(\sigma^m) = \chi(1) = 1$ die Werte eines $\chi \in G^*$ sämtlich m–te Einheitswurzeln, sodass wir χ auch als Homomorphismus

$$\chi : G \to W_m(\mathbb{C}) \tag{14.16}$$

von G in die Gruppe $W_m(\mathbb{C})$ der m–ten Einheitswurzeln in $\mathbb{C}$ ansehen können.

Ist $G = G_1 \times G_2$ ein direktes Produkt, so erhält man vermöge $\chi \mapsto (\chi_{G_1}, \chi_{G_2})$ offenbar die natürliche Isomorphie

$$(G_1 \times G_2)^* \simeq G_1^* \times G_2^*. \tag{14.17}$$

F14.3. *Für jede endliche abelsche Gruppe G besteht die (nicht kanonische) Isomorphie*

$$G \simeq G^*. \tag{14.18}$$

Beweis. Wir benutzen die Tatsache (deren Beweis man in 14.3 nachlesen kann), dass $G = C_1 \times C_2 \times \ldots \times C_r$ direktes Produkt zyklischer Gruppen C_i ist. Im Hinblick auf (14.17) genügt es daher, die Behauptung (14.18) nur für den Fall einer zyklischen Gruppe zu verifizieren. Sei also $G = \langle\sigma\rangle$ mit einem Element der Ordnung $n = |G|$. Es ist dann $G \simeq W_n(\mathbb{C})$, daher genügt es zu zeigen, dass der Homomorphismus

$$\begin{array}{ccc} G^* & \longrightarrow & W_n(\mathbb{C}) \\ \chi & \longmapsto & \chi(\sigma) \end{array}$$

ein Isomorphismus ist. Die Injektivität ist klar. Bezeichne ζ ein erzeugendes Element von $W_n(\mathbb{C})$, d.h. eine Einheitswurzel der Ordnung n in $\mathbb{C}$. Vermöge $\chi(\sigma^k) = \zeta^k$ erhält man dann einen *wohldefinierten* Charakter χ von G mit $\chi(\sigma) = \zeta$; hieraus folgt die Surjektivität. □

F14.4. *Seien G, H abelsche Gruppen und*

$$\varphi : G \times H \to \mathbb{C}^\times$$

eine bilineare (bimultiplikative) Abbildung (kurz: eine Paarung). Dann definiert φ auf natürliche Weise Homomorphismen

$$\begin{array}{ccc} \varphi_1 : G & \longrightarrow & H^* \\ \sigma & \longmapsto & \varphi(\sigma,\cdot) \end{array} \quad \text{und} \quad \begin{array}{ccc} \varphi_2 : H & \longrightarrow & G^* \\ \tau & \longmapsto & \varphi(\cdot,\tau) \end{array}$$

Ist φ nicht–ausgeartet (d.h. sind φ_1 und φ_2 beide injektiv), so ist G genau dann endlich, wenn H endlich ist; in diesem Falle sind φ_1 und φ_2 Isomorphismen, also insbesondere

$$G \simeq H^* \text{ und } H \simeq G^*.$$

Beweis. Sei φ nicht–ausgeartet und etwa H endlich. Mit F14.3 folgt dann der Reihe nach

$$|G| \le |H^*| = |H| \le |G^*| = |G|$$

und daraus die Behauptung. □

F14.5. *Sei G eine endliche abelsche Gruppe. Für jede Untergruppe A von G ist dann die Sequenz*

$$1 \longrightarrow (G/A)^* \xrightarrow{\text{inf}} G^* \xrightarrow{\text{res}} A^* \longrightarrow 1 \tag{14.19}$$

exakt.

Beweis. Ist $\chi \in G^*$, so ist $\operatorname{res}\chi$ durch $(\operatorname{res}\chi)(a) = \chi(a)$ für alle $a \in A$ definiert. Für $\psi \in (G/A)^*$ ist $\inf\psi$ durch $(\inf\psi)(\sigma) = \psi(\sigma \bmod A)$ für alle $\sigma \in G$ definiert. Die Exaktheit von (14.19) ist dann an allen Stellen bis auf die Stelle A^* klar. Es bleibt also die Surjektivität von $\operatorname{res} : G^* \to A^*$ zu zeigen. Mit Homomorphiesatz und F14.3 folgt aber

$$|\operatorname{res} G^*| = \frac{|G^*|}{|(G/A)^*|} = \frac{|G|}{|G/A|} = |A| = |A^*|.$$

□

F14.6. *Für jede endliche abelsche Gruppe G ist die Paarung*

$$\begin{array}{rcl} G^* \times G & \longrightarrow & \mathbb{C}^\times \\ (\chi, \sigma) & \longmapsto & \chi(\sigma) \end{array}$$

nicht–ausgeartet, also besteht (nach F14.4*) eine natürliche Isomorphie*

$$G \simeq (G^*)^* =: G^{**}. \tag{14.20}$$

Beweis. Aus $\chi(\sigma) = 1$ für alle σ folgt definitionsgemäß $\chi = 1$. Um zu zeigen, dass die betrachtete Paarung auch in der zweiten Stelle nicht–ausgeartet ist, sei σ ein beliebiges Element von G mit $\sigma \neq 1$. Wir haben die Existenz eines $\chi \in G^*$ zu sichern, für welches $\chi(\sigma) \neq 1$ gilt.

Hierzu betrachten wir die Untergruppe $A = \langle\sigma\rangle$ von G. Mit $A \neq 1$ ist nach F14.3 auch $A^* \neq 1$. Wegen der Surjektivität von res: $G^* \to A^*$ (vgl. F14.5) gibt es dann aber in der Tat ein $\chi \in G^*$, das auf A nicht–trivial ist, also die Bedingung $\chi(\sigma) \neq 1$ erfüllt. □

Wir kommen nun zu den angekündigten körpertheoretischen Anwendungen und vereinbaren dafür folgende

Bezeichnungen und Voraussetzungen: Sei K ein Körper, n eine natürliche Zahl und C ein algebraischer Abschluss von K. *Wir setzen voraus, dass K eine primitive n–te Einheitswurzel enthält.*

Für eine Teilmenge A von $K^\times$ definieren wir die folgende Teilmenge von C:

$$\sqrt[n]{A} = \{\alpha \in C \mid \alpha^n \in A\}.$$

Sie besteht aus den n–ten Wurzeln aller Elemente von A (in dem gewählten algebraischen Abschluss C von K). Wir betrachten den Erweiterungskörper

$E = K(\sqrt[n]{A})$ in C. Offenbar ist die Erweiterung E/K *galoissch*. Ist $A_1 = \langle A \rangle$ die von A in $K^\times$ erzeugte Untergruppe von $K^\times$, so gilt offensichtlich $K(\sqrt[n]{A}) = K(\sqrt[n]{A_1})$. Im Folgenden können wir also A gleich als *Untergruppe* von $K^\times$ voraussetzen. Bezeichnen wir mit $K^{\times n}$ die Untergruppe der n–ten Potenzen aller Elemente von $K^\times$, so können wir ferner o.E. annehmen, dass

$$K^{\times n} \subseteq A$$

gilt (andernfalls ersetze A durch die Untergruppe $AK^{\times n}$ von $K^\times$).

Man spricht von einer *abelschen Körpererweiterung* L/K, wenn L/K galoissch ist und eine abelsche Galoisgruppe besitzt.

F 14.7. *K enthalte eine primitive n–te Einheitswurzel, und es sei A eine Untergruppe von $K^\times$ mit $K^{\times n} \subseteq A$. Dann ist die Erweiterung $K(\sqrt[n]{A})/K$ abelsch, und ihre Galoisgruppe G ist eine Gruppe vom Exponenten n. Man hat dann die kanonische Paarung*

$$\begin{array}{rcl} G \times A & \longrightarrow & W_n(K) \\ (\sigma, a) & \longmapsto & \dfrac{\sigma\alpha}{\alpha}, \quad \text{wobei } \alpha^n = a. \end{array} \tag{14.21}$$

Diese vermittelt eine nicht–ausgeartete Paarung

$$G \times A/K^{\times n} \longrightarrow W_n(K). \tag{14.22}$$

Genau dann ist $K(\sqrt[n]{A})/K$ endlich, wenn die Gruppe $A/K^{\times n}$ endlich ist, und in diesem Falle hat man natürliche Isomorphien[1]

$$G \simeq (A/K^{\times n})^*, \quad G^* \simeq A/K^{\times n}. \tag{14.23}$$

Beweis. Für $\sigma \in G$ und $\alpha \in E^\times$ mit $\alpha^n = a \in A$ gilt $(\sigma\alpha)^n = a$, also gibt es eine eindeutig bestimmte n–te Einheitswurzel $\zeta = \zeta(\sigma, \alpha)$ mit

$$\frac{\sigma\alpha}{\alpha} = \zeta(\sigma, \alpha). \tag{14.24}$$

Nach Voraussetzung liegt $\zeta(\sigma, \alpha)$ in K. Ist für ein $\alpha' \in E$ auch $\alpha'^n = \alpha^n = a$, so gibt es ein $\eta \in W_n(K)$ mit $\alpha = \eta\alpha'$; es folgt

[1] Selbstredend ist hier für eine abelsche Gruppe G vom Exponenten n die duale Gruppe als die Gruppe $G^* = \mathrm{Hom}\,(G, W_n(K))$ anzusehen. Sonst sind die Isomorphien in (14.23) nicht kanonisch; zwar ist $W_n(K) \simeq W_n(\mathbb{C})$, aber i.a. eben nicht kanonisch.

$$\frac{\sigma\alpha}{\alpha} = \frac{\sigma(\eta\alpha')}{\alpha} = \frac{\eta\sigma(\alpha')}{\alpha} = \frac{\sigma(\alpha')}{\alpha'}.$$

Damit ist die Abbildung (14.21) wohldefiniert. Sie ist multiplikativ in der zweiten Variablen, denn offenbar gilt

$$\frac{\sigma(\alpha\beta)}{\alpha\beta} = \frac{\sigma(\alpha)}{\alpha}\frac{\sigma(\beta)}{\beta}.$$

Wegen $\zeta(\sigma,\alpha) \in K$ liefert Anwendung eines beliebiges $\rho \in G$ auf (14.24) sofort $\rho\sigma\alpha = \zeta(\sigma,\alpha)\rho\alpha = \zeta(\sigma,\alpha)\zeta(\rho,\alpha)\alpha$, also

$$\zeta(\rho\sigma,\alpha) = \zeta(\rho,\alpha)\zeta(\sigma,\alpha).$$

Damit ist (14.21) auch in der ersten Variablen multiplikativ. Ferner ergibt sich, dass die Galoisgruppe G abelsch ist. Sei $\sigma \in G$. Gilt $\sigma\alpha/\alpha = 1$ für alle α mit $\alpha^n \in A$, so folgt offenbar $\sigma = 1$. Also ist die Paarung (14.21) nicht ausgeartet bzgl. der ersten Variablen. Sei andererseits $\alpha^n = a \in A$ vorgegeben; genau dann gilt $\sigma\alpha/\alpha = 1$ für alle $\sigma \in G$, wenn α zu $K^\times$ gehört; d.h. a in $K^{\times n}$ enthalten ist. Damit erhält man aus (14.21) die *nicht–ausgeartete* Paarung (14.22). Die übrigen Behauptungen folgen jetzt unmittelbar aus F14.4 (wo wir im vorliegenden Falle natürlich $\mathbb{C}^\times$ durch $W_n(K)$ ersetzen dürfen). □

Bemerkung. Aus F14.7 erhält man im Falle $A = \langle\gamma\rangle K^{\times n}$ aufs neue die Aussage von F14.1.

Definition 14.1. Eine Galoiserweiterung E/K heißt *abelsch vom Exponenten n,* wenn $G(E/K)$ eine abelsche Gruppe vom Exponenten n ist. Enthält K außerdem eine primitive n–te Einheitswurzel, so wird eine solche Erweiterung E/K auch eine *Kummererweiterung vom Exponenten n* genannt (zu Ehren von *E. Kummer* (1810–1893), der sich durch seine tiefen zahlentheoretischen Arbeiten unvergängliche Verdienste erwarb. Kummer selbst hat allerdings aus zahlentheoretischem Anlass nur sehr spezielle Erweiterungen betrachtet. Die allgemeinen, rein algebraischen Gesetzmäßigkeiten der heute so genannten *Kummertheorie* schälten sich erst später heraus; so billig sie auch zu haben sind, so leisten sie doch überraschend nützliche Dienste in der Zahlentheorie).

Satz 14.4 ('Kummertheorie'). *Unter der Voraussetzung, dass K eine primitive n–te Einheitswurzel enthält, gilt (mit den obigen Bezeichnungen): Die Abbildung*

$$A \longmapsto K(\sqrt[n]{A}) =: E_A \tag{14.25}$$

ist eine Bijektion zwischen der Menge der Untergruppen A *von* $K^\times$ *mit* $K^{\times n} \subseteq A$ *und der Menge der Teilkörper* E *von* C*, für die* E/K *abelsch vom Exponenten* n *ist. Dabei ist* E_A/K *genau dann endlich, wenn die Gruppe* $A/K^{\times n}$ *endlich ist, und in dem Falle bestehen für* $G = G(E_A/K)$ *natürliche Isomorphien*[2]

$$G^* \simeq A/K^{\times n}, \quad G \simeq (A/K^{\times n})^*. \tag{14.26}$$

Beweis. Wir haben die Surjektivität und Injektivität der Abbildung (14.25) zu zeigen; alles andere folgt dann aus F14.7.

1) *Surjektivität:* Sei E/K abelsch vom Exponenten n. Mit

$$A := E^{\times n} \cap K^\times$$

gilt dann $K(\sqrt[n]{A}) \subseteq E$. Angenommen, es sei $E \not\subseteq K(\sqrt[n]{A}) = E_A$. Dann gibt es auch eine *endliche* Teil–Erweiterung F/K von E/K mit $F \not\subseteq E_A$. Mit E/K ist auch F/K abelsch vom Exponenten n. Die endliche abelsche Gruppe $G(F/K)$ ist direktes Produkt endlicher zyklischer Untergruppen. Nach der Galoistheorie entsteht daher F/K durch Komposition zyklischer Teil–Erweiterungen von F/K. Daraus ergibt sich, dass wir o.E. F/K selbst als zyklisch voraussetzen dürfen. Nach Satz 14.1 ist dann aber $F = K(\alpha)$ mit einem α, das jedenfalls $\alpha^n \in K^\times$ erfüllt. Definitionsgemäß liegt damit α in E_A. Also gilt doch $F \subseteq E_A$, im Widerspruch zu unserer Annahme.

2) *Injektivität:* Nach dem Vorausgegangenen bleibt zu zeigen: Gilt $E = K(\sqrt[n]{A})$ mit einer Untergruppe A von $K^\times$, die $K^{\times n}$ enthält, so stimmt A notwendig mit der Untergruppe

$$A_E = E^{\times n} \cap K^\times \tag{14.27}$$

überein. Die Inklusion $A \subseteq A_E$ ist klar. Sei umgekehrt a ein beliebiges Element von A_E. Wegen $K(\sqrt[n]{A_E}) = E = K(\sqrt[n]{A})$ gibt es dann Elemente $a_1, \ldots, a_r$ von A mit $K(\sqrt[n]{a}) \subseteq K(\sqrt[n]{a_1}, \ldots, \sqrt[n]{a_r})$, also

$$K(\sqrt[n]{a}, \sqrt[n]{a_1}, \ldots, \sqrt[n]{a_r}) = K(\sqrt[n]{a_1}, \ldots, \sqrt[n]{a_r}). \tag{14.28}$$

Es genügt, a als Element der Gruppe $A' = \langle a_1, \ldots, a_r, K^{\times n}\rangle$ zu erweisen. Dazu betrachte man den Körper

[2] vgl. die Fußnote auf Seite 249

$$E' = K(\sqrt[n]{a_1}, \ldots, \sqrt[n]{a_r}) = K(\sqrt[n]{A'}).$$

Wegen (14.28) gilt $a \in A_{E'}$. Wir sehen somit, dass wir o.E. von einer *endlichen* Erweiterung E/K ausgehen können. Im Hinblick auf (14.23) gilt dann aber

$$A : K^{\times n} = A_E : K^{\times n} < \infty,$$

woraus sich wegen $A \subseteq A_E$ die Behauptung $A = A_E$ ergibt. □

Bemerkung. Sei $E/K = K(\sqrt[n]{A})/K$ wie oben eine *beliebige Kummererweiterung vom Exponenten* n, und sei G ihre Galoisgruppe. Die nicht–ausgeartete Paarung (14.22) vermittelt dann auch im Falle $E : K = \infty$ eine Isomorphie

$$G \simeq (A/K^{\times n})^*,$$

wie man durch Rückgriff auf den endlichen Fall (und projektive Limesbildung) leicht erkennt. Entsprechend vermittelt (14.22) auch im unendlichen Fall eine Isomorphie

$$A/K^{\times n} \simeq G^*,$$

wenn man dabei unter G^* nur die Gruppe aller *stetigen* Homomorphismen der mit der Krulltopologie versehenen *topologischen Gruppe* $G = G(E/K)$ in die (diskrete) Gruppe $W_n(K)$ versteht.

14.3 Struktur endlich erzeugter abelscher Gruppen

Die vorangegangenen körpertheoretischen Betrachtungen nehmen wir zum Anlass, an dieser Stelle auf die *Struktur endlicher abelscher Gruppen* einzugehen. Obgleich es sich dabei um ganz grundlegende Sachverhalte handelt (die unter systematischem Bezug eigentlich der Linearen Algebra zuzurechnen sind), mag es der Leser nützlich finden, sie hier einmal in kurzer und elementarer Darstellung nachlesen zu können. Im Übrigen ist die Behandlung abelscher Gruppen an dieser Stelle auch deshalb nicht ganz unpassend, weil ihre Namensgebung ja schließlich damit zusammenhängt, dass *N. H. Abel* (1802–1829) in seinen Untersuchungen über algebraische Gleichungen auf die besonderen Verhältnisse der Gleichungen mit kommutativer Gruppe von Anfang an hingewiesen hat.

Definition 14.2. Eine Gruppe G heißt eine *Torsionsgruppe,* wenn es zu jedem $x \in G$ ein $n \in \mathbb{N}$ gibt mit $x^n = 1$.

Ist p eine Primzahl, so heißt G eine *p–Gruppe,* wenn es zu jedem $x \in G$ eine p–Potenz p^k gibt mit $x^{p^k} = 1$.

F 14.8. *Eine endliche Gruppe G ist genau dann eine p–Gruppe, wenn ihre Ordnung $|G|$ eine p–Potenz ist.*

Beweis. Sei $n = |G|$. Bekanntlich gilt dann $x^n = 1$ für alle $x \in G$. Ist also n eine p–Potenz, so ist G eine p–Gruppe. Ist n keine p–Potenz, so gibt es einen Primteiler $q \neq p$ von n. Nach dem *Satz von Cauchy* (vgl. die Bemerkungen zu Satz 10.1) existiert dann aber ein $x \in G$ mit $\mathrm{ord}(x) = q$. Folglich ist G keine p–Gruppe (denn sonst müsste $q = \mathrm{ord}(x)$ Teiler einer p–Potenz sein). – Bemerkung: Im Falle einer *abelschen* Gruppe G kommt man ohne den Satz von Cauchy aus: Sei also G eine abelsche p–Gruppe der Ordnung $n > 1$. Für ein $x \neq 1$ aus G ist dann $\mathrm{ord}(x) = p^k$ eine p–Potenz. Die Untergruppe $H = \langle x \rangle$ hat die Ordnung p^k. Per Induktion können wir annehmen, dass die Ordnung der Faktorgruppe G/H eine p–Potenz ist. Dann trifft dies aber wegen $|G| = |G/H| \cdot |H|$ auch für G zu. □

Bezeichnungsvereinbarung: Im Folgenden wird die Gruppenverknüpfung in einer *abelschen Gruppe A* meist als *Addition* notiert. Für $x \in A$ und $n \in \mathbb{Z}$ schreiben wir dann insbesondere nx statt x^n.

Bemerkung. Jede abelsche Gruppe ist ein $\mathbb{Z}$–Modul (und umgekehrt). Dies ist insofern erwähnenswert, als die im Folgenden herzuleitenden Hauptresultate über abelsche Gruppen sinngemäß auch für Moduln über einem beliebigen *Hauptidealring* R (anstelle von $\mathbb{Z}$) gelten. Wir werden zwar alles nur für abelsche Gruppen formulieren, doch die Beweise so führen, dass diese sich auf die allgemeine Situation von *Moduln über einem Hauptidealring* unschwer übertragen lassen.

Definition 14.3. Sei A eine beliebige *abelsche* Gruppe, und sei p eine Primzahl. Wir setzen

$$A_p = \{x \in A \mid \text{Zu } x \text{ gibt es ein } k \in \mathbb{N} \text{ mit } p^k x = 0\}.$$

Da A abelsch ist, ist A_p eine *Untergruppe* von A. Definitionsgemäß ist A_p eine p–Gruppe. Wir nennen A_p den *p–Bestandteil von A.*

F 14.9. *Jede* **abelsche Torsionsgruppe** *A ist die direkte Summe ihrer p–Bestandteile, d.h. die Abbildung*

$$\begin{array}{rcl}\varphi : \oplus_p A_p & \longrightarrow & A \\ (x_p)_p & \longmapsto & \sum_p x_p\end{array}$$

ist ein Isomorphismus.

Beweis. (i) Offenbar ist φ ein (wohldefinierter) Homomorphismus von Gruppen.

(ii) Sei $x = (x_p)_p \in \oplus_p A_p$, und es gelte $\varphi(x) = 0$. Zu x gibt es paarweise verschiedene $p_1, \ldots, p_r$ mit $x_p = 0$ für alle $p \neq p_i$. Sei

$$n = p_1^{k_1} \ldots p_r^{k_r} \text{ mit } p_i^{k_i} = \operatorname{ord}(x_{p_i}). \tag{14.29}$$

Wir setzen $n_i = n/p_i^{k_i}$ für $1 \leq i \leq r$. Wegen der Teilerfremdheit von $n_1, \ldots, n_r$ besteht eine Relation

$$c_1 n_1 + c_2 n_2 + \ldots + c_r n_r = 1 \text{ mit } c_i \in \mathbb{Z}. \tag{14.30}$$

Setze $x_i = x_{p_i}$. Es ist $0 = n_i \varphi(x) = n_i \sum\limits_k x_k = n_i x_i$ und daher $x_i = 1x_i = c_i n_i x_i = 0$ für alle $1 \leq i \leq r$. Es folgt $x = 0$, und somit ist φ injektiv.

(iii) Sei $y \in A$ beliebig. Da A als Torsionsgruppe vorausgesetzt ist, gibt es ein $n \in \mathbb{N}$ mit

$$ny = 0. \tag{14.31}$$

Sei (14.29) die Primfaktorzerlegung von n und dazu die n_i wie oben. Es besteht eine Relation der Gestalt (14.30). Aus dieser folgt

$$y = 1y = \sum_{i=1}^{r} c_i n_i y = \sum_{i=1}^{r} x_i \tag{14.32}$$

mit $x_i = c_i n_i y$. Wegen $p_i^{k_i} x_i = c_i p_i^{k_i} n_i y = c_i n y = 0$ liegt x_i in A_{p_i}. Definiert man also $x = (x_p)_p \in \oplus_p A_p$ durch $x_p = x_i$, falls $p = p_i$ und $x_p = 0$ sonst, so gilt $\varphi(x) = \sum x_i = y$ nach (14.32). Also ist φ auch surjektiv. □

Definition 14.4. Sei G eine Gruppe. Man sagt, G sei eine *Gruppe vom Exponenten m*, wenn gilt

$$x^m = 1 \text{ für } \textbf{alle } x \in G \tag{14.33}$$

(also $mx = 0$ im Falle einer additiven abelschen Gruppe G).

Bemerkungen. 1) Ist G eine Gruppe vom Exponenten m und gilt $m|m'$, so ist G auch eine Gruppe vom Exponenten m'. Unsere Terminologie erscheint also etwas anfechtbar (vgl. aber Def. 14.5), sie ist aber dennoch ganz praktisch (besonders im Hinblick auf Formulierungen bei der oben behandelten *Kummertheorie*).

2) Ist G eine endliche Gruppe der Ordnung n, so gilt $x^n = 1$ für alle $x \in G$, also ist G dann auch eine Gruppe vom Exponenten n.

Definition 14.5. Sei G eine Gruppe. Es gebe ein $m \in \mathbb{N}$ mit (14.33). Unter allen natürlichen Zahlen m mit (14.33) sei e die kleinste. Wir schreiben dann

$$e = e(G)$$

und nennen $e(G)$ *den Exponenten* von G. Gibt es kein $m \in \mathbb{N}$ mit (14.33), so setzen wir $e(G) = 0$. Offenbar gilt

$$G \text{ endlich } \Rightarrow e(G) \neq 0 \Rightarrow G \text{ Torsionsgruppe}$$

(und beide Implikationen sind nicht umkehrbar, wie man zum Beispiel an den abelschen Gruppen $G = W(\mathbb{C}) \simeq \mathbb{Q}/\mathbb{Z}$ und $G = \mathbb{F}_p^{(\mathbb{N})}$ erkennt).

F14.10. *Sei G eine Gruppe mit $e(G) \neq 0$. Für jedes $m \in \mathbb{N}$ mit* (14.33) *gilt dann*

$$e(G) \mid m. \tag{14.34}$$

Somit ist $e(G)$ das kleinste gemeinsame Vielfache der Ordnungen aller Elemente von G:

$$e(G) = \text{kgV}\{\text{ord}(x) \mid x \in G\}. \tag{14.35}$$

Insbesondere gilt

$$\text{ord}(x) \mid e(G) \qquad \text{für alle } x \in G. \tag{14.36}$$

Beweis. Sei $e = e(G)$. Division mit Rest liefere $m = qe + r$. Für alle x aus G ist dann $1 = x^m = x^{eq}x^r$, also $x^r = 1$. Im Falle $r > 0$ erhielte man damit den Widerspruch $e \leq r < e$. Also ist $r = 0$, d.h. es gilt (14.34). □

Bemerkungen. (i) Ist G endlich, so ist $e(G) \neq 0$, und es gilt:

$$e(G) \text{ teilt } |G|. \tag{14.37}$$

(ii) Für $G = S_3$ ist $e(G) = |G|$.

(iii) Für eine endliche *abelsche* Gruppe G tritt der Fall $e(G) = |G|$ nur dann ein, wenn G *zyklisch* ist. Dieser nicht ganz triviale Sachverhalt wird sich aus F14.12 weiter unten ergeben.

(iv) Wir zeigen, wie sich aus (iii) leicht der folgende (uns aber schon aus Kap. 9 bekannte) Satz ergibt: *Ist G eine endliche Untergruppe der multiplikativen Gruppe $K^\times$ eines Körpers K, so ist G zyklisch.* Zum Beweis sei n die Ordnung von G und $e = e(G)$ ihr Exponent. Dann ist jedenfalls $x^e = 1$ für alle x aus G. Alle x aus G sind also Nullstellen des Polynoms $X^e - 1 \in K[X]$. Dieses hat aber höchstens e Nullstellen in K, folglich ist $n \leq e$. Es folgt $e = n$, und nach (iii) muss G daher zyklisch sein.

(v) Sei $G = \prod\limits_{i \in I} G_i$ bzw. $G = \oplus_{i \in I} G_i$ direktes Produkt bzw. direkte Summe von Gruppen $G_i, i \in I$. Man setze $e = e(G)$ und $e_i = e(G_i)$. Dann gilt offenbar

$$e = \mathrm{kgV}\{e_i \mid i \in I\}. \tag{14.38}$$

(vi) Sei $e(G) \neq 0$. Ist G eine p–Gruppe, so ist $e(G)$ eine p–Potenz.

F14.11. *Sei A eine abelsche Gruppe mit $e(A) \neq 0$, und seien $p_1, \ldots, p_r$ die verschiedenen Primteiler von $e := e(A)$. Setzt man dann $A_i = A_{p_i}$ sowie $e_i = e(A_i)$, so ist*

$$\begin{array}{ccc} A_1 \times A_2 \times \ldots \times A_r & \longrightarrow & A \\ (x_1, x_2, \quad \ldots \quad x_r) & \longmapsto & \sum_i x_i \end{array} \tag{14.39}$$

ein Isomorphismus, und es ist

$$e = e_1 e_2 \ldots e_r \tag{14.40}$$

die Primfaktorzerlegung von e.

Beweis. Für jede nicht in e aufgehende Primzahl p ist $A_p = 0$. Nach F14.9 ist daher (14.39) in der Tat ein Isomorphismus. Der Rest folgt aus den vorangegangenen Bemerkungen (v) und (vi). □

Bemerkung. Sei A eine *endliche* abelsche Gruppe der Ordnung n und sei $n = p_1^{\nu_1} \ldots p_r^{\nu_r}$ die Primfaktorzerlegung von n. Dann sind $p_1, \ldots, p_r$ genau die verschiedenen Primteiler von $e = e(A)$. Für die A_i aus F14.11 gilt dann

$$|A_i| = p_i^{\nu_i} \tag{14.41}$$

(d.h. für jedes $1 \leq i \leq r$ ist A_i *die p_i–Sylowgruppe von A*).

Beweis. Mit den Bezeichnungen von F14.11 gilt zunächst $A \simeq A_1 \times \ldots \times A_r$, also $|A| = \prod_{i=1}^{r} |A_i|$. Als p_i–Gruppe ist A_i von p_i–Potenzordnung (vgl. F14.8). Jetzt folgt alles aus der Eindeutigkeit der Primfaktorzerlegung von n. □

F14.12. *Sei A eine abelsche Gruppe mit* $e(A) \neq 0$. *Dann gibt es ein Element a in A mit*

$$\operatorname{ord}(a) = e(A). \tag{14.42}$$

Beweis. Sei $e = e(A)$. (i) Wir betrachten zunächst den speziellen Fall, dass e Potenz einer Primzahl p ist. Für jedes $x \in G$ ist $\operatorname{ord}(x)$ ein Teiler von e. Da e eine p–Potenz ist, gilt also

$$\operatorname{ord}(x) = p^{\nu(x)}$$

mit einem wohlbestimmten $\nu(x) \in \mathbb{N}_0$. Nach (14.35) ist nun

$$e = \operatorname{kgV}\{p^{\nu(x)} | x \in A\} = p^{\operatorname{Max}\{\nu(x) | x \in A\}}.$$

Für ein $a \in A$ mit $\nu(a) = \operatorname{Max}\{\nu(x) | x \in A\}$ ist dann in der Tat $e = p^{\nu(a)} = \operatorname{ord}(a)$.

(ii) Für den allgemeinen Fall ziehen wir F14.11 heran. Da $e_i = e(A_i)$ Potenz von p_i ist, gibt es nach (i) ein a_i mit

$$\operatorname{ord}(a_i) = e_i \ \text{ für } \ 1 \leq i \leq r. \tag{14.43}$$

Wir betrachten das Element $\tilde{a} = (a_1, \ldots, a_r)$ aus $A_1 \times \cdots \times A_r$. Da (14.39) ein Isomorphismus ist, genügt es zu zeigen, dass $\operatorname{ord}(\tilde{a}) = e(A)$ gilt. Nach (14.40) und (14.43) ist nun einerseits $e(A) = e_1 e_2 \ldots e_r = \operatorname{ord}(a_1)\operatorname{ord}(a_2) \ldots \operatorname{ord}(a_r)$; andrerseits gilt für das Element $\tilde{a} = (a_1, \ldots, a_r)$ des direkten Produktes $A_1 \times \ldots \times A_r$ offenbar $\operatorname{ord}(\tilde{a}) = \operatorname{kgV}(\operatorname{ord}(a_1), \ldots, \operatorname{ord}(a_r))$. Wegen der paarweisen Teilerfremdheit der $\operatorname{ord}(a_i)$ hat man aber $\operatorname{kgV}(\operatorname{ord}(a_1), \ldots, \operatorname{ord}(a_r)) = \operatorname{ord}(a_1) \operatorname{ord}(a_2) \ldots \operatorname{ord}(a_r)$. □

Definition 14.6. Sei G eine Gruppe, M eine Teilmenge von G. Mit

$$\langle M \rangle$$

bezeichnen wir den Durchschnitt aller Untergruppen von G, die M enthalten. Dann ist $\langle M \rangle$ die kleinste Untergruppe von G, welche M enthält. Im Falle einer endlichen Menge $M = \{a_1, \ldots, a_r\}$ verwenden wir auch die Bezeichnung $\langle a_1, \ldots, a_r\rangle := \langle M\rangle$.

Gilt $\langle M\rangle = G$, so heißt M ein *Erzeugendensystem* von G. Die Gruppe G heißt *endlich erzeugt*, wenn es endlich viele Elemente $a_1, \ldots, a_r$ in G gibt mit $G = \langle a_1, \ldots, a_r\rangle$.

Sei A eine *endlich erzeugte abelsche* Gruppe. Nach Voraussetzung gibt es Elemente $a_1, \ldots, a_r$ aus A mit

$$A = \left\{\sum_{i=1}^{r} c_i a_i \mid c_i \in \mathbb{Z}\right\} = \mathbb{Z}a_1 + \ldots + \mathbb{Z}a_r = \langle a_1\rangle + \ldots + \langle a_r\rangle.$$

Zunächst wollen wir noch voraussetzen, dass A außerdem eine *Torsionsgruppe* ist. (Dann ist A notwendig *endlich,* wie man sich sofort überlegt, doch wollen wir an dieser Stelle darauf keinen Wert legen im Hinblick auf die Verallgemeinerungsmöglichkeit auf Moduln über einem beliebigen Hauptidealring.) Im Hinblick auf F14.11 kann man sich auf den Fall einer p–Gruppe zurückziehen. Dafür gilt nun:

Satz 14.5. *Sei $A \neq 0$ eine endlich erzeugte abelsche p–Gruppe. Dann ist A endliches direktes Produkt zyklischer p–Gruppen, d.h. es gilt*

$$A \simeq \mathbb{Z}/p^{\nu_1} \times \mathbb{Z}/p^{\nu_2} \times \ldots \times \mathbb{Z}/p^{\nu_s} \tag{14.44}$$

mit natürlichen Zahlen ν_i; ordnet man diese noch so an, dass

$$\nu_1 \geq \nu_2 \geq \ldots \geq \nu_s \geq 1 \tag{14.45}$$

gilt, so ist das System $\nu_1, \nu_2, \ldots, \nu_s$ dadurch eindeutig bestimmt.

Beweis. Mit $r(A)$ bezeichnen wir die kleinste natürliche Zahl, die als Anzahl eines endlichen Erzeugendensystems von A vorkommt. Sei $a_1, \ldots, a_r$ ein Erzeugendensystem von A mit $r = r(A)$. Zum Beweis der ersten Aussage des Satzes führen wir Induktion nach $r(A)$ und beweisen dabei gleich mit, dass (14.44) mit $s = r(A)$ gültig ist.

Für $r(A) = 1$ ist alles klar. Sei also $r(A) > 1$ und bezeichne $e = e(A)$ den Exponenten von A. Offenbar ist $e \neq 0$. Da A eine p–Gruppe ist, sieht man ferner sofort, dass unter den $a_1, \ldots, a_r$ eines mit Ordnung e vorkommen muss; es sei etwa

$$\operatorname{ord}(a_1) = e. \tag{14.46}$$

Wir betrachten $\overline{A} = A/\langle a_1 \rangle$ mit Restklassenbildung $x \mapsto \overline{x}$. Offensichtlich gilt $\overline{A} = \langle \overline{a}_2, \ldots, \overline{a}_r \rangle$, also $r(\overline{A}) < r(A)$. Nach Induktionsannahme ist daher

$$\overline{A} = \langle \overline{b}_2 \rangle \times \ldots \times \langle \overline{b}_s \rangle \tag{14.47}$$

mit gewissen $b_i \in A$ (und $s \leq r$). Die b_i sind dabei modulo $\langle a_1 \rangle$ noch abänderbar. Aus (14.47) ergibt sich in jedem Fall

$$A = \mathbb{Z}a_1 + \mathbb{Z}b_2 + \ldots + \mathbb{Z}b_s = \langle a_1, b_2, \ldots, b_s \rangle. \tag{14.48}$$

(Es folgt $r(A) \leq s$, also insgesamt $r = s$.) Wir zeigen nun, dass man die b_i so wählen kann, dass die Summe in (14.48) *direkt* ist, womit die Existenzaussage des Satzes bewiesen wäre. Wir setzen dazu $e_i = \text{ord}(\overline{b}_i)$. Dann gilt also

$$e_i b_i = k_i a_1 \ \text{ mit } \ k_i \in \mathbb{Z}. \tag{14.49}$$

Wegen $e_i = \text{ord}(\overline{b}_i) | \text{ord}(b_i) | e$ ist $e/e_i \in \mathbb{N}$. Multipliziert man (14.49) mit e/e_i, so folgt

$$(e/e_i)k_i a_1 = eb_i = 0.$$

Mit (14.46) folgt daraus, dass $(e/e_i)k_i$ durch e teilbar und somit k_i/e_i ganz sein muss. Setzt man nun $b'_i = b_i - (k_i/e_i)a_1$, so ist $\overline{b'_i} = \overline{b_i}$, und wegen (14.49) gilt $e_i b'_i = 0$. Es folgt

$$\text{ord}(b'_i) \mid e_i = \text{ord}(\overline{b_i}) = \text{ord}(\overline{b'_i}) \mid \text{ord}(b'_i),$$

also $\text{ord}(b'_i) = e_i$. Wir können somit o.E. annehmen, dass

$$\text{ord}(b_i) = e_i = \text{ord}(\overline{b_i}) \ \text{ für alle } \ 2 \leq i \leq s \tag{14.50}$$

gilt. In diesem Falle ist aber (14.48) eine *direkte Summe;* aus

$$\sum_{i=1}^{s} c_i b_i = 0 \ \text{ mit } \ c_i \in \mathbb{Z} \ \text{ (und } b_1 := a_1 \text{ gesetzt)} \tag{14.51}$$

folgt nämlich (mit $\overline{b_1} = 0$) zunächst

$$\sum_{i=2}^{s} c_i \overline{b_i} = 0$$

und hieraus nach (14.47)

$$\operatorname{ord}(\overline{b_i}) \mid c_i \text{ für } 2 \le i \le s.$$

Wegen (14.50) gilt also $\operatorname{ord}(b_i) \mid c_i$ und somit

$$c_i b_i = 0 \text{ für } 2 \le i \le s.$$

Dann ist aber auch $c_1 b_1 = 0$, sodass alle Summanden in (14.51) verschwinden.

Bleibt noch die Eindeutigkeitsaussage von Satz 14.5 zu erweisen. Neben (14.44) und (14.45) gelte auch

$$A \simeq \mathbb{Z}/p^{\mu_1} \times \mathbb{Z}/p^{\mu_2} \times \ldots \times \mathbb{Z}/p^{\mu_t}$$

mit natürlichen Zahlen $\mu_1 \ge \mu_2 \ge \ldots \ge \mu_t \ge 1$. Offenbar ist $p^{\mu_1} = e(A) = p^{\nu_1}$, also jedenfalls $\mu_1 = \nu_1$. Wir führen nun Induktion nach $e(A)$. Sei $e(A) > p$. Für die Untergruppe pA von A gilt offensichtlich

$$pA \simeq \mathbb{Z}/p^{\nu_1 - 1} \times \ldots \times \mathbb{Z}/p^{\nu_s - 1} \simeq \mathbb{Z}/p^{\mu_1 - 1} \times \ldots \times \mathbb{Z}/p^{\mu_t - 1}.$$

Die Induktionsannahme liefert dann sofort, dass die Systeme $\nu = (\nu_1, \ldots, \nu_s)$ und $\mu = (\mu_1, \ldots, \mu_t)$ in allen ihren Gliedern > 1 schon übereinstimmen müssen, d.h. es gibt ein $d \ge 1$ mit $\nu_d, \mu_d > 1$, sodass

$$\nu = (\nu_1, \ldots, \nu_d, 1, \ldots, 1), \quad \mu = (\nu_1, \ldots, \nu_d, 1, \ldots, 1).$$

Um nun zu zeigen, dass auch die Anzahl m bzw. n der Einsen in μ bzw. ν die gleiche ist, betrachten wir die Untergruppe $A(p) = \{a \in A \mid pa = 0\}$ von A. Es ist dann

$$A(p) \simeq (\mathbb{Z}/p)^d \times (\mathbb{Z}/p)^m \simeq (\mathbb{Z}/p)^d \times (\mathbb{Z}/p)^n.$$

Hieraus aber folgt $m = n$, da es sich jetzt um Vektorräume über dem Körper $\mathbb{Z}/p$ handelt. Dasselbe Argument ist auch für den Induktionsanfang $e(A) = p^1$ zuständig. – Im Übrigen wird der Leser bemerken, dass sich der Schluss des Beweises vereinfachen lässt, wenn man mit der Gruppenordnung argumentiert; wir haben darauf mit Rücksicht auf die oben erwähnte Verallgemeinerbarkeit verzichtet. □

Satz 14.6. *Sei $A \neq 0$ eine endlich erzeugte abelsche Torsionsgruppe (also eine endliche abelsche Gruppe). Dann ist A endliches direktes Produkt von zyklischen Gruppen. Genauer: Es gibt natürliche Zahlen $e_1, e_2, \ldots, e_s > 1$ mit*

$$e_{j+1} \mid e_j \quad \text{für } \; 1 \leq j \leq s-1, \tag{14.52}$$

sodass die Isomorphie

$$A \simeq \mathbb{Z}/e_1 \times \mathbb{Z}/e_2 \times \ldots \times \mathbb{Z}/e_s \tag{14.53}$$

besteht. Das System $e_1, \ldots, e_s$ ist hierdurch eindeutig bestimmt.

Beweis. Sind $p_1, \ldots, p_r$ die verschiedenen Primteiler von $e = e(A) \neq 0$, so gilt nach F14.11 zunächst

$$A = A_1 \times \ldots \times A_r \;\text{ mit }\; A_i = A_{p_i}. \tag{14.54}$$

Nun zerlege man die A_i gemäß Satz 14.5:

$$A_i \simeq \prod_{j=1}^{s} \mathbb{Z}/p_i^{\nu(i,j)}, \tag{14.55}$$

wobei wir – um für jedes i die gleiche Anzahl s von Faktoren notieren zu können – gegebenenfalls $\nu(i,j) = 0$ setzen. Indem man jetzt jeweils die höchsten Primzahlpotenzen nacheinander zusammenfasst, ergibt sich eine Folge von natürlichen Zahlen

$$e_j = p_1^{\nu(1,j)} p_2^{\nu(2,j)} \ldots p_r^{\nu(r,j)} \tag{14.56}$$

mit der Eigenschaft (14.52) sowie $e_j > 1$. Mit (14.56) gilt nun

$$\mathbb{Z}/e_j \simeq \prod_{i=1}^{r} \mathbb{Z}/p_i^{\nu(i,j)}.$$

Fasst man die Faktoren somit entsprechend zusammen, erhält man die Isomorphiebeziehung (14.53).

Die Eindeutigkeitsaussage von Satz 14.6 ergibt sich daraus, dass die $A_i = A_{p_i}$ kanonisch festgelegt sind und ihre Zerlegungen nach Satz 14.5 dem Typ nach eindeutig ist. □

Die Struktur endlich erzeugter abelscher Gruppen ist durch Satz 14.6 im Falle von Torsionsgruppen vollständig geklärt. Um nun auch den allgemeinen Fall zu behandeln, betrachten wir zunächst die reinen Gegenstücke der Torsionsgruppen:

Definition 14.7. Eine Gruppe G heißt *torsionsfrei,* wenn es außer dem Einselement kein weiteres Element endlicher Ordnung in G gibt.

F14.13. *Sei A eine beliebige* **abelsche** *Gruppe. Dann ist*

$$A_T = \{x \in A \mid \text{ zu } x \text{ gibt es } n \in \mathbb{N} \text{ mit } nx = 0\}$$

eine Untergruppe von A. Definitionsgemäß ist A_T eine Torsionsgruppe. Die Faktorgruppe A/A_T ist torsionsfrei.

Beweis. klar (bzw. Übungsaufgabe). □

Satz 14.7. *Ist die endlich erzeugte abelsche Gruppe $A \neq 0$ torsionsfrei, so gilt*

$$A \simeq \mathbb{Z} \times \ldots \times \mathbb{Z} = \mathbb{Z}^r,$$

mit r als der kleinsten natürlichen Zahl $r(A)$, die als Anzahl eines Erzeugendensystems von A auftritt.

Beweis. Sei $A = \mathbb{Z}a_1 + \mathbb{Z}a_2 + \ldots + \mathbb{Z}a_r$ mit $r = r(A)$. Nach Umnumerierung sei $a_1, \ldots, a_n$ ein *maximales linear unabhängiges* Teilsystem von $a_1, \ldots, a_r$. (Dabei heißt ein System $a_1, \ldots, a_n$ von Elementen einer abelschen Gruppe *linear unabhängig,* wenn eine Relation der Gestalt $\sum c_i a_i = 0$ mit $c_i \in \mathbb{Z}$ nur für $c_1 = c_2 = \ldots = c_n = 0$ besteht.) Aufgrund der Definition von $a_1, \ldots, a_n$ besteht für jedes i mit $n < i \leq r$ eine Relation der Gestalt

$$m_i a_i = \sum_{j=1}^{n} c_j a_j \text{ mit einem } m_i \neq 0 \text{ aus } \mathbb{Z}.$$

Es gibt daher ein $m \neq 0$ aus $\mathbb{Z}$, sodass für alle i

$$m a_i \in \mathbb{Z}a_1 + \ldots + \mathbb{Z}a_n =: F$$

gilt. Es folgt

$$mA \subseteq F. \tag{14.57}$$

Aufgrund der Definition von F und der linearen Unabhängigkeit von $a_1, \ldots, a_n$ ist F eine *freie abelsche Gruppe in n Erzeugenden,* d.h. es gilt

$$F \simeq \mathbb{Z}^n. \tag{14.58}$$

In der Tat ist $(x_1, \ldots, x_n) \mapsto \sum x_i a_i$ ein Isomorphismus von $\mathbb{Z}^n$ auf F. Wir haben zu zeigen, dass auch A *frei* ist. Nun ist $A \simeq mA$ (denn $a \mapsto ma$ ist ein Isomorphismus von A auf mA, da A torsionsfrei). Im Hinblick auf (14.57) genügt es somit, die Behauptung von Satz 14.7 für ein A zu zeigen, welches eine Untergruppe von $\mathbb{Z}^n$ mit einem $n \leq r(A)$ ist. Mittels Induktion nach n zeigen wir nun: *Ist A eine Untergruppe von $\mathbb{Z}^n$, so folgt $A \simeq \mathbb{Z}^d$ mit einem* $0 \leq d \leq n$. Insbesondere ist damit dann auch Satz 14.7 vollständig bewiesen. Der Fall $n = 1$ ist klar, denn jede Untergruppe von $\mathbb{Z}$ hat die Gestalt $m\mathbb{Z}$, ist also zu $\mathbb{Z}$ oder 0 isomorph. Sei $n > 1$ und bezeichne

$$\pi : \mathbb{Z}^n \to \mathbb{Z}, (x_1, \ldots, x_n) \mapsto x_n$$

die Projektion auf die n–te Komponente. Als Untergruppe von $\mathbb{Z}$ hat πA die Gestalt $\pi A = m\mathbb{Z}$ mit einem $m \in \mathbb{Z}$. Sei $a \in A$ ein Element mit $\pi a = m$, und setze $A' = A \cap \mathrm{Kern}\pi$. Da A' isomorph zu einer Untergruppe von $\mathbb{Z}^{n-1}$ ist, folgt aus der Induktionsvoraussetzung

$$A' \simeq \mathbb{Z}^k \text{ mit } 0 \leq k \leq n-1.$$

Im Falle $A = A'$ sind wir fertig. Sei also $A \neq A'$. Man überzeugt sich dann aber leicht davon, dass gilt

$$A = A' \times \mathbb{Z}a. \tag{14.59}$$

Somit ist $A \simeq \mathbb{Z}^k \times \mathbb{Z} \simeq \mathbb{Z}^{k+1}$, und unsere Behauptung ist bewiesen. □

Bemerkung. 1. Sollte nicht klar sein, dass $\mathbb{Z}^m \simeq \mathbb{Z}^n$ nur für $m = n$ möglich ist, kann man sich davon auch wie folgt überzeugen: Für eine Primzahl p vermittelt ein Isomorphismus von $\mathbb{Z}^m$ auf $\mathbb{Z}^n$ auch einen Isomorphismus von $p\mathbb{Z}^m$ auf $p\mathbb{Z}^n$ und damit auch einen Isomorphismus von $\mathbb{Z}^m/p\mathbb{Z}^m \simeq (\mathbb{Z}/p)^m$ auf $\mathbb{Z}^n/p\mathbb{Z}^n \simeq (\mathbb{Z}/p)^n$. Jetzt folgt $m = n$ durch Dimensionsvergleich.

2. Das Bestehen der direkten Zerlegung (14.59) ordnet sich dem folgenden Prinzip unter: *Vorgelegt sei eine exakte Sequenz*

$$0 \to B \xrightarrow{i} A \xrightarrow{\pi} C \to 0$$

von abelschen Gruppen. Gibt es dann einen Homomorphismus $\sigma : C \to A$ *mit* $\pi \circ \sigma = id_C$*, so ist* A *direkte Summe von* iB *und* σC *und daher* $A \simeq B \times C$. Der einfache Beweis dafür sei dem Leser überlassen; man beachte, dass der Endomorphismus $\varepsilon := \sigma\pi$ von A der Gleichung $\varepsilon^2 = \varepsilon$ genügt.

Satz 14.8 (Hauptsatz über endlich erzeugte abelsche Gruppen). *Sei* A *eine endlich erzeugte abelsche Gruppe. Dann gibt es ganze, von* 1 *verschiedene Zahlen* $c_1, c_2, \ldots, c_s \geq 0$ *mit*

$$c_j \mid c_{j+1} \quad \text{für} \quad 1 \leq j \leq s-1, \tag{14.60}$$

sodass gilt

$$A \simeq \mathbb{Z}/c_1 \times \mathbb{Z}/c_2 \times \ldots \times \mathbb{Z}/c_s. \tag{14.61}$$

Das System $c_1, \ldots, c_s$ *ist dadurch eindeutig bestimmt. Man nennt es das System der Invarianten von* A.

Beweis. Sei A_T der Torsionsbestandteil von A und $\overline{A} = A/A_T$ (vgl. F14.13). Als homomorphes Bild von A ist auch $\overline{A}$ endlich erzeugt. Da andererseits $\overline{A}$ torsionsfrei ist, gilt nach Satz 14.7

$$\overline{A} \simeq \mathbb{Z}^r = \mathbb{Z}/0 \times \ldots \times \mathbb{Z}/0$$

(wobei auch $r = 0$ zugelassen und sinngemäß zu interpretieren ist). Bezeichne $\pi : a \to \overline{a}$ den Restklassenhomomorphismus von A auf $\overline{A}$, und $\overline{a}_1, \ldots, \overline{a}_r$ sei eine $\mathbb{Z}$–Basis von $\overline{A}$. Es gibt dann genau einen Homomorphismus $\sigma : \overline{A} \to A$ mit $\sigma(\overline{a}_i) = a_i$ für alle $1 \leq i \leq r$. Dieser erfüllt $\pi \circ \sigma = id_{\overline{A}}$. Nach Bemerkung 2 zu Satz 14.7 gilt daher

$$A \simeq A_T \times \overline{A}.$$

Insbesondere ist damit auch A_T homomorphes Bild von A, also ebenfalls endlich erzeugt. Nach Satz 14.6 gibt es daher ein (möglicherweise leeres) System natürlicher Zahlen $c_1, c_2, \ldots, c_q > 1$ mit

$$A_T \simeq \mathbb{Z}/c_1 \times \ldots \times \mathbb{Z}/c_q \quad \text{und} \quad c_j \mid c_{j+1}.$$

Setzt man also $c_{q+1} = \ldots = c_{q+r} = 0$, so gelten (14.60) und (14.61).

Die wichtige Eindeutigkeitsaussage ergibt sich leicht aus den entsprechenden Eindeutigkeitsaussagen von Satz 14.6 und Bemerkung 1 zu Satz 14.7. □

Bemerkung. Es liege die Situation von Satz 14.8 vor. *Dann ist* $s = r(A)$ *die Minimalzahl eines Erzeugendensystems von* A. Offensichtlich ist $r(A) \leq s$. Sei $s \geq 1$. Für einen Primteiler p von c_1 ist dann $A/pA \simeq (\mathbb{Z}/p)^s$, also $s = r(A/pA) \leq r(A)$.

Im Rahmen der hier verfolgten Fragestellung ist mit Satz 14.8 ein völlig befriedigendes Ergebnis erreicht (das wie gesagt sinngemäß auch für jeden Hauptidealring R anstelle von $\mathbb{Z}$ gültig ist). Bei anderer Gelegenheit aber benötigt man häufig ein stärkeres Resultat:

Satz 14.9. *Sei* $F \simeq R^n$ *ein freier Modul in* n *Erzeugenden über einem Hauptidealring* R*, und sei* N *ein Teilmodul von* F*. Dann gibt es eine Basis* $b_1, \ldots, b_n$ *von* F *sowie Elemente* $c_1, \ldots, c_m (m \leq n)$ *aus* $R \setminus \{0\}$ *mit* $c_i | c_{i+1}$*, sodass* $c_1 b_1, \ldots, c_m b_m$ *eine Basis von* N *ist. Das System der Elemente* $c_1, \ldots, c_m$ *ist dabei bis auf Einheitsfaktoren eindeutig bestimmt.*

Beweis. Ist die Existenzaussage schon bewiesen, so folgt die Isomorphie $F/N \simeq R/c_1 \times \ldots \times R/c_m \times R^{n-m}$. Damit ergibt sich die Eindeutigkeitsaussage sofort aus Satz 14.8 (wobei zu beachten ist, dass jetzt die ersten c_i auch Einheiten von R sein können). Was nun die Existenzaussage betrifft, so ist der erste Eindruck, sie ließe sich vielleicht ebenfalls aus Satz 14.8 gewinnen, wohl trügerisch. Wir greifen daher am besten auf Methoden der *Linearen Algebra* zurück. Beide R–Moduln F und N besitzen jedenfalls R–Basen aus n bzw. m Elementen mit $m \leq n$. (Für N vgl. dazu nochmals S. 263.) Die Behauptung folgt dann sofort aus dem bekannten

Invariantenteilersatz: *Sei* A *eine* $n \times m$*–Matrix über dem Hauptidealring* R*, und sei* $m \leq n$*. Dann ist* A *über* R *äquivalent zu einer Matrix, die aus einer* $m \times m$*–Diagonalmatrix durch Anhängen von* $n - m$ *Nullzeilen entsteht, wobei die Diagonalglieder* $c_1, \ldots, c_m$ *noch die Bedingungen* $c_i | c_{i+1}$ *erfüllen.*[3]

Abgesehen von seiner Eindeutigkeitsaussage ergibt sich Satz 14.8 sofort aus Satz 14.9: Sei M ein endlich erzeugter Modul über dem Hauptidealring R und n die Minimalzahl eines Erzeugendensystems. Dann ist $M \simeq R^n/N$. Satz 14.9 liefert $M \simeq R/c_1 \times \ldots \times R/c_m \times R^{n-m}$. Wegen der Minimalität

[3] vgl. [25, S. 148]. Dort wurde der Satz allerdings nur für einen *euklidischen Ring* R bewiesen. (Ferner wurde $m = n$ angenommen, doch darauf kommt es beim Beweis nicht an.) Ist R nun ein beliebiger Hauptidealring, so kommt man nicht mehr allein mit *elementaren Umformungen* aus, und der Leser mag selbst einmal überlegen, wie man dann vorgehen kann. Zu beachten ist, dass auch gewisse andere Manipulationen zweier Zeilen bzw. Spalten zulässig sind, bei denen deren Kopfelemente a, b durch $d, 0$ mit $d = ggT(a, b)$ ersetzt werden.

von n ist kein c_i eine Einheit von R. Somit erhält man eine Zerlegung der gewünschten Art, wenn man noch $c_i := 0$ für $m < i \leq n$ setzt. □

Übungen

1) Sei p eine ungerade Primzahl und k ein Körper der Charakteristik $\neq p$. Sei weiter $K = k(\zeta_p)$ und $L = K(\sqrt[p]{\mu})$ für ein $\mu \in K^\times$. Zeige: Die Erweiterung L/k ist normal genau dann, wenn es zu jedem $\sigma \in G(K/k)$ ein $\alpha_\sigma \in K^\times$ und ein $a(\sigma) \in \mathbb{Z}$ gibt mit $\mu^\sigma = \alpha_\sigma^p \mu^{a(\sigma)}$.
2) Konstruktion zyklischer kubischer Erweiterungen von $\mathbb{Q}$: Sei $K = \mathbb{Q}(\sqrt{-3})$; wähle ein $\alpha \in K$, welches keine dritte Potenz in K ist, und setze $\mu = \alpha'\alpha^2$, wo α' die Konjugierte von α ist. Zeige:
   a) μ ist eine dritte Potenz in K genau dann, wenn $\alpha = \alpha'$, also $\alpha \in \mathbb{Q}$ ist. Im Folgenden sei dieser Fall ausgeschlossen.
   b) $L = K(\sqrt[3]{\mu})$ ist abelsch über $\mathbb{Q}$.
   c) Setze $\beta = \sqrt[3]{\mu} + \sqrt[3]{\mu'}$, wo die dritten Wurzeln so gewählt sind, dass das Produkt $m = \sqrt[3]{\mu}\sqrt[3]{\mu'}$ reell (und damit rational) ist. Dann genügt β der Gleichung $x^3 - 3mx - n$ für $n = \mu + \mu' \in \mathbb{Q}$.
   d) Der kubische Teilkörper von L ist $\mathbb{Q}(\beta)$. Dieser ist zyklisch vom Grad 3 über $\mathbb{Q}$.

Aufgaben und Bemerkungen

14.1 Sei K ein Körper, der eine primitive n–te Einheitswurzel enthält. Sei E/K eine zyklische Erweiterung vom Grade n und gelte $E = K(\alpha)$ mit einer n–ten Wurzel α des Elementes a aus $K^\times$. Sei $a' \in K^\times$. Zeige: Genau dann enthält E eine n–te Wurzel α' von a', wenn es eine natürliche Zahl r gibt, sodass a'/a^r eine n–te Potenz in K ist. Wann ist dabei $K(\alpha') = E$? (Hinweis: Vgl. den Beweis von F14.1. Im Übrigen ergibt sich alles auch sofort aus der *Kummertheorie*.)

14.2 Sei K ein Körper, und sei q eine Primzahl mit $q \neq \operatorname{char}(K)$.
a) Zeige: Ist $a \in K^\times$ eine q–te Potenz in $K(\zeta_q)$, so ist a bereits eine q–te Potenz in K (vgl. F14.2).
b) Seien $E = K(\alpha)$, $E' = K(\alpha')$ Erweiterungskörper von K mit q–ten Wurzeln α bzw. α' von Elementen a bzw. a' aus $K^\times$. Gilt $E/K \simeq E'/K$, so gibt es eine zu q teilerfremde Zahl r, sodass a'/a^r eine q–te Potenz in K ist. Im Falle $E' : K = q$ gilt auch die Umkehrung. Verallgemeinerungen? Gegenbeispiele, falls q keine Primzahl? (Vgl. auch 14.5 und 14.6.) Hinweis: O.E. sei $E = E'$. Vgl. nun 14.1 und a).

14.3 Sei $\operatorname{char}(K) = p > 0$. Seien $E = K(\alpha)$, $E' = K(\alpha')$ Erweiterungskörper von K, wobei α, α' den Gleichungen $\wp(\alpha) = a$, $\wp(\alpha') = a'$ mit $a, a' \in K$ genügen (vgl. Bem. 1 zu Satz 14.3). Zeige: Genau dann ist $E/K \simeq E'/K$, wenn es eine natürliche Zahl $r < p$ gibt mit $a' - ra \in \wp(K)$. – Allgemeiner formuliere man eine Kummertheorie für abelsche Erweiterungen vom Exponenten p, welche völlig analog zu Satz 14.4 ist; die multiplikative Gruppe von K ist dabei nur durch die additive Gruppe von K zu ersetzen und Potenzierung mit n durch die Abbildung $\wp$; vgl. Aufg. 14.15.

14.4 Sei K ein Körper der Charakteristik $p > 0$.
a) Sei E/K eine *zyklische* Erweiterung des Grades $p^e \neq 1$ mit σ als einem Erzeuger von $G = G(E/K)$. Setze $m = p^{e-1}$ und zeige: Es gibt genau einen Zwischenkörper L von E/K mit $E : L = p$. Es ist $E = L(\alpha)$, wobei α der Gleichung $\wp(\alpha) = a$ mit $a \in L$ genügt und

$\sigma^m \alpha = \alpha + 1$ gilt. Beweise, dass $E = K(\alpha)$ folgt. Zeige ferner, dass $\beta := \sigma\alpha - \alpha$ in L liegt und die Relationen $\sigma a - a = \wp(\beta)$ und $S_{L/K}(\beta) = 1$ erfüllt. Gilt $L = K(\beta)$?
b) Sei L/K eine zyklische Erweiterung des Grades $p^{e-1} \neq 1$. Beweise: Es existiert ein Erweiterungskörper E von L, sodass E/K *zyklisch* vom Grade p^e ist. (Hinweis: Man orientiere sich an Teil a).)

14.5 Es sei n eine nicht durch 4 teilbare natürliche Zahl.
a) Zeige: Ist $X^n - a \in \mathbb{Q}[X]$ irreduzibel, so hat die Galoisgruppe G von $X^n - a$ über $\mathbb{Q}$ die Ordnung $\varphi(n)n$ oder $\varphi(n)n/2$. Kommen beide Fälle wirklich vor? (Hinweis: Untersuche, ob $X^n - a$ über $\mathbb{Q}(\zeta_n)$ irreduzibel ist.)
b) Es liege in a) der Fall $G : 1 = \varphi(n)n$ vor. Zeige, dass dann G zur Untergruppe aller derjenigen Matrizen aus $\mathrm{GL}(2, \mathbb{Z}/n\mathbb{Z})$ isomorph ist, welche die Gestalt $\left(\begin{smallmatrix} a & b \\ 0 & 1 \end{smallmatrix}\right)$ haben.

14.6 Sei q eine Primzahl und K ein Körper mit char $(K) \neq q$ und $\sqrt{-1} \in K$, falls $q = 2$. Zeige: Ist $a \in K$ eine q^n–te Potenz in $K(\zeta_{q^n})$, so ist a schon q^n–te Potenz in K. (Hinweis: Induktion nach n, aber es bedarf schon einer gewissen Ausdauer im Argumentieren; verwende Satz 14.2, Aufg. 9.11, 10.2 und 14.2)

14.7 Es sei E/K eine endliche Körpererweiterung, M eine Untergruppe von $E^\times$ mit $K^\times \subseteq M$, und die Faktorgruppe $M/K^\times$ sei endlich. Begründe, warum stets $[K(M) : K] \leq M : K^\times$ gilt. Zeige: $K(M)/K$ ist genau dann separabel, wenn die Ordnung von $M/K^\times$ nicht durch char (K) teilbar ist.

14.8 In der Situation von Aufg. 14.7 werde E/K jetzt als *separabel* vorausgesetzt, und die Gruppe M erfülle für alle Primzahlen p folgende Bedingungen:
(i) Ist eine primitive p–te Einheitswurzel ζ_p in M enthalten, so liegt ζ_p schon in K.
(ii) Ist $1 + \zeta_4$ in M für eine primitive 4–te Einheitswurzel ζ_4, so liegt ζ_4 in K. Man zeige dann der Reihe nach:
a) Hat $M/K^\times$ Primzahlordnung p, so folgt $[K(M) : K] = p$.
b) Ist $M/K^\times$ eine p–Gruppe und $[K(M) : K] = p$, so folgt $M : K^\times = p$. (Hinweis: Vgl. Satz 14.2 und 14.2)
c) Ist $M/K^\times$ eine Gruppe der Ordnung p^n, so gilt $[K(M) : K] = M : K^\times$. (Hinweis: Induktion nach $[K(M) : K]$; aus $M = \langle\alpha\rangle M'$ mit $M' : K^\times = p^{n-1}$ folgt: $X^p - \alpha^p$ ist irreduzibel über $K(M')$.)
d) Es gilt $[K(M) : K] = M : K^\times$. (Hinweis: Betrachte jede Sylowgruppe $P/K^\times$ von $M/K^\times$ und beachte 14.7.)

14.9 Es sei E/K eine Körpererweiterung, und für Elemente $\alpha_1, \ldots, \alpha_r$ von E gelte $\alpha_i^{n_i} = a_i \in K^\times$ mit natürlichen, zu char (K) teilerfremden Zahlen $n_1, \ldots, n_r$. Zeige:
a) Gilt $K(\alpha_1, \ldots, \alpha_r) : K = n_1 n_2 \ldots n_r$, so sind folgende Bedingungen erfüllt:
(i) Für jede Primzahl p ist ein Element der Form $\prod_{p|n_i} a_i^{t_i}$ nur dann eine p–te Potenz in K, wenn alle $t_i \equiv 0 \bmod p$ sind.
(ii) Ein Element der Form $\prod_{2|n_i} a_i^{t_i}$ mit $n_i t_i \equiv 0 \bmod 4$ kann nur dann in der Form $-4\lambda^4$ mit $\lambda \in K$ darstellbar sein, wenn alle $t_i \equiv 0 \bmod 4$ sind.
b) Sind die in a) genannten Bedingungen (i) und (ii) erfüllt und bezeichnet M die von $\alpha_1, \ldots, \alpha_r$ und $K^\times$ erzeugte Untergruppe von $E^\times$, so hat $M/K^\times$ die Ordnung $n_1 n_2 \ldots n_r$.
c) Sind die in a) genannten Bedingungen (i) und (ii) erfüllt, so gilt $K(\alpha_1, \ldots, \alpha_r) : K = n_1 n_2 \ldots n_r$. (Hinweis: Nach b) hat $M/K^\times$ die Ordnung $n_1 n_2 \ldots n_r$. Verifiziere nun, dass M außerdem den Bedingungen (i) und (ii) aus 14.8 genügt.)
Abgesehen von den gemachten Charakteristikvoraussetzungen, stellen die obigen Behauptungen eine direkte Verallgemeinerung des *Satzes von Capelli* (d.h. des Satzes 14.2) dar.

14.10 Sei G eine beliebige *abelsche Gruppe* endlicher Ordnung. Zeige: G läßt sich als Galoisgruppe über dem Körper $\mathbb{Q}$ realisieren (vgl. dazu auch die Bemerkungen nach F15.5). Hinweis: Behandle zuerst den Fall, dass G zyklisch ist, und betrachte dazu $\mathbb{Q}(\zeta_p)$ für Primzahlen $p \equiv 1 \bmod n$ mit $n = G : 1$, vgl. Aufg. 9.18.

14.11 Sei p eine beliebige Primzahl. Zeige, dass die Galoisgruppe des Polynoms $X^{4p} + 4p^2$ über $\mathbb{Q}$ die Ordnung $\varphi(4p)p$ besitzt. (Hinweis: Zeige, dass $-4p^2$ eine 4–te Potenz in $\mathbb{Q}(\zeta_{4p})$ ist.)

14.12 Sei E/K eine *zyklische* Erweiterung vom Grade n, und K enthalte eine primitive n-te Einheitswurzel ζ. Es bezeichne σ einen Erzeuger von $G(E/K)$. Behauptung und Beweis von *Satz 14.1* laufen auf die Existenz eines Elementes $\alpha \neq 0$ aus E mit $\sigma\alpha = \zeta\alpha$ hinaus. Man begründe die Existenz eines solchen α mit Mitteln der *Linearen Algebra*.
Hinweis: Fasse σ als Endomorphismus des K-Vektorraumes E auf und bezeichne mit f das Minimalpolynom von σ. Wegen $\sigma^n = 1$ ist f ein Teiler von $X^n - 1$. Wegen $\zeta \in K$ zerfällt daher f voll über K und besitzt nur einfache Nullstellen. Folglich ist σ *diagonalisierbar* (vgl. [24, S. 215]). Sei nun W die Menge aller Eigenwerte von σ in K. Warum ist W eine *Gruppe*? Es ist zu zeigen, dass ζ in W liegt. Angenommen, das sei nicht der Fall. Für die Ordnung k von W muss dann $k < n$ gelten. Durch Anwendung von σ^k auf eine Basis von Eigenvektoren von σ folgt dann $\sigma^k = 1$, und damit ein Widerspruch. (Bemerkung: Unter Benutzung der linearen Unabhängigkeit von $1, \sigma, \sigma^2, \ldots, \sigma^{n-1}$ nach Satz 12.2 folgt unmittelbar, dass $f(X) = X^n - 1$ gilt und somit ζ ein Eigenwert von σ ist.)

14.13 Sei m eine natürliche Zahl mit $m \geq 3$. Man beweise:

$$\mathbb{Q}(\zeta_{2^m}, \sqrt[2^m]{2}) : \mathbb{Q} = 2^{2m-2} \text{ und } \mathbb{Q}(\zeta_{2^m}) \cap \mathbb{Q}(\sqrt[2^m]{2}) = \mathbb{Q}(\sqrt{2}).$$

Hinweis: Setze $n = 2^m, \alpha = \sqrt[n]{2}, K = \mathbb{Q}(\zeta_n)$. Zur Bestimmung von $K(\alpha) : K$ benutze man F14.1 unter Beachtung von $\sqrt{2} \in K$, $\sqrt[4]{2} \notin K$.

14.14 Seien p eine Primzahl, K ein Körper mit $\mathrm{char}(K) \neq p$, ζ eine primitive p-te Einheitswurzel (in einem algebraischen Abschluss C von K), $L = K(\zeta)$, γ ein Erzeuger von $G(L/K)$ und dazu ein $g \in \mathbb{N}$ mit $\zeta^\gamma = \gamma(\zeta) = \zeta^g$. Zeige:
a) Für eine zyklische Erweiterung E/L vom Grade p ist E/K genau dann *abelsch*, wenn $E = L(\sqrt[p]{a})$ für ein $a \in L^\times$ mit $a^{\gamma - g} \in L^{\times p}$.
b) Es besteht eine Bijektion zwischen den abelschen Erweiterungen F/K vom Exponenten p (in C/K) und den Untergruppen A von $L^\times$ mit $L^{\times p} \subseteq A$ und $A^{\gamma - g} \subseteq L^{\times p}$.

14.15 Seien K ein Körper der Charakteristik $p > 0$, C ein algebraischer Abschluss von K und $\wp : C \longrightarrow C$ die Abbildung mit $\wp(x) = x^p - x$. Für jede Teilmenge B von K bezeichne $E_B = K(\wp^{-1}(B))$ den Teilkörper von C, der aus K durch Adjunktion der Nullstellen aller Polynome $X^p - X - b$ mit $b \in B$ entsteht. Man zeige: *Die Abbildung $B \longmapsto E_B$ liefert eine Bijektion zwischen den additiven Untergruppen B von K mit $\wp(K) \subseteq B$ und den abelschen Erweiterungen E/K vom Exponenten p (in C/K). Dabei ist E_B/K genau dann endlich, wenn die Gruppe $K/\wp(K)$ endlich ist, und in dem Falle bestehen für $G = G(E_B/K)$ natürliche Isomorphien $G \simeq (B/\wp(K))^*$ und $G^* \simeq B/\wp(K)$.* – Dies ist eine Verallgemeinerung des Satzes von Artin-Schreier (vgl. Satz 14.3) und wird daher bisweilen auch *Artin-Schreier-Theorie* genannt. Es stellt ein Analogon der *Kummertheorie* dar; allerdings noch kein komplettes, denn dazu müssten auch die abelschen Erweiterungen vom Exponenten p^n für beliebiges $n \in \mathbb{N}$ erfasst werden. Schlüssel dazu ist der Kalkül der *Wittvektoren*, vgl. Band II, Kap. 26, Satz 6.

15. Die Frage nach der Auflösbarkeit von Gleichungen

Die Problemstellung. Sei K ein Körper. Die Nullstellen eines quadratischen Polynoms

$$f(X) = X^2 + pX + q \tag{15.1}$$

lassen sich in einem Zerfällungskörper E von f über K in der Gestalt

$$-\frac{p}{2} \pm \sqrt{d} \qquad \text{mit} \quad d = \left(\frac{p}{2}\right)^2 - q \tag{15.2}$$

darstellen, wobei mit $\sqrt{d}$ ein Element von E bezeichnet wird, dessen Quadrat gleich d ist, und außerdem $\operatorname{char}(K) \neq 2$ vorausgesetzt wird. (Ist $\operatorname{char}(K) = 2$, so ist f in (15.1) genau dann inseparabel, wenn $p = 0$. Die Nullstelle von f ist in diesem Fall die eindeutig bestimmte Quadratwurzel aus q. Ist $p \neq 0$, so sind die Nullstellen durch eine Lösung α der Gleichung $Y^2 - Y = q/p^2$ ausdrückbar, und zwar sind dann $p\alpha$ und $p(\alpha + 1)$ die Nullstellen von f). Im Übrigen ist

$$4d = p^2 - 4q \tag{15.3}$$

die *Diskriminante* von f im Sinne von Def. 8.4.

Wie italienische Mathematiker des frühen 16. Jahrhunderts (Ferro, Tartaglia, Cardano) erkannten, können auch die Nullstellen eines kubischen Polynoms

$$f(X) = X^3 + pX + q \in K[X] \tag{15.4}$$

durch geeignete Wurzeln ausgedrückt werden. Sie werden durch den Ausdruck

$$\sqrt[3]{-\frac{q}{2} + \sqrt{\left(\frac{q}{2}\right)^2 + \left(\frac{p}{3}\right)^3}} + \sqrt[3]{-\frac{q}{2} - \sqrt{\left(\frac{q}{2}\right)^2 + \left(\frac{p}{3}\right)^3}} \tag{15.5}$$

bei geeigneter Interpretation der vorkommenden Kubikwurzeln (die nicht unabhängig voneinander gewählt werden dürfen) gegeben. Natürlich ist dabei $\operatorname{char}(K) \neq 2, 3$ vorausgesetzt. Unter dieser Voraussetzung erhält man übrigens für jedes kubische Polynom $g(X) = X^3 + aX^2 + bX + c$ mittels $f(X) := g(X - \frac{a}{3})$ ein Polynom der Gestalt (15.4).

Die Frage, ob solche Auflösungsformeln für die Nullstellen von Polynomen *beliebigen Grades* existieren, hat die Mathematik lange Zeit beschäftigt. Sie wurde schließlich von *Abel* 1826 negativ entschieden und hat den entscheidenden Anstoß zur Theorie von *Galois* (1831) gegeben.

Der Natur nach ist dieses *Problem der Auflösbarkeit von Gleichungen durch Radikale* mit dem Problem der Konstruierbarkeit mit Zirkel und Lineal vergleichbar, das wir in Kap. 1 besprochen haben. Wir werden nun ähnlich vorgehen wie dort, haben jetzt aber einen bereits entwickelten Begriffsapparat zur Verfügung.

15.1 Auflösbare Gleichungen und auflösbare Gruppen

Zunächst haben wir zu präzisieren, was unter Auflösbarkeit einer Gleichung durch Radikale zu verstehen ist.

Definition 15.1. a) Sei F/K eine Körpererweiterung. Wir sagen, *F entstehe aus K durch sukzessive Adjunktion von Radikalen (der sukzessiven Exponenten $n_1, \ldots, n_r$)*, wenn es eine endliche Kette

$$K = K_0 \subseteq K_1 \subseteq \ldots \subseteq K_r = F \tag{15.6}$$

von Zwischenkörpern K_i von F/K gibt, sodass jeweils K_i aus K_{i-1} durch Adjunktion einer n_i-ten Wurzel (auch *Radikal vom Exponenten n_i* genannt) entsteht. Wir nennen dann F/K eine *Radikalerweiterung*.

b) Eine Körpererweiterung E/K heißt *durch Radikale (der sukzessiven Exponenten $n_1, \ldots, n_r$) auflösbar*, wenn es eine Körpererweiterung F/K gibt, bei der F aus K durch sukzessive Adjunktion von Radikalen (der sukzessiven Exponenten $n_1, \ldots, n_r$) entsteht, sodass E Teilkörper von F ist.

c) Ein *Polynom $f(X) \in K[X]$* heißt *durch Radikale* (der sukzessiven Exponenten $n_1, \ldots, n_r$) *auflösbar*, wenn es ein durch Radikale (der sukzessiven Exponenten $n_1, \ldots, n_r$) auflösbares E/K gibt, sodass f über E vollständig in Linearfaktoren zerfällt.

Für $\alpha \in \mathbb{A}\setminus\{0,1\}$ ist $\mathbb{Q}(\alpha)/\mathbb{Q}$ beispielsweise stets durch Radikale auflösbar. Tatsächlich ist $\mathbb{Q}(\alpha)$ sogar eine Radikalerweiterung: vgl. Übung 15.3.

Bemerkungen. a) Jede Radikalerweiterung entsteht offenbar auch durch sukzessive Adjunktion von Radikalen von *Primzahlexponenten* $p_1, \dots, p_r$.

b) Seien F_1, F_2 Zwischenkörper einer Erweiterung C/K und bezeichne F_1F_2 ihr Kompositum in C. Dann gelten: Ist F_1/K eine Radikalerweiterung, so offenbar auch F_1F_2/F_2. Sind F_1F_2/F_2 und F_2/K Radikalerweiterungen, so offensichtlich auch F_1F_2/K. Aus beiden Aussagen folgt: Mit F_1/K und F_2/K ist auch F_1F_2/K eine Radikalerweiterung. Die entsprechenden Eigenschaften gelten dann auch für durch Radikale auflösbare Erweiterungen.

c) Ist F/K Radikalerweiterung und F' normale Hülle von F/K, so ist auch F'/K eine Radikalerweiterung. Dies folgt aus b), denn F' ist Kompositum der über K zu F konjugierten Körper (innerhalb einer algebraischen Hülle C von F). Entsprechendes gilt dann auch für eine durch Radikale auflösbare Erweiterung.

d) Aus c) folgt: Ist $f \in K[X]$ *irreduzibel* und E/K eine durch Radikale auflösbare Erweiterung mit der Eigenschaft, dass f eine Nullstelle in E besitzt, so ist f durch Radikale auflösbar.

e) Jede endliche *rein separable* Erweiterung E/K ist eine Radikalerweiterung (vgl. F7.15).

Betrachten wir jetzt erst einmal eine *Radikalerweiterung* F/K, die zudem noch als *galoissch* vorausgesetzt ist, und untersuchen wir, welche Konsequenzen sich dann für ihre Galoisgruppe $G = G(F/K)$ ergeben. Von der Körperkette (15.6) können wir o.E. voraussetzen, dass durchweg $K_i \neq K_{i-1}$ gilt; ferner darf bei

$$K_i = K_{i-1}(\alpha_i), \quad \alpha_i^{p_i} \in K_{i-1} \tag{15.7}$$

angenommen werden, dass die Exponenten p_i sämtlich Primzahlen sind. Wir behaupten, dass es kein i mit $p_i = \operatorname{char}(K)$ geben kann. Andernfalls wäre K_i/K_{i-1} rein inseparabel vom Grad p_i, und dies stünde im Widerspruch zur Separabilität von F/K (vgl. F7.3). Setzen wir daher

$$n = p_1 p_2 \dots p_r,$$

so gibt es im algebraischen Abschluss C von F eine primitive n–te Einheitswurzel ζ. Wir machen jetzt noch die zusätzliche Voraussetzung

$$\zeta \in K.$$

Dann ist nach F14.1 für jedes i die Erweiterung

$$K_i/K_{i-1} \text{ \textit{zyklisch} vom Grade } p_i. \tag{15.8}$$

Nach der *Galoisschen Theorie* entspricht nun der Kette (15.6) von Zwischenkörpern der Erweiterung F/K die Kette

$$G = H_0 \supseteq H_1 \supseteq \ldots \supseteq H_r = 1$$

der Untergruppen $H_i = G(F/K_i)$ von $G = G(F/K)$, und wegen (15.8) ist dabei jeweils H_i Normalteiler von H_{i-1} und die Faktorgruppe H_{i-1}/H_i zyklisch von der Ordnung p_i. Unsere Betrachtungen veranlassen uns damit zu der folgenden

Definition 15.2. Eine Gruppe H heißt *auflösbar* (oder auch: *metazyklisch)*, wenn es eine Kette

$$G = H_0 \supseteq H_1 \supseteq \ldots \supseteq H_r = 1 \tag{15.9}$$

von Untergruppen H_i von G gibt mit

$$H_i \trianglelefteq H_{i-1} \text{ und } H_{i-1}/H_i \text{ zyklisch von Primzahlordnung.} \tag{15.10}$$

(Die H_i brauchen keine Normalteiler von G zu sein.)

Wir stellen zunächst zu diesem Begriff einige einfache Tatsachen zusammen:

F15.1. *Sei G eine endliche Gruppe. Dann gelten:*

a) Ist G auflösbar, so ist auch jede Untergruppe H von G auflösbar.
b) Ist G auflösbar, so ist auch jede Faktorgruppe G/N von G auflösbar.
c) Sei $N \trianglelefteq G$. Sind N und G/N auflösbar, so auch G.
d) Ist G abelsch, so ist G auflösbar.
e) Ist G eine p–Gruppe, so ist G auflösbar.

Den Beweis für F15.1 verschieben wir zunächst, um nach den vorausgegangenen Erörterungen gleich das folgende Ergebnis aussprechen zu können:

Satz 15.1. *Ist E/K eine durch Radikale auflösbare Erweiterung und sei E' normale Hülle von E/K, so ist die Gruppe $G(E'/K)$ auflösbar.*

Beweis. Nach Bem. c) zu Def. 15.1 ist mit E/K auch E'/K durch Radikale auflösbar. Wir dürfen also gleich $E = E'$ voraussetzen und somit E/K als *normal.* Nach Voraussetzung gibt es eine Radikalerweiterung F/K, sodass E

Teilkörper von F ist. Wieder nach Bem. c) zu Def. 15.1 können wir F/K als normal voraussetzen. Nun ist die natürliche Abbildung $G(F/K) \to G(E/K)$ surjektiv. Daher genügt es aufgrund von (b) in F15.1 zu zeigen, dass $G(F/K)$ auflösbar ist. Insgesamt dürfen wir demnach E/K als *Radikalerweiterung* und gleichzeitig als *normal* voraussetzen; ferner können wir annehmen, dass E aus K durch sukzessive Adjunktion von Radikalen der *Primzahlexponenten* $p_1, p_2, \ldots, p_r$ entsteht (vgl. Bem. a) zu Def. 15.1).

Sei nun n das Produkt der p_i mit $p_i \neq \text{char}\,(K)$. Dann enthält der algebraische Abschluss C von E eine primitive n–te Einheitswurzel ζ. Wir betrachten das Körperdiagramm

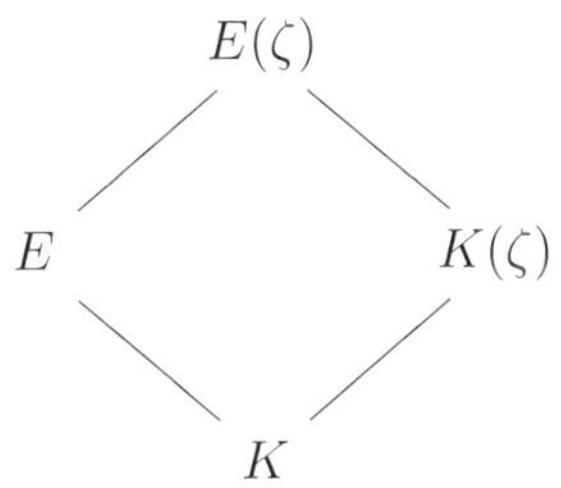

(15.11)

Offenbar ist dann $E(\zeta)/K$ normal. Mit E/K ist auch $E(\zeta)/K(\zeta)$ eine Radikalerweiterung der Exponenten $p_1, \ldots, p_r$. Die Gruppe $G(K(\zeta)/K)$ ist abelsch (vgl. F9.9) und damit nach (d) von F15.1 auch auflösbar. Nehmen wir daher die Auflösbarkeit von $G(E(\zeta)/K(\zeta))$ schon als erwiesen an, so ist nach (c) von F15.1 auch $G(E(\zeta)/K)$ auflösbar und damit auch $G(E/K)$, vgl. (b) von F15.1. Insgesamt erkennen wir so, dass es genügt, die Behauptung unter der Zusatzvoraussetzung $\zeta \in K$ zu beweisen.

Ist E/K galoissch, so haben wir nach der Vorbetrachtung zu Def. 15.2 nichts mehr zu zeigen. Den allgemeinen Fall erledigen wir nun durch Induktion nach r. Für $r = 0$ ist nichts zu zeigen. Sei also $r > 0$ und o.E. $K_1 \neq K$. Ist $p_1 = \text{char}\,(K)$, so ist K_1/K rein inseparabel, also $G(K_1/K) = 1$; im Falle $p_1 \neq \text{char}\,(K)$ ist $G(K_1/K)$ auflösbar. Wenden wir die Induktionsannahme auf die normale Radikalerweiterung E/K_1 an, so folgt die Auflösbarkeit der Gruppe $G(E/K_1)$. Mit $G(K_1/K)$ und $G(E/K_1)$ ist aber nach (c) von F15.1 auch $G(E/K)$ auflösbar. – Dem Leser sei empfohlen, den Beweis noch einmal für den Fall $\text{char}\,(K) = 0$ durchzuführen, bei dem sich etwas sorgloser argumentieren lässt. □

Nachzuholen ist noch der

Beweis von F15.1. (b) Sei $\pi : G \to \overline{G}$ ein surjektiver Homomorphismus. Aus einer Kette (15.9) von Untergruppen von G, in der jeweils H_i Normalteiler von H_{i-1} ist, ergibt sich durch Anwendung von π eine Kette

$$\overline{G} = \pi G = \pi H_0 \supseteq \pi H_1 \supseteq \ldots \supseteq \pi H_r = 1,$$

in der entsprechend jeweils πH_i Normalteiler von πH_{i-1} ist. Ferner vermittelt π surjektive Homomorphismen

$$\pi_i : H_{i-1}/H_i \to \pi H_{i-1}/\pi H_i.$$

Ist daher die Ordnung von H_{i-1}/H_i eine Primzahl, so ist (nach dem Homomorphiesatz für Gruppen und dem Satz von Euler–Lagrange) entweder $\pi H_{i-1} = \pi H_i$ oder $\pi H_{i-1}/\pi H_i \simeq H_{i-1}/H_i$. Dies beweist die Auflösbarkeit von $\overline{G}$.

(c) Wir können ausgehen von einer Kette

$$G/N = U_0 \supseteq U_1 \supseteq \ldots \supseteq U_m = 1$$

von Untergruppen G/N, bei der U_i Normalteiler in U_{i-1} von Primzahlindex ist, sowie einer analogen Kette

$$N = H_m \supseteq H_{m+1} \supseteq \ldots \supseteq H_n = 1$$

von Untergruppen von N. Sei $\pi : G \to G/N$ der Restklassenhomomorphismus. Wir betrachten die Untergruppen $\pi^{-1}(U_i)$ von G. Es ist $\pi^{-1}(U_m) = \pi^{-1}(1) = N = H_m$, somit gibt es keine Bezeichnungskollision, wenn wir

$$H_i := \pi^{-1}(U_i) \ \text{ für } \ i = 0, 1, \ldots, m$$

setzen. Dabei ist H_i natürlich Normalteiler von H_{i-1}; ferner vermittelt π einen Isomorphismus

$$H_{i-1}/H_i \simeq U_{i-1}/U_i.$$

Wir erhalten dann insgesamt eine Kette

$$G = H_0 \supseteq H_1 \supseteq \ldots \supseteq H_m \supseteq H_{m+1} \supseteq \ldots \supseteq H_n = 1,$$

bei der H_i für jedes $i = 1, 2, \ldots, n$ Normalteiler von H_{i-1} mit zyklischer Faktorgruppe H_{i-1}/H_i von Primzahlindex ist. Also ist G auflösbar.

(d) Sei G eine endliche abelsche Gruppe. Wir beweisen die Auflösbarkeit von G durch Induktion nach der Ordnung von G. Sei gleich $G \neq 1$. Dann enthält G sicherlich ein Element σ, dessen Ordnung eine Primzahl p ist. Sei N die von σ erzeugte Untergruppe. Weil G abelsch ist, ist N trivialerweise ein Normalteiler von G. Nach Induktionsannahme ist die Gruppe G/N auflösbar. N selbst ist als Gruppe von Primzahlordnung ebenfalls auflösbar, folglich ist nach dem schon bewiesenen Teil (c) auch G auflösbar. – Im Übrigen folgt aus (d) und (c) mit Induktion sofort: Besitzt die endliche Gruppe G eine Untergruppenkette

$$G = H_0 \trianglerighteq H_1 \trianglerighteq \ldots \trianglerighteq H_r = 1,$$

für die sämtlichen Faktorgruppen H_{i-1}/H_i *abelsch* sind, so ist G auflösbar. Speziell kann in (15.10) auf die Forderung der Primzahlordnung der H_{i-1}/H_i auch verzichtet werden. Auf der anderen Seite sei bemerkt, dass eine auflösbare Gruppe G stets eine Kette $G = N_0 \supseteq N_1 \supseteq \ldots \supseteq N_r = 1$ von *Normalteilern* N_i *von* G hat, sodass die Faktorgruppen N_{i-1}/N_i alle abelsch sind (vgl. Aufg. 15.2).

(e) Die Auflösbarkeit eine p–Gruppe ist in der (schärferen) Aussage von F10.9 enthalten. Man beachte dabei nochmals, dass eine Gruppe von Primzahlordnung automatisch zyklisch sein muss.

(a) Sei H eine Untergruppe von G. Ausgehend von einer Kette (15.9) von Untergruppen von G, welche die in Def. 15.2 genannten Eigenschaften besitzt, erhalten wir durch Schnitt mit H die Kette

$$H = H_0 \cap H \supseteq H_1 \cap H \supseteq \ldots \supseteq H_r \cap H = 1.$$

Für jedes $i = 1, 2, \ldots, r$ betrachten wir die Einschränkung π_i des Restklassenhomomorphismus $H_{i-1} \to H_{i-1}/H_i$ auf die Untergruppe $H_{i-1} \cap H$ von H_{i-1}:

$$\pi_i : H_{i-1} \cap H \to H_{i-1}/H_i.$$

Sein Kern ist $(H_{i-1} \cap H) \cap H_i = H_i \cap H$. Somit ist $H_i \cap H$ Normalteiler von $H_{i-1} \cap H$, und π_i vermittelt einen injektiven Homomorphismus

$$H_{i-1} \cap H/H_i \cap H \longrightarrow H_{i-1}/H_i.$$

Entweder ist also $H_{i-1} \cap H = H_i \cap H$ oder $H_{i-1} \cap H/H_i \cap H \simeq H_{i-1}/H_i$ ist zyklisch von Primzahlordnung. Es folgt die Auflösbarkeit von H. □

Wir nehmen die letzte Betrachtung zum Anlass, den sogenannten *Noetherschen Isomorphiesatz* für Gruppen zu formulieren:

F 15.2 (Noetherscher Isomorphiesatz für Gruppen). *Sei N Normalteiler der Gruppe G und $\pi : G \to G/N$ der zugehörige Restklassenhomomorphismus. Für jede Untergruppe H von G vermittelt dann die Einschränkung von π auf H eine Isomorphie*

$$H/H \cap N \simeq \pi(H).$$

Es ist $\pi^{-1}(\pi(H)) = HN$, und π vermittelt eine Isomorphie $HN/N \simeq \pi(H)$. Insgesamt erhält man eine natürliche Isomorphie

$$HN/N \simeq H/H \cap N. \tag{15.12}$$

Kehren wir zu unserem Ausgangsproblem zurück. Wir zeigen jetzt, dass Satz 15.1 unter geeigneter Charakteristikvoraussetzung umkehrbar ist. (Dabei mag der Leser zunächst einmal den Fall $\mathrm{char}\,(K) = 0$ betrachten, bei dem einige technische Details entfallen.)

Satz 15.2. *Sei E/K eine endliche Körpererweiterung, und sei E' normale Hülle von E/K. Ist dann die Gruppe $G(E'/K)$ auflösbar und ihre Ordnung nicht durch die Charakteristik von K teilbar, so ist E/K durch Radikale auflösbar.*

Beweis. Offenbar dürfen wir gleich $E' = E$ annehmen, also E/K als *normal* voraussetzen. Sei E_s die separable Hülle von K in E. Nun ist E/E_s eine Radikalerweiterung (vgl. Bem. e) zu Def. 15.1), also genügt es zu zeigen, dass die Erweiterung E_s/K durch Radikale auflösbar ist. Doch E_s/K ist galoissch (denn mit E/K ist offenbar auch E_s/K normal); wegen $G(E_s/K) \simeq G(E/K)$ dürfen wir dann E/K gleich als *galoissch* voraussetzen.

Sei G die Galoisgruppe von E/K und $n = E : K$ ihre Ordnung. Wegen $\mathrm{char}\,(K) \nmid n$ gibt es im algebraischen Abschluss C von E eine primitive n–te Einheitswurzel ζ. Wir betrachten dann wieder das Körperdiagramm (15.11). Trivialerweise ist $K(\zeta)/K$ eine Radikalerweiterung, denn ζ ist eine n–te Wurzel aus 1. Es genügt daher zu zeigen, dass $E(\zeta)/K(\zeta)$ durch Radikale auflösbar ist (denn dann ist es auch $E(\zeta)/K$, also erst recht E/K). Nun ist nach dem *Translationssatz* der Galoisschen Theorie die Gruppe $G(E(\zeta)/K(\zeta))$ zu einer Untergruppe von $G = G(E/K)$ isomorph; mit G ist also auch $G(E(\zeta)/K(\zeta))$

auflösbar, vgl. F15.1. Somit sehen wir, dass wir o.E. annehmen dürfen, dass der Grundkörper K eine primitive n–te Einheitswurzel enthält.

Wegen der Auflösbarkeit von $G = G(E/K)$ gibt es eine Kette

$$G = H_0 \supseteq H_1 \supseteq \ldots \supseteq H_r = 1$$

von Untergruppen H_i von G, in der H_i für jedes $1 \leq i \leq r$ Normalteiler von H_{i-1} mit zyklischer Faktorgruppe H_{i-1}/H_i von Primzahlindex p_i ist. Nach der *Galoisschen Theorie* gehört dazu eine Kette

$$K = K_0 \subseteq K_1 \subseteq \ldots \subseteq K_r = E$$

von Zwischenkörpern K_i von E/K, sodass für jedes $1 \leq i \leq r$ die Erweiterung K_i/K_{i-1} galoissch ist mit zu H_{i-1}/H_i isomorpher Galoisgruppe. Für jedes $1 \leq i \leq r$ ist somit

$$G(K_i/K_{i-1}) \tag{15.13}$$

zyklisch von Primzahlordnung p_i. Da K_{i-1} wegen $p_i \,|\, n$ eine primitive p_i–te Einheitswurzel enthält, entsteht K_i nach Satz 14.1 aus K_{i-1} durch Adjunktion einer p_i–ten Wurzel. Damit ist Satz 15.2 vollständig bewiesen. □

Bemerkungen. 1. Sei $\operatorname{char}(K) = p > 0$. Erweitert man dann den in Def. 15.1 eingeführten Begriff einer Radikalerweiterung (und entsprechend den einer durch Radikale auflösbaren Erweiterung) dahingehend, dass man in einer Kette wie in (15.6) auch erlaubt, dass K_i aus K_{i-1} durch Adjunktion einer Nullstelle eines Polynoms der Form $X^p - X - \gamma \in K_{i-1}[X]$ entsteht (vgl. Satz 14.3), so bleibt die Gültigkeit von Satz 15.1 bestehen, und Satz 15.2 gilt dann **ohne jede Charakteristikvoraussetzung.** Die Beweise dafür sind analog wie oben zu führen, man hat nur an den entsprechenden Stellen auch von Satz 14.3 Gebrauch zu machen.

2. Sei F/K eine Körpererweiterung. Man sagt, *F entstehe aus K durch sukzessive Adjunktion von* irreduziblen *Radikalen der Primzahlexponenten* $p_1, \ldots, p_r$, wenn es eine endliche Kette

$$K = K_0 \subseteq K_1 \subseteq \ldots \subseteq K_r = F$$

von Zwischenkörpern K_i von F/K gibt, sodass K_i aus K_{i-1} jeweils durch Adjunktion einer Nullstelle eines *irreduziblen* Polynoms der Gestalt

$$X^{p_i} - \gamma_i \in K_{i-1}[X], \quad p_i \text{ Primzahl}$$

entsteht. Eine Erweiterung E/K heißt *durch irreduzible Radikale auflösbar,* wenn E Teilkörper eines Körpers F ist, der aus K durch sukzessive Adjunktion *irreduzibler* Radikale entsteht.

Ist E/K eine solche Erweiterung und E' normale Hülle von E/K, so ist $G(E'/K)$ nach Satz 15.1 auflösbar. Für die Umkehrung haben wir die Voraussetzung hinsichtlich des Grundkörpers K etwas zu verschärfen. Es gilt

Satz 15.3. *Sei E/K eine endliche Erweiterung, und sei E' normale Hülle von E/K. Ist dann die Gruppe $G(E'/K)$ auflösbar und ist* $\operatorname{char}(K) = 0$ *oder* $\operatorname{char}(K)$ *größer als alle Primteiler der Ordnung von $G(E'/K)$, so ist E/K durch* **irreduzible** *Radikale auflösbar.*

Beim Beweis von Satz 15.3 geht man analog vor wie oben bei Satz 15.2: Zunächst kann man E/K als *normal* annehmen. Da eine rein inseparable Erweiterung stets durch *irreduzible* Radikale auflösbar ist, kann man E/K dann gleich als *galoissch* voraussetzen. Jetzt lässt sich ähnlich wie im Beweis von Satz 15.2 fortfahren, vorausgesetzt man zeigt:

Lemma. *Sei K ein Körper und n eine natürliche Zahl. Sei K' der Körper der n-ten Einheitswurzeln über K. Ist dann* $\operatorname{char}(K) = 0$ *oder* $\operatorname{char}(K)$ *größer als alle Primteiler von n, so ist K'/K durch* **irreduzible** *Radikale auflösbar.*

Beweis. Wir führen Induktion nach n. Sei gleich $n > 2$. Im algebraischen Abschluss C von K' ist eine primitive $\varphi(n)$-te Einheitswurzel η enthalten, denn kein Primteiler von $\varphi(n)$ ist größer als die Primteiler von n (vgl. Formel (9.29)). Wir betrachten das Körperdiagramm

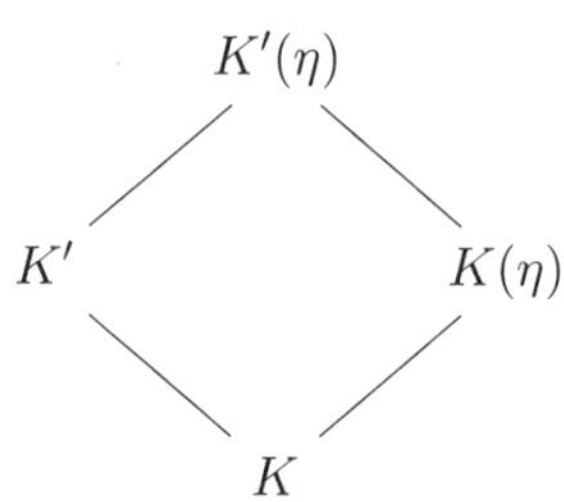

Wegen $\varphi(n) < n$ ist $K(\eta)/K$ nach Induktionsannahme durch irreduzible Radikale auflösbar. Wir erkennen, dass wir im Folgenden voraussetzen dürfen, dass der Grundkörper K eine primitive $\varphi(n)$-te Einheitswurzel enthält. Nun ist $G(K'/K)$ isomorph zu einer Untergruppe der primen Restklassengruppe modulo n (vgl. F9.9). Somit ist $G = G(K'/K)$ jedenfalls abelsch, und die Ordnung von G teilt $\varphi(n)$. Jeder Primteiler q von $|G|$ ist somit ein Teiler von $\varphi(n)$. Als abelsche Gruppe ist G auflösbar, also gibt es eine Kette

$$G = H_0 \supseteq H_1 \supseteq \ldots \supseteq H_r = 1$$

von Untergruppen H_i von G, in der H_i für jedes $1 \leq i \leq r$ Normalteiler von Primzahlindex q_i in H_{i-1} ist. Dieser Kette entspricht nach der Galoisschen Theorie eine Kette

$$K = K_0 \subseteq K_1 \subseteq \ldots \subseteq K_r = K'$$

von Zwischenkörpern K_i von K'/K, in der K_i/K_{i-1} jeweils galoissch mit Galoisgruppe der Primzahlordnung q_i ist. Jedes q_i ist ein Teiler von $\varphi(n)$, also enthält K und damit auch K_{i-1} eine primitive q_i–te Einheitswurzel. Nach Satz 14.1 entsteht K_i aus K_{i-1} durch Adjunktion eines irreduziblen Radikals. Somit erhält man K' aus K durch sukzessive Adjunktion von irreduziblen Radikalen. □

Sei $f \in K[X]$ ein Polynom über dem Körper K, und sei E Zerfällungskörper von f über K. Die Gruppe $G = G(E/K)$ nennen wir dann auch die *Gruppe des Polynoms f (bzw. der Gleichung $f = 0$) über K*. Sind alle Primteiler von f in $K[X]$ separabel, so ist E/K galoissch; G heißt dann die *Galoisgruppe von f über K* (vgl. Def. 8.3). Ein beliebiges $f \in K[X]$ ist genau dann durch Radikale auflösbar, wenn E/K durch Radikale auflösbar ist, vgl. Def. 15.1.c). Aus Satz 15.1 und Satz 15.2 folgt damit

Satz 15.4. *Sei f ein Polynom über dem Körper K. Ist f durch Radikale auflösbar, so ist die Gruppe von f über K auflösbar. Ist umgekehrt die Gruppe von f über K auflösbar und ihre Ordnung nicht durch die Charakteristik von K teilbar, so ist f durch Radikale auflösbar.*

Bemerkungen. 1) Für $\mathrm{Char}(K) = 0$ gilt nach Satz 15.4 also:

a) Genau dann ist $f \in K[X]$ durch Radikale auflösbar, wenn die Gruppe von f über K auflösbar ist.

2) Ist $\mathrm{char}\,(K) = 0$ oder $\mathrm{char}\,(K)$ größer als alle Primteiler von $|G|$, so gilt (aufgrund von Satz 15.4 und Satz 15.3):

b) Ist $f \in K[X]$ durch Radikale auflösbar, so ist f auch durch *irreduzible* Radikale auflösbar.

3) Lässt man im Falle char$(K) = p > 0$ auch Nullstellen von Polynomen der Gestalt $X^p - X - \gamma$ als Radikale zu (vgl. Bem. 1 zu Satz 15.2), so gelten sowohl a) als auch b) ohne jede Charakteristikvoraussetzungen.

15.2 S_n als Gruppe der allgemeinen Gleichung n-ten Grades

Die vorangegangenen Betrachtungen werfen nun folgende naheliegende Fragen auf:

A) Gibt es überhaupt endliche Gruppen, die nicht auflösbar sind?

B) Welche endlichen Gruppen kommen als Galoisgruppen von galoisschen Körpererweiterungen vor?

Wir befassen uns zuerst mit der Fragestellung B) und zeigen, dass die *symmetrische Gruppe* S_n für beliebiges n als Galoisgruppe einer geeigneten galoisschen Körpererweiterung auftritt. Hierzu betrachten wir über einem beliebigen Grundkörper k den *Körper* $k(X_1, X_2, \dots, X_n)$ *der rationalen Funktionen in den* n *Variablen* $X_1, \dots, X_n$ (d.h. den Quotientenkörper des Polynomringes $k[X_1, \dots, X_n]$ in den n Variablen $X_1, \dots, X_n$ über k). Zu jedem $r \in k(X_1, \dots, X_n)$ gibt es Polynome $g_1, g_2 \in k[X_1, \dots, X_n]$ mit

$$r = \frac{g_1}{g_2}. \tag{15.14}$$

Diese Darstellung ist natürlich nicht eindeutig, doch gilt

$$r = \frac{g_1}{g_2} = \frac{h_1}{h_2} \quad \Longleftrightarrow \quad g_1 h_2 = h_1 g_2. \tag{15.15}$$

Für ein System $\alpha_1, \dots, \alpha_n$ von Elementen aus einem Erweiterungskörper k' von k gelte $g_2(\alpha_1, \dots, \alpha_n) \neq 0$. Wir setzen dann

$$r(\alpha_1, \dots, \alpha_n) := \frac{g_1(\alpha_1, \dots, \alpha_n)}{g_2(\alpha_1, \dots, \alpha_n)}. \tag{15.16}$$

Hierdurch ist $r(\alpha_1, \dots, \alpha_n)$ wohldefiniert, wie man mit Blick auf (15.15) sofort erkennt.

Über $k[X_1, \dots, X_n]$ bzw. $k(X_1, \dots, X_n)$ betrachten wir jetzt das Polynom

$$f(X) = \prod_{i=1}^{n}(X - X_i) = X^n - s_1X^{n-1} + s_2X^{n-2}\ldots + (-1)^n s_n. \qquad (15.17)$$

Der i–te Koeffizient $s_i = s_i(X_1, \ldots, X_n) \in k[X_1, \ldots, X_n]$ heißt die *i–te elementarsymmetrische Funktion in $X_1, \ldots, X_n$*. Es ist

$$\begin{aligned}
s_1 &= X_1 + X_2 + \ldots + X_n\\
s_2 &= X_1X_2 + \ldots + X_1X_n + \ldots.. + X_{n-1}X_n\\
&\vdots\\
s_n &= X_1X_2\ldots X_n
\end{aligned}$$

Die symmetrische Gruppe S_n operiert in natürlicher Weise auf $k[X_1, \ldots, X_n]$ bzw. $k(X_1, \ldots, X_n)$:

$$\sigma h(X_1, \ldots, X_n) := h(X_{\sigma(1)}, X_{\sigma(2)}, \ldots, X_{\sigma(n)}).$$

Die Abbildung $h \mapsto \sigma h$ von $k[X_1, \ldots, X_n]$ in sich ist demnach der eindeutig bestimmte k–Algebrenhomomorphismus

$$k[X_1, \ldots, X_n] \to k[X_1, \ldots, X_n] \text{ mit } X_i \mapsto X_{\sigma(i)}. \qquad (15.18)$$

Dieser ist offenbar ein Isomorphismus. Somit ist $h \mapsto \sigma h$ auf $k(X_1, \ldots, X_n)$ die eindeutige Fortsetzung von (15.18) auf den Quotientenkörper. Auf diese Weise definiert also jedes $\sigma \in S_n$ einen k–Automorphismus des Körpers $k(X_1, \ldots, X_n)$. Im folgenden fassen wir S_n als Untergruppe der Automorphismengruppe der Körpererweiterung $k(X_1, \ldots, X_n)/k$ auf; wir haben dann also

$$S_n \subseteq \mathrm{Aut}(k(X_1, \ldots, X_n)/k) \subseteq G(k(X_1, \ldots, X_n)/k),$$

vgl. Def. 7.3. Zur Abkürzung setzen wir $F = k(X_1, \ldots, X_n)$. Die σ aus S_n operieren dann (koeffizientenweise) auf dem Polynomring $F[X]$ in einer Variablen X über F. Für das Polynom f in (15.17) gilt dann

$$\sigma f = \prod_{i=1}^{n}(X - \sigma(X_i)) = \prod_{i=1}^{n}(X - X_{\sigma(i)}) = \prod_{i=1}^{n}(X - X_i) = f.$$

Also liegen die Koeffizienten s_i von f im Fixkörper von S_n in $k(X_1, \ldots, X_n)$. Nun ist aber offenbar $k(X_1, \ldots, X_n)$ Zerfällungskörper des *separablen* Polynoms $f(X) = \prod_i(X - X_i)$ über dem Körper

$$k(s_1, s_2, \dots, s_n).$$

Daher ist die Erweiterung $k(X_1, \dots, X_n)/k(s_1, \dots, s_n)$ *galoissch*. Jeder Automorphismus dieser Körpererweiterung bewirkt eine Permutation der Nullstellen $X_1, \dots, X_n$ von f; wie wir oben gesehen haben, erhalten wir umgekehrt jede Permutation der $X_1, \dots, X_n$ auf diese Weise. Es gilt also

$$G(k(X_1, \dots, X_n)/k(s_1, \dots, s_n)) = S_n. \tag{15.19}$$

Damit haben wir S_n bereits als Galoisgruppe einer geeigneten Körpererweiterung realisiert.

Definition 15.3. Ein $r \in k(X_1, \dots, X_n)$ heißt *symmetrisch*, wenn

$$\sigma r = r \quad \text{für alle} \quad \sigma \in S_n$$

gilt, d.h. $r = r(X_1, \dots, X_n)$ bei jeder Permutation der Variablen ungeändert bleibt.

Die *symmetrischen Funktionen* von $k(X_1, \dots, X_n)$ sind also gerade die Elemente des Fixkörpers von S_n in $k(X_1, \dots, X_n)$. Mit Blick auf (15.19) folgt dann aus der Galoisschen Theorie (vgl. Kap. 8), dass der Körper der symmetrischen Funktionen von $k(X_1, \dots, X_n)$ mit dem Körper $k(s_1, \dots, s_n)$ übereinstimmt. Wir fassen zusammen:

F15.3. *Über dem rationalen Funktionenkörper $k(X_1, \dots, X_n)$ betrachte man das Polynom*

$$f(X) = \prod_{i=1}^{n}(X - X_i) = X^n - s_1 X^{n-1} + s_2 X^{n-2} \dots + (-1)^n s_n,$$

dessen Koeffizienten $s_1, s_2, \dots, s_n$ die elementarsymmetrischen Funktionen in $X_1, \dots, X_n$ sind. Dann ist die Erweiterung $k(X_1, \dots, X_n)/k(s_1, \dots, s_n)$ galoissch, und ihre Galoisgruppe kann man auf natürliche Weise mit der symmetrischen Gruppe S_n identifizieren. Eine rationale Funktion r aus $k(X_1, \dots, X_n)$ ist genau dann symmetrisch, wenn r in $k(s_1, \dots, s_n)$ liegt (also r rational durch die elementarsymmetrischen Funktionen $s_1, \dots, s_n$ ausdrückbar ist). Das Polynom $f(X)$ ist irreduzibel über $k(s_1, \dots, s_n)$.

Beweis. Nur die letzte Behauptung ist noch zu beweisen. Es ist S_n die Galoisgruppe von f über $k(s_1, \dots, s_n)$. Da S_n auf den Nullstellen $X_1, \dots, X_n$ von f transitiv opieriert, ist f nach F8.7 in der Tat irreduzibel. □

Wir wollen die Dinge jetzt noch unter einem etwas anderen Blickwinkel betrachten. Wie oben sei k ein beliebiger Grundkörper. Sei $K = k(u_1, \ldots, u_n)$ der rationale Funktionenkörper in den n Variablen $u_1, u_2, \ldots, u_n$ über k. Im Polynomring $K[X]$ über K betrachten wir das Polynom

$$g(X) = X^n - u_1 X^{n-1} + u_2 X^{n-2} \ldots + (-1)^n u_n. \tag{15.20}$$

Es heißt das *allgemeine Polynom n–ten Grades über k.*

Satz 15.5. *Das allgemeine Polynom n–ten Grades über k ist separabel; es ist irreduzibel über dem Körper $K = k(u_1, \ldots, u_n)$ seiner Koeffizienten. Seine Galoisgruppe über K (auch „Galoisgruppe der allgemeinen Gleichung n–ten Grades über k“ genannt) ist isomorph zur symmetrischen Gruppe S_n.*

Beweis. Sei E der Zerfällungskörper von g über $K = k(u_1, \ldots, u_n)$. Über E gilt

$$g(X) = \prod_{i=1}^{n} (X - x_i) \text{ mit } x_i \in E. \tag{15.21}$$

Dann ist $E = K(x_1, \ldots, x_n) = k(x_1, \ldots, x_n)$. Ist E ein rationaler Funktionenkörper in n Variablen über k? Betrachte dazu den Polynomring $k[X_1, \ldots, X_n]$ in den n Variablen $X_1, \ldots, X_n$ über k und wie oben das Polynom

$$f(X) := \prod_{i=1}^{n} (X - X_i). \tag{15.22}$$

Es sei dann

$$k[X_1, \ldots, X_n] \to k[x_1, \ldots, x_n] \tag{15.23}$$

der eindeutig bestimmte k–Algebrenhomomorphismus mit $X_i \mapsto x_i$. Für diesen gilt offenbar

$$s_i = s_i(X_1, \ldots, X_n) \mapsto s_i(x_1, \ldots, x_n) = u_i.$$

Somit vermittelt (15.23) einen k–Algebrenhomomorphismus

$$k[s_1, \ldots, s_n] \to k[u_1, \ldots, u_n] \text{ mit } s_i \mapsto u_i. \tag{15.24}$$

Dieser ist ein Isomorphismus: Da $k[u_1, \ldots, u_n]$ nämlich Polynomring in den Variablen $u_1, \ldots, u_n$ ist, gibt es einen k–Algebrenhomomorphismus

$$k[u_1, \ldots, u_n] \to k[s_1, \ldots, s_n] \text{ mit } u_i \mapsto s_i, \tag{15.25}$$

und offenbar sind (15.25) und (15.24) Umkehrabbildungen voneinander. Der Isomorphismus (15.24) lässt sich eindeutig zu einem Isomorphismus der Quotientenkörper fortsetzen:

$$K' = k(s_1, \ldots, s_n) \to K = k(u_1, \ldots, u_n). \tag{15.26}$$

Wir behaupten nun, dass auch (15.23) ein Isomorphismus ist. Dann sind insbesondere $x_1, \ldots, x_n$ paarweise verschieden und folglich g separabel. Die Surjektivität von (15.23) ist klar. Für $h(X_1, \ldots, X_n) \in k[X_1, \ldots, X_n]$ gelte nun $h(x_1, \ldots, x_n) = 0$. Wir betrachten dann

$$N(h) = \prod_{\sigma \in S_n} \sigma h = h \cdot \prod_{\sigma \neq 1} \sigma h \in k[X_1, \ldots, X_n].$$

Offenbar liegt $N(h)$ im Fixkörper von S_n, also gilt $N(h) \in k(s_1, \ldots, s_n)$. Mit h ist auch $N(h)$ im Kern von (15.23). Nun stimmt aber die Abbildung (15.23) auf $k(s_1, \ldots, s_n) \cap k[X_1, \ldots, X_n]$ mit dem Isomorphismus (15.26) überein, folglich ist $N(h) = 0$ und damit auch $h = 0$.

Wir können jetzt (15.23) auf eindeutige Weise zu einem Isomorphismus $k(X_1, \ldots, X_n) \to k(x_1, \ldots, x_n)$ der Quotientenkörper fortsetzen, und zusammen mit (15.26) erhalten wir dann das kommutative Diagramm

$$\begin{array}{ccc} k(X_1, \ldots, X_n) & \xrightarrow{\simeq} & k(x_1, \ldots, x_n) \\ \uparrow & & \uparrow \\ K' & \xrightarrow{\simeq} & K \end{array} \tag{15.27}$$

Der Isomorphismus (15.26) vermittelt einen Isomorphismus

$$K'[X] \to K[X]$$

der Polynomringe; bei diesem geht f in g über. Aus der Irreduzibilität von f in $K'[X]$ folgt daher die Irreduzibilität von g in $K[X]$. Aus (15.27) ergibt sich schließlich

$$G(k(x_1, \ldots, x_n)/K) \simeq G(k(X_1, \ldots, X_n)/K') \simeq S_n, \text{ vgl. F15.3.}$$

Damit ist Satz 15.5 vollständig bewiesen. □

Außerdem haben wir gesehen, dass (15.24) ein Isomorphismus ist und daher der Körper $k(s_1, \ldots, s_n)$ der symmetrischen Funktionen als rationaler Funktionenkörper in den n Variablen $s_1, \ldots, s_n$ angesehen werden kann. Es gilt also

F15.4. *Sei $r \in k(X_1, \ldots, X_n)$ symmetrisch. Dann gibt es* **genau ein** *Element $g = g(X_1, \ldots, X_n)$ in $k(X_1, \ldots, X_n)$ mit*

$$r = g(s_1, \ldots, s_n).$$

Bemerkung: Über F15.4 hinaus gilt der sogenannte

Hauptsatz über symmetrische Funktionen: *Jedes symmetrische Polynom h in $k[X_1, \ldots, X_n]$ besitzt genau eine Darstellung*

$$h = g(s_1, \ldots, s_n)$$

mit einem Polynom $g \in k[X_1, \ldots, X_n]$.

Diesen Satz kann man mit etwas Mühe ganz direkt beweisen (vgl. etwa *van der Waerden* [39]). Man kann ihn aber auch auf F15.4 zurückführen, wenn man noch zusätzliche begriffliche Hilfsmittel zur Verfügung hat (vgl. Kap. 16). [1]

F15.5. *Zu einer beliebigen endlichen Gruppe G gibt es galoissche Körpererweiterungen E/F mit $G(E/F) \simeq G$.*

Beweis Sei $n = |G|$. Dann ist G isomorph zu einer Untergruppe U von S_n (vgl. F10.3). Nach F15.3 (oder Satz 15.5) gibt es eine galoissche Erweiterung E/K mit $G(E/K) = S_n$. Sei F der Fixkörper von U in E. Nach der Galoistheorie ist dann $G(E/F) = U \simeq G$. □

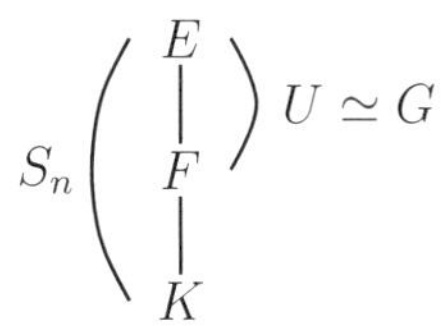

Bemerkungen. Mit F15.5 haben wir die oben aufgeworfene Frage B) überraschend einfach beantworten können. Eine andere, viel schwierigere Fragestellung ist die folgende: Gegeben sei ein Körper K. Für welche endlichen Gruppen G gibt es einen Erweiterungskörper E, sodass E/K galoissch ist mit $G(E/K) \simeq G$? (Der Grundkörper K wird also vorgegeben.) Insbesondere möchte man im Fall $K = \mathbb{Q}$ wissen: Tritt *jede* endliche Gruppe G als Galoisgruppe einer galoisschen Erweiterung $E/\mathbb{Q}$ auf? (*Umkehrproblem der Galoisschen Theorie*).

[1] Auf einfache, aber richtige Weise zu zeigen, dass umgekehrt F15.4 wirklich aus dem Satz folgt, ist eine reizvolle kleine Übungsaufgabe. – Übrigens folgt aus F15.4: Ist r symmetrisch und $r = g/h$ mit teilerfremden g, h aus $k[X_1, \ldots, X_n]$, so sind g und h symmetrisch. Dazu zeige man: Sind g_1, h_1 aus $k[s_1, \ldots, s_n]$ teilerfremd in $k[s_1, \ldots, s_n]$, so auch in $k[X_1, \ldots, X_n]$.

Man kann auf ziemlich elementare Weise zeigen, dass es zu jeder natürlichen Zahl n ein $f \in \mathbb{Q}[X]$ gibt, sodass die Galoisgruppe von f über $\mathbb{Q}$ isomorph zu S_n ist (vgl. van der Waerden [39]). Viel tiefer ist ein Resultat von *Scholz* und *Schafarewitsch*, wonach jede *auflösbare* Gruppe G als Galoisgruppe einer galoisschen Erweiterung $E/\mathbb{Q}$ auftritt.

Was nun die eingangs dieses Abschnitts gestellte Frage A) nach der Existenz nicht–auflösbarer endlicher Gruppen betrifft, so werden wir im nächsten Abschnitt die folgende Feststellung beweisen:

F15.6. *Für $n \geq 5$ ist die symmetrische Gruppe S_n nicht auflösbar. Für $n \leq 4$ hingegen ist S_n auflösbar.*

Als Folgerung erhalten wir damit

Satz 15.6 (Abel, Ruffini). *Das allgemeine Polynom n–ten Grades über k ist für $n \geq 5$ nicht durch Radikale auflösbar.*

Beweis. Sei g wie in (15.20) das allgemeine Polynom n–ten Grades über k und $K = k(u_1, \ldots, u_n)$ sein Koeffizientenkörper. Nach Satz 15.5 ist die Galoisgruppe von g über K isomorph zur symmetrischen Gruppe S_n. Wäre daher das Polynom $g \in K[X]$ durch Radikale auflösbar, so müsste S_n nach Satz 15.4 eine auflösbare Gruppe sein; nach F15.6 ist das aber für $n \geq 5$ nicht der Fall. □

F15.7. *Sei K ein Körper mit* $\mathrm{char}\,(K) \neq 2, 3$. *Dann ist jedes $f \in K[X]$ vom Grade $n \leq 4$ durch irreduzible Radikale auflösbar.*

Beweis. Sei G die Gruppe von f über K. Dann ist G isomorph zu einer Untergruppe von S_n. Aufgrund der zweiten Aussage von F15.6 sowie (a) von F15.1 ist dann G auflösbar. Damit folgt die Behauptung aus Satz 15.3. □

15.3 Exkurs über Permutationen

Den Beweis von F15.6 haben wir noch nachzutragen; wir nehmen dies zum Anlass, einen kleinen Exkurs über *Permutationen* einzuschieben. Im Folgenden sei M eine n–elementige Menge, z.B. $M = \{1, 2, \ldots, n\}$, und $S = S(M) \simeq S_n$ bezeichne die Gruppe aller Permutationen von M. Die Gruppe S operiert auf M vermöge

$$(\sigma, a) \longmapsto \sigma a = \sigma(a)$$

Für ein gegebenes $\sigma \in S$ betrachten wir nun insbesondere die Operation der *zyklischen* Gruppe $H = <\sigma>$ auf M. Die Bahn eines $a \in M$ bzgl. H nennen wir auch die *Bahn von a bzgl. σ*. Sei $H_a = \{\rho \in H \mid \rho a = a\}$ die Fixgruppe von a bzgl. H und $d = H : H_a$ ihr Index in H. Es gilt $\sigma^i a = \sigma^j a \iff \sigma^{i-j} a = a \iff \sigma^{i-j} \in H_a \iff d | i - j \iff i \equiv j \bmod d$, somit ist die Bahn

$$Ha = \{a, \sigma a, \sigma^2 a, \dots, \sigma^{d-1} a\} \qquad d\text{–elementig.}$$

Setzen wir $a_i := \sigma^{i-1} a$, so hat man

$$\sigma a_1 = a_2, \;\; \sigma a_2 = a_3, \;\; \dots\dots, \;\; \sigma a_d = a_1 .$$

Definition 15.4. Ein $\rho \in S(M)$ heißt ein *Zyklus der Länge d*, wenn es d verschiedene Elemente $a_1, a_2, \dots, a_d$ in M gibt, sodass

$$\begin{aligned} &\rho a_i = a_{i+1} \;\text{ für }\; i < d, \;\; \rho a_d = a_1 \\ &\rho a = a \;\text{ für alle }\; a \in M \setminus \{a_1, \dots, a_d\} \end{aligned} \tag{$*$}$$

Bemerkungen. a) Ist ρ ein Zyklus der Länge 1, so ist $\rho = 1$ die Identität.

b) Zu d verschiedenen Elementen $a_1, a_2, \dots, a_d \in M$ gibt es offenbar genau ein $\rho \in S(M)$ mit $(*)$. Diesen Zyklus ρ der Länge d bezeichnen wir mit

$$\rho = (a_1 a_2 \dots a_d).$$

Mit dieser Bezeichnung gilt also $(a) = 1$, ferner

$$(a_1 a_2 \dots a_d) = (a_2 a_3 \dots a_d a_1) = \dots = (a_d a_1 \dots a_{d-1}).$$

c) Ein Zyklus der Länge d besitzt offenbar die Ordnung d.

d) Für ein beliebiges $\tau \in S(M)$ gilt

$$\tau (a_1 a_2 \dots a_d) \tau^{-1} = (\tau a_1 \; \tau a_2 \dots \tau a_d), \tag{15.28}$$

sodass sich also Zyklen unter *inneren Automorphismen* sehr übersichtlich verhalten.

Für ein beliebiges $\sigma \in S$ nennen wir die Menge $W(\sigma) = \{a \in M \mid \sigma a \neq a\}$ den *eigentlichen Wirkungsbereich* von σ. Dieser ist also Vereinigung derjenigen Bahnen bzgl. σ, welche eine Länge > 1 haben. Zwei Permutationen $\sigma, \tau \in S(M)$ heißen *disjunkt*, wenn $W(\sigma) \cap W(\tau) = \emptyset$. Sind σ, τ disjunkt, so gilt offenbar $\sigma\tau = \tau\sigma$.

Sei nun $\sigma \in S(M)$ gegeben, und seien $C_1, \ldots, C_r$ die verschiedenen Bahnen bzgl. σ. Wie wir oben sahen, gibt es zu jedem C_j einen Zyklus ρ_j mit $\rho_j a = \sigma a$ für alle $a \in C_j$ und $W(\rho_j) \subseteq C_j$. Definitionsgemäß sind $\rho_1, \rho_2, \ldots, \rho_r$ paarweise disjunkt. Wir behaupten, dass

$$\sigma = \rho_1 \rho_2 \ldots \rho_r$$

gilt. In der Tat: Ein gegebenes $a \in M$ liegt in genau einem C_j, und es gilt dann

$$\rho_1 \rho_2 \ldots \rho_r a = \rho_j a = \sigma a.$$

Damit erhalten wir den ersten Teil der folgenden Feststellung:

F15.8. *Jedes $\sigma \in S(M)$ ist darstellbar als Produkt*

$$\sigma = \rho_1 \rho_2 \ldots \rho_r \tag{15.29}$$

paarweise disjunkter Zyklen mit

$$\sum_i \textit{Länge } (\rho_i) = n. \tag{15.30}$$

Bis auf die Reihenfolge der Faktoren ist diese Darstellung eindeutig. In (15.29) *kann man natürlich die Zyklen der Länge* 1 *weglassen; allerdings ist dann* (15.30) *nicht mehr erfüllt.*

Beweis. Die Eindeutigkeit bleibt noch zu zeigen. Sei $\sigma \neq 1$ und $\sigma = \gamma_1 \gamma_2 \ldots \gamma_s$ eine weitere Zerlegung in paarweise disjunkte Zyklen $\gamma_1, \ldots, \gamma_s$ der Länge > 1. Sei $a \in W(\gamma_1)$. Es gibt genau ein j mit $a \in W(\rho_j)$; o.E. sei $j = 1$. Wir haben dann

$$\gamma_1 a = \sigma a = \rho_1 a, \;\; \gamma_1 \sigma = \sigma \gamma_1, \;\; \rho_1 \sigma = \sigma \rho_1.$$

Es folgt $\gamma_1(\gamma_1^{k-1} a) = \gamma_1^k a = \sigma^k a = \rho_1^k a = \rho_1(\rho_1^{k-1} a)$. Die Bahnen $W(\gamma_1)$ und $W(\rho_1)$ von a bzgl. γ_1 und ρ_1 stimmen also überein, und auf $W(\gamma_1) = W(\rho_1)$ gilt $\gamma_1 x = \sigma x = \rho_1 x$. Also ist überhaupt $\gamma_1 = \rho_1$, und durch Kürzen erhält man $\rho_2 \ldots \rho_r = \gamma_2 \ldots \gamma_s$. Per Induktion sind wir fertig. □

F15.9. *a) Für $\sigma \in S(M)$ sei $\sigma = \rho_1 \rho_2 \ldots \rho_r$ die Zerlegung in paarweise disjunkte Zyklen. Dann ist die Ordnung von σ gleich dem kgV der Längen der ρ_i.*

b) Elemente σ, σ' aus $S(M)$ sind genau dann konjugiert in $S(M)$, wenn ihre Zyklenzerlegungen vom gleichen Typ sind.

Beweis. a) Da die ρ_i paarweise miteinander vertauschbar sind, gilt

$$\sigma^m = \rho_1^m \rho_2^m \dots \rho_r^m \text{ für jedes } m. \tag{15.31}$$

Es ist $\mathrm{ord}(\rho_i) =$ Länge (ρ_i). Ist nun $m = v$ speziell das kgV der Längen der ρ_i, so liefert (15.31) die Teilbarkeitsrelation $\mathrm{ord}(\sigma) \mid v$. Aus (15.31) ergibt sich die Zyklenzerlegung von σ^m. Aus $\sigma^m = 1$ folgt also $\rho_i^m = 1$ für alle i. Daher gilt $\mathrm{ord}(\rho_i) \mid \mathrm{ord}(\sigma)$ für alle i und damit auch $v \mid \mathrm{ord}(\sigma)$.

b) Eine Zerlegung

$$\sigma = \rho_1 \rho_2 \dots \rho_r$$

in paarweise disjunkte Zyklen heiße *normiert*, wenn sie die Bedingung (15.30) von F15.8 erfüllt. Man sagt, $\sigma \in S_n$ besitze den *Typ* $c_1, c_2, \dots, c_n$, wenn in der normierten Zerlegung von σ genau c_j Zyklen der Länge j vorkommen. Es ist $n = \sum_j jc_j$. Für ein beliebiges $\tau \in S_n$ ist dann aufgrund von (15.28)

$$\tau\sigma\tau^{-1} = (\tau\rho_1\tau^{-1})(\tau\rho_2\tau^{-1}) \dots (\tau\rho_r\tau^{-1})$$

die normierte Zerlegung von $\tau\sigma\tau^{-1}$ in paarweise disjunkte Zyklen, und diese hat offenbar den gleichen Typ wie die normierte Zerlegung von σ. Seien nun umgekehrt $\sigma, \sigma' \in S(M)$ vom gleichen Typ und

$$\sigma = \rho_1 \dots \rho_r, \ \ \sigma' = \rho_1' \dots \rho_{r'}',$$

ihre normierten Zerlegungen. Es ist dann $r = r'$, und nach geeigneter Umnumerierung gilt

$$\text{Länge } (\rho_i) = \text{ Länge } (\rho_i') \ \text{ für } \ 1 \le i \le r.$$

Für festes i sei

$$\rho_i = (a_1 \dots a_d), \ \ \rho_i' = (a_1' \dots a_d')$$

und φ_i die durch $\varphi_i(a_j) = a_j'$ definierte bijektive Abbildung von $M_i = \{a_1, \dots, a_d\}$ auf $M_i' = \{a_1', \dots, a_d'\}$. Wegen der Disjunktheit der $\rho_1, \dots, \rho_r$ bzw. der $\rho_1', \dots, \rho_r'$ gibt es dann eine Bijektion $\tau : M \to M$, welche für jedes i auf M_i mit φ_i übereinstimmt. Wieder mit (15.28) folgt dann

$$\tau\sigma\tau^{-1} = (\tau\rho_1\tau^{-1}) \dots (\tau\rho_r\tau^{-1}) = \rho_1' \dots \rho_r' = \sigma',$$

also sind σ und σ' konjugiert in $S(M)$. □

Mit

$$\mathrm{sgn} : S_n \longrightarrow \{+1, -1\} \tag{15.32}$$

bezeichnen wir die bekannte *Signaturabbildung*, welche jeder Permutation $\sigma \in S_n$ ihr Vorzeichen $\mathrm{sgn}(\sigma)$ zuordnet (vgl. etwa [24, S. 160]); ist

$$\sigma = \tau_1 \tau_2 \ldots \tau_s \tag{15.33}$$

eine Darstellung von σ als Produkt von *Transpositionen* (Zweierzyklen), so gilt

$$\mathrm{sgn}(\sigma) = (-1)^s.$$

Beachte: Die $\tau_1, \ldots, \tau_s$ in (15.33) sind i.a. nicht paarweise disjunkt, noch ist eine Darstellung der Gestalt (15.33) eindeutig; nur die Parität von s ist durch σ eindeutig festgelegt.

Für *Zyklen* σ der Länge d gilt offenbar

$$\sigma = (a_1 a_2 \ldots a_d) = (a_1 a_2)(a_2 a_3) \ldots (a_{d-1} a_d),$$

also

$$\mathrm{sgn}(\sigma) = (-1)^{d-1}. \tag{15.34}$$

Da es sich bei (15.32) um einen Homomorphismus handelt, ist

$$A_n := \{\sigma \in S_n \mid \mathrm{sgn}(\sigma) = 1\}$$

als Kern von sgn ein Normalteiler von S_n, mit $S_n : A_n = 2$ für $n \geq 2$. Er heißt *alternierende Gruppe* des Grades n; die Permutationen aus A_n heißen *gerade*, die übrigen *ungerade*. Nach (15.34) sind Zyklen ungerader Länge gerade, Zyklen gerade Länge ungerade.

Wir können jetzt leicht zeigen: *Für $n \leq 4$ ist S_n auflösbar.* Für $S_1 = 1$, $S_2 \simeq \mathbb{Z}/2\mathbb{Z}$ ist das klar; für S_3 hat man die Kette

$$S_3 \trianglerighteq A_3 \trianglerighteq 1 \text{ mit } S_3/A_3 \simeq \mathbb{Z}/2\mathbb{Z},\ A_3 \simeq \mathbb{Z}/3\mathbb{Z}. \tag{15.35}$$

In S_4 betrachte man die Menge

$$V_4 := \{1, (12)(34),\ (13)(24),\ (14)(23)\}, \tag{15.36}$$

die aus 1 und allen *Doppeltranspositionen* von S_4 besteht.

Wegen $(12)(34) \cdot (13)(24) = (14)(23) = (13)(24) \cdot (12)(34)$ ist V_4 eine Untergruppe von S_4, welche zu $\mathbb{Z}/2\mathbb{Z} \times \mathbb{Z}/2\mathbb{Z}$ isomorph ist. Sie heißt die *Kleinsche Vierergruppe*. Wegen (15.28) ist V_4 ein *Normalteiler von* S_4. Offenbar ist V_4 in A_4 enthalten, und aus Ordnungsgründen gilt $A_4/V_4 \simeq \mathbb{Z}/3\mathbb{Z}$. Aus der Kette

$$S_4 \trianglerighteq A_4 \trianglerighteq V_4 \trianglerighteq 1 \tag{15.37}$$

ergibt sich damit die Auflösbarkeit von S_4. Im Übrigen überlegt man sich leicht, dass V_4 der einzige nicht–triviale Normalteiler von A_4 ist, und ferner, dass $S_4/V_4 \simeq S_3$ gilt.

Lemma. *Sei $n \geq 5$ und G eine Untergruppe von S_n, die jeden Zyklus der Länge drei ('Dreierzyklus') enthält. Ist dann N ein Normalteiler von G mit abelscher Faktorgruppe G/N, so enthält auch N jeden Dreierzyklus.*

Beweis. Sei (abc) ein beliebiger Dreierzyklus. Wegen $n \geq 5$ gibt es d, e mit $d, e \in M \setminus \{a, b, c\}$ und $e \neq d$. Sei $\sigma = (ace)$ und $\rho = (abd)$. Nach (15.28) ist

$$\rho\sigma\rho^{-1} = (\rho a\ \rho c\ \rho e) = (bce),$$

also $\rho\sigma\rho^{-1}\sigma^{-1} = (bce)(eca) = (abc)$.

Daraus aber folgt, dass (abc) zu N gehört, denn wegen der vorausgesetzten Kommutativität von G/N ist $\rho\sigma\rho^{-1}\sigma^{-1}$ ein Element von N. □

Mit dem eben bewiesenen Lemma können wir jetzt leicht zeigen: *Für $n \geq 5$ ist die Gruppe S_n nicht auflösbar.* Andernfalls gäbe es nämlich eine Kette $S_n = G_0 \trianglerighteq G_1 \trianglerighteq G_2 \trianglerighteq \ldots \trianglerighteq G_m = 1$ mit *abelschen* Faktoren G_{i-1}/G_i. Induktiv würde sich dann aus obigem Lemma ergeben, dass jedes G_i alle Dreierzyklen enthält. Dies ist aber wegen $G_m = 1$ nicht möglich.

Die Nichtauflösbarkeit der S_n für $n \geq 5$ war für uns aus körpertheoretischer Sicht interessant; über sie hinaus gilt jedoch die folgende, viel weitergehende Aussage:

Satz 15.7. *Für $n \geq 5$ ist die alternierende Gruppe A_n eine einfache Gruppe.*

Eine Gruppe $G \neq 1$ soll dabei *einfach* heißen, wenn G außer 1 und G keine weiteren Normalteiler besitzt. Wie ein Beweis von Satz 15.7 geführt werden kann, wird aus den Aufgaben 15.13 und 15.16 hervorgehen.

15.4 Auflösung kubischer Gleichungen

An den vorletzten Abschnitt wieder anknüpfend, wollen wir nun einmal für *kubische Polynome* f über einem Körper K der Charakteristik $\neq 2, 3$ die Auflösung von f durch Radikale explizit durchführen. Wie eingangs des Kapitels schon vermerkt, können wir dabei gleich voraussetzen, dass f die Gestalt

$$f(X) = X^3 + pX + q \tag{15.38}$$

besitzt; ferner können wir f als irreduzibel in $K[X]$ annehmen. Sei E Zerfällungskörper von f über K und $\alpha_1, \alpha_2, \alpha_3$ die Nullstellen von f in E. Wir gehen nun gemäß der Theorie vor. Zunächst adjungieren wir eine primitive dritte Einheitswurzel ζ, betrachten also das Körperdiagramm

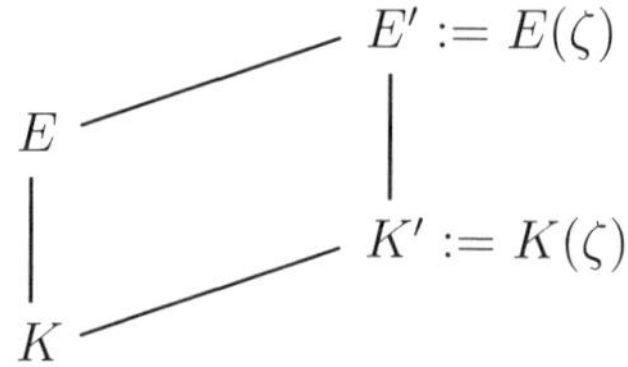

Es sei nun $F' := K'(\sqrt{D})$, mit D als der *Diskriminante* von f (vgl. Def. 8.4). Da $\sqrt{D}$ bei keiner Transposition der Wurzeln festbleibt, gilt $E' : K'(\sqrt{D}) \leq 3$. Aus der Irreduzibilität von f folgt andererseits $3|E : K$, also wegen $K' : K \leq 2$ auch $3|E' : K'$, woraus sich insgesamt

$$E' : F' = 3$$

ergibt. Die Erweiterung E'/F' ist demnach *zyklisch vom Grad* 3. Nach Kap. 14, vgl. dort speziell (14.6), gilt also $E' = F'(v)$ mit einer *Lagrangeschen Resolvente*

$$v = \beta + \zeta^2\sigma(\beta) + \zeta\sigma^2(\beta),$$

wobei $\beta \in E'$ die Bedingung $v \neq 0$ erfüllt, sonst aber frei wählbar ist. Wir versuchen es mit $\beta = \alpha_1$, also

$$v = \alpha_1 + \zeta^2\alpha_2 + \zeta\alpha_3 \tag{15.39}$$

und betrachten daneben auch die Resolvente

$$u = \alpha_1 + \zeta\alpha_2 + \zeta^2\alpha_3. \tag{15.40}$$

Wegen $1+\zeta+\zeta^2=0$ und $\alpha_1+\alpha_2+\alpha_3=0$ hat man dann $u+v=2\alpha_1+(\zeta+\zeta^2)\alpha_2+(\zeta+\zeta^2)\alpha_3=3\alpha_1$, also

$$u+v=3\alpha_1, \quad \zeta^2u+\zeta v=3\alpha_2, \quad \zeta u+\zeta^2v=3\alpha_3, \tag{15.41}$$

wobei sich die beiden letzten Gleichungen aus der ersten durch zyklische Vertauschung ergeben. Die Elemente u^3 und v^3 liegen konstruktionsgemäß in F'; sie müssen, wie aus Konjugiertheitsgründen gefolgert werden kann, die Nullstellen einer quadratischen Gleichung über K' sein. Wie dem auch sei, berechnen wir einmal ihre Summe und ihr Produkt: Zunächst ist

$$u^3+v^3=(u+v)(u+\zeta v)(u+\zeta^2v)=3\alpha_1\cdot 3\alpha_3\cdot 3\alpha_2,$$

wobei wir zuletzt (15.41) benutzt haben. Wir erhalten also

$$u^3+v^3=-27q. \tag{15.42}$$

Mit (15.39) und (15.40) ist

$$\begin{aligned} uv &= \alpha_1^2+\alpha_2^2+\alpha_3^2+\zeta^2(\alpha_1\alpha_2+\alpha_2\alpha_3+\alpha_1\alpha_3)+\zeta(\alpha_1\alpha_2+\alpha_2\alpha_3+\alpha_1\alpha_3)\\ &= \alpha_1^2+\alpha_2^2+\alpha_3^2+(\zeta^2+\zeta)p=\alpha_1^2+\alpha_2^2+\alpha_3^2-p\\ &= (\alpha_1+\alpha_2+\alpha_3)^2-3p=-3p, \end{aligned}$$

also

$$uv=-3p \tag{15.43}$$

und somit

$$u^3v^3=-27p^3. \tag{15.44}$$

Nach (15.42) und (15.44) sind u^3, v^3 also die Nullstellen des quadratischen Polynoms

$$X^2+27qX-27p^3 \tag{15.45}$$

(welches Koeffizienten sogar nur aus K besitzt). Es folgt

$$\left(\frac{u}{3}\right)^3=-\frac{q}{2}+\sqrt{\left(\frac{q}{2}\right)^2+\left(\frac{p}{3}\right)^3}, \quad \left(\frac{v}{3}\right)^3=-\frac{q}{2}-\sqrt{\left(\frac{q}{2}\right)^2+\left(\frac{p}{3}\right)^3}.$$

Mit (15.41) erhalten wir dann insgesamt

F15.10. *Sei* Char $(K) \neq 2, 3$. *Die Nullstellen von* $f(X) = X^3 + pX + q \in K[X]$ *sind durch*

$$\sqrt[3]{-\frac{q}{2} + \sqrt{\left(\frac{q}{2}\right)^2 + \left(\frac{p}{3}\right)^3}} + \sqrt[3]{-\frac{q}{2} - \sqrt{\left(\frac{q}{2}\right)^2 + \left(\frac{p}{3}\right)^3}} \qquad (15.46)$$

gegeben, wobei die erste Kubikwurzel γ *jeweils beliebig, die zweite Kubikwurzel* γ' *aber so gewählt werden muss, dass* $3\gamma\gamma' = -p$ *gilt. (Die Quadratwurzel in* (15.46) *ist beliebig, aber fest.) Die Diskriminante* D *von* $f(X)$ *hat die Gestalt*

$$D = -4p^3 - 27q^2. \qquad (15.47)$$

Beweis. Unabhängig davon, ob f irreduzibel ist oder nicht, haben wir oben gesehen: Definiert man Elemente u und v durch (15.39) und (15.40), so gelten die Relationen (15.41), und u^3, v^3 sind die Nullstellen der quadratischen Gleichung (15.45). Insgesamt folgt daraus, dass jede Nullstelle von f jedenfalls die Gestalt (15.46) besitzt. Zeigen wir nun vorsichtshalber für beliebiges (auch inseparables) f, dass jede der durch (15.46) gelieferten Zahlen wirklich eine Nullstelle von f ist: Die auftretenden Kubikwurzeln $\gamma = u/3$, $\gamma' = v/3$ erfüllen die Relationen $\gamma^3 + \gamma'^3 = -q$ und $27\gamma^3\gamma'^3 = -p^3$ (denn u^3, v^3 sind die Lösungen der quadratischen Gleichung $X^2 + 27qX - 27p^3 = 0$), und voraussetzungsgemäß sind sie so normiert, dass $3\gamma\gamma' = -p$ gilt. Damit folgt aber $(\gamma + \gamma')^3 + p(\gamma + \gamma') + q = \gamma^3 + \gamma'^3 + 3\gamma^2\gamma' + 3\gamma\gamma'^2 + p(\gamma + \gamma') + q = -q + 3\gamma\gamma'(\gamma + \gamma') + p(\gamma + \gamma') + q = 0$.

Schließlich haben wir uns noch von der Richtigkeit der Formel (15.47) für die Diskriminante zu überzeugen. Mit $\triangle = (\alpha_1 - \alpha_2)(\alpha_1 - \alpha_3)(\alpha_2 - \alpha_3)$ gilt nun

$$\begin{aligned}
27\triangle &= (3\alpha_1 - 3\alpha_2)(3\alpha_1 - 3\alpha_3)(3\alpha_2 - 3\alpha_3) \\
&= (u + v - \zeta^2 u - \zeta v)(u + v - \zeta u - \zeta^2 v)(\zeta^2 u + \zeta v - \zeta u - \zeta^2 v) \\
&= [(1 - \zeta)^2 u + (1 - \zeta)v][(1 - \zeta)u + (1 - \zeta^2)v][(\zeta^2 - \zeta)u + (\zeta - \zeta^2)v] \\
&= (1 - \zeta)^2[(1 + \zeta)u + v][u + (1 + \zeta)v][(u - v)(\zeta^2 - \zeta)] \\
&= (\zeta - 1)^3\zeta[-\zeta^2 u + v][u - \zeta^2 v][u - v] \\
&= (1 - \zeta)^3(u - \zeta v)(u - \zeta^2 v)(u - v) = (1 - \zeta)^3(u^3 - v^3),
\end{aligned}$$

also folgt mit $D = \triangle^2$ und wegen $(\zeta - 1)^2 = \zeta^2 - 2\zeta + 1 = -3\zeta$

$$27^2 D = (\zeta - 1)^6(u^3 - v^3)^2 = -27(u^3 - v^3)^2,$$

und daher stimmt $-27D$ mit der Diskriminante des quadratischen Polynoms (15.45) überein:

$$-27D = 27^2q^2 + 4 \cdot 27p^3.$$

Es folgt (15.47). □

Im Übrigen kann (15.47) auch in der Form

$$D = -4 \cdot 27 \left(\left(\frac{p}{3} \right)^3 + \left(\frac{q}{2} \right)^2 \right) \tag{15.48}$$

geschrieben werden, sodass zwischen der in der Cardanoschen Formel (15.46) auftretenden *Quadratwurzel* und der Diskriminante die Beziehung

$$\sqrt{-3D} = 2 \cdot 9 \sqrt{\left(\frac{q}{2} \right)^2 + \left(\frac{p}{3} \right)^3} \tag{15.49}$$

besteht.

Bemerkungen. 1) Aus den einleitenden Betrachtungen dieses Abschnitts geht hervor: *Ist das kubische Polynom f irreduzibel, so ist die Erweiterung $E/K(\sqrt{D})$ zyklisch vom Grade* 3. Da f den Grad 3 hat, ist die Irreduzibilität von f in $K[X]$ übrigens gleichbedeutend damit, dass f keine Nullstelle in K besitzt. Im Folgenden identifizieren wir (nach fester Numerierung der Nullstellen $\alpha_1, \alpha_2, \alpha_3$ von f) die Galoisgruppe G von f über K mit einer Untergruppe von S_3. *Für irreduzibles f gilt dann also:*

$$\begin{array}{lll} D \text{ ist ein Quadrat in } K & \Longleftrightarrow & G = A_3 \\ D \text{ ist kein Quadrat in } K & \Longleftrightarrow & G = S_3. \end{array} \tag{15.50}$$

Ein Beispiel für die erste Alternative im Falle $K = \mathbb{Q}$, also für ein kubisches Polynom über $\mathbb{Q}$, dessen Galoisgruppe G über $\mathbb{Q}$ zyklisch von der Ordnung 3 ist, wird etwa durch das Polynom

$$X^3 - 3X + 1 \tag{15.51}$$

geliefert. Offenbar ist es nämlich irreduzibel (vgl. F5.7), und nach (15.47) ist $D = 81$ seine Diskriminante. Entsprechende Beispiele für die andere Alternative, also den (generischen) Fall $G = S_3$, liefern die Polynome $X^3 - X + 1$, $X^3 - 2$, $X^3 - 4X + 1$, … der Diskriminanten -23, -108, 229, … .

2) Setzen wir K jetzt einmal als Teilkörper von $\mathbb{R}$ voraus. Dann gilt für ein beliebiges kubisches Polynom f über K:

$$D \geq 0 \iff \textit{alle Nullstellen von } f \textit{ liegen in } \mathbb{R}. \tag{15.52}$$

In jedem Fall hat f nämlich als Polynom ungeraden Grades eine Nullstelle in $\mathbb{R}$. Entweder sind nun alle Nullstellen $\alpha_1, \alpha_2, \alpha_3$ von f reell oder o.E. α_1 reell und $\alpha_3 = \overline{\alpha}_2 \notin \mathbb{R}$. Im ersten Fall ist $\triangle = (\alpha_1 - \alpha_2)(\alpha_1 - \alpha_3)(\alpha_2 - \alpha_3)$ reell, also $D = \triangle^2 \geq 0$; im zweiten Fall ist $\triangle = (\alpha_1 - \alpha_2)(\alpha_1 - \overline{\alpha}_2)(\alpha_2 - \overline{\alpha}_2)$ rein imaginär, also $D = \triangle^2 < 0$.

Setzen wir einmal $D \neq 0$, also $\alpha_1, \alpha_2, \alpha_3$ paarweise verschieden voraus. Nach (15.48) gilt

$$D > 0 \iff \sqrt{\left(\frac{q}{2}\right)^2 + \left(\frac{p}{3}\right)^3} \notin \mathbb{R}.$$

Für separables f liefern also nach (15.52) die Cardanoschen Formeln (15.46) gerade dann nur reelle Nullstellen von f, wenn die in ihnen vorkommende *Quadratwurzel* nicht–reell ist *(casus irreducibilis)*.

15.5 Auflösbare Gleichungen von Primzahlgrad

In diesem Abschnitt wollen wir uns mit *auflösbaren Gleichungen von Primzahlgrad* befassen. Dazu stellen wir zunächst das folgende gruppentheoretische Lemma bereit.

Lemma. *Sei p eine Primzahl, und G sei eine Untergruppe der vollen Permutationsgruppe einer Menge M von p Elementen. Wir setzen voraus, dass G* **transitiv** *auf M operiert. Dann gelten:*

a) Jeder Normalteiler $N \neq 1$ von G operiert ebenfalls transitiv auf M.
b) Ist G auflösbar, so besitzt G genau eine Untergruppe H von der Ordnung p (welche dann notwendig ein Normalteiler von G ist).

Beweis. (a) Sei $a \in M$. Für jedes σ aus G gilt dann

$$\sigma N a = N \sigma a.$$

Weil G transitiv auf M operiert, haben somit alle Bahnen bezüglich N die gleiche Länge, sagen wir die Länge m. Es ist dann also m ein Teiler von

$|M| = p$ (vgl. F10.2). Wegen $N \neq 1$ ist $m > 1$. Es folgt $m = p$, d.h. N operiert transitiv auf M.

(b) Da G transitiv auf der p–elementigen Menge M operiert, ist die Gruppenordnung von G zunächst durch p teilbar (vgl. F10.5). Sei $|G| > p$ (sonst ist nichts zu zeigen). Wegen der Auflösbarkeit von G enthält dann G einen Normalteiler N mit $N \neq G$ und $N \neq 1$. Nach (a) operiert N ebenfalls transitiv auf M. Per Induktion nach der Gruppenordnung können wir daher annehmen, dass N *genau eine* Untergruppe H der Ordnung p besitzt. Dann ist H eine *charakteristische Untergruppe* der Gruppe N (d.h. für jeden Automorphismus α von N gilt $\sigma H = H$). Insbesondere ist H ein Normalteiler *von* G (denn jeder innere Automorphismus von G vermittelt einen Automorphismus der Gruppe N, da N normal in G ist). Es bleibt noch die Eindeutigkeitsaussage von (b) zu beweisen. Nehmen wir an, G enthalte eine weitere, von H verschiedene Untergruppe H_1 der Ordnung p. Es ist dann notwendig $H \cap H_1 = 1$. Für die Faktorgruppe H_1H/H gilt dann

$$H_1H/H \simeq H_1/H_1 \cap H \simeq H_1,$$

mithin hat die Untergruppe H_1H von G die Ordnung p^2 (vgl. F15.2). Es folgt, dass p^2 ein Teiler von $|G|$ und damit von $p!$ ist. Widerspruch. □

Es sei nun $f \in K[X]$ ein *irreduzibles* Polynom von *Primzahlgrad* p. Wir setzen f als *separabel* voraus (d. h. im Falle $p = \mathrm{char}\,(K)$ sei f nicht von der Form $c(X^p - a)$, vgl. F7.12). Die Galoisgruppe G von f über K operiert *transitiv* auf der p–elementigen Menge M der Nullstellen von f in einem Zerfällungskörper E von f über K (vgl. F8.7).

Wir setzen jetzt voraus, dass die Galoisgruppe G von f über K *auflösbar* ist. Nach Aussage (b) des vorausgeschickten Lemmas folgt dann zunächst, dass G ein Element ρ der Ordnung p enthält. Als Permutation von M betrachtet ist dann ρ notwendig ein *Zyklus der Länge* p, d.h. bei geeigneter Numerierung der Nullstellen $\alpha_1, \alpha_2, \ldots, \alpha_p$ von f in E gilt

$$\rho\alpha_i = \alpha_{i+1} \text{ für } i < p, \quad \rho\alpha_p = \alpha_1. \tag{15.53}$$

Identifizieren wir nun $M = \{\alpha_1, \alpha_2, \ldots, \alpha_p\}$ mit dem Körper $\mathbb{F}_p$ von p Elementen vermöge $\alpha_i \longmapsto i$, – und demgemäß G mit einer Untergruppe von $S(\mathbb{F}_p)$ –, so können wir (15.53) auch in der Form

$$\rho x = x + 1 \text{ für } \textbf{alle } x \in \mathbb{F}_p \tag{15.54}$$

zusammenfassen. Somit bewirkt Anwendung von ρ auf die Elemente von $\mathbb{F}_p$ gerade die *Translation* um 1. Es gilt aber noch mehr: Sei σ ein beliebiges Element von G. Nach dem Lemma ist die von ρ erzeugte Untergruppe ein *Normalteiler von* G. Somit gilt

$$\sigma\rho\sigma^{-1} = \rho^a$$

mit einer natürlichen Zahl $a < p$. Für alle $x \in \mathbb{F}_p$ ist also $\sigma\rho x = \rho^a \sigma x$, nach (15.54) folglich

$$\sigma(x+1) = \sigma x + a.$$

Setzt man daher $b := \sigma(0)$, so folgt $\sigma(1) = b + a$, $\sigma(2) = b + a + a, \ldots$, also allgemein

$$\sigma x = ax + b \ \text{ für alle } \ x \in \mathbb{F}_p.$$

Definition 15.5. Eine Permutation $\sigma \in S(\mathbb{F}_p)$ heißt *affin*, wenn es Elemente $a \in \mathbb{F}_p^\times$ und $b \in \mathbb{F}_p$ gibt mit

$$\sigma x = ax + b \ \text{ für alle } \ x \in \mathbb{F}_p. \tag{15.55}$$

Eine Untergruppe G von $S(\mathbb{F}_p)$ heißt *affine Untergruppe von* $S(\mathbb{F}_p)$, wenn jedes $\sigma \in G$ *affin* ist.

Satz 15.8 (Galois). *(I) Sei* $f \in K[X]$ *irreduzibel von Primzahlgrad* p*; ferner sei* f *separabel*[2]*. Wie oben fasse man die Galoisgruppe* G *von* f *über* K *als Untergruppe von* $S(\mathbb{F}_p)$ *auf. Dann gilt: Ist die Galoisgruppe* G *von* f *über* K *auflösbar, so ist* G *eine affine Untergruppe von* $S(\mathbb{F}_p)$*.*

(II) Jede affine Untergruppe von $S(\mathbb{F}_p)$ *ist auflösbar.*

Beweis. Die erste Aussage (I) haben wir oben schon gezeigt.

Ein $\sigma \in S(\mathbb{F}_p)$, welches die Gestalt (15.55) besitzt, bezeichnen wir mit

$$\sigma = \sigma_{a,b}.$$

Dabei sind $a \in \mathbb{F}_p^\times$ und $b \in \mathbb{F}_p$ durch σ eindeutig bestimmt, und es gilt

$$\sigma_{a,b} \circ \sigma_{a',b'} = \sigma_{aa',b+ab'}.$$

Bezeichnet daher G zunächst die Menge aller affinen Elemente von $S(\mathbb{F}_p)$, so ist G eine Untergruppe von $S(\mathbb{F}_p)$, und außerdem liefert die Zuordnung

---

[2] d. h. im Falle $p = \mathrm{char}(K)$ habe f nicht die Form $c(X^p - a)$, vgl. F7.12.

$\sigma = \sigma_{a,b} \longmapsto a$ einen Homomorphismus von G auf die multiplikative Gruppe $\mathbb{F}_p^\times$ von $\mathbb{F}_p$. Bezeichne N seinen Kern. Er besteht offenbar aus allen Elementen der Gestalt $\sigma_{1,b}$, also aus allen *Translationen*. Die Zuordnung $\sigma_{1,b} \longmapsto b$ ist dann ein Isomorphismus von N auf die additive Gruppe $\mathbb{Z}/p\mathbb{Z}$ von $\mathbb{F}_p$. Also ist N zyklisch (von der Ordnung p). Die Faktorgruppe G/N ist nach dem oben Gesagten zur multiplikativen Gruppe $\mathbb{F}_p^\times$ isomorph, also ebenfalls zyklisch (vgl. Satz 9.3).

Insgesamt ist daher G jedenfalls auflösbar (vgl. F15.1). Als Untergruppe von G ist damit auch eine beliebige affine Untergruppe von $S(\mathbb{F}_p)$ auflösbar. Damit ist der schöne Satz 15.8 von *Galois* vollständig bewiesen (vgl. Galois [13, Prop. VII]). □

Bemerkung. Da $S(\mathbb{F}_p)$ genau $p(p-1)$ Elemente der Gestalt (15.55) enthält, ist für $p \geq 5$ die Gruppe $S(\mathbb{F}_p)$ selbst nicht affin. Nach Satz 15.8 ist daher die Gruppe S_p nicht auflösbar (bis auf Isomorphie tritt S_p als Galoisgruppe der allgemeinen Gleichung vom Grade p auf, vgl. Satz 15.5). Insbesondere ist S_5 nicht auflösbar. Da aber für beliebiges $n \geq 5$ die symmetrische Gruppe S_n offenbar eine zu S_5 isomorphe Untergruppe enthält, ist damit aufs neue gezeigt, dass S_n für $n \geq 5$ nicht auflösbar sein kann.

Als Anwendung von Satz 15.8 erhält man das folgende, ebenfalls auf *Galois* zurückgehende Resultat:

F15.11. *Sei $f \in K[X]$ irreduzibel von Primzahlgrad p; ferner sei f separabel. Bezeichne E einen Zerfällungskörper von f über K und G die Galoisgruppe von E/K.*

Ist G auflösbar, so erhält man E bereits durch Adjunktion zweier beliebiger Nullstellen α und $\beta \neq \alpha$ von f.

Gibt es andererseits Nullstellen α, β von f mit $E = K(\alpha, \beta)$, so ist G auflösbar.

Beweis. Sei G auflösbar, und seien α und $\beta \neq \alpha$ zwei beliebige Nullstellen von f in E. Wir haben $E = K(\alpha, \beta)$ zu zeigen – oder was nach der Galoistheorie dasselbe ist – $G(E/K(\alpha, \beta)) = 1$. Nehmen wir im Gegenteil hierzu an, dass es ein $\sigma \neq 1$ in $G(E/K(\alpha, \beta))$ gibt. Dann wird sowohl α als auch β von σ festgelassen. Eine von der Identität verschiedene Abbildung der Gestalt (15.55) hat aber offensichtlich entweder gar keinen oder genau einen Fixpunkt.

Gelte jetzt $E = K(\alpha, \beta)$ mit irgendwelchen Nullstellen α, β von f. Es ist $K(\alpha) : K = p$ und jedenfalls $K(\alpha, \beta) : K(\alpha) \leq p - 1$. Aus der Voraussetzung folgt damit

$$|G| \leq p(p-1). \tag{15.56}$$

Wegen $K(\alpha) : K = p$ enthält G ein Element ρ der Ordnung p. Ist $H = <\rho>$ normal in G, so folgt – wie wir oben gesehen haben –, dass G zu einer affinen Untergruppe von $S(\mathbb{F}_p)$ isomorph ist. Also ist G auflösbar (Satz 15.8). Nehmen wir also an, H sei nicht normal in G. Für ein $\sigma \in G$ ist dann $H_1 := \sigma^{-1}H\sigma$ verschieden von H. Es folgt $H \cap H_1 = 1$. Nun ist zwar HH_1 nicht notwendig eine Untergruppe von G, aber HH_1 besitzt wegen $H \cap H_1 = 1$ genau p^2 Elemente. Doch dies steht im Widerspruch zu (15.56). □

Die folgende Konsequenz von F15.11 wurde wohl zuerst von *Kronecker* ausgesprochen:

F 15.12. *Sei K ein Teilkörper des Körper $\mathbb{R}$ der reellen Zahlen, und sei $f \in K[X]$ ein irreduzibles Polynom von Primzahlgrad $p > 2$. Ist dann die Galoisgruppe von f über K auflösbar, so hat f entweder genau eine Nullstelle in $\mathbb{R}$, oder alle Nullstellen von f liegen in $\mathbb{R}$.*

Beweis. Als Polynom ungeraden Grades besitzt f jedenfalls mindestens eine Nullstelle α in $\mathbb{R}$. Nehmen wir an, es gebe ein $\beta \in \mathbb{R}$ mit $f(\beta) = 0$ und $\beta \neq \alpha$. Aufgrund von F15.11 ist dann der Teilkörper $K(\alpha, \beta)$ von $\mathbb{R}$ notwendig ein Zerfällungskörper von f über K. In dem Falle liegen aber sämtliche Nullstellen von f in $\mathbb{R}$. □

Bemerkungen. Aufgrund von F15.12 ist es nicht schwer, sich Polynome von Primzahlgrad mit rationalen Koeffizienten zu verschaffen, die über $\mathbb{Q}$ nicht durch Radikale auflösbar sind:

a) *Beispielsweise ist für jede Primzahl $p \geq 5$ das Polynom*

$$f(X) = X^p - 4X + 2 \tag{15.57}$$

nicht durch Radikale auflösbar über $\mathbb{Q}$.

Beweis. Nach dem Eisensteinschen Kriterium ist f zunächst *irreduzibel* über $\mathbb{Q}$. Wäre f über $\mathbb{Q}$ durch Radikale auflösbar, so hätte f nach F15.12 entweder genau eine reelle Nullstelle oder genau p reelle Nullstellen. Eine einfache Kurvendiskussion zeigt aber, dass f exakt drei reelle Nullstellen besitzt. Man bilde dazu die Ableitung $f'(X) = pX^{p-1} - 4$. Hat f genau k Nullstellen in $\mathbb{R}$, so hat f' nach dem *Satz von Rolle* wenigstens $k - 1$ Nullstellen in $\mathbb{R}$.

Nun besitzt aber $pX^{p-1} - 4$ offenbar genau zwei Nullstellen in $\mathbb{R}$, also ist $k \leq 3$. Wegen $f(-2) < 0$, $f(0) > 0$, $f(1) < 0$, $f(2) > 0$ folgt aus dem *Zwischenwertsatz* andererseits $k \geq 3$. □

Im Falle $p = 5$ gilt über die eben bewiesene Behauptung a) hinaus:

b) *Die Galoisgruppe von* $X^5 - 4X + 2$ *über* $\mathbb{Q}$ *ist zur vollen symmetrischen Gruppe* S_5 *isomorph.*

Beweis. Wie wir oben gesehen haben, besitzt das Polynom (15.57) im Falle $p = 5$ genau zwei nicht–reelle Nullstellen, die wir uns aufgrund des 'Fundamentalsatzes der Algebra' (vgl. Bem. zu Def. 6.2) als Elemente von $\mathbb{C}$ vorstellen können. Die von der komplexen Konjugation $z \longmapsto \overline{z}$ vermittelte Permutation der Nullstellen von f ist somit eine *Transposition.* Fassen wir daher die Galoisgruppe G von f über $\mathbb{Q}$ als Untergruppe von S_5 auf, so enthält G also eine Transposition. Da G außerdem ein Element der Ordnung 5 und damit auch einen *Zyklus der Länge* 5 enthält, muss G mit S_5 übereinstimmen, denn man zeigt leicht, dass allgemein gilt (Übungsaufgabe):

c) *Enthält eine Untergruppe* G *von* S_n *eine Transposition sowie einen Zyklus der Länge* n*, und ist* n *eine Primzahl, so folgt* $G = S_n$.

Man beachte, dass man dabei nicht darauf verzichten kann, n als Primzahl vorauszusetzen. Beispielsweise erzeugen (1234) und (24) in S_4 nur eine Untergruppe der Ordnung 8. □

Die Aussage von F15.12 lässt sich im Übrigen nicht umkehren; man betrachte zum Beispiel das Polynom

$$f(X) = X^5 - X - 1. \tag{15.58}$$

Es besitzt nur eine reelle Nullstelle (wie Kurvendiskussion sofort zeigt). Seine Galoisgruppe ist aber ebenfalls zur S_5 isomorph. Dies zu begründen, ist jedoch gar nicht so einfach. Beweisen wir wenigstens, dass f über $\mathbb{Q}$ *irreduzibel* ist. Hierzu genügt es zu zeigen, dass f aufgefasst als Polynom über einem der Körper $\mathbb{F}_p$ irreduzibel ist (vgl. F5.8 und F15.6). Dies ist zum Beispiel für $p = 5$ der Fall (vgl. Satz 14.3). Aus der Irreduzibilität von f ergibt sich nun jedenfalls, dass die Galoisgruppe G ein Element der Ordnung 5, also einen Zyklus der Länge 5 enthält. Um $G = S_5$ zu zeigen, würde es nun nach c) genügen, sicherzustellen, dass G auch eine *Transposition* enthält. Dazu betrachte man f als Polynom über dem Körper $\mathbb{F}_2$. Hier hat man nun die *Primfaktorzerlegung*

$$X^5 - X - 1 = (X^2 + X + 1)(X^3 + X^2 + 1) \text{ in } \mathbb{F}_2[X].$$

Die Galoisgruppe $\overline{G}$ von $X^5 - X - 1$ über $\mathbb{F}_2$ enthält also sicherlich eine Transposition. Nach einem allgemeinen Prinzip, welches auf *Dedekind* zurückgeht, kann daraus geschlossen werden, dass auch G eine Transposition besitzt (vgl. F16.15).

15.6 Hilberts Irreduzibilitätssatz

Am Schluss dieses Paragraphen wollen wir noch einen schönen (und einigermaßen tiefliegenden) Satz von *David Hilbert* (1862–1943) erwähnen, auf dessen Beweis wir hier allerdings verzichten müssen. Wir schicken folgende Definition voraus:

Definition 15.6. Ein Körper k heiße *hilbertsch,* wenn gilt:

Ist $f = X^m + a_{m-1}(t_1, \ldots, t_n)X^{m-1} + \ldots + a_0(t_1, \ldots, t_n)$ mit $m, n \geq 1$ ein *irreduzibles* Polynom im Polynomring $k[t_1, \ldots, t_n, X]$ in den $n + 1$ Variablen $t_1, \ldots, t_n, X$ über k, so gibt es unendlich viele $(c_1, \ldots, c_n) \in k^n$, für die auch das Polynom $f(c_1, \ldots, c_n, X) \in k[X]$ *irreduzibel* ist.

Das angesprochene Resultat von Hilbert kann dann wie folgt formuliert werden:

Hilbertscher Irreduzibilitätssatz: *Der Körper* $\mathbb{Q}$ *und alle seine endlich erzeugten Erweiterungskörper* k *sind hilbertsch.*

Der Hilbertsche Irreduzibilitätssatz spricht sicherlich schon für sich selbst; ein Schlaglicht auf seine galoistheoretische Bedeutung wird die Feststellung F16.16 am Schluss des folgenden Kap. 16 werfen.

Bemerkung. Ein Körper k ist bereits dann *hilbertsch,* wenn die in obiger Definition genannte Eigenschaft nur für $n = 1$ erfüllt ist. Für beliebiges $n > 1$ lässt sie sich dann noch wie folgt verschärfen: Ist zusätzlich zu dem irreduziblen Polynom $f(t_1, \ldots, t_n, X)$ noch ein beliebiges Polynom $g \neq 0$ aus $k[t_1, \ldots, t_n]$ gegeben, so gibt es sogar unendlich viele $c \in k^n$ *mit* $g(c) \neq 0$, für die $f(c, X)$ irreduzibel in $k[X]$ ist (vgl. Lang [20, chap. 8]). Insbesondere gilt daher (vgl. F7.12): *Ist das irreduzible Polynom* f *auch noch separabel als Polynom über* $k(t_1, \ldots, t_n)$*, so gibt es unendlich viele* $c \in k^n$*, für die* $f(c, X)$ *irreduzibel und separabel über* k *ist.*

Übungen

1) Die normale Hülle von $\mathbb{Q}(\sqrt{1+\sqrt{2}})/\mathbb{Q}$ hat Galoisgruppe D_8 (Diedergruppe der Ordnung 8) und ist auflösbar. Welches sind die möglichen Untergruppenketten in diesem Fall?

2) Sei $T \in K(X)$. Zeige, dass genau dann $K(T) = K(X)$ gilt, wenn es eine Matrix $\left(\begin{smallmatrix} a & b \\ c & d \end{smallmatrix}\right) \in \mathrm{GL}_2(K)$ gibt mit $T = \frac{aX+b}{cX+d}$. Hinweis: vgl. Aufg. 5.8.

3) Sei $\alpha \in \mathbb{A}\{0,1\}$ und $E = \mathbb{Q}(\alpha)$. Zeige, dass $E/\mathbb{Q}$ eine Radikalerweiterung ist.

Aufgaben und Bemerkungen

15.1 Zeige: Ist eine charakteristisch–einfache endliche Gruppe G auflösbar, so ist G *elementar–abelsch,* d.h. es gibt eine Primzahl p mit $G \simeq \mathbb{Z}/p\mathbb{Z} \times \ldots \times \mathbb{Z}/p\mathbb{Z}$ (vgl. Aufg. 10.10). Insbesondere ist jeder minimale Normalteiler einer auflösbaren Gruppe elementar–abelsch.

15.2 Sei G eine endliche Gruppe. Eine Kette $G = H_0 \supsetneq H_1 \supsetneq \ldots \supsetneq H_r = 1$ von Untergruppen H_i von G mit $H_i \trianglelefteq H_{i-1}$ heißt eine *Normalreihe* von G. Die Gruppen H_{i-1}/H_i heißen die *Faktoren* der Normalreihe. Sind die H_i sämtlich Normalteiler *von* G, so sprechen wir von einer *Hauptreihe* von G. Die von allen *Kommutatoren* (d.h. den Elementen der Gestalt $aba^{-1}b^{-1}$ mit $a, b \in G$) erzeugte Untergruppe G' von G heißt die *Kommutatorgruppe* von G. Rekursiv definiert man $G^{(0)} = G$, $G^{(i+1)} = G^{(i)\prime}$. Zeige:
a) G' ist der kleinste Normalteiler von G mit abelscher Faktorgruppe.
b) Folgende Aussagen sind äquivalent:
(i) G ist auflösbar.
(ii) G besitzt eine Normalreihe mit abelschen Faktoren.
(iii) Es gibt ein n mit $G^{(n)} = 1$.
(iv) G besitzt eine *Hauptreihe* mit abelschen Faktoren.
(v) G besitzt eine *Hauptreihe* mit elementar–abelschen Faktoren
(vgl. Aufg. 15.1

15.3 Sei K ein Körper der Charakteristik 0. Zeige, dass für jedes n die Galoisgruppe eines Polynoms der Gestalt $X^{4n} + aX^{3n} + bX^{2n} + cX^n + d \in K[X]$ auflösbar ist.

15.4 Das kubische Polynom $f \in \mathbb{Q}[X]$ sei irreduzibel und habe drei reelle Nullstellen. Man zeige, dass es trotzdem keine Radikalerweiterung $F/\mathbb{Q}$ mit $F \subseteq \mathbb{R}$ gibt, sodass F den Zerfällungskörper von f über $\mathbb{Q}$ enthält.

15.5 Zeige: a) Jede Gruppe der Ordnung $n < 60$ ist auflösbar (vgl. Aufg. 10.11).
b) A_5 ist eine einfache Gruppe der Ordnung 60. (Hinweis: Andernfalls wäre A_5 nach a) auflösbar, im Widerspruch zu F15.6.)

15.6 Zeige: a) Besitzt eine beliebige *einfache* Gruppe G eine echte Untergruppe H vom Index $n \leq 5$ und ist G nicht zyklisch, so folgt $n = 5$ und $G \simeq A_5$. (Hinweis: G operiert auf G/H, ist also isomorph zu einer Untergruppe G^* von S_n; da *sgn* auf G^* trivial sein muss, ist $G^* \subseteq A_n$.)
b) *Jede einfache Gruppe G der Ordnung* 60 *ist zu* A_5 *isomorph.*
Hinweis: Andernfalls hat G nach a) keine echte Untergruppe H mit $G : H \leq 5$. Für die Anzahlen der Sylowgruppen folgt dann $n_2 = 15$, $n_3 = 10$, $n_5 = 6$. Also gibt es ein $x \neq 1$, welches in zwei verschiedenen 2–Sylowgruppen P und P' liegt; da beide abelsch sind, liegt x im Zentrum von $H = \langle P, P \rangle = G$, Widerspruch. (Man braucht nur $n_2 = 15$, wenn man die Bemerkung (b') zum 3. Sylowsatz benutzt.)

15.7 Zeige: *Für jede maximale Untergruppe H einer auflösbaren Gruppe G ist* $n = G : H$ *eine Primzahlpotenz.* Hinweis: Per Induktion kann man sich darauf beschränken, dass H keinen nicht–trivialen Normalteiler von G enthält. Für die Operation von G auf G/H operiert dann auch jeder Normalteiler $N \neq 1$ transitiv auf G/H. Betrachte nun einen minimalen Normalteiler N von G und benutze Aufg. 1.

15.8 Die Gruppe G operiere auf der n–elementigen Menge M. Zeige: Es gibt genau einen Homomorphismus

$$\mathrm{sgn} = \mathrm{sgn}_{(G,M)} : G \to \{+1, -1\}$$

mit folgender Eigenschaft: Ist φ eine beliebige bijektive Abbildung von $\{1, 2, \ldots, n\}$ auf M und entspricht dabei einem $\sigma \in G$ das Element $\sigma^\varphi = \varphi^{-1} \circ \sigma \circ \varphi$ von S_n, so gilt mit der Signaturabbildung $\mathrm{sgn}_n : S_n \to \{+1, -1\}$

$$\mathrm{sgn}(\sigma) = \mathrm{sgn}_n(\sigma^\varphi) \ \text{ für alle } \ \sigma \in G.$$

15.9 Sei $f \in K[X]$ ein separables Polynom über dem Körper K und E Zerfällungskörper von f über K. Die Galoisgruppe G von E/K operiert dann auf der Menge $M = \{\alpha_1, \ldots, \alpha_n\}$ der Nullstellen von f in E; sei $\mathrm{sgn} : G \to \{+1, -1\}$ die zugehörige Signaturabbilung (vgl. Aufg. 15.8). Zeige: Für das Element $\triangle = \prod_{i<j}(\alpha_i - \alpha_j)$ gilt $\sigma(\triangle) = \mathrm{sgn}(\sigma)\triangle$ für alle $\sigma \in G$.
Sei $H = \{\sigma \in G \mid \mathrm{sgn}(\sigma) = 1\}$ die Untergruppe der *geraden* Permutationen σ von G. Im Falle $\mathrm{char}\,(K) \neq 2$ ist dann $K(\sqrt{D(f)})$ der Fixkörper von H in E; also insbesondere $D(f)$ genau dann ein Quadrat in K, wenn G nur aus geraden Permutationen besteht. (Zur Definition von $D(f)$ vgl. Def. 8.4; o.E. sei dabei f normiert.)

15.10 Betrachte die natürliche Operation von S_n auf dem rationalen Funktionenkörper $k(X_1, \ldots, X_n)$ mit dem Fixkörper $K = k(s_1, \ldots, s_n)$, vgl. F15.3. Setze $\triangle = \prod_{i<j}(X_i - X_j)$ und zeige für $\mathrm{char}\,(k) \neq 2$, dass $K(\triangle)$ der Fixkörper der alternierenden Gruppe A_n ist. Wie wir in Abschnitt 15.2 gesehen haben, ist der Zwischenkörper $k(s_1, \ldots, s_n)$ von $k(X_1, \ldots, X_n)$ ein *rationaler Funktionenkörper in n Variablen über k*. Es ist naheliegend zu fragen, ob dies auch für den Zwischenkörper $K(\triangle) = k(s_1, \ldots, s_n, \triangle)$ zutrifft, ob es in ihm also *Variable* $t_1, \ldots, t_n$ über k gibt mit $k(s_1, \ldots, s_n, \triangle) = k(t_1, \ldots, t_n)$. Die Antwort auf diese Frage ist nicht bekannt.

15.11 Warum besitzt die A_4 keine Untergruppe der Ordnung 6? Warum sind die auflösbaren Gruppen S_3, A_4 und S_4 nicht nilpotent?

15.12 Zeige: a) Die Konjugationsklasse eines $\sigma \in S_n$ vom Typ $c_1, \ldots, c_n$ hat genau

$$\frac{n!}{c_1!1^{c_1}c_2!2^{c_2}\ldots c_n!n^{c_n}}$$

Elemente, oder gleichwertig damit: Es gibt genau $c_1!1^{c_1}c_2!2^{c_2}\ldots c_n!n^{c_n}$ Elemente in S_n, die mit σ vertauschbar sind.
b) Ein $\sigma \in S_n$ vom Typ $c_1, \ldots, c_n$ liegt genau dann in A_n, wenn $\sum_j (j-1)c_j$ eine gerade Zahl ist. Sei $k(\sigma)$ die Konjugationsklasse von σ *in* S_n. Für $\sigma \in A_n$ ist dann entweder $k(\sigma)$ auch eine Konjugationsklasse *in* A_n oder disjunkte Vereinigung zweier Konjugationsklassen *in* A_n, und zwar je nachdem, ob es eine ungerade, mit σ vertauschbare Permutation gibt oder nicht. Der erste Fall tritt genau dann ein, wenn $c_j \geq 1$ für ein gerades j oder $c_j \geq 2$ für ein ungerades j ist.

15.13 Mittels Aufg. 15.12 zeige man, dass A_5 *einfach* ist. (Hinweis: Jeder Normalteiler N von A_5 besteht aus vollen Konjugationsklassen in A_5. Es gibt aber keine Lösung der Gleichung $1 + 20x + 15y + 12z = |N|$ in ganzen Zahlen $x, y, z \geq 0$, falls $|N|$ echter Teiler von 60 ist.)

15.14 Für eine endliche Gruppe G betrachte die Operation von G auf $M = G$ durch Linkstranslationen. Zeige, dass die zugehörige Signaturabbildung sgn genau dann nicht–trivial ist, wenn die Ordnung von G *gerade* und die 2–Sylowgruppen von G *zyklisch* sind.

15.15 Es sei n eine *ungerade* natürliche Zahl. Zeige:
a) Ist G eine Gruppe der Ordnung $2n$, so besitzt G einen Normalteiler vom Index 2 in G. (Hinweis: Es gibt ein $\tau \in G$ mit $\operatorname{ord}(\tau) = 2$. Betrachte die Zyklenzerlegung von τ als Permutation von G und untersuche das Bild von τ unter $\operatorname{sgn} : G \to \{+1, -1\}$.)
b) Ist G eine Gruppe der Ordnung $2^k n$ und enthält G ein Element der Ordnung 2^k, so besitzt G einen Normalteiler N mit zyklischer Faktorgruppe der Ordnung 2^k. (Hinweis: Führe Induktion nach k.)

15.16 Man nennt die Operation einer Gruppe G auf einer Menge M *k–fach transitiv,* wenn jedes k–Tupel von k verschiedenen Elementen von M in jedes andere solche k–Tupel durch ein $\sigma \in G$ überführt werden kann.

a) Sei G eine Untergruppe der vollen Permutationsgruppe $S(M)$ einer n–elementigen Menge M, welche 2–fach transitiv auf M operiert. Zeige, dass dann jeder Normalteiler $N \neq 1$ von G transitiv auf M operiert.
b) Zeige: Für $n \geq 3$ operiert A_n $(n-2)$–fach transitiv auf $\{1, 2, \ldots, n\}$.
c) Durch Induktion nach n beweise man, dass A_n für $n \geq 5$ *einfach* ist. Hinweis: Der Induktionsanfang wird durch Aufg. 15.13 oder 15.5 geliefert. Sei also $n > 5$ und fasse A_{n-1} als Untergruppe von A_n auf. Sei $1 \neq N \trianglelefteq A_n$. Da N transitiv operiert, gilt $A_n = NA_{n-1}$. Nach Induktionsannahme gilt entweder $A_{n-1} \cap N = A_{n-1}$ oder $A_{n-1} \cap N = 1$. Im zweiten Fall nehme ein $\sigma_1 \in N$ mit $\sigma_1(n) = 1$. Man zeige, dass ein $\sigma \in A_{n-1}$ existiert mit $\sigma\sigma_1\sigma^{-1} \neq \sigma_1$, aber $\sigma\sigma_1\sigma^{-1}(n) = 1$. Dies steht im Widerspruch zu $A_{n-1} \cap N = 1$.

15.17 Für $n \geq 3$ bestimme man alle nicht–trivialen Normalteiler von S_n. (Antwort: Für $n \neq 4$ ist A_n der einzige, für $n = 4$ gibt es neben A_4 noch V_4, vgl. Aufg. 15.16.)

15.18 Man folgere aus 15.17 den *Satz von Bertrand:* Für $n \neq 4$ besitzt S_n keine Untergruppe H von einem Index m mit $2 < m < n$. (Hinweis: S_n operiert transitiv auf G/H; betrachte $S_n \to S(G/H)$.) Historisch bemerkenswert ist, dass *Bertrand* beim Beweis seines Satzes (im Jahre 1845) die Voraussetzung machen musste, dass es für jede natürliche Zahl $n > 1$ eine Primzahl p mit $n < p < 2n$ gibt *(Bertrandsches Postulat);* dies wurde erst später von *Tschebyschev* bewiesen. – Was Untergruppen vom Index n in S_n betrifft, so lässt sich mit mehr Aufwand zeigen, dass es keine anderen als die Standuntergruppen jeder Ziffer gibt, oder was auf dasselbe hinausläuft, dass jeder Automorphismus von S_n ein innerer ist; allerdings ist dabei der Fall $n = 6$ auszunehmen, in dem noch ein weiterer Typ existiert.

15.19 Sei $p \geq 5$ eine Primzahl. Zeige: Es gibt ein $n_0 = n_0(p)$ aus $\mathbb{N}$, sodass für jede natürliche Zahl $n > n_0$ das Polynom

$$f(X) = (X-p)(X-2p)\ldots(X-(p-2)p)(X^2+np) - p$$

über $\mathbb{Q}$ nicht durch Radikale auflösbar bzw. seine Galoisgruppe sogar isomorph zur S_p ist. (Vgl. F15.12 bzw. die daran anschließenden Bemerkungen.)

15.20 Sei $f \in K[X]$ irreduzibel von Primzahlgrad p. Im Zerfällungskörper L von f über K gebe es Nullstellen $\alpha \neq \beta$ von f mit $\beta \in K(\alpha)$. Zeige: L/K ist *zyklisch* vom Grad p. (Hinweis: Mit F6.1(b) zeige man, dass $K(\alpha)/K$ galoissch ist.)

15.21 Die Untergruppe G von S_n operiere *transitiv* auf $\{1, 2, \ldots, n\}$. Zeige: Enthält G einen Zyklus der Länge $n-1$ sowie eine Transposition, so ist $G = S_n$. (Hinweis: Sei o.E. $(1\,2 \ldots n-1)$ in G. Zeige, dass G alle Transpositionen der Gestalt $(i\,n)$ enthält.)

15.22 Bestimme die Galoisgruppe des Polynoms $f(X) = X^5 + X + 1$ über $\mathbb{Q}$. Seien $\alpha_1, \alpha_2, \alpha_3$ die Nullstellen des Polynoms $X^3 - X^2 + 1$ in $\mathbb{C}$. Zeige, dass der Zerfällungskörper von f genau die folgenden, paarweise verschiedenen nicht–trivialen Teilkörper besitzt: $\mathbb{Q}(\sqrt{-3})$, $\mathbb{Q}(\sqrt{-23})$, $\mathbb{Q}(\sqrt{69})$, $\mathbb{Q}(\sqrt{-3}, \sqrt{69})$, $\mathbb{Q}(\alpha_1, \alpha_2, \alpha_3)$, $\mathbb{Q}(\alpha_k)$, $\mathbb{Q}(\alpha_k, \sqrt{-3})$, $\mathbb{Q}(\alpha_k, \sqrt{69})$ mit jeweils $1 \leq k \leq 3$.

15.23 Sei K Teilkörper von $\mathbb{R}$ und $f \in K[X]$ ein *auflösbares* Primpolynom von Primzahlgrad p. Zeige: Für $p \equiv 1 \bmod 4$ ist stets $D(f) > 0$. Für $p \equiv 3 \bmod 4$ ist $D(f) < 0$ genau dann, wenn f nur eine einzige reelle Nullstelle besitzt.

15.24 Im Polynomring $\mathbb{Z}[X_1, \ldots, X_n]$ betrachte für $i \geq 0$ die Potenzsummenpolynome $p_i = X_1^i + X_2^i + \ldots + X_n^i$ und beweise die *Newtonschen Formeln*

$$\begin{aligned} p_r - s_1 p_{r-1} + s_2 p_{r-2} - \ldots (-1)^n s_n p_{r-n} &= 0 \quad \text{für } n \leq r \\ p_r - s_1 p_{r-1} + s_2 p_{r-2} - \ldots (-1)^r s_r r &= 0 \quad \text{für } n > r \geq 1. \end{aligned}$$

Hinweis: Für ein f wie in F15.3 sei $g = f^* = X^n f(X^{-1}) = \sum (-1)^i s_i X^i$. Dann hat $Xg'(X)/g(X)$ die Potenzreihenentwicklung $n - \sum_{k=0}^{\infty} p_k X^k$. Die Behauptung ergibt sich dann durch Koeffizientenvergleich für $Xg'(X)$.
Übrigens hat $\log f^*(X)$ die Potenzreihenentwicklung $-\sum_{k=1}^{\infty} \frac{1}{k} p_k X^k$, woraus ebenfalls hervorgeht, dass jedes p_k Polynom in $s_1, \ldots, s_k$ mit ganzen Koeffizienten ist (wobei $s_k = 0$ für $k > n$).

15.25 Es sei G die Galoisgruppe des Polynoms $f(X) = X^5 - X - 1$ über $\mathbb{Q}$, vgl. S. 301. Benutze Satz 15.8, um $G = S_5$ zu zeigen.
Hinweis: Sei D die Diskriminante von f. Nach 16.10 ist $D = 2869 = 19 \cdot 151$. Insbesondere ist G nicht in A_5 enthalten (vgl. Aufg. 15.9). Man nehme $G \neq S_5$ an. Dann ist $G \cap A_5$ eine echte Untergruppe von A_5; folglich ist $G \cap A_5$ *auflösbar* (vgl. Aufg. 15.5), und damit auch G. Wie dann aus Satz 15.8 (und seinem Beweis) hervorgeht, gilt $G = NH$ mit $N \trianglelefteq G$ und $H \leq G$, wobei N von einem Zyklus der Länge 5 erzeugt wird und H zu einer Untergruppe von $\mathbb{F}_5^\times$ isomorph ist. Weil G nicht in A_5 enthalten ist, muss es ein $\tau \in H$ mit $sgn(\tau) = -1$ geben. Wegen $G \neq S_5$ kann τ keine Transposition sein. Man folgere, dass τ ein Zyklus der Länge 4 ist. Mit dem Fixkörper F von N ist dann $F/\mathbb{Q}$ eine zyklische Erweiterung vom Grade 4 mit $\sqrt{D} \in F$. Mit Aufg. 13.2 ergibt sich nun ein Widerspruch, indem man zeigt: $D = 19 \cdot 151$ ist nicht von der Form $a^2 + b^2$ mit $a, b \in \mathbb{Q}$. Dazu ziehe man 9.3 heran.

16. Der Begriff einer ganzalgebraischen Ringerweiterung (mit Anwendungen in der Galoistheorie)

In diesem Kapitel soll erklärt werden, wie der Begriff einer *algebraischen Körpererweiterung* in geeigneter Weise auf *Ringe* verallgemeinert werden kann.

16.1 Ganze Elemente einer Ringerweiterung

Es sei A ein Ring mit Einselement, R ein Teilring von A, der das Einselement von A enthält. Ferner seien die Elemente von R mit allen Elementen von A vertauschbar, d.h. R liege im *Zentrum* von A (insbesondere ist R also kommutativ). Bei Vorliegen einer solchen Situation sagen wir auch:

$$A/R \text{ sei eine } \textit{Ringerweiterung.}$$

Ist A/R eine Ringerweiterung, so können wir A in natürlicher Weise als R-*Algebra* auffassen. Ist umgekehrt A eine Algebra (mit Einselement 1) über dem kommutativen Ring R mit Eins, so haben wir einen natürlichen Ringhomomorphismus

$$\begin{array}{ccc} R & \longrightarrow & A \\ a & \longmapsto & a1, \end{array}$$

dessen Bild R' ein Teilring des Zentrums von A ist und welcher die Eins von A enthält. Es ist dann A/R' eine Ringerweiterung im obigen Sinne.

Definition 16.1. Sei A eine Algebra über dem kommutativen Ring R mit Eins. Dann heißt ein Element α von A *ganzalgebraisch* (oder kurz: *ganz*) über R, wenn es ein *normiertes* Polynom

$$f(X) = X^n + a_{n-1}X^{n-1} + \ldots + a_0 \in R[X] \tag{16.1}$$

vom Grade $n \geq 1$ über R gibt mit

$$f(\alpha) = \alpha^n + a_{n-1}\alpha^{n-1} + \ldots + a_0\alpha^0 = 0. \tag{16.2}$$

Eine Gleichung der Gestalt (16.2) heißt eine *Ganzheitsgleichung* von α über R.

Beispiele. 1) Für eine *Körpererweiterung* E/K ist α aus E genau dann ganz über K, wenn α algebraisch über K ist.

2) Sei k ein Körper, $K = k(X_1, \ldots, X_n)$ der rationale Funktionenkörper in den n Variablen $X_1, \ldots, X_n$ über k. Seien $s_1, \ldots, s_n$ die elementarsymmetrischen Funktionen in $X_1, \ldots, X_n$. Dann ist jedes X_i ganz über $k[s_1, \ldots, s_n]$, vgl. (15.17).

3) Die über $\mathbb{Z}$ ganzen Elemente von $\mathbb{C}$ heißen *ganze algebraische Zahlen.* Die folgenden komplexen Zahlen sind z.B. ganze algebraische Zahlen: 5, $\sqrt{2}$, $1+i$, $e^{2\pi i/n}$ $(n \in \mathbb{N})$, $\frac{1}{2}(-1+\sqrt{5})$.

F16.1. *Sei A eine Algebra über dem kommutativen Ring R mit Eins. Ist A als R–Modul endlich erzeugt, so ist jedes Element von A ganz über R.*

Beweis. Die Aussage von F16.1 ist eine direkte Verallgemeinerung der Tatsache, dass jede endliche Körpererweiterung algebraisch ist (vgl. F2.4). Der Beweis ist jetzt allerdings schwieriger. Da uns gewisse begriffliche Hilfsmittel hier noch fehlen, greifen wir auf die folgende ‚klassische‘ Begründung von F16.1 zurück:

Nach Voraussetzung besitzt A ein endliches Erzeugendensystem $\beta_1, \ldots, \beta_n$ über R. Wir können $\beta_1 = 1$ annehmen (da wir einem endlichen Erzeugendensystem des R–Moduls A ja noch das Element 1 hinzufügen können). Wir gehen o.E. von $R \subseteq A$ aus. Sei $\alpha \in A$ gegeben. Für jedes $1 \leq j \leq n$ gilt

$$\alpha\beta_j = \sum_{k=1}^{n} a_{kj}\beta_k \quad \text{mit gewissen} \quad a_{kj} \in R.$$

Anders geschrieben, bestehen also die Relationen

$$\sum_{k=1}^{n} (a_{kj} - \delta_{jk}\alpha)\beta_k = 0 \quad \text{für} \quad 1 \leq j \leq n, \tag{16.3}$$

wobei δ_{jk} das Kronecker–Symbol bezeichne. Zur Abkürzung setzen wir

$$c_{jk} := a_{kj} - \delta_{jk}\alpha$$

und bezeichnen mit $C = (c_{jk})_{j,k}$ die entsprechende $n \times n$–Matrix über dem kommutativen Ring $R[\alpha]$. Für die zu C *komplementäre Matrix* $\tilde{C} = (\tilde{c}_{jk})_{j,k}$ gilt

$$\tilde{C}C = \det(C)E_n$$

(vgl. [24, S. 148]). Aus (16.3) folgt dann für alle $1 \leq i \leq n$

$$0 = \sum_{j=1}^{n} \tilde{c}_{ij} \left(\sum_{k=1}^{n} c_{jk}\beta_k \right) = \sum_{k=1}^{n} \sum_{j=1}^{n} \tilde{c}_{ij} c_{jk} \beta_k = \sum_{k=1}^{n} \det(C)\delta_{ik}\beta_k = \det(C)\beta_i.$$

Wegen $\beta_1 = 1$ ist daher notwendig

$$\det(C) = \det\left((a_{jk} - \delta_{jk}\alpha)_{j,k}\right) = 0.$$

Somit ist α Nullstelle des Polynoms

$$f(X) = \det\left((\delta_{jk}X - a_{jk})\right) \in R[X].$$

Doch $f(X)$ ist normiert vom Grade $n \geq 1$, also ist α in der Tat ganz über R. □

Definition 16.2. Eine Ringerweiterung A/R heißt *ganz (ganzalgebraisch)*, wenn jedes Element von A ganz über R ist.

Eine Ringerweiterung A/R heißt *endlich*, wenn A als R–Modul endlich erzeugt ist.

Mit Def. 2 lässt sich F16.1 dann wie folgt formulieren:

F16.2. *Jede endliche Ringerweiterung A/R ist ganz.*

Für Elemente können wir nun das folgende Ganzheitskriterium aussprechen:

F16.3. *Sei A eine Algebra über dem kommutativen Ring R mit Eins. Für ein Element α aus A sind dann äquivalent:*

(i) *α ist ganz über R.*
(ii) *Die Teilalgebra $R[\alpha]$ von A ist als R–Modul endlich erzeugt*
(iii) *Es gibt eine Teilalgebra A' von A, welche α enthält und als R–Modul endlich erzeugt ist.*

Beweis. (i) ⇒ (ii): Definitionsgemäß ist $R[\alpha] = \{g(\alpha) \mid g \in R[X]\}$. Sei $f(\alpha) = 0$ eine Ganzheitsgleichung von α über R. Da f normiert ist, erhält man für jedes $g \in R[X]$ durch Division mit Rest eine Darstellung

$$g(X) = h(X)f(X) + r(X)$$

mit $h(X), r(X) \in R[X]$ und grad $r <$ grad $f =: n$. Wegen $g(\alpha) = r(\alpha)$ folgt dann, dass $1, \alpha, \ldots, \alpha^{n-1}$ ein Erzeugendensystem für den R–Modul $R[\alpha]$ ist.

Die Implikation (ii) ⇒ (iii) ist trivial, und (iii) ⇒ (i) folgt aus F16.1. □

Im Weiteren setzen wir alle Ringe als **kommutativ mit Eins** *voraus.*

Dann hat man zunächst folgenden Sachverhalt:

Lemma 1. *Sind A/R, B/A endliche Ringerweiterungen, so ist auch B/R endlich.*

Beweis. Aus $A = Re_1 + \ldots + Re_m$ und $B = Af_1 + \ldots + Af_n$ folgt offenbar $B = Re_1f_1 + \ldots + Re_mf_n$. □

F16.4. *Für eine Ringerweiterung A/R sind äquivalent:*

(i) *Es gibt endlich viele über R ganze Elemente $\alpha_1, \ldots, \alpha_m$ von A mit $A = R[\alpha_1, \ldots, \alpha_m]$.*
(ii) *A/R ist endlich.*

Beweis. (ii) ⇒ (i) ist klar: Wir brauchen für $\alpha_1, \ldots, \alpha_m$ nur ein Erzeugendensystem des R–Moduls A zu nehmen. Dann gilt sogar $A = R\alpha_1 + \ldots + R\alpha_m$, und nach F16.2 ist jedes α_i ganz über R.

Wir zeigen (i) ⇒ (ii) durch Induktion nach m. Für $m = 0$ ist nichts zu zeigen. Gelte also (i) mit einem $m \geq 1$ und setze $A' = R[\alpha_1, \ldots, \alpha_{m-1}]$. Dann gilt $A = A'[\alpha_m]$, und α_m ist ganz über A'. Wegen F16.3 ist daher A/A' endlich. Nach Induktionsannahme ist auch A'/R endlich. Das vorausgeschickte Lemma 1 liefert dann die Endlichkeit von A/R. □

F16.5. *Sei A/R eine Ringerweiterung. Dann ist die Teilmenge*

$$C = \{\alpha \in A \mid \alpha \text{ ist ganz über } R\}$$

von A ein **Teilring** *von A mit $R \subseteq C$.*

Definition 16.3. C heißt der *ganze Abschluss von R in A.*

Beweis. Da jedes $a \in R$ Nullstelle des normierten Polynoms $X - a$ über F ist, gilt $R \subseteq C$. Seien nun α, β beliebige Elemente von C. Wir betrachten die Teilalgebra $R[\alpha, \beta]$ der R–Algebra A. Nach F16.4 ist $R[\alpha, \beta]/R$ endlich. Daher sind wegen F16.2 alle Elemente von $R[\alpha, \beta]$ ganz über R, also gilt

$$R[\alpha, \beta] \subseteq C.$$

Als Elemente von $R[\alpha, \beta]$ gehören dann insbesondere auch $\alpha + \beta$, $\alpha - \beta$ und $\alpha\beta$ zu C. Damit ist die Behauptung vollständig bewiesen. □

Definition 16.4. Sei A/R eine Ringerweiterung. Man nennt R *ganz abgeschlossen in* A, wenn R mit seinem ganzen Abschluss in A übereinstimmt.

F16.6. *Für jede Ringerweiterung A/R ist der ganze Abschluss C von R in A ganz abgeschlossen in A.*

Beweis. Sei $\alpha \in A$ ganz über C. Dann gilt

$$\alpha^n + \alpha_{n-1}\alpha^{n-1} + \ldots + \alpha_0 = 0 \text{ mit } \alpha_i \in C,\ n \geq 1.$$

Offenbar ist α dann auch ganz über der R–Teilalgebra $A' = R[\alpha_0, \ldots, \alpha_{n-1}]$ von C. Nach F16.4 ist A'/R endlich. Ferner ist $A'[\alpha]/A'$ endlich nach F16.3. Somit ist auch $A'[\alpha]/R$ endlich. Nach F16.2 muss dann aber α als Element von $A'[\alpha]$ ganz über R sein, d.h. $\alpha \in C$. □

F16.7. *Seien A/R und B/A Ringerweiterungen. Sind A/R und B/A ganz, so auch B/R (und umgekehrt).*

Beweis. Sei C der ganze Abschluss von R in B. Weil A/R als ganz vorausgesetzt ist, gilt $A \subseteq C$. Wegen der vorausgesetzten Ganzheit von B/A ist dann auch B/C ganz. Nach F16.6 ist aber C ganz abgeschlossen in B, somit folgt $B = C$. □

16.2 Ganz abgeschlossene Ringe

Wir betrachten jetzt Teilringe von Körpern.

F16.8. *Sei E/R eine Ringerweiterung. Wir setzen voraus, dass E ein Körper ist. Ist dann α aus E algebraisch (= ganz) über dem Körper K der Brüche von R in E, so existiert ein $c \neq 0$ aus R, sodass $c\alpha$ ganz über R ist.*

Beweis. Sei

$$f(\alpha) = \alpha^n + a_{n-1}\alpha^{n-1} + \ldots + a_0 = 0 \tag{16.4}$$

eine algebraische Gleichung von α über K. Es gibt sicher ein $c \neq 0$ aus R, sodass

$$ca_i \in R \text{ für alle } 0 \leq i \leq n-1.$$

Multiplikation von (16.4) mit c^n ergibt

$$(c\alpha)^n + ca_{n-1}(c\alpha)^{n-1} + \ldots + a_0c^n = 0,$$

also eine Ganzheitsgleichung für $c\alpha$ über R. □

Definition 16.5. Ein Integritätsring R heißt *ganz abgeschlossen* (auch: *normal*), wenn R ganz abgeschlossen in seinem Quotientenkörper ist.

F16.9. *Jeder faktorielle Ring R ist ganz abgeschlossen.*

Beweis. Die Behauptung haben wir – in anderen Worten – schon einmal in F5.7 ausgesprochen (und mit dem Lemma von Gauß bewiesen)! Man kann sich von ihrer Richtigkeit auch wie folgt überzeugen: Ein beliebiges Element α von $K = \text{Quot}\,(R)$ hat die Gestalt $\alpha = a/b$ mit $a, b \in R$; da R faktoriell ist, können wir dabei noch annehmen, dass a, b teilerfremd sind. Sei nun α als ganz über R vorausgesetzt und (16.2) eine Ganzheitsgleichung von α über R. Multiplikation mit b^n liefert dann eine Relation der Gestalt

$$a^n + ba_{n-1}a^{n-1} + \ldots + a_0b^n = 0.$$

Danach ist b ein Teiler von a^n. Für teilerfremde a, b in einem faktoriellen Ring R ist dies aber nur möglich, wenn b eine Einheit von R ist und damit $\alpha = a/b$ zu R gehört. □

Bemerkung. Wir können jetzt nachtragen, wie man aus F15.4 den *Hauptsatz über symmetrische Funktionen* folgern kann: Sei also $h(X_1, \ldots, X_n)$ ein symmetrisches Polynom aus $k[X_1, \ldots, X_n]$. Wir wissen schon, dass h in dem von den elementarsymmetrischen Funktionen $s_1, \ldots, s_n$ erzeugten Teilkörper $k(s_1, \ldots, s_n)$ von $k(X_1, \ldots, X_n)$ liegt. Dieser ist der Quotientenkörper des Ringes $R := k[s_1, \ldots, s_n]$. Nun sind die X_i sämtlich *ganz* über $k[s_1, \ldots, s_n]$ und damit nach F16.5 auch alle Elemente von $k[X_1, \ldots, X_n]$. Speziell also ist h ganz über R.

Aber $R = k[s_1, \ldots, s_n]$ ist Polynomring in n Variablen über dem Körper k; folglich ist R nach dem *Satz von Gauß* (vgl. 5.3) faktoriell und somit nach F16.9 ganz abgeschlossen. Daher liegt h in der Tat in $R = k[s_1, \ldots, s_n]$.

Lemma 2. *Sei A/R eine Ringerweiterung und $\sigma : A \to B$ ein Ringhomomorphismus. Ist dann α aus A ganz über R, so ist $\sigma(\alpha)$ ganz über $\sigma(R)$.*

Beweis. Klar. □

F 16.10. *Sei E/K eine endliche Körpererweiterung, und K sei Quotientenkörper des Integritätsringes R. Ist dann R ganz abgeschlossen, so besitzt das Minimalpolynom eines über R ganzen Elementes α von E nur Koeffizienten aus R; speziell sind $S_{E/K}(\alpha)$ und $N_{E/K}(\alpha)$ in R enthalten.*

Beweis. Über einem algebraischen Abschluss C von E habe $g := \mathrm{Mipo}_K(\alpha)$ die Zerlegung

$$g(X) = \prod_{i=1}^{n}(X - \alpha_i) \text{ mit } \alpha_1 = \alpha.$$

Es gibt dann K–Homomorphismen $\sigma_i : K(\alpha) \to C$ mit $\sigma_i(\alpha) = \alpha_i$. Nach dem vorausgeschickten Lemma 2 sind dann alle α_i ebenfalls ganz über R. Als Polynomausdrücke $s_j(\alpha_1, \ldots, \alpha_n)$ in den α_i sind damit auch sämtliche Koeffizienten von g ganz über R (vgl. F16.5). Aber R war als ganz abgeschlossen vorausgesetzt (und g liegt in $K[X]$), also folgt in der Tat $g \in R[X]$.

Die Behauptung von F16.10 folgt auch aus der nachstehenden Feststellung, welche übrigens im Hinblick auf F16.9 eine Verallgemeinerung des *Gaußschen Lemmas* (F5.6) darstellt: □

F16.11. *Sei R ein ganz abgeschlossener Integritätsring und K sein Quotientenkörper. Seien $f, g, h \in K[X]$* **normierte** *Polynome über K mit*

$$f = gh. \tag{16.5}$$

Hat dann f nur Koeffizienten aus R, so haben auch g und h nur Koeffizienten aus R.

Beweis. Sei E Zerfällungskörper von f über K. Über E ist

$$f(X) = \prod_{k=1}^{n}(X - \alpha_k).$$

Da f normiert ist, sind alle α_k ganz über R. Wegen (16.5) gibt es $I, J \subseteq \{1, 2, \ldots, n\}$ mit

$$g(X) = \prod_{i \in I} (X - \alpha_i), \quad h(X) = \prod_{j \in J} (X - \alpha_j).$$

Als Polynomausdrücke in den α_i ($i \in I$) bzw. den α_j ($j \in J$) sind die Koeffizienten von g bzw. h sämtlich ganz über R. Andrerseits liegen sie alle in K, und R ist ganz abgeschlossen; also folgt in der Tat $g, h \in R[X]$. □

F16.12. *Es sei E/R eine* **ganze** *Ringerweiterung. Ist dann E ein Körper, so ist auch R ein Körper.*

Beweis. Sei $\alpha \in R \setminus \{0\}$. Das Element $1/\alpha$ von E genügt nach Voraussetzung einer Ganzheitsgleichung

$$(1/\alpha)^n + a_{n-1}(1/\alpha)^{n-1} + \ldots + a_0 = 0$$

über R. Multipliziert man mit α^{n-1}, so erhält man

$$1/\alpha = -a_{n-1} - a_{n-2}\alpha - \ldots - a_0\alpha^{n-1} \in R.$$

Also ist R ein Körper. □

In verschiedenerlei Hinsicht ist die folgende Feststellung nützlich:

F16.13. *Sei A ein Teilring von $\mathbb{C}$, der aus $\mathbb{Z}$ durch Adjunktion ganzalgebraischen Zahlen entstehe. Für eine beliebige Primzahl p lässt sich dann der natürliche Homomorphismus $\mathbb{Z} \to \mathbb{F}_p$ stets zu einem Ringhomomorphismus von A in einen algebraischen Abschluss von $\mathbb{F}_p$ fortsetzen.*

Beweis. 1) Wir betrachten das Hauptideal pA von A und behaupten, dass es nicht mit A übereinstimmt. Andernfalls bestünde eine Relation $1 = p\alpha$ mit einem $\alpha \in A$, und man erhielte $1/p \in A \cap \mathbb{Q} = \mathbb{Z}$.

2) Da nun das Ideal pA von A nicht mit A übereinstimmt, gibt es ein *maximales Ideal* $\mathfrak{P}$ von A mit $pA \subseteq \mathfrak{P}$ (vgl. F6.12). Die Inklusion $\mathbb{Z} \subseteq A$ vermittelt dann einen natürlichen Homomorphismus

$$\mathbb{Z}/p\mathbb{Z} \longrightarrow A/\mathfrak{P}. \tag{16.6}$$

Dieser ist injektiv, da $\mathbb{Z}/p\mathbb{Z}$ ein Körper ist. Wegen der Maximalität von $\mathfrak{P}$ ist auch $A/\mathfrak{P}$ ein Körper. Vermöge (16.6) können wir dann $\overline{A} := A/\mathfrak{P}$ als Erweiterungskörper von $\mathbb{F}_p = \mathbb{Z}/p\mathbb{Z}$ auffassen. Weil A ganz über $\mathbb{Z}$ ist, ist

$\overline{A}$ algebraisch über $\mathbb{F}_p$ (vgl. Lemma 2). Daher vermittelt die natürliche Abbildung $A \longrightarrow A/\mathfrak{P} = \overline{A}$ eine Fortsetzung von $\mathbb{Z} \longrightarrow \mathbb{Z}/p\mathbb{Z} = \mathbb{F}_p$ zu einem Homomorphismus von A in einen algebraischen Abschluss von $\mathbb{F}_p$.

Im Übrigen sieht man sofort: Ist $A/\mathbb{Z}$ endlich, also $A = \mathbb{Z}[\alpha_1, \ldots, \alpha_n]$, so kann es nur endlich viele solcher Fortsetzungen geben. □

Wir wollen nicht versäumen zu bemerken, dass es sich bei der eben bewiesenen Feststellung F16.13 um einen Spezialfall der folgenden, ziemlich allgemeinen Aussage handelt:

F16.14. *Sei A/R eine* **ganze** *Ringerweiterung (kommutativer Ringe). Dann lässt sich jeder Homomorphismus von R in einen* algebraisch abgeschlossenen *Körper F zu einem Homomorphismus von A in F fortsetzen. Anders ausgedrückt: Zu jedem Primideal $\mathfrak{p}$ von R gibt es mindestens ein Primideal $\mathfrak{P}$ von A mit*

$$\mathfrak{p} = \mathfrak{P} \cap R. \tag{16.7}$$

Auf den Beweis von F16.14 sei an dieser Stelle verzichtet (vgl. aber Aufgabe 16.12).

16.3 Ein Reduktionsprinzip der Galoistheorie

Wir wollen nun zeigen, dass die in den beiden vorausgegangenen Abschnitten dargelegten Grundbegriffe über ganze Ringerweiterungen sich in unserem Zusammenhang zum Beispiel als nützlich erweisen, wenn es um die Untersuchung der Galoisgruppe einer vorgelegten Gleichung geht. Naturgemäß haben wir dabei zunächst den Fall des Grundkörpers $K = \mathbb{Q}$ im Auge.

Sei also ein *normiertes* Polynom $f \in \mathbb{Q}[X]$ vom Grade $n \geq 1$ gegeben. Offenbar können wir ohne Einschränkung von vornherein annehmen, dass f *keine mehrfachen Nullstellen* besitzt (man berechne den ggT von f und f' und dividiere f durch ihn). Ferner überlegt man sich leicht (vgl. den Beweis von F16.8), dass man o.E. davon ausgehen kann, dass das normierte Polynom f *nur Koeffizienten aus* $\mathbb{Z}$ besitzt.

Es ist nun naheliegend, die Situation modulo einer (geeigneten) Primzahl p zu betrachten. Dadurch die Galoisgruppe G von f über $\mathbb{Q}$ voll in den Griff zu bekommen, können wir zwar nicht hoffen (man beachte, dass über einem endlichen Körper nur *zyklische* Galoisgruppen auftreten), doch wird man erwarten, eine gewisse Teilinformation über G zu erlangen. Wir bezeichnen mit $\overline{f} = \overline{f}(X)$ das kanonische Bild von f in $\mathbb{F}_p[X]$ und setzen zusätzlich voraus, dass auch $\overline{f}$ keine mehrfachen Nullstellen besitzt. Über einem Zerfällungskörper E von f über $\mathbb{Q}$ gilt

$$f(X) = (X - \alpha_1)(X - \alpha_2)\dots(X - \alpha_n). \tag{16.8}$$

Bezeichnet A den ganzen Abschluss von $\mathbb{Z}$ in E, so kann man die natürliche Abbildung $\mathbb{Z} \to \mathbb{F}_p$ nach F16.13 zu einem Homomorphismus φ von A in einen algebraischen Abschluss von $\mathbb{F}_p$ fortsetzen; über diesem hat man dann

$$\overline{f}(X) = (X - \overline{\alpha}_1)(X - \overline{\alpha}_2)\dots(X - \overline{\alpha}_n), \tag{16.9}$$

mit $\overline{\alpha}_i = \varphi(\alpha_i)$. Wir können nun folgende Gesetzmäßigkeit aussprechen:

Satz 16.1. *Unter Beibehaltung der obigen Bezeichnungen und der Voraussetzung, dass $\overline{f}$ keine mehrfachen Nullstellen besitzt, gilt: Als Permutationsgruppe der Wurzeln $\overline{\alpha}_1, \overline{\alpha}_2, \dots, \overline{\alpha}_n$ von $\overline{f}$ ist die Galoisgruppe $G(\overline{f})$ von $\overline{f}$ über $\mathbb{F}_p$ zu einer Untergruppe der Galoisgruppe $G(f)$ von f über $\mathbb{Q}$ isomorph, wobei $G(f)$ entsprechend als Permutationsgruppe der Wurzeln $\alpha_1, \alpha_2, \dots, \alpha_n$ von f aufgefasst werde.*

Stellen wir den Beweis dieses Satzes zunächst zurück und illustrieren seine Anwendung am Beispiel des Polynoms

$$f(X) = X^5 - X - 1. \tag{16.10}$$

Für $p = 2$ ist dann

$$\overline{f}(X) = (X^2 + X + 1)(X^3 + X^2 + 1) \tag{16.11}$$

die Primfaktorzerlegung von $\overline{f}$ in $\mathbb{F}_p[X]$. Aus ihr geht sofort hervor, dass $G(\overline{f})$ eine Transposition (sowie einen Dreierzyklus) enthält. Aufgrund von Satz 16.1 muss daher auch $G(f)$ eine Transposition (sowie einen Dreierzyklus) enthalten.

Betrachtet man nun f auch noch modulo der Primzahl $p = 5$, so kann man – wie am Schluss von Kap. 15 ausgeführt – sogar schließen, dass $G(f)$ zur vollen symmetrischen Gruppe S_5 isomorph ist. Wichtig bei der Anwendung von Satz 16.1 ist natürlich, dass $G(\overline{f})$ nicht nur als abstrakte Gruppe, sondern unter *Wahrung der Permutationsstruktur* zu einer Untergruppe von $G(f)$ isomorph ist; sonst könnte man im vorliegenden Beispiel nicht auf die Existenz einer *Transposition,* sondern nur auf die eines Elementes der Ordnung 2 in $G(f)$ schließen.

Den Beweis von Satz 16.1 führen wir in allgemeinerem Rahmen. Statt $\mathbb{Z}$ betrachten wir einen beliebigen *ganz abgeschlossenen* Ring R mit Quotientenkörper K. Gegeben sei ein normiertes Polynom $f(X) \in R[X]$ vom Grade $n \geq 1$. Sei E Zerfällungskörper von f über K und bezeichne A den *ganzen Abschluss* von R in E. Sei ferner ein *maximales Ideal* $\mathfrak{p}$ von R gegeben mit zugehörigem Restklassenkörper $\overline{R} = R/\mathfrak{p}$. Wir setzen voraus, dass sich die natürliche Abbildung $R \to \overline{R}$ zu einem Homomorphismus

$$\varphi : A \to F$$

von A in einen algebraischen Abschluss F von $\overline{R}$ fortsetzen lässt (dies bedeutet in Wahrheit keine Einschränkung; für $R = \mathbb{Z}$ vgl. dazu F16.13, für den allgemeinen Fall wäre F16.14 heranzuziehen). Im Allgemeinen wird es mehrere Fortsetzungen von $R \to \overline{R}$ zu einen Homomorphismus von A in einen gegebenen algebraischen Abschluss F von $\overline{R}$ geben, doch denken wir uns im folgenden eine solche festgehalten und durch $\alpha \longmapsto \overline{\alpha}$ bezeichnet; sei ferner $\overline{A}$ ihr Bild und $\mathfrak{P}$ ihr Kern. Es liegt dann nahe, die Menge

$$G_{\mathfrak{P}} = \{\sigma \in G \mid \sigma\mathfrak{P} = \mathfrak{P}\} \tag{16.12}$$

aller derjenigen Elemente σ der Galoisgruppe $G = G(f) = G(E/K)$ von f über K zu betrachten, die den Kern $\mathfrak{P}$ von φ in sich überführen. Offenbar ist $G_{\mathfrak{P}}$ eine Untergruppe von G, und aufgrund der Definition von $G_{\mathfrak{P}}$ vermittelt jedes $\sigma \in G_{\mathfrak{P}}$ einen durch

$$\overline{\sigma}(\overline{\alpha}) = \overline{\sigma(\alpha)} \tag{16.13}$$

wohldefinierten Automorphismus der algebraischen Körpererweiterung $\overline{A}/\overline{R}$. Wir bemerken, dass die Erweiterung $\overline{A}/\overline{R}$ *normal* ist. In der Tat: Sei $\overline{\beta} \in \overline{A}$ beliebig und $g = \mathrm{Mipo}_K(\beta)$. Da das normierte Polynom $g \in R[X]$ über E vollständig in Linearfaktoren zerfällt, erkennt man durch Anwendung von φ, dass auch $\overline{g}$ über $\overline{A}$ vollständig in Linearfaktoren zerfällt. Wegen $\overline{g}(\overline{\beta}) = 0$ folgt die Behauptung; ferner ergibt sich $\overline{R}(\overline{\beta}) : \overline{R} \leq E : K$, weswegen jedenfalls die größte separable Teil–Erweiterung von $\overline{A}/\overline{R}$ *endlich* sein muss. Wie wir schon sahen, haben wir mit

$$G_{\mathfrak{P}} \to G(\overline{A}/\overline{R}), \quad \sigma \mapsto \overline{\sigma} \tag{16.14}$$

einen natürlichen Homomorphismus der Untergruppe $G_{\mathfrak{P}}$ von G in die Gruppe $G(\overline{A}/\overline{R})$ der normalen Körpererweiterung $\overline{A}/\overline{R}$. Wie vorher sei $\overline{f}$ das kanonische Bild des gegebenen Polynoms f in $\overline{R}[X]$. Ist dann (16.8) die Zerlegung von f über E, so ist (16.9) die entsprechende Zerlegung von $\overline{f}$ über $\overline{A}$. Wegen $\overline{R}[\overline{\alpha}_1, \ldots, \overline{\alpha}_n] \subseteq \overline{A}$ vermittelt (16.14) einen Homomorphismus

$$G_{\mathfrak{P}} \to G(\overline{f}) \tag{16.15}$$

von $G_{\mathfrak{P}}$ in die Gruppe von $\overline{f}$ über $\overline{R}$. Wir setzen nun im Weiteren voraus, dass $\overline{f}$ keine mehrfachen Nullstellen besitzt, also die $\overline{\alpha}_1, \overline{\alpha}_2, \ldots, \overline{\alpha}_n$ in (16.9) paarweise verschieden sind. Dann ist die Abbildung (16.15) offenbar *injektiv:* Ist für $\sigma \in G_{\mathfrak{P}}$ nämlich $\sigma\alpha_i = \alpha_j$ mit $j \neq i$, so folgt $\overline{\sigma}\,\overline{\alpha}_i = \overline{\sigma\alpha_i} = \overline{\alpha}_j$, also $\overline{\sigma} \neq 1$. Darüber hinaus gilt nun folgender Satz (der auch die Aussage von Satz 16.1 enthält):

Satz 16.2. *Es liege die obige Situation vor. Unter der Voraussetzung, dass $\overline{f}$ keine mehrfachen Wurzeln besitzt, sind dann* (16.14) *und* (16.15) **Isomorphismen.**

Beweis. Angenommen, es sei (16.14) schon als surjektiv erkannt. Aus der bereits bewiesenen Injektivität von (16.15) folgt dann $G(\overline{f}) = G(\overline{A}/\overline{R})$, und wir sind fertig. Der Beweis der Surjektivität von (16.14) erfolgt nun in zwei Schritten:

1) Sei Z der Fixkörper von $G_{\mathfrak{P}}$ in E und bezeichne $S = A \cap Z$ den ganzen Abschluss von R in Z. Wir wollen zeigen, dass dann $\overline{S} = \overline{R}$ gilt. Wir wählen dazu Elemente $1, \sigma_2, \ldots, \sigma_r$ von G, welche die $r = Z : K$ verschiedenen K–Homomorphismen von Z in E vermitteln. Definitionsgemäß ist dann $\mathfrak{P} \neq \sigma_i\mathfrak{P}$ bzw. $\sigma_i^{-1}\mathfrak{P} \neq \mathfrak{P}$. Wir behaupten, dass auch

$$\sigma_i^{-1}\mathfrak{P} \cap S \neq \mathfrak{P} \cap S \tag{16.16}$$

gilt. Für ein $x \in \sigma_i^{-1}\mathfrak{P}$ mit $x \notin \mathfrak{P}$ liegt nämlich das Element

$$N_{E/Z}(x) = \prod_{\sigma \in G_{\mathfrak{P}}} \sigma x$$

in $\sigma_i^{-1}\mathfrak{P} \cap S$, aber nicht in $\mathfrak{P}$. Da die natürliche Abbildung $S/\mathfrak{P} \cap S \to A/\mathfrak{P}$ injektiv ist und $\mathfrak{P}$ ein maximales Ideal von A, so ist $\mathfrak{P} \cap S$ ein maximales Ideal des Ringes S (vgl. F16.12). Sei nun s ein beliebiges Element von S.

Anwendung des *Chinesischen Restsatzes* auf den Ring S (vgl. Lemma 4.5 und F4.16) liefert nun wegen (16.16) ein $z \in S$ mit

$$\begin{aligned} z &\equiv s \bmod \mathfrak{P} \\ z &\equiv 1 \bmod \sigma_i^{-1}\mathfrak{P} \text{ für } i = 2, \ldots, r. \end{aligned}$$

Dann erhält man aber mit

$$a := N_{Z/K}(z) = z \cdot \prod_{i=2}^{r} \sigma_i z$$

ein Element aus R mit $a \equiv s \bmod \mathfrak{P}$. Somit ist in der Tat $\overline{S} = \overline{R}$.

2) Zum Beweis der Surjektivität von (16.14) können wir nunmehr $G_{\mathfrak{P}} = G$ annehmen. Sei $\rho \in G(\overline{A}/\overline{R})$ gegeben. Der Automorphismus ρ ist durch seine Wirkung auf ein *primitives Element* $\overline{\beta}$ der größten separablen Teil–Erweiterung von $\overline{A}/\overline{R}$ bestimmt. Sei nun g das Minimalpolynom von β über K und $g(X) = (X - \beta_1)(X - \beta_2) \ldots (X - \beta_m)$ dessen Faktorisierung über E. Da $\overline{\beta}$ durch ρ nur in eine Wurzel von $\overline{g}$ überführt werden kann, gilt $\rho\overline{\beta} = \overline{\beta}_i$ für ein i. Wegen der Irreduzibilität von g gibt es nun aber ein $\sigma \in G$ mit $\sigma\beta = \beta_i$. Es folgt $\overline{\sigma} = \rho$, und damit ist die Behauptung bewiesen. □

Als eine Folgerung unseres obigen Satzes 16.1 wollen wir folgenden, von *Dedekind* ausgesprochenen Sachverhalt erwähnen:

F 16.15. *Sei f ein normiertes Polynom mit Koeffizienten in $\mathbb{Z}$ und p eine Primzahl, für die das von f bestimmte Polynom $\overline{f}$ von $\mathbb{F}_p[X]$ keine mehrfachen Nullstellen besitzt. Die Primfaktorzerlegung von $\overline{f}$ in $\mathbb{F}_p[X]$ laute*

$$\overline{f} = \overline{f}_1 \overline{f}_2 \ldots \overline{f}_r, \tag{16.17}$$

und dabei bezeichne jeweils n_i den Grad von $\overline{f}_i$. Aufgefasst als Permutationsgruppe der Wurzeln von f enthält dann die Galoisgruppe $G(f)$ von f über $\mathbb{Q}$ eine Permutation σ, deren Zyklenzerlegung die Gestalt

$$\sigma = \sigma_1 \sigma_2 \ldots \sigma_r \text{ mit Länge } \sigma_i = n_i \tag{16.18}$$

besitzt.[1]

[1] Nach *Frobenius* lässt sich dies auch in wunderbarer Weise umkehren, vgl. Aufg. 11.11.

Beweis. Wir gehen von der Galoisgruppe $G(\overline{f})$ von $\overline{f}$ über $\mathbb{F}_p$ aus. Die *Bahnen (Transitivitätsgebiete)* für die Operation von $G(\overline{f})$ auf der Menge der Wurzeln von $\overline{f}$ sind gerade die jeweiligen Nullstellenmengen der verschiedenen irreduziblen Faktoren $\overline{f}_1, \overline{f}_2, \ldots \overline{f}_r$ von $\overline{f}$ in (16.17). Nun ist aber die Galoisgruppe $G(\overline{f})$ zyklisch, also erzeugt von einem Element $\overline{\sigma}$. Geradezu nach ihrer Definition (vgl. Abschnitt 15.3) hat dann die Zyklenzerlegung von $\overline{\sigma}$ die Gestalt $\overline{\sigma} = \overline{\sigma}_1\overline{\sigma}_2 \ldots \overline{\sigma}_r$ mit Zyklen $\overline{\sigma}_i$ der Länge $n_i = \mathrm{grad}(\overline{f}_i)$. Aufgrund von Satz 16.1 besitzt dann auch $G(f)$ eine Permutation σ vom gleichen Typ. □

Bemerkung. Unter den Voraussetzungen, die dem Satz 16.2 zugrundelagen, gilt: *Ist $\mathfrak{P}'$ ein weiteres Primideal von A mit $\mathfrak{P}' \cap R = \mathfrak{p}$, so gibt es ein σ in der Galoisgruppe G von E/K mit $\sigma\mathfrak{P} = \mathfrak{P}'$.*

Beweis. Nehmen wir im Widerspruch zur Behauptung an, es gelte $\sigma\mathfrak{P} \neq \mathfrak{P}'$ für alle $\sigma \in G$. Anwendung des Chinesischen Restsatzes auf $\mathfrak{P}$ sowie die Ideale $\sigma^{-1}\mathfrak{P}'$ mit $\sigma \in G$ liefert ein $\alpha \in A$ mit

$$\alpha \equiv 0 \bmod \mathfrak{P}, \;\; \alpha \equiv 1 \bmod \sigma^{-1}\mathfrak{P}' \;\text{ für alle }\; \sigma \in G.$$

Für das Element $a = N\alpha = \prod_\sigma \sigma\alpha$ aus R gilt dann einerseits $a \equiv 0 \bmod \mathfrak{P}$ und andererseits $a \equiv 1 \bmod \mathfrak{P}'$. Wegen $\mathfrak{P} \cap R = \mathfrak{p} = \mathfrak{P}' \cap R$ ist dies aber unmöglich. □

Am Schluss sei noch auf folgende interessante galoistheoretische Konsequenz von Satz 16.2 hingewiesen:

F16.16. *Sei k ein Körper, der als* **hilbertsch** *vorausgesetzt werde (vgl. Def. 15.6). Gegeben sei eine Untergruppe G von S_n. In natürlicher Weise kann man G als Gruppe von Automorphismen des rationalen Funktionenkörpers $E = k(X_1, \ldots, X_n)$ in n Variablen über k auffassen, und es bezeichne $K = E^G$ den Fixkörper von G in E. Unter der Voraussetzung, dass auch K ein rationaler Funktionenkörper*

$$K = k(t_1, \ldots, t_n)$$

in n Variablen $t_1, \ldots, t_n$ über k ist, lässt sich dann die Gruppe G als Galoisgruppe über dem Körper k realisieren.

Beweis. Nach dem Satz vom primitiven Element ist $E = K(\alpha)$ mit einem Element α von E, das wir o.E. als *ganz* über $k[t_1, \ldots, t_n]$ annehmen dürfen. Sei dann $f = f(t_1, \ldots, t_n, X)$ das Minimalpolynom von α über K. Da k *hilbertsch* sein soll, gibt es $c_1, \ldots, c_n$ aus k, sodass $\overline{f} = f(c_1, \ldots, c_n, X)$ *irreduzibel* und *separabel* in $k[X]$ ist. Wie aus Satz 16.2 (in Verbindung mit F16.14) sofort hervorgeht, ist die Galoisgruppe $G(\overline{f})$ von $\overline{f}$ über k zu einer Untergruppe von $G = G(E/K)$ isomorph. Wegen der Irreduzibilität von $\overline{f}$ gilt nun aber $|G(\overline{f})| \geq \operatorname{grad} \overline{f} = \operatorname{grad} f = |G|$, also ist $G \simeq G(\overline{f})$ und damit die Behauptung von F16.16 bewiesen. □

Im Hinblick auf den *Hilbertschen Irreduzibilitätssatz* (vgl. Abschnitt 15.6) springt die Relevanz von F16.16 für das *Umkehrproblem der Galoistheorie* (vgl. Abschnitt 15.2) sofort ins Auge: Eine gegebene endliche Gruppe G der Ordnung n können wir in natürlicher Weise als Untergruppe von S_n und somit auch als Automorphismengruppe des rationalen Funktionenkörpers $\mathbb{Q}(X_1, \ldots, X_n)$ in n Variablen über $\mathbb{Q}$ auffassen. Ist dann der zugehörige Fixkörper K von G ebenfalls ein *rationaler Funktionenkörper* in n Variablen über $\mathbb{Q}$, so ist die gegebene Gruppe G zur Galoisgruppe einer galoisschen Erweiterung $L/\mathbb{Q}$ mit Grundkörper $\mathbb{Q}$ isomorph. Man schreibt *Emmy Noether* die Vermutung zu, dass die obige über K gemachte Voraussetzung stets erfüllt ist; allerdings enthält ihre Arbeit aus dem Jahre 1917 keinen Hinweis auf eine solche Vermutung, und auch *Hilbert* macht in seiner fundamentalen Arbeit von 1892 keinerlei Andeutung in dieser Richtung. Im Jahre 1969 hat dann *Swan* die Vermutung für den Fall einer zyklischen Gruppe G der Ordnung 47 widerlegt. Generell lässt sich also das Umkehrproblem der Galoistheorie in so einfacher Weise nicht erledigen. Auf der anderen Seite behält der methodische Ansatz der Betrachtung von Funktionenkörpern durchaus einen Wert. Im Übrigen ist auch zu bemerken, dass die von Swan angegebenen Gegenbeispiele nur gewisse zyklische Gruppen betreffen, also Gruppen, deren Realisierbarkeit als Galoisgruppen über $\mathbb{Q}$ kein Problem darstellt (vgl. Aufg. 14.10). – Wer einen Eindruck von laufenden Arbeiten am Umkehrproblem der Galoistheorie gewinnen möchte, sei auf *H. Matzat* [29] verwiesen.

Übungen

1) Sei $R = \mathbb{Z}$ und $A = \mathbb{Z}[\sqrt{2}, \sqrt{3}, \sqrt{5}, \ldots]$ der von allen $\sqrt{p}$, p prim, erzeugte Ring. Zeige: A/R ist ganz, aber nicht endlich.

2) Sei $R = \mathbb{Z}$ und $A = \mathbb{Z}[\frac{1}{2}]$. Ist A/R endlich? Ist A/R ganz?

3) Sei $R = \mathbb{Z}$ und $A = \mathbb{Z}[\sqrt{5}\,]$. Zeige: A/R ist endlich und ganz, aber A ist nicht ganz abgeschlossen in $\mathbb{Q}(\sqrt{5}\,)$.

4) Zeige direkt dass $\mathbb{Z}[\sqrt{5}\,]$ nicht faktoriell ist.

5) Sei K ein Körper. Ist der Ring $K[X^2, X^3]$ ganz abgeschlossen?

Aufgaben und Bemerkungen

16.1 Sei A/R eine *ganze* Ringerweiterung. Zeige: Ist A ein Integritätsring und R ein Körper, so ist A ein Körper.

16.2 Sei A/R eine *ganze* Ringerweiterung. Das Primideal $\mathfrak{P}$ von A liege über dem Primideal $\mathfrak{p}$ von R, d.h. es gelte $\mathfrak{P} \cap R = \mathfrak{p}$. Zeige:
a) Ist $\mathfrak{p}$ ein maximales Ideal in R, so ist $\mathfrak{P}$ ein maximales Ideal in A. (Hinweis: Gehe über zu $A/\mathfrak{P}$.)
b) Ist $\mathfrak{P}_0$ ein weiteres über $\mathfrak{p}$ liegendes Primideal von A und gilt $\mathfrak{P}_0 \subseteq \mathfrak{P}$, so folgt $\mathfrak{P} = \mathfrak{P}_0$. (Hinweis: Nach Übergang zu $A/\mathfrak{P}_0$ kann man annehmen: A ist Integritätsring und $\mathfrak{P} \cap R = 0$.)

16.3 Sei A/R eine Ringerweiterung kommutativer Ringe, und S sei eine *multiplikative* Teilmenge von R (und damit auch von A), vgl. 3.12. Dann kann man $S^{-1}R$ als Teilring von $S^{-1}A$ auffassen. Zeige: Ist A/R ganz, so ist auch die Ringerweiterung $S^{-1}A/S^{-1}R$ ganz.

16.4 Seien A/R eine *ganze* Ringerweiterung, $\mathfrak{q}$ ein Ideal von R und $\mathfrak{q}A$ das von $\mathfrak{q}$ erzeugte Ideal von A. Zeige: Jedes $\alpha \in \mathfrak{q}A$ besitzt eine Ganzheitsgleichung $f(\alpha) = 0$, deren Koeffizienten außer dem höchsten alle in $\mathfrak{q}$ liegen. (Hinweis: Es gilt $\alpha = a_1\alpha_1 + \ldots + a_n\alpha_n$ mit $a_i \in \mathfrak{q}$ und $\alpha_i \in A$. Der Teilring $A' = R[\alpha_1, \ldots, \alpha_n]$ ist als Modul über R endlich erzeugt (vgl. F16.4), und es gilt $\alpha A' \subseteq \mathfrak{q}A'$. Mit Blick auf den Beweis von F16.1 folgt daraus die Behauptung.)

16.5 In der Situation von Aufg. 16.4 seien jetzt zusätzlich A als *Integritätsring*, R als *ganz abgeschlossen* in seinem Quotientenkörper K und $\mathfrak{q}$ als *Primideal* vorausgesetzt. Zeige: Ist $\alpha \in \mathfrak{q}A$, so hat das *Minimalpolynom* g von α über K – vom höchsten Koeffizienten abgesehen – nur Koeffizienten aus $\mathfrak{q}$. (Hinweis: Sei f wie in Aufg. 16.4. Betrachte dann $f(X) = g(X)h(X)$ modulo $\mathfrak{q}$.)

16.6 Sei B/R eine beliebige Ringerweiterung kommutativer Ringe, und sei $\mathfrak{q}$ ein Primideal von R. Gilt $\mathfrak{q}B \cap R = \mathfrak{q}$, so gibt es ein Primideal $\mathfrak{Q}$ von B mit $\mathfrak{Q} \cap R = \mathfrak{q}$ (und umgekehrt).
Hinweis: Für $S = R \setminus \mathfrak{q}$ gilt $\mathfrak{q}B \cap S = \emptyset$. Also ist $\mathfrak{q}S^{-1}B$ ein echtes Ideal von $S^{-1}B$ (vgl. 4.12) und daher in einem maximalen Ideal $\mathfrak{M}$ von $S^{-1}B$ enthalten. Setze $\mathfrak{Q} = \mathfrak{M} \cap B$ (im Sinne von 4.12).

16.7 Da es sich aus dem Zusammenhang so ergab, haben wir den *Hauptsatz über symmetrische Funktionen* in Kap. 15 nur für den Fall von Polynomen über einem Körper k formuliert. Mit den Methoden von Kap. 16 zeige man nun:
Sei R ein beliebiger kommutativer Ring mit Eins. Dann besitzt jedes symmetrische Polynom h in $R[X_1, \ldots, X_n]$ genau eine Darstellung $h = g(s_1, \ldots, s_n)$ mit einem Polynom $g \in R[X_1, \ldots, X_n]$. Der Ring der symmetrischen Polynome von $R[X_1, \ldots, X_n]$ stimmt also mit dem Teilring $R[s_1, \ldots, s_n]$ von $R[X_1, \ldots, X_n]$ überein, und er ist selbst ein Polynomring in $s_1, \ldots, s_n$ als Variablen über R.
Hinweis: Da man es bei Existenz– und Eindeutigkeitsaussage nur mit endlich vielen Koeffizienten zu tun hat, genügt es, den Satz für den Fall $R = \mathbb{Z}[Y_1, \ldots, Y_r]$ eines Polynomringes

über $\mathbb{Z}$ zu zeigen. Sei $k = \mathrm{Quot}\,(R)$. Aus F15.4 folgt, dass es genau ein g in $k(X_1, \ldots, X_n)$ gibt mit $h = g(s_1, \ldots, s_n)$. Es bleibt zu zeigen, dass g schon in $R[X_1, \ldots, X_n]$ liegt. Dies folgt daraus, dass $h(X_1, \ldots, X_n)$ ganz über $R[s_1, \ldots, s_n]$ und $R[s_1, \ldots, s_n]$ als faktorieller Ring ganz abgeschlossen ist.

16.8 Aus Aufg. 16.7 folgere man: Es gibt ein wohlbestimmtes Polynom $d_n \in \mathbb{Z}[Y_1, \ldots, Y_n]$ mit folgender Eigenschaft: Ist $f = X^n + a_1X^{n-1} + \ldots + a_n$ ein beliebiges normiertes Polynom über einem Körper K, so gilt für die Diskriminante $D(f)$ von f die Darstellung $D(f) = d_n(a_1, \ldots, a_n)$.

16.9 In der Situation von Abschnitt 16.3 zeige man:
a) $D(f) \in \mathbb{Z}$ (bzw. $D(f) \in R$).
b) Genau dann hat $\overline{f}$ keine mehrfachen Nullstellen, wenn $D(f) \not\equiv 0 \bmod p$ (bzw. $D(f) \not\equiv 0 \bmod \mathfrak{p}$) gilt.

16.10 a) Sei E/K eine Körpererweiterung vom Grade n und α ein primitives Element von E/K mit Minimalpolynom f. Zeige

$$D(f) = (-1)^{n(n-1)/2} N_{E/K}(f'(\alpha)).$$

b) Sei K ein Körper. Zeige, dass ein Polynom $f \in K[X]$ der Gestalt $f(X) = X^n + bX + c$ die Diskriminante

$$D(f) = (-1)^{n(n-1)/2}(n^n c^{n-1} + (-1)^{n-1}(n-1)^{n-1}b^n)$$

besitzt. Hinweis: O.E. sei f irreduzibel und $\mathrm{char}(K) = 0$ (vgl. Aufg. 16.8). Sei $f(\alpha) = 0$; setze $\beta = f'(\alpha)$ und zeige, dass sich α mittels einer einfachen Formel durch β ausdrücken lässt. Man kann dann das Minimalpolynom von β berechnen und damit auch $N_{K(\alpha)/K}(\beta)$.

16.11 Man beweise, dass die beiden Aussagen von F16.14 wirklich äquivalent sind.

16.12 Sei A/R eine Ringerweiterung kommutativer Ringe, und sei $\mathfrak{p}$ ein Primideal von R. Zeige: Ist A/R ganz, so gibt es ein Primideal $\mathfrak{P}$ von A mit $\mathfrak{P} \cap R = \mathfrak{p}$. (Diese Feststellung geht auf *Krull* zurück, wird aber meist das *Going-up theorem von Cohen-Seidenberg* genannt).
Hinweis:
(i) Man betrachte zuerst den Fall, dass R ein *lokaler Ring* ist (vgl. Aufg. 4.13) und $\mathfrak{p}$ sein maximales Ideal. In diesem Fall gilt sogar für *jedes* maximale Ideal $\mathfrak{P}$ von A stets $\mathfrak{P} \cap R = \mathfrak{p}$, wie Anwendung von F16.12 auf die Ringe $A/\mathfrak{P}$ und $R/\mathfrak{P} \cap R$ leicht zeigt.
(ii) Den allgemeinen Fall führe man nun per Lokalisierung auf (i) zurück, indem man für $S = R \setminus \mathfrak{p}$ die Ringerweiterung $S^{-1}A/S^{-1}R$ betrachtet (vgl. Aufg. 4.13, 4.12 und 16.3).

16.13 Sei E/K eine endliche *separable* Körpererweiterung vom Grade n, und seien $\sigma_1, \ldots, \sigma_n$ die verschiedenen K–Homomorphismen von E in den algebraischen Abschluss C von E. Für eine beliebige Basis $\beta_1, \ldots, \beta_n$ von E/K betrachte man die Matrix

$$M = (\sigma_k(\beta_j))_{i,j}. \tag{16.19}$$

Ihre Determinante $\triangle$ ist verschieden von Null (vgl. Satz 12.2). Das gleiche gilt dann auch von ihrem Quadrat $D_{E/K}(\beta_1, \ldots, \beta_n) := \triangle^2$. Doch dieses liegt notwendig in K, wie man etwa aus $\triangle^2 = \det({}^tM)\det(M)$, also

$$D_{E/K}(\beta_1, \ldots, \beta_n) = \det((S_{E/K}(\beta_i\beta_j))_{i,j}) \tag{16.20}$$

erkennt. Man nennt $D_{E/K}(\beta_1, \ldots, \beta_n)$ die *Diskriminante der Basis* $\beta_1, \ldots, \beta_n$ von E/K. Ist $E = K(\alpha)$ und $f = \mathrm{Mipo}_K(\alpha)$, so stimmt die Diskriminante der Basis $1, \alpha, \ldots, \alpha^{n-1}$ mit der *Diskriminante des Polynoms* f überein:

$$D_{E/K}(1, \alpha, \ldots, \alpha^{n-1}) = D(f) = (-1)^{n(n-1)/2} N_{E/K}(f'(\alpha)), \tag{16.21}$$

vgl. (12.10) und (8.17).
Werde K jetzt als Quotientenkörper eines *ganz abgeschlossenen* Ringes R vorausgesetzt, und sei A der ganze Abschluss von R in E. Die Basis $\beta_1, \ldots, \beta_n$ von E/K bestehe nur aus Elementen von A (eine solche Basis existiert nach F16.8). Zeige, dass dann

$$A \subseteq \frac{1}{D}(R\beta_1 + \ldots + R\beta_n) \tag{16.22}$$

mit $D = D_{E/K}(\beta_1, \ldots, \beta_n) \in R$ gilt. Wählt man also ein α aus A mit $E = K(\alpha)$, so ist

$$A \subseteq \frac{1}{D} R[\alpha]. \tag{16.23}$$

Hinweis: Ein beliebiges $\beta \in A$ hat zunächst die Darstellung $\beta = \sum_j x_j \beta_j$ mit $x_j \in K$. Anwendung von σ_i liefert

$$\sigma_i(\beta) = \sum_j x_j \sigma_i(\beta_j) \ \text{ für } \ 1 \leq i \leq n.$$

Mit der Cramerschen Regel (vgl. [25, S. 12]) folgt dann die Behauptung.

16.14 Sei $E = \mathbb{Q}(\sqrt{d})$ mit quadratfreiem $d \neq 1$ aus $\mathbb{Z}$. Bestimme den ganzen Abschluss A von $\mathbb{Z}$ in E. Hinweis: Ein $\alpha \in E$ ist ganzalgebraisch genau dann, wenn Spur $S(\alpha)$ und Norm $N(\alpha)$ ganz sind. Damit findet man $A = \mathbb{Z}[\sqrt{d}]$ für $d \equiv 2$ und $d \equiv 3 \bmod 4$, hingegen $A = \mathbb{Z}\left[\frac{1+\sqrt{d}}{2}\right]$ für $d \equiv 1 \bmod 4$.

16.15 Sei K ein *algebraischer Zahlkörper,* d.h. ein Erweiterungskörper von $\mathbb{Q}$ mit $K : \mathbb{Q} < \infty$. Mit $\mathcal{O}_K$ bezeichne man den ganzen Abschluss von $\mathbb{Z}$ in K. Zeige: $\mathcal{O}_K$ besitzt eine $\mathbb{Z}$–Basis der Länge $n = K : \mathbb{Q}$ (eine solche Basis heißt eine *Ganzheitsbasis* von K). Hinweis: Mit (16.22) folgt die Behauptung leicht aus Abschnitt 14.3, vgl. Beweis von Satz 14.7. – Zeige ferner: Alle Ganzheitsbasen von K haben die gleiche Diskriminante; die dadurch definierte ganze Zahl D_K heißt die *Diskriminante des algebraischen Zahlkörpers* K. Man bestimme die Diskriminante der quadratischen Zahlkörper $K = \mathbb{Q}(\sqrt{d})$, vgl. Aufg. 16.14.

16.16 Sei E/K eine Erweiterung algebraischer Zahlkörper, und es gelte $E = K(\zeta_m)$ mit einer primitiven m–ten Einheitswurzel ζ_m. Zeige: Ist $d = E : K$, so gilt

$$m^d \mathcal{O}_E \subseteq \mathcal{O}_K[\zeta_m].$$

Hinweis: $f = \text{Mipo}_K(\zeta_m)$ ist ein Teiler von $X^m - 1$. Daher ist $f'(\zeta_m)$ ein Teiler von m in $\mathcal{O}_E$. Beachte nun (16.21) und (16.23).

16.17 a) Sei p^r eine Primzahlpotenz und $\zeta = \zeta_{p^r}$ eine primitive p^r–te Einheitswurzel in $\mathbb{C}$. Zeige: Der Körper $F = \mathbb{Q}(\zeta)$ hat den Ganzheitsring $\mathcal{O}_F = \mathbb{Z}[\zeta]$.
Hinweis: Sei $\pi := 1 - \zeta$. Im Ringe $\mathbb{Z}[\zeta] = \mathbb{Z}[\pi]$ ist dann $(p) = (\pi^e)$ mit $e = F : \mathbb{Q}$, vgl. 9.7. Damit zeige man zunächst

$$p\mathcal{O}_F \cap \mathbb{Z}[\zeta] = p\mathbb{Z}[\zeta].$$

Andererseits gibt es nach Aufg. 16.16 eine Potenz p^a mit $p^a \mathcal{O}_F \subseteq \mathbb{Z}[\zeta]$.
b) Sei jetzt n eine beliebige natürliche Zahl und ζ_n eine primitive n–te Einheitswurzel. Zeige: $\mathbb{Z}[\zeta_n]$ *ist der Ring der ganzalgebraischen Zahlen des Körpers* $\mathbb{Q}(\zeta_n)$. Hinweis: Induktion auf der Grundlage von a) und 16.16.

16.18 Sei n eine natürliche Zahl und c eine beliebige reelle Zahl > 0. Beweise folgende einfache, aber bemerkenswerte Beobachtung von *Kronecker:* Es gibt nur endlich viele *ganzalgebraische* Zahlen α mit $\mathbb{Q}(\alpha) : \mathbb{Q} \leq n$ und der Eigenschaft, dass sämtliche Konjugierte von α einen Betrag $\leq c$ haben. Insbesondere also enthält ein vorgelegter algebraischer Zahlkörper K (vgl. Aufg. 16.15) nur endlich viele ganzalgebraische Zahlen, deren Konjugierte alle einen Betrag $\leq c$ haben. (Hinweis: Die Koeffizienten des Minimalpolynoms einer algebraischen Zahl α lassen sich durch die Konjugierten von α ausdrücken.)

16.19 Man folgere aus 16.18: Ist α eine *ganzalgebraische* Zahl, deren Konjugierte alle den Betrag 1 haben, so ist α eine *Einheitswurzel.* – Gilt dies auch, wenn α nur als *algebraisch* vorausgesetzt wird?

16.20 Sei K ein Teilkörper von $\mathbb{C}$ und $K_0 = K \cap \mathbb{R}$ sein maximaler reeller Teilkörper. Man nennt K einen CM–*Körper,* wenn folgende zwei Bedingungen erfüllt sind:
a) $K : K_0 = 2$;
b) K_0 ist *total reell,* d.h. für jeden Homomorphismus $\sigma : K_0 \to \mathbb{C}$ gilt $\sigma(K_0) \subseteq \mathbb{R}$.
(Wichtiges Beispiel für einen CM–Körper: $K = \mathbb{Q}(\zeta_n)$.) Zeige, dass im Falle eines *CM–* Körpers gelten:
a) Ist $\rho : \mathbb{C} \to \mathbb{C}$ die komplexe Konjugation und $\sigma : K \to \mathbb{C}$ ein beliebiger Homomorphismus, so ist $\sigma^{-1}\rho\sigma$ definiert, und es gilt $\sigma^{-1}\rho\sigma = \rho$ auf K.
b) Hat $\alpha \in K$ den Betrag 1, so auch alle Konjugierten von α.
c) Ist ε eine *Einheit* von K, d.h. eine Einheit im Ring $\mathcal{O}_K$ der ganzalgebraischen Zahlen von K, so ist $\varepsilon/\overline{\varepsilon}$ eine Einheitswurzel in K (vgl. Aufg. 16.19).
d) Die Abbildung $d : \alpha \to \alpha/\overline{\alpha}$ vermittelt die exakte Sequenz

$$1 \longrightarrow W_K E_{K_0} \longrightarrow E_K \xrightarrow{\ d\ } W_K/W_K^2,$$

wobei W_K die Gruppe der Einheitswurzeln von K und E_K bzw. E_{K_0} die Gruppen der Einheiten von K bzw. K_0 bezeichnen. Insbesondere gilt also $E_K : W_K E_{K_0} \leq 2$.

16.21 a) Zeige, dass $K = \mathbb{Q}(\sqrt{2}, \sqrt{1+i})$ kein CM–Körper ist (vgl. Aufg. 16.20). Bestimme den maximalen reellen Teilkörper K_0 von K.
b) Finde eine ganzalgebraische Zahl vom Betrag 1, deren Konjugierte nicht alle den Betrag 1 haben (vgl. aber Aufg. 16.20.b)). Hinweis: Beachte $K(\sqrt[4]{2})$ mit K wie in a).
c) Sei α eine algebraische Zahl mit $\overline{\alpha} \neq \alpha$ und $\alpha\overline{\alpha} \in \mathbb{Q}$. Zeige: Haben alle Konjugierten von α denselben Betrag, so ist $\mathbb{Q}(\alpha)$ ein CM–Körper.

16.22 a) Sei p^r eine ungerade Primzahlpotenz und $\zeta = \zeta_{p^r}$ eine primitive p^r–te Einheitswurzel in $\mathbb{C}$. Zeige: Jede Einheit ε von $\mathbb{Z}[\zeta]$ hat die Gestalt $\varepsilon = \xi\eta$ mit einer p^r–ten Einheitswurzel ξ und einer *reellen* Einheit η (*'Lemma von Kummer'*).
b) Gilt die entsprechende Aussage auch im Falle $p = 2$?
c) Sei n eine natürliche Zahl und ζ_n eine primitive n–te Einheitswurzel, ferner werde $n \not\equiv 2 \bmod 4$ vorausgesetzt. Setze $E = \mathbb{Z}[\zeta]^\times$, $E_0 = E \cap \mathbb{R}$ und $W = \langle -\zeta_n \rangle$. Zeige: Ist n keine Primzahlpotenz, so gilt $E \neq WE_0$.
(Hinweis: Vgl. Aufgaben 16.19 bzw. 16.20 und beachte Aufg. 9.8.f).)

16.23 a) Sei $K = \mathbb{Q}(\alpha)$ mit $\alpha^3 + \alpha + 1 = 0$. Begründe, warum $D_K = d(1, \alpha, \alpha^2)$ gelten muss und daher $1, \alpha, \alpha^2$ eine Ganzheitsbasis von K ist.
b) Sei $K = \mathbb{Q}(\alpha)$ mit $\alpha^5 - \alpha + 1 = 0$. Zeige $\mathcal{O}_K = \mathbb{Z}[\alpha]$.
c) Sei $K = \mathbb{Q}(\alpha)$ mit $\alpha^3 + \alpha^2 - 2\alpha + 8 = 0$. Zeige $\mathcal{O}_K \neq \mathbb{Z}[\alpha]$. (Hinweis: Betrachte $4/\alpha$.)

16.24 Sei $K = \mathbb{Q}(\zeta_n)$ mit einer primitiven n–ten Einheitswurzel ζ_n. Zeige, dass für $n > 2$ gilt

$$D_K = (-1)^{\varphi(n)/2} \frac{n^{\varphi(n)}}{\prod\limits_{p|n} p^{\varphi(n)/p-1}}.$$

Hinweis: Betrachte zuerst den Fall $n = p^r$. Für das n–te Kreisteilungspolynom $f = F_n$ gilt dann $X^{p^r} - 1 = (X^{p^{r-1}} - 1)f(X)$. Ableitung, Einsetzen von ζ_n und Normbildung liefert dann die Behauptung. Für zusammengesetztes n wende Induktion an; benutze, dass für quadratische Matrizen A, B der Ordnung r bzw. s die Matrix $A \otimes B = (a_{ij}B)$ die Determinante $\det(A)^s \det(B)^r$ hat (vgl. [25, S. 181, Aufgabe 63]).

16.25 Seien m, n ungerade ganze Zahlen und n nicht durch 5 teilbar. Zeige, dass dann das Polynom

$$f(X) = X^5 + 5mX + 5n$$

über $\mathbb{Q}$ eine zur S_5 isomorphe Galoisgruppe hat. (Hinweis: Satz 1 mit $p = 2$.)

16.26 Zeige: Alle Nullstellen des Polynoms

$$f(X) = X^5 - 20X^3 + 9X + 1$$

sind reell, und die Galoisgruppe von f über $\mathbb{Q}$ ist zur S_5 isomorph. (Hinweis: Benutze Satz 14.3 mit $p = 5$ sowie F16.15 mit $p = 2$.)

16.27 Man beweise die Irreduzibilität des Polynoms

$$f(X) = X^5 - 5X + 12$$

über $\mathbb{Q}$, überzeuge sich davon, dass f nur eine reelle Nullstelle besitzt und $D(f)$ ein Quadrat ist, und folgere daraus: Die Galoisgruppe G von f über $\mathbb{Q}$ ist entweder zur A_5 oder zu einer Untergruppe der Ordnung 10 von A_5 isomorph (vgl. Abschnitt 15.5). Bemerkung: Tatsächlich gilt $G \not\simeq A_5$, aber dies ist anscheinend nicht ohne größere Mühe einzusehen. – Zeige, dass

$$f(X) = X^5 + 20X - 16$$

die A_5 als Galoisgruppe über $\mathbb{Q}$ besitzt. Hinweis: Wieder entnehme man Aufg. 16.10, dass $D(f)$ ein Quadrat ist. Aus F16.15 mit $p = 3$ und $p = 7$ folgt nun, dass f irreduzibel ist und $G(f)$ einen 3–Zyklus enthält.

17. Die Transzendenz von π

Wir führen die Transzendenz von π zunächst auf einen Satz zurück, der auch zum Beweis von weitergehenden Aussagen benutzt werden kann. Es geht uns hier zwar nicht darum, tiefer in die spannende Theorie der transzendenten Zahlen einzudringen, doch macht unser Vorgehen die Sache vielleicht etwas durchsichtiger, und im Übrigen ist uns auch kein wesentlich kürzerer Beweis für die Transzendenz von π bekannt. Die Ideen für den hier eingeschlagenen Weg entnehmen wir *Drinfeld*, [8] (wo die Darstellung allerdings revisionsbedürftig ist).

17.1 Beweis der Transzendenz von π

Nehmen wir an, π sei algebraisch. Seien dann $\beta_1 = i\pi, \beta_2, \ldots, \beta_m$ die Konjugierten von $i\pi$. Wegen $e^{i\pi} = -1$ ist dann jedenfalls

$$(1 + e^{\beta_1})(1 + e^{\beta_2}) \ldots (1 + e^{\beta_m}) = 0.$$

Multiplizieren wir aus, so erhalten wir

$$1 + \sum_j e^{\beta_j} + \sum_{j<k} e^{\beta_j + \beta_k} + \ldots.. + e^{\beta_1 + \ldots + \beta_m} = 0.$$

Wir bezeichnen nun mit $\alpha_1, \alpha_2, \ldots, \alpha_n$ diejenigen der obigen Exponenten $\beta_j, \beta_j + \beta_k, \ldots, \beta_1 + \ldots + \beta_m$, welche *verschieden von Null* sind. Wir können die obige Relation dann in der Form

$$N + e^{\alpha_1} + e^{\alpha_2} + \ldots + e^{\alpha_n} = 0 \tag{17.1}$$

schreiben, wobei $N \in \mathbb{N}$ ist (und die α_i wie gesagt sämtlich $\neq 0$).

Da das System $\alpha_1, \alpha_2, \ldots, \alpha_n$ bei Konjugiertenbildung nur permutiert wird, folgt aus dem unten formulierten Satz 17.1 die Unmöglichkeit der Relation (17.1).

Als Hilfsmittel stellen wir eine elementare Approximationseigenschaft der e–Funktion hinsichtlich eines vorgegebenen Polynoms

$$f(X) = c_0 + c_1 X + \ldots + c_m X^m \tag{17.2}$$

bereit. Zunächst wird behauptet: *Für alle* $x \in \mathbb{C}^\times$ *und* $j = 0, 1, 2, \ldots$ *gilt*

$$j!e^x = j! + j!x + \frac{j!}{2!}x^2 + \ldots + x^j + x^{j+1} q_j(x) e^{|x|} \tag{17.3}$$

mit $|q_j(x)| < 1$.

Das fragliche Restglied der Reihe $j!e^x$ ist $x^{j+1}\delta_j(x)$ mit

$$\delta_j(x) = \frac{1}{j+1} + \frac{x}{(j+1)(j+2)} + \frac{x^2}{(j+1)(j+2)(j+3)} + \ldots .$$

Es folgt $|\delta_j(x)| \leq 1 + \frac{|x|}{1\cdot 2} + \frac{|x|^2}{1\cdot 2\cdot 3} + \ldots < e^{|x|}$ für $x \neq 0$. Also erfüllt $q_j(x) := \delta_j(x)e^{-|x|}$ in der Tat $|q_j(x)| < 1$.

Multiplizieren wir für jedes $j = 0, 1, \ldots, m$ die Gleichung (17.3) mit c_j und addieren, so erhalten wir nach leichter Rechnung

Lemma. *Für* $f(X)$ *wie in (17.2) setze man*

$$F(X) = f(X) + f^{(1)}(X) + \ldots + f^{(m)}(X). \tag{17.4}$$

Dann gilt für alle $x \in \mathbb{C}^\times$

$$F(0)e^x = F(x) + e^{|x|}Q(x) \tag{17.5}$$

mit

$$F(0) = \sum_{j=0}^{m} c_j j! \tag{17.6}$$

und

$$Q(x) = \sum_{j=0}^{m} c_j q_j(x) x^{j+1} \text{ mit } |q_j(x)| < 1. \tag{17.7}$$

Mit $\mathbb{Q}^c$ bezeichnen wir den Körper aller algebraischen Zahlen (also den algebraischen Abschluss von $\mathbb{Q}$ in $\mathbb{C}$).

Satz 17.1. *Gegeben seien $\alpha_1, \ldots, \alpha_n \in \mathbb{Q}^c \setminus \{0\}$ und $a_1, \ldots, a_n \in \mathbb{Z}$ von folgender Beschaffenheit: Zu jedem Automorphismus σ von $\mathbb{Q}^c/\mathbb{Q}$ gibt es eine Permutation $s \in S_n$ mit $\sigma\alpha_i = \alpha_{s(i)}$ sowie $a_{s(i)} = a_i$ für alle i. Dann kann für kein $a \neq 0$ aus $\mathbb{Z}$ folgende Relation bestehen:*

$$a_1 e^{\alpha_1} + a_2 e^{\alpha_2} + \ldots + a_n e^{\alpha_n} = a. \tag{17.8}$$

Beweis. Die α_i sind Nullstellen eines Polynoms $g(X) = \sum b_i X^i \in \mathbb{Z}[X]$ vom Grade n. Für eine feste (später aber noch geeignet zu wählende) Primzahl p betrachten wir dann das Polynom $f(X)$, definiert durch

$$(p-1)!f(X) = X^{p-1}g(X)^p =: \sum_{p-1}^{m} c_j X^j \in \mathbb{Z}[X] \tag{17.9}$$

mit $m = np + p - 1$. Zu f bilden wir dann das Polynom F wie in (17.4) und erhalten mit den Bezeichnungen des Lemmas die Gleichungen

$$F(0)e^{\alpha_i} = F(\alpha_i) + e^{|\alpha_i|}Q(\alpha_i).$$

Multipliziert man mit a_i und addiert, so bekommt man mit (17.8) die Relation

$$\begin{aligned} &aF(0) - a_1F(\alpha_1) - \ldots - a_nF(\alpha_n) \\ &\qquad = a_1 e^{|\alpha_1|}Q(\alpha_1) + \ldots + a_n e^{|\alpha_n|}Q(\alpha_n). \end{aligned} \tag{17.10}$$

Aufgrund der Definitionen gilt nun für alle i

$$F(\alpha_i) = p \cdot h(\alpha_i) \text{ mit einem } h \in \mathbb{Z}[X] \text{ vom Grade } < np. \tag{17.11}$$

(Man beachte, dass α_i mindestens p–fache Nullstelle von f ist, also alle Ableitungen von f bis zur Ordnung $p-1$ in α_i verschwinden.)

Zu den algebraischen Zahlen $\alpha_1, \ldots, \alpha_n$ gibt es ein $b \in \mathbb{N}$, für das alle $b\alpha_i^k$ mit $k \leq n$ ganzalgebraisch sind. Für jedes i ist dann auch $b^p h(\alpha_i)$ ganzalgebraisch. Durch Multiplikation mit b^p entsteht also aus der linken Seite von (17.10) eine ganzalgebraische Zahl; da sie nun nach Voraussetzung auch noch invariant unter allen Automorphismen ist, muss sogar

$$ab^pF(0) - a_1b^pF(\alpha_1) - \ldots - a_nb^pF(\alpha_n) \in \mathbb{Z} \tag{17.12}$$

gelten. Wählen wir p hinreichend groß, so gilt

$$p \not| \, ab_0b. \tag{17.13}$$

Wegen $F(0) = \sum\limits_{j=p-1}^{m} c_j j! \,/\, (p-1)!$ ist $F(0) \in \mathbb{Z}$, und mod$p$ hat man $F(0) \equiv c_{p-1} = b_0^p \equiv b_0 \bmod p$. Für p wie in (17.13) ist somit der erste Summand in (17.12) nicht durch p teilbar. Im Hinblick auf (17.11) ist damit auch die ganze Summe (17.12) nicht teilbar durch p und somit insbesondere *verschieden von Null.* Wir erhalten dann einen Widerspruch zu (17.10), wenn wir zeigen, dass für hinreichend große p

$$|a_1 b^p Q(\alpha_1) e^{|\alpha_1|} + \ldots + a_n b^p Q(\alpha_n) e^{|\alpha_n|}| < 1. \tag{17.14}$$

Nach Definition von $Q(x)$ – vgl. (17.7) – ist

$$\begin{aligned}(p-1)!|Q(x)| &\leq \sum_{j=0}^{m} |c_j| \; |x|^{j+1} = |x| \sum_{j=0}^{m} |c_j| \; |x|^j \\ &\leq |x| \; |x|^{p-1} \left(\sum_i |b_i| \; |x|^i \right)^p = |x|^p \left(\sum_i |b_i| \; |x|^i \right)^p\end{aligned}$$

(für die letzte Ungleichung beachte, dass die c_j aus den b_i durch polynomiales Bildungsgesetz hervorgehen). Daraus erkennen wir, dass für $i = 1, 2, \ldots, n$

$$|a_i b^p Q(\alpha_i)| \leq \frac{M^p}{(p-1)!} \tag{17.15}$$

mit einer Konstanten $M > 0$, die nur von den Ausgangsdaten, aber nicht von p abhängt. Für genügend große p wird nun die rechte Seite von (17.15) so klein, wie man nur will; insbesondere kann man erreichen, dass (17.14) gilt. □

17.2 Satz von Lindemann-Weierstraß

Von Satz 17.1 ausgehend wollen wir nun noch zu etwas allgemeineren Transzendenzaussagen gelangen. *Weierstraß* folgend (vgl. Werke II), formulieren wir dafür zuerst das folgende

Lemma. *Es seien paarweise verschiedene algebraische Zahlen* $x_1, \ldots, x_m$ *gegeben. Mit* $(a_j^{(k)})_j \in \mathbb{C}^m \setminus \{0\}$ *für* $k = 1, 2, \ldots, r$ *bilden wir das Produkt*

$$P = \prod_i \left(\sum_j a_j^{(i)} e^{x_j} \right) = \sum_{j_1, \ldots, j_r} a_{j_1}^{(1)} a_{j_2}^{(2)} \ldots a_{j_r}^{(r)} e^{x_{j_1} + \ldots + x_{j_r}}.$$

Indem wir die Summanden mit gleicher Exponentensumme zusammenfassen, erhalten wir die Darstellung

$$P = \sum_{j \geq 0} c_j e^{z_j} \tag{17.16}$$

mit paarweise verschiedenen $z_0, z_1, z_2, \ldots \ldots$ *(wobei* c_j *jeweils Summe der Produkte* $a_{j_1}^{(1)} \ldots a_{j_r}^{(r)}$ *mit* $x_{j_1} + \ldots + x_{j_r} = z_j$ *ist). Dann ist in (17.16) mindestens ein* $c_j \neq 0$.

Beweis. Da es auf die Reihenfolge der x_i nicht ankommt, können wir annehmen, dass in bezug auf die lexikographische Ordnung von $\mathbb{C} = \mathbb{R}^2$ gilt: $x_1 > x_2 > \ldots > x_m$. Ist dann $a_{i_k}^{(k)}$ jeweils die erste nicht verschwindende Koordinate von $(a_1^{(k)}, \ldots, a_m^{(k)})$ und $z_i = x_{i_1} + \ldots + x_{i_r}$, so gilt $c_i \neq 0$. Ist nämlich $a_{j_1}^{(1)} \ldots a_{j_r}^{(r)} e^{x_{j_1} + \ldots + x_{j_r}}$ ein anderer Summand $\neq 0$, so folgt $j_1 \geq i_1, \ldots, j_r \geq i_r$ und daher $x_{j_1} + \ldots + x_{j_r} \leq x_{i_1} + \ldots + x_{i_r}$, und Gleichheit kann nur gelten, wenn $j_1 = i_1, \ldots, j_r = i_r$. Also ist $c_i = a_{i_1}^{(1)} \ldots a_{i_r}^{(r)}$. □

Satz 17.2. *Für paarweise verschiedene algebraische Zahlen* $x_1, x_2, \ldots, x_m$ *sind* $e^{x_1}, e^{x_2}, \ldots, e^{x_m}$ *linear unabhängig über* $\mathbb{Q}$.

Beweis. Wir wählen eine endliche Galois–Erweiterung $K/\mathbb{Q}$, welche alle x_i enthält. Indem wir $x_1, x_2, \ldots, x_m$ gegebenenfalls noch geeignet ergänzen, können wir annehmen, dass jedes $\sigma \in G = G(K/\mathbb{Q})$ eine Permutation der x_i bewirkt; es gibt also eine wohlbestimmte (ebenfalls mit σ bezeichnete) Permutation $\sigma \in S_m$ mit $\sigma x_i = x_{\sigma(i)}$. Angenommen nun, es gebe eine nicht–triviale Relation

$$\sum_{j=1}^{m} a_j e^{x_j} = 0 \text{ mit } a_j \in \mathbb{Q}. \tag{17.17}$$

Wir bilden dann gemäß dem Lemma das Produkt

$$\prod_{\sigma}\left(\sum_{j} a_{\sigma(j)}e^{x_j}\right) = \sum_{i=0}^{s} c_i e^{z_i}, \tag{17.18}$$

wobei etwa $c_0 \neq 0$. Jedes σ bewirkt nun offenbar eine Permutation der z_i, und wie man sich leicht überlegt, hat $\sigma z_i = z_j$ stets $c_j = c_i$ zur Folge. Indem wir Konjugierte in (17.18) zusammenfassen (und geeignet umnumerieren), erhalten wir

$$\sum_{k=0}^{t} b_k \left(\sum_{\sigma} e^{\sigma z_k}\right) = 0 \ \text{ mit } \ b_k \in \mathbb{Q} \tag{17.19}$$

und $b_0 \neq 0$. Wir multiplizieren (17.19) nun noch mit $\sum_\tau e^{-\tau z_0}$ und bekommen

$$\sum_{k} b_k \left(\sum_{\sigma,\tau} e^{\sigma z_k - \tau z_0}\right) = \sum_{k} b_k \left(\sum_{\sigma,\rho} e^{\sigma(z_k - \rho z_0)}\right) = 0. \tag{17.20}$$

Sei H die Untergruppe aller $\rho \in G$ mit $\rho z_0 = z_0$. In dem System $(z_k - \rho z_0)_{k,\rho}$ sind nun genau die Glieder gleich Null, die zu $k = 0$ und $\rho \in H$ gehören. Bezeichnen wir daher die von Null verschiedenen Glieder des Systems mit $y_1, y_2, \ldots$, so gelangen wir von (17.20) zu

$$r_0 \ + \ \sum_{i \geq 1} r_i \left(\sum_{\sigma} e^{\sigma y_i}\right) = 0 \tag{17.21}$$

mit $r_i \in \mathbb{Q}$, wobei $r_0 = |G| \cdot |H| \cdot b_0 \neq 0$. Bezeichnen wir das System $(\sigma y_i)_{\sigma,i}$ mit $\alpha_1, \alpha_2, \ldots, \alpha_n$, so erhalten wir aus (17.21) schließlich eine Relation

$$\sum_{i=1}^{n} a_i e^{\alpha_i} = a$$

von genau der Art, welche durch Satz 17.1 ausgeschlossen wird. □

Als Konsequenz von Satz 17.2 erhält man insbesondere

Satz 17.3 (Hermite–Lindemann). *Ist $\alpha \neq 0$ eine algebraische Zahl, so ist e^α transzendent.*[1]

---

[1] Nach Satz 17.3 ist speziell die Zahl e transzendent. Wegen $e^{i\pi} = -1$ ist aber auch die Transzendenz von π in Satz 17.3 enthalten.

Beweis. Wäre e^α algebraisch, so hätte man eine nichttriviale Relation

$$a_0 e^0 + a_1 e^\alpha + a_2 e^{2\alpha} + \ldots + a_n e^{n\alpha} = 0 \text{ mit } a_i \in \mathbb{Q},$$

im Widerspruch zu Satz 17.2. □

Der Satz 17.3 wurde erstmals von *Lindemann* bewiesen unter Benutzung der von *Hermite* entwickelten Methoden, mit denen dieser bereits die Transzendenz von e hatte zeigen können.

Allgemeiner als Satz 17.2 gilt nun der folgende von Lindemann ausgesprochene und von Weierstraß bewiesene Sachverhalt:

Satz 17.4 (Lindemann–Weierstraß). *Für paarweise verschiedene algebraische Zahlen $x_1, \ldots, x_m$ sind $e^{x_1}, e^{x_2}, \ldots, e^{x_m}$ linear unabhängig über $\mathbb{Q}^c$.*

Beweis. Gelte also

$$a_1 e^{x_1} + \ldots + a_m e^{x_m} = 0$$

mit algebraischen Zahlen $a_1, \ldots, a_m \neq 0$. Wir wählen eine endliche Galois–Erweiterung $K/\mathbb{Q}$, welche alle a_i enthält. Mit $G = G(K/\mathbb{Q})$ bilden wir dann das Produkt

$$\prod_{\sigma \in G} \left(\sum_j a_j^\sigma e^{x_j} \right) = \sum_i c_i e^{z_i},$$

vgl. das Lemma. Wie man sofort erkennt, ist jedes c_i invariant unter allen $\sigma \in G$, also $c_i \in \mathbb{Q}$. Damit erhält man aber (im Hinblick auf das Lemma) einen Widerspruch zu Satz 17.2. □

Aufgabe. Aus Satz 17.4 folgere man: Ist im Einheitskreis eine Sehne algebraischer Länge $a > 0$ gegeben, so lässt sich daraus die Länge des zugehörigen Kreisbogens nicht mit Zirkel und Lineal konstruieren (ebensowenig wie die Fläche des zugehörigen Kreissektors).

18. Einige Grundbegriffe für transzendente Körpererweiterungen

Im nächsten Kapitel werden wir die algebraischen Hilfsmittel bereitstellen, die man für erste Schritte auf dem Gebiet der algebraischen Geometrie benötigt. Die dafür notwendigen Grundbegriffe über transzendente Erweiterungen wollen wir in diesem Kapitel besprechen.

18.1 Existenz von Transzendenzbasen

Im Folgenden sei E/K eine fest vorgegebene Körpererweiterung. Sei M eine Teilmenge von E. Unter der *algebraischen Hülle von M in E* verstehen wir den algebraischen Abschluss von $K(M)$ in E (vgl. F2.8). Wir bezeichnen die algebraische Hülle von M in E mit

$$H(M) = H_{E/K}(M).$$

Man sagt, ein Element α aus E sei *algebraisch abhängig von M (über K)*, wenn α zu $H(M)$ gehört, also α algebraisch über $K(M)$ ist. Es gelten offenbar folgende formale Eigenschaften:

a) $M \subseteq H(M)$;
b) $M \subseteq M' \Rightarrow H(M) \subseteq H(M')$;
c) $H(H(M)) = H(M)$.

Definition 18.1. Wir sagen, M sei *algebraisch unabhängig (über K)*, wenn

$$\alpha \notin H(M \setminus \{\alpha\}) \text{ für alle } \alpha \in M$$

gilt, d.h. jedes α aus M *transzendent* über $K(M \setminus \{\alpha\})$ ist.

M heißt *algebraisch abhängig (über K)*, wenn M nicht algebraisch unabhängig ist.

Die formale Analogie dieser Begriffe mit den aus der Linearen Algebra geläufigen Begriffen der *linearen Unabhängigkeit bzw. Abhängigkeit* springt sofort ins Auge (vgl. [24, Def. 8 auf S. 40]). Offenbar gelten:

d) M ist genau dann *algebraisch abhängig,* wenn es ein $\alpha \in M$ gibt, welches algebraisch über $K(M \setminus \{\alpha\})$ ist.
e) Für $\alpha \in M$ gilt: $\alpha \in H(M \setminus \{\alpha\}) \iff H(M) = H(M \setminus \{\alpha\})$.
f) Ist $\alpha \notin M$ und α algebraisch über $K(M)$, so ist $M \cup \{\alpha\}$ *algebraisch abhängig.*
g) M ist genau dann *algebraisch abhängig,* wenn M eine *endliche Teilmenge* enthält, die *algebraisch abhängig* ist.
h) M ist genau dann *algebraisch unabhängig,* wenn *jede endliche Teilmenge* von M *algebraisch unabhängig ist.*

F18.1. *M ist genau dann algebraisch unabhängig, wenn gilt: Sind $\alpha_1, \dots, \alpha_n$ endlich viele paarweise verschiedene Elemente von M (n beliebig), so ist der auf dem Polynomring $K[X_1, \dots, X_n]$ definierte kanonische K–Algebrenhomomorphismus*

$$K[X_1, \dots, X_n] \longrightarrow E \;\text{ mit }\; X_i \longmapsto \alpha_i$$

injektiv, *oder anders ausgedrückt: Für alle $f \in K[X_1, \dots, X_n]$ gilt: Aus $f(\alpha_1, \dots, \alpha_n) = 0$ folgt $f = 0$ (d.h. „zwischen den $\alpha_1, \dots, \alpha_n$ besteht keine nicht–triviale algebraische Relation“).*

Beweis. O.E. sei $M = \{\alpha_1, \dots, \alpha_n\}$ n–elementig.

1) Sei M als algebraisch abhängig vorausgesetzt. Dann gibt es ein i, sodass α_i algebraisch abhängig von $M \setminus \{\alpha_i\}$ ist. Wir nehmen o.E. an, es sei $i = n$. Somit ist α_n algebraisch über $K(\alpha_1, \dots, \alpha_{n-1}) = \operatorname{Quot} K[\alpha_1, \dots, \alpha_{n-1}]$. Es gilt also

$$\sum_{i=0}^{m} g_i(\alpha_1, \dots, \alpha_{n-1})\alpha_n^i = 0$$

mit gewissen Polynomen $g_i = g_i(X_1, \dots, X_{n-1})$ aus $K[X_1, \dots, X_{n-1}]$, wobei $g_m(\alpha_1, \dots, \alpha_{n-1}) \neq 0$ ist. Für

$$f(X_1, \dots, X_n) := \sum_{i=0}^{m} g_i(X_1, \dots, X_{n-1})X_n^i$$

aus $K[X_1, \dots, X_n]$ ist dann $f(\alpha_1, \dots, \alpha_n) = 0$, aber $f(X_1, \dots, X_n) \neq 0$.

2) Werde die n–elementige Menge $M = \{\alpha_1, \dots, \alpha_n\}$ jetzt als algebraisch unabhängig vorausgesetzt, und für $f \in K[X_1, \dots, X_n]$ gelte $f(\alpha_1, \dots, \alpha_n) = 0$. Wir haben $f = 0$ zu zeigen. Für f hat man eine Darstellung der Gestalt

$$f(X_1, \dots, X_n) = \sum_{i=0}^{m} g_i(X_1, \dots, X_{n-1}) X_n^i \tag{18.1}$$

mit eindeutig bestimmten Polynomen $g_i(X_1, \dots, X_{n-1}) \in K[X_1, \dots, X_{n-1}]$. Wegen $f(\alpha_1, \dots, \alpha_n) = 0$ gilt

$$\sum_{i=0}^{m} g_i(\alpha_1, \dots, \alpha_{n-1}) \alpha_n^i = 0. \tag{18.2}$$

Dies ist eine algebraische Gleichung von α_n über $K(\alpha_1, \dots, \alpha_{n-1})$. Nach Voraussetzung muss sie trivial sein, also gilt $g_i(\alpha_1, \dots, \alpha_{n-1}) = 0$ für alle i. Per Induktion folgt $g_i(X_1, \dots, X_{n-1}) = 0$ für alle i, mithin $f = 0$. □

F18.2. *Für eine beliebige Teilmenge M von E und ein beliebiges Element α aus E gelten:*

a) Ist M algebraisch unabhängig, aber $M \cup \{\alpha\}$ algebraisch abhängig, so folgt $\alpha \in H(M)$, d.h. α ist algebraisch abhängig von M.
b) Ist B eine maximale algebraisch unabhängige Teilmenge von M, so gilt $M \subseteq H(B)$, d.h. jedes Element von M ist algebraisch über $K(B)$.

Beweis. (a) Ist die genannte Voraussetzung erfüllt, so gibt es paarweise verschiedene Elemente $\alpha_1, \dots, \alpha_{n-1}$, $\alpha_n = \alpha$ aus $M \cup \{\alpha\}$, zwischen denen eine nicht–triviale algebraische Relation

$$f(\alpha_1, \dots, \alpha_n) = 0, \; f \in K[X_1, \dots, X_n], \; f \neq 0 \tag{18.3}$$

besteht. Für f hat man eine Darstellung der Gestalt (18.1), und dabei sind nicht alle $g_i(X_1, \dots, X_{n-1})$ gleich 0. Wegen (18.3) ist nun die Relation (18.2) erfüllt. Hier können nicht alle $g_i(\alpha_1, \dots, \alpha_{n-1})$ verschwinden; andernfalls wären nämlich wegen der algebraischen Unabhängigkeit von $\alpha_1, \dots, \alpha_{n-1}$ über K nach F18.1 sämtliche $g_i = 0$. Somit stellt (18.2) eine nicht–triviale algebraische Gleichung von α_n über $K(\alpha_1, \dots, \alpha_{n-1})$ dar, d.h. α_n ist in der Tat algebraisch über $K(\alpha_1, \dots, \alpha_{n-1})$ und daher auch über $K(M)$.

(b) ist eine unmittelbare Folgerung aus (a). □

Definition 18.2. Eine Teilmenge B von E heißt eine *Transzendenzbasis* der Körpererweiterung E/K, wenn folgende beiden Bedingungen erfüllt sind:

a) $E = H(B)$, d.h. die Erweiterung $E/K(B)$ ist algebraisch.
b) B ist algebraisch unabhängig (über K).

F18.3. *Für eine Teilmenge B von E sind äquivalent:*

(i) *B ist eine Transzendenzbasis von E/K.*
(ii) *Ist B enthalten in einer Teilmenge M von E mit $H(M) = E$, so ist B eine maximale algebraisch unabhängige Teilmenge von M.*
(iii) *Es gibt eine Teilmenge M von E mit $H(M) = E$, welche B als maximale algebraisch unabhängige Teilmenge enthält.*

Beweis. (i) $\Rightarrow$ (ii): Sei $\alpha \in M \setminus B$. Wir haben zu zeigen, dass dann $B \cup \{\alpha\}$ algebraisch abhängig ist. Wegen $\alpha \in H(B) = E$ ist das aber klar, Def. 18.1f) (mit B statt M).

(ii) $\Rightarrow$ (iii): Man nehme $M = E$.

(iii) $\Rightarrow$ (i): Es ist nur zu zeigen, dass $H(B) = E$ gilt. Nach F18.2 (b) gilt $M \subseteq H(B)$. Hieraus folgt aber in der Tat $E = H(M) \subseteq H(H(B)) = H(B)$. □

Satz 18.1. *Jede Körpererweiterung E/K besitzt eine Transzendenzbasis. Genauer: Ist eine Teilmenge M von E gegeben, für welche $E/K(M)$ algebraisch ist, sowie eine über K algebraisch unabhängige Teilmenge C von M, so existiert eine Transzendenzbasis B von E/K mit $C \subseteq B \subseteq M$.*

Beweis. Wir haben C zu einer maximalen algebraisch unabhängigen Teilmenge B von M zu ergänzen. Ein solches B ist nach F18.3 eine Transzendenzbasis von E/K. Ist M endlich, so ist die Existenz von B klar. Ist M nicht endlich, so berufe man sich auf das *Zornsche Lemma* (und argumentiere ganz entsprechend wie beim Beweis von F6.11). □

F18.4. *Sei E/K eine Körpererweiterung und M eine Teilmenge von E, für die $E/K(M)$ algebraisch ist. Ist dann C eine beliebige über K algebraisch unabhängige Teilmenge von E, so existiert eine zu C elementfremde Teilmenge M' von M, sodass $C \cup M'$ eine Transzendenzbasis von E/K ist.*

Beweis. Nach Satz 18.1 gibt es eine Transzendenzbasis B von E/K mit $C \subseteq B \subseteq M \cup C$. Man setze $M' := B \setminus C$. Dann hat man $M' \cap C = \varnothing$, und $C \cup M' = C \cup (B \setminus C) = B$ ist eine Transzendenzbasis von E/K. □

Satz 18.2. *Je zwei Transzendenzbasen einer Körpererweiterung E/K haben die gleiche Mächtigkeit.*

Beweis. Seien B und B' Transzendenzbasen von E/K. Sind B und B' beide *unendliche* Mengen, so ergibt sich die Behauptung des Satzes leicht aus mengentheoretischen Gründen (vgl. Aufg. 18.2). □

Wir beweisen jetzt die Behauptung von Satz 18.2 für den hauptsächlich interessierenden Fall, dass E/K eine *endliche* Transzendenzbasis besitzt. Sei B eine n–elementige Transzendenzbasis von E/K und C eine beliebige m–elementige algebraisch unabhängige Teilmenge von E. Es genügt zu zeigen, dass unter diesen Umständen $m \leq n$ gelten muss. Sei $C := \{\alpha_1, \ldots, \alpha_m\}$.

Wir nehmen $m \geq n$ an. Durch Induktion zeigen wir, dass es zu jeder ganzen Zahl k mit $0 \leq k \leq n$ Teilmengen

$$B_0 \supseteq B_1 \supseteq \ldots \supseteq B_k \tag{18.4}$$

von B gibt, sodass gilt

$$\{\alpha_1, \ldots, \alpha_k\} \cup B_k \text{ ist Transzendenzbasis von } E/K \tag{18.5}$$

$$\{\alpha_1, \ldots, \alpha_k\} \cap B_k = \varnothing. \tag{18.6}$$

Für $k = 0$ nehme $B_0 := B$. Sei die Behauptung für $0 \leq k < n$ als richtig vorausgesetzt. Nach F18.4 gibt es dann eine Teilmenge B_{k+1} der Menge $\{\alpha_1, \ldots, \alpha_k\} \cup B_k$, sodass gilt:

$$\{\alpha_1, \ldots, \alpha_{k+1}\} \cup B_{k+1} \text{ ist Transzendenzbasis von } E/K \tag{18.7}$$

$$\{\alpha_1, \ldots, \alpha_{k+1}\} \cap B_{k+1} = \varnothing. \tag{18.8}$$

Es ist dann notwendig $B_{k+1} \subseteq B_k$. Jedoch gilt nicht $B_{k+1} = B_k$, da sonst $B_k \cup \{\alpha_1, \ldots, \alpha_k\} \cup \{\alpha_{k+1}\}$ nach (18.7) einerseits algebraisch unabhängig, andererseits nach (18.5) aber algebraisch abhängig wäre. Wegen (18.4) hat B_k höchstens $n - k$ Elemente. Somit muss $B_n = \varnothing$ gelten. Also ist $\{\alpha_1, \ldots, \alpha_n\}$ nach (18.5) eine Transzendenzbasis von E/K. Wegen der algebraischen Unabhängigkeit von $C = \{\alpha_1, \ldots, \alpha_m\}$ ist damit ausgeschlossen, dass $m > n$ gilt.

18.2 Der Transzendenzgrad

Definition 18.3. Unter dem *Transzendenzgrad* Trgd (E/K) *einer Körpererweiterung* E/K versteht man die Mächtigkeit einer (und damit jeder) Transzendenzbasis von E/K.

Definition 18.4. Eine Körpererweiterung E/K heißt *rein transzendent,* wenn E/K eine Transzendenzbasis B besitzt, für die $E = K(B)$ gilt.

Bemerkungen. 1) Ist E/K rein transzendent, so ist E K–isomorph zum Quotientenkörper eines Polynomringes $K[B]$ in den Variablen $X \in B$ über K.

2) Nach Satz 18.1 besitzt eine beliebige Körpererweiterung E/K einen Zwischenkörper F, für den F/K rein transzendent und E/F algebraisch ist:

$$\begin{array}{cl} E & \\ \Big| & \Big\}\ \text{algebraisch} \\ F & \\ \Big| & \Big\}\ \text{rein transzendent} \\ K & \end{array} \tag{18.9}$$

Natürlich ist F dadurch nicht eindeutig bestimmt.

Satz 18.3. *Für einen beliebigen Zwischenkörper F von E/K seien B eine Transzendenzbasis von F/K und B' eine Transzendenzbasis von E/F. Dann gilt $B \cap B' = \varnothing$, und $B \cup B'$ ist eine Transzendenzbasis von E/K. Insbesondere also gilt:*

$$\operatorname{Trgd}(E/K) = \operatorname{Trgd}(E/F) + \operatorname{Trgd}(F/K). \tag{18.10}$$

Beweis. 1) Angenommen, es sei $\alpha \in B \cap B'$. Als Element von F ist dann α jedenfalls algebraisch über $F(B' \setminus \{\alpha\})$. Doch dies steht wegen $\alpha \in B'$ im Widerspruch zur algebraischen Unabhängigkeit von B' über F.

2) Nach Voraussetzung ist $F/K(B)$ algebraisch. Gleiches trifft dann auch auf die Erweiterung

$$FK(B') \,/\, K(B)K(B') \;=\; F(B') \,/\, K(B \cup B')$$

zu. Nun ist nach Voraussetzung auch $E/F(B')$ algebraisch. Aufgrund der Transitivität der Algebraizität ist somit auch $E/K(B \cup B')$ algebraisch.

3) Es bleibt noch zu zeigen, dass $B \cup B'$ algebraisch unabhängig über K ist. Nach F18.4 gibt es jedenfalls eine Teilmenge B'' von $B \cup B'$ mit $B \cap B'' = \varnothing$, sodass $B \cup B''$ eine Transzendenzbasis von E/K ist. Offenbar hat man $B'' \subseteq B'$, und daher ist zum Beweis der Behauptung $B'' = B'$ zu zeigen. Nehmen wir an, es gebe ein $\alpha \in B'$ mit $\alpha \notin B''$. Wie jedes Element von E ist α algebraisch über $K(B \cup B'') = K(B)(B'')$, also erst recht über $F(B'')$. Wegen $B'' \subseteq B'$ sowie aufgrund unserer Annahme ist α also algebraisch über $F(B' \setminus \{\alpha\})$, und man erhält einen Widerspruch zur algebraischen Unabhängigkeit von B' über F. □

18.3 Der Noethersche Normalisierungssatz

Für manche Zwecke ist es nützlich, dass man im endlich erzeugten Fall die Aussage von Satz 18.1 (bzw. von Bemerkung 2 zu Def. 18.4) in der folgenden Weise verschärfen kann:

Satz 18.4 (Noetherscher Normalisierungssatz). *Sei A eine kommutative Algebra über dem Körper K, welche (als Algebra) durch endlich viele Elemente $x_1, \dots, x_n$ erzeugt wird:*

$$A = K[x_1, \dots, x_n]. \tag{18.11}$$

Es gibt dann $0 \leq m \leq n$ Elemente $u_1, \dots, u_m$ aus A mit folgenden Eigenschaften:

a) Die Teilalgebra $K[u_1, \dots, u_m]$ von A ist eine Polynomalgebra in den $u_1, \dots, u_m$ als Unbestimmten über K.[1]

b) Die Ringerweiterung $A/K[u_1, \dots, u_m]$ ist ganz, also wegen (18.11) sogar endlich.

Beweis. O.E. seien $x_1, \dots, x_n$ paarweise verschieden. Wir führen Induktion nach n. Der Fall $n = 1$ ist klar. Sei also $n > 1$ und die Behauptung für $n - 1$ als richtig vorausgesetzt. Besteht zwischen den $x_1, \dots, x_n$ keine nicht-triviale algebraische Relation über K, so ist nichts zu zeigen. Es gebe also ein $f \neq 0$ im Polynomring $K[X_1, \dots, X_n]$ mit

[1] Für $m = 0$ setze $K[u_1, \dots, u_m] = K$.

$$f(x_1, \ldots, x_n) = 0. \tag{18.12}$$

Die genaue Darstellung von f laute

$$f = \sum_{\nu=(\nu_1,\ldots,\nu_n)} c_\nu X_1^{\nu_1} \ldots X_n^{\nu_n}.$$

Seien $\mu_2, \mu_3, \ldots, \mu_n$ beliebige natürliche Zahlen (über die später noch verfügt werden wird); wir setzen

$$y_2 = x_2 - x_1^{\mu_2}, \quad y_3 = x_3 - x_1^{\mu_3}, \ldots, y_n = x_n - x_1^{\mu_n}. \tag{18.13}$$

Es ist dann

$$x_i = y_i + x_1^{\mu_i}, \quad \text{für } 2 \leq i \leq n \tag{18.14}$$

und wegen (18.12) also

$$f(x_1, y_2 + x_1^{\mu_2}, \ldots\ldots, y_n + x_1^{\mu_n}) = 0. \tag{18.15}$$

Zur Abkürzung setzen wir $R = K[X_1, \ldots, X_n]$ und betrachten in dem Polynomring $R[Y_2, \ldots, Y_n]$ in $n-1$ Variablen über R das Polynom

$$f(X_1, Y_2 + X_1^{\mu_2}, \ldots, Y_n + X_1^{\mu_n}).$$

Als Polynom in X_1 über $K[Y_2, \ldots, Y_n]$ aufgefasst, hat es die Gestalt

$$\sum_\nu c_\nu X_1^{\nu_1 + \mu_2\nu_2 + \ldots + \mu_n\nu_n} + g(X_1, Y_2, \ldots, Y_n)$$

mit einem Polynom $g(X_1, Y_2, \ldots, Y_n)$, dessen Grad in X_1 kleiner als der Grad des linksstehenden Polynoms ist – vorausgesetzt, wir können dafür sorgen, dass die Summanden in der Summe sich nicht gegenseitig aufheben. Dazu verfügen wir jetzt über die $\mu_2, \ldots, \mu_n$. Setze zunächst $\mu = (1, \mu_2, \ldots, \mu_n)$ und bezeichne mit $\mu\nu = 1 \cdot \nu_1 + \mu_2\nu_2 + \ldots + \mu_n\nu_n$ das übliche innere Produkt von μ mit $\nu = (\nu_1, \ldots, \nu_n)$. Sei p eine natürliche Zahl mit

$$p > \text{grad } f = \max\{\nu_1 + \ldots + \nu_n \mid c_\nu \neq 0\}.$$

Wir wählen jetzt

$$\mu = (1, p, p^2, \ldots, p^{n-1}).$$

Für verschiedene n-Tupel $\nu = (\nu_1, \ldots, \nu_n)$ und $\nu' = (\nu'_1, \ldots, \nu'_n)$ mit $c_\nu \neq 0$ und $c_{\nu'} \neq 0$ ist dann wegen $\nu_i, \nu'_i < p$ für alle i in der Tat $\mu\nu \neq \mu\nu'$. (Man beachte die Eindeutigkeit der p–adischen Entwicklung einer natürlichen Zahl nach Potenzen von p.) Somit gilt also

$$f(X_1, Y_2 + X_1^{\mu_2}, \ldots, Y_n + X_1^{\mu_n}) = c\,X_1^N + h(X_1, Y_2, \ldots, Y_n)$$
mit $c \neq 0$ aus K und einem Polynom h vom Grade $< N$ in X_1.

Teilt man noch durch c und setzt für $X_1, Y_2, \ldots, Y_n$ der Reihe nach $x_1, y_2, \ldots, y_n$ ein, so erhält man wegen (18.15) eine Ganzheitsgleichung für x_1 über $K[y_2, \ldots, y_n]$. Mit Blick auf (18.14) sowie (18.11) gilt dann:

Die Ringerweiterung

$$A/K[y_2, \ldots, y_n] \text{ ist } \textit{ganz.} \tag{18.16}$$

Nach Induktionsannahme existieren nun Elemente $u_1, \ldots, u_m$ in $K[y_2, \ldots, y_n]$ mit folgenden Eigenschaften:

$$K[u_1, \ldots, u_m] \text{ ist Polynomring in } u_1, \ldots, u_m \text{ über } K \tag{18.17}$$

$$K[y_2, \ldots, y_n] \,/\, K[u_1, \ldots, u_m] \text{ ist } \textit{ganz.} \tag{18.18}$$

Damit ist die Behauptung aber bewiesen, denn nach (18.16) und (18.18) ist auch $A/K[u_1, \ldots, u_m]$ *ganz* (Transitivität der Ganzheit, vgl. F16.7). □

Aus dem *Noetherschen Normalisierungssatz* ergibt sich insbesondere die folgende bemerkenswerte Aussage:

Satz 18.5. *Sei E/K eine Körpererweiterung. Ist dann E* als Algebra über K endlich erzeugt, *d.h. gibt es $x_1, x_2, \ldots, x_n \in E$ mit*

$$E = K[x_1, \ldots, x_n],$$

so ist die Körpererweiterung E/K algebraisch.

Beweis. Nach Satz 18.4 enthält E einen *Polynomring* $K[u_1, \ldots, u_m]$ in $0 \leq m \leq n$ *Unbestimmten* $u_1, \ldots, u_m$ *über* K als Teilring, für den $E/K[u_1, \ldots, u_m]$ *ganz* ist. Nun ist E aber ein Körper, also muss dann aufgrund von F16.12 auch $K[u_1, \ldots, u_m]$ ein *Körper* sein. Doch dies ist nur für $m = 0$ möglich (denn in einem Polynomring über einem Körper K gibt es außer dem Elementen von $K^\times$ keine weiteren invertierbaren Elemente). Mit $m = 0$ ist aber E/K ganz, d.h. algebraisch. □

Bemerkung. Die Aussage von Satz 18.5 stellt eine nicht–triviale und wichtige Verallgemeinerung der schon in F3.1 ausgesprochenen Grundtatsache dar. Auf diese lässt sich andrerseits Satz 18.5 per Induktion nach n wie folgt zurückführen: Der Induktionsanfang $n = 1$ wird durch F3.1 geliefert. Sei also $n > 1$. Wegen $E = K(x_1)[x_2, \ldots, x_n]$ folgt aus der Induktionsvoraussetzung, dass jedes x_i algebraisch über $K(x_1)$ ist.

Wir setzen $t = x_1$. Ist t algebraisch über K, so sind wir fertig. Sei also t transzendent über K. Es gibt nun sicher (vgl. F16.8) ein von Null verschiedenes Polynom $h = h(t) \in K[t]$, sodass $h \cdot x_i$ für $2 \leq i \leq n$ *ganz* über $K[t]$ ist. Für ein beliebiges Element f aus $E = K[x_1, x_2, \ldots, x_n]$ ist somit $h^e f$ ganz über $K[t]$ für eine geeignete Potenz h^e von h. Insbesondere müsste dies für alle Elemente f aus $K(t)$ gelten. Nun ist aber $K[t]$ ganz abgeschlossen in $K(t)$, also wäre jede rationale Funktion f darstellbar als Quotient g/h^e zweier Polynome in t, wobei der Nenner Potenz eines festen – von f unabhängigen – Polynoms h ist. Doch dies ist unmöglich.

Aufgaben und Bemerkungen

18.1 Beweise, dass für eine Körpererweiterung E/K folgende Aussagen äquivalent sind:
- a) Für jede Transzendenzbasis B von E/K gilt $E : K(B) < \infty$.
- b) Es gilt $\mathrm{Trgd}(E/K) < \infty$, und für jede Transzendenzbasis B von E/K gilt $E : K(B) < \infty$.
- c) Es gibt eine endliche Transzendenzbasis B von E/K mit $E : K(B) < \infty$.
- d) E/K ist endlich erzeugt, d.h. es gibt $x_1, \ldots, x_n$ aus E mit $E = K(x_1, \ldots, x_n)$.

18.2 Für eine beliebige Körpererweiterung E/K zeige man:

a) Ist $M \subseteq E$ algebraisch unabhängig über K und F Zwischenkörper von E/K mit F/K algebraisch, so ist M auch algebraisch unabhängig über F.

b) Ist E/K rein transzendent, so ist K algebraisch abgeschlossen in E.

c) Sind B eine Transzendenzbasis von E/K und M eine Teilmenge von E, für die $E/K(M)$ algebraisch ist, so lässt sich B darstellen als Vereinigung $B = \bigcup_{\alpha \in M} B_\alpha$ mit endlichen Mengen B_α. Für unendliches B ist also B nicht von größerer Mächtigkeit als M.

18.3 Zeige:
- a) $\mathrm{Trgd}(\mathbb{R}/\mathbb{Q}) = \mathrm{Trgd}(\mathbb{C}/\mathbb{Q}) = \mathrm{Card}(\mathbb{R})$.
- b) $\mathrm{Aut}\,(\mathbb{C}) = \mathrm{Aut}\,(\mathbb{C}/\mathbb{Q})$ ist *überabzählbar* (vgl. dagegen Aufg. 8.20).
- c) Ist C der algebraische Abschluss von $\mathbb{Q}$ in $\mathbb{C}$ und B eine Transzendenzbasis von $\mathbb{C}/C$, so ist $\mathbb{C}/C(B)$ niemals endlich und daher $\mathbb{C}/C$ nicht rein transzendent (Hinweis: Betrachte $\sqrt{B}$).
- d) Es gibt Teilkörper K von $\mathbb{C}$ mit $\mathbb{C} : K = 2$ und $K \neq \mathbb{R}$.

18.4 Im Polynomring $K[X_1, \ldots, X_n]$ über dem Körper K betrachte man die wie in 15.24 definierten Potenzsummenpolynome $p_1, \ldots, p_n$. Zeige: Ist $\mathrm{char}\,(K) = 0$, so sind $p_1, \ldots, p_n$ algebraisch unabhängig über K. Hinweis: Aus 15.24 folgt $K[p_1, \ldots, p_n] = K[s_1, \ldots, s_n]$.

18.5 Sei k ein Körper mit char $(k) \neq 2$. Für beliebige $a, b \in k^\times$ betrachte man das Polynom

$$f(X,Y) = aX^2 + bY^2 - 1 \in k[X,Y] \tag{18.19}$$

sowie das zugehörige homogene Polynom $\tilde{f} = aX^2 + bY^2 - Z^2$ in $k[X,Y,Z]$. Sei C ein algebraischer Abschluss von $k(X)$ und y ein Element in C mit $f(X,y) = 0$. Im Folgenden setze $x := X$ und $F := k(x,y)$. Zeige:
a) f ist absolut–irreduzibel, d.h. irreduzibel über dem algebraischen Abschluss C_0 von k (in C).
b) Trgd $(F/k) = 1$, $F : k(x) = 2$, und k ist algebraisch abgeschlossen in F.

18.6 Gleiche Situation wie in 18.5. Wir sagen, dass *„die durch* (18.19) *definierte projektive Kurve über k einen rationalen Punkt besitzt"*, wenn es einen Punkt $(\alpha, \beta, \gamma) \neq 0$ in k^3 gibt mit

$$\tilde{f}(\alpha, \beta, \gamma) = a\alpha^2 + b\beta^2 - \gamma^2 = 0.$$

Zeige die Äquivalenz folgender Aussagen:
(i) Die durch (18.19) definierte projektive Kurve über k besitzt einen rationalen Punkt.
(ii) b ist eine Norm bei der Erweiterung $k(\sqrt{a})/k$.
(iii) F/k ist *rein transzendent,* d.h. es gibt ein $t \in F$ mit $F = k(t)$.
Hinweis: Gelte $a\alpha^2 + b - \beta^2 = 0$ mit $\alpha, \beta \in k$. Parametrisiere nun die Gerade, die von dem Punkt (α, β) ausgehend den beliebigen Punkt $\left(\frac{x}{y}, \frac{1}{y}\right)$ der Kurve trifft, durch ihre Steigung; mache also den Ansatz

$$t := \frac{\frac{1}{y} - \beta}{\frac{x}{y} - \alpha} = \frac{1 - \beta y}{x - \alpha y} \quad \text{bzw.} \quad s := \frac{1 + \beta y}{x + \alpha y}.$$

Wie man nachrechnet, gilt dann $st = a$. Damit gewinnt man x, y als Lösung eines linearen Gleichungssystems mit Koeffizienten in $k(s,t)$ mittels der Cramerschen Regel; es ergibt sich

$$x = \frac{2\beta - (s+t)\alpha}{\beta(s+t) - 2a\alpha}, \quad y = \frac{s - t}{\beta(s+t) - 2a\alpha}$$

mit nichtverschwindendem Nenner. – Diese Formeln liefern im Falle der Kreisgleichung $x^2 + y^2 - 1 = 0$ übrigens

$$x = \frac{2t}{1+t^2}, \; y = \frac{1-t^2}{1+t^2} \tag{18.20}$$

(rationale Parametrisierung des Kreises!). Man diskutiere auch die Kurve $x^2 + y^2 + 1 = 0$, die über $\mathbb{Q}$ keinen rationalen Punkt besitzt, über dem Körper $k = \mathbb{Q}(i)$.

18.7 Als Anwendungen von (18.20) parametrisiere man alle *rationalen* Lösungen der Gleichung $x^2 + y^2 = 1$. Als Anwendung zeige man: Die Gesamtheit aller Lösungen (a,b,c) von $X^2 + Y^2 = Z^2$ in *natürlichen* Zahlen a, b, c (d.h. der *pythagoräischen Tripel*), für die (o.E.) a, b, c teilerfremd und b gerade ist, wird durch

$$a = m^2 - n^2, \; b = 2mn, \; c = m^2 + n^2$$

gegeben, wobei (m,n) alle Tupel teilerfremder natürlicher Zahlen mit $m > n$ und mn gerade durchläuft.

18.8 Sei k wie oben ein Körper mit char $(k) \neq 2$. Damit durch die Betrachtungen der speziellen in 18.5 bis 18.7 behandelten Kurven nicht etwa ein falsches Bild entsteht, sei darauf hingewiesen, dass für beliebige über k definierte Kurven hinsichtlich der k–rationalen Punkte ganz andere Verhältnisse vorliegen können. Ersetzen wir dazu das Polynom (18.19) etwa durch ein Polynom der Gestalt

$$f(X,Y) = Y^2 - d(X), \tag{18.21}$$

wobei $d(X)$ ein beliebiges *separables* Polynom vom Grade $n \geq 3$ über k bezeichnet, und sei dazu $\tilde{f}$ entsprechend wie oben definiert. Die durch ein Polynom dieser Gestalt über k definierten *(projektiven)* Kurven heißen *hyperelliptisch.*[2] Sei jetzt noch $k = \mathbb{Q}$ vorausgesetzt. *Für $n \geq 5$ hat dann die durch* (18.21) *definierte Kurve in jedem Falle nur endlich viele rationale Punkte.* Dies folgt aus einem allgemeinen Resultat von *G. Faltings,* welches einen der bedeutendsten Fortschritte der mathematischen Forschung der letzten Jahre markiert. Bemerken wir noch etwas zu dem Fall, in dem das Polynom $d(X)$ in (18.21) den Grad $n = 3$ besitzt; die durch (18.21) bestimmte projektive Kurve heißt dann eine über k definierte *elliptische Kurve.* Sie besitzt in jedem Fall wenigstens einen rationalen Punkt über k, denn es gilt $\tilde{f}(0,1,0) = 0$. (Auch im Falle $n = 4$ spricht man bisweilen von einer elliptischen Kurve, doch braucht eine solche dann keinen regulären rationalen Punkt über k zu besitzen. Ist aber einer vorhanden, so lässt sich die Kurve per Koordinatenwechsel auf den Fall $n = 3$ zurückführen.) Setzen wir jetzt wieder $k = \mathbb{Q}$ voraus. Die durch die Gleichung $y^2 = x^3 + 7x$ definierte elliptische Kurve hat dann die rationalen Punkte $(0,1,0)$ und $(0,0,1)$, und man kann (mit einigermaßen tiefen Hilfsmitteln) zeigen, dass sie daneben keine weiteren rationalen Punkte besitzt. Hingegen hat die durch $y^2 = x^3 - 2$ definierte elliptische Kurve unendlich viele rationale Punkte (die überdies eine *zyklische* Gruppe bilden); letzteres ist umso bemerkenswerter, da sie nur zwei *ganzzahlige* Punkte besitzt (vgl. Aufg. 4.5). Allgemein gehört die Frage, ob eine vorgelegte elliptische Kurve über $\mathbb{Q}$ endlich oder unendlich viele rationale Punkte besitzt, zu einem schwierigen und interessanten Themenkreis der gegenwärtigen mathematischen Forschung (die damit wohl noch längere Zeit beschäftigt sein wird).

18.9 Sei E ein Zwischenkörper der rein transzendenten Erweiterung $K(X_1, \ldots, X_n)/K$. Der *Satz von Lüroth* (vgl. Aufg. 5.9) besagt, dass im Falle $n = 1$ die Erweiterung E/K ebenfalls *rein transzendent* ist. Es ist naheliegend zu fragen, was man im Falle $n > 1$ sagen kann, wenn man noch zusätzlich voraussetzt, dass $\text{Trgd}(E/K) = n$, also $K(X_1, \ldots, X_n)/E$ endlich ist. Für $n = 2$ gilt der auf *Castelnuovo* zurückgehende Satz:
Ist K *algebraisch abgeschlossen* und $K(X_1, X_2)/E$ endlich und *separabel,* so ist auch E/K rein transzendent. (Auf die Separabilitätsvoraussetzung kann dabei nicht verzichtet werden.) Für $n = 3$ ist die entsprechende Aussage nicht länger gültig (Literaturangaben bei Hartshorne: Algebraic Geometry, Springer 1977). Wie *Ischebeck* und andere zeigen können, lassen sich auch im Falle $n = 2$ Gegenbeispiele angeben, wenn man anstelle eines algebraisch abgeschlossenen Körpers den Körper $K = \mathbb{R}$ als Grundkörper voraussetzt. Im Übrigen vergleiche man auch die Ausführungen am Schluss von Kap. 16.

[2] Oft beschränkt man diese Bezeichnung auf den Fall $n \geq 5$.

19. Der Hilbertsche Nullstellensatz

Transzendente Körpererweiterungen treten in natürlicher Weise bei algebro–geometrischen Fragen in Erscheinung. Dies sei hier in den Anfangsgründen angedeutet. (Wer sich dann eingehender mit dem weiten Feld der *Algebraischen Geometrie* beschäftigen möchte, sei zum Beispiel auf die Bücher von Hulek [17] und Hartshorne [15] hingewiesen.)

19.1 Algebraische K-Mengen

Im Folgenden legen wir unseren Betrachtungen eine feste Körpererweiterung C/K sowie den Polynomring $K[X_1, \ldots, X_n]$ in n Variablen über dem Körper K zugrunde.

Definition 19.1. Ist M eine Teilmenge von $K[X_1, \ldots, X_n]$, so setzen wir

$$\mathcal{N}(M) = \{(x_1, \ldots, x_n) \in C^n \mid f(x_1, \ldots, x_n) = 0 \text{ für alle } f \in M\}.$$

Ein $x = (x_1, \ldots, x_n)$ aus $\mathcal{N}(M)$ heißt eine Nullstelle von M in C^n. Die Menge $\mathcal{N}(M)$ selbst nennen wir *die Nullstellenmenge von M in C^n*. Statt $\mathcal{N}(M)$ schreiben wir auch genauer $\mathcal{N}_C(M)$, um die Abhängigkeit von dem gewählten Erweiterungskörper C von K hervorzuheben. Teilmengen V von C^n, welche die Gestalt $V = \mathcal{N}(M)$ mit einem $M \subseteq K[X_1, \ldots, X_n]$ haben, heißen *über K definierte affine algebraische Mengen von C^n*, kurz: *algebraische K–Mengen von C^n*. Ist umgekehrt N eine Teilmenge von C^n, so setzen wir

$$\mathcal{I}(N) = \{f \in K[X_1, \ldots, X_n] \mid f(x_1, \ldots, x_n) = 0 \text{ für alle } (x_1, \ldots, x_n) \in N\}.$$

Statt $f \in \mathcal{I}(N)$ sagen wir auch, *f verschwindet auf N*. Gegebenenfalls bezeichnen wir $\mathcal{I}(N)$ auch genauer mit $\mathcal{I}_K(N)$.

F19.1. *Für die oben eingeführten Begriffe gelten u.a. die folgenden formalen Eigenschaften:*

a) $M \subseteq M' \Rightarrow \mathcal{N}(M') \subseteq \mathcal{N}(M)$.

b) Ist $\mathfrak{a} = (M)$ *das von* M *erzeugte Ideal in* $K[X_1, \ldots, X_n]$, *so ist* $\mathcal{N}(M) = \mathcal{N}(\mathfrak{a})$.

c) $\mathcal{I}(N)$ *ist Ideal in* $K[X_1, \ldots, X_n]$; *wir nennen* $\mathcal{I}(N)$ *das Verschwindungsideal der Teilmenge* N *von* C^n *in* $K[X_1, \ldots, X_n]$.

d) $N \subseteq N' \Rightarrow \mathcal{I}(N') \subseteq \mathcal{I}(N)$.

e) $M \subseteq \mathcal{I}\mathcal{N}(M)$ *für alle* $M \subseteq K[X_1, \ldots, X_n]$.

f) $N \subseteq \mathcal{N}\mathcal{I}(N)$ *für alle* $N \subseteq C^n$.

g) Für jede Familie $(\mathfrak{a}_i)_{i \in I}$ *von Idealen in* $K[X_1, \ldots, X_n]$ *gilt* $\bigcap_{i \in I} \mathcal{N}(\mathfrak{a}_i) = \mathcal{N}(\sum_{i \in I} \mathfrak{a}_i)$; *hierbei bezeichne* $\sum_{i \in I} \mathfrak{a}_i$ *das von* $\bigcup_{i \in I} \mathfrak{a}_i$ *erzeugte Ideal.*

h) Für Ideale $\mathfrak{a}, \mathfrak{b}$ *in* $K[X_1, \ldots, X_n]$ *gilt* $\mathcal{N}(\mathfrak{a}) \cup \mathcal{N}(\mathfrak{b}) = \mathcal{N}(\mathfrak{a}\mathfrak{b}) = \mathcal{N}(\mathfrak{a} \cap \mathfrak{b})$, *wobei* $\mathfrak{a}\mathfrak{b}$ *das von allen Produkten* fg *mit* $f \in \mathfrak{a}, g \in \mathfrak{b}$ *erzeugte Ideal von* $K[X_1, \ldots, X_n]$ *bezeichne.*

i) Für jede algebraische K*–Menge* V *von* C^n *gilt* $V = \mathcal{N}\mathcal{I}(V)$.

Beweis. Beweiswürdig sind lediglich h) und i). Was h) betrifft, so gelten wegen

$$\mathfrak{a}\mathfrak{b} \subseteq \mathfrak{a} \cap \mathfrak{b} \subseteq \mathfrak{a}, \mathfrak{b}$$

zunächst nach a) die Inklusionen

$$\mathcal{N}(\mathfrak{a}) \cup \mathcal{N}(\mathfrak{b}) \subseteq \mathcal{N}(\mathfrak{a} \cap \mathfrak{b}) \subseteq \mathcal{N}(\mathfrak{a}\mathfrak{b}).$$

Es bleibt somit $\mathcal{N}(\mathfrak{a}\mathfrak{b}) \subseteq \mathcal{N}(\mathfrak{a}) \cup \mathcal{N}(\mathfrak{b})$ zu zeigen. Sei $x \in C^n$ also eine Nullstelle von $\mathfrak{a}\mathfrak{b}$, aber keine von $\mathfrak{a}$. Dann gibt es ein $f \in \mathfrak{a}$ mit $f(x) \neq 0$, und für alle $g \in \mathfrak{b}$ folgt aus $f(x)g(x) = fg(x) = 0$, dass $g(x) = 0$ gelten muss. Folglich liegt x in $\mathcal{N}(\mathfrak{b})$, und h) ist bewiesen.

Zum Beweis von i) sei M zunächst eine beliebige Teilmenge von $K[X_1, \ldots, X_n]$. Dann gilt nach e) einerseits $M \subseteq \mathcal{I}\mathcal{N}(M)$, woraus wegen a) die Inklusion $\mathcal{N}\mathcal{I}\mathcal{N}(M) \subseteq \mathcal{N}(M)$ folgt; andererseits ist nach (vi) aber $\mathcal{N}(M) \subseteq \mathcal{N}\mathcal{I}(\mathcal{N}(M))$. Also gilt für alle $M \subseteq K[X_1, \ldots, X_n]$

$$\mathcal{N}(M) = \mathcal{N}\mathcal{I}\mathcal{N}(M). \tag{j}$$

Nun sind die algebraischen K–Mengen von C^n aber gerade die Teilmengen der Gestalt $V = \mathcal{N}(M)$, sodass (j) dasselbe besagt wie (i). □

19.2 Hilberts Nullstellensatz

Für ein beliebiges Ideal $\mathfrak{a}$ von $K[X_1, \ldots, X_n]$ gilt i.a. *nicht* die Beziehung $\mathfrak{a} = \mathcal{I}\mathcal{N}(\mathfrak{a})$, d.h. $\mathfrak{a}$ ist i.a. nicht gleich dem Verschwindungsideal seiner Nullstellenmenge in C^n. Dies liegt einfach daran, dass nicht jedes Ideal $\mathfrak{a}$ als Verschwindungsideal einer geeigneten Teilmenge N von C^n in Frage kommt. Für Ideale $\mathfrak{a}$ der Form $\mathfrak{a} = \mathcal{I}(N)$ gilt nämlich offenbar für alle natürlichen Zahlen m

$$f^m \in \mathfrak{a} \;\Rightarrow\; f \in \mathfrak{a}. \tag{19.1}$$

Somit ist zum Beispiel das Ideal $\mathfrak{a} = (X_1^2, \ldots, X_n^2)$ von $K[X_1, \ldots, X_n]$ nicht von der Gestalt $\mathfrak{a} = \mathcal{I}(N)$.

Definition 19.2. Sei $\mathfrak{a}$ ein Ideal des *kommutativen* Ringes R. Dann ist die Menge

$$\sqrt{\mathfrak{a}} := \{f \in R \mid \exists\, m : f^m \in \mathfrak{a}\}$$

ein Ideal von R. Es heißt das *Radikal des Ideales* $\mathfrak{a}$. Ein Ideal $\mathfrak{a}$ von R heißt *reduziert,* wenn $\mathfrak{a} = \sqrt{\mathfrak{a}}$ gilt.

Bemerkung. Ist R ein kommutativer Ring, so kann man insbesondere das Radikal $\sqrt{0}$ des Nullideals $0 = (0)$ betrachten. Es besteht definitionsgemäß aus allen *nilpotenten* Elementen von R. Es wird auch das *Radikal des Ringes* R genannt (genauer: das *Nilradikal* von R, im Unterschied zu anderen Radikalbegriffen). Ist $\mathfrak{a}$ ein Ideal von R, so ist $\sqrt{\mathfrak{a}}$ das volle Urbild des Nilradikals des Restklassenringes $R/\mathfrak{a}$.

Nach der vorangegangenen Definition können wir also sagen, dass Verschwindungsideale von Teilmengen des C^n notwendig *reduziert* sein müssen. Für einen beliebigen Erweiterungskörper C von K ist aber die Bedingung (19.1) im Allgemeinen immer noch nicht hinreichend dafür, dass ein Ideal $\mathfrak{a}$ von $K[X_1, \ldots, X_n]$ ein Verschwindungsideal ist. Für $K = C = \mathbb{R}$ und $n \geq 2$ betrachte man z.B. das Hauptideal

$$\mathfrak{a} = (X_1^2 + X_2^2 + \ldots + X_n^2)$$

von $\mathbb{R}[X_1, \ldots, X_n]$. Man sieht leicht ein, dass $X_2^2 + \ldots + X_n^2$ in $\mathbb{R}[X_1, \ldots, X_n]$ irreduzibel ist. Daher ist $\mathfrak{a}$ ein *Primideal* und als solches folglich reduziert. Auf der anderen Seite ist aber $\mathcal{N}(\mathfrak{a}) = \{0 = (0, \ldots, 0)\}$ und $\mathcal{I}(\{0\}) = (X_1, \ldots, X_n)$. Somit ist $\mathfrak{a}$ nicht von der Form $\mathcal{I}(N)$, denn es gilt für alle $N \subseteq C^n$ die zu j) analoge Formel

k) $$\mathcal{I}(N) = \mathcal{I}\mathcal{N}\mathcal{I}(N).$$

Im Falle eines algebraisch abgeschlossenen Körpers C aber gilt:

Satz 19.1 (Hilbertscher Nullstellensatz, 1. Form). *Es sei C/K eine Körpererweiterung mit einem* algebraisch abgeschlossenen *Körper C. Mit obigen Bezeichnungen gilt dann für jedes Ideal $\mathfrak{a}$ von $K[X_1, \ldots, X_n]$ die Beziehung*

$$\mathcal{I}\mathcal{N}(\mathfrak{a}) = \sqrt{\mathfrak{a}} \tag{19.2}$$

Somit vermittelt $\mathcal{N}$ eine bijektive Abbildung zwischen der Menge der reduzierten Ideale von $K[X_1, \ldots, X_n]$ und der Menge der algebraischen K–Mengen von C^n. Ihre Umkehrabbildung wird durch $\mathcal{I}$ vermittelt.

Wir führen den Beweis von Satz 19.1 auf den folgenden, auch für sich interessanten Sachverhalt zurück.

Satz 19.2 (Hilbertscher Nullstellensatz, 2. Form). *Sei K ein Körper und C ein algebraisch abgeschlossener Erweiterungskörper von K (z.B. ein algebraischer Abschluss von K). Gegeben sei ein Ideal $\mathfrak{a}$ im Polynomring $K[X_1, \ldots, X_n]$. Ist dann $\mathfrak{a} \neq K[X_1, \ldots, X_n]$, so gibt es ein $(z_1, \ldots, z_n)$ aus C^n, welches gemeinsame Nullstelle aller f aus $\mathfrak{a}$ ist, d.h. es gilt*

$$\mathcal{N}_C(\mathfrak{a}) \neq \varnothing.$$

Beweis. Aus der Voraussetzung $\mathfrak{a} \neq K[X_1, \ldots, X_n]$ folgt (vgl. F6.12), dass $K[X_1, \ldots, X_n]$ ein maximales Ideal $\mathfrak{m}$ besitzt, welches $\mathfrak{a}$ umfasst. Wir betrachten dann den Restklassenhomomorphismus

$$K[X_1, \ldots, X_n] \longrightarrow K[X_1, \ldots, X_n]/\mathfrak{m}. \tag{19.3}$$

Die zugehörigen Bilder von $X_1, \ldots, X_n$ bezeichnen wir der Reihe nach mit $x_1, \ldots, x_n$. Dann ist

$$K[X_1, \ldots, X_n]/\mathfrak{m} = K[x_1, \ldots, x_n], \tag{19.4}$$

und wegen der Maximalität von $\mathfrak{m}$ ist $K[x_1, \ldots, x_n]$ ein *Körper*. Daraus ergibt sich aber, dass die Körpererweiterung $K[x_1, \ldots, x_n]/K$ *algebraisch* ist (vgl. Satz 18.5). Folglich existiert (nach Satz 6.3) ein K–Homomorphismus

$$\sigma : K[x_1, \ldots, x_n] \longrightarrow C.$$

Seien $z_1 = \sigma x_1, z_2 = \sigma x_2, \ldots, z_n = \sigma x_n$ die Bilder von $x_1, \ldots, x_n$ unter σ. Mit Blick auf (19.3) und (19.4) gilt dann

$$f(z_1, \ldots, z_n) = 0 \text{ für alle } f \in \mathfrak{m}.$$

Wegen $\mathfrak{a} \subseteq \mathfrak{m}$ ist dies insbesondere für alle f aus $\mathfrak{a}$ erfüllt. Somit erhält man mit $(z_1, \ldots, z_n)$ in der Tat eine Nullstelle von $\mathfrak{a}$ in C^n. □

Nachdem Satz 19.2 nun bewiesen ist, folgert man daraus Satz 19.1 mit dem sogenannten *Trick von Rabinowitsch* (der im Übrigen nur eine elementare Umschreibung von passender *Aufnahme von Nennern* darstellt):

Beweis von Satz 19.1. Sei also $\mathfrak{a}$ ein beliebiges Ideal von $K[X_1, \ldots, X_n]$, und sei $f \in \mathcal{IN}(\mathfrak{a})$ ein Polynom von $K[X_1, \ldots, X_n]$, welches auf der Nullstellenmenge $\mathcal{N}(\mathfrak{a})$ verschwindet. Wir haben die Existenz einer natürlichen Zahl m zu zeigen, für die

$$f^m \in \mathfrak{a}$$

gilt. Dazu fasse man $K[X_1, \ldots, X_n]$ als Teil des Polynomringes $K[X_1, \ldots, X_{n+1}]$ in den $n+1$ Variablen $X_1, \ldots, X_n, X_{n+1}$ auf, und man betrachte darin das von $\mathfrak{a}$ und dem Element $1 - X_{n+1}f$ erzeugte Ideal

$$\mathfrak{A} = (\mathfrak{a}, 1 - X_{n+1}f) \tag{19.5}$$

von $K[X_1, \ldots, X_{n+1}]$. Nehmen wir einmal an, es gelte $\mathfrak{A} \neq K[X_1, \ldots, X_{n+1}]$. Nach Satz 19.2 besitzt dann $\mathfrak{A}$ eine Nullstelle $(z_1, \ldots, z_{n+1}) \in C^{n+1}$. Definitionsgemäß erfüllt $(z_1, \ldots, z_{n+1}) \in \mathcal{N}(\mathfrak{A})$ die Gleichungen

$$g(z_1, \ldots, z_n) = 0 \text{ für alle } g \in \mathfrak{a} \tag{19.6}$$

$$f(z_1, \ldots, z_n) z_{n+1} = 1. \tag{19.7}$$

Aus (19.6) folgt $(z_1, \ldots, z_n) \in \mathcal{N}(\mathfrak{a})$; also gilt für unser $f \in \mathcal{IN}(\mathfrak{a})$ notwendig $f(z_1, \ldots, z_n) = 0$. Doch dies steht im Widerspruch zu (19.7), womit unsere obige Annahme widerlegt ist. Für das Ideal $\mathfrak{A}$ in (19.5) muss demnach $\mathfrak{A} = K[X_1, \ldots, X_{n+1}]$ gelten, also $1 \in \mathfrak{A}$. Mit Blick auf (19.5) besteht daher eine Relation der Gestalt

$$1 = \sum_i h_i g_i + h(1 - X_{n+1}f) \tag{19.8}$$

mit gewissen Polynomen $g_i \in \mathfrak{a}$ sowie $h_i, h \in K[X_1, \ldots, X_{n+1}]$. Von Anfang an kann man $f \neq 0$ voraussetzen. Anwendung des Einsetzungshomomorphismus

$$\begin{aligned}&K[X_1, \ldots, X_{n+1}] \longrightarrow K(X_1, \ldots, X_n) \ \text{mit}\\ &X_i \longmapsto X_i \ \text{für} \ 1 \leq i \leq n \ \text{und} \ X_{n+1} \longmapsto 1/f\end{aligned}$$

auf (19.8) ergibt dann eine Relation

$$1 = \sum_i h_i(X_1, \ldots, X_n, 1/f) g_i(X_1, \ldots, X_n).$$

Durch Multiplikation mit einer geeigneten Potenz f^m von f erhält man daraus

$$f^m = \sum_i \widetilde{h}_i(X_1, \ldots, X_n) g_i(X_1, \ldots, X_n) \qquad (19.9)$$

mit gewissen Polynomen $\widetilde{h}_i \in K[X_1, \ldots, X_n]$. Wegen $g_i \in \mathfrak{a}$ folgt damit $f^m \in \mathfrak{a}$, und Satz 19.1 ist bewiesen. □

19.3 Der Hilbertsche Basissatz

Wir wollen die obigen einführenden Betrachtungen über *algebraische Mengen* jetzt noch durch den folgenden grundlegenden Satz ergänzen:

Satz 19.3 (Hilbertscher Basissatz). *Wie oben sei K ein beliebiger Körper. Dann ist jedes Ideal $\mathfrak{a}$ des Polynomringes $K[X_1, \ldots, X_n]$ endlich erzeugt, d.h. es gibt endlich viele Polynome $f_1, \ldots, f_m$ aus $K[X_1, \ldots, X_n]$ mit*

$$\mathfrak{a} = (f_1, \ldots, f_m)$$

Insbesondere ist also (für einen beliebigen Erweiterungskörper C von K) jede algebraische K–Menge V von C^n bereits Nullstellenmenge von nur endlich *vielen Polynomen $f_1, \ldots, f_m$ aus $K[X_1, \ldots, X_n]$:*

$$V = \{(x_1, \ldots, x_n) \in C^n \mid f_i(x_1, \ldots, x_n) = 0 \ \textit{für} \ 1 \leq i \leq m\}.$$

Wir schreiben dann auch $V = \mathcal{N}(f_1, \ldots, f_m)$.

Die Behauptung von Satz 19.3 ergibt sich sofort aus der folgenden allgemeinen Aussage, die oft ebenfalls *Hilbertscher Basissatz* genannt wird (obzwar von Hilbert selbst nicht ausdrücklich so ausgesprochen):

Satz 19.4. *Ist R ein kommutativer Ring mit Eins, in dem jedes Ideal durch endlich viele Elemente erzeugt ist (man nennt dann R* noethersch*), so ist jedes Ideal des Polynomringes $R[X]$ einer Variablen X über R ebenfalls endlich erzeugt.*

Beweis. Sei $\mathfrak{a}$ ein Ideal von $R[X]$. Für jede ganze Zahl $m \geq 0$ betrachten wir die Menge

$$\mathfrak{c}_m = \{a \mid a \text{ ist } m\text{–ter Koeffizient eines } f \in \mathfrak{a} \text{ vom Grade } \leq m\}\,.$$

Abgesehen von $0 \in \mathfrak{c}_m$ besteht $\mathfrak{c}_m$ also aus den höchsten Koeffizienten der in $\mathfrak{a}$ enthaltenen Polynome vom Grade m. Offenbar ist $\mathfrak{c}_m$ ein Ideal in R. Ist $f(X)$ ein Polynom vom Grade m aus $\mathfrak{a}$, so ist $Xf(X)$ ein Polynom vom Grade $m+1$ aus $\mathfrak{a}$; wir erhalten somit eine Kette

$$\mathfrak{c}_0 \subseteq \mathfrak{c}_1 \subseteq \ldots \subseteq \mathfrak{c}_m \subseteq \mathfrak{c}_{m+1} \subseteq \ldots\ldots \tag{19.10}$$

von Idealen in R. Daher ist auch die Vereinigung $\mathfrak{c}$ aller $\mathfrak{c}_i$ ein Ideal in R. Nach Voraussetzung ist nun insbesondere $\mathfrak{c}$ endlich erzeugt, also bricht die Kette (19.10) ab, d.h. es gibt ein n, sodass

$$\mathfrak{c}_0 \subseteq \mathfrak{c}_1 \subseteq \ldots\ldots \subseteq \mathfrak{c}_n = \mathfrak{c}_{n+1} = \ldots = \mathfrak{c}. \tag{19.11}$$

Nach Voraussetzung sind die Ideale $\mathfrak{c}_0, \mathfrak{c}_1, \ldots, \mathfrak{c}_n$ sämtlich endlich erzeugt; sei etwa

$$\mathfrak{c}_i = (c_{i1}, \ldots, c_{ir}) \text{ für } 0 \leq i \leq n, \tag{19.12}$$

(wobei wir für alle $0 \leq i \leq n$ gleiche Länge r der Erzeugendensysteme annehmen dürfen, da man zu einem Erzeugendensystem ja beliebige Elemente hinzufügen kann). Nach Definition der $\mathfrak{c}_i$ gibt es für alle $0 \leq i \leq n$, $1 \leq j \leq r$ Polynome $f_{ij} \in \mathfrak{a}$ von der Gestalt

$$f_{ij} = c_{ij}X^i + \text{ Polynom vom Grade } < i \tag{19.13}$$

mit denselben c_{ij} wie unter (19.12). Sei jetzt $\widetilde{\mathfrak{a}}$ das von allen f_{ij} erzeugte Ideal von $R[X]$. Wir wollen $\mathfrak{a} = \widetilde{\mathfrak{a}}$ zeigen, womit Satz 19.4 bewiesen wäre. Zunächst ist klar, dass $\widetilde{\mathfrak{a}}$ in $\mathfrak{a}$ enthalten ist. Sei f ein Polynom vom Grade m aus $\mathfrak{a}$, und es sei a sein höchster Koeffizient:

$$f(X) = aX^m + \ldots\ldots, \quad a \neq 0.$$

Definitionsgemäß gilt $a \in \mathfrak{c}_m$. Wir behaupten: Ist n wie in (19.11) gewählt, so gilt

$$a \in \mathfrak{c}_i \quad \text{für ein} \quad i \leq m, n.$$

Im Falle $m \leq n$ ist das klar: wähle $i = m$. Für $m > n$ aber folgt die Behauptung aus (19.11). Als Element von $\mathfrak{c}_i$ mit $0 \leq i \leq n$ hat nun a eine Darstellung

$$a = a_1 c_{i1} + a_2 c_{i2} + \ldots + a_r c_{ir} \quad \text{mit} \quad a_j \in R.$$

Dann hat das wie folgt definierte Polynom

$$\widetilde{f} = f - \sum_{j=1}^{r} a_j f_{ij} X^{m-i} \tag{19.14}$$

mit Blick auf (19.13) einen Grad $< m$. Wegen $f_{ij} \in \widetilde{\mathfrak{a}} \subseteq \mathfrak{a}$ liegt es andererseits in $\mathfrak{a}$. Per Induktion können wir daher schon $\widetilde{f} \in \widetilde{\mathfrak{a}}$ annehmen. Nach (19.14) liegt dann aber auch f in $\widetilde{\mathfrak{a}}$. □

19.4 Folgerungen aus dem Hilbertschen Basissatz

Aus dem Hilbertschen Basissatz lassen sich einige grundlegende Folgerungen über algebraische Mengen ziehen, auf die wir kurz eingehen wollen.

Wie oben sei dabei eine beliebige Körpererweiterung C/K vorgegeben.

F19.2. *Jede nichtleere Menge von algebraischen K–Mengen von C^n enthält ein minimales Element.*

Beweis. Offenbar läuft die Aussage von F19.2 auf die Behauptung hinaus, dass jede absteigende Kette

$$V_1 \supseteq V_2 \supseteq \ldots \supseteq V_m \supseteq V_{m+1} \supseteq \ldots \tag{19.15}$$

von algebraischen K–Mengen V_i von C^n abbricht, d.h. ein n mit $V_n = V_{n+1} = \ldots$ existiert. Anwendung von $\mathcal{I}$ auf (19.15) liefert die aufsteigende Idealkette

$$\mathcal{I}(V_1) \subseteq \mathcal{I}(V_2) \subseteq \ldots \subseteq \mathcal{I}(V_m) \subseteq \mathcal{I}(V_{m+1}) \subseteq \ldots . \tag{19.16}$$

Von dieser Kette wissen wir bereits, dass sie abbrechen muss (denn die Vereinigung der $\mathcal{I}(V_i)$ ist selbst ein Ideal von $K[X_1, \ldots, X_n]$ und als solches endlich erzeugt nach Satz 19.3). Durch Anwendung von $\mathcal{N}$ auf (19.16) erhält man aber wegen i) von F19.1 die Ausgangskette (19.15) zurück, sodass auch diese abbricht. □

Definition 19.3. Eine algebraisch K–Menge $V \neq \varnothing$ von C^n heißt *irreduzibel,* wenn sie *nicht* als Vereinigung $V = V_1 \cup V_2$ algebraischer K–Mengen V_i von C^n mit $V_i \neq V$ darstellbar ist. Eine irreduzible (affine) algebraische K–Menge von C^n wird auch *(affine) K–Varietät von C^n* genannt.

F 19.3. *Eine algebraische K–Menge V von C^n ist genau dann irreduzibel, wenn ihr Verschwindungsideal $\mathcal{I}_K(V)$ ein Primideal von $K[X_1, \ldots, X_n]$ ist.*

Beweis. 1) Sei V irreduzibel, und gelte $fg \in \mathcal{I}(V)$. Es folgt $V = \mathcal{N}(\mathcal{I}(V)) \subseteq \mathcal{N}(fg) = \mathcal{N}(f) \cup \mathcal{N}(g)$, also $V = V_1 \cup V_2$ mit den algebraischen K–Mengen $V_1 = \mathcal{N}(f) \cap V$ und $V_2 = \mathcal{N}(g) \cap V$. Aufgrund der Irreduzibilität von V ist etwa $V_1 = V$, also $V \subseteq \mathcal{N}(f)$. Dann ist aber $f \in \mathcal{I}(\mathcal{N}(f)) \subseteq \mathcal{I}(V)$. Wegen $V \neq \varnothing$ ist ferner $1 \notin \mathcal{I}(V)$.

2) Sei $\mathcal{I}(V)$ ein Primideal, und gelte $V = V_1 \cup V_2, V_1 \neq V$ mit algebraischen K–Mengen V_i in K^n. Wir haben dann zunächst

$$\mathcal{I}(V) = \mathcal{I}(V_1 \cup V_2) = \mathcal{I}(V_1) \cap \mathcal{I}(V_2) \supseteq \mathcal{I}(V_1)\mathcal{I}(V_2). \tag{19.17}$$

Es ist $\mathcal{I}(V_1) \neq \mathcal{I}(V)$, denn sonst wäre $V_1 = \mathcal{N}(\mathcal{I}(V_1)) = \mathcal{N}(\mathcal{I}(V)) = V$ entgegen der Voraussetzung $V_1 \neq V$. Es gibt also ein $f \in \mathcal{I}(V_1)$ mit $f \notin \mathcal{I}(V)$. Nun ist aber $\mathcal{I}(V)$ ein Primideal, somit muss wegen (19.17) notwendig $\mathcal{I}(V_2) \subseteq \mathcal{I}(V)$ gelten. Es folgt $V \subseteq V_2$ und damit die Irreduzibilität von V. □

Bemerkung. Der *affine* Raum K^n ist (als Nullstellenmenge des Nullpolynoms) selbst eine algebraische K–Menge von K^n. Im Falle eines *unendlichen* Körpers K ist $\mathcal{I}(K^n) = 0$ und daher K^n nach F19.3 *irreduzibel.* Insbesondere kann also K^n für einen unendlichen Körper K nicht Vereinigung endlich vieler echter Teilräume sein (eine beliebte Übungsaufgabe der Linearen Algebra). Für einen endlichen Körper K ist K^n natürlich nicht irreduzibel.

Im Übrigen beachte man: Jede algebraische K–Menge V von C^n ist auch eine algebraische C–Menge von C^n. Ist V als algebraische K–Menge von C^n irreduzibel, so braucht sie als algebraische C–Menge von C^n natürlich nicht irreduzibel zu sein.

F19.4. *Jede algebraische K–Menge V von C^n ist als endliche Vereinigung*

$$V = V_1 \cup V_2 \cup \ldots \cup V_r \tag{19.18}$$

von irreduziblen algebraischen K–Mengen V_i darstellbar. Gilt dabei $V_i \nsubseteq V_k$ für alle $i \neq k$, so ist die Darstellung (19.18) bis auf Reihenfolge eindeutig; man nennt dann die V_i die irreduziblen K–Komponenten *von V. Jede in V liegende K–Varietät W ist in einem der V_i enthalten.*

Beweis. 1) Nehmen wir an, die Menge $\mathfrak{U}$ aller algebraischen K–Mengen von C^n, welche *keine* Darstellung der behaupteten Art besitzen, sei nicht leer. Nach F19.2 enthält dann $\mathfrak{U}$ ein minimales Element V. Dieses ist jedenfalls nicht irreduzibel, und es existiert daher eine Darstellung $V = V_1 \cup V_2$ mit algebraischen Mengen V_i echt kleiner als V. Definitionsgemäß besitzen dann aber sowohl V_1 als auch V_2 Darstellungen der behaupteten Art, also auch V – im Widerspruch zu $V \in \mathfrak{U}$.

2) Wir zeigen nun zunächst die letzte Aussage von F19.4. Wegen (19.18) ist $W = (W \cap V_1) \cup \ldots \cup (W \cap V_r)$.

Da jedes $W \cap V_i$ algebraisch und W irreduzibel ist, gibt es ein V_i mit $W = W \cap V_i$, also $W \subseteq V_i$.

3) Was nun die Eindeutigkeitsaussage von F19.4 betrifft, so seien zwei Darstellungen $V = V_1 \cup \ldots \cup V_r = W_1 \cup \ldots \cup W_s$ der genannten Art vorgelegt. Nach 2) gibt es zu jedem W_j ein V_i mit $W_j \subseteq V_i$. Ebenso existiert zu diesem V_i ein W_k mit $V_i \subseteq W_k$. Insgesamt ist $W_j \subseteq V_i \subseteq W_k$. Aus der Voraussetzung folgt $j = k$ und damit $W_j = V_i$. Wir haben somit gezeigt, dass jedes W_j mit einem V_i übereinstimmt. Analog gibt es zu jedem V_k ein W_l mit $V_k = W_l$. Daraus folgt die Behauptung. □

Definition 19.4. Sei V eine algebraische K–Menge von C^n. Die K–Algebra

$$K[V] := K[X_1, \ldots, X_n]/\mathcal{I}(V) \tag{19.19}$$

heißt *der affine Koordinatenring von V*. Offenbar kann man $K[V]$ mit dem Ring aller derjenigen Funktionen $V \to C$ identifizieren, die durch Polynome von $K[X_1, \ldots, X_n]$ vermittelt werden. Als homomorphes Bild von $K[X_1, \ldots, X_n]$ hat $K[V]$ die Gestalt

$$K[V] = K[x_1, \ldots, x_n], \tag{19.20}$$

ist also als K–Algebra endlich erzeugt. Im Folgenden nennen wir jede endlich erzeugte kommutative K–Algebra A eine *affine K–Algebra*. Ist die algebraische K–Menge V von C^n irreduzibel – in diesem Fall sprechen wir von einer *(affinen) K–Varietät von C^n* – so ist $K[V]$ ein Integritätsring (vgl. F19.3); der Quotientenkörper

$$K(V) := \operatorname{Quot} K[V] \tag{19.21}$$

heißt dann der *Körper der rationalen Funktionen der K–Varietät V*.

Bemerkungen. (i) Ist C algebraisch abgeschlossen, so ist $V = C^n$ eine K–Varietät, und $K(V)$ ist der Körper $K(X_1, \ldots, X_n)$ der rationalen Funktionen in n Variablen über K.

(ii) Die affine K–Algebra $A = K[x_1, \ldots, x_n]$ sei ein Integritätsring. Als homomorphes Bild von $K[X_1, \ldots, X_n]$ ist dann $A \simeq K[X_1, \ldots, X_n]/\mathfrak{p}$ mit einem Primideal $\mathfrak{p}$. Ist also C algebraisch abgeschlossen, so ist A zur affinen Koordinatenalgebra der K–Varietät $V = \mathcal{N}(\mathfrak{p})$ von C^n isomorph (vgl. Satz 19.1).

(iii) Ist die affine K–Algebra $A = K[x_1, \ldots, x_n]$ ein Integritätsring, so verstehen wir unter ihrem Transzendenzgrad natürlich den Transzendenzgrad der Körpererweiterung $\operatorname{Quot}(A)/K$, also

$$\operatorname{Trgd}(A/K) := \operatorname{Trgd}(\operatorname{Quot}(A)/K).$$

Wegen $\operatorname{Quot}(A) = K(x_1, \ldots, x_n)$ ist $\operatorname{Trgd}(A/K) \leq n$.

(iv) Eine beliebige affine K–Algebra ist als homomorphes Bild eines Polynomringes $K[X_1, \ldots, X_n]$ jedenfalls *noethersch* (vgl. Satz 19.4).

19.5 Dimension affiner K-Varietäten

Am Schluss wollen wir nun noch auf einen geeigneten *Dimensionsbegriff* für algebraische Mengen eingehen. Wieder legen wir dabei eine feste Körpererweiterung C/K zugrunde, setzen dabei aber C durchgehend als *algebraisch abgeschlossen* voraus. Naheliegend ist nun die folgende

Definition 19.5. Unter der *Dimension* $\dim V$ einer algebraischen K–Menge V von C^n versteht man das Supremum aller ganzen Zahlen m, für die eine strikte Kette $V_0 \subset V_1 \subset \ldots \subset V_m$ von in V enthaltenen K–Varietäten V_i von C^n existiert.

So natürlich diese Definition auch erscheint, so ist aus ihr nicht von vornherein ersichtlich, dass $\dim V < \infty$ ist. Im Hinblick auf Satz 19.1 und F19.3 legt Def. 19.5 aber jedenfalls folgende Begriffsbildung nahe:

Definition 19.6. Sei A ein beliebiger kommutativer Ring mit 1. Unter der *Höhe* $h(\mathfrak{p})$ *eines Primideals* $\mathfrak{p}$ von A versteht man das Supremum aller ganzen Zahlen m, für die eine strikte Kette $\mathfrak{p}_0 \subset \mathfrak{p}_1 \subset \ldots \subset \mathfrak{p}_m = \mathfrak{p}$ von Primidealen $\mathfrak{p}_i$ in A existiert. Die *Dimension (Krull–Dimension)* des Ringes A wird dann als das Supremum der Höhen aller Primideale von A definiert und mit $\dim A$ bezeichnet.

Auch wenn A als *noethersch* vorausgesetzt wird, ist nicht von vornherein klar, dass für jedes Primideal $\mathfrak{p}$ von A stets $h(\mathfrak{p}) < \infty$ gilt; dies ist jedoch tatsächlich der Fall, hingegen gibt es noethersche Ringe A mit $\dim A = \infty$ (vgl. dazu z.B. Matsumura: Commutative Algebra).

Unabhängig von der Endlichkeit der in Rede stehenden Begriffe gilt aber jedenfalls

F19.5. *Für jede algebraische K–Menge V von C^n ist*

$$\dim V = \dim K[V]. \tag{19.22}$$

Beweis. Aufgrund von F19.3 und Satz 19.1 entsprechen die in V enthaltenen K–Varietäten W umkehrbar eindeutig (und inklusionsverkehrend) den Primidealen des Polynomringes $K[X_1, \ldots, X_n]$, welche $\mathcal{I}(V)$ enthalten. Diese aber entsprechen genau den Primidealen von $K[X_1, \ldots, X_n]/\mathcal{I}(V) = K[V]$. Daraus folgt die Behauptung. □

Bemerkung. Man überlegt sich leicht, dass

$$\dim V = \operatorname{Max}(\dim V_1, \ldots, \dim V_r)$$

gilt, wenn V_i *die irreduziblen Komponenten* von V bezeichnen (vgl. F19.4). Wir wollen uns also im Folgenden auf *K–Varietäten* V beschränken. Betrachten wir einmal den denkbar einfachen Fall der K–Varietät $V = C^1$. Es ist dann $K[V] = K[X]$ der Polynomring in einer Variablen über K. Doch $K[X]$ ist ein Hauptidealring, also ist jedes Primideal von $K[X]$ entweder ein maximales Ideal oder das Nullideal von $K[X]$. Die einzigen in $V = C^1$ enthaltenen K–Varietäten sind also V selbst sowie die Nullstellenmengen der irreduziblen Polynome von $K[X]$. Für $V = C^1$ gilt somit

$$\dim V = \dim K[V] = 1 = \operatorname{Trgd}(K[V]/K).$$

Allgemein hat man nun für die Dimension einer beliebigen K–Varietät V die folgende Beschreibung, die auch die Endlichkeit von $\dim V$ in Evidenz setzt:

Satz 19.5. *Für eine beliebige K–Varietät V von C^n gilt*

$$\dim V = \operatorname{Trgd}(K[V]/K). \tag{19.23}$$

Insbesondere ist $\dim V \leq n$ *(und zum Beispiel* $\dim C^n = n$*).*

Dem Beweis von Satz 19.5 schicken wir folgendes Lemma voraus:

Lemma 1. *Die K–Algebra A sei ein Integritätsring, und es werde vorausgesetzt, dass* $\operatorname{Trgd}_K(A) < \infty$. *Für jedes Primideal* $\mathfrak{p} \neq 0$ *von A gilt dann*

$$\operatorname{Trgd}_K(A/\mathfrak{p}) < \operatorname{Trgd}_K(A). \tag{19.24}$$

Beweis. Zur Abkürzung setzen wir $\overline{A} = A/\mathfrak{p}$ und bezeichnen mit

$$\varphi : A \longrightarrow \overline{A}, \;\; x \longmapsto \overline{x}$$

den zugehörigen Restklassenhomomorphismus. Sind $\overline{x}_1, \ldots, \overline{x}_s$ algebraisch unabhängig über K, so auch $x_1, \ldots, x_s$. Also hat man jedenfalls $\operatorname{Trgd}_K(\overline{A}) \leq \operatorname{Trgd}_K(A)$. Wir nehmen nun im Widerspruch zur Behauptung (19.24) an, dass $\operatorname{Trgd}_K(\overline{A}) = \operatorname{Trgd}_K(A) := r$ gilt. Es gibt dann ein r–gliedriges algebraisch unabhängiges System $\overline{x}_1, \ldots, \overline{x}_r$ von $\overline{A}$. Auf $K[x_1, \ldots, x_r]$ ist φ injektiv, also lässt sich φ fortsetzen zu einem Homomorphismus

$$\widetilde{\varphi} : K(x_1, \ldots, x_r)[A] \to K(\overline{x}_1, \ldots, \overline{x}_r)[\overline{A}],$$

wobei die in Rede stehenden K–Algebren als Teilalgebren der Quotientenkörper von A bzw. $\overline{A}$ aufgefasst werden. Sei $\widetilde{A}$ die linksstehende K–Algebra. Wegen $r = \operatorname{Trgd}_K(A)$ ist nun jedes Element von $\widetilde{A}$ algebraisch über $K(x_1, \ldots, x_n)$. Also ist $\widetilde{A}$ ein Körper. Dann ist aber $\widetilde{\varphi}$ injektiv und folglich auch φ. Wegen $\mathfrak{p} = \operatorname{Kern}\varphi$ erhalten wir so einen Widerspruch zu $\mathfrak{p} \neq 0$. Damit ist das Lemma bewiesen. □

Mit seiner Hilfe beweisen wir jetzt den folgenden Satz, der wegen (19.22) mit Satz 19.5 gleichwertig ist:

Satz 19.6. *Sei A eine affine K–Algebra ohne Nullteiler. Dann gilt*

$$\dim A = \operatorname{Trgd}(A/K). \tag{19.25}$$

Beweis. Offenbar ist $\operatorname{Trgd}(A/K) < \infty$ (denn als K–Algebra ist A endlich erzeugt). Wir führen Induktion nach $r := \operatorname{Trgd}(A/K)$.

(i) Wir wollen zuerst $\dim A \leq r$ zeigen. Sei

$$0 = \mathfrak{p}_0 \subset \mathfrak{p}_1 \subset \mathfrak{p}_2 \subset \ldots \subset \mathfrak{p}_m$$

eine strikte Primidealkette von A. Wir haben $m \leq r$ zu zeigen. im Falle $r = 0$ ist A ein Körper, also folgt $m = 0$. Sei jetzt $r \geq 1$ und o.E. $m \geq 1$. Anwendung der natürlichen Abbildung $A \longrightarrow \overline{A} = A/\mathfrak{p}_1$ liefert die strikte Primidealkette

$$0 = \overline{\mathfrak{p}}_1 \subset \overline{\mathfrak{p}}_2 \subset \ldots \subset \overline{\mathfrak{p}}_m$$

von $\overline{A}$. Aus der Induktionsvoraussetzung und Lemma 1 folgt dann $m - 1 \leq \dim \overline{A} \leq r - 1$ und damit $m \leq r$.

(ii) Jetzt wollen wir $r \leq \dim A$ zeigen. Für $r = 0$ ist nichts zu beweisen. Sei also $r \geq 1$. Nach dem *Noetherschen Normalisierungssatz* enthält A einen Polynomring $R = K[y_1, \ldots, y_r]$ in r Variablen als Teilalgebra, sodass A/R *ganz* ist. Zu dem Primideal $\mathfrak{p} = (y_r)$ von R gibt es (nach Aufg. 16.12) ein Primideal $\mathfrak{P}$ von A mit $\mathfrak{P} \cap R = \mathfrak{p}$. Mit

$$\overline{A} = A/\mathfrak{P}, \quad \overline{R} = R/\mathfrak{p}, \quad \text{also} \quad \overline{R} \simeq K[y_1, \ldots, y_{r-1}]$$

erhalten wir dann eine Ringerweiterung $\overline{A}/\overline{R}$. Mit A/R ist auch $\overline{A}/\overline{R}$ *ganz*, und daraus folgt $\operatorname{Trgd}(\overline{A}) = \operatorname{Trgd}(\overline{R}) = r - 1$. Aus der Induktionsannahme folgt daher die Existenz einer strikten Primidealkette

$$0 = \overline{\mathfrak{P}}_1 \subset \overline{\mathfrak{P}}_2 \subset \ldots \subset \overline{\mathfrak{P}}_r$$

in $\overline{A}$. Bezeichnen $\mathfrak{P}_1, \ldots, \mathfrak{P}_r$ die vollen Urbilder in A, so erhalten wir die strikte Primidealkette $0 = \mathfrak{P}_0 \subset \mathfrak{P}_1 \subset \ldots \subset \mathfrak{P}_r$. Daraus folgt in der Tat $r \leq \dim A$. □

Bemerkung. Es liege die obige Situation vor. In (ii) haben wir $r \leq \dim A$ gezeigt. Wird A als *Körper,* also $\dim A = 0$ vorausgesetzt, so folgt daraus $r = 0$, d.h. A/K ist *algebraisch.* Die Betrachtungen in (ii) stellen somit eine Verallgemeinerung der Argumentation dar, die in Kap. 18 zu Satz 18.5 geführt hat.

Über Satz 19.5 hinaus wollen wir jetzt noch weitergehende Aussagen machen. Der Vorbereitung dazu dienen folgende Hilfssätze:

Lemma 2. *Ist R ein faktorieller Ring, so hat ein Primideal $\mathfrak{p}$ genau dann die Höhe $h(\mathfrak{p}) = 1$, wenn $\mathfrak{p}$ ein Hauptideal ist.*

Beweis. Sei $h(\mathfrak{p}) = 1$. Dann ist $\mathfrak{p} \neq 0$, und es gibt ein $f \neq 0$ in $\mathfrak{p}$. Da $\mathfrak{p}$ ein Primideal ist, liegt mindestens ein Primfaktor f_1 von f in $\mathfrak{p}$. Nun ist (f_1) ebenfalls Primideal, und wir haben $0 \neq (f_1) \subseteq \mathfrak{p}$. Wegen $h(\mathfrak{p}) = 1$ muss dann $\mathfrak{p} = (f_1)$ gelten.

Sei $\mathfrak{p} = (f)$. Angenommen, es gelte $h(\mathfrak{p}) \neq 1$. Dann gibt es ein Primideal $\mathfrak{q}$ mit $0 \neq \mathfrak{q} \subset \mathfrak{p} = (f)$. Für ein $g \neq 0$ aus $\mathfrak{q}$ muss dann ein Primfaktor g_1 von g in $\mathfrak{q}$ liegen. Es folgt $(g_1) \subseteq (f)$, und wegen der Irreduzibilität von g_1 muss daher $(f) = (g_1) \subseteq \mathfrak{q}$ gelten. Widerspruch. □

Lemma 3. *Sei $R = K[y_1, \ldots, y_r]$ Polynomring in den r Unbestimmten $y_1, \ldots, y_r$ über dem Körper K. Für jedes Primideal $\mathfrak{p}$ der Höhe $h(\mathfrak{p}) = 1$ in R hat dann der Restklassenring $\overline{R} = R/\mathfrak{p}$ den Transzendenzgrad $r-1$ über K.*

Beweis. Nach Lemma 2 hat $\mathfrak{p}$ die Gestalt $\mathfrak{p} = (p)$ mit einem nicht–konstanten Polynom $p \in k[y_1, \ldots, y_r]$. Komme etwa die Variable $y := y_r$ in p wirklich vor, sodass also $\text{grad}_y p \geq 1$. Es folgt

$$\mathfrak{p} \cap K[y_1, \ldots, y_{r-1}] = 0.$$

Die Restklassenabbildung $R \longrightarrow \overline{R} = K[\overline{y}_1, \ldots, \overline{y}_r]$ vermittelt somit auf dem Teilring $K[y_1, \ldots, y_{r-1}]$ einen *Isomorphismus,* d.h. $\overline{y}_1, \ldots, \overline{y}_{r-1}$ sind algebraisch unabhängig über K. Andererseits ist $p(\overline{y}_1, \ldots, \overline{y}_{r-1}, \overline{y}_r) = 0$ eine (nichttriviale) algebraische Gleichung von $\overline{y}_r$ über $K(\overline{y}_1, \ldots, \overline{y}_{r-1})$. Insgesamt gilt also in der Tat

$$\text{Trgd}\,(\overline{R}/K) = \text{Trgd}\,(K(\overline{y}_1, \ldots, \overline{y}_r)/K) = r - 1.$$

□

Für die schon angekündigte Verschärfung von Satz 19.5 benötigen wir noch den folgenden Grundsatz aus der *kommutativen Algebra,* auf dessen Begründung wir in Aufg. 19.6 eingehen werden:

F19.6 (Abstiegslemma von Krull). *Es sei A/R eine* ganze *Ringerweiterung von* Integritätsringen, *und außerdem sei R* ganz abgeschlossen *(in seinem Quotientenkörper). Gegeben seien Primideale $\mathfrak{p}$ und $\mathfrak{q}$ von R mit $\mathfrak{q} \subseteq \mathfrak{p}$; ferner sei $\mathfrak{P}$ ein Primideal von A mit $\mathfrak{P} \cap R = \mathfrak{p}$. Unter den gemachten Voraussetzungen gibt es dann ein Primideal $\mathfrak{Q}$ von A mit $\mathfrak{Q} \cap R = \mathfrak{q}$, welches auch noch die Bedingung $\mathfrak{Q} \subseteq \mathfrak{P}$ erfüllt.*

Satz 19.7. *Sei* $A = K[x_1, \ldots, x_n]$ *eine affine* K*–Algebra, und außerdem werde* A *als Integritätsring vorausgesetzt. Es sei*

$$0 = \mathfrak{P}_0 \subset \mathfrak{P}_1 \subset \ldots \subset \mathfrak{P}_m \tag{19.26}$$

eine nicht verfeinerbare strikte Primidealkette in A *(eine solche existiert auch immer, da* $\dim A < \infty$ *ist, vgl. Satz 19.6). Dann ist stets*

$$m = \mathrm{Trgd}\,(A/K). \tag{19.27}$$

Insbesondere gilt also: Alle maximalen Ideale von A *haben die gleiche Höhe, und diese ist gleich dem Transzendenzgrad von* A *über* K*. Daraus ergibt sich wiederum* $\dim A = \mathrm{Trgd}\,(A/K)$*.*

Beweis. Wir gehen induktiv vor. Sei $m = 0$. Dann ist $\mathfrak{P}_m = 0$ ein maximales Ideal von A, also A ein Körper. Mit Satz 18.5 – oder (19.25) – folgt dann $\mathrm{Trgd}\,(A/K) = 0$.

Sei jetzt $m \geq 1$. Nach dem *Noetherschen Normalisierungssatz* enthält A eine Polynomalgebra $R = K[y_1, \ldots, y_r]$ als Teilalgebra, sodass A/R *ganz* ist. Da (19.26) nicht verfeinerbar ist, gilt $h(\mathfrak{P}_1) = 1$. Wir behaupten, dass dann auch das Primideal $\mathfrak{p}_1 = \mathfrak{P}_1 \cap R$ die Höhe 1 besitzt. Andernfalls gibt es ein Primideal $\mathfrak{q} \subseteq \mathfrak{p}_1$ mit $0 \neq \mathfrak{q} \neq \mathfrak{p}_1$. Das *Abstiegslemma von Krull* liefert dann ein Primideal $\mathfrak{Q}$ von A mit $\mathfrak{Q} \subseteq \mathfrak{P}_1$ und $\mathfrak{Q} \cap R = \mathfrak{q}$. Mit $\mathfrak{q} \neq 0$ ist auch $\mathfrak{Q} \neq 0$. Aus $h(\mathfrak{P}_1) = 1$ folgt daher $\mathfrak{P}_1 = \mathfrak{Q}$, und wir erhalten $\mathfrak{q} = \mathfrak{Q} \cap R = \mathfrak{P}_1 \cap R = \mathfrak{p}_1$ im Widerspruch zu $\mathfrak{q} \neq \mathfrak{p}_1$. Setzen wir

$$\overline{A} = A/\mathfrak{P}_1 \quad \text{und} \quad \overline{R} = R/\mathfrak{p}_1,$$

so erhalten wir eine Ringerweiterung $\overline{A}/\overline{R}$. Mit A/R ist auch $\overline{A}/\overline{R}$ *ganz*. Es folgt $\mathrm{Trgd}\,(\overline{A}/K) = \mathrm{Trgd}\,(\overline{R}/K)$. Nach Lemma 3 ist aber $\mathrm{Trgd}\,(\overline{R}/K) = r-1$, also gilt

$$\mathrm{Trgd}\,(\overline{A}/K) = r - 1.$$

Bei Übergang von A zu $\overline{A}$ liefert (19.26) eine strikte und *nicht verfeinerbare* Primidealkette

$$0 = \overline{\mathfrak{P}}_1 \subset \overline{\mathfrak{P}}_2 \subset \ldots \subset \overline{\mathfrak{P}}_m$$

der Länge $m - 1$ in $\overline{A}$. Per Induktion (nach m oder dem Transzendenzgrad von A) erhält man daraus $m - 1 = \mathrm{Trgd}\,(\overline{A}/K) = r - 1$. Es folgt $m = r = \mathrm{Trgd}\,(A/K)$, d.h. die Behauptung. □

Als Anwendung von Satz 19.7 zeigen wir

F 19.7. *Eine K–Varietät V von C^n hat genau dann die Dimension $n-1$, wenn V die Gestalt $V = \mathcal{N}(f)$ für ein irreduzibles $f \in K[X_1, \ldots, X_n]$.*

Beweis. (i) Da V irreduzibel ist, ist das Verschwindungsideal von V ein Primideal $\mathfrak{p}_1$ von $K[X_1, \ldots, X_n] =: A$. Gelte nun $\dim V = n-1$. Mit $\overline{A} = A/\mathfrak{p}_1$ ist dann $n-1 = \dim V = \dim K[V] = \dim \overline{A}$ (vgl. F19.5). Es gibt folglich eine strikte Primidealkette $0 = \overline{\mathfrak{p}}_1 \subset \ldots \subset \overline{\mathfrak{p}}_n$ in $\overline{A}$. Übergang zu den Urbildern liefert dann die strikte Primidealkette $0 = \mathfrak{p}_0 \subset \mathfrak{p}_1 \subset \ldots \subset \mathfrak{p}_n$ in A. Wegen $\dim A = n$ muss dann notwendig $h(\mathfrak{p}_1) = 1$ gelten. Nach Lemma 2 ist daher $\mathfrak{p}_1 = (f)$ ein Hauptideal. Es ist also $V = \mathcal{N}(f)$ mit einem irreduziblen f aus $K[X_1, \ldots, X_n]$.

(ii) Gelte $V = \mathcal{N}(f)$ mit irreduziblem $f \in K[X_1, \ldots, X_n] := A$. Wir setzen $\mathfrak{p}_1 = (f)$. Nach Lemma 2 ist $h(\mathfrak{p}_1) = 1$. Wegen $\dim A < \infty$ gibt es dann eine nicht verfeinerbare strikte Primidealkette $0 = \mathfrak{p}_0 \subseteq \mathfrak{p}_1 \subseteq \ldots \subseteq \mathfrak{p}_m$ (die das vorgegebene Primideal enthält!). Jetzt berufen wir uns auf Satz 19.7. Danach muss $m = n$ gelten. Übergang zu $\overline{A} = A/\mathfrak{p}_1$ liefert nun wieder eine strikte und nicht verfeinerbare Primidealkette der Länge $n-1$ in $\overline{A}$. Wieder mit Satz 19.7 folgt dann $n-1 = \dim \overline{A} = \dim K[V] = \dim V$, also die Behauptung. □

Aus Satz 19.7 wollen wir jetzt noch einige Folgerungen allgemeiner Art ziehen (deren einfache Begründung wir dem Leser überlassen):

F 19.8. *Die affine K–Algebra A sei ein Integritätsring. Für jedes Primideal $\mathfrak{p}$ von A gilt dann*

$$h(\mathfrak{p}) + \dim A/\mathfrak{p} = \dim A. \tag{19.28}$$

Ferner: Ist $0 = \mathfrak{p}_0 \subseteq \mathfrak{p}_1 \subseteq \ldots \subseteq \mathfrak{p}_r = \mathfrak{p}$ eine in $\mathfrak{p}$ endende strikte Primidealkette in A, und ist sie als solche nicht verfeinerbar, so gilt $r = h(\mathfrak{p})$.

Für K–Varietäten formuliert lautet (19.28) wie folgt: Für jedes Primideal $\mathfrak{p}$ von $K[X_1, \ldots, X_n]$ hat $V = \mathcal{N}_C(\mathfrak{p})$ – wobei C wie gesagt einen algebraisch abgeschlossenen Erweiterungskörper von K bezeichnet – die Dimension

$$\dim V = n - h(\mathfrak{p}). \tag{19.29}$$

Wie sich aus der ersten Aussage von F19.8 sofort ergibt, hat für $1 \leq r \leq n$ das Primideal $(X_1, \ldots, X_r)$ von $K[X_1, \ldots, X_n]$ die Höhe r; die strikte Primidealkette $0 \subseteq (X_1) \subseteq (X_1, X_2) \subseteq \ldots \subseteq (X_1, \ldots, X_r)$ ist daher nicht verfeinerbar.

Die Feststellung F19.7 lässt sich leicht wie folgt ergänzen:

F19.9. *Für jedes $f \neq 0$ aus $K[X_1, \ldots, X_n]$ haben sämtliche irreduziblen K–Komponenten von $\mathcal{N}(f) = \mathcal{N}_C(f)$ die Dimension $n-1$. Umgekehrt: Ist V eine algebraische K–Menge von C^n, deren irreduzible K–Komponenten allesamt die Dimension $n-1$ besitzen, so ist V eine* Hyperfläche, *d.h. von der Gestalt $V = \mathcal{N}(f)$ mit einem $f \neq 0$ aus $K[X_1, \ldots, X_n]$.*

Beweis. (i) Ist $V = \mathcal{N}(f)$ und $f = f_1^{e_1} \ldots f_r^{e_r}$ die Primfaktorzerlegung von f, so ist $V = V_1 \cup \ldots \cup V_r$ mit den K–Varietäten $V_i = \mathcal{N}(f_i)$. Nach F19.7 hat jedes V_i die Dimension $n-1$.

(ii) Sind die irreduziblen K–Komponenten $V_1, \ldots, V_r$ einer algebraischen K–Menge V von C^n alle von der Dimension $n-1$, so hat jedes V_i nach F19.7 die Gestalt $V_i = \mathcal{N}(f_i)$. Mit $V = V_1 \cup \ldots \cup V_r = \mathcal{N}(f_1) \cup \ldots \cup \mathcal{N}(f_2) = \mathcal{N}(f_1 \ldots f_r)$ erhält man die Behauptung. □

Bemerkung. Sei V eine beliebige algebraische K–Menge von C^n, und $f \in K[X_1, \ldots, X_n]$ verschwinde auf keiner der irreduziblen K–Komponenten von V. Dann gilt

$$\dim(V \cap \mathcal{N}(f)) \leq \dim V - 1. \tag{19.30}$$

Zum Beweis können wir V gleich als K–Varietät voraussetzen (vgl. F19.4). Nun ist jede K–Komponente W von $V \cap \mathcal{N}(f)$ eine echte Teilmenge von V. Damit folgt die Behauptung direkt aus Def. 19.5. In Band II (vgl. S. 169) werden wir im Falle $K = C$ zeigen, dass sogar $\dim W = \dim V - 1$ gilt; dies stellt eine wichtige Verallgemeinerung der ersten Aussage von F19.9 im Falle $K = C$ dar. – Übrigens kann man mittels (19.30) die folgende Feststellung beweisen (vgl. Aufgabe 19.10):

F19.10 (Kronecker). *Eine algebraische K–Menge V von C^n ist stets als Nullstellenmenge von höchstens $n+1$ Polynomen darstellbar.*

Wie vermutlich *Kronecker* schon gewusst (und z.B. *U. Storch* im Archiv der Math. **23** (1972) bewiesen hat), kommt man sogar immer mit n statt $n+1$ Polynomen aus. In welchen Fällen nun bereits $n - \dim V$ Polynome zur Beschreibung von V ausreichen, ist eine interessante, aber schwierige Frage.

Aufgaben und Bemerkungen

19.1 Sei A eine affine K–Algebra, d.h. eine von endlich vielen Elementen erzeugte K–Algebra $A = K[x_1, \ldots, x_n]$, und sei C ein algebraisch abgeschlossener Erweiterungskörper von K. Zeige: *Es gibt einen K–Algebrenhomomorphismus $K[x_1, \ldots, x_n] \to C$.*

(Hinweis: Indem man den Kern $\mathfrak{a}$ von $K[X_1, \ldots, X_n] \to K[x_1, \ldots, x_n]$ betrachtet, folgt die Behauptung am leichtesten aus der 2. Form des *Hilbertschen Nullstellensatzes;* sie kann im Übrigen als eine weitere Version desselben angesehen werden.) Kann man im Falle eines *Integritätsringes* $K[x_1, \ldots, x_n]$ noch verlangen, dass vorgegebene Elemente $f_1, \ldots, f_r$ nicht auf 0 abgebildet werden? Hinweis: Betrachte $K[x_1, \ldots, x_n,\ 1/f_1, \ldots, 1/f_r]$.

19.2 Zeige: Die maximalen Ideale von $K[X_1, \ldots, X_n]$ sind genau die Ideale der Form $\mathfrak{m}(\alpha) = \{f \in K[X_1, \ldots, X_n] \mid f(\alpha) = 0\}$ mit $\alpha = (\alpha_1, \ldots, \alpha_n) \in C^n$, wobei C einen festen algebraischen Abschluss von K bezeichnet. Im Falle eines algebraisch abgeschlossenen Körpers K hat $\mathfrak{m}(\alpha)$ die Gestalt $\mathfrak{m}(\alpha) = (X_1 - \alpha_1,\ X_2 - \alpha_2, \ldots, X_n - \alpha_n)$.

19.3 Zeige: Das *Nilradikal* $\sqrt{0}$ einer affinen K–Algebra $A = K[x_1, x_2, \ldots, x_n]$ stimmt mit dem *Jacobsonradikal* von A überein, d.h. $\sqrt{0}$ ist der Durchschnitt aller maximalen Ideale von A. Diese Aussage ist eine schwache Form des *Hilbertschen Nullstellensatzes.*
(Hinweis: Sei $A = K[X_1, \ldots, X_n]/\mathfrak{a}$ und $f \in K[X_1, \ldots, X_n]$. Ist $\overline{f}$ nicht nilpotent, so gibt es ein $(\alpha_1, \ldots, \alpha_n) \in \mathcal{N}_C(\mathfrak{a})$ mit $f(\alpha_1, \ldots, \alpha_n) \neq 0$.)

19.4 Zeige: Ist jedes Primideal in einem kommutativen Ring R mit Eins endlich erzeugt, so ist R *noethersch.* Hinweis: Sei $\mathfrak{a}$ maximal unter allen nicht endlich erzeugten Idealen von R. Für $b \notin \mathfrak{a}$ betrachte dann das Ideal $\mathfrak{a} : bR = \{x \in R \mid xb \in \mathfrak{a}\}$.

19.5 Sei A/R eine *ganze* Erweiterung von *Integritätsringen,* und R sei *ganz abgeschlossen* (in seinem Quotientenkörper K). Ferner sei $\mathfrak{P}$ ein Primideal von A und $\mathfrak{p} = \mathfrak{P} \cap R$. Zeige: Für jedes Primideal $\mathfrak{q}$ von R mit $\mathfrak{q} \subseteq \mathfrak{p}$ gilt dann $\mathfrak{q}A_{\mathfrak{P}} \cap R = \mathfrak{q}$.
Hinweis: Ein beliebiges $\beta \in \mathfrak{q}A_{\mathfrak{P}}$ hat die Gestalt $\beta = \alpha/s$ mit $\alpha \in \mathfrak{q}A$ und $s \in S = A \setminus \mathfrak{P}$. Die Minimalgleichung von $\alpha \in \mathfrak{q}A$ über K hat dann nach Aufg. 16.5 die Gestalt

$$\alpha^n + a_{n-1}\alpha^{n-1} + \ldots + a_0 = 0 \text{ mit } a_i \in \mathfrak{q}.$$

Wird nun auch noch $\beta \in R$ vorausgesetzt, so besitzt $s = \alpha/\beta$ folglich die *Minimalgleichung*

$$s^n + \frac{a_{n-1}}{\beta}s^{n-1} + \ldots + \frac{a_0}{\beta^n} = 0$$

über K. Aber s ist ganz über R, also liegen alle a_{n-i}/β^i in R. Wäre $\beta \notin \mathfrak{q}$, so folgte $s^n \in \mathfrak{q}A \subseteq \mathfrak{p}A \subseteq \mathfrak{P}$.

19.6 Man beweise das *Abstiegslemma von Krull* (vgl. F19.6). Hinweis: Zunächst genügt es zu zeigen, dass es in $A_{\mathfrak{P}}$ ein Primideal Q gibt mit $Q \cap R = \mathfrak{q}$. Denn nach Aufg. 4.12 hat Q die Form $Q = \mathfrak{Q}A_{\mathfrak{P}}$ mit einem Primideal $\mathfrak{Q}$ von A mit $\mathfrak{Q} \subseteq \mathfrak{P}$ und $Q \cap A = \mathfrak{Q}$; es folgt $\mathfrak{q} = Q \cap R = \mathfrak{Q} \cap R$. Um nun die Existenz eines solchen Q zu zeigen, können wir nicht einfach ‚Going up' benützen (vgl. Aufg. 16.12), denn $A_{\mathfrak{P}}$ ist i.a. nicht ganz über R. Mit Aufg. 16.6 folgt die Behauptung aber aus Aufg. 19.5.

19.7 Man beweise (mit dem *Hilbertschen Basissatz*), dass sich die Aussage des Hilbertschen Nullstellensatzes (vgl. Satz 19.1) wie folgt quantitativ leicht verschärfen lässt: Zu jedem Ideal $\mathfrak{a}$ von $K[X_1, \ldots, X_n]$ gibt es eine natürliche Zahl m mit folgender Eigenschaft: Verschwindet $f \in K[X_1, \ldots, X_n]$ auf allen Nullstellen von $\mathfrak{a}$, so gilt $f^m \in \mathfrak{a}$. (Eine andere Frage ist, wie sich eine solche Zahl m bei gegebenen Erzeugenden von $\mathfrak{a}$ effektiv angeben lässt.)

19.8 *Über einem algebraisch abgeschlossenen Körper besitzt ein System von homogenen algebraischen Gleichungen in mehr Unbekannten als Gleichungen stets eine nicht–triviale Lösung.* Man beweise dies (nach *H.–J. Nastold*) auf folgende Weise: Sei K ein algebraisch abgeschlossener Körper, und für die Polynome $f_1, \ldots, f_r$ aus $K[X_1, \ldots, X_n]$ gelte $\mathcal{N}(f_1, \ldots, f_r) = \{0\}$. Daraus folgere man nun schrittweise:

a) Es gibt ein $q \in \mathbb{N}$ mit $X_i^q \in (f_1, \ldots, f_r)$ für alle i.

b) Sei q wie in a). Sind die f_i homogen, so gibt es zu jedem i homogene Polynome $h_1, \ldots, h_r$ aus $K[X_1, \ldots, X_n]$ mit $X_i^q = h_1 f_1 + \ldots + h_r f_r$ und grad $h_j < q$.
c) Setze $A = K[X_1, \ldots, X_n]$ und $R = K[f_1, \ldots, f_r]$. Sind die f_i homogen, so ist die Ringerweiterung A/R *endlich*. (Hinweis: Jedes Monom vom Grade $\geq nq$ ist wegen b) durch Monome kleineren Grades erzeugbar.)
d) Sind die f_i homogen, so folgt $r \geq n$.

Bemerkung: Was man benötigt, um den obigen Satz mit einem einfachen Dimensionsargument zu erledigen, zeigen wir in Band II auf S. 171.

19.9 Seien $\mathfrak{p}_1, \mathfrak{p}_2, \ldots, \mathfrak{p}_r$ endlich viele Primideale des kommutativen Ringes R mit 1, und sei $\mathfrak{a}$ ein Ideal von R mit

$$\mathfrak{a} \subseteq \mathfrak{p}_1 \cup \mathfrak{p}_2 \cup \ldots \cup \mathfrak{p}_r$$

Zeige: Es gibt ein i mit $\mathfrak{a} \subseteq \mathfrak{p}_i$.
Hinweis: Sei r minimal, aber $r \geq 2$. Dann gibt es zu jedem $1 \leq j \leq r$ ein $a_j \in \mathfrak{a} \cap \mathfrak{p}_j$ mit $a_j \notin \mathfrak{p}_i$ für alle $i \neq j$. Betrachte nun das Element $a = a_1 a_2 \ldots a_{r-1} + a_r$.
Man folgere: Ist keine der irreduziblen K–Mengen $W_1, \ldots, W_r$ von C^n in der algebraischen K–Menge V von C^n enthalten, so gibt es ein f in $K[X_1, \ldots, X_n]$, das auf V, aber auf keinem der W_i verschwindet.

19.10 Sei V eine beliebige algebraische K–Menge von C^n, wobei C als algebraisch abgeschlossen vorausgesetzt ist. Zeige: Für jedes $1 \leq i \leq n+1$ gibt es Polynome $f_1, \ldots, f_i$ und algebraische K–Mengen $Z_1, \ldots, Z_i$ von C^n, sodass gilt

$$\mathcal{N}(f_1) \cap \ldots \cap \mathcal{N}(f_i) = V \cup Z_i \quad \textit{mit} \ \dim Z_i \leq n - i. \tag{19.31}$$

Hinweis: Zunächst kann man annehmen, dass ein $f_1 \neq 0$ existiert, welches auf V verschwindet. Es ist dann $\mathcal{N}(f_1) = V \cup Z_1$ mit Z_1 als der Vereinigung aller K–Komponenten von $\mathcal{N}(f_1)$, die nicht schon in V liegen. Ist $Z_1 \neq \varnothing$, so gibt es nach Aufg. 19.9 ein f_2, das auf V, aber auf keiner der K–Komponenten von Z_1 verschwindet. Dann ist $\mathcal{N}(f_1) \cap \mathcal{N}(f_2) = V \cup (Z_1 \cap \mathcal{N}(f_2))$, und wegen (19.30) hat man $\dim(Z_1 \cap \mathcal{N}(f_2)) \leq \dim Z_1 - 1 \leq (n-1) - 1 = n-2$. Indem man so fortfährt, erhält man die Behauptung.
Für $i = n+1$ liefert (19.31) die Gültigkeit der von *Kronecker* ausgesprochenen Feststellung F19.10.

19.11 Ergänze Aufg. 19.2 und zeige: Jedes *maximale* Ideal $\mathfrak{a}$ von $K[X_1, \ldots, X_n]$ wird von n irreduziblen Polynomen $f_1, \ldots, f_n$ erzeugt. (Wie am Schluss von Kap. 19 bemerkt, ist allgemeiner *jedes reduzierte* Ideal von $K[X_1, \ldots, X_n]$ durch n Polynome erzeugbar; der Beweis dafür lässt sich aber nicht ganz so direkt erbringen wie für den obigen Spezialfall.) Hinweis: Nach 19.2 ist $\mathfrak{a}$ das Verschwindungsideal eines Punktes $\alpha = (\alpha_1, \ldots, \alpha_n)$ aus C^n. Man wähle nun ein f_n aus $K[X_1, \ldots, X_{n-1}][X_n]$, sodass $f_n(\alpha_1, \ldots, \alpha_{n-1}, X_n)$ das Minimalpolynom von α_n über dem Körper $K[\alpha_1, \ldots, \alpha_{n-1}]$ ist. Sei nun f ein beliebiges Element von $\mathfrak{a}$. Division mit Rest über $K[X_1, \ldots, X_{n-1}]$ liefert $f = qf_n + r$ mit einem r, dessen Koeffizienten sämtlich im Kern $\mathfrak{a}_{n-1}$ von $K[X_1, \ldots, X_{n-1}] \to k[\alpha_1, \ldots, \alpha_{n-1}]$ liegen. Per Induktion darf man annehmen, dass $\mathfrak{a}_{n-1}$ durch $f_1, \ldots, f_{n-1}$ erzeugt ist. Es folgt $f \in (f_1, \ldots, f_{n-1}, f_n)$.

19.12 Man zeige (in Verallgemeinerung von F19.4): Jedes *reduzierte* Ideal $\mathfrak{a}$ in einem *noetherschen* Ring ist Durchschnitt endlich vieler Primideale $\mathfrak{p}_i$ mit $\mathfrak{p}_j \not\supseteq \mathfrak{p}_k$ für $j \neq k$, und die Menge der $\mathfrak{p}_i$ ist dabei eindeutig bestimmt.
Hinweis: Man orientiere sich am Beweis von F19.4 und beachte $\sqrt{\mathfrak{b}\mathfrak{c}} = \sqrt{\mathfrak{b} \cap \mathfrak{c}}$.

A. Einige Begriffe aus den Grundvorlesungen

Den meisten Lesern werden die im Folgenden zusammengestellten Grundbegriffe sicherlich bereits aus den Grundvorlesungen, insbesondere der Linearen Algebra, bekannt sein. Wir wollen die Definitionen dieser Begriffe hier noch einmal im Zusammenhang aufführen.

A.1 Mengen

Für eine Menge M ist die *Potenzmenge* $\mathrm{Pot}(M)$ definiert als die Menge aller Teilmengen von M. Sind M_1 und M_2 Mengen, so nennt man die Menge aller geordneten Paare (m_1, m_2) mit $m_j \in M_j$ das kartesische Produkt von M_1 und M_2.

Eine Relation $\sim$ auf einer Menge A nennt man *Äquivalenzrelation*, wenn sie folgende Eigenschaften hat:

a) Reflexivität: es ist $a \sim a$ für alle $a \in A$;
b) Symmetrie: ist $a \sim b$ für $a, b \in A$, dann auch $b \sim a$;
c) Transitivität: ist $a \sim b$ und $b \sim c$ für $a, b, c \in A$, dann auch $a \sim c$.

In diesem Fall nennt man für jedes $a \in A$ die Menge $[a] = \{b \in A : b \sim a\}$ die Äquivalenzklasse von a; zwei Äquivalenzklassen sind entweder gleich oder disjunkt, und A ist die disjunkte Vereinigung der verschiedenen Äquivalenzklassen.

Sei $f : X \longrightarrow Y$ eine Abbildung (zwischen den Mengen X und Y). Man nennt dann $f(X) = \{f(x) : x \in X\}$ das Bild von f (oder auch das Bild von X unter f); im Falle $Y = f(X)$ heißt f *surjektiv*. Man sagt, f sei *injektiv*, wenn für alle $x, x' \in X$ aus $f(x) = f(x')$ stets $x = x'$ folgt. Die Abbildung f heißt *bijektiv*, wenn f injektiv und surjektiv ist. In diesem Fall existiert die *Umkehrabbildung* $f^{-1} : Y \longrightarrow X$ von f, definiert durch $f^{-1}(y) = x$ für alle $y = f(x)$ aus Y.

A.2 Gruppen

Der Begriff der abstrakten Gruppe wurde erst Ende des 19. Jahrhunderts zum Allgemeingut der Mathematiker.[1] Der Einzug der Gruppen in die Physik im Rahmen der Quantentheorie der 30er Jahre wurde dann mit dem Namen "Gruppenpest" belegt; heutzutage, wo die Physik mit sämtlichen abstrakten Strukturen arbeitet, die die Mathematik zu bieten hat, ist eine derartige Charakterisierung kaum mehr nachvollziehbar.

Eine *Gruppe* ist eine Menge G, welche mit einer Verknüpfung, d.h. einer Abbildung $G \times G \longrightarrow G; (g_1, g_2) \longmapsto g_1 * g_2$ versehen ist, sodass die folgenden Axiome erfüllt sind:

a) Assoziativität: für alle $g_1, g_2, g_3 \in G$ gilt $(g_1 * g_2) * g_3 = g_1 * (g_2 * g_3)$.
b) Existenz des neutralen Elements: es gibt ein $e \in G$ sodass $e * g = g * e = g$ für alle $g \in G$ gilt. Offenbar ist ein solches e eindeutig bestimmt.
c) Existenz von Inversen: für jedes $g \in G$ existiert ein $h \in G$ mit $g * h = h * g = e$. Wie man mit a) und b) sofort verifiziert, ist ein solches h durch g eindeutig bestimmt; es heißt das Inverse von g und wird mit $h = g^{-1}$ bezeichnet.

Statt $g_1 * g_2$ schreibt man meist einfach $g_1 g_2$, und das neutrale Element wird auch Einselement genannt und mit 1 bezeichnet. Bei abelschen Gruppen schreibt man oft $g_1 + g_2$ statt $g_1 * g_2$; das neutrale Element bezeichnet man dann mit 0, das Inverse eines $g \in G$ entsprechend mit $-g$.

Eine Menge M mit einer assoziativen Verknüpfung $M \times M \longrightarrow M$ nennt man eine *Halbgruppe*. Ein *Monoid* ist eine Halbgruppe mit Einselement, d.h. hier gelten die Axiome a) und b). Folgt aus $g_1 g_2 = g_1 g_3$ immer $g_2 = g_3$, so spricht man von einem Monoid mit Kürzungsregel.

Eine Abbildung $f : G \longrightarrow H$ zwischen Gruppen G und H heißt ein Homomorphismus von Gruppen, wenn $f(g_1 g_2) = f(g_1) f(g_2)$ für alle $g_1, g_2 \in G$ gilt; wir nennen f dann auch einen *Gruppenhomomorphismus*. Ist f bijektiv, so heißt f ein *Isomorphismus* von Gruppen; in diesem Fall ist dann auch die Umkehrabbildung $f^{-1} : H \longrightarrow G$ ein Gruppenhomomorphismus. Ein Isomorphismus $f : G \longrightarrow G$ von G in sich heißt ein *Automorphismus* der Gruppe G. Die Menge aller Automorphismen von G ist eine Gruppe bezüglich der Komposition von Abbildungen; sie heißt die *Automorphismengruppe* von G und wird mit $\mathrm{Aut}\,(G)$ bezeichnet.

[1] Wie sehr Mathematiker um diesen Begriff ringen mussten, kann man nachlesen in [43].

Eine Teilmenge H einer Gruppe G heißt eine *Untergruppe* von G, wenn die Multiplikation von G sich auf H vererbt (d.h. für alle $h_1, h_2 \in H$ ist auch $h_1 h_2 \in H$) und H mit der so geerbten Verknüpfung eine Gruppe ist. Dies ist genau dann der Fall, wenn H nicht leer ist und mit $x, y \in H$ auch immer $xy^{-1} \in H$ gilt.

A.3 Körper

Auf die axiomatische Charakterisierung der Gruppen folgte nicht etwa diejenige der Ringe, sondern der Körper: Steinitz erkannte 1910, daß sich die Galoistheorie nicht nur für Zahlkörper (endliche Erweiterungen von $\mathbb{Q}$) oder "Galoisfelder" (endliche Körper) formulieren und beweisen läßt, sondern für beliebige *Körper*. Dies sind Mengen, auf der zwei Verknüpfungen $+$ (Addition) und $\cdot$ (Multiplikation; statt $a \cdot b$ schreibt man oft nur ab) erklärt sind, welche folgenden Axiomen genügen:

a) K ist eine abelsche Gruppe bezüglich der Addition, mit neutralem Element 0;
b) $K^\times = K \setminus \{0\}$ ist eine abelsche Gruppe bezüglich der Multiplikation, mit neutralem Element $1 \neq 0$;
c) Für das Zusammenspiel von Addition und Multiplikation wird das Distributivgesetz gefordert: $a(b+c) = ab + ac$ für alle $a, b, c \in K$.

Eine Teilmenge k von K heißt *Teilkörper* von K, wenn sich Addition und Multiplikation von K auf k vererben (also für alle $a, b \in k$ auch $a + b, ab \in k$ gilt) und k mit den so geerbten Verknüpfungen ein Körper ist. Zum Beispiel ist $\mathbb{R}$ ein Teilkörper von $\mathbb{C}$, und $\mathbb{Q}$ ist ein Teilkörper von $\mathbb{R}$, wie auch von $\mathbb{C}$.

Eine Abbildung $\sigma : K \longrightarrow L$ zwischen Körpern K und L heißt ein Homomorphismus von Körpern, wenn für alle $a, b \in K$ gilt: $\sigma(a+b) = \sigma(a) + \sigma(b)$, $\sigma(ab) = \sigma(a)\sigma(b)$, und $\sigma(1) = 1$.

A.4 Vektorräume

Bereits 1888 hat Peano in seinem Buch *Calcolo geometrico secondo l'Ausdehnungslehre di H. Grassmann preceduto dalle operazioni della logica deduttiva* Vektorräume axiomatisch beschrieben. Sei K ein Körper; ein K-Vektorraum ist dann eine additiv geschriebene abelsche Gruppe V (dessen Elemente Vektoren heißen), für die es eine Abbildung $K \times V \longrightarrow V : (\lambda, v) \longmapsto \lambda v$ (die Skalarmultiplikation) mit folgenden Eigenschaften gibt: für alle $\lambda, \mu \in K$ und alle $u, v \in V$ gilt

a) $1 \cdot v = v$;
b) $\lambda(\mu v) = (\lambda\mu)v$;
c) $(\lambda + \mu)v = \lambda v + \mu v$;
d) $\lambda(u + v) = \lambda u + \lambda v$.

Eine Abbildung $f : V \longrightarrow W$ zwischen K-Vektorräumen V und W heißt ein Homomorphismus von K-Vektorräumen, wenn $f(\lambda u + \mu v) = \lambda f(u) + \mu f(v)$ für alle $\lambda, \mu \in K$ und alle $u, v \in V$ gilt; man nennt f dann auch eine *K-lineare Abbildung*. Eine K-lineare Abbildung $f : V \longrightarrow V$ von V in sich heißt ein Endomorphismus des K-Vektorraums V. Isomorphismen von K-Vektorräumen sind analog zu Isomorphismen von Gruppen definiert. Ein Isomorphismus $f : V \longrightarrow V$ von V auf sich heißt Automorphismus des K-Vektorraums V. Die Automorphismen von V bilden eine Gruppe (bezüglich der Komposition von Abbildungen); diese wird mit $\mathrm{GL}(V)$ bezeichnet; im Falle von $V = K^n$ schreibt man statt $\mathrm{GL}(K^n)$ auch $\mathrm{GL}(n, K)$.

Eine Teilmenge U eines K-Vektorraums V heißt ein Teilvektorraum (oder kurz Teilraum) von V, wenn sich Vektoraddition und Skalarmultiplikation von V aus U vererben (d.h. für alle $x, y \in U$ und $c \in K$ ist $x+y \in U$ und $cx \in U$), und U mit der so geerbten Vektoraddition und Skalarmultiplikation ein K-Vektorraum ist. Eine Teilmenge U von V ist also genau dann ein Teilraum von V, wenn U eine Untergruppe der additiven Gruppe von V ist und außerdem mit $x \in U$ und $c \in K$ stets $cx \in U$ ist.

A.5 Ringe

Die erste Axiomatisierung von Ringen findet man im Lehrbuch "Einleitung in die allgemeine Theorie der algebraischen Größen" des ungarischen Mathematikers Julius König aus dem Jahre 1903; unter anderem bespricht König auch die Konstruktion der Lokalisierungen $S^{-1}R$ eines Rings bezüglich multiplikativ abgeschlossener Mengen S.

Der Begriff eines abstrakten Ringes wurde mathematisches Allgemeingut nach Erscheinen von van der Waerdens Buch "Moderne Algebra", das auf

Vorlesungen von Emil Artin und Emmy Noether in den 20er Jahren des letzten Jahrhunderts basiert.

Ein *Ring* R ist eine Menge, auf der wie im Falle eines Körpers zwei Verknüpfungen $+$ und $\cdot$ erklärt sind, welche folgenden Axiomen genügen:

a) R ist eine abelsche Gruppe bezüglich der Addition, mit neutralem Element 0;
b) R ist eine Halbgruppe bezüglich der Multiplikation, d.h. es gilt $a(bc) = (ab)c$ für alle $a, b, c \in R$;
c) es gelten die Distributivgesetze: $a(b+c) = ab+ac$ und $(b+c)a = ba+ca$ für alle $a, b, c \in R$.

Darüberhinaus wichtig sind die Begriffe der *Ringe mit Eins* (es gibt ein neutrales Element bezüglich der Multiplikation) und der *kommutativen Ringe* (die Multiplikation in R ist kommutativ).

Ein Ring heißt *nullteilerfrei*, wenn aus $ab = 0$ immer $a = 0$ oder $b = 0$ folgt. Insbesondere ist jeder Körper nullteilerfrei.

Eine Abbildung $f : R \longrightarrow S$ zwischen zwei Ringen heißt ein Homomorphismus von Ringen, wenn $f(a+b) = f(a) + f(b)$ und $f(ab) = f(a)f(b)$ für alle $a, b \in R$ gilt; man nennt f dann auch einen *Ringhomomorphismus*. Betrachtet man Ringe mit Eins, so fordert man zusätzlich noch $f(1) = 1$.

Ist R ein Ring mit Einselement 1, so heißt $a \in R$ *invertierbar*, wenn es ein $b \in R$ gibt mit $ab = 1 = ba$; ein solches b ist durch a eindeutig bestimmt und wird mit a^{-1} bezeichnet. Die invertierbaren Elemente eines Rings mit Eins werden auch *Einheiten* von R genannt, und für die Menge der Einheiten von R ist die Bezeichnung $R^\times$ gebräuchlich. Man beachte: $R^\times$ ist eine *Gruppe* (mit der von der Ringmultiplikation auf $R^\times$ vermittelten Multiplikation); man nennt $R^\times$ die *Einheitengruppe* von R. Beispielsweise ist $\mathbb{Z}^\times = \{-1, +1\}$, $K^\times = K \setminus \{0\}$ für Körper K, und $K[X]^\times = K^\times$ für Polynomringe über Körpern. Ein Ring R mit $R^\times = R \setminus \{0\}$ nennt man einen *Divisionsring* (oder auch einen *Schiefkörper*). Für einen solchen sind also bis auf die Kommutativität der Multiplikation alle Axiome eines Körpers erfüllt.

Eine Teilmenge T eines Rings R heißt *Teilring* von R, wenn T eine Untergruppe der additiven Gruppe von R ist und außerdem mit $a, b \in T$ stets $ab \in T$ ist. In Ringen mit Eins fordert man zusätzlich noch, dass T dasselbe Einselement wie R besitzt. Beispielsweise ist $\{\overline{0}, \overline{2}, \overline{4}\}$ ein Teilring von $\mathbb{Z}/6\mathbb{Z}$ mit Einselement $\overline{4}$, aber kein Teilring des Rings $\mathbb{Z}/6\mathbb{Z}$ mit Eins.

A.6 Algebren

Sei K ein Körper. Eine K-Algebra A ist ein Ring mit K-Vektorraumstruktur, in welchem die Multiplikation K-bilinear ist. Dies bedeutet:

a) A ist ein Ring mit Eins;
b) A ist ein K-Vektorraum, und zwar mit derselben Addition wie in a).
c) es ist $c(\alpha\beta) = (c\alpha)\beta = \alpha(c\beta)$ für $c \in K$ und $\alpha, \beta \in A$.

Ist A eine K-Algebra über einem Körper K und bezeichnet $1 = 1_A$ das Einselement von A, so kann man K vermöge des Ringhomomorphismus $K \longrightarrow A : c \longmapsto c1$ als Teilkörper von A auffassen (beim Nachweis, daß die angegebene Abbildung wirklich ein Ringhomomorphismus ist, wird von der obigen Bedingung c) wesentlicher Gebrauch gemacht). Aufgrund von c) liegen die Elemente von K alle im *Zentrum* von A, d.h. der Menge aller $\{\alpha \in A : \alpha\beta = \beta\alpha$ für alle $\beta \in A\}$. Das Zentrum $Z(A)$ von A ist stets eine K-Teilalgebra von A.

Eine Abbildung $f : A \longrightarrow B$ zwischen K-Algebren heißt ein K-Algebrenhomomorphismus, wenn f ein Ringhomomorphismus ist und darüberhinaus $f(c\alpha) = cf(\alpha)$ für alle $c \in K$ und $\alpha \in A$ gilt; dann ist f nämlich auch eine K-lineare Abbildung.

Ein typisches und aus der Linearen Algebra vertrautes Beispiel für eine K-Algebra ist die K-Algebra $M_n(K)$ aller $n \times n$-Matrizen mit Koeffizienten aus K (versehen mit der koeffizientenweisen Addition und Skalarmultiplikation, sowie der Matrizenmultiplikation). Allgemeiner ist für einen beliebigen K-Vektorraum V die Menge aller K-Endomorphismen von V (also aller K-linearen Abbildungen $f : V \longrightarrow V$) in natürlicher Weise eine K-Algebra.

Ein für die Körpertheorie wichtiges Beispiel einer K-Algebra ist das Folgende: ist E ein Körper und K ein Teilkörper, so ist E insbesondere eine K-Algebra.

A.7 *R*-Moduln und *R*-Algebren

Wenn man die Axiome von K-Vektorräumen bzw. K-Algebren dadurch abschwächt, dass man den Körper K durch einen kommutativen Ring R mit Eins ersetzt, erhält man die Begriffe der R-Moduln und R-Algebren. Im Einzelnen sieht das so aus: sei R ein kommutativer Ring mit Eins.

1. Ist M eine additive abelsche Gruppe, so nennt man M einen R-Modul, wenn es eine Abbildung $R \times M \longrightarrow M : (r, m) \longmapsto rm$ gibt, welche ganz analogen Axiomen wie die der Skalarmultiplikation bei K-Vektorräumen genügt: $1m = m$; $r(sm) = (rs)m$; $(r + s)m = rm + sm$; $r(m + n) = rm + rn$; hierbei sind $1, r, s \in R$ und $m, n \in M$.
   Eine Abbildung $f : M \longrightarrow N$ zwischen zwei R-Moduln heißt ein R-Modulhomomorphismus, wenn $f(rm + sn) = rf(m) + sf(n)$ für alle $r, s \in R$ und $m, n \in M$ gilt; man spricht dann auch von einer R-linearen Abbildung.
2. A ist eine R-Algebra, wenn gilt:
   a) A ist ein Ring mit Eins;
   b) A ist ein R-Modul, und zwar mit derselben Addition wie in a).
   c) es ist $c(\alpha\beta) = (c\alpha)\beta = \alpha(c\beta)$ für $c \in R$ und $\alpha, \beta \in A$.
   Ein R-Algebrenhomomorphismus zwischen zwei R-Algebren ist ein Ringhomomorphismus, der außerdem noch $f(c\alpha) = cf(\alpha)$ für alle $c \in R$ und alle $\alpha \in A$ erfüllt (und damit auch ein R-Modulhomomorphismus ist).

Jede abelsche Gruppe ist ein $\mathbb{Z}$-Modul, jeder Ring eine $\mathbb{Z}$-Algebra.

Symbolverzeichnis

Literaturverzeichnis

1. E. Artin, *Galoissche Theorie*, Math.–Naturwiss. Bibliothek, Teubner–Leipzig 1959; sh. S. 92, 205
2. K. Barner, *Das Leben Fermats*, Mitt. Dtsch. Math.-Ver. **3** (2001), 12–26; sh. S. 184
3. A. Brandis, *Über die multiplikative Struktur von Körpererweiterungen*, Math. Zeitschrift **87** (1965), 71–73; sh. S. 21
4. K. Chandrasekharan, *Introduction to analytic number theory*, Grundlehren Bd. 148, Springer-Verlag 1968; sh. S. 190
5. P.M. Cohn, *Unique factorization domains*, Amer. Math. Monthly **80** (1973), 1–18; sh. S. 90
6. H. Davenport, *Bases for finite fields*, Journal London Math. Soc. **43** (1968), 21–39; sh. S. 221
7. R. Dedekind, *Über die Permutationen des Körpers aller algebraischen Zahlen*, Gött. Abhdl. (1901), 1–17; Werke II, 272–290; sh. S. 212
8. G.I. Drinfeld, *Quadratur des Kreises und Transzendenz von π*, Band 101 der Mathematischen Schülerbücherei, VEB Deutscher Verlag d. Wissenschaften 1980; sh. S. 327
9. A. Dubickas, J. Steuding, *The polynomial Pell equation*, Elem. Math. **59** (2004), 133–143; sh. S. 90
10. G. Eisenstein, *Über die Irreductibilität und einige andere Eigenschaften der Gleichung, von welcher die Theilung der ganzen Lemniscate abhängt*, J. Reine Angew. Math. **39** (1850), 160–179; sh. S. 88
11. U. Friedrichsdorf, A. Prestel, *Mengenlehre für den Mathematiker*, Vieweg–Verlag 1985; sh. S. 104
12. G. Frobenius, *Verallgemeinerung des Sylow'schen Satzes*, Berl. Ber. (1895), 981–993; Gesammelte Abhandlungen II (J-P.Serre, Hrsg.), Springer Verlag 1968; sh. S. 177

13. E. Galois, *Mémoire sur les conditions de résolubilité des équations par radicaux*, in *Écrits et Mémoires Mathématiques d'Evariste Galois* (Hrsgb. R. Bourgne und J.-P. Azra), Gauthier–Villars, Paris 1962; sh. S. 299
14. C.-F. Gauß, *Disquisitiones Arithmeticae*, 1801; Deutsche Übersetzung von H. Maser 1889; sh. S. 23
15. R. Hartshorne, *Algebraic geometry*, Springer-Verlag 1977; sh. S. 347
16. K. Hensel, *Über eindeutige Zerlegung in Primelemente*, J. Reine Angew. Math. **158** (1927), 195–198; sh. S. 75
17. K. Hulek, *Elementare algebraische Geometrie*, Vieweg 2000; sh. S. 347
18. B. Huppert, *Endliche Gruppen. I*, Grundlehren Band 134 Springer-Verlag 1967; sh. S. 178
19. L. Kronecker, *Bemerkungen zur Geschichte des Reciprocitätsgesetzes*, Berl. Monatsber. (1875), 267–275; Werke II, 1–10; sh. S. 194
20. S. Lang, *Diophantine Geometry*, Interscience Publishers 1962; sh. S. 302
21. S. Lang, *Die abc-Vermutung*, Elem. Math. **48** (1993), 89–99; sh. S. 87
22. D. Laugwitz, *Eine elementare Methode für Unmöglichkeitsbeweise bei Konstruktionen mit Zirkel und Lineal*, Elem. Math. **17** (1962), 54–58; sh. S. 19
23. F. Lemmermeyer, *Reciprocity Laws. From Euler to Eisenstein*, Springer-Verlag 2000; sh. S. 195
24. F. Lorenz, *Lineare Algebra 1*, Spektrum Akademischer Verlag; 4. Aufl. 2003; sh. S. 14, 25, 58, 203, 204, 268, 290, 309, 336
25. F. Lorenz, *Lineare Algebra 2*, Spektrum Akademischer Verlag; 3. Aufl. 1996; sh. S. 49, 51, 71, 208, 235, 265, 324, 326
26. F. Lorenz, *Algebraische Zahlentheorie*, BI-Verlag 1993; sh. S. 194, 195
27. F. Lorenz, *Ein Scholion zum Satz 90 von Hilbert*, Abh. Math. Sem. Univ. Hamburg **68** (1998), 347–362; sh. S. 235
28. R. C. Mason, *Diophantine Equations Over Function Fields*, London Math. Soc. Lecture Notes Series 96, Cambridge University Press, 1984; sh. S. 84
29. H. Matzat, *Konstruktive Galoistheorie*, Springer Lecture Notes 1987; sh. S. 321
30. G.A. Miller, *A new proof of Sylow's theorem*, Ann. Math. (2) **16** (1915), 169–171; sh. S. 177
31. M. Nagata, *A remark on the unique factorization theorem*, J. Math. Soc. Japan **9** (1957), 143–145; sh. S. 90

32. J. Neukirch, *Algebraische Zahlentheorie*, Ein Jahrhundert Mathematik 1890–1990, 587–628, Dokumente Gesch. Math. 6, Vieweg, Braunschweig, 1990; sh. S. 195
33. E. Noether, *Gesammelte Abhandlungen*, herausgegeben von N. Jacobson, Springer-Verlag 1983; sh. S. 222
34. P. Samuel, *Unique factorization*, Amer. Math. Monthly **75** (1968), 945–952; sh. S. 90
35. W. Scharlau, H. Opolka, *Von Fermat bis Minkowski*, Springer–Verlag 1980; sh. S. 184
36. I. Schur, *Über die Gaußschen Summen*, Gött. Nachr. 1921, 147–153; Werke II; sh. S. 190
37. N. Snyder, *An alternate proof of Mason's theorem*, Elem. Math. **55** (2000), 93–94; sh. S. 85
38. W. Stothers, *Polynomial identities and Hauptmoduln*, Quart. J. Math. Oxford (2) **32** (1981), 349–370; sh. S. 84
39. B.L. van der Waerden, *Algebra I*, Springer-Verlag 1966; sh. S. 285, 286
40. P.L. Wantzel, *Recherches sur les moyens de reconnaître si un Problème de géométrie peut se résoudre avec la règle et le compas*, J. Math. Pures Appl. **26** (1837), 366–372; sh. S. 23
41. A. Wassermann, *Konstruktion von Normalbasen*, Bayreuth. Math. Schr. **31** (1990), 155–164; sh. S. 209
42. H. Wielandt, *Ein Beweis für die Existenz der Sylowgruppen*, Arch. Math. **10** (1959), 401–402; sh. S. 177
43. H. Wussing, *Die Genesis des abstrakten Gruppenbegriffs. Ein Beitrag zur Entstehungsgeschichte der abstrakten Gruppentheorie*, VEB Deutscher Verlag der Wissenschaften, Berlin, 1969; sh. S. 368
44. N. Zimmermann, *Die Normeinsgruppen biquadratischer Zahlkörpererweiterungen*, Diss. Univ. Münster, 2006; sh. S. 236

Namensverzeichnis

Sachverzeichnis